> 华为ICT认证系列丛书

强叔侃墙

华为防火墙
技术漫谈

徐慧洋 白 杰 卢宏旺 编著

人民邮电出版社

北 京

图书在版编目（CIP）数据

华为防火墙技术漫谈 / 徐慧洋，白杰，卢宏旺编著
. -- 北京：人民邮电出版社，2015.5（2024.1重印）
（华为ICT认证系列丛书）
ISBN 978-7-115-39076-9

Ⅰ．①华… Ⅱ．①徐… ②白… ③卢… Ⅲ．①计算机
网络—安全技术 Ⅳ．①TP393.08

中国版本图书馆CIP数据核字(2015)第090956号

内 容 提 要

防火墙技术复杂，懂的人少，学的人有畏难心理。更令人困扰的是，目前市场上还没有一本系统介绍此类的书。

为此，华为策划了本书。本书深入介绍了华为防火墙的核心技术原理、应用场景及配置方法，并给出常见的实战案例，可以解决如下几个困扰大家已久的问题。

1. 本书以防火墙核心技术为线索，内容覆盖了高端和中低端防火墙，以主流版本为例介绍配置。对于读者容易产生疑问的知识点，本书都有一一解答。所以本书可以帮助读者掌握华为防火墙产品的核心技术，而不是仅掌握某个型号或版本。

2. 本书内容深度高于防火墙高级培训教材，原理讲解深入，有实验演示，有抓包分析，并能结合现网场景进行点评，可以解决当前高级培训教材内容不够深入的问题。

本书的原型是系列技术贴，部分内容在华为公司企业论坛"强叔侃墙"上发布过，大家可以先去了解一下，再决定是否购买。相关内容在论坛连载不足一年，累计点击量25万+，好评1500+。我们在完善细节、扩展内容的基础上出版此书。可以说，"强叔"已然倾囊相授，希望本书能够不辱防火墙产品的重托，能够答谢广大"强粉"的厚爱。

♦ 编　著　徐慧洋　白　杰　卢宏旺
　　责任编辑　李　静
　　责任印制　彭志环

♦ 人民邮电出版社出版发行　　北京市丰台区成寿寺路 11 号
　　邮编　100164　电子邮件　315@ptpress.com.cn
　　网址　http://www.ptpress.com.cn
　　北京天宇星印刷厂印刷

♦ 开本：787×1092　1/16
　　印张：35.5　　　　　　　　　2015 年 5 月第 1 版
　　字数：825 千字　　　　　　　2024 年 1 月北京第 40 次印刷

定价：129.00 元

读者服务热线：(010)81055493　印装质量热线：(010)81055316
反盗版热线：(010)81055315

序

你了解网络安全吗？

你了解防火墙吗？

你了解防火墙的核心功能和技术要点吗？

很多小伙伴都反映安全产品很难学。为什么呢？概其原因就是交换路由理念早已深入人心，而防火墙设计思想大家接触很少；社会上的安全认证不够普及，厂商提供的产品培训材料数量不多、内容枯燥、晦涩难懂，难以吸引更多的数据通信工程师主动学习安全产品。在网络安全形势日益严峻的今天，安全已经是任何一个网络工程师都必须考虑的关键点。网络工程师急需既通俗又深入的学习教材，帮助自己恶补安全知识，本书的推出恰好抓住了这一点。华为防火墙产品领域的资深技术专家以"强叔"的名义，在华为企业技术论坛发表了系列技术贴"强叔侃墙"，以幽默、轻松的笔法系统地介绍了防火墙的相关知识和技术特点，好评如潮、粉丝云集。正如总编辑徐慧洋所写："强叔侃墙"系列"恰如王阳明讲学，传递内功心法；又如诸葛武侯亲临，指点排兵布阵。文字诙谐风趣绝不照本宣科，核心技术深入挖掘绝不蜻蜓点水，现网场景演绎逻辑严密绝不简单堆砌"。

本人曾很幸运地每期拜读"强叔侃墙"连载贴，它让工作繁忙的我用较少的时间就能系统地学习安全领域的相关知识，使我有机会快速澄清和深入理解很多安全领域的概念和知识。在客户、经销商处也能经常听到大家聊"强叔侃墙"，大家都说"强叔侃墙"比手册讲得深入，却一点不枯燥。强叔以讲故事的方式让大家在不知不觉中就跟随故事情节深入到每个特性专题的细节，从字里行间就能够感受到强叔的丰富经验和良苦用心。

原以为技术贴演进到《强叔侃墙》电子专刊，强叔们的任务就光荣完成了。但是，2014年底徐慧洋找到我，让我给准备正式出版的《华为防火墙技术漫淡（即原来的〈强叔侃墙〉）》写一篇序。这事给了我两个惊喜：一喜是本书为华为防火墙用户、工程师、学员送了一份新年大礼，弥补了防火墙产品多年的遗憾；二喜是本书的内容比原来的技术帖又丰富很多，不仅把强粉们提出来的问题和答案融合进去了，还补充了 DSVPN、多出口 NAT、各种特性的安全策略配置思路、防火墙旁路场景下的双机热备，以及第三代双机热备等许多内容，更加系统完整。

本书是一部传递防火墙技术精髓的武功秘籍，是学习华为防火墙首选的技术书籍。

学好技术需要坚持不懈、持之以恒，本书将会帮大家在技术专家的路上跑得更快、更远。支持华为防火墙的朋友们,支持强叔吧。强叔不仅是防火墙的技术专家,还是大家的知心朋友!

　　最后,再次向本书的创作编著集体予以致敬,是你们的努力,让广大读者看到了这么好的技术专刊书籍。我衷心祝愿华为安全论坛英杰辈出,华为安全产品名满天下。

华为安全领域总经理

2015 年 2 月

前　言

读者对象

本书的目标读者为有数据通信基础，但需要系统学习安全技术的工程师，包括以下几类读者。

■　华为防火墙的用户

本书可作为自学用书，帮助华为防火墙用户能够更快地熟悉防火墙，了解防火墙的关键技术原理，掌握防火墙部署技巧，找到解决防火墙问题的思路。

■　ICT 从业人员

本书可作为自学用书，帮助 ICT 从业人员能够更快地熟悉防火墙，了解防火墙的关键技术原理，掌握防火墙部署技巧，找到解决防火墙问题的思路。

本书可作为 HCIE 安全培训认证参考书，有助于 ICT 从业人员尽快通过华为认证，提升个人价值。

■　高校学生

本书可作为计算机通信等相关专业学生的自学参考书。配合 eNSP 软件，可以帮助学生快速地熟悉防火墙的操作，使学生能更快地积累企业网络实践经验，在今后的职业生涯中有一个更好的起步。

■　对信息和网络技术感兴趣的爱好者

本书可作为学习信息和网络技术的参考书籍，使爱好者了解华为的产品和技术特点，掌握华为产品和技术的应用，为其进一步的技术研究提供工具和指导。

主要内容

全书共分为两大部分，包括理论篇和实战篇。理论篇共包含 10 章，介绍了传统防火墙核心功能的原理、应用场景及配置方法；实战篇共包含 4 个实际案例，采用了先给出场景，再给配置，一边介绍配置一边点评的写作方式，帮助读者充分理解理论应用于实践时的技巧。

理论篇

第 1 章　基础知识

本章介绍了防火墙的定义、发展史和华为防火墙的系列产品，另外还介绍了安全区域的概念、原理、配置方法。安全区域是防火墙产品设计理念的代表，是大家必须先掌握的入门级概念。

第 2 章　安全策略

本章介绍安全策略相关的概念、安全策略发展历史、安全策略配置方法，另外还对 ASPF 的原理（包括 Server-map 表）及配置进行了详细的分析。掌握这一章是学习后面所有特性的基础。

第 3 章　攻击防范

本章介绍了单包攻击、流量型攻击的概念，重点介绍了 SYN Flood、UDP Flood、DNS Flood、HTTP Flood 攻击、防御原理以及常用的防御方法。

第 4 章　NAT

本章内容分为三个层次。首先介绍了源 NAT（包括 NAT、NAPT、Easy-IP、Smart NAT、三元组 NAT）、NAT Server、NAT ALG 等 NAT 基本技术的原理、应用场景及配置方法；然后介绍了多出口场景下的源 NAT、NAT Server，以及双向 NAT 的应用场景及配置技巧；最后详细分析了 NAT 场景下黑洞路由的作用，并为感兴趣的读者爆料了 NAT 地址复用技术的内幕。

第 5 章　GRE&L2TP VPN

基于 Internet 的 VPN 技术五花八门、名目繁多，本书只介绍企业用户使用较多的几种技术。作为专门介绍 VPN 技术的这一章，先介绍 VPN 技术的分类、各自的特点以及几种技术的对比，然后再重点介绍 GRE 和 L2TP VPN 两种技术的原理、应用场景、配置方法。由于 VPN 场景下防火墙安全策略配置有些难度，所以在介绍完 VPN 技术之后再详细讲解一下安全策略的配置思路。

第 6 章　IPSec VPN

IPSec 是融合了加密、验证以及密钥管理算法的隧道技术，非常复杂。本章从最简单的手工方式 IPSec VPN 开始介绍，把 IPSec 涉及的各种概念、技术原理，应用场景及配置技巧，由浅入深地推送到读者面前。考虑到配置 IPSec 容易出现错误，为此本章最后的故障处理一节用于帮助用户调试 IPSec VPN。

第 7 章　DSVPN

DSVPN 是采用 GRE 协议实现的动态 VPN 技术，本章重点介绍了 DSVPN 中静态隧道和动态隧道的建立过程，让读者充分感受到 DSVPN 的优越之处和巧妙之处。

第 8 章　SSL VPN

SSL VPN 是基于 HTTPS 的 VPN，能为用户提供 4 大功能，包括文件共享、Web 代理、端口转发、网络扩展。本章依次介绍 SSL 握手以及 4 种功能的基本原理，最后讲解 SSL VPN 的用户管理（角色授权）方法和 4 种功能混用时的设计技巧。

第 9 章　双机热备

防火墙双机热备功能是由 VRRP、VGMP、HRP 三个协议共同实现的，这三个协议是如何配合实现防火墙双机热备功能的呢？为了让广大读者充分领悟其中的奥妙，本章从路由器双机原理开始介绍，说明防火墙的双机热备的高深之处，并且对每个协议的价值及原理按需展开，徐徐渐进，保证大家丝毫没有被填鸭之感。为了让大家能够自如应对复杂的现网场景，本章还特别描述了防火墙旁路场景下的双机热备，NAT 和 IPSec 场景下的双机热备流量分析及配置技巧。最后，本章概要介绍了第三代双机热备的改进点，文字不多但句句切中要害。

第 10 章　出口选路

出口网关是防火墙最常用的场景，此场景要求防火墙必须提供多出口选路的能力。本章介绍了就近选路、策略路由选路、智能选路、DNS 选路 4 种选路方式的配置技巧。

有路由知识基础的读者，掌握本章非常容易；缺少路由知识基础的读者也不用担心，防火墙用到的路由知识都比较简单，按本章给出的思路学习是最短路径。

实战篇

第 11 章　防火墙在校园网中的应用

本章介绍了防火墙作为网关部署在校园网出口的方法，为校内用户提供宽带服务，为校外用户提供内网服务器访问。

第 12 章　防火墙在广电网络中的应用

本章介绍了防火墙作为网关双机部署在广电网络的 Internet 出口的方法，为广电用户提供宽带服务，为内外网用户提供服务器托管业务。

第 13 章　防火墙在体育场馆网络中的应用

本章介绍了防火墙作为网关双机部署在体育场馆网络出口的方法，为内网用户提供上网服务；还介绍了防火墙双机透明部署在内部数据中心网络出口的方法，保护数据中心服务器安全。

第 14 章　防火墙在企业分支与总部 VPN 互通中的应用

本章介绍了防火墙作为网关部署在企业分支和总部网络出口的方法，为分支和总部之间建立 IPSec VPN，保证分支访问总部的数据在 Internet 上安全传输。

附录

A　报文处理流程

在理论篇中，强叔深入地介绍了安全策略、攻击防范、NAT、VPN、路由等功能的实现原理。读者学习之后会有豁然开朗的感觉，但开朗之后会有一个新的问题提出来——这些功能在防火墙内部的处理顺序是什么？处理顺序是否影响这些功能的配置？回答是肯定的。在多功能综合应用场景下，不了解防火墙报文处理流程的人非常容易遇到一个问题——面对长长的配置脚本找不出问题所在。所以，本章虽然是附录，但是它可以帮助你把前面的内容融会贯通，理清思路，在迷茫时刻能够发现蛛丝马迹、找到处理问题的方向。建议大家务必阅读！

B　证书浅析

IPSec VPN 和 SSL VPN 中都用到了数字证书，强叔在这两章中介绍的生成密钥和证书的方法完全不一样。大家不要太奇怪，看完本章就能找到答案。

C　强叔提问及答案

给出每章的强叔提问的答案。

鸣谢

本书由华为技术有限公司"交换机与企业通信产品线资料开发部防火墙与应用网关资料组"（俗称强叔团队）编写，由人民邮电出版社出版上市。在此期间，培训认证部的领导、资料部领导、防火墙与应用网关产品领导给予了很多的指导、支持和鼓励，人民邮电出版社的编辑给予了严格、细致的审核。在此，诚挚感谢相关领导的扶持，感谢人民邮电出版社各位编辑，以及各位编委的辛勤工作！

以下是本书主创人员的介绍。

徐慧洋，具有十多年数通产品经验，六年防火墙产品经验。曾创作了《USG 防火墙 IPSec 专题》、《华为防火墙双机热备 HCIE 培训胶片》、《轻松玩转 BGP》等广受欢迎的作品，《强叔侃墙》总编。

白杰，具有八年防火墙产品经验，堪称最熟悉华为防火墙的资料开发专家。参与创作《华为网络技术学习指南》，《强叔侃墙》技术贴的主编。

卢宏旺，具有七年华为防火墙产品经验，曾写作《华为防火墙双机热备 HCIE 实验手册》，《强叔拍案》主编，《小强和小艾台历》主创。

以下是参与本书编写和技术审校人员名单。

主　　编：徐慧洋、白　杰、卢宏旺
编委人员：徐慧洋、白　杰、卢宏旺、王　蕾、刘　水、韩　姣、闫广辉、金德胜、
　　　　　惠　博、余　杨、李苗苗、赵　欢
技术审校：徐慧洋、白　杰

参与本书编写和审稿的老师虽然有多年 ICT 从业经验，但因时间仓促，错漏之处在所难免，望读者不吝赐教，在此表示衷心的感谢。读者对于本书有任何意见和建议可以发送邮件至 xuhuiyang.xu@huawei.com，或直接登录华为企业论坛"强叔侃墙"汇总贴反馈。

目　　录

理　论　篇

第1章　基础知识 ·· 2

1.1　什么是防火墙 ·· 4

1.2　防火墙的发展历史 ·· 5

　　1.2.1　1989 年至 1994 年 ··· 6

　　1.2.2　1995 年至 2004 年 ··· 6

　　1.2.3　2005 年至今 ·· 7

　　1.2.4　总结 ··· 7

1.3　华为防火墙产品一览 ·· 8

　　1.3.1　USG2110 产品介绍 ··· 9

　　1.3.2　USG6600 产品介绍 ··· 9

　　1.3.3　USG9500 产品介绍 ··· 9

1.4　安全区域 ·· 10

　　1.4.1　接口、网络和安全区域的关系 ······································· 10

　　1.4.2　报文在安全区域之间流动的方向 ····································· 12

　　1.4.3　安全区域的配置 ··· 13

1.5　状态检测和会话机制 ·· 16

　　1.5.1　状态检测 ··· 16

　　1.5.2　会话 ··· 18

　　1.5.3　组网验证 ··· 18

1.6　状态检测和会话机制补遗 ·· 19

　　1.6.1　再谈会话 ··· 19

　　1.6.2　状态检测与会话创建 ··· 21

1.7　配置注意事项和故障排除指导 ·· 25

　　1.7.1　安全区域 ··· 25

　　1.7.2　状态检测和会话机制 ··· 26

第2章　安全策略 ·· 30

2.1　安全策略初体验 ·· 32

　　2.1.1　基本概念 ··· 32

　　2.1.2　匹配顺序 ··· 33

2.1.3 缺省包过滤 ·· 34

2.2 安全策略发展历程 ··· 35

2.2.1 第一阶段：基于 ACL 的包过滤 ··· 35

2.2.2 第二阶段：融合 UTM 的安全策略 ······································· 36

2.2.3 第三阶段：一体化安全策略 ·· 38

2.3 Local 区域的安全策略 ··· 41

2.3.1 针对 OSPF 协议配置 Local 区域的安全策略 ························· 41

2.3.2 哪些协议需要在防火墙上配置 Local 区域的安全策略 ············· 46

2.4 ASPF ·· 48

2.4.1 帮助 FTP 数据报文穿越防火墙 ··· 48

2.4.2 帮助 QQ/MSN 报文穿越防火墙 ··· 52

2.4.3 帮助用户自定义协议报文穿越防火墙 ··································· 54

2.5 配置注意事项和故障排除指导 ·· 55

2.5.1 安全策略 ··· 55

2.5.2 ASPF ··· 58

第3章 攻击防范 ··· 60

3.1 DoS 攻击简介 ·· 62

3.2 单包攻击及防御 ··· 62

3.2.1 Ping of Death 攻击及防御 ·· 63

3.2.2 Land 攻击及防御 ·· 63

3.2.3 IP 地址扫描攻击 ·· 64

3.2.4 防御单包攻击的配置建议 ··· 64

3.3 流量型攻击之 SYN Flood 攻击及防御 ·· 65

3.3.1 攻击原理 ··· 66

3.3.2 防御方法之 TCP 代理 ·· 67

3.3.3 防御方法之 TCP 源探测 ·· 68

3.3.4 配置命令 ··· 69

3.3.5 阈值配置指导 ··· 70

3.4 流量型攻击之 UDP Flood 攻击及防御 ·· 70

3.4.1 防御方法之限流 ·· 71

3.4.2 防御方法之指纹学习 ·· 71

3.4.3 配置命令 ··· 73

3.5 应用层攻击之 DNS Flood 攻击及防御 ·· 74

3.5.1 攻击原理 ··· 74

3.5.2 防御方法 ··· 75

3.5.3 配置命令 ··· 78

3.6 应用层攻击之 HTTP Flood 攻击及防御 ·· 78

3.6.1 攻击原理 ··· 78

3.6.2 防御方法 ··· 79

　　　3.6.3　配置命令 ··· 82

第 4 章　NAT ·· 84

　4.1　源 NAT ·· 86

　　　4.1.1　源 NAT 基本原理 ··· 86

　　　4.1.2　NAT No-PAT ·· 88

　　　4.1.3　NAPT ··· 90

　　　4.1.4　出接口地址方式 ·· 91

　　　4.1.5　Smart NAT ·· 92

　　　4.1.6　三元组 NAT ·· 94

　　　4.1.7　多出口场景下的源 NAT ··· 98

　　　4.1.8　总结 ·· 100

　　　4.1.9　延伸阅读 ··· 100

　4.2　NAT Server ·· 101

　　　4.2.1　NAT Server 基本原理 ·· 102

　　　4.2.2　多出口场景下的 NAT Server ·· 104

　4.3　双向 NAT ··· 109

　　　4.3.1　NAT Inbound+NAT Server ·· 110

　　　4.3.2　域内 NAT+NAT Server ··· 112

　4.4　NAT ALG ··· 115

　　　4.4.1　FTP 协议穿越 NAT 设备 ·· 115

　　　4.4.2　QQ/MSN/User-defined 协议穿越 NAT 设备 ·· 118

　　　4.4.3　一条命令同时控制两种功能 ··· 119

　　　4.4.4　User-defined 类型的 ASPF 和三元组 NAT 辨义 ····································· 120

　4.5　NAT 场景下黑洞路由的作用 ·· 121

　　　4.5.1　源 NAT 场景下的黑洞路由 ·· 121

　　　4.5.2　NAT Server 场景下的黑洞路由 ·· 126

　　　4.5.3　总结 ·· 128

　4.6　NAT 地址复用专利技术 ·· 129

第 5 章　GRE&L2TP VPN ··· 132

　5.1　VPN 技术简介 ··· 134

　　　5.1.1　VPN 分类 ··· 134

　　　5.1.2　VPN 的关键技术 ··· 136

　　　5.1.3　总结 ·· 138

　5.2　GRE ··· 139

　　　5.2.1　GRE 的封装/解封装 ·· 139

　　　5.2.2　配置 GRE 基本参数 ·· 141

　　　5.2.3　配置 GRE 安全机制 ·· 143

　　　5.2.4　安全策略配置思路 ·· 145

5.3　L2TP VPN 的诞生及演进 ……………………………………………… 148
5.4　L2TP Client-Initiated VPN ……………………………………………… 150
　　5.4.1　阶段 1　建立 L2TP 隧道：3 条消息协商进入虫洞时机 ……… 151
　　5.4.2　阶段 2　建立 L2TP 会话：3 条消息唤醒虫洞门神 …………… 152
　　5.4.3　阶段 3　创建 PPP 连接：身份认证，发放特别通行证 ……… 152
　　5.4.4　阶段 4　数据封装传输：穿越虫洞，访问地球 ……………… 154
　　5.4.5　安全策略配置思路 ……………………………………………… 156
5.5　L2TP NAS-Initiated VPN ……………………………………………… 158
　　5.5.1　阶段 1　建立 PPPoE 连接：拨号口呼唤 VT 口 ……………… 160
　　5.5.2　阶段 2　建立 L2TP 隧道：3 条消息协商进入虫洞时机 ……… 161
　　5.5.3　阶段 3　建立 L2TP 会话：3 条消息唤醒虫洞门神 …………… 162
　　5.5.4　阶段 4～5　LNS 认证，分配 IP 地址：LNS 冷静接受 LAC … 162
　　5.5.5　阶段 6　数据封装传输：一路畅通 ………………………… 164
　　5.5.6　安全策略配置思路 ……………………………………………… 165
5.6　L2TP LAC-Auto-Initiated VPN ……………………………………… 167
　　5.6.1　LAC-Auto-Initiated VPN 原理及配置 ……………………… 168
　　5.6.2　安全策略配置思路 ……………………………………………… 171
5.7　总结 ……………………………………………………………………… 174

第 6 章　IPSec VPN …………………………………………………………… 176
6.1　IPSec 简介 ……………………………………………………………… 178
　　6.1.1　加密和验证 ……………………………………………………… 178
　　6.1.2　安全封装 ………………………………………………………… 180
　　6.1.3　安全联盟 ………………………………………………………… 181
6.2　手工方式 IPSec VPN …………………………………………………… 182
6.3　IKE 和 ISAKMP ………………………………………………………… 185
6.4　IKEv1 ……………………………………………………………………… 186
　　6.4.1　配置 IKE/IPSec VPN ………………………………………… 186
　　6.4.2　建立 IKE SA（主模式） ……………………………………… 188
　　6.4.3　建立 IPSec SA …………………………………………………… 191
　　6.4.4　建立 IKE SA（野蛮模式） …………………………………… 193
6.5　IKEv2 ……………………………………………………………………… 194
　　6.5.1　IKEv2 简介 ……………………………………………………… 195
　　6.5.2　IKEv2 协商过程 ………………………………………………… 196
6.6　IKE/IPSec 对比 ………………………………………………………… 198
　　6.6.1　IKEV1 PK IKEv2 ……………………………………………… 198
　　6.6.2　IPSec 协议框架 ………………………………………………… 198
6.7　IPSec 模板方式 ………………………………………………………… 200
　　6.7.1　在点到多点组网中的应用 …………………………………… 200
　　6.7.2　个性化的预共享密钥 …………………………………………… 203

6.7.3　巧用指定对端域名 ·· 204

6.7.4　总结 ··· 205

6.8　NAT 穿越 ···206

6.8.1　NAT 穿越场景简介 ···206

6.8.2　IKEv1 的 NAT 穿越协商 ···210

6.8.3　IKEv2 的 NAT 穿越协商 ···211

6.8.4　IPSec 与 NAT 并存于一个防火墙 ·····································212

6.9　数字证书认证 ···213

6.9.1　公钥密码学和 PKI 框架 ···214

6.9.2　证书申请 ··214

6.9.3　数字证书方式的身份认证 ··218

6.10　GRE/L2TP over IPSec ···220

6.10.1　分舵通过 GRE over IPSec 接入总舵 ···································220

6.10.2　分舵通过 L2TP over IPSec 接入总舵 ··································223

6.10.3　移动用户使用 L2TP over IPSec 远程接入总舵 ··························226

6.11　对等体检测 ··227

6.11.1　Keepalive 机制 ···228

6.11.2　DPD 机制 ···228

6.12　IPSec 双链路备份 ···229

6.12.1　IPSec 主备链路备份 ···229

6.12.2　IPSec 隧道化链路备份 ··232

6.13　安全策略配置思路 ···236

6.13.1　IKE/IPSec VPN 场景 ···236

6.13.2　IKE/IPSec VPN+NAT 穿越场景 ··239

6.14　IPSec 故障排除 ···242

6.14.1　没有数据流触发 IKE 协商故障分析 ····································243

6.14.2　IKE 协商不成功故障分析 ··244

6.14.3　IPSec VPN 业务不通故障分析 ··248

6.14.4　IPSec VPN 业务质量差故障分析 ······································249

第 7 章　DSVPN ··254

7.1　DSVPN 简介 ··256

7.2　Normal 方式的 DSVPN ··257

7.2.1　配置 Normal 方式 DSVPN ···257

7.2.2　Normal 方式的 DSVPN 原理 ···259

7.3　Shortcut 方式的 DSVPN ···263

7.3.1　配置 Shortcut 方式的 DSVPN ··264

7.3.2　Shortcut 方式的 DSVPN 原理 ··265

7.4　Normal 方式和 Shortcut 方式对比 ……………………………………………………… 269
7.5　私网采用静态路由时 DSVPN 的配置 …………………………………………………… 269
7.6　DSVPN 的安全性 ………………………………………………………………………… 270
　　7.6.1　身份认证 ………………………………………………………………………… 270
　　7.6.2　加密保护 ………………………………………………………………………… 271
7.7　安全策略配置思路 ………………………………………………………………………… 272

第 8 章　SSL VPN …………………………………………………………………………………… 274
8.1　SSL VPN 原理 …………………………………………………………………………… 276
　　8.1.1　SSL VPN 的优势 ………………………………………………………………… 276
　　8.1.2　SSL VPN 的应用场景 …………………………………………………………… 276
　　8.1.3　SSL 协议的运行机制 …………………………………………………………… 278
　　8.1.4　用户身份认证 …………………………………………………………………… 283
8.2　文件共享 …………………………………………………………………………………… 286
　　8.2.1　文件共享应用场景 ……………………………………………………………… 286
　　8.2.2　配置文件共享 …………………………………………………………………… 287
　　8.2.3　远程用户与防火墙之间的交互 ………………………………………………… 288
　　8.2.4　防火墙与文件服务器的交互 …………………………………………………… 292
8.3　Web 代理 ………………………………………………………………………………… 293
　　8.3.1　配置 Web 代理资源 ……………………………………………………………… 293
　　8.3.2　对 URL 地址的改写 ……………………………………………………………… 295
　　8.3.3　对 URL 中资源路径的改写 ……………………………………………………… 296
　　8.3.4　对 URL 包含的文件改写 ………………………………………………………… 297
8.4　端口转发 …………………………………………………………………………………… 298
　　8.4.1　配置端口转发 …………………………………………………………………… 298
　　8.4.2　准备阶段 ………………………………………………………………………… 300
　　8.4.3　Telnet 连接建立阶段 …………………………………………………………… 300
　　8.4.4　数据通信阶段 …………………………………………………………………… 303
8.5　网络扩展 …………………………………………………………………………………… 303
　　8.5.1　网络扩展应用场景 ……………………………………………………………… 304
　　8.5.2　网络扩展处理流程 ……………………………………………………………… 305
　　8.5.3　可靠传输模式和快速传输模式 ………………………………………………… 307
　　8.5.4　配置网络扩展 …………………………………………………………………… 308
　　8.5.5　登录过程 ………………………………………………………………………… 310
8.6　配置角色授权 ……………………………………………………………………………… 312
8.7　配置安全策略 ……………………………………………………………………………… 313
　　8.7.1　Web 代理/文件共享/端口转发场景下配置安全策略 ………………………… 313
　　8.7.2　网络扩展场景下配置安全策略 ………………………………………………… 315
8.8　SSL VPN 四大功能综合应用 …………………………………………………………… 318

第 9 章　双机热备 ·· 322

9.1　双机热备概述 ··· 324

9.1.1　双机部署提升网络可靠性 ······························· 324

9.1.2　路由器的双机部署只需考虑路由备份 ·················· 324

9.1.3　防火墙的双机部署还需考虑会话备份 ·················· 326

9.1.4　双机热备解决防火墙会话备份问题 ···················· 327

9.1.5　总结 ··· 329

9.2　VRRP 与 VGMP 的故事 ··· 330

9.2.1　VRRP 概述 ··· 330

9.2.2　VRRP 工作原理 ··· 332

9.2.3　多个 VRRP 状态相互独立产生问题 ···················· 336

9.2.4　VGMP 的产生解决了 VRRP 的问题 ···················· 337

9.2.5　VGMP 报文结构 ·· 339

9.2.6　防火墙 VGMP 组的缺省状态 ···························· 341

9.2.7　主备备份双机热备状态形成过程 ························ 342

9.2.8　主用设备接口故障后的状态切换过程 ·················· 346

9.2.9　主用设备整机故障后的状态切换过程 ·················· 348

9.2.10　原主用设备故障恢复后的状态切换过程（抢占） ······ 349

9.2.11　负载分担双机热备状态形成过程 ······················ 351

9.2.12　负载分担双机热备状态切换过程 ······················ 353

9.2.13　总结 ·· 354

9.2.14　VGMP 状态机 ·· 355

9.3　VGMP 招式详解 ··· 356

9.3.1　防火墙连接路由器时的 VGMP 招式 ···················· 356

9.3.2　防火墙透明接入，连接交换机时的 VGMP 招式 ········ 359

9.3.3　防火墙透明接入，连接路由器时的 VGMP 招式 ········ 361

9.3.4　VGMP 组监控远端接口的招式 ·························· 363

9.3.5　总结 ··· 364

9.4　HRP 协议详解 ··· 365

9.4.1　HRP 概述 ··· 365

9.4.2　HRP 报文结构和实现原理 ······························ 367

9.4.3　HRP 的备份方式 ·· 369

9.4.4　HRP 能够备份的配置与状态信息 ······················ 371

9.4.5　心跳口与心跳链路探测报文 ···························· 372

9.4.6　HRP 一致性检查报文的作用与原理 ···················· 373

9.5　双机热备配置指导 ··· 374

9.5.1　配置流程 ·· 375

9.5.2　配置检查和结果验证 ····································· 378

9.6　双机热备旁挂组网分析 ··· 380

　　9.6.1　通过 VRRP 与静态路由的方式实现双机热备旁挂 ·················· 380

　　9.6.2　通过 OSPF 与策略路由的方式实现双机热备旁挂 ················· 383

9.7　双机热备与其他特性结合使用 ··· 385

　　9.7.1　双机热备与 NAT Server 结合使用 ··································· 385

　　9.7.2　双机热备与源 NAT 特性结合使用 ··································· 388

　　9.7.3　主备备份方式双机热备与 IPSec 结合使用 ························· 391

　　9.7.4　负载分担方式双机热备与 IPSec 结合使用 ························· 393

9.8　第三代双机热备登上历史舞台 ··· 395

　　9.8.1　第三代 VGMP 概述 ··· 396

　　9.8.2　第三代 VGMP 缺省状态及配置 ····································· 397

　　9.8.3　第三代双机热备状态形成及切换过程 ······························· 398

　　9.8.4　第三代 VGMP 报文结构 ··· 400

　　9.8.5　第三代 VGMP 状态机 ··· 401

　　9.8.6　总结 ··· 402

第 10 章　出口选路 ··· 404

10.1　出口选路总述 ··· 406

　　10.1.1　就近选路 ··· 406

　　10.1.2　策略路由选路 ··· 406

　　10.1.3　智能选路 ··· 407

　　10.1.4　透明 DNS 选路 ··· 409

　　10.1.5　旁挂出口选路 ··· 410

10.2　就近选路 ··· 411

　　10.2.1　缺省路由 VS 明细路由 ··· 411

　　10.2.2　ISP 路由 ··· 413

10.3　策略路由选路 ··· 416

　　10.3.1　策略路由的概念 ··· 416

　　10.3.2　基于目的 IP 地址的策略路由 ······································· 418

　　10.3.3　基于源 IP 地址的策略路由 ··· 419

　　10.3.4　基于应用的策略路由 ··· 421

　　10.3.5　旁路组网下的策略路由选路 ··· 423

10.4　智能选路 ··· 425

　　10.4.1　链路带宽模式 ··· 426

　　10.4.2　路由权重模式 ··· 429

　　10.4.3　链路质量探测模式 ··· 431

10.5　透明 DNS 选路 ··· 435

　　10.5.1　基本原理 ··· 435

　　10.5.2　简单轮询算法 ··· 437

　　10.5.3　加权轮询算法 ··· 439

实　战　篇

第 11 章　防火墙在校园网中的应用 ··· 444
　11.1　组网需求 ··· 446
　11.2　强叔规划 ··· 447
　　11.2.1　多出口选路规划 ·· 447
　　11.2.2　安全规划 ··· 447
　　11.2.3　NAT 规划 ··· 448
　　11.2.4　带宽管理规划 ·· 449
　　11.2.5　网络管理规划 ·· 449
　11.3　配置步骤 ··· 449
　11.4　拍案惊奇 ··· 458

第 12 章　防火墙在广电网络中的应用 ·· 460
　12.1　组网需求 ··· 462
　12.2　强叔规划 ··· 463
　　12.2.1　双机热备规划 ·· 463
　　12.2.2　多出口选路规划 ·· 463
　　12.2.3　带宽管理规划 ·· 464
　　12.2.4　安全规划 ··· 464
　　12.2.5　NAT 规划 ··· 465
　　12.2.6　内网服务器规划 ·· 466
　　12.2.7　应对审查的规划 ·· 466
　12.3　配置步骤 ··· 466
　12.4　拍案惊奇 ··· 478

第 13 章　防火墙在体育场馆网络中的应用 ··· 480
　13.1　组网需求 ··· 482
　13.2　强叔规划——出口防火墙 ·· 483
　　13.2.1　BGP 规划 ··· 483
　　13.2.2　OSPF 规划 ··· 483
　　13.2.3　双机热备规划 ·· 484
　　13.2.4　安全功能规划 ·· 484
　　13.2.5　NAT 规划 ··· 484
　　13.2.6　来回路径不一致规划 ·· 485
　13.3　强叔规划——数据中心防火墙 ·· 486
　　13.3.1　双机热备规划 ·· 486
　　13.3.2　安全功能规划 ·· 486

13.4 配置步骤——出口防火墙 ………………………………………… 487

13.5 配置步骤——数据中心防火墙 …………………………………… 492

13.6 拍案惊奇 ……………………………………………………………… 495

第 14 章 防火墙在企业分支与总部 VPN 互通中的应用 ……………………… 496

14.1 组网需求 ……………………………………………………………… 498

14.2 强叔规划 ……………………………………………………………… 499

14.2.1 接口规划 ………………………………………………………………… 499

14.2.2 安全策略规划 …………………………………………………………… 499

14.2.3 IPSec 规划 ……………………………………………………………… 499

14.2.4 NAT 规划 ………………………………………………………………… 500

14.2.5 路由规划 ………………………………………………………………… 500

14.3 配置步骤 ……………………………………………………………… 500

14.4 拍案惊奇 ……………………………………………………………… 507

附　　录

A 报文处理流程 …………………………………………………………………… 510

A.1 华为大同：全系列状态检测防火墙报文处理流程 ……………… 512

A.1.1 查询会话前的处理过程：基础处理 …………………………………… 513

A.1.2 查询会话中的处理过程：转发处理，关键是会话建立 ……………… 513

A.1.3 查询会话后的处理过程：安全业务处理及报文发送 ………………… 515

A.2 求同存异：集中式与分布式防火墙差异对报文处理流程的影响 ………… 516

A.2.1 当安全策略遇上 NAT Server ………………………………………… 517

A.2.2 当源 NAT 遇上 NAT Server ………………………………………… 519

B 证书浅析 ………………………………………………………………………… 522

B.1 公钥密码学 …………………………………………………………… 524

B.1.1 基本概念 ………………………………………………………………… 524

B.1.2 数据加解密 ……………………………………………………………… 525

B.1.3 真实性验证 ……………………………………………………………… 526

B.1.4 完整性验证 ……………………………………………………………… 527

B.2 证书 …………………………………………………………………… 528

B.2.1 证书属性 ………………………………………………………………… 528

B.2.2 证书颁发 ………………………………………………………………… 529

B.2.3 证书验证 ………………………………………………………………… 530

B.3 应用 …………………………………………………………………… 532

B.3.1 证书在 IPSec 中的应用 ………………………………………………… 532

B.3.2 证书在 SSL VPN 中的应用 …………………………………………… 532

C 强叔提问及答案 ······ 540
  C.1 第 1 章 ······ 542
  C.2 第 2 章 ······ 542
  C.3 第 3 章 ······ 543
  C.4 第 4 章 ······ 544
  C.5 第 5 章 ······ 544
  C.6 第 6 章 ······ 545
  C.7 第 7 章 ······ 546
  C.8 第 8 章 ······ 546
  C.9 第 9 章 ······ 546
  C.10 第 10 章 ······ 547
  C.11 附录 A ······ 548
  C.12 附录 B ······ 548

理论篇

第1章　基础知识

第2章　安全策略

第3章　攻击防范

第4章　NAT

第5章　GRE&L2TP VPN

第6章　IPSec VPN

第7章　DSVPN

第8章　SSL VPN

第9章　双机热备

第10章　出口选路

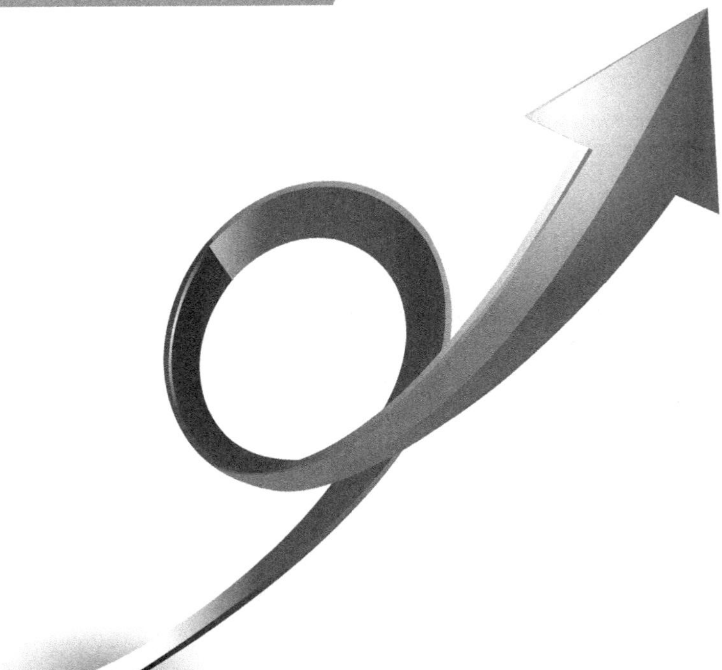

第1章
基础知识

1.1 什么是防火墙

1.2 防火墙的发展历史

1.3 华为防火墙产品一览

1.4 安全区域

1.5 状态检测和会话机制

1.6 状态检测和会话机制补遗

1.7 配置注意事项和故障排除指导

1.1 什么是防火墙

2013 年 9 月，华为在首届企业网络大会上发布了下一代防火墙 USG6600，标志着华为防火墙进入一个新的历史发展阶段。

2013 年 12 月，在 Forrester Research 最新发布的网络隔离网关报告中，华为下一代防火墙作为唯一被提及的中国厂商，以全面的特性支持和可靠的质量保证，达到了 95% 以上的超高满足度，获得了优秀的评价。

时光倒回至 2001 年，华为发布了第一款防火墙插卡。白驹过隙，至今已经 13 年。13 年来，互联网经历着不可预测的高速发展，而华为防火墙正是在这个发展的浪潮中乘风破浪，逐步成长和壮大，今天仍然在不断超越。

与交换机、路由器相比，熟悉防火墙的读者可能相对较少。作为网络中安全防护的第一道防线，防火墙扮演着重要的角色，是时候来认识一下这位网络安全的忠诚守护者了。

本人来自华为防火墙研发团队，人称"强叔"，曾经的小伙，如今的大叔。在这里结合华为的防火墙及安全系列产品，跟大家东侃侃防火墙的发展历史和关键技术，西扯扯防火墙上安全特性的实现原理和配置方法。希望通过强叔的讲解，能让防火墙深深地存在各位网络工程师的脑海里。

下面，强叔就从"防火墙"一词讲起。墙，始于防，忠于守。自古至今，墙予人以安全之意。防火墙，顾名思义，阻挡的是火，这一名词起源于建筑领域，其作用是隔离火灾，阻止火势从一个区域蔓延到另一个区域。

引入到通信领域，防火墙也形象化地体现了这一特点：防火墙这一具体的网络设备，通常用于两个网络之间的隔离。当然，这种隔离是高明的，隔离的是"火"的蔓延，而又保证"人"能穿墙而过。这里的"火"是指网络中的各种攻击，而"人"是指正常的通信报文。

那么，用通信语言来定义，防火墙主要用于保护一个网络免受来自另一个网络的攻击和入侵行为。因其隔离、防守的属性，防火墙灵活应用于**网络边界**、**子网隔离**等位置，如企业网络出口、大型网络内部子网隔离、数据中心边界等，如图 1-1 所示。

通过上文的介绍我们可以看到，防火墙与路由器、交换机是有区别的。路由器用来连接不同的网络，通过路由协议保证互联互通，确保将报文转发到目的地；交换机通常用来组建局域网，作为局域网通信的重要枢纽，通过二层/三层交换快速转发报文；防火墙主要部署在网络边界，对进出网络的访问行为进行控制，安全防护是其核心特性。路由器与交换机的本质是**转发**，防火墙的本质是**控制**，如图 1-2 所示。

现阶段中低端路由器与防火墙有合一趋势，主要是因为二者形态相似，功能相近，华为发布了一系列这样的中低端设备，如 USG2000/5000 系列防火墙，兼具路由和安全功能，真正做到了 "all in one"。

了解防火墙的基本概念后，接下来强叔为大家介绍防火墙的发展历史。

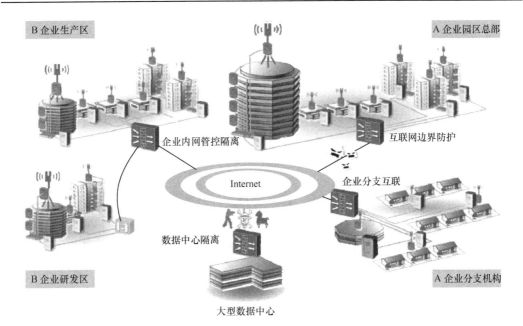

图 1-1　防火墙部署场景示意图

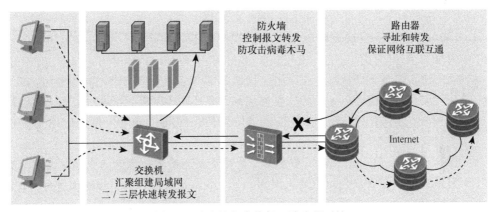

图 1-2　防火墙与交换机、路由器对比

1.2　防火墙的发展历史

上一节为大家介绍了防火墙的基本概念，本节强叔要和大家聊一聊防火墙的昨天、今天和明天，请大家跟着强叔来回顾防火墙的发展历史，展望防火墙的美好未来。

与人类的进化史相似，防火墙的发展历史也经历了从低级到高级、从功能简单到功能复杂的过程，如图 1-3 所示。在这一过程中，网络技术的快速发展、新需求的不断提出，推动着防火墙向前发展演进。

最早的防火墙可以追溯到 20 世纪 80 年代末期，距今已有二十多年的历史。在这二十多年间，防火墙的发展过程大致可以划分为如下 3 个时期。

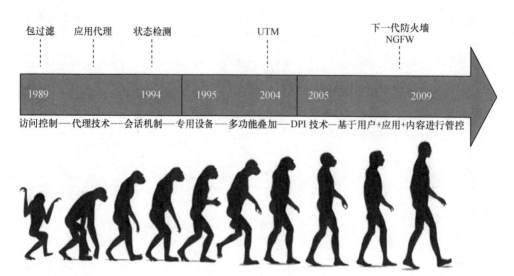

图 1-3 防火墙发展历史

1.2.1 1989 年至 1994 年

防火墙在这一个时期的大事件主要包括以下几个。

- 1989 年产生了包过滤防火墙，能实现简单的访问控制，我们称之为**第一代防火墙**。
- 随后出现了代理防火墙，在应用层代理内部网络和外部网络之间的通信，属于**第二代防火墙**。代理防火墙的安全性较高，但处理速度慢，而且对于每一种应用都要开发一个对应的代理服务是很难做到的，因此只能对少量的应用提供代理支持。
- 1994 年 CheckPoint 公司发布了第一台基于状态检测技术的防火墙，通过动态分析报文的状态来决定对报文采取的动作，不需要为每个应用程序都进行代理，处理速度快而且安全性高。状态检测防火墙被称为**第三代防火墙**。

📖 **说明**

CheckPoint 是以色列的一家安全厂商。

1.2.2 1995 年至 2004 年

防火墙在这一个时期的大事件主要包括以下几个。

- 状态检测防火墙已经成为趋势，除了访问控制功能之外，防火墙上也开始增加一些其他功能，如 VPN（Virtual Private Network，虚拟专用网）。
- 同时，一些专用设备在这一时期出现了雏形。例如，专门保护 Web 服务器安全的 WAF（Web Application Firewall，Web 应用防火墙）设备。
- 2004 年业界提出了 UTM（United Threat Management，统一威胁管理）的概念，

将传统防火墙、入侵检测、防病毒、URL 过滤、应用程序控制、邮件过滤等功能融合到一台防火墙上，实现全面的安全防护。

1.2.3　2005 年至今

防火墙在这一个时期的大事件主要包括以下几个。

- 2004 年后，UTM 市场得到了快速的发展，UTM 产品如雨后春笋般涌现，但面临新的问题。首先是针对应用层信息的检测程度受到限制。举个例子，假设防火墙允许"男人"通过，拒绝"女人"通过，那是否允许来自星星的都教授（外星人）通过呢？此时就需要更高级的检测手段，这使得 DPI（Deep Packet Inspection，深度报文检测）技术得到广泛应用。其次是性能问题，多个安全功能同时运行，UTM 设备的处理性能将会严重下降。
- 2008 年 Palo Alto Networks 公司发布了下一代防火墙（Next-Generation Firewall），解决了多个功能同时运行时性能下降的问题。同时，下一代防火墙还可以基于用户、应用和内容来进行管控。
- 2009 年 Gartner 对下一代防火墙进行了定义，明确下一代防火墙应具备的功能特性。随后各个安全厂商都推出了各自的下一代防火墙产品，防火墙进入了一个新的时代。

📖 **说明**

Palo Alto Networks 是美国的一家安全厂商，率先推出了下一代防火墙，是下一代防火墙的开山鼻祖。
Gartner 是著名的 IT 研究与顾问咨询公司，众所周知的魔力象限就出自 Gartner。2013 年华为成为首家进入 Gartner 防火墙和 UTM 魔力象限的中国厂商，充分证明了华为安全产品的实力。

1.2.4　总结

从防火墙的发展历史中我们可以看到以下 3 个最主要的特点。

- 第一点是防火墙的访问控制越来越精确。从最初的简单访问控制，到基于会话的访问控制，再到下一代防火墙上基于用户、应用和内容来进行访问控制，都是为了实现更有效更精确的管控。
- 第二点是防火墙的防护能力越来越强。从早期的隔离功能，到逐渐增加了入侵检测、防病毒、URL 过滤、应用程序控制、邮件过滤等功能，防护手段越来越多，防护的范围也越来越广。
- 第三点是防火墙的处理性能越来越高。随着网络中业务流量爆炸式增长，对防火墙性能的需求也越来越高。各个厂商不断地对防火墙的硬件和软件架构进行改进和完善，使防火墙的处理性能不断提高。

下一代防火墙并不是终结，网络发展日新月异，新技术、新需求不断涌现，也许用不了几年，防火墙会变得更加高级和智能，也更容易管理和配置，让我们拭目以待。

1.3　华为防火墙产品一览

在上节中,强叔和大家聊了防火墙的发展历史。经过二十多年的发展演变,防火墙的功能越来越强,性能越来越高。华为的防火墙产品同样经历了从无到有、逐步壮大的过程。在十几年的时间中,华为防火墙始终坚韧前行,勇于创新,不断突破,取得了一个又一个辉煌成绩,如图 1-4 所示。

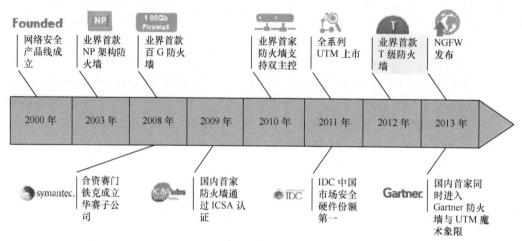

图 1-4　华为防火墙发展历程

今天强叔就和大家侃一侃华为的防火墙产品,带着大家纵览华为防火墙全系列产品,围观明星产品。耳听为虚眼见为实,先上一张华为防火墙全家福,请大家先睹为快,如图 1-5 所示。

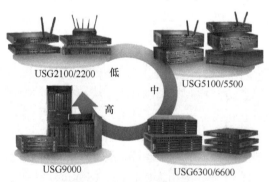

图 1-5　华为防火墙全家福

华为防火墙产品主要包括 USG2000、USG5000、USG6000 和 USG9000 四大系列,涵盖低、中、高端设备,型号齐全、功能丰富,完全能够满足各种网络环境的需求。

其中,USG2000 和 USG5000 系列定位于 UTM 产品,USG6000 系列属于下一代防火墙产品,USG9000 系列属于高端防火墙产品。下面强叔就挑出几个有代表性的防火墙产品为大家逐一介绍。

1.3.1 USG2110 产品介绍

首先出场的是小盒子 USG2110，如图 1-6 所示。别看它个头小，功能可不差。

USG2110 集防火墙、UTM、VPN、路由、无线（WIFI/3G）等十八般武艺于一身，即插即用，配置方便，为用户提供安全、灵活、便捷的一体化组网和接入解决方案。

USG2110 物美价廉，在节省用户投资的同时，能有效降低运维成本，是中小企业、连锁机构、SOHO 企业之必备神器。

图 1-6 USG2110 外观

1.3.2 USG6600 产品介绍

接下来出场的是超高人气产品 USG6600，如图 1-7 所示。它出身于 USG6000 家族，作为华为面向下一代网络环境的防火墙产品，USG6600 提供以应用层威胁防护为核心的下一代网络安全服务，让网络管理员能够完全掌控网络，看得更清、管得更细、用得更易。

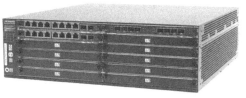

图 1-7 USG6600 外观

说它人气超高一点也不为过，IT 风云榜 CIO 信赖优秀产品、IT168 年度技术卓越奖、《网络世界》NGFW 横向测评多项第一等。USG6600 发布后就获得了各个方面的关注和好评，足以证明它的超高人气。

要说起 USG6600 的优点，那可是滔滔不绝：最精准的应用访问控制、6000+应用识别、多种用户认证技术、全面的未知威胁防护、最简单的安全管理、最高的全业务性能体验……根本停不下来！

1.3.3 USG9500 产品介绍

最后登场的是大块头 USG9500，隶属于 USG9000 家族，如图 1-8 所示。大块头有大智慧，大体格有大心脏。作为业界首款 T 级数据中心防火墙，USG9500 成功通过业界权威第三方安全测评机构美国 NSS 实验室的测试，获评为业界最快的防火墙！

USG9500 采用分布式软硬件设计，融合了多种行业领先的专业安全技术，在大型数据中心、大型企业、教育、政府、广电等行业得到了广泛应用。

天下武功，唯快不破。在以高速网络

USG9520

USG9560

USG9580

图 1-8 USG9500 外观

为基石的云计算时代，USG9500 系列作为华为最高端的防火墙产品，如磐石屹立不倒，似大海容纳百川，轻松应对海量访问和数据洪流。至强性能扛千斤重担，应"云"而生保万全之策，这正是 USG9500 系列产品的真实写照。

通过上面的介绍，强叔带着大家认识了几款华为防火墙产品，大家看过之后是不是感觉意犹未尽呢？其实除了这几个产品之外，华为公司还有多款防火墙产品，如需进一步了解华为防火墙产品，请访问华为企业业务网站，相信大家会有更多的收获。

1.4 安全区域

前面强叔和大家聊了防火墙的概念和发展历史，并为大家介绍了华为的防火墙产品，相信大家对防火墙已经有了一个初步的认识。从本节开始，强叔将为大家讲解防火墙的技术知识，继续探究防火墙的精彩世界。

1.4.1 接口、网络和安全区域的关系

在"什么是防火墙"一节中我们提到，防火墙主要部署在网络边界起到隔离的作用，那么在防火墙上如何来区分不同的网络呢？

为此，我们在防火墙上引入了一个重要的概念：安全区域（Security Zone），简称为区域（Zone）。安全区域是一个或多个接口的集合，防火墙通过安全区域来划分网络、标识报文流动的"路线"。一般来说，当报文在不同的安全区域之间流动时才会受到控制。

📖 说明

默认情况下，报文在不同的安全区域之间流动时受到控制，报文在同一个安全区域内流动时不受控制。但华为防火墙也支持对同一个安全区域内流动的报文控制。这里所说的控制是通过"规则"也叫作"安全策略"来实现的，具体内容我们将在第 2 章《安全策略》中介绍。

我们都知道，防火墙通过接口来连接网络，将接口划分到安全区域后，通过接口就能把安全区域和网络关联起来。通常说某个安全区域，也可以表示该安全区域中接口所连接的网络。接口、网络和安全区域的关系如图 1-9 所示。

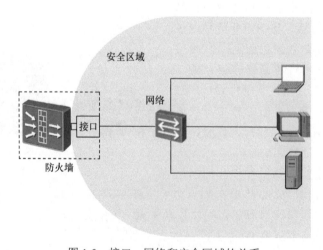

图 1-9　接口、网络和安全区域的关系

⚠ 注意

在华为防火墙上，一个接口只能加入到一个安全区域中。

通过把接口划分到不同的安全区域中，就可以在防火墙上划分出不同的网络。如图 1-10 所示，我们把接口 1 和接口 2 划分到安全区域 A 中，把接口 3 划分到安全区域 B 中，把接口 4 划分到安全区域 C 中，这样在防火墙上就存在三个安全区域，对应三个网络。

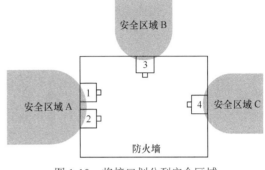

图 1-10　将接口划分到安全区域

华为防火墙上已经默认为大家提供三个安全区域，分别是 Trust、DMZ 和 Untrust。光从名字看就知道这三个安全区域很有内涵，下面强叔就为大家逐一介绍。

- Trust 区域。该区域内网络的受信任程度高，通常用来定义内部用户所在的网络。
- DMZ 区域。该区域内网络的受信任程度中等，通常用来定义内部服务器所在的网络。
- Untrust 区域。该区域代表的是不受信任的网络，通常用来定义 Internet 等不安全的网络。

📖 说明

DMZ（Demilitarized Zone）是一个军事术语，是介于严格的军事管制区和松散的公共区域之间的管制区域。防火墙引用了这一术语，指代一个受信任程度处于内部网络和外部网络之间的安全区域。

在网络数量较少、环境简单的场合，使用默认提供的安全区域就可以满足划分网络的需求。如图 1-11 所示，假设接口 1 和接口 2 连接的是内部用户，那我们就把这两个接口划分到 Trust 区域中；接口 3 连接的是内部服务器，将它划分到 DMZ 区域；接口 4 连接 Internet，将它划分到 Untrust 区域。当然，在网络数量较多的场合，还可以根据需要创建新的安全区域。

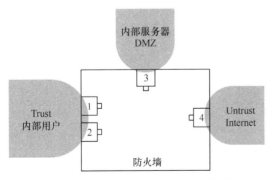

图 1-11　将接口划分到默认的安全区域

由此我们可以描述处于不同网络的用户互访时报文在防火墙上所走的路线。例如，当内部网络中的用户访问 Internet 时，报文在防火墙上的路线是从 Trust 区域到 Untrust 区域；当 Internet 上的用户访问内部服务器时，报文在防火墙上的路线是从 Untrust 区域到 DMZ 区域。

除了在不同网络之间流动的报文之外，还存在从某个网络到达防火墙本身的报文

（例如我们登录到防火墙上进行配置），以及从防火墙本身发出的报文。如何在防火墙上标识这类报文的路线呢？

如图 1-12 所示，防火墙上提供 Local 区域，代表防火墙本身。凡是由防火墙主动发出的报文均可认为是从 Local 区域中发出，凡是需要防火墙响应并处理（而不是转发）的报文均可认为是由 Local 区域接收。

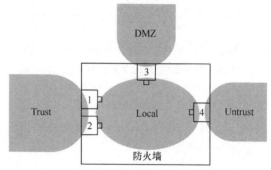

图 1-12　Local 安全区域

关于 Local 区域，强叔还要再提醒一句，Local 区域中不能添加任何接口，但防火墙上所有接口本身都隐含属于 Local 区域。也就是说，报文通过接口去往某个网络时，目的安全区域是该接口所在的安全区域；报文通过接口到达防火墙本身时，目的安全区域是 Local 区域。这样既可以使每个接口连接的其他设备能够访问防火墙自身，也能更明确 Local 区域和各个安全区域的域间关系，可谓一举两得。

1.4.2　报文在安全区域之间流动的方向

前面介绍过，不同的网络受信任的程度不同，在防火墙上用安全区域来表示网络后，怎么来判断一个安全区域的受信任程度呢？在华为防火墙上，每个安全区域都必须有一个安全级别，该安全级别是唯一的，用 1～100 的数字表示，数字越大，则代表该区域内的网络越可信。对于默认的安全区域，它们的安全级别是固定的：Local 区域的安全级别是 100，Trust 区域的安全级别是 85，DMZ 区域的安全级别是 50，Untrust 区域的安全级别是 5。

级别确定之后，安全区域就被分成了三六九等，高低有别。报文在两个安全区域之间流动时，我们规定：**报文从低级别的安全区域向高级别的安全区域流动时为入方向（Inbound），报文从由高级别的安全区域向低级别的安全区域流动时为出方向（Outbound）。**图 1-13 标明了 Local 区域、Trust 区域、DMZ 区域和 Untrust 区域间的方向。

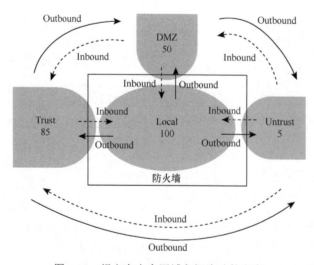

图 1-13　报文在安全区域之间流动的方向

通过设置安全级别，防火墙上的各个安全区域之间有了等级明确的域间关系。不同的安全区域代表不同的网络，防火墙成为连接各个网络的节点。以此为基础，防火墙就可以对各个网络之间流动的报文实施管控。

防火墙如何判断报文在哪两个安全区域之间流动呢？首先，源安全区域很容易确定，防火墙从哪个接口接收到报文，该接口所属的安全区域就是报文的源安全区域。

确定目的安全区域时分两种情况。三层模式下，防火墙通过查找路由表确定报文将要从哪个接口发出，该接口所属的安全区域就是报文的目的安全区域；二层模式下，防火墙通过查找 MAC 地址转发表确定报文将要从哪个接口发出，该接口所属的安全区域就是报文的目的安全区域。源安全区域和目的安全区域确定后，就可以知道报文是在哪两个安全区域之间流动了。

另外还有一种情况，在 VPN 场景中，防火墙收到的是封装的报文，将报文解封装后得到原始报文，然后还是通过查找路由表来确定目的安全区域，报文将要从哪个接口发出，该接口所属的安全区域就是报文的目的安全区域。

而源安全区域不能简单地根据收到报文的接口来确定，此时防火墙会采用"反向查找路由表"的方式来确定原始报文的源安全区域。具体来说，防火墙会把原始报文中的源地址假设成是目的地址，然后通过查找路由表确定这个目的地址的报文将要从哪个接口发出，该接口所属的安全区域是报文将要去往的安全区域。反过来说，报文也就是从该安全区域发出的，所以反查路由表得到的这个安全区域就是报文的源安全区域。

确定报文的源和目的安全区域是我们精确地配置安全策略的前提条件，请大家一定要掌握判断报文的源和目的安全区域的方法，本书后面的章节中在配置安全策略的时候也会提到这一点。

1.4.3　安全区域的配置

安全区域的配置主要包括创建安全区域以及将接口加入安全区域，下面给出了创建一个新的安全区域 test，然后将接口 GE0/0/1 加入该安全区域的过程。接口 GE0/0/1 可以工作在三层模式也可以工作在二层模式。

配置命令非常简单，唯一需要注意的是，新创建的安全区域是没有安全级别的，我们必须为其设置安全级别，然后才能将接口加入安全区域。当然，鉴于安全级别的唯一性，设置的安全级别不能和已经存在的安全区域的级别相同。

```
[FW] firewall zone name test                        //创建安全区域 test
[FW-zone-test] set priority 10                      //将安全级别设置为 10
[FW-zone-test] add interface GigabitEthernet 0/0/1  //将接口 GE0/0/1 加入安全区域
```

前面我们介绍的都是将物理接口加入安全区域的内容，除了物理接口，防火墙还支持逻辑接口，如子接口、VLANIF 接口等，这些逻辑接口在使用时也需要加入安全区域。下面给出了将子接口和 VLANIF 接口加入安全区域的示例。

如图 1-14 所示，PC A 和 PC B 属于不同的子网，交换机上通过两个 VLAN 将 PC A 和 PC B 所属的子网隔离，交换机连接到防火墙的接口 GE0/0/1 上。对于防火墙来说，这种组网是典型的"单臂"环境。

这种情况下，防火墙的一个接口连接了两个子网，如果想为这两个子网设定不同的安全级别，即需要将 PC A 和 PC B 划分到不同的安全区域。该如何配置呢？因为防火墙上一个接口只能加入到一个安全区域中，所以不能简单地把接口 GE0/0/1 加入到某个安全区域，此时可以通过子接口或 VLANIF 接口来实现这个需求。

先来看一下子接口的实现情况。我们在接口 GE0/0/1 下创建两个子接口 GE0/0/1.10 和 GE0/0/1.20，分别对应 VLAN 10 和 VLAN 20，然后将这两个子接口划分

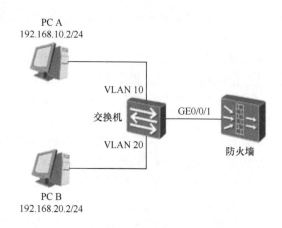

图 1-14　防火墙的一个接口连接多个子网

到不同的安全区域，而接口 GE0/0/1 不用加入安全区域，即可实现将 PC A 和 PC B 划分到不同安全区域的目的，如图 1-15 所示。

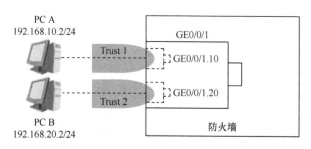

图 1-15　将子接口划分到安全区域

其具体配置如下。

```
[FW] interface GigabitEthernet 0/0/1.10
[FW-GigabitEthernet0/0/1.10] vlan-type dot1q 10
[FW-GigabitEthernet0/0/1.10] ip address 192.168.10.1 24
[FW-GigabitEthernet0/0/1.10] quit
[FW] interface GigabitEthernet 0/0/1.20
[FW-GigabitEthernet0/0/1.20] vlan-type dot1q 20
[FW-GigabitEthernet0/0/1.20] ip address 192.168.20.1 24
[FW-GigabitEthernet0/0/1.20] quit
[FW] firewall zone name trust1
[FW-zone-trust1] set priority 10
[FW-zone-trust1] add interface GigabitEthernet 0/0/1.10
[FW-zone-trust1] quit
[FW] firewall zone name trust2
[FW-zone-trust2] set priority 20
[FW-zone-trust2] add interface GigabitEthernet 0/0/1.20
[FW-zone-trust2] quit
```

完成上述配置后，PC A 被划分到 Trust1 安全区域，PC B 被划分到 Trust2 安全区域，此时就可以对 PC A 访问 PC B 的报文进行控制。

接下来看一下 VLANIF 接口的实现情况。还是图 1-14 所示的组网环境，我们可以

在防火墙上创建两个 VLAN 并为各自的 VLANIF 接口配置 IP 地址，然后配置接口 GE0/0/1 工作在二层模式（透明模式），允许 VLAN 10 和 VLAN 20 的报文通过。将 VLANIF10 和 VLANIF20 划分到不同的安全区域，而接口 GE0/0/1 不用加入安全区域，即可实现将 PC A 和 PC B 划分到不同安全区域的目的，如图 1-16 所示。

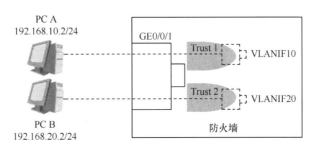

图 1-16　将 VLANIF 接口划分到安全区域

其具体配置如下。

```
[FW] vlan 10
[FW-vlan-10] quit
[FW] interface Vlanif 10
[FW-Vlanif10] quit
[FW] vlan 20
[FW-vlan-20] quit
[FW] interface Vlanif 20
[FW-Vlanif20] quit
[FW] interface GigabitEthernet 0/0/1
[FW-GigabitEthernet0/0/1] portswitch
[FW-GigabitEthernet0/0/1] port link-type trunk
[FW-GigabitEthernet0/0/1] port trunk permit vlan 10 20
[FW-GigabitEthernet0/0/1] quit
[FW] firewall zone name trust1
[FW-zone-trust1] set priority 10
[FW-zone-trust1] add interface Vlanif 10
[FW-zone-trust1] quit
[FW] firewall zone name trust2
[FW-zone-trust2] set priority 20
[FW-zone-trust2] add interface Vlanif 20
[FW-zone-trust2] quit
```

完成上述配置后，PC A 被划分到 Trust1 安全区域，PC B 被划分到 Trust2 安全区域，此时就可以对 PC A 访问 PC B 的报文进行控制。

上面介绍了子接口和 VLANIF 接口加入安全区域的例子，除了这两个逻辑接口之外，防火墙还支持其他逻辑接口，如 GRE（Generic Routing Encapsulation，通用路由封装）中用到的 Tunnel 接口、L2TP（Layer Two Tunneling Protocol，二层隧道协议）中用到的 Virtual-Template 接口等，这些逻辑接口在使用时也需要加入安全区域，我们将在后面 GRE 和 L2TP 的相应章节中介绍。

到这里，安全区域的概念和配置就介绍完了。希望通过强叔的介绍，可以让大家了解安全区域的作用，掌握安全区域之间的关系，为后面进一步学习防火墙知识打好基础。

1.5 状态检测和会话机制

在 1.2 节"防火墙的发展历史"一节中，我们提到了第三代防火墙，也就是状态检测防火墙。状态检测防火墙的出现是防火墙发展历史上里程碑式的事件，而其所使用的状态检测和会话机制，目前已经成为防火墙产品的基本功能，也是防火墙实现安全防护的基础技术。今天，强叔就和大家来聊一聊状态检测和会话机制。

1.5.1 状态检测

首先，我们从状态检测防火墙产生的背景说起。请大家先看一个简单的网络环境，如图 1-17 所示，PC 和 Web 服务器位于不同的网络，分别与防火墙相连，PC 与 Web 服务器之间的通信受到防火墙的控制。

图 1-17   PC 访问 Web 服务器组网示意图

当 PC 需要访问 Web 服务器浏览网页时，在防火墙上必须配置表 1-1 给出的编号为 1 的一条"规则"，允许 PC 访问 Web 服务器的报文通过。这里所说的"规则"，其实指的就是防火墙上的安全策略。只不过本节重点讲解状态检测和会话机制，安全策略不是重点，所以使用"规则"来简化描述，便于大家理解。关于安全策略的内容我们将在第 2 章《安全策略》中详细介绍。

表 1-1   **防火墙上配置规则 1**

编号	源地址	源端口	目的地址	目的端口	动作
1	192.168.0.1	ANY	172.16.0.1	80	允许通过

在这条规则中，源端口处的 ANY 表示任意端口，这是因为 PC 在访问 Web 服务器时，它的操作系统决定了所使用的源端口。例如，对于 Windows 操作系统来说，这个值可能是 1 024～65 535 范围内任意的一个端口。这个值是不确定的，所以这里设定为任意端口。

配置了这条规则后，PC 发出的报文就可以顺利通过防火墙，到达 Web 服务器。然后 Web 服务器将会向 PC 发送回应报文，这个报文也要穿过防火墙才能到达 PC。在状态检测防火墙出现之前，包过滤防火墙上还必须配置表 1-2 所示的编号为 2 的规则，允许反方向的报文通过。

在规则 2 中，目的端口也设定为任意端口，因为我们无法确定 PC 访问 Web 服务器时使用的源端口，要想使 Web 服务器回应的报文都能顺利穿过防火墙到达 PC，只能将规则 2 中的目的端口设定为任意端口。

编号	源地址	源端口	目的地址	目的端口	动作
1	192.168.0.1	ANY	172.16.0.1	80	允许通过
2	172.16.0.1	80	192.168.0.1	ANY	允许通过

表 1-2 防火墙上新增规则 2

如果 PC 位于受保护的网络中，这样处理将会带来很大的安全问题。规则 2 将去往 PC 的目的端口全部开放，外部的恶意攻击者伪装成 Web 服务器，就可以畅通无阻地穿过防火墙，PC 将会面临严重的安全风险。

接下来让我们看一下状态检测防火墙怎么解决这个问题。还是以上面的网络环境为例，首先我们还是需要在防火墙上设定规则 1，允许 PC 访问 Web 服务器的报文通过。当报文到达防火墙后，防火墙允许报文通过，同时还会针对 PC 访问 Web 服务器的这个行为建立**会话**（Session），会话中包含 PC 发出的报文信息如地址和端口等。

当 Web 服务器回应给 PC 的报文到达防火墙后，防火墙会把报文中的信息与会话中的信息进行比对。如果发现报文中的信息与会话中的信息相匹配，并且该报文符合 HTTP 协议规范的规定，则认为这个报文属于 PC 访问 Web 服务器行为的后续回应报文，直接允许这个报文通过，如图 1-18 所示。

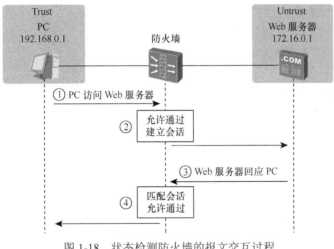

图 1-18　状态检测防火墙的报文交互过程

📖 **说明**

为了便于描述，在本节中我们将 PC 和 Web 服务器与防火墙直接相连。实际环境中，如果 PC、Web 服务器与防火墙之间跨网络相连，则必须在防火墙上配置路由，保证 PC 和 Web 服务器两者相互路由可达。即使 Web 服务器回应给 PC 的报文已经匹配了会话，防火墙上也必须存在去往 PC 的路由，这样才能保证回应报文正常发送到 PC。

恶意攻击者即使伪装成 Web 服务器向 PC 发起访问，由于这类报文不属于 PC 访问

Web 服务器行为的后续回应报文，防火墙就不会允许这些报文通过。这样既保证了 PC 可以正常访问 Web 服务器，也避免了大范围开放端口带来的安全风险。

总结一下，在状态检测防火墙出现之前，包过滤防火墙只根据设定好的静态规则来判断是否允许报文通过，它认为报文都是无状态的孤立个体，不关注报文产生的前因后果。这就要求包过滤防火墙必须针对每一个方向上的报文都配置一条规则，转发效率低下而且容易带来安全风险。

而状态检测防火墙的出现正好弥补了包过滤防火墙的这个缺陷。**状态检测防火墙使用基于连接状态的检测机制，将通信双方之间交互的属于同一连接的所有报文都作为整体的数据流来对待**。在状态检测防火墙看来，同一个数据流内的报文不再是孤立的个体，而是存在联系的。例如，为数据流的第一个报文建立会话，数据流内的后续报文就会直接匹配会话转发，不需要再进行规则的检查，提高了转发效率。

1.5.2　会话

接着我们就来进一步了解一下会话。会话是通信双方建立的连接在防火墙上的具体体现，代表两者的连接状态，一条会话就表示通信双方的一个连接。防火墙上多条会话的集合就叫作**会话表**（Session table），先看一个标准的会话表项。

```
http    VPN:public --> public 192.168.0.1:2049-->172.16.0.1:80
```

我们重点介绍这个表项中的关键字段：
- http 表示协议（此处显示的是应用层协议）；
- 192.168.0.1 表示源地址；
- 2049 表示源端口；
- 172.16.0.1 表示目的地址；
- 80 表示目的端口。

是如何区分源和目的呢？其实通过会话表项中的"-->"符号就可以直观区分，符号前面的是源，符号后面的是目的。

源地址、源端口、目的地址、目的端口和协议这 5 个元素是会话的重要信息，我们将这 5 个元素称之为**"五元组"**。只要这 5 个元素相同的报文即可认为属于同一条流，在防火墙上通过这 5 个元素就可以唯一确定一条连接。

还有一些协议，它们的报文中没有端口信息，防火墙处理这些协议的报文时，如何生成会话表呢？比如 ICMP 协议，报文中不带端口信息，那么防火墙会把 ICMP 报文头中 ID 字段值作为 ICMP 会话的源端口，会以固定值 2048 作为 ICMP 会话的目的端口。又比如后面我们会讲到 IPSec 中的 AH（Authentication Header，认证头）协议和 ESP（Encapsulating Security Payload，封装安全载荷）协议，也不带有端口信息，防火墙会直接将这两个协议的会话中的源和目的端口都记录为 0。

1.5.3　组网验证

光说不练假把式。下面强叔就使用 eNSP 模拟器来搭建一个简单的网络环境，验证防火墙上的状态检测机制。网络拓扑还是图 1-17 所示的组网。

> 📖 **说明**
>
> eNSP（Enterprise Network Simulation Platform）是一款由华为推出的免费的图形化网络设备仿真平台，主要对企业网路由器、交换机、防火墙等设备进行软件仿真，使您能够在没有真实设备的情况下也可以进行实验测试，学习网络技术。eNSP 中提供了 USG5000 防火墙的仿真环境，目前已经支持大部分的安全功能，本书中主要使用 eNSP 来进行组网验证。

防火墙上只配置了表 1-1 所示的一条规则，允许 PC 访问 Web 服务器的报文通过。在 PC 上使用 HttpClient 程序访问 Web 服务器，发现可以成功访问。在防火墙上使用 **display firewall session table** 命令查看会话表的信息，发现已经建立一条会话，如下。

```
[FW] display firewall session table
Current Total Sessions : 1
  http   VPN:public --> public 192.168.0.1:2049-->172.16.0.1:80
```

上述信息说明状态检测机制工作正常，防火墙收到 Web 服务器返回给 PC 的报文后，发现该报文可以匹配到该条会话，即使没有配置允许反方向报文通过的规则，防火墙也允许其通过。

最后，希望通过强叔的介绍，大家可以了解状态检测和会话机制，也希望大家要理论结合实际，多多使用 eNSP 动手配置。

1.6　状态检测和会话机制补遗

在 1.5 "状态检测和会话机制" 一节中，我们学习了状态检测的工作原理，了解到会话中包含的五元组信息。看过之后，各位读者可能会有疑问：防火墙的会话中就只包含五元组信息吗？防火墙会为哪些协议的报文建立会话呢？状态检测功能在所有网络环境下都适用吗？

作为上一节内容的补充，本节中强叔将继续和大家探讨状态检测和会话机制，揭示会话中的各种信息，总结防火墙在开启或者关闭状态检测的情况下对报文的处理方式，为大家答疑解惑。

1.6.1　再谈会话

还是从一个简单的网络环境开始，如图 1-19 所示，PC、Web 服务器与防火墙直接相连，防火墙上已经将连接 PC 和 Web 服务器的接口加入到不同的安全区域，并且配置了规则允许 PC 访问 Web 服务器。

图 1-19　PC 访问 Web 服务器组网

PC 访问 Web 服务器，业务正常。在防火墙上使用 **display firewall session table verbose** 命令可以看到会话正常建立，我们在命令中使用了 **verbose** 参数，通过这个参数可以看到会话的更多信息，如下所示。

```
[FW] display firewall session table verbose
Current Total Sessions : 1
   http   VPN:public --> public
   Zone: trust--> untrust   TTL: 00:00:10   Left: 00:00:04
   Interface: GigabitEthernet0/0/2   NextHop: 172.16.0.1   MAC: 54-89-98-fc-36-96
   <--packets:4 bytes:465    -->packets:7 bytes:455
   192.168.0.1:2052-->172.16.0.1:80
```

上述信息中，除了上次介绍过的五元组信息之外，还有一些之前没见过的信息，我们逐一介绍。

- Zone：表示报文在安全区域之间流动的方向，trust--> untrust 表示报文是从 Trust 区域流向 Untrust 区域。
- TTL：表示该条会话的老化时间，这个时间到期后，这条会话也将会被清除。
- Left：表示该条会话剩余的生存时间。
- Interface：表示报文的出接口，报文从这个接口发出。
- NextHop：表示报文去往的下一跳的 IP 地址，本组网中是 Web 服务器的 IP 地址。
- MAC：表示报文去往的下一跳的 MAC 地址，本组网中是 Web 服务器的 MAC 地址。
- <--packets:4 bytes:465：表示会话反向方向上的报文统计信息，即 Web 服务器向 PC 发送报文的个数和字节数。
- -->packets:7 bytes:455：表示会话正向方向上的报文统计信息，即 PC 向 Web 服务器发送报文的个数和字节数。

上述信息中有两点需要说明一下。首先是会话的老化时间，即 TTL。会话是动态生成的，但不是永远存在的。如果长时间没有报文匹配，则说明通信双方已经断开了连接，不再需要该条会话了。此时，为了节约系统资源，防火墙会在一段时间后删除会话。该时间称为会话的老化时间。

老化时间的取值非常重要，某种业务的会话老化时间过长，就会一直占用系统资源，有可能导致其他业务的会话不能正常建立；会话老化时间过短，有可能导致该业务的连接被防火墙强行中断，影响业务运行。华为防火墙已经针对不同的协议设置了相应的会话默认老化时间，比如 ICMP 的会话老化时间是 20s，DNS 的会话老化时间是 30s 等。通常情况下采用这些默认值就可以保证各个协议正常运行，如果需要调整默认值，可以通过 **firewall session aging-time** 命令来设置。例如，将 DNS 的会话老化时间调整为 10s。

```
[FW] firewall session aging-time dns 10
```

网络中还有一种类型的业务，一条连接上的两个连续报文可能间隔时间很长，最具代表性的就是 SQL 数据库业务。用户查询 SQL 数据库服务器上的数据时，查询操作的时间间隔可能会远大于 SQL 数据库业务的会话老化时间，防火墙上该业务的会话老化之后，就会出现用户访问 SQL 数据库变慢或者无法继续查询的问题。

如果只靠延长这些业务所属协议的会话老化时间来解决这个问题，会导致一些同样属于这个协议，但是其实并不需要这么长的老化时间的会话长时间不能得到老化，占用了系统资源，影响其他业务。

为此，华为防火墙提供了"长连接"功能，通过 ACL 规则来识别报文，只有匹配 ACL 规则的特定报文的会话老化时间才会被延长。与单纯的通过调整协议的会话老化时间相比，长连接功能的控制粒度更加精确。默认情况下，应用了长连接功能的报文的会话老化时间是 168h（相当长了吧！），当然这个时间也可以手动调整。

> 📖 **说明**
> 目前仅支持对 TCP 协议类型的报文配置长连接功能。

对于长连接功能在安全区域或安全域间的配置，下面给出了在 Trust 安全区域与 Untrust 安全区域之间，针对 192.168.0.1 访问 IP 地址为 172.16.0.2 的 SQL 数据库报文配置长连接的示例。

```
[FW] acl 3000
[FW-acl-adv-3000] rule permit tcp source 192.168.0.1 0 destination 172.16.0.2 0 destination-port eq sqlnet
[FW-acl-adv-3000] quit
[FW] firewall interzone trust untrust
[FW-interzone-trust-untrust] long-link 3000 outbound
WARNING: Too large range of ACL maybe affect the performance of firewall, please use this command carefully!
Are you sure?[Y/N] y
```

其次是报文统计信息，会话中 "<--" 和 "-->" 这两个方向上的报文统计信息非常重要，可以帮助我们定位网络故障。通常情况下，如果我们查看会话时发现只有 "-->" 方向有报文的统计信息，"<--" 方向上的统计信息都是 0，那就说明 PC 发往 Web 服务器的报文顺利通过了防火墙，而 Web 服务器回应给 PC 的报文没有通过防火墙，双方的通信是不正常的。有可能是防火墙丢弃了 Web 服务器回应给 PC 的报文，或者是防火墙与 Web 服务器之间的网络出现故障，或者是 Web 服务器本身出现故障。这样我们就缩小了故障的范围，有利于快速定位故障，当然，凡事都有例外，在特殊的网络环境中，如果其中一个方向的报文统计信息是 0，双方的通信也有可能是正常的，这种特殊的网络环境是什么呢？这里先卖个关子，下面我们会讲到。

1.6.2　状态检测与会话创建

防火墙上的状态检测功能将属于同一个连接的报文都视为一个整体数据流，用会话来表示这条连接，具体是怎么实现的呢？这就要求防火墙能够分析各个协议的交互模式。以 TCP 协议为例，我们都知道，建立一个 TCP 连接，通信双方需要三次握手，如图 1-20 所示。

判断一个 TCP 连接的主要标志就是 SYN 报文，我们也把 SYN 报文称为 TCP 连接的首包。对于 TCP 协议，防火墙只有收到 SYN 报文并且配置的规则允许 SYN 报文通过才会建立会话，后续的 TCP 报文匹配会话直接转发。如果防火墙没有收到 SYN 报文，只收到了 SYN+ACK 或 ACK 等后续报文，是不会创建会话的，并且会将这些报文丢弃。

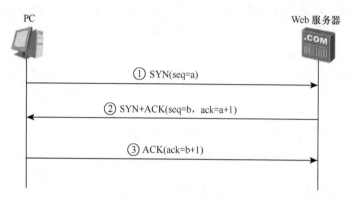

图 1-20　TCP 三次握手

　　在正常情况下这样处理是没有问题的，但是在某些特殊的网络环境中就会出现问题。如图 1-21 所示，内部网络访问外部网络的请求报文直接通过路由器到达外部网络，而外部网络的回应报文，先经过路由器转发到防火墙，由防火墙处理后再转发到路由器，最后由路由器发送到内部网络。也就是说，防火墙无法收到 SYN 报文，只收到了 SYN+ACK 报文。这种通信双方交互的报文不同时经过防火墙的情况，叫作报文来回路经不一致。

　　在这种网络环境中，防火墙收到 SYN+ACK 报文后，由于没有相应的会话，就会丢弃 SYN+ACK 报文，导致内部网络和外部网络之间的通信中断。这种情况下该怎么办呢？

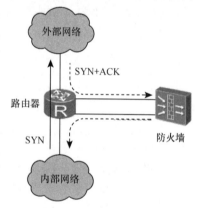

图 1-21　报文来回路径不　致示意图

　　别担心，防火墙早已经考虑到这个问题了，我们可以**关闭状态检测功能**。关闭状态检测功能后，防火墙就不会对连接的状态进行分析了，相当于回到了包过滤防火墙的时代，后续报文只要规则（安全策略）允许其通过，就可以转发并建立会话了，这样就不会导致通信中断。

⚠ 注意

关闭状态检测功能将彻底改变防火墙的工作模式，本节仅以此为例介绍实现原理，在实际网络环境中除非有特殊的需求，否则请不要关闭状态检测功能。

　　下面我们就以报文来回路径不一致的环境为例，看一看防火墙在开启和关闭状态检测功能时对常用的 TCP、UDP 和 ICMP 协议报文的处理方式。

　　1. TCP

　　首先来看一下 TCP 协议。我们使用 eNSP 来模拟一个报文来回路径不一致的网络环境，我们让 PC 访问 Web 服务器的报文通过路由器直接到达 Web 服务器，让 Web 服务器回应给 PC 的报文将会先转发到防火墙，然后再发送到 PC。网络拓扑如图 1-22 所示。

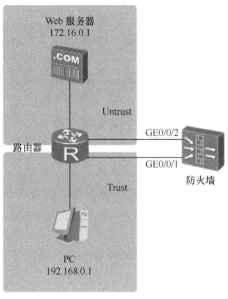

图 1-22　TCP 协议的报文来回路径不一致组网示意图

📖 说明

为了构造来回路径不一致的环境，需要在路由器上配置策略路由，将 Web 服务器回应给 PC 的报文重定向至防火墙，关于策略路由的配置请参考路由器自带的文档。同时防火墙上还要配置去往 PC 的路由，下一跳为路由器上与防火墙接口 GE0/0/1 相连的接口地址，此处假设是 10.1.2.2。

首先在防火墙上配置表 1-3 所示的规则，允许 Web 服务器回应给 PC 的报文通过。

表 **1-3**　　　　　　　　　**允许 Web 服务器回应给 PC 的报文通过的规则**

编号	源地址	源端口	目的地址	目的端口	动作
1	172.16.0.1	80	192.168.0.1	ANY	允许通过

然后先不关闭状态检测功能，让 PC 访问 Web 服务器，发现无法成功访问，如图 1-23 所示。

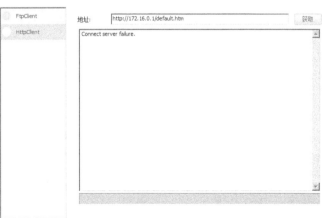

图 1-23　PC 无法访问 Web 服务器

在防火墙上也无法查看到会话信息。

```
[FW] display firewall session table
 Current Total Sessions : 0
```

此时在防火墙上使用 **display firewall statistic system discard** 命令查看丢包的情况，发现存在 **Session miss** 丢包。

```
[FW] display firewall statistic system discard
 Packets discarded statistic
                    Total packets discarded:              8
            Session miss packets discarded:               8
```

这表示防火墙因为无法找到会话而将报文丢弃。因为防火墙只收到了服务器回应的 SYN+ACK 报文，没有收到 SYN 报文，也就没有相应的会话，所以 SYN+ACK 报文被丢弃。

接下来我们使用 **undo firewall session link-state check** 命令关闭状态检测功能。

```
[FW] undo firewall session link-state check
```

然后再让 PC 访问 Web 服务器，发现可能访问成功，在防火墙上也可以查看到会话信息。

```
[FW] display firewall session table verbose
 Current Total Sessions : 1
  tcp    VPN:public --> public
  Zone: untrust--> trust   TTL: 00:00:10   Left: 00:00:10
  Interface: GigabitEthernet0/0/1   NextHop: 10.1.2.2   MAC: 54-89-98-e4-79-d5
  <--packets:0 bytes:0   -->packets:5 bytes:509
  172.16.0.1:80-->192.168.0.1:2051
```

在会话信息中，"<--"方向的统计信息是 0，只有"-->"方向存在统计信息，这就说明只有服务器回应的 SYN+ACK 报文经过了防火墙。由此我们得出结论，关闭状态检测功能后，防火墙收到 SYN+ACK 报文后也会建立会话，PC 和 Web 服务器之间的通信不会中断。

在报文来回路径不一致的网络环境中，我们在防火墙上关闭状态检测功能后，会话中的一个方向上的报文统计信息是 0，此时双方的通信也是正常的，这就是我们上面所说的特殊的网络环境。可见在实际的网络环境中，我们还是要具体情况具体分析。

2. UDP

接下来我们看一下 UDP 协议。UDP 协议不同于 TCP 协议，它是没有连接状态的协议。对于 UDP 协议，防火墙收到 UDP 报文后，无论状态检测功能是处于开启还是关闭状态，只要防火墙上配置的规则允许 UDP 报文通过，防火墙就会建立会话。

3. ICMP

最后来看一下 ICMP 协议。一提到 ICMP 协议，我们首先就会想到 Ping。Ping 常用来测试网络中另一台设备是否可达，是我们在日常维护中经常会用到的操作。执行 Ping 操作的一方会发送 Ping 回显请求报文（Echo request），收到该请求报文后，响应一方会发送 Ping 回显应答报文（Echo reply）。

对于 Ping 报文，在开启状态检测功能时，防火墙只有收到 Ping 回显请求报文，并且防火墙上配置的规则允许 Ping 回显请求报文通过，才会建立会话。如果防火墙没有收到 Ping 回显请求报文，只收到了 Ping 回显应答报文，是不会创建会话的，并且会将 Ping 回显应答报文丢弃。在关闭状态检测功能时，防火墙收到 Ping 回显请求报文和 Ping 回显应答报文，都会创建会话。

下面是在报文来回路径不一致的网络环境中，防火墙上关闭了状态检测功能后，Ping 回显应答报文生成的会话信息。

```
[FW] display firewall session table verbose
Current Total Sessions : 1
 icmp   VPN:public --> public
 Zone: untrust--> trust   TTL: 00:00:20   Left: 00:00:11
 Interface: GigabitEthernet0/0/1   NextHop: 10.1.2.2   MAC: 54-89-98-e4-79-d5
 <--packets:0 bytes:0   -->packets:1 bytes:60
 172.16.0.1:2048-->192.168.0.1:45117
```

而对于其他类型的 ICMP 报文，无论状态检测功能是开启还是关闭状态，只要防火墙上配置的规则允许这些报文通过，防火墙都会转发报文，不建立会话。

最后我们再来总结一下防火墙对 TCP、UDP 和 ICMP 协议的报文创建会话的情况，如表 1-4 所示。当然，**前提还是防火墙上配置的规则允许这些报文通过**，然后才能进行表中的处理。

表 1-4　　　　　　　　　　**TCP、UDP 和 ICMP 协议创建会话情况**

协议		开启状态检测功能	关闭状态检测功能
TCP	SYN 报文	创建会话，转发报文	创建会话，转发报文
	SYN+ACK、ACK 报文	不创建会话，丢弃报文	创建会话，转发报文
UDP		创建会话，转发报文	创建会话，转发报文
ICMP	Ping 回显请求报文	创建会话，转发报文	创建会话，转发报文
	Ping 回显应答报文	不创建会话，丢弃报文	创建会话，转发报文
	其他 ICMP 报文	不创建会话，转发报文	不创建会话，转发报文

通过上面的介绍，我们清楚了会话中的各种信息，知道了防火墙在开启或者关闭状态检测功能的情况下，对 TCP、UDP 和 ICMP 协议报文的不同处理方式，相信大家对状态检测和会话机制也有了进一步的了解。下节我们将介绍安全区域、状态检测、会话机制的配置注意事项和故障排除指导。

1.7　配置注意事项和故障排除指导

1.7.1　安全区域

在防火墙上创建一个新的安全区域后，必须为该安全区域配置安全级别，否则无法将接口加入到安全区域中，如下所示。

```
[FW] firewall zone name abc
[FW-zone-abc] add interface GigabitEthernet 0/0/1
 Error: Please set the priority on this zone at first.
```

为安全区域配置安全级别的操作如下，安全级别全局唯一，不能和已经存在的安全区域的级别相同。

```
[FW-zone-abc] set priority 10
```

我们在使用安全区域的时候，最容易出现的问题就是忘记把接口加入安全区域。由于接口没有加入安全区域，防火墙在转发报文的时候无法判断报文的路线，无法确定域间关系，最终导致防火墙将报文丢弃，业务不通。

此时，我们可以使用 **display zone** 命令来查看防火墙上安全区域的配置情况以及接口加入安全区域的情况，检查我们用到的接口是否加入安全区域。

```
[FW] display zone
local
  priority is 100
#
trust
  priority is 85
  interface of the zone is (1):
      GigabitEthernet0/0/1
#
untrust
  priority is 5
  interface of the zone is (1):
      GigabitEthernet0/0/2
      GigabitEthernet0/0/3
#
dmz
  priority is 50
  interface of the zone is (0):
#
abc
  priority is 10
  interface of the zone is (0):
#
```

另外，业务不通时，我们还可以从丢包这个角度来排除故障。使用 **display firewall statistic system discard** 命令查看防火墙的丢包统计信息，如果发现如下信息，说明防火墙因为无法确认域间关系而丢包。

```
[FW] display firewall statistic system discard
  Packets discarded statistic
          Total packets discarded:                    5
          Interzone miss packets discarded:           5
```

造成上述丢包的原因就是接口没有加入安全区域。此时就可以进一步检查接口是否加入安全区域了，可见通过查看防火墙丢包信息能比较快速地定位问题所在。

1.7.2　状态检测和会话机制

状态检测防火墙核心的技术就是分析通信双方的连接状态，然后建立会话辅助后续报文转发。所以当业务不通时，在防火墙上检查会话是否成功建立，也是一个定位故障的重要切入点。

配置完成后，如果业务不通，我们可以在防火墙上使用 **display firewall session table** 命令查看是否存在该业务的会话，然后分情况进一步排查。

1. 防火墙上不存在该业务的会话

如果防火墙上没有为该业务建立会话，可能的原因包括：第一，业务报文没有到达防火墙；第二，业务报文被防火墙丢弃。对于第一个原因，我们需要确认业务报文在到达防火墙之前是否经过了其他的网络设备，是否被这些网络设备丢弃。如果确认其他网络设备没有问题，此时就要把排查的关注点聚焦在报文被防火墙丢弃这个环节。

我们依然使用 **display firewall statistic system discard** 命令查看防火墙的丢包统计信息，除了因为无法确认域间关系而导致的丢包之外，如果发现如下信息，说明防火墙因为无法找到 ARP 表项而丢包。

```
[FW] display firewall statistic system discard
  Packets discarded statistic
                    Total packets discarded:        2
          ARP miss packets discarded:                2
```

造成上述丢包的原因可能是防火墙无法从上下行设备获得 ARP 表项，此时需要检查防火墙上下行连接的设备的 ARP 功能是否工作正常。

如果发现如下信息，说明防火墙因为无法找到路由而丢包。

```
[FW] display firewall statistic system discard
  Packets discarded statistic
                    Total packets discarded:        2
          FIB miss packets discarded:                2
```

造成上述丢包的原因是防火墙上的路由配置出现问题，此时应该检查防火墙上是否存在去往目的地址的路由。

如果发现如下信息，说明防火墙因为无法找到会话而丢包。

```
[FW] display firewall statistic system discard
  Packets discarded statistic
                    Total packets discarded:        2
          Session miss packets discarded:            2
```

造成上述丢包的原因可能是防火墙只收到了后续报文，没有收到首包报文，此时请检查网络环境中是否存在报文来回回路径不一致的情况。如果需要的话，可以在防火墙上执行 **undo firewall session link-state check** 命令关闭状态检测功能，然后再验证业务是否正常。

如果发现如下信息，说明防火墙因为创建会话失败而丢包。

```
[FW] display firewall statistic system discard
  Packets discarded statistic
                    Total packets discarded:         2
          Session create fail packets discarded:     2
```

造成上述丢包的原因可能是防火墙上的会话数量已经达到规格限制，无法再创建新的会话。此时应该检查防火墙上是否存在大量的其他业务的会话，并且长时间没有老化，占用了系统资源。例如，防火墙上存在大量 DNS 会话，但是会话中的报文个数统计量很少，几乎没有后续报文，此时就可以将 DNS 的会话老化时间缩短为 3s，使其加速老化，配置命令如下。

```
[FW] firewall session aging-time dns 3
```

2. 防火墙上存在该业务的会话

如果防火墙上已经为该业务建立了会话，我们还要使用 **verbose** 参数进一步观察会话的信息。如果发现如下信息，说明会话的正向方向上有统计信息（有报文经过），而反向方向上没有统计信息（没有报文经过）。

```
[FW] display firewall session table verbose
Current Total Sessions : 1
 icmp   VPN:public --> public
 Zone: trust--> untrust   TTL: 00:00:10   Left: 00:00:04
 Interface: GigabitEthernet0/0/1   NextHop: 172.16.0.1   MAC: 54-89-98-fc-36-96
 <--packets:0 bytes:0     -->packets:5 bytes:45
 192.168.0.1: 54187-->172.16.0.1:2048
```

造成会话反向方向上没有统计信息的原因可能是回应报文没有到达防火墙或者回应报文被防火墙丢弃，此时应首先检查报文在到达防火墙之前是否被其他网络设备丢弃，然后在防火墙上查看丢包统计信息，参考上面介绍过的内容，根据显示结果进行相应的处理。

强叔提问

1. 防火墙和交换机、路由器的主要区别是什么？

2. 我们常说的第一代、第二代和第三代防火墙都指的是哪些防火墙？

3. 被业界权威的第三方安全测评机构 NSS 实验室评为最快防火墙的是华为哪一款防火墙产品？

4. 请分别说出防火墙上默认的 Local、Trust、DMZ 和 Untrust 安全区域的安全级别。

5. 给出如下一条会话，大家能指出里面的五元组信息吗？

```
telnet   VPN:public --> public 192.168.0.2:51870-->172.16.0.2:23
```

6. 防火墙关闭状态检测功能后，对于收到的 SYN+ACK 类型的 TCP 报文，如果防火墙上配置的规则允许报文通过，那么防火墙接下来如何处理该报文？

第2章
安全策略

2.1 安全策略初体验

2.2 安全策略发展历程

2.3 Local区域的安全策略

2.4 ASPF

2.5 配置注意事项和故障排除指导

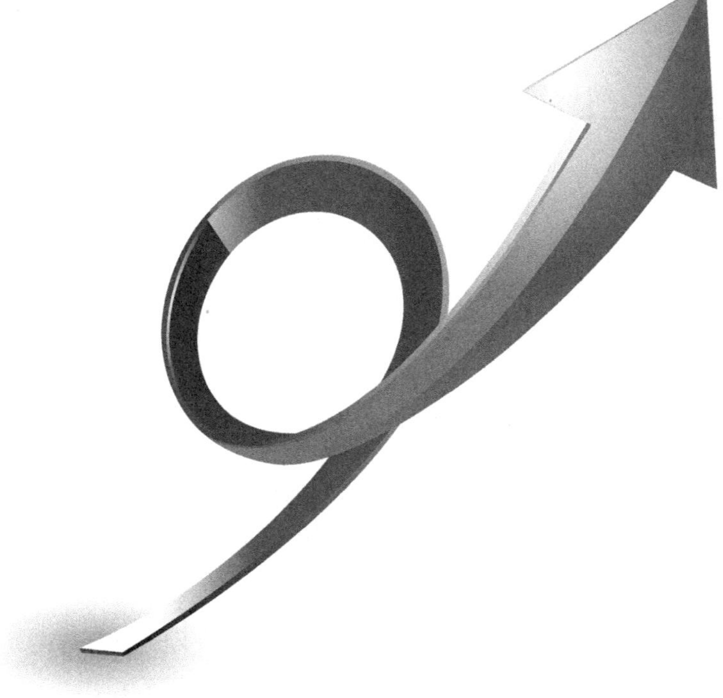

2.1 安全策略初体验

我们在上一章中多次提到了"规则"。规则是实施安全控制的"安检员"，它在防火墙转发报文的过程中扮演着重要角色，只有规则允许通过，报文才能在安全区域之间流动，否则报文将被丢弃。

规则在防火墙上的具体体现就是"安全策略"。安全策略涵盖的内容很多，实现原理也比较复杂，本章我们就来对安全策略进行详细介绍。

2.1.1 基本概念

首先我们从一个简单的网络环境讲起，如图 2-1 所示，PC 和 Web 服务器位于不同的网络，分别与防火墙相连，PC 属于 Trust 安全区域，Web 服务器属于 Untrust 安全区域。

图 2-1　PC 访问 Web 服务器组网示意

如果想在防火墙上允许 PC 访问 Web 服务器，用文字的形式来描述这个需求就是：允许 Trust 安全区域到 Untrust 安全区域的、源地址是 192.168.0.1、目的地址是 172.16.0.1、目的端口是 80（HTTP 协议）的报文通过。

我们把这段文字描述改用安全策略的方式来表示，同时补充隐含的源端口信息，结果如图 2-2 所示。

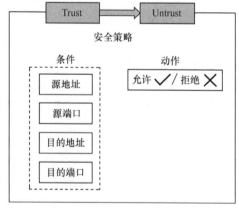

从图 2-2 可知，安全策略基于安全区域的域间关系来呈现，其内容包括两个组成部分。

- 条件。检查报文的依据，防火墙将报文中携带的信息与条件逐一对比，以此来判断报文是否匹配。
- 动作。对匹配了条件的报文执行的动作，包括允许通过（**permit**）或拒绝通过（**deny**），一条策略中只能有一个动作。

这里还要特意说明一下安全策略中的条件，可分为多个字段，如源地址、目的地址、

图 2-2　PC 访问 Web 服务器的安全策略

源端口、目的端口等，这些字段之间是"与"的关系，也就是说，只有报文中的信息和所有字段都匹配上，才算是命中了这条策略。如果同一个字段中有多个匹配项，如同时有两个源地址或三个目的地址，那么这些匹配项之间是"或"的关系，只要报文匹配了其中的一项，就算匹配了该条件。

安全策略配置完成后，PC 就可以访问 Web 服务器了。Web 服务器回应给 PC 的报文，会匹配会话转发，不需要再配置额外的安全策略，这一点我们在 1.5 节"状态检测和会话机制"中已经介绍过了。

在实际的网络环境中，不仅仅只有 PC 和 Web 服务器这两个特定目标之间通信，通常是两个网络之间的通信，如 192.168.0.0/24 网段访问 172.16.0.0/24 网段。所以我们会把安全策略的条件配置成一个网段，如允许 Trust 安全区域到 Untrust 安全区域的、源地址是 192.168.0.0/24 网段、目的地址是 172.16.0.0/24 网段的报文通过。此时如果有新的需求，不想让 192.168.0.0/24 网段中的特定地址 192.168.0.100 访问 172.16.0.0/24 网段，该如何配置呢？

我们可以再配置一条新的安全策略，拒绝 Trust 安全区域到 Untrust 安全区域的、源地址是 192.168.0.100 的报文通过。看到这里大家可能会有疑问，这两条安全策略中的条件都有源地址 192.168.0.100，也就是说，192.168.0.100 发出的报文，既可以命中第一条安全策略，也可以命中第二条安全策略，但是两条安全策略的动作却是冲突的，防火墙处理报文时应该以哪条安全策略的动作为准呢？

下面我们就来讲解安全策略之间的匹配顺序。

2.1.2　匹配顺序

安全策略之间是存在顺序的，防火墙在两个安全区域之间转发报文时，会按照从上到下的顺序逐条查找域间存在的安全策略。如果报文命中了某一条安全策略，就会执行该安全策略中的动作，或允许通过或拒绝通过，不会再继续向下查找；如果报文没有命中某条安全策略，则会向下继续查找。

基于上述实现方式，我们在配置安全策略时要遵循"先精细，后粗犷"的原则。具体来说，就是先配置匹配范围小、条件精确的安全策略，然后再配置匹配范围大、条件宽泛的安全策略。相信大家都配置过 ACL 规则，安全策略的配置和 ACL 规则是一个道理。

以上面我们说到的情况为例，如图 2-3 所示，我们要先配置第一条安全策略：拒绝 Trust 安全区域到 Untrust 安全区域的、源地址是 192.168.0.100 的报文通过；然后再配置第二条安全策略：允许 Trust 安全区域到 Untrust 安全区域的、源地址是 192.168.0.0/24 网段、目的地址是 172.16.0.0/24 网段的报文通过。

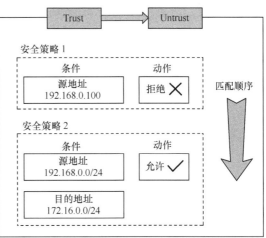

图 2-3　安全策略的匹配顺序

防火墙在查找安全策略时，源地址是 192.168.0.100 的报文会首先命中第一条策略，然后执行拒绝通过的动作，而 192.168.0.0/24 网段的其他报文会命中第二条策略，执行允许通过的动作。如果我们把两条安全策略的顺序调换，源地址是 192.168.0.100 的报文就永远不会命中动作为拒绝通过的那条策略，我们的目的也就没有达到。

到这里大家可能又有问题了，如果查找安全策略时，所有的安全策略都没有命中，防火墙该如何处理呢？针对这种情况，防火墙提供了"缺省包过滤"功能。

2.1.3 缺省包过滤

缺省包过滤本质上也是一种安全策略，也可以叫作缺省的安全策略。缺省包过滤中没有具体的条件，它对所有的报文均生效，它的动作也是分为允许通过或拒绝通过两种。需要注意的是，缺省包过滤只是一种叫法，一直以来华为防火墙都沿用了这样的叫法，和第一代包过滤防火墙是没有关系的。

缺省包过滤的条件最宽泛，所有的报文都可以匹配上，所以防火墙把缺省包过滤作为处理报文的最后手段。如图 2-4 所示，报文如果没有命中任何一条安全策略，最后将会命中缺省包过滤，防火墙将会对报文执行缺省包过滤中配置的动作。

默认情况下，缺省包过滤的动作是拒绝通过，也就是说，如果没有配置任何安全策略，防火墙是不允许报文在安全区域之间流动的。有时候为了简化配置，大家会把两个安全区域之间缺省包过滤的动作设置成允许通过。这样操作确实省时省事，但是会带来极大的安全风险，允许所有报文通过，网络隔离和访问控制都无法实现，防火墙也就失去了存在的意义。所以我们

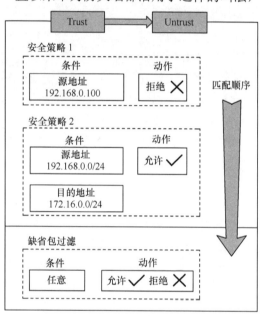

图 2-4　安全策略和缺省包过滤

建议不要轻易将缺省包过滤的动作设置成允许通过，而是通过配置条件精确的安全策略来控制报文的转发。

上面说的安全策略都是针对报文在两个安全区域之间流动的情况。华为防火墙对于安全区域之内流动的报文能进行控制吗？当然可以。默认情况下，报文在安全区域之内流动是不受安全策略控制的，报文可以自由通行。华为防火墙也支持安全区域内的安全策略，我们可以配置安全策略来限制某些特定的报文通过，灵活应对各种组网环境，满足特殊场景的需求。

另外还有一点需要特别说明，当防火墙的接口工作在二层模式（透明模式）时，经过防火墙的报文也会受到安全策略的控制，所以这种情况下也需要配置相应的安全策略对报文进行管控。

除了经过防火墙转发的报文，防火墙本身与外界交互的报文也同样受安全策略的控制，产生这一类报文的业务包括管理员登录防火墙、防火墙与其他设备建立 VPN 等。针对这些业务配置安全策略，安全策略中的条件也各不相同，我们将在 2.4 节"Local 区域的安全策略"中为大家详细介绍。

通过强叔的介绍，相信大家对安全策略已经有了初步的了解。任何事物都不是一成

不变的，华为防火墙上的安全策略也在与时俱进，不断发展，下一节我们就为大家讲解华为防火墙安全策略的发展历程。

2.2　安全策略发展历程

网络世界风云变幻，安全威胁层出不穷。为了适应这种变化，华为防火墙产品不断推陈出新，安全策略也随之改进和完善。

如图 2-5 所示，华为防火墙安全策略的发展主要经历了三个阶段：基于 ACL 的包过滤阶段、融合 UTM 的安全策略阶段、一体化安全策略阶段。

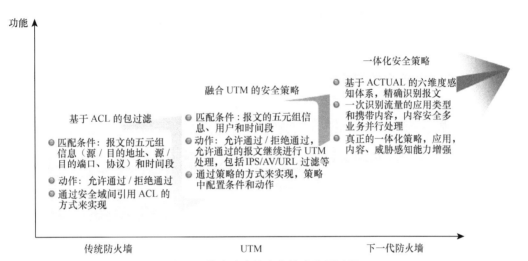

图 2-5　华为防火墙安全策略发展历程

华为防火墙安全策略的发展历程有以下几个特点。

- 匹配条件越来越精细，从传统防火墙的基于 IP、端口来识别报文到下一代防火墙基于用户、应用、内容来识别报文，识别能力越来越强。
- 动作越来越多，从简单的允许/拒绝报文通过到对报文进行多种内容安全检查，处理手段越来越丰富。
- 配置方式也在不断改进，从配置 ACL 到配置一体化安全策略，易于理解，简单便捷。

下面我们逐一对安全策略发展历程中的三个阶段进行介绍。

2.2.1　第一阶段：基于 ACL 的包过滤

基于 ACL 的包过滤是华为防火墙早期的实现方式，只有老版本才支持这种方式，如 USG2000/5000 系列防火墙的 V100R003 版本、USG9500 系列防火墙的 V200R001 版本等。

基于 ACL 的包过滤通过 ACL 来对报文进行控制，ACL 中包含若干条规则（**rule**），每条规则中定义了条件和动作。ACL 必须事先配置，然后在安全域间引用。

防火墙在两个安全区域之间转发报文时，会按照从上到下的顺序逐条查找 ACL 中的规则。如果报文命中了某一条规则，就会执行该规则中的动作，不会再继续向下查找；如果报文没有命中某条规则，则会向下继续查找。如果所有的规则都没有命中，则执行缺省包过滤中的动作。

如图 2-6 所示，我们以 Trust 安全区域到 Untrust 安全区域的域间关系为例，给出基于 ACL 的包过滤的配置逻辑。

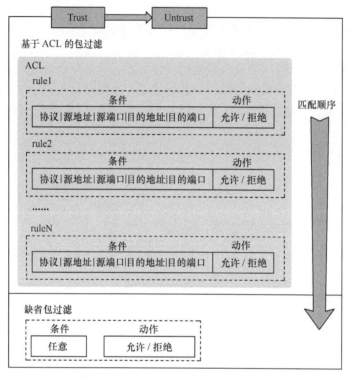

图 2-6　基于 ACL 的包过滤配置逻辑

配置基于 ACL 的包过滤时，必须先配置 ACL，然后在安全域间引用该 ACL。例如，要求在 Trust 安全区域到 Untrust 安全区域的方向上，拒绝源地址是 192.168.0.100 的报文通过；允许源地址是 192.168.0.0/24 网段，目的地址是 172.16.0.0/24 网段的报文通过，配置如下。

```
[FW] acl 3000
[FW-acl-adv-3000] rule deny ip source 192.168.0.100 0
[FW-acl-adv-3000] rule permit ip source 192.168.0.0 0.0.0.255 destination 172.16.0.0 0.0.0.255
[FW-acl-adv-3000] quit
[FW] firewall interzone trust untrust
[FW-interzone-trust-untrust] packet-filter 3000 outbound
```

2.2.2　第二阶段：融合 UTM 的安全策略

随着 UTM 产品的推出，华为防火墙的安全策略也向前迈进了一步，真正变成了"策略"的形式。与基于 ACL 的包过滤不同，此时的安全策略中可以直接定义条件和动作，无需再额外配置 ACL。另外，安全策略的动作为允许通过时，还可以引用 AV、IPS 等UTM 策略，对报文进一步的检测。

　　目前，USG2000/5000 系列防火墙的 V300R001 版本采用的就是融合 UTM 的安全策略，USG9500 系列防火墙的 V300R001 版本也采用了这种方式，但是只能配置条件和动作，不支持引用 UTM 策略。

　　如图 2-7 所示，融合 UTM 的安全策略由条件、动作和 UTM 策略组成。有一点需要注意，在安全策略的条件中出现了服务集（Service-set）的概念，代替了协议和端口。安全策略中已经内置了一些服务集，包含常见的协议，直接配置成条件即可；对于不在此范围之内的协议或端口，我们可以自定义新的服务集，然后在安全策略中引用。

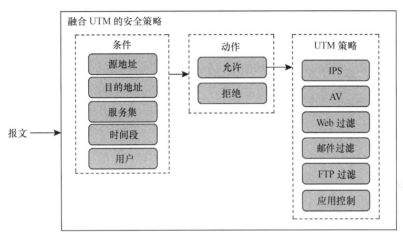

图 2-7　融合 UTM 的安全策略构成

　　对于融合 UTM 的安全策略来说，多条安全策略之间也是存在顺序的，防火墙在两个安全区域之间转发报文时，会按照从上到下的顺序逐条查找域间存在的安全策略。如果报文命中了某一条安全策略，就会执行该安全策略中的动作，不会再继续向下查找；如果报文没有命中某条安全策略，则会向下继续查找。如果所有的策略都没有命中，则执行缺省包过滤中的动作。

　　如图 2-8 所示，我们以 Trust 安全区域到 Untrust 安全区域的域间关系为例，给出融合 UTM 的安全策略的配置逻辑。

　　配置融合 UTM 的安全策略时，在策略中直接配置条件和动作。如果需要对报文进行 UTM 检测，还必须配置 UTM 策略，然后在动作为允许通过的安全策略中引用 UTM 策略。例如，要求在 Trust 安全区域到 Untrust 安全区域的方向上，拒绝源地址是 192.168.0.100 的报文通过；允许源地址是 192.168.0.0/24 网段，目的地址是 172.16.0.0/24 网段的报文通过，配置如下。

```
[FW] policy interzone trust untrust outbound
[FW-policy-interzone-trust-untrust-outbound] policy 1
[FW-policy-interzone-trust-untrust-outbound-1] policy source 192.168.0.100 0
[FW-policy-interzone-trust-untrust-outbound-1] action deny
[FW-policy-interzone-trust-untrust-outbound-1] quit
[FW-policy-interzone-trust-untrust-outbound] policy 2
[FW-policy-interzone-trust-untrust-outbound-2] policy source 192.168.0.0 0.0.0.255
[FW-policy-interzone-trust-untrust-outbound-2] policy destination 172.16.0.0 0.0.0.255
[FW-policy-interzone-trust-untrust-outbound-2] action permit
```

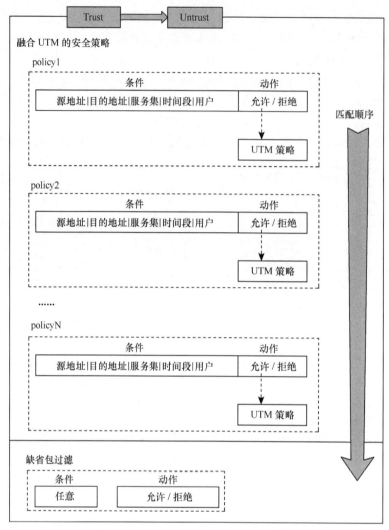

图 2-8　融合 UTM 的安全策略配置逻辑

2.2.3　第三阶段：一体化安全策略

　　网络高速发展，应用不断增多，协议的使用方式和数据的传输方式已经发生改变，网络蠕虫、僵尸网络以及其他基于应用的攻击不断产生。传统防火墙主要基于端口和协议来识别应用，基于传输层的特征来进行攻击检测和防护，面对网络蠕虫、僵尸网络等威胁将不再具有足够的防护能力。新的安全需求，推动下一代防火墙的产生，华为防火墙与时俱进，安全策略发展到"一体化"安全策略的新阶段。目前 USG6000 系列防火墙的 V100R001 版本采用的是一体化安全策略。

　　所谓的一体化，主要包括两个方面的内容：其一是配置上的一体化，像反病毒、入侵防御、URL 过滤、邮件过滤等安全功能都可以在安全策略中引用安全配置文件来实现，降低了配置难度；其二是业务处理上的一体化，安全策略对报文进行一次检测，多业务并行处理，大幅度提升了系统性能。

如图 2-9 所示，一体化安全策略除了基于传统的五元组信息之外，还能够基于 Application（应用）、Content（内容）、Time（时间）、User（用户）、Attack（威胁）、Location（位置）6 个维度将模糊的网络环境识别为实际的业务环境，实现精准的访问控制和安全检测。

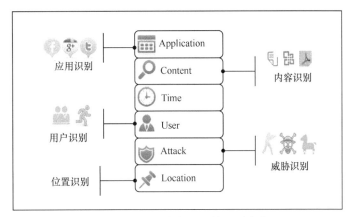

图 2-9 一体化安全策略的识别维度

一体化安全策略由条件、动作和配置文件组成，如图 2-10 所示，其中配置文件的作用是对报文进行内容安全检测，只有动作是允许通过时才能够引用配置文件。

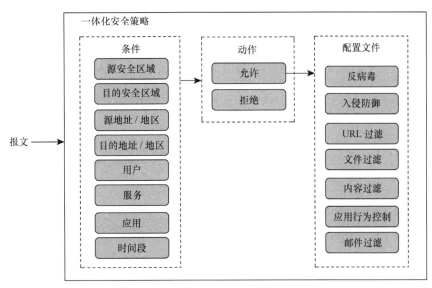

图 2-10 一体化安全策略构成

与前两个阶段的安全策略相比，一体化安全策略有以下区别。

- 安全策略基于全局范围，不再基于安全域间，安全区域只作为可选的条件，可同时配置多个安全区域。这里有一点需要特别注意，在华为 USG6000 系列防火墙上，报文在安全区域之内流动时，默认情况下防火墙是不允许其通过的，如果想让报文在安全区域之内正常流动，必须配置域内安全策略允许报文通过，这一点与前两个阶段的防火墙的处理方式不一样。
- 安全策略中的缺省动作代替了缺省包过滤，全局生效，不再区分域间。

配置了多条一体化安全策略后，防火墙在转发报文时会按照从上到下的顺序逐条查找安全策略。如图 2-11 所示，如果报文命中了某一条安全策略，就会执行该安全策略中的动作，不会再继续向下查找；如果报文没有命中某条安全策略，则会向下继续查找。如果所有的策略都没有命中，则执行安全策略的缺省动作。这里的缺省动作的作用与前面介绍过的缺省包过滤是一样的，只不过在下一代防火墙中的呈现方式是安全策略的缺省动作，配置的时候也是在安全策略中配置。

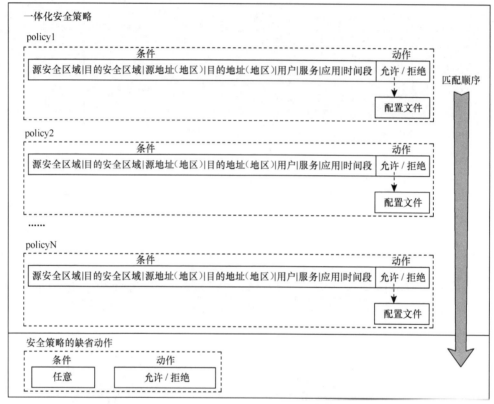

图 2-11　一体化安全策略配置逻辑

下面给出了一体化安全策略的配置实例，需求是在 Trust 安全区域到 Untrust 安全区域的方向上，拒绝源地址是 192.168.0.100 的报文通过；允许源地址是 192.168.0.0/24 网段，目的地址是 172.16.0.0/24 网段的报文通过，配置如下。

```
[FW] security-policy
[FW-policy-security] rule name policy1
[FW-policy-security-rule-policy1] source-zone trust
[FW-policy-security-rule-policy1] destination-zone untrust
[FW-policy-security-rule-policy1] source-address 192.168.0.100 32
[FW-policy-security-rule-policy1] action deny
[FW-policy-security-rule-policy1] quit
[FW-policy-security] rule name policy2
[FW-policy-security-rule-policy2] source-zone trust
[FW-policy-security-rule-policy2] destination-zone untrust
[FW-policy-security-rule-policy2] source-address 192.168.0.0 24
```

```
[FW-policy-security-rule-policy2] destination-address 172.16.0.0 24
[FW-policy-security-rule-policy2] action permit
```

通过上面的介绍，相信大家对华为防火墙安全策略的发展历程有了一定的了解。本书后面的内容中，所有提及安全策略的地方，将会采用目前比较通用的第二阶段的安全策略来举例，但是我们只给出条件和动作，不涉及 UTM 策略的配置。

2.3　Local 区域的安全策略

网络中的一些业务需要经过防火墙转发，还有一些业务是需要防火墙自身参与处理。例如，管理员会登录到防火墙上进行管理、Internet 上的设备或用户会与防火墙建立 VPN、防火墙和路由器之间会运行 OSPF（Open Shortest Path First，开放最短路径优先）路由协议、防火墙会与认证服务器对接等。

这些业务如果想要正常运行，就必须在防火墙上配置相应的安全策略，允许防火墙接收各个业务的报文。具体来说，就是要在防火墙的 Local 安全区域与业务使用的接口所在的安全区域之间配置安全策略。

前面我们介绍安全策略时针对的都是穿过防火墙的业务报文，没有提及需要防火墙自身处理的报文，本节我们就来介绍针对这类报文如何配置安全策略。首先以 OSPF 路由协议为例，看一下防火墙自身是如何处理业务报文的。

2.3.1　针对 OSPF 协议配置 Local 区域的安全策略

我们使用一台 USG9500 防火墙（软件版本为 V300R001）和两台路由器搭建一个简单的网络环境，如图 2-12 所示。

> 📖 说明
>
> 本节验证的是防火墙本身参与到 OSPF 路由计算的场景，即验证防火墙接口所在安全区域与 Local 区域之间如何配置安全策略。在防火墙本身不参与 OSPF 路由计算，只是透传 OSPF 路由报文的场景中，接收和发送 OSPF 报文的两个接口属于不同的安全区域时，则必须配置安全策略，允许 OSPF 报文通过。

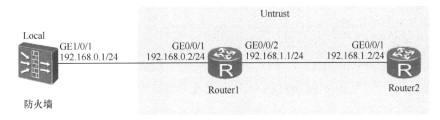

图 2-12　OSPF 组网示意图

防火墙的配置如下。

```
[FW] interface GigabitEthernet1/0/1
[FW-GigabitEthernet1/0/1] ip address 192.168.0.1 24
[FW-GigabitEthernet1/0/1] quit
```

```
[FW] firewall zone untrust
[FW-zone-untrust] add interface GigabitEthernet1/0/1
[FW-zone-untrust] quit
[FW] ospf
[FW-ospf-1] area 1
[FW-ospf-1-area-0.0.0.1] network 192.168.0.0 0.0.0.255
```

路由器 Router1 的配置如下。

```
[Router1] interface GigabitEthernet0/0/1
[Router1-GigabitEthernet0/0/1] ip address 192.168.0.2 24
[Router1-GigabitEthernet0/0/1] quit
[Router1] interface GigabitEthernet0/0/2
[Router1-GigabitEthernet0/0/2] ip address 192.168.1.1 24
[Router1-GigabitEthernet0/0/2] quit
[Router1] ospf
[Router1-ospf-1] area 1
[Router1-ospf-1-area-0.0.0.1] network 192.168.0.0 0.0.0.255
[Router1-ospf-1-area-0.0.0.1] network 192.168.1.0 0.0.0.255
```

路由器 Router2 的配置如下。

```
[Router2] interface GigabitEthernet0/0/1
[Router2-GigabitEthernet0/0/1] ip address 192.168.1.2 24
[Router2-GigabitEthernet0/0/1] quit
[Router2] ospf
[Router2-ospf-1] area 1
[Router2-ospf-1-area-0.0.0.1] network 192.168.1.0 0.0.0.255
```

默认情况下，防火墙上没有开启 GE1/0/1 接口所在的 Untrust 区域和 Local 区域之间的安全策略，这两个区域之间不允许报文通过。

配置完成后，我们在防火墙上使用 **display ospf peer** 命令查看 OSPF 的邻接关系。

```
[FW] display ospf peer

          OSPF Process 1 with Router ID 192.168.0.1
                  Neighbors

  Area 0.0.0.1 interface 192.168.0.1(GigabitEthernet1/0/1)'s neighbors
  Router ID: 192.168.1.1      Address: 192.168.0.2
    State: ExStart   Mode:Nbr is  Slave   Priority: 1
  DR: None    BDR: None     MTU: 0
  Dead timer due in 32    sec
  Retrans timer interval: 0
  Neighbor is up for 00:00:00
  Authentication Sequence: [ 0 ]
```

在 Router1 上使用 **display ospf peer** 命令查看 OSPF 的邻接关系。

```
[Router1] display ospf peer

          OSPF Process 1 with Router ID 192.168.1.1
                  Neighbors

  Area 0.0.0.1 interface 192.168.0.2(GigabitEthernet0/0/1)'s neighbors
  Router ID: 192.168.0.1        Address: 192.168.0.1        GR State: Normal
    State: ExStart   Mode:Nbr is  Slave   Priority: 1
```

```
    DR: 192.168.0.1   BDR: 192.168.0.2   MTU: 0
    Dead timer due in 32    sec
    Neighbor is up for 00:00:00
    Authentication Sequence: [ 0 ]


                    Neighbors

 Area 0.0.0.1 interface 192.168.1.1(GigabitEthernet0/0/2)'s neighbors
 Router ID: 192.168.1.2          Address: 192.168.1.2          GR State: Normal
   State: Full   Mode:Nbr is   Slave   Priority: 1
   DR: 192.168.1.2   BDR: 192.168.1.1   MTU: 0
   Dead timer due in 32    sec
   Neighbor is up for 00:09:28
   Authentication Sequence: [ 0 ]
```

在防火墙和 Router1 上看到的 OSPF 邻接状态都为 **ExStart**。根据图 2-13 所示的 OSPF 邻接关系建立过程示意图，我们发现 OSPF 邻接关系没建立起来的原因是因为防火墙和 Router1 之间没有成功交换 DD（Database Description）报文。

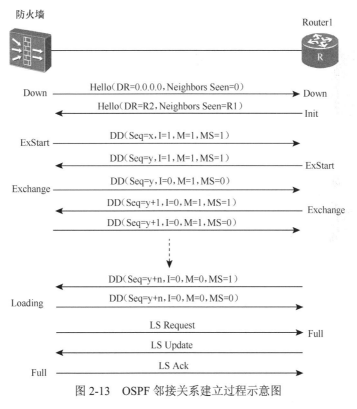

图 2-13　OSPF 邻接关系建立过程示意图

此时，我们怀疑有可能是防火墙丢弃了 DD 报文。在防火墙上使用 **display firewall statistic system discarded** 命令查看丢包信息。

```
 [FW] display firewall statistic system discarded
 Packets discarded statistic on slot 3 CPU 3
                    Total packets discarded :   31


                    Total deny bytes discarded : 1,612
                    Default deny packets discarded : 31
```

　　上面的信息表示缺省包过滤将报文丢弃，因为我们没有配置安全策略允许 DD 报文通过，所以该报文命中缺省包过滤后被丢弃。同时被丢弃报文的个数还在不断增长，说明 OSPF 模块在不断地尝试发送 DD 报文，但都被缺省包过滤丢弃了。

　　接下来我们在防火墙上开启 Local 区域和 Untrust 区域之间的安全策略，允许 OSPF 报文通过。需要注意的是，因为防火墙既要发送 DD 报文又要接收 DD 报文，所以 Inbound 和 Outbound 方向上的安全策略都要开启，如下。

⌒ 窍门

这里为了精确匹配 OSPF 协议，我们使用了安全策略提供的 ospf 服务集，如果防火墙中没有提供这个服务集，我们可以自己创建一个服务集，协议号设置为 89 即可。

```
[FW] policy interzone local untrust inbound
[FW-policy-interzone-local-untrust-inbound] policy 1
[FW-policy-interzone-local-untrust-inbound-1] policy service service-set ospf
[FW-policy-interzone-local-untrust-inbound-1] action permit
[FW-policy-interzone-local-untrust-inbound-1] quit
[FW-policy-interzone-local-untrust-inbound] quit
[FW] policy interzone local untrust outbound
[FW-policy-interzone-local-untrust-outbound] policy 1
[FW-policy-interzone-local-untrust-outbound-1] policy service service-set ospf
[FW-policy-interzone-local-untrust-outbound-1] action permit
```

　　然后分别在防火墙和 Router1 上使用 **display ospf peer** 命令查看 OSPF 的邻接关系（可能需要等待几分钟的时间才会出现下面的结果，或者我们可以使用 **reset ospf process** 命令重启 OSPF 进程，就能很快看到结果）。

```
[FW] display ospf peer

          OSPF Process 1 with Router ID 192.168.0.1
                  Neighbors

 Area 0.0.0.1 interface 192.168.0.1(GigabitEthernet1/0/1)'s neighbors
 Router ID: 192.168.0.2      Address: 192.168.0.2
  State: Full   Mode:Nbr is  Slave   Priority: 1
  DR: 192.168.0.2   BDR: 192.168.0.1   MTU: 0
  Dead timer due in 32   sec
  Retrans timer interval: 4
  Neighbor is up for 00:00:51
  Authentication Sequence: [ 0 ]

[Router1] display ospf peer

          OSPF Process 1 with Router ID 192.168.1.1
                  Neighbors

 Area 0.0.0.1 interface 192.168.0.2(GigabitEthernet0/0/1)'s neighbors
 Router ID: 192.168.0.1          Address: 192.168.0.1          GR State: Normal
  State: Full   Mode:Nbr is  Slave   Priority: 1
  DR: 192.168.0.1   BDR: 192.168.0.2   MTU: 0
  Dead timer due in 32   sec
  Neighbor is up for 00:00:00
  Authentication Sequence: [ 0 ]

                  Neighbors
```

```
Area 0.0.0.1 interface 192.168.1.1(GigabitEthernet0/0/2)'s neighbors
Router ID: 192.168.1.2          Address: 192.168.1.2          GR State: Normal
  State: Full   Mode:Nbr is  Slave   Priority: 1
  DR: 192.168.1.2   BDR: 192.168.1.1   MTU: 0
  Dead timer due in 32    sec
  Neighbor is up for 01:35:43
  Authentication Sequence: [ 0 ]
```

此时可以看到 OSPF 邻接建立成功，同时防火墙上已经存在了通过 OSPF 路由协议学习到的去往 192.168.1.0/24 这个网段的路由。

```
[FW] display ip routing-table protocol ospf
Route Flags: R - relay, D - download to fib
------------------------------------------------------------------------
Public routing table : OSPF
        Destinations : 2          Routes : 2

OSPF routing table status : <Active>
        Destinations : 1          Routes : 1


Destination/Mask      Proto   Pre   Cost        Flags NextHop           Interface

  192.168.1.0/24    OSPF    10    2           D     192.168.0.2       GigabitEthernet1/0/1
```

综上所述，我们需要在防火墙上开启运行 OSPF 协议的接口所在的安全区域和 Local 区域之间的安全策略，允许 OSPF 报文通过，这样防火墙才能和相连的设备正常建立邻接关系。

实际上，我们还可以从单播报文和组播报文的角度来考虑这个问题。对于防火墙来说，**一般情况下，单播报文是受安全策略控制，所以需要配置安全策略允许报文通过；而组播报文不受安全策略控制，也就不需要配置相应的安全策略。**

那么在 OSPF 中，哪些报文是单播哪些报文是组播呢？对与不同的网络类型，OSPF 报文的发送形式也不相同，如表 2-1 所示。

⊕━ 窍门
我们可以在接口上执行 **ospf network-type** 命令来修改 OSPF 的网络类型。

表 2-1　　　　　　　　　　　　**OSPF 网络类型与报文类型**

网络类型	Hello	Database Description	Link State Request	Link State Update	Link State Ack
Broadcast	组播	单播	单播	组播	组播
P2P	组播	组播	组播	组播	组播
NBMA	单播	单播	单播	单播	单播
P2MP	组播	单播	单播	单播	单播

从表中可以看出，网络类型是 Broadcast 类型时，OSPF 报文中的 DD 报文和 LSR 报文是单播报文，需要配置安全策略；网络类型是 P2P 时，OSPF 报文都是组播报文，因此无需配置安全策略。NBMA 和 P2MP 类型也是同理。在实际网络环境中，如果防火墙上的 OSPF 运行状态不正常，大家也可以从安全策略这个角度入手，检查是不是由于没有配置安全策略允许报文通过所导致的。

除了 OSPF 之外，还有一些业务也是需要防火墙自身参与处理的，同样需要在防火墙上配置 Local 区域的安全策略允许其报文通过。下面我们就针对这些业务，给出安全策略的配置方法。

2.3.2　哪些协议需要在防火墙上配置 Local 区域的安全策略

如图 2-14 所示，以 USG2200/5000 系列防火墙为例，需要防火墙自身参与处理的业务有管理员登录到防火墙、防火墙与认证服务器对接、Internet 上的设备或用户与防火墙建立 VPN、防火墙和路由器之间运行 OSPF 路由协议等。

📖 说明

此处提到的 GRE VPN、L2TP VPN、IPSec VPN、SSL VPN 等功能我们将会在后文中逐一介绍。

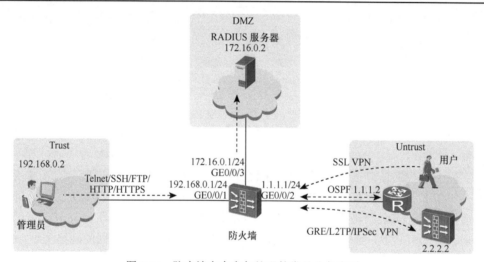

图 2-14　防火墙自身参与处理的常见业务类型

针对这些业务配置安全策略时，既要保证业务正常运行，又要确保防火墙自身的安全，所以我们必须在安全策略中指定精细化的匹配条件。但如何精确制定匹配条件是个难题，这就需要分析各种业务的源地址、目的地址，协议类型等信息。

下面强叔就结合图 2-14 中的业务，给出对应的匹配条件，方便大家在实际网络环境中根据业务类型来配置安全策略，如表 2-2 所示。

表 2-2　　　　　　　　　针对不同协议或应用设置安全策略中的匹配条件

业务	安全策略中的匹配条件				
	源安全区域	目的安全区域	源地址	目的地址	应用或协议+目的端口
Telnet	Trust	Local	192.168.0.2	192.168.0.1	telnet 或 TCP+目的端口 23 两者选其一
SSH	Trust	Local	192.168.0.2	192.168.0.1	ssh 或 TCP+目的端口 22 两者选其一

（续表）

业务	安全策略中的匹配条件				
	源安全区域	目的安全区域	源地址	目的地址	应用或协议+目的端口
FTP	Trust	Local	192.168.0.2	192.168.0.1	ftp 或 TCP+目的端口 21 两者选其一
HTTP	Trust	Local	192.168.0.2	192.168.0.1	http 或 TCP+目的端口 80 两者选其一
HTTPS	Trust	Local	192.168.0.2	192.168.0.1	https 或 TCP+目的端口 443 两者选其一
RADIUS	Local	DMZ	172.16.0.1	172.16.0.2	radius 或 UDP+目的端口 1645/1646/1812/1813* 两者选其一
发送 OSPF 协商报文（**outbound** 方向）	Local	Untrust	1.1.1.1	1.1.1.2	ospf
接收 OSPF 协商报文（**inbound** 方向）	Untrust	Local	1.1.1.2	1.1.1.1	ospf
发起 GRE VPN 隧道建立请求（**outbound** 方向）	Local	Untrust	1.1.1.1	2.2.2.2	gre
接收 GRE VPN 隧道建立请求（**inbound** 方向）	Untrust	Local	2.2.2.2	1.1.1.1	gre
发起 L2TP VPN 隧道建立请求（**outbound** 方向）	Local	Untrust	1.1.1.1	2.2.2.2	l2tp 或 UDP+目的端口 1701 两者选其一
接收 L2TP VPN 隧道建立请求（**inbound** 方向）	Untrust	Local	2.2.2.2	1.1.1.1	l2tp 或 UDP+目的端口 1701 两者选其一
发起 IPSec VPN 隧道建立请求（**outbound** 方向）	Local	Untrust	1.1.1.1**	2.2.2.2	手工方式：无需配置 IKE 方式（非 NAT 穿越环境）：UDP+目的端口 500 IKE 方式（NAT 穿越环境）：UDP+目的端口 500 和 4500
接收 IPSec VPN 隧道建立请求（**inbound** 方向）	Untrust	Local	2.2.2.2	1.1.1.1	手工方式：AH/ESP IKE 方式（非 NAT 穿越环境）：AH/ESP、UDP+目的端口 500 IKE 方式（NAT 穿越环境）：UDP+目的端口 500 和 4500
SSL VPN	Untrust	Local	ANY	1.1.1.1	可靠模式：TCP+目的端口 443*** 快速模式：UDP+目的端口 443

*：这里只给出了缺省情况，具体的端口号请以 RADIUS 服务器的实际情况为准

**：NAT 穿越环境中，源地址和目的地址可能是公网地址或私网地址，请以实际情况为准

***：如果设备同时支持 HTTPS 和 SSL VPN，两者使用的端口请以实际支持情况为准

针对管理员登录防火墙时配置的安全策略，这里再补充说明一下。上面我们为了介绍如何配置安全策略的匹配条件，给出的例子是管理员通过 GE0/0/1 接口登录 USG2000/5000 防火墙。这种情况下就需要配置 Trust 安全区域到 Local 安全区域的安全策略。其实在缺省情况下，不同型号的防火墙都提供了默认的登录方式，管理员可以通过特定的接口登录到防火墙上，不需要配置安全策略，具体情况如表 2-3 所示。

表 2-3　　　　　　　　　　缺省情况下防火墙支持的登录方式

型号	接口	登录方式
USG2100	LAN 口（GE0/0/0～GE0/0/7）	Telnet 或 HTTP
USG2200/5000	管理口（GE0/0/0）	Telnet 或 HTTP
USG6000	管理口（GE0/0/0）	HTTPS
USG9500	管理口（GE0/0/0）	HTTPS

2.4　ASPF

通过前面的介绍，大家肯定对安全策略有了一定的了解，大家可能也会认为，只要把安全策略配置好了，就可以一劳永逸万事无忧。但是有些协议变化莫测，比如最常用的 FTP 协议，它的报文交互过程就暗藏玄机，让安全策略防不胜防。这种情况下，单凭安全策略一己之力无法完全掌控报文的转发，此时就需要一个神秘助手出马相助了。

下面我们就以 FTP 协议为例，在剖析 FTP 协议工作原理的过程中，为大家揭开这个神秘助手的面纱。

2.4.1　帮助 FTP 数据报文穿越防火墙

我们先用 eNSP 模拟一个 FTP 客户端访问 FTP 服务器的组网，如图 2-15 所示，FTP 客户端和 FTP 服务器与防火墙直接相连，FTP 客户端属于 Trust 安全区域，FTP 服务器属于 Untrust 安全区域。

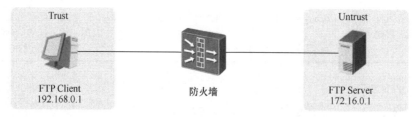

图 2-15　FTP 客户端访问 FTP 服务器组网图

如果想让 FTP 客户端访问 FTP 服务器，防火墙上的安全策略该怎么配置呢？大家肯定会说，这还不容易，在 Trust 安全区域到 Untrust 安全区域之间，允许特定源/目的地址的 FTP 报文通过就可以了。

```
[FW] policy interzone trust untrust outbound
[FW-policy-interzone-trust-untrust-outbound] policy 1
[FW-policy-interzone-trust-untrust-outbound-1] policy source 192.168.0.1 0
[FW-policy-interzone-trust-untrust-outbound-1] policy destination 172.16.0.1 0
```

```
[FW-policy-interzone-trust-untrust-outbound-1] policy service service-set ftp
[FW-policy-interzone-trust-untrust-outbound-1] action permit
```

配置完成后，在 eNSP 中使用 FTP 客户端访问 FTP 服务器，无法访问！回来头来检查配置信息，发现安全策略 policy 1 有被命中的统计信息，说明这条策略已经生效。

```
[FW] display policy interzone trust untrust outbound
policy interzone trust untrust outbound
 firewall default packet-filter is deny
 policy 1 (1 times matched)
   action permit
   policy service service-set ftp (predefined)
   policy source 192.168.0.1 0
   policy destination 172.16.0.1 0
```

查看会话表发现防火墙上已经成功建立了会话。

```
[FW] display firewall session table
Current Total Sessions : 1
 ftp VPN:public --> public 192.168.0.1:2049-->172.16.0.1:21
```

看起来一切都应该没有问题，那为什么访问失败了呢？

这就要从 FTP 协议的特殊之处讲起，FTP 协议是一个典型的多通道协议，在其工作过程中，FTP 客户端和 FTP 服务器之间将会建立两条连接：控制连接和数据连接。控制连接用来传输 FTP 指令和参数，其中就包括建立数据连接所需要的信息；数据连接用来获取目录及传输数据。

根据数据连接的发起方式，FTP 协议分为两种工作模式：主动模式（PORT 模式）和被动模式（PASV 模式）。主动模式中，FTP 服务器主动向 FTP 客户端发起数据连接；被动模式中，FTP 服务器被动接收 FTP 客户端发起的数据连接。

工作模式在 FTP 客户端上是可以设置的，这里我们使用的是主动模式，如图 2-16 所示。

图 2-16 FTP 客户端上的工作模式设置

下面我们就来看一看，FTP 协议工作在主动模式下的交互流程，如图 2-17 所示。

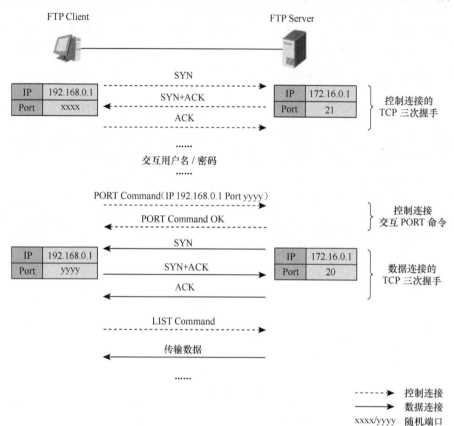

图 2-17　主动模式下 FTP 协议的交互流程

首先 FTP 客户端使用随机端口 xxxx 向 FTP 服务器的 21 端口发起连接请求建立控制连接，然后使用 PORT 命令协商两者进行数据连接的端口号，协商出来的端口是 yyyy。然后 FTP 服务器主动向 FTP 客户端的 yyyy 端口发起连接请求，建立数据连接。数据连接建立成功后，才能进行数据传输。

我们只配置了允许 FTP 客户端访问 FTP 服务器的安全策略，即控制连接能成功建立。但是当 FTP 服务器访问 FTP 客户端 yyyy 端口的报文到达防火墙后，对于防火墙来说，这个报文不是前一条连接的后续报文，而是代表着一条新的连接。要想使这个报文顺利到达 FTP 客户端，防火墙上就必须配置了安全策略允许其通过，但是我们没有配置 FTP 服务器到 FTP 客户端这个方向上的安全策略，所以该报文无法通过防火墙，导致 FTP 访问失败。

如何解决这个问题呢？聪明的读者肯定会马上想到，在 FTP 服务器到 FTP 客户端这个方向上也配置一条安全策略就行了吧？对，这是一种方法，但是数据连接使用的端口是在控制连接中临时协商出来的，具有随机性，我们无法精确预知，所以只能开放客户端的所有端口，这样就会给 FTP 客户端带来安全隐患。要是防火墙能记录这个端口，然后自动开启 FTP 服务器到 FTP 客户端的安全策略就好了！

幸好，防火墙已经考虑到了这个问题，这个时候就要有请安全策略的神秘助手 ASPF（Application Specific Packet Filter，针对应用层的包过滤）出场亮相了。单从名字来看，

ASPF 主要是盯着报文的应用层信息来做文章，其原理是检测报文的应用层信息，记录应用层信息中携带的关键数据，使得某些在安全策略中没有明确定义要放行的报文也能够得到正常转发。

记录应用层信息中关键数据的表项称为 Server-map 表，报文命中该表后，不再受安全策略的控制，这相当于在防火墙上开启了一条"隐形通道"。当然这个通道不是随意开启的，是防火墙分析了报文的应用层信息之后，提前预测到后面报文的行为方式，所以才打开了这样的一个通道。

那么 Server-map 表和会话表有什么区别呢？首先，会话表中的会话是通信双方的连接在防火墙上的具体体现，其作用是记录通信双方的连接状态。防火墙为某条连接的首包生成会话后，该连接的后续包命中会话即可直接转发，不再受安全策略控制。Server-map 表记录的不是当前连接的信息，而是防火墙分析当前连接的报文后得到的信息，该信息预示了即将到来的报文的特征，防火墙通过 Server-map 表提前预测报文的行为方式。

其次，从处理流程看，防火墙收到报文后，先检查报文是否命中会话表，如果命中，说明该报文是后续包，直接转发。如果报文没有命中会话表，说明该报文是首包，接下来检查报文是否命中 Server-map 表，如本节介绍的 ASPF 生成的 Server-map 表，报文命中后就不再受安全策略的控制。当然，防火墙最后还是会为该报文生成会话表。

Server-map 表和会话表作为防火墙上的重要表项，两者作用不同，也不能相互替代。

📖 **说明**

除了 ASPF 功能之外，NAT 功能也会生成 Server-map 表，详细内容我们将在"第 4 章 NAT"中介绍。

开启 ASPF 功能的操作很简单，比如，在 Trust 和 Untrust 安全域间开启 FTP 协议的 ASPF 功能。

📖 **说明**

在安全区域的域内也可以开启 FTP 协议的 ASPF 功能。

```
[FW] firewall interzone trust untrust
[FW-interzone-trust-untrust] detect ftp
```

然后我们再次验证，FTP 客户端可能正常访问 FTP 服务器，在防火墙上使用 **display firewall server-map** 命令查看记录 FTP 数据连接的 Server-map 表项。

```
[FW] display firewall server-map
 server-map item(s)
---------------------------------------------------------------------
 ASPF, 172.16.0.1 -> 192.168.0.1:2052[any], Zone: ---
    Protocol: tcp(Appro: ftp-data), Left-Time: 00:00:57, Addr-Pool: ---
    VPN: public -> public
```

可以看到，防火墙上生成了一条 Server-map 表项，FTP 服务器访问 FTP 客户端的报文，正是命中了这条表项后直接被转发，就不用再为其配置安全策略了。这条 Server-map 表项不会永远存在，老化时间到期之后就会被删除，这就确保了这条"隐形通道"不会永久开启，保证了安全性。

在防火墙上查看会话表，发现防火墙已经为 FTP 服务器访问 FTP 客户端的数据连接建立了会话。

```
[FW] display firewall session table
 Current Total Sessions : 2
  ftp    VPN:public --> public 192.168.0.1:2051+->172.16.0.1:21
  ftp-data    VPN:public --> public 172.16.0.1:20-->192.168.0.1:2052
```

如图 2-18 所示，开启了 ASPF 后，防火墙在 FTP 的控制连接阶段生成了 Server-map 表，保证后续 FTP 数据连接可以成功建立。

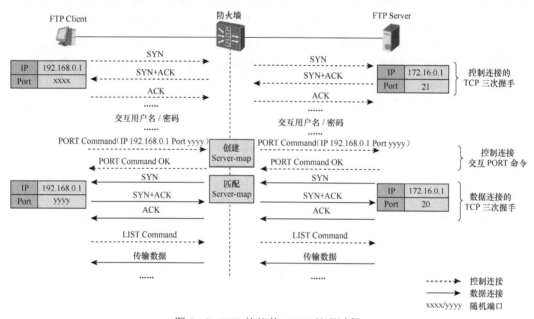

图 2-18　FTP 协议的 ASPF 处理过程

综上所述，ASPF 可以根据报文应用层中的信息动态生成 Server-map 表项，既简化了安全策略的配置又确保了安全性。我们可以把 ASPF 看作是一种穿越防火墙的技术，ASPF 生成的 Server-map 表项，相当于在防火墙上打开了一个通道，使类似 FTP 的多通道协议的后续报文**不受安全策略的控制**，利用该通道就可以穿越防火墙。

除了 FTP 协议之外，防火墙还支持针对其他多通道协议的 ASPF 功能，如 SIP（Session Initiation Protocol，会话发起协议）、H.323、MGCP（Media Gateway Control Protocol，媒体网关控制协议）等，具体的支持情况请参见防火墙的产品手册。

2.4.2　帮助 QQ/MSN 报文穿越防火墙

防火墙还支持对两个常见的网络聊天协议 QQ/MSN 进行 ASPF 检测，其实现过程与 FTP 协议稍有不同，下面我们就来介绍针对 QQ/MSN 协议的 ASPF。

通常情况下，我们使用 QQ/MSN 传输的纯文本消息都是通过 QQ/MSN 的服务器中转，而语音/视频消息会消耗很多资源，不能通过 QQ/MSN 服务器中转，只能由通信双方直接建立连接来传输，如图 2-19 所示。

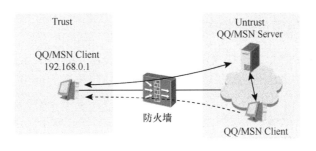

图 2-19　QQ/MSN 组网示意图

　　我们在防火墙上一般只配置了 Trust 安全区域到 Untrust 安全区域的安全策略，允许内网的 QQ/MSN 客户端访问外网，但是没有配置允许外网的 QQ/MSN 客户端访问内网的安全策略，这就导致外网的 QQ/MSN 客户端无法向内网主动发起语音/视频消息的连接请求。

　　为了保证外网 QQ/MSN 客户端的连接请求可以正常通过防火墙，以 QQ 为例，QQ 客户端访问 QQ 服务器后，ASPF 会生成如下 Server-map 表项（此表项仅作为示例，实际环境中还应该包含地址转换信息）。

```
Type: STUN,  ANY -> 192.168.0.1:53346,  Zone:---
 Protocol: udp(Appro: qq-derived),  Left-Time:00:05:45,  Pool: ---,
 Vpn: public -> public
```

　　表项中的源地址为 ANY，即任意源地址，这样任意用户在表项老化时间到期之前都可以主动向 192.168.0.1 的 53346 端口发起连接，该连接请求可以正常通过防火墙。表项中包括了目的地址（**192.168.0.1**）、目的端口（**53346**）和协议类型（**udp**）三个元素，所以也叫作“三元组”Server-map 表项。

📖 说明

上述表项的类型是 STUN（Simple Traversal of UDP Through Network Address Translators，UDP 对 NAT 的简单穿越）协议，除了 QQ 之外，MSN 和下面将要介绍的用户自定义协议生成的 Server-map 表项的类型都是 STUN，也就是说，防火墙会把 QQ/MSN/用户自定义都认为是 STUN 类型的协议，关于 STUN 的介绍我们在 "4.4 NAT ALG" 中再讲。

　　开启 QQ/MSN 协议的 ASPF 功能的命令与 FTP 类似，在 Trust 和 Untrust 安全域间开启 QQ 和 MSN 协议的 ASPF 功能。

📖 说明

在安全区域的域内也可以开启 QQ/MSN 协议的 ASPF 功能。

```
[FW] firewall interzone trust untrust
[FW-interzone-trust-untrust] detect qq
[FW-interzone-trust-untrust] detect msn
```

2.4.3 帮助用户自定义协议报文穿越防火墙

对于不在 **detect** 命令支持协议范围内的某些特殊应用，防火墙提供了用户自定义协议（User-defined）的 ASPF 功能。在了解该应用的协议原理的前提下，我们可以通过定义 ACL 来识别该应用的报文，ASPF 会自动为其创建三元组 Server-map 表项，保证该应用的报文顺利通过防火墙。需要注意的是，配置 ACL 时，ACL 规则应配置得越精确越好，以免影响其他业务。

目前最典型的应用就是 TFTP 协议，如图 2-20 所示。

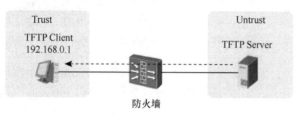

图 2-20   TFTP 组网示意图

TFTP 协议的控制通道和数据通道共用 TFTP 客户端的端口号，TFTP 客户端向 TFTP 服务器发起访问后，ASPF 会生成如下 Server-map 表项。

```
Type: STUN,   ANY -> 192.168.0.1:55199,   Zone:---
    Protocol: udp(Appro: stun-derived),   Left-Time:00:04:52, Pool: ---,
    Vpn: public -> public
```

其中 192.168.0.1 为 TFTP 客户端的 IP 地址，55199 为 TFTP 客户端打开的端口，该端口也是 TFTP 客户端向 TFTP 服务器发起访问时所使用的端口。这样，任意地址在表项老化时间到期之前都可以主动向 192.168.0.1 的 55199 端口发起连接，保证了 TFTP 报文可以正常通过防火墙。

开启用户自定义协议的 ASPF 功能的命令也很简单，配置示例如下。不同型号的防火墙产品上的支持情况和命令格式略有不同，请以产品手册为准。

```
[FW] acl 3000
[FW-acl-adv-3000] rule permit ip source 192.168.0.1 0
[FW-acl-adv-3000] quit
[FW] firewall interzone trust untrust
[FW-interzone-trust-untrust] detect user-defined 3000 outbound
```

对于 QQ/MSN/User-defined 协议来说，ASPF 生成的三元组 Server-map 表项虽然保证了各个业务的正常运行，但是也开放了对端口的访问权限，并且命中三元组 Server-map 表项的报文不受安全策略控制，存在一定的安全隐患。

为此，防火墙又提供了针对 ASPF 的安全策略（包过滤），对命中三元组 Server-map 表项的报文再进行过滤，实现更精细化的控制。例如，通过上面的配置生成三元组 Server-map 表项后，要求对命中该表项的报文进一步控制，要求只有源地址是 192.168.0.1、目的地址是 172.16.0.1 的报文才能通过。

```
[FW] acl 3001
[FW-acl-adv-3001] rule permit ip source 192.168.0.1 0 destination 172.16.0.1 0
[FW-acl-adv-3001] quit
```

```
[FW] firewall interzone trust untrust
[FW-interzone-trust-untrust] aspf packet-filter 3001 outbound
```

通过上面的介绍，我们发现一个共同点，无论是 FTP 这样的多通道协议，还是 QQ/MSN 协议或 User-defined 协议，ASPF 功能都会生成 Server-map 表项，帮助这些协议的报文穿越防火墙，保证基于这些协议的业务可以正常运行。

此外，防火墙上的 ASPF 功能还可以阻断 HTTP 协议中的有害插件。HTTP 协议中会包含 Java 和 ActiveX 插件，它们非常容易被制作成木马和病毒，危害内网主机的安全。Java 和 ActiveX 插件通常被包含在 HTTP 报文的载荷中进行传输，如果只检查 HTTP 报文头信息，无法将其识别出来。所以必须通过 ASPF 来对 HTTP 报文的载荷信息进行检测，识别并阻断 Java 和 ActiveX 插件，保护内网主机。

阻断 HTTP 协议中有害插件的配置也很简单，在安全区域的域间或域内执行 **detect activex-blocking** 或 **detect java-blocking** 命令即可。不同型号的防火墙产品上的支持情况和命令格式略有不同，请以产品手册为准。

2.5　配置注意事项和故障排除指导

2.5.1　安全策略

实际网络环境中，安全策略是一个常见的故障点，很多时候都是由于安全策略拒绝报文通过导致业务不通。常用的手段是通过 **display firewall statistic system discard** 命令查看防火墙的丢包统计信息，根据显示信息来判断是否涉及安全策略，如下所示。

```
[FW] display firewall statistic system discard
  Packets discarded statistic
                      Total packets discarded:              10
                      ACL deny packets discarded:            5
                      Default deny packets discarded:        5
```

其中，"ACL deny packets discarded"表示安全策略将报文丢弃；"Default deny packets discarded"表示缺省包过滤将报文丢弃。如果防火墙丢包统计信息中出现上述显示信息，就说明安全策略导致丢包，此时就应该从安全策略入手排除故障。

首先是检查安全策略的匹配条件，如果匹配条件配置有误，将会导致报文无法命中该安全策略，防火墙就无法对报文实施预先设置的动作。安全策略配置完成后，发现防火墙没有按照我们预期的方式来处理报文，此时应检查安全策略的配置情况。

```
[FW] display policy interzone trust untrust outbound
 policy interzone trust untrust outbound
  firewall default packet-filter is deny
  policy 1 (0 times matched)
   action permit
   policy service service-set http (predefined)
   policy source 192.168.0.1 0
   policy destination 172.16.0.1 0
```

上述信息中，安全策略 policy 1 的报文命中统计信息为 0，说明没有报文命中这条安全策略，在接口已经正确加入安全区域的前提下，我们就应该进一步检查这条安全策略中各个条件的配置是否正确无误。

其次，如果在同一个安全区域之间配置了多条安全策略，此时还要关注多条安全策略间的匹配顺序。如下所示，在 Trust 安全区域到 Untrust 安全区域的方向上配置了两条安全策略。

```
[FW] policy interzone trust untrust outbound
[FW-policy-interzone-trust-untrust-outbound] policy 1
[FW-policy-interzone-trust-untrust-outbound-1] policy source 192.168.0.0 0.0.0.255
[FW-policy-interzone-trust-untrust-outbound-1] policy destination 172.16.0.0 0.0.0.255
[FW-policy-interzone-trust-untrust-outbound-1] action permit
[FW-policy-interzone-trust-untrust-outbound-1] quit
[FW-policy-interzone-trust-untrust-outbound] policy 2
[FW-policy-interzone-trust-untrust-outbound-2] policy source 192.168.0.100 0
[FW-policy-interzone-trust-untrust-outbound-2] action deny
[FW-policy-interzone-trust-untrust-outbound-2] quit
```

安全策略 policy 1 中设置的源地址范围包括了安全策略 policy 2 中设置的源地址，所以源地址是 192.168.0.100 的报文只会命中安全策略 policy 1，防火墙允许其通过，永远不会命中动作为拒绝通过的安全策略 policy 2。

为了解决这个问题，我们可以执行如下命令，将 policy 2 移动到 policy 1 的前面。

```
[FW-policy-interzone-trust-untrust-outbound] policy move 2 before 1
```

移动完成后，源地址是 192.168.0.100 的报文就会优先命中安全策略 policy 2，防火墙对报文执行拒绝通过的动作。

```
#
policy interzone trust untrust outbound
 policy 2
  action deny
  policy source 192.168.0.100 0

 policy 1
  action permit
  policy source 192.168.0.0 0.0.0.255
  policy destination 172.16.0.0 0.0.0.255
#
```

如何精确指定匹配条件是配置安全策略的难点，匹配条件设置的过于宽泛，会带来安全风险；匹配条件设置的过于严格，可能会导致报文无法命中策略，影响业务正常运行。强叔在这里为大家介绍一种通用的配置思路：**首先配置缺省包过滤的动作为允许通过，对业务进行调测，保证业务正常运行；然后查看会话表，以会话表中记录的信息为匹配条件配置安全策略；最后恢复缺省包过滤的配置，再次对业务进行调测，验证安全策略是否正确。**

缺省包过滤的动作配置为允许通过后，防火墙允许所有报文通过，可能会带来安全风险，因此只建议在调测的时候使用。在调测完成后，必须将缺省包过滤的动作恢复为拒绝通过。

下面我们来看两个实例，第一个实例的组网如图 2-21 所示，PC 和 Web 服务器与防火墙直接相连，PC 属于 Trust 安全区域，Web 服务器属于 Untrust 安全区域，要求 PC 能够正常访问 Web 服务器。

我们一开始并不知道如何配置匹配条件精确的安全策略，我们先配置 Trust 安全区域到 Untrust 安全区域的缺省包过滤，将动作设置为允许通过，并根据提示信息输入 **y**。

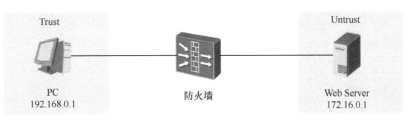

图 2-21　PC 访问 Web 服务器组网示意图

> **[FW] firewall packet-filter default permit interzone trust untrust direction outbound**
> Warning:Setting the default packet filtering to permit poses security risks. You are advised to configure the security policy based on the actual data flows. Are you sure you want to continue?[Y/N] **y**

这个时候防火墙就允许 Trust 安全区域到 Untrust 安全区域方向上的所有报文通过，我们在 PC 上访问 Web 服务器，访问成功后在防火墙上查看会话表。

> **[FW] display firewall session table verbose**
> Current Total Sessions : 1
> **http**　VPN:public --> public
> Zone: **trust--> untrust**　TTL: 00:00:10　Left: 00:00:07
> Interface: GigabitEthernet0/0/1　NextHop: 172.16.0.1　MAC: 54-89-98-c0-15-c5
> <--packets:4 bytes:465　-->packets:7 bytes:455
> **192.168.0.1**:2052-->**172.16.0.1:80**

会话表中已经非常清晰地记录了 PC 访问 Web 服务器这条连接的信息，由此我们可以配置如下安全策略。

> **[FW] policy interzone trust untrust outbound**
> [FW-policy-interzone-trust-untrust-outbound] **policy 1**
> [FW-policy-interzone-trust-untrust-outbound-1] **policy source 192.168.0.1 0**
> [FW-policy-interzone-trust-untrust-outbound-1] **policy destination 172.16.0.1 0**
> [FW-policy-interzone-trust-untrust-outbound-1] **policy service service-set http**
> [FW-policy-interzone-trust-untrust-outbound-1] **action permit**
> [FW-policy-interzone-trust-untrust-outbound-1] **quit**

最后，我们将缺省包过滤的动作恢复为拒绝通过，这样就完成了安全策略的配置。

> **[FW] firewall packet-filter default deny interzone trust untrust direction outbound**

下面我们再来看第二个实例，如图 2-22 所示，PC 与防火墙直接相连，属于 Trust 安全区域，要求管理员能够在 PC 上通过 Telnet 方式登录防火墙。

图 2-22　管理员通过 Telnet 方式登录到防火墙组网示意图

首先，我们配置 Trust 安全区域到 Local 安全区域的缺省包过滤，将动作设置为允许通过，并根据提示信息输入 **y**。

> **[FW] firewall packet-filter default permit interzone trust local direction inbound**
> Warning:Setting the default packet filtering to permit poses security risks. You are advised to configure the security policy based on the actual data flows. Are you sure you want to continue?[Y/N] **y**

然后，在 PC 上通过 Telnet 方式登录防火墙，登录成功后在防火墙上查看会话表。

```
[FW] display firewall session table verbose
 Current Total Sessions : 1
 telnet   VPN:public --> public
 Zone: trust--> local   TTL: 00:10:00   Left: 00:09:55
 Interface: InLoopBack0   NextHop: 127.0.0.1   MAC: 00-00-00-00-00-00
 <--packets:6 bytes:325      -->packets:8 bytes:415
 192.168.0.1:2053-->192.168.0.2:23
```

由此，我们可以配置如下安全策略。

```
[FW] policy interzone local trust inbound
[FW-policy-interzone-local-trust-inbound] policy 1
[FW-policy-interzone-local-trust-inbound-1] policy source 192.168.0.1 0
[FW-policy-interzone-local-trust-inbound-1] policy destination 192.168.0.2 0
[FW-policy-interzone-local-trust-inbound-1] policy service service-set telnet
[FW-policy-interzone-local-trust-inbound-1] action permit
```

最后，我们将缺省包过滤的动作恢复为拒绝通过，这样就完成了安全策略的配置。

```
[FW] firewall packet-filter default deny interzone trust local direction inbound
```

上面只是举了两个简单的例子，希望大家能够掌握这种配置思路，后面遇到复杂的业务时，也能准确配置安全策略的匹配条件。

2.5.2　ASPF

ASPF 功能决定了很多特殊的协议是否能被防火墙正常转发，所以当网络中存在类似 FTP 这样的业务时，请检查是否开启了相应的 ASPF 功能。以 USG2000/5000 系列防火墙为例，目前支持开启 ASPF 功能的协议如表 2-4 所示，其他防火墙产品的支持情况请以产品手册为准。

表 2-4　　　　　　　　USG2000/5000 支持开启 ASPF 功能的协议

位置	协议
安全区域的域间	DNS、FTP、H.323、ICQ、ILS、MGCP、MMS、MSN、NETBOIS、PPTP、QQ、RTSP、SIP、SQLNET
安全区域的域内	DNS、FTP、H.323、ILS、MGCP、MMS、MSN、NETBOIS、PPTP、QQ、RTSP、SIP、SQLNET

我们可以使用 **display interzone** 命令检查安全区域的域间是否正确开启了 ASPF 功能，如下所示。

```
[FW] display interzone
interzone trust untrust
  detect ftp
#
```

上述信息表示在 Trust 安全区域和 Untrust 安全区域的域间已经开启了 FTP 协议的 ASPF 功能。我们还可以使用 **display zone** 命令检查安全区域的域内是否正确开启了 ASPF 功能，如下所示。

```
[FW] display zone
local
 priority is 100
```

```
#
trust
  priority is 85
  detect qq
  interface of the zone is (1):
      GigabitEthernet0/0/1
#
untrust
  priority is 5
  interface of the zone is (0):
#
dmz
  priority is 50
  interface of the zone is (0):
#
```

上述信息表示在 Trust 安全区域的域内已经开启了 QQ 协议的 ASPF 功能。

如果配置了用户自定义协议的 ASPF 功能但没有生效,首先我们使用 **display firewall server-map** 命令查看是否正确生成 Server-map 表项。

```
[FW] display firewall server-map
  server-map item(s)
-----------------------------------------------------------------------
Type: STUN,   ANY -> 192.168.0.1:55199,   Zone:---
  Protocol: udp(Appro: stun-derived),   Left-Time:00:04:52,   Pool: ---,
  Vpn: public -> public
```

上述信息表示已经生成了 Server-map 表项。如果没有生成 Server-map 表项,请检查 ACL 规则的范围是否准确,报文是否能命中 ACL 规则。如果发现配置有误,请调整 ACL 规则。

强叔提问

1. 管理员在 Trust 安全区域和 Untrust 安全区域之间依次配置了如下两条安全策略,请分析这样配置有什么问题?

- 安全策略 1:拒绝目的地址是 172.16.0.0/24 网段的报文通过。
- 安全策略 2:允许目的地址是 172.16.0.100 的报文通过。

2. 下一代防火墙的一体化安全策略中都有哪些维度的匹配条件?

3. 在 FTP 客户端访问 FTP 服务器的组网中,如果 FTP 客户端使用了被动模式(PASV 模式),是否还需要开启 ASPF 功能?

4. 防火墙上运行 OSPF 路由协议,假设 OSPF 的网络类型是广播类型(Broadcast),请填写下列配置脚本中的空白处,精确开启运行 OSPF 协议的接口所在的 Untrust 安全区域与 Local 安全区域之间的安全策略。

```
#
policy interzone local untrust _____
  policy 1
    action permit
    policy service service-set _____
#
policy interzone local untrust _____
  policy 1
    action permit
    policy service service-set _____
#
```

第3章
攻击防范

3.1 DoS攻击简介

3.2 单包攻击及防御

3.3 流量型攻击之SYN Flood攻击及防御

3.4 流量型攻击之UDP Flood攻击及防御

3.5 应用层攻击之DNS Flood攻击及防御

3.6 应用层攻击之HTTP Flood攻击及防御

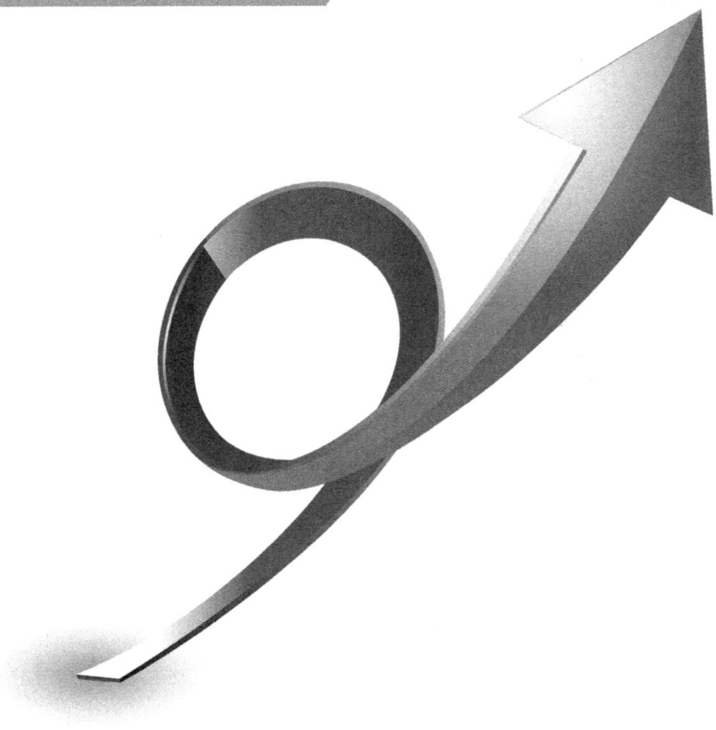

3.1　DoS 攻击简介

通过前面两章的学习，我们知道了防火墙的主要作用是保护特定网络免受"不信任"网络的攻击，这是防火墙最基本的安全功能。本章强叔为大家介绍网络中常见的单包攻击、流量型攻击和应用层攻击的手段，以及防火墙防御这些攻击的方法。

首先我们回顾一下攻击的发展史，20 世纪 90 年代，随着互联网的蓬勃发展，攻击从实验室走向了 Internet，随后不断发展。所谓魔高一尺，道高一丈，攻击手段虽然在持续升级，但防御攻击的技术也在不断提高，如图 3-1 所示。

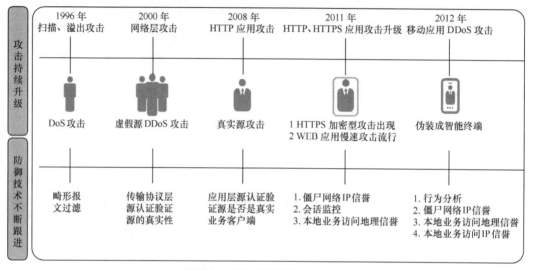

图 3-1　攻击和防御技术发展史

提到"网络攻击"，就不能不说说 DoS 攻击。DoS 是 Denial of Service 的简称，即拒绝服务。造成 DoS 的攻击行为被称为 DoS 攻击，其目的是使计算机或网络无法正常提供服务。

那么，"拒绝服务"是什么意思呢？我们打一个形象的比喻：街边有一个小餐馆为大家提供餐饮服务，但是这条街上有一群地痞总是对餐馆搞破坏，如霸占着餐桌不让其他客人吃饭也不结账，或者堵住餐馆的大门不让客人进门，甚至骚扰餐馆的服务员或者厨师不让他们正常干活，这样餐馆就没有办法正常营业了，这就是"拒绝服务"。

Internet 中的计算机或者服务器就像是这个餐馆一样，为 Internet 用户提供资源和服务，如果攻击者想要对这些计算机或者服务器进行 DoS 攻击的话，也使用消耗计算机或服务器性能、抢占链路带宽等手段。

3.2　单包攻击及防御

最常见的 DoS 攻击就是单包攻击，一般都是以个人为单位的攻击者发动的，攻击报文也比较单一。这类攻击虽然破坏力强大，但是只要掌握了攻击的特征，防御起来还是比较容易的。

我们把单包攻击分为以下三大类，如图 3-2 所示。

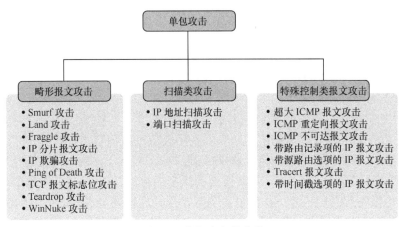

图 3-2　单包攻击的分类

- 畸形报文攻击：通常指攻击者发送大量有缺陷的报文，从而造成被攻击的系统在处理这类报文时崩溃。
- 扫描类攻击：是一种潜在的攻击行为，并不造成直接的破坏结果，通常是攻击者发动真正攻击前的网络探测行为。
- 特殊控制类报文攻击：也是一种潜在的攻击行为，并不造成直接的破坏结果，攻击者通过发送特殊控制报文探测网络结构，为后续发动真正的攻击做准备。

防御单包攻击是防火墙具备的最基本的防范功能，华为全系列防火墙都支持对单包攻击的防御。下面强叔就带大家认识几种典型的单包攻击，同时看一看华为防火墙是如何防范这些攻击的。

3.2.1　Ping of Death 攻击及防御

IP 报文头中的长度字段为 16 位，表示 IP 报文的最大长度为 65 535 字节。一些早期版本的操作系统对报文的大小是有限制的，如果收到大小超过 65 535 字节的报文，会出现内存分配错误，进而导致系统崩溃。Ping of Death 攻击指的就是攻击者不断的通过 Ping 命令向受害者发送超过 65 535 字节的报文，导致受害者的系统崩溃。

防火墙是通过判定报文的大小是否大于 65 535 字节来防御 Ping of Death 攻击的，如果报文大于 65 535 字节，则判定为攻击报文，防火墙直接丢弃该报文。

3.2.2　Land 攻击及防御

Land 攻击是指攻击者向受害者发送伪造的 TCP 报文，此 TCP 报文的源地址和目的地址同为受害者的 IP 地址。这将导致受害者向它自己的地址发送回应报文，从而造成资源的消耗。

防火墙在防御 Land 攻击时，检查 TCP 报文的源地址和目的地址是否相同，或者 TCP 报文的源地址是否为环回地址，如果 TCP 报文的源地址和目的地址相同或者源地址为环回地址，则直接丢弃该报文。

3.2.3　IP 地址扫描攻击

IP 地址扫描攻击是指攻击者使用 ICMP 报文（如执行 Ping 和 Tracert 命令）探测目标地址，或者使用 TCP/UDP 报文对特定地址发起连接，通过判断是否有应答报文，确定目标地址是否连接在网络上。

IP 地址扫描攻击并没有直接造成恶劣后果，它只是一种探测行为，通常是为了后续发动破坏性攻击做准备。尽管如此，防火墙也不会放过这种攻击行为。

防火墙防御 IP 地址扫描攻击时，对收到的 TCP、UDP、ICMP 报文进行检测，某个源 IP 地址连续发送报文时，如果该 IP 发送的报文的目的 IP 地址与其发送的前一个报文的目的 IP 地址不同，则记为一次异常。当异常次数超过预定义的阈值，则认为该源 IP 正在进行 IP 地址扫描攻击，防火墙会将该源 IP 地址加入黑名单，后续收到来自该源 IP 地址的报文时，直接丢弃。

从以上几种单包攻击及防御原理中我们可以发现，单包攻击一般都具有明显的特征，所以防火墙在防御单包攻击时，只要发现报文匹配了攻击特征，就很容易对攻击行为进行防御。

3.2.4　防御单包攻击的配置建议

防火墙支持的单包攻击防御功能种类繁多，那么在实际网络环境中，哪些需要开启，哪些不建议开启呢？相信这个问题一直困扰着大家，下面强叔就给出防御单包攻击的配置建议。

如图 3-3 所示，针对现网实际环境中比较常见的一些攻击类型，开启防御功能后，防火墙可以很好地进行防范，对性能方面没有影响。而扫描类攻击在防御过程中比较消耗防火墙的性能，建议仅在发生扫描类攻击时再开启。

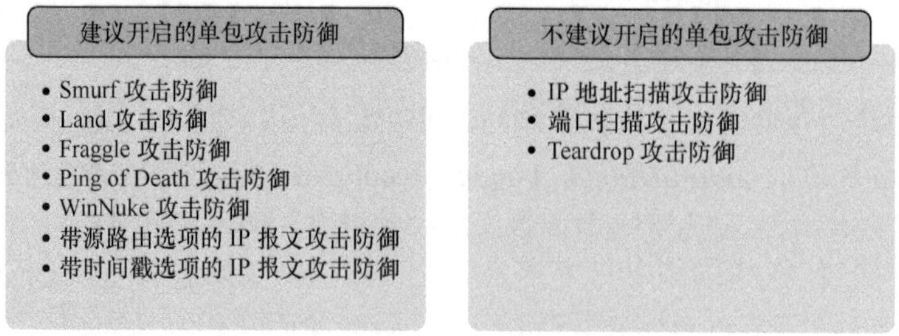

```
┌─────────────────────────┐      ┌─────────────────────────┐
│   建议开启的单包攻击防御   │      │  不建议开启的单包攻击防御  │
└─────────────────────────┘      └─────────────────────────┘
  • Smurf 攻击防御                  • IP 地址扫描攻击防御
  • Land 攻击防御                   • 端口扫描攻击防御
  • Fraggle 攻击防御                • Teardrop 攻击防御
  • Ping of Death 攻击防御
  • WinNuke 攻击防御
  • 带源路由选项的 IP 报文攻击防御
  • 带时间戳选项的 IP 报文攻击防御
```

图 3-3　防御单包攻击的配置建议

如表 3-1 所示，以 USG9500 系列防火墙 V300R001 版本为例，给出了几种常用单包攻击防御的开启命令。

其实，单包攻击在现网中所占的比例并不高，现网中最主流，也让人们最头疼的攻击其实是 SYN Flood、UDP Flood 等流量型攻击，以及 HTTP Flood、DNS Flood 等应用层攻击，下面会为大家一一介绍。

表 3-1　　　　　　　　　　　　开启单包攻击防御的命令

功能	命令行
开启 Smurf 攻击防御功能	**firewall defend smurf enable**
开启 Land 攻击防御功能	**firewall defend land enable**
开启 Fraggle 攻击防御功能	**firewall defend fraggle enable**
开启 WinNuke 攻击防御功能	**firewall defend winnuke enable**
开启 Ping of Death 攻击防御功能	**firewall defend ping-of-death enable**
开启带时间戳记录选项的 IP 报文攻击防御功能	**firewall defend time-stamp enable**
开启带路由记录选项的 IP 报文攻击防御功能	**firewall defend route-record enable**

3.3　流量型攻击之 SYN Flood 攻击及防御

过去，攻击者所面临的主要问题是网络带宽不足，受限于较慢的网络速度，攻击者无法发出过多的请求。虽然类似"Ping of Death"的攻击只需要较少量的报文就可以摧毁一个没有打过补丁的操作系统，但大多数的 DoS 攻击还是需要相当大的带宽，而以个人为单位的攻击者很难拥有大量的带宽资源，这个时候就出现了分布式拒绝服务攻击DDoS（Distributed Denial of Service）。

DDoS 攻击是指攻击者通过控制大量的僵尸主机（俗称"肉鸡"），向被攻击目标发送大量精心构造的攻击报文，造成被攻击者所在网络的链路拥塞、系统资源耗尽，从而使被攻击者产生拒绝向正常用户的请求提供服务的效果，如图 3-4 所示。

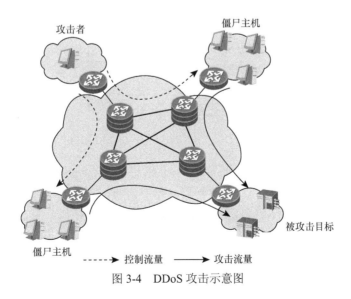

图 3-4　DDoS 攻击示意图

提起 DDoS 攻击，大家首先想到的一定是 SYN Flood 攻击。在多种攻击类型中，SYN Flood 攻击属于技术含量很高的 "高大上"，称霸 DDoS 攻击领域很久。它的不同之处在于，我们很难通过单个报文的特征或者简单的统计限流防御住它，因为它 "太真实" "太常用"。

SYN Flood 具有强大的变异能力，在攻击发展潮流中一直没有被湮没，这完全是它自身的 "优秀基因" 所决定的。

- 单个报文看起来很 "真实"，没有畸形。
- 攻击成本低，很小的开销就可以发动庞大的攻击。

2014 年春节期间，某 IDC 分别于大年初二、初六、初七连续遭受三轮攻击，最长的一次攻击时间持续将近 3 个小时，攻击流量峰值接近 160Gbit/s！事后，通过对目标和攻击类型分析，基本可以判断是由黑客组织发起的针对同一目标的攻击事件。分析捕获的攻击报文可以发现，主要的攻击手段就是 SYN Flood。

2013 年，某安全运营报告显示，DDoS 攻击呈现逐年上升趋势，其中 SYN Flood 攻击的发生频率在 2013 全年攻击统计中占 31%。

可见，时至今日，SYN Flood 还是如此地猖獗。知己知彼，百战不殆，下面我们就来了解一下它的攻击原理。

3.3.1 攻击原理

单从字面上看，SYN Flood 攻击与 TCP 协议中的 SYN 报文有关，在了解 SYN Flood 攻击原理之前，我们先来温习一下 TCP 三次握手的过程，如图 3-5 所示。

（1）**第一次握手**：客户端向服务器端发送一个 SYN（Synchronize）报文。

（2）**第二次握手**：服务器收到客户端的 SYN 报文后，将返回一个 SYN+ACK 的报文，表示客户端的请求被接受，ACK 即表示确认（Acknowledgment）。

（3）**第三次握手**：客户端收到服务器的 SYN+ACK 包，向服务器发送 ACK 报文进行确认，ACK 报文发送完毕，三次握手建立成功。

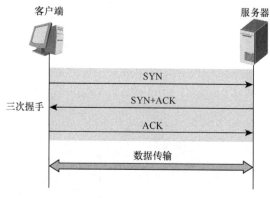

图 3-5 TCP 三次握手

SYN Flood 攻击正是利用了 TCP 三次握手的这种机制。如图 3-6 所示，攻击者向目标服务器发送大量的 SYN 报文请求，这些 SYN 报文的源地址一般都是不存在或不可达的。当服务器回复 SYN+ACK 报文后，不会收到 ACK 回应报文，导致服务器上建立大量的半连接。这样，服务器的资源会被这些半连接耗尽，导致无法回应正常的请求。

防火墙防御 SYN Flood 攻击时，一般会采用 TCP 代理和 TCP 源探测两种方式。

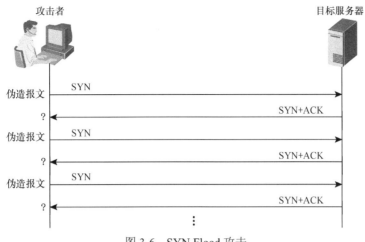

图 3-6　SYN Flood 攻击

3.3.2　防御方法之 TCP 代理

TCP 代理是指防火墙部署在客户端和服务器中间，当客户端向服务器发送的 SYN 报文经过防火墙时，防火墙代替服务器与客户端建立 TCP 三次握手。

如图 3-7 所示，防火墙先对 SYN 报文进行统计，如果发现连续一段时间内去往同一目的地址的 SYN 报文超过预先设置的阈值，则启动 TCP 代理。

启动 TCP 代理后，防火墙收到 SYN 报文，将会代替服务器回应 SYN+ACK 报文，接下来如果防火墙没有收到客户端回应的 ACK 报文，则判定此 SYN 报文为非正常报文，防火墙代替服务器保持半连接一定时间后，放弃此连接。如果防火墙收到了客户端回应的 ACK 报文，则判定此 SYN 报文为正常业务报文，此时防火墙会代替客户端与服务器建立 TCP 三次握手，该客户端的后续报文都将直接送到服务器。整个 TCP 代理的过程对于客户端和服务器都是透明的。

TCP 代理过程中，防火墙会对收到的每一个 SYN 报文进行代理和回应，并保持半连接，所以当 SYN 报文流量很大时，对防火墙的性能要求非常的高。其实，TCP 代理的本质就是利用防火墙的高性能，代替服务器承受半连接带来的资源消耗，由于防火墙的性能一般比服务器高很多，所以可以有效防御这种消耗资源的攻击。

通常情况下，使用 TCP 代理可以防御 SYN Flood 攻击，但是在报文来回路径不一致的网络环境中，TCP 代理就会出现问题。因为客户端访问服务器的报文会经过防火墙，而服务器回应给客户端的报文不会经过防火墙。这种情况下，防火墙向服务器发送 SYN 报文建立 TCP 三次握手时，服务器回应的 SYN+ACK 报文不会经过防火墙，TCP 代理功能不会成功。

所以在报文来回路径不一致的网络环境中，不能使用 TCP 代理防御 SYN Flood 攻击。可是在现网中，报文来回路径不一致的场景也是很常见的，那这种情况下如果发生了 SYN Flood 攻击，防火墙要怎么防御呢？

不用担心，我们还有第二个防御方法：TCP 源探测。

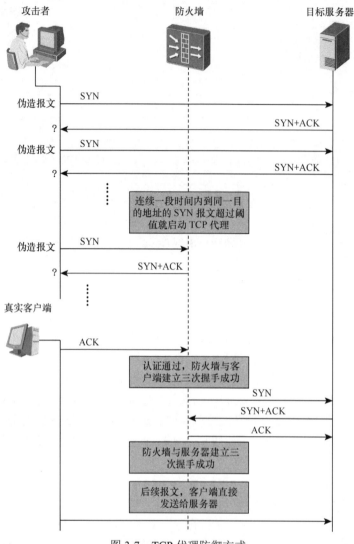

图 3-7　TCP 代理防御方式

3.3.3　防御方法之 TCP 源探测

　　TCP 源探测是防火墙防御 SYN Flood 攻击的另一种方式，在报文来回路径不一致的场景中也能使用，所以它的应用更加普遍。

　　如图 3-8 所示，防火墙先对 SYN 报文进行统计，如果发现连续一段时间内去往同一目的地址的 SYN 报文超过预先设置的阈值，则启动 TCP 源探测。

　　启动 TCP 源探测后，防火墙收到 SYN 报文，将会回应一个带有错误确认号的 SYN+ACK 报文，接下来如果防火墙没有收到客户端回应的 RST 报文，则判定此 SYN 报文为非正常报文，客户端为虚假源。如果防火墙收到了客户端回应的 RST 报文，则判定此 SYN 报文为正常报文，客户端为真实源。防火墙将该客户端的 IP 地址加入白名单，在白名单老化前，这个客户端发出的报文都被认为是合法的报文。

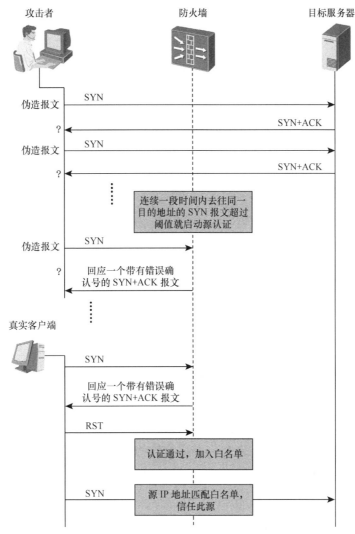

图 3-8　TCP 源探测防御方式

　　我们再回头对比一下 TCP 代理和 TCP 源探测两种方式，会发现 TCP 源探测对客户端的真实性只进行一次验证，通过后就加入白名单，后续就不会每次都对这个客户端发出的 SYN 报文进行验证，这样就大大提高了防御效率和性能，有效缓解防火墙的性能压力。

3.3.4　配置命令

　　如表 3-2 所示，以 USG9500 系列防火墙 V300R001 版本为例，给出了 TCP 代理和 TCP 源探测的配置命令。

表 3-2　　　　　　　　　　　　　　TCP 代理和 TCP 源探测配置命令

功能	命令行
开启 SYN Flood 攻击防御功能	**firewall defend syn-flood enable**
配置基于接口的 TCP 代理功能	**firewall defend syn-flood interface** { *interface-type interface-number* | **all** } [**alert-rate** *alert-rate-number*] [**max-rate** *max-rate-number*] [**tcp-proxy** { **auto** | **on** }]

（续表）

功能	命令行
配置基于IP地址的TCP代理功能	**firewall defend syn-flood ip** *ip-address* [**max-rate** *max-rate-number*] [**tcp-proxy** { **auto** | **on** | **off** }]
配置基于安全区域的 TCP 代理功能	**firewall defend syn-flood zone** *zone-name* [**max-rate** *max-rate-number*] [**tcp-proxy** { **auto** | **on** | **off** }]
配置 TCP 源探测功能	**firewall source-ip detect interface** { *interface-type interface-number* | **all** } [**alert-rate** *alert-rate-number*] [**max-rate** *max-rate-number*]

3.3.5　阈值配置指导

大家对于如何配置 Flood 类攻击的告警阈值一直存在着疑惑，这里给大家统一说明一下。

告警阈值配置要合理，如果配置的阈值过大，发生攻击的时候就不能防御住攻击；如果配置的阈值过小，可能会把正常业务报文误判为攻击报文而丢弃。

每个网络的流量模型都不同，配置阈值之前，需要有个准备工作，就是要大概了解当前网络在正常情况下的每种类型报文的基本流量模型。这个值可以是管理员的经验值，也可以是管理员监测网络状态一段时间后统计分析得到的值。

比如，我们想配置 SYN Flood 攻击防御功能，配置告警阈值前，要先了解没有发生攻击的情况下网络中 SYN 报文的最大速率是多少，而 SYN Flood 攻击防御的告警阈值一般可以配置为正常流量时的 1.2～2 倍。配置完告警阈值后，还要连续多观察几天，看这个阈值是否对正常业务有影响，如果有影响，要及时调整成更大的值。

下面要介绍的 UDP Flood、DNS Flood、HTTP Flood 攻击，都可以按照这个思路来设置阈值。

3.4　流量型攻击之 UDP Flood 攻击及防御

介绍 UDP Flood 攻击之前，我们还是先从 UDP 协议讲起。我们知道 TCP 协议是一种面向连接的传输协议，但是 UDP 协议与 TCP 协议不同，UDP 是一个无连接协议。使用 UDP 传输数据之前，客户端和服务器之间不建立连接，如果在从客户端到服务器端的传递过程中出现数据包的丢失，协议本身并不能做出任何检测或提示。因此，通常我们把 UDP 称为不可靠的传输协议。

既然 UDP 是一种不可靠的网络协议，那么还有什么使用价值或必要呢？

其实不然，在有些情况下 UDP 可能会变得非常有用。因为 UDP 具有 TCP 所望尘莫及的速度优势。虽然 TCP 协议中植入了各种安全保障功能，但是在实际执行的过程中会占用大量的系统开销，无疑使传输速度受到严重的影响。反观 UDP，由于排除了信息可靠传递机制，极大降低了执行时间，使传输速度得到了保证。

正是由于 UDP 协议的广泛应用，为攻击者发动 UDP Flood 攻击提供了平台。UDP Flood 攻击属于带宽类攻击，攻击者通过僵尸主机向目标服务器发送大量 UDP 报文，这种 UDP 报文的字节数很大且速率非常快，通常会造成以下危害。

- 消耗网络带宽资源，严重时造成链路拥塞。
- 大量变源变端口的 UDP Flood 攻击会导致依靠会话进行转发的网络设备性能降低甚至会话耗尽，从而导致网络瘫痪。

防火墙对 UDP Flood 攻击的防御并不能像 SYN Flood 一样进行源探测，因为它不建立连接。那么防火墙应该如何防御 UDP Flood 攻击呢？

3.4.1　防御方法之限流

防火墙防御 UDP Flood 攻击最简单的方式就是限流，通过限流将链路中的 UDP 报文控制在合理的带宽范围之内。防火墙上针对 UDP Flood 攻击的限流有 4 种方式。

- **基于流量入接口的限流**：以某个入接口流量作为统计对象，对通过这个接口的流量进行统计并限流，超出的流量将被丢弃。
- **基于目的 IP 地址的限流**：以某个 IP 地址作为统计对象，对到达这个 IP 地址的 UDP 流量进行统计并限流，超出的流量将被丢弃。
- **基于目的安全区域的限流**：以某个安全区域作为统计对象，对到达这个安全区域的 UDP 流量进行统计并限流，超出的流量将被丢弃。
- **基于会话的限流**：对每条 UDP 会话上的报文速率进行统计，如果会话上的 UDP 报文速率达到了告警阈值，这条会话就会被锁定，后续命中这条会话的 UDP 报文都被丢弃。当这条会话连续 3s 或者 3s 以上没有流量时，防火墙会解锁此会话，后续命中此会话的报文可以继续通过。

3.4.2　防御方法之指纹学习

限流虽然可以有效缓解链路带宽的压力，但是这种方式简单粗暴，容易对正常业务造成误判。为了解决这个问题，防火墙又进一步推出了针对 UDP Flood 攻击的指纹学习功能。

如图 3-9 所示，指纹学习是通过分析客户端向服务器发送的 UDP 报文载荷是否有大量的一致内容，来判定这个 UDP 报文是否异常。防火墙对去往目标服务器的 UDP 报文进行统计，当 UDP 报文达到告警阈值时，开始对 UDP 报文的指纹进行学习。如果相同的特征频繁出现，就会被学习成指纹。后续匹配指纹的 UDP 报文将被防火墙判定为攻击报文而丢弃，没有匹配指纹的 UDP 报文将被防火墙转发。

指纹学习的原理基于这样一个客观事实，即 UDP Flood 攻击报文通常都拥有相同的特征字段，比如都包含某一个字符串，或整个 UDP 报文的内容一致。这是因为攻击者在发起 UDP Flood 攻击时，为了加大攻击频率，通常都会使用攻击工具构造相同内容的 UDP 报文，然后高频发送到攻击目标，所以攻击报文具有很高的相似性。

而正常业务的 UDP 报文一般每个报文中的内容都是不一样的，所以通过指纹学习，防火墙就可以区分攻击报文和正常报文，减少误判。

从下面两张抓包截图中可以看出，到达相同目的 IP 地址的两个 UDP 报文的载荷是完全一样的，如果防火墙收到大量的类似这样的 UDP 报文，那么就可以判定发生了 UDP Flood 攻击。

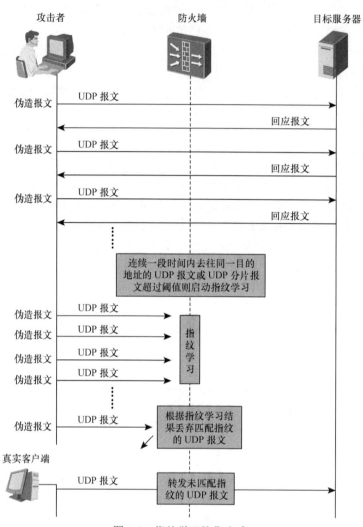

图 3-9　指纹学习防御方式

```
No.      Time        Source              Destination          Protocol Info
     2 0.000000     122.139.59.2        210.14.66.185        UDP      Source port: identify  Destination port: pwgpsi
     3 0.000000     122.139.59.2        210.14.66.185        UDP      Source port: veritas-vis1  Destination port: pwgpsi
     4 0.000000     122.139.59.2        210.14.66.185        UDP      Source port: identify  Destination port: pwgpsi
     5 0.000000     122.139.59.2        210.14.66.185        UDP      Source port: idrs  Destination port: pwgpsi
     6 0.500000     122.139.59.2        210.14.66.185        UDP      Source port: veritas-vis2  Destination port: pwgpsi
     7 0.500000     122.139.59.2        210.14.66.185        UDP      Source port: vsixml  Destination port: pwgpsi
     8 0.500000     113.92.112.87       210.14.66.185        UDP      Source port: 4197  Destination port: taskman-port
     9 0.500000     122.139.59.2        210.14.66.185        UDP      Source port: hippad  Destination port: pwgpsi
    10 0.500000     122.139.59.2        210.14.66.185        UDP      Source port: identify  Destination port: pwgpsi
    11 0.500000     122.139.59.2        210.14.66.185        UDP      Source port: avenyo  Destination port: pwgpsi
    12 1.000000     122.139.59.2        210.14.66.185        UDP      Source port: veritas-vis2  Destination port: pwgpsi
    13 1.000000     122.139.59.2        210.14.66.185        UDP      Source port: vsixml  Destination port: pwgpsi
    14 1.000000     122.139.59.2        210.14.66.185        UDP      Source port: boscap  Destination port: pwgpsi
    15 1.000000     122.139.59.2        210.14.66.185        UDP      Source port: zarkov  Destination port: pwgpsi
    16 1.000000     122.139.59.2        210.14.66.185        UDP      Source port: zarkov  Destination port: pwgpsi
    17 1.000000     122.139.59.2        210.14.66.185        UDP      Source port: identify  Destination port: pwgpsi
⊞ Frame 14: 1066 bytes on wire (8528 bits), 1066 bytes captured (8528 bits)
⊞ Ethernet II, Src: 07:08:09:0a:0b:0c (07:08:09:0a:0b:0c), Dst: Woonsang_04:05:06 (01:02:03:04:05:06)
⊞ Internet Protocol, Src: 122.139.59.2 (122.139.59.2), Dst: 210.14.66.185 (210.14.66.185)
⊞ User Datagram Protocol, Src Port: boscap (2990), Dst Port: pwgpsi (3800)
⊟ Data (1024 bytes)
    Data: 58585858585858585858585858585858585858585858585858...
    [Length: 1024]
```

总结一下，防火墙防御 UDP Flood 攻击主要有两种方式：限流和指纹学习。两种方式各有利弊。限流方式属于暴力型，可以很快将 UDP 流量限制在一个合理的范围内，但是不分青红皂白，超过就丢，可能会丢弃正常报文；而指纹学习属于理智型，不会随意丢弃报文，但是发生攻击后需要有一个指纹学习的过程。目前，指纹学习功能是针对 UDP Flood 攻击的主要手段，华为防火墙各系列产品均支持指纹学习方式。

3.4.3 配置命令

如表 3-3 所示，以 USG9500 系列防火墙 V300R001 版本为例，给出了限流和指纹学习的配置命令。

表 3-3 限流和指纹学习配置命令

功能	命令行
开启 UDP Flood 攻击防御功能	**firewall defend udp-flood enable**
配置基于接口的 UDP Flood 限流功能	**firewall defend udp-flood interface** { *interface-type interface- number* | **all** } **max-rate** *max-rate-number*]
配置基于 IP 地址的 UDP Flood 限流功能	**firewall defend udp-flood ip** *ip-address* [**max-rate** *max-rate-number*]
配置基于安全区域的 UDP Flood 限流功能	**firewall defend udp-flood zone** *zone-name* [**max-rate** *max-rate-number*]
配置基于会话的 UDP Flood 限流功能	**firewall defend udp-flood base-session max-rate** *max-rate-number*
配置基于 IP 地址的 UDP Flood 指纹学习功能	**firewall defend udp-fingerprint-learn ip** *ip-address* [**alert-rate** *alert- rate-number*]
配置基于安全区域的 UDP Flood 指纹学习功能	**firewall defend udp-fingerprint-learn zone** *zone-name* [**alert-rate** *alert-rate-number*]
配置 UDP Flood 指纹学习相关参数	**firewall defend udp-flood fingerprint-learn offset** *offset* **fingerprint-length** *fingerprint-length*

3.5 应用层攻击之 DNS Flood 攻击及防御

介绍应用层攻击之前，我们先来看一个真实的案例。

2009 年 5 月 19 日晚，江苏、安徽、广西、海南、甘肃、浙江 6 省，分别报告省内域名递归解析服务因大量 DNS 请求陆续出现故障，其他多个省市则报告互联网域名解析服务出现异常，互联网运行受到严重影响，网络长时间处于断网状态。

回顾一下这次攻击事件的过程，5 月 19 日事发当晚，攻击者受利益驱使，对其他游戏"私服"网站的域名解析服务器 DNSPod 实施攻击，攻击流量超过 10G，导致 DNSPod 域名解析服务瘫痪。而 DNSPod 同时为暴风影音公司的服务器提供域名解析服务。

由于暴风影音软件中，有一项强制随机启动的名为 stormliv.exe 的进程，只要用户安装了暴风影音，该进程就会自动运行，并不断连接暴风影音服务器，下载广告或升级。因此，当 DNSPod 服务器被攻击瘫痪时，暴风影音服务器的域名无法正常解析，数以千万计的暴风影音用户就充当了"肉鸡"，不断地向本地的运营商 DNS 服务器发送大量请求，DNS 流量瞬间就超过 30G，形成了 DNS Flood 攻击，导致了本次重大网络安全事件。

随后，公安机关介入侦查，攻击者于 5 月 29 日被抓获。调查发现，他们长期在互联网上经营游戏"私服"，并租用服务器专门协助他人攻击其他游戏"私服"和"私服"网站以谋取利益。

由此可见，应用层攻击造成的伤害是巨大的，直接会影响到我们的正常生活，加强应用层攻击防御刻不容缓。下面我们就从 DNS Flood 攻击讲起。

3.5.1 攻击原理

我们先从 DNS 协议的工作原理讲起，通常情况下，我们在上网访问网页的时候，输入的网址都是域名，由 DNS 服务器解析为对应的 IP 地址。如图 3-10 所示，我们访问 www. huawei.com，首先会将 DNS 域名解析请求发送到本地 DNS 服务器。如果本地 DNS 服务器上有此域名和 IP 地址的对应关系，本地 DNS 服务器就会将查询到的 IP 地址返回给客户端。

如果本地 DNS 服务器查找不到该域名与 IP 地址对应关系时，它会向上一级 DNS 服务器发出域名查询请求，上一级 DNS 服务器将查询到的 IP 地址返回给本地 DNS 服务器，然后由本地 DNS 服务器返回给客户端。为了减少 Internet 上 DNS 报文的数量，本地 DNS 服务器会将该域名和 IP 地址对应关系存储在自己的缓存中，后续再有主机请求该域名时，本地 DNS 服务器会直接用缓存区中记录的信息回应。

DNS Flood 攻击指的是攻击者向 DNS 服务器发送大量的不存在的域名解析请求，导致 DNS 服务器瘫痪，无法处理正常的域名解析请求。前文讲到的案例中，由于 DNSPod 服务器被攻击瘫痪无法正常解析暴风影音服务器的域名，数以千万计的暴风影音用户持续不断地向运营商 DNS 服务器发送请求，形成了 DNS Flood 攻击，导致运营商 DNS 服务器域名解析服务异常。

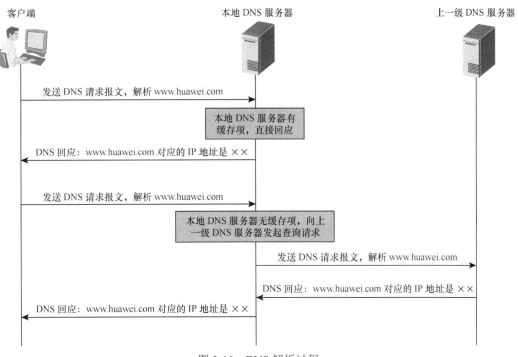

图 3-10　DNS 解析过程

3.5.2　防御方法

防御 DNS Flood 攻击的方法还是要从 DNS 协议入手，DNS 服务器支持 TCP 协议和 UDP 协议两种解析方式，一般情况下，我们使用的都是 UDP 协议，因为 UDP 协议提供无连接服务，传输速度快，可以降低 DNS 服务器的负载。

当然，也有特殊情况下需要通过 TCP 协议进行解析，例如，DNS 服务器上就可以设置让客户端使用 TCP 协议来发起解析请求。当客户端向 DNS 服务器发起解析请求时，DNS 服务器回应的报文中有一个 TC 标志位，如果 TC 标志位置 1，就表示 DNS 服务器要求客户端使用 TCP 协议发起解析请求。

防火墙就是利用这一机制对 DNS Flood 攻击进行防御，探测发送 DNS 请求报文的主机是否为真实存在的客户端。

如图 3-11 所示，防火墙先对 DNS 请求报文进行统计，如果发现连续一段时间内去往同一目的地址的 DNS 请求报文超过预先设置的阈值，则启动 DNS 源探测。

启动 DNS 源探测后，防火墙收到 DNS 请求，会代替 DNS 服务器回应 DNS 请求，并将 DNS 回应报文中的 TC 标志位置 1，要求客户端使用 TCP 协议发送 DNS 请求。接下来如果防火墙没有收到客户端使用 TCP 协议发送的 DNS 请求，则判定此客户端为虚假源；如果防火墙收到了客户端使用 TCP 协议发送的 DNS 请求，则判定此客户端为真实源。防火墙将该客户端的 IP 地址加入白名单，在白名单老化前，这个客户端发出的 DNS 请求报文都被认为是合法的报文。

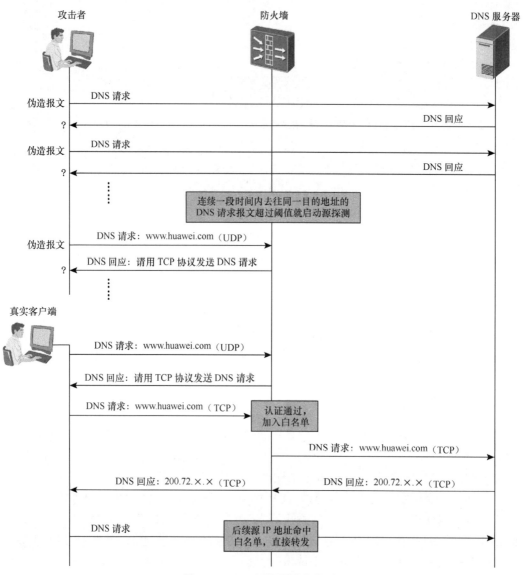

图 3-11　DNS 源探测防御方式

下面我们通过抓包信息来看一下，发生 DNS Flood 攻击时，真实客户端正常响应防火墙 DNS 源探测的过程。

（1）首先，客户端使用 UDP 协议向 DNS 服务器发起解析请求，如下所示。

（2）防火墙收到报文后，代替 DNS 服务器回应，将回应报文中的 TC 标志位置 1，让客户端使用 TCP 协议发送解析请求，如下所示。

（3）客户端收到回应报文后，按照要求，使用 TCP 协议发送解析请求，如下所示。

```
No.     Time        Source          Destination     Protocol  Info
   1 0.00000000 120.0.4.2        120.0.7.2        DNS       Standard query A gh3.ddos.com
   2 0.00015840 120.0.7.2        120.0.4.2        DNS       Standard query response
   3 0.00030422 120.0.4.2        120.0.7.2        TCP       j-lan-p > domain [SYN] Seq=0 Win=65535 Len=0 MSS=1460 SACK_PERM=1
   4 0.00046681 120.0.7.2        120.0.4.2        TCP       domain > j-lan-p [SYN, ACK] Seq=0 Ack=2187314394 Win=0 Len=0 MSS=1460 SACK_PERM=1
   5 0.00047603 120.0.4.2        120.0.7.2        TCP       j-lan-p > domain [RST] Seq=2187314394 Win=0 Len=0
   6 3.05813436 120.0.4.2        120.0.7.2        TCP       j-lan-p > domain [SYN] Seq=0 Win=65535 Len=0 MSS=1460 SACK_PERM
   7 3.05970411 120.0.7.2        120.0.4.2        TCP       domain > j-lan-p [SYN, ACK] Seq=3114313939 Ack=1 Win=16384 Len=0 MSS=1460 SACK_PERM
   8 3.05972842 120.0.4.2        120.0.7.2        TCP       j-lan-p > domain [ACK] Seq=1 Ack=3114313940 Win=65535 Len=0
   9 3.05978876 120.0.4.2        120.0.7.2        TCP       [TCP segment of a reassembled PDU]
  10 3.17464814 120.0.7.2        120.0.4.2        TCP       domain > j-lan-p [ACK] Seq=3114313940 Ack=3 Win=65533 Len=0
  11 3.17466909 120.0.4.2        120.0.7.2        DNS       Standard query A gh3.ddos.com
  12 3.17541332 120.0.7.2        120.0.4.2        DNS       [TCP Retransmission] Standard query response A 146.146.146.143
  13 3.17547283 120.0.7.2        120.0.4.2        TCP       domain > j-lan-p [FIN, ACK] Seq=33 Ack=3114314021 Win=65454 Len=0
  14 3.17594970 120.0.4.2        120.0.7.2        TCP       domain > j-lan-p [ACK] Seq=3114314021 Ack=34 Win=65503 Len=0
  15 3.17598993 120.0.4.2        120.0.7.2        TCP       j-lan-p > domain [FIN, ACK] Seq=3114314021 Win=65503 Len=0
  16 3.17601088 120.0.7.2        120.0.4.2        TCP       domain > j-lan-p [ACK] Seq=34 Ack=3114314022 Win=65454 Len=0

⊞ Frame 3: 62 bytes on wire (496 bits), 62 bytes captured (496 bits)
⊞ Ethernet II, Src: HuaweiTe_da:af:b7 (00:18:82:da:af:b7), Dst: HuaweiTe_b3:e6:fc (00:18:82:b3:e6:fc)
⊞ Internet Protocol, Src: 120.0.4.2 (120.0.4.2), Dst: 120.0.7.2 (120.0.7.2)
⊟ Transmission Control Protocol, Src Port: j-lan-p (2808), Dst Port: domain (53), Seq: 0, Len: 0
    Source port: j-lan-p (2808)
    Destination port: domain (53)                        以TCP方式发送DNS请求
    [Stream index: 1]
    Sequence number: 0    (relative sequence number)
    Header length: 28 bytes
⊞ Flags: 0x02 (SYN)
    Window size: 65535
⊞ Checksum: 0x49e4 [validation disabled]
⊞ Options: (8 bytes)
```

DNS 源探测方式可以很好地防御 DNS Flood 攻击，但是在现网的实际环境中，并不是所有场景都适用。因为在源探测过程中，防火墙会要求客户端通过 TCP 协议发送 DNS 请求，但并不是所有的客户端都支持用 TCP 协议发送 DNS 请求，所以这种方式在使用过程中也有限制。如果真实的客户端不支持用 TCP 协议发送 DNS 请求，使用此功能时，就会影响正常业务。

3.5.3　配置命令

如表 3-4 所示，以 USG9500 系列防火墙 V300R001 版本为例，给出了防御 DNS Flood 攻击的配置命令。

表 3-4　　　　　　　　　　　　　DNS Flood 攻击防御命令行

功能	命令行
开启 DNS Flood 攻击防御功能	**firewall defend dns-flood enable**
配置 DNS Flood 攻击防御参数	**firewall defend dns-flood interface** { *interface-type interface-number* | **all** } [**alert- rate** *alert-rate-number*] [**max-rate** *max-rate-number*]

3.6　应用层攻击之 HTTP Flood 攻击及防御

介绍了 DNS Flood 攻击后，我们再来看看另一种常见的应用层攻击：HTTP Flood。近几年，HTTP Flood 攻击所占比例呈逐年上升趋势，不可小觑。

3.6.1　攻击原理

HTTP Flood 攻击指的是攻击者控制僵尸主机向目标服务器发送大量的 HTTP 请求报文，这些请求报文中一般都包含涉及数据库操作的 URI（Uniform Resource Identifier，统一资源标识符）或其他消耗系统资源的 URI，目的是为了造成目标服务器资源耗尽，无法响应正常请求。

📖 说明

URI 用来定义 Web 上的资源，而 URL（Uniform Resource Locator，统一资源定位器）用来找到 Web 上的资源，例如，www.huawei.com/abc/12345.html 是一个 URL，/abc/12345.html 是一个 URI。

3.6.2 防御方法

防御 HTTP Flood 攻击时用到了 HTTP 协议中的一个技术点：HTTP 重定向。HTTP 重定向指的是客户端向 Web 服务器请求 www.huawei.com/1.html 页面，Web 服务器返回一个命令，让客户端改为访问 www.huawei.com/2.html 页面，这样就把客户端的访问重定向到一个新的 URI。

HTTP 重定向相当于 Web 服务器的"自我修复"的过程，一般常用于 Web 服务器上的 URI 已经过期，而客户端仍然访问了这个 URI 的情况，此时 Web 服务器将客户端的访问请求重定向到新的 URI，使客户端能够得到访问结果，如图 3-12 所示。

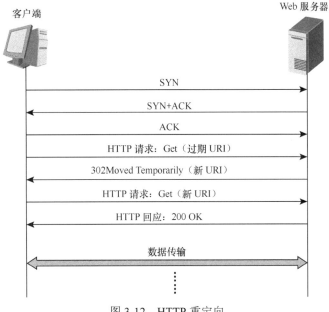

图 3-12　HTTP 重定向

防火墙就是利用这一机制对 HTTP Flood 攻击进行防御，探测发送 HTTP 请求报文的主机是否为真实存在的客户端。

如图 3-13 所示，防火墙先对 HTTP 请求报文进行统计，如果发现连续一段时间内去往同一目的地址的 HTTP 请求报文超过预先设置的阈值，则启动 HTTP 源探测。

启动 HTTP 源探测后，防火墙收到 HTTP 请求，会代替 HTTP 服务器回应 HTTP 请求，将客户端的访问重定向到一个新的虚构的 URI。接下来如果防火墙没有收到客户端访问该 URI 的请求，则判定此客户端为虚假源；如果防火墙收到客户端访问该 URI 的请求，则判定此客户端为真实源，防火墙将该客户端的 IP 地址加入白名单。然后防火墙会继续向客户端发送 HTTP 重定向命令,将客户端的访问重定向到原始的 URI,即一开始客户端访问的那个 URI。在白名单老化前,后续这个客户端发出的 HTTP 请求报文都被认为是合法的报文。

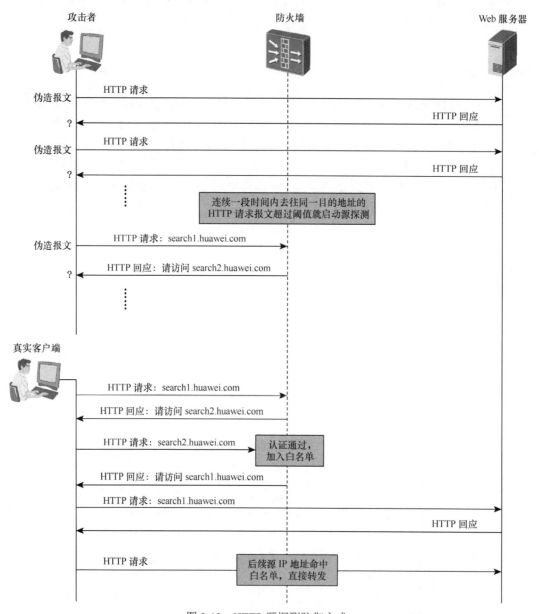

图 3-13 HTTP 源探测防御方式

虽然在整个 HTTP 重定向过程中,客户端要进行两次重定向,但时间很多,而且由客户端上的浏览器自动完成,不会影响客户体验。

下面我们通过抓包信息来看一下,发生 HTTP Flood 攻击时,真实客户端正常响应防火墙 HTTP 源探测的过程。

(1)首先,客户端请求 URI 为"/index.html"的页面,如下所示。

```
No.   Time       Source      Destination   Protocol  Info
 1 0.000000     120.0.4.2    120.0.7.2     TCP       msims > http [SYN] Seq=0 Win=65535 Len=0 MSS=1460 SACK_PERM=1
 2 0.000198     120.0.7.2    120.0.4.2     TCP       http > msims [SYN, ACK] Seq=0 Ack=1 Win=0 Len=0 MSS=1460 SACK_PERM=1
 3 0.000236     120.0.4.2    120.0.7.2     TCP       msims > http [ACK] Seq=1 Ack=1 Win=65535 Len=0
 4 0.000419     120.0.7.2    120.0.4.2     TCP       [TCP Window update] http > msims [ACK] Seq=1 Ack=1 Win=1460 Len=0
 5 0.000437     120.0.4.2    120.0.7.2     HTTP      GET /index.html HTTP/1.1
 6 0.000666     120.0.7.2    120.0.4.2     HTTP      HTTP/1.1 200 OK  (text/html)
 7 0.000693     120.0.4.2    120.0.7.2     TCP       msims > http [ACK] Seq=329 Ack=366 Win=65171 Len=0
 8 0.000804     120.0.4.2    120.0.7.2     TCP       msims > http [FIN, ACK] Seq=329 Ack=366 Win=65171 Len=0
 9 0.000977     120.0.7.2    120.0.4.2     TCP       http > msims [ACK] Seq=366 Ack=330 Win=65171 Len=0
10 0.012661     120.0.4.2    120.0.7.2     TCP       simbaexpress > http [SYN] Seq=0 Win=65535 Len=0 MSS=1460 SACK_PERM=1
11 0.012852     120.0.7.2    120.0.4.2     TCP       http > simbaexpress [SYN, ACK] Seq=0 Ack=1 Win=0 Len=0 MSS=1460 SACK_PERM
12 0.012874     120.0.4.2    120.0.7.2     TCP       simbaexpress > http [ACK] Seq=1 Ack=1 Win=65535 Len=0
13 0.013038     120.0.7.2    120.0.4.2     TCP       [TCP Window update] http > simbaexpress [ACK] Seq=1 Ack=1 Win=1460 Len=0
14 0.013051     120.0.4.2    120.0.7.2     HTTP      GET /index.html?sksbjsbmfbclwjcc HTTP/1.1
15 0.013263     120.0.7.2    120.0.4.2     HTTP      HTTP/1.1 200 OK  (text/html)

⊞ Frame 5: 382 bytes on wire (3056 bits), 382 bytes captured (3056 bits)
⊞ Ethernet II, Src: HuaweiTe_da:af:c4 (00:18:82:da:af:c4), Dst: HuaweiTe_b3:e6:fc (00:18:82:b3:e6:fc)
⊞ Internet Protocol, Src: 120.0.4.2 (120.0.4.2), Dst: 120.0.7.2 (120.0.7.2)
⊞ Transmission Control Protocol, Src Port: msims (1582), Dst Port: http (80), Seq: 1, Ack: 1, Len: 328
⊟ Hypertext Transfer Protocol
  ⊞ GET /index.html HTTP/1.1\r\n
    Host: 120.0.7.2\r\n
    User-Agent: Mozilla/5.0 (Windows NT 5.2; rv:5.0) Gecko/20100101 Firefox/5.0\r\n
    Accept: text/html,application/xhtml+xml,application/xml;q=0.9,*/*;q=0.8\r\n
    Accept-Language: zh-cn,zh;q=0.5\r\n
    Accept-Encoding: gzip, deflate\r\n
    Accept-Charset: GB2312,utf-8;q=0.7,*;q=0.7\r\n
    Connection: keep-alive\r\n
    \r\n
```

（2）防火墙收到报文后，代替 Web 服务器回应，将客户端的访问重定向到一个新的 URI "/index.html?sksbjsbmfbclwjcc"，如下所示。

（3）客户端重新请求 URI 为 "/index.html?sksbjsbmfbclwjcc" 的页面，如下所示。

```
No.   Time       Source      Destination   Protocol  Info
 1 0.000000     120.0.4.2    120.0.7.2     TCP       msims > http [SYN] Seq=0 Win=65535 Len=0 MSS=1460 SACK_PERM=1
 2 0.000198     120.0.7.2    120.0.4.2     TCP       http > msims [SYN, ACK] Seq=0 Ack=1 Win=0 Len=0 MSS=1460 SACK_PERM=1
 3 0.000236     120.0.4.2    120.0.7.2     TCP       msims > http [ACK] Seq=1 Ack=1 Win=65535 Len=0
 4 0.000419     120.0.7.2    120.0.4.2     TCP       [TCP Window update] http > msims [ACK] Seq=1 Ack=1 Win=1460 Len=0
 5 0.000437     120.0.4.2    120.0.7.2     HTTP      GET /index.html HTTP/1.1
 6 0.000666     120.0.7.2    120.0.4.2     HTTP      HTTP/1.1 200 OK  (text/html)
 7 0.000693     120.0.4.2    120.0.7.2     TCP       msims > http [ACK] Seq=329 Ack=366 Win=65171 Len=0
 8 0.000804     120.0.4.2    120.0.7.2     TCP       msims > http [FIN, ACK] Seq=329 Ack=366 Win=65171 Len=0
 9 0.000977     120.0.7.2    120.0.4.2     TCP       http > msims [ACK] Seq=366 Ack=330 Win=65171 Len=0
10 0.012661     120.0.4.2    120.0.7.2     TCP       simbaexpress > http [SYN] Seq=0 Win=65535 Len=0 MSS=1460 SACK_PERM=1
11 0.012852     120.0.7.2    120.0.4.2     TCP       http > simbaexpress [SYN, ACK] Seq=0 Ack=1 Win=0 Len=0 MSS=1460 SACK_PERM=1
12 0.012874     120.0.4.2    120.0.7.2     TCP       simbaexpress > http [ACK] Seq=1 Ack=1 Win=65535 Len=0
13 0.013038     120.0.7.2    120.0.4.2     TCP       [TCP Window update] http > simbaexpress [ACK] Seq=1 Ack=1 Win=1460 Len=0
14 0.013051     120.0.4.2    120.0.7.2     HTTP      GET /index.html?sksbjsbmfbclwjcc HTTP/1.1
15 0.013263     120.0.7.2    120.0.4.2     HTTP      HTTP/1.1 200 OK  (text/html)

⊞ Frame 14: 399 bytes on wire (3192 bits), 399 bytes captured (3192 bits)
⊞ Ethernet II, Src: HuaweiTe_da:af:c4 (00:18:82:da:af:c4), Dst: HuaweiTe_b3:e6:fc (00:18:82:b3:e6:fc)
⊞ Internet Protocol, Src: 120.0.4.2 (120.0.4.2), Dst: 120.0.7.2 (120.0.7.2)
⊞ Transmission Control Protocol, Src Port: simbaexpress (1583), Dst Port: http (80), Seq: 1, Ack: 1, Len: 345
⊟ Hypertext Transfer Protocol
  ⊞ GET /index.html?sksbjsbmfbclwjcc HTTP/1.1\r\n       ← 客户端请求重定向后的URI
    Host: 120.0.7.2\r\n
    User-Agent: Mozilla/5.0 (Windows NT 5.2; rv:5.0) Gecko/20100101 Firefox/5.0\r\n
    Accept: text/html,application/xhtml+xml,application/xml;q=0.9,*/*;q=0.8\r\n
    Accept-Language: zh-cn,zh;q=0.5\r\n
    Accept-Encoding: gzip, deflate\r\n
    Accept-Charset: GB2312,utf-8;q=0.7,*;q=0.7\r\n
    Connection: keep-alive\r\n
    \r\n
```

（4）防火墙收到报文后，对包含新 URI 的请求进行确认，并再次将客户端的访问重新定向到 URI 为 "/index.html" 的页面，如下所示。

```
No.    Time       Source      Destination   Protocol Info
 6 0.000666  120.0.7.2    120.0.4.2     HTTP     HTTP/1.1 200 OK  (text/html)
 7 0.000693  120.0.4.2    120.0.7.2     TCP      msims > http [ACK] Seq=329 Ack=366 Win=65171 Len=0
 8 0.000804  120.0.4.2    120.0.7.2     TCP      msims > http [FIN, ACK] Seq=329 Ack=366 Win=65171 Len=0
 9 0.000977  120.0.7.2    120.0.4.2     TCP      http > msims [ACK] Seq=366 Ack=330 Win=65171 Len=0
10 0.012661  120.0.4.2    120.0.7.2     TCP      simbaexpress > http [SYN] Seq=0 Win=65535 Len=0 MSS=1460 SACK_PERM=1
11 0.012852  120.0.7.2    120.0.4.2     TCP      http > simbaexpress [SYN, ACK] Seq=0 Ack=1 Win=0 Len=0 MSS=1460 SACK_PERM=1
12 0.012874  120.0.4.2    120.0.7.2     TCP      simbaexpress > http [ACK] Seq=1 Ack=1 Win=65535 Len=0
13 0.013038  120.0.7.2    120.0.4.2     TCP      [TCP Window Update] http > simbaexpress [ACK] Seq=1 Ack=1 Win=1460 Len=0
14 0.013051  120.0.4.2    120.0.7.2     HTTP     GET /index.html?sksbisbmfbclwicc HTTP/1.1
15 0.013263  120.0.7.2    120.0.4.2     HTTP     HTTP/1.1 200 OK  (text/html)
16 0.013295  120.0.4.2    120.0.7.2     TCP      simbaexpress > http [ACK] Seq=346 Ack=349 Win=65188 Len=0
17 0.013441  120.0.4.2    120.0.7.2     TCP      simbaexpress > http [FIN, ACK] Seq=346 Ack=349 Win=65188 Len=0
18 0.013631  120.0.7.2    120.0.4.2     TCP      http > simbaexpress [ACK] Seq=347 Ack=347 Win=65188 Len=0
19 0.021864  120.0.4.2    120.0.7.2     TCP      tn-tl-fd2 > http [SYN] Seq=0 Win=65535 Len=0 MSS=1460 SACK_PERM=1
20 0.022736  120.0.7.2    120.0.4.2     TCP      http > tn-tl-fd2 [SYN, ACK] Seq=0 Ack=1 Win=16384 Len=0 MSS=1460 SACK_PERM=1
```

```
⊞ Frame 15: 401 bytes on wire (3208 bits), 401 bytes captured (3208 bits)
⊞ Ethernet II, Src: HuaweiTe_b3:e6:fc (00:18:82:b3:e6:fc), Dst: HuaweiTe_da:af:c4 (00:18:82:da:af:c4)
⊞ Internet Protocol, Src: 120.0.7.2 (120.0.7.2), Dst: 120.0.4.2 (120.0.4.2)
⊞ Transmission Control Protocol, Src Port: http (80), Dst Port: simbaexpress (1583), Seq: 1, Ack: 346, Len: 347
⊟ Hypertext Transfer Protocol
   ⊞ HTTP/1.1 200 OK\r\n
     Connection: Close\r\n
     Pragma: no-cache\r\n
     Cache-Control: no-cache\r\n
     Content-Type: text/html; charset=UTF-8\r\n
     Content-Length: 205\r\n
     \r\n
⊟ Line-based text data: text/html
     <html><head>\r\n
     <meta http-equiv="refresh" content="0;url=http://120.0.7.2/index.html">\r\n
     <meta http-equiv="pragma" content="no-cache">\r\n
     <meta http-equiv="expires" content="-1">\r\n
     </head><body></body></html>\r\n
```

HTTP 源探测方式可以有效防御 HTTP Flood 攻击，但是在现网的实际环境中，要确认客户端是否支持重定向功能。例如，常见的机顶盒设备就不支持重定向功能。所以在 HTTP 源探测时，一定要确认网络中是否存在机顶盒等客户端，如果有，就不能使用此方式，否则会影响正常业务。

3.6.3 配置命令

如表 3-5 所示，以 USG9500 系列防火墙 V300R001 版本为例，给出了防御 HTTP Flood 攻击的配置命令。

表 3-5 HTTP Flood 攻击防御命令行

功能	命令行
开启 HTTP Flood 攻击防御功能	**firewall defend http-flood enable**
配置 HTTP Flood 攻击防御参数	**firewall defend http-flood source-detect interface** { *interface-type interface-number* | **all** } **alert-rate** *alert-rate-number* [**max-rate** *max-rate-number*]

前面我们介绍了几种常见的 DDoS 攻击以及防火墙针对这些攻击的防御方法，虽然防火墙具备 DDoS 防御能力，但毕竟不是专业的 DDoS 防御设备。术业有专攻，华为公司推出的 AntiDDoS1000 和 AntiDDoS8000 系列产品是专业的 AntiDDoS 设备，先进的防御技术在业界也是遥遥领先，是华为公司的尖刀产品！如需了解 AntiDDoS 设备的更多内容，大家可以登录华为公司网站下载相关产品文档。

强叔提问

1. 单包攻击分为哪三大类？
2. SYN Flood 攻击有几种防御方式，使用场景有什么差异？
3. 针对 UDP Flood 攻击的防御方式都有哪些？
4. HTTP Flood 的重定向防御会对同一个源发出的每一个 HTTP 报文都进行重定向吗？

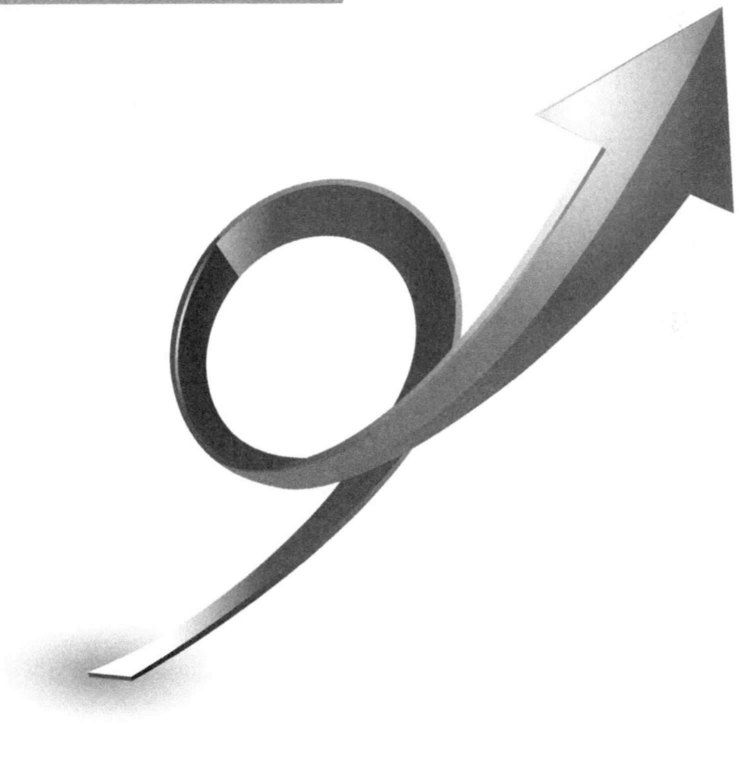

第4章
NAT

4.1　源NAT

4.2　NAT Server

4.3　双向NAT

4.4　NAT ALG

4.5　NAT场景下黑洞路由的作用

4.6　NAT地址复用专利技术

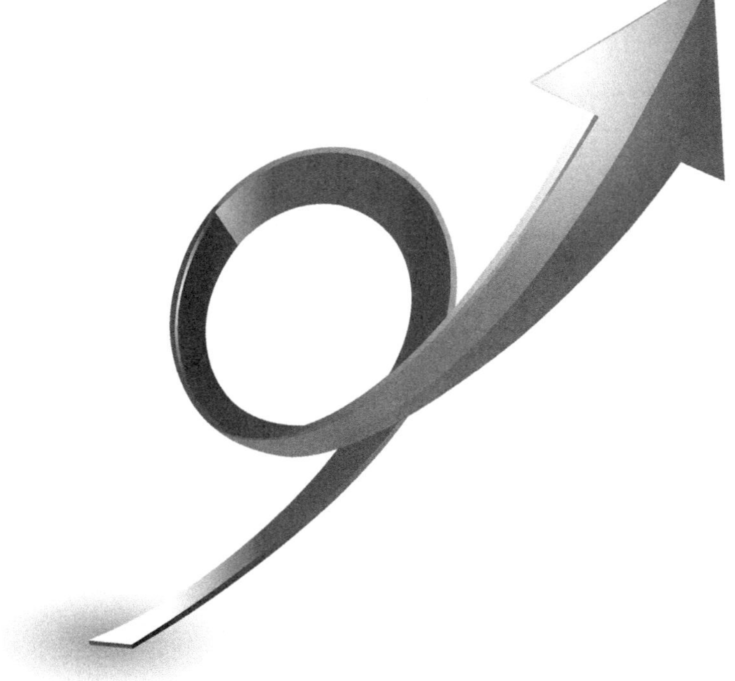

4.1 源 NAT

当 Internet 技术初兴时，人们不会想到它会发展得如此迅猛，短短二十年已然深入到社会的方方面面。与此同时，很多之前没有考虑到的问题也都暴露出来了，比如 IP 地址（这里指 IPv4 地址）资源正在逐渐枯竭。人们在寻求替代方案的同时，也在积极研究各种技术来减少对 IP 地址的消耗，其中最出色的就是 NAT（Network Address Translation，网络地址转换）技术。NAT 技术涵盖的功能很多，我们平时最常用的就是源 NAT。

4.1.1 源 NAT 基本原理

源 NAT 技术对 IP 报文的源地址进行转换，将私网 IP 地址转换成公网 IP 地址，使大量私网用户可以利用少量公网 IP 地址访问 Internet，大大减少了对公网 IP 地址的消耗。

源 NAT 转换的过程如图 4-1 所示，当私网用户访问 Internet 的报文到达防火墙时，防火墙将报文的源 IP 地址由私网地址转换为公网地址；当回程报文返回至防火墙时，防火墙再将报文的目的地址由公网 IP 地转换为私网地址。整个 NAT 转换过程对于内部网络中的用户和 Internet 上的主机来说是完全透明的。

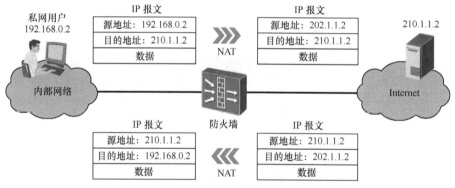

图 4-1　源 NAT 转换过程

源 NAT 包括很多转换方式，在介绍各种方式的特点和异同前，先介绍一下"NAT 地址池"。NAT 地址池是一个虚拟的概念，它形象地把"公网 IP 地址的集合"比喻成一个"放 IP 地址的池子或容器"，防火墙在进行地址转换时就是从 NAT 地址池中挑选出一个公网 IP 地址，然后对私网 IP 地址进行转换。**挑选哪个公网 IP 地址是随机的，和配置时的顺序、IP 地址大小等因素都没有关系。**

下面给出了 USG2000/5000 系列防火墙上配置 NAT 地址池的命令，NAT 地址池中一共包含 4 个公网地址。本章后续内容中，如无特殊情况，涉及 NAT 地址池的命令均以 USG2000/5000 为例。

```
[FW] nat address-group 1 202.1.1.2 202.1.1.5
```

NAT 地址池配置完成后，会被 NAT 策略所引用。在 USG2000/5000 系列防火墙上，NAT 策略与安全策略相似，也是由条件和动作组成。不同的是，NAT 策略中的动作是"源 NAT 转换"和"不进行 NAT 转换"，当动作是"源 NAT 转换"时必须引用 NAT 地址池，如图 4-2 所示。同样，本章后续内容中，如无特殊情况，涉及 NAT 策略的命令均以 USG2000/5000 为例。

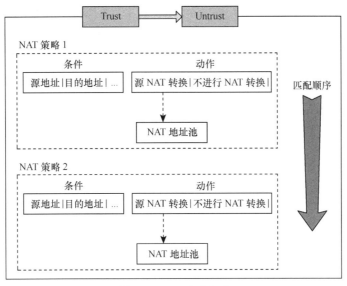

图 4-2　NAT 策略组成

多条 NAT 策略之间存在匹配顺序，如果报文命中了某一条 NAT 策略，就会按照该 NAT 策略中引用的地址池来进行地址转换；如果报文没有命中某条 NAT 策略，则会向下继续查找。

通过配置多条 NAT 策略可以灵活处理内部网络访问 Internet 的需求，例如，内部网络中有两个用户群，用户群 1（192.168.0.2~192.168.0.5）和用户群 2（192.168.0.6～192.168.0.10）要求使用不同的公网 IP 地址访问 Internet。如果将公网 IP 地址都放在一个 NAT 地址池内，由于地址转换是随机从 NAT 地址池中选取公网 IP 地址的，所以无法满足此需求。

此时可以将公网 IP 地址分别放在两个不同的 NAT 地址池内，然后配置两条分别以用户群 1 和用户群 2 源地址为条件的 NAT 策略，并指定用户群 1 使用 NAT 地址池 1 进行地址转换，用户群 2 使用地址池 2 进行地址转换。这样，两个用户群进行 NAT 转换后的公网 IP 地址就是不同的了。

华为防火墙支持的源 NAT 转换方式如表 4-1 所示，强叔先替它们做一个简单的自我介绍。

表 4-1　　　　　　　　　　华为防火墙支持的源 NAT 转换方式列表

源 NAT 转换方式	含义	应用场景
NAT No-PAT	只转换报文的 IP 地址，不转换端口	需要上网的私网用户数量少，公网 IP 地址数量与同时上网的最大私网用户数量基本相同
NAPT	同时转换报文的 IP 地址和端口	公网 IP 地址数量少，需要上网的私网用户数量大

88 华为防火墙技术漫谈

（续表）

源 NAT 转换方式	含义	应用场景
出接口地址方式（Easy-IP）	同时转换报文的 IP 地址和端口，但转换后的 IP 地址只能为出接口的 IP 地址	只有一个公网 IP 地址，并且该公网地址在接口上是动态获取的
Smart NAT	预留一个公网 IP 地址进行 NAPT 方式转换，其他公网 IP 地址进行 NAT No-PAT 方式转换	平时上网的用户数量少，公网 IP 地址数量与同时上网的最大私网用户数量基本相同；个别时间段的上网用户数量激增，公网 IP 地址数量远远小于上网用户数量
三元组 NAT	将私网源 IP 地址和端口转换为固定的公网 IP 地址和端口，解决 NAPT 方式随机转换地址和端口带来的问题	用于外网用户主动访问私网用户的场景，例如 P2P 业务的场景

  每种源 NAT 转换方式都曾在 IP 网络中走过秀、亮过相，都有自己的特色，但也都有自己不足，下面强叔就带领大家一起品味一下吧。

4.1.2 NAT No-PAT

  "No-PAT"表示不进行端口转换，所以 NAT No-PAT 方式只转换 IP 地址，故也称为"一对一地址转换"。下面以图 4-3 所示的组网环境为例介绍 No-PAT 方式的配置过程，假设防火墙和 Web 服务器之间路由可达。

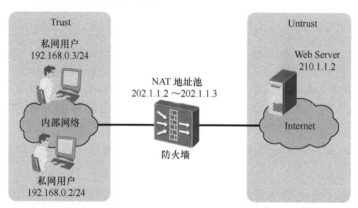

图 4-3 NAT No-PAT 方式组网图

  NAT No-PAT 方式的配置过程如下。
  （1）配置 NAT 地址池和 NAT 策略
  配置 NAT 地址池：

```
[FW] nat address-group 1 202.1.1.2 202.1.1.3          //地址池中配置两个公网 IP 地址
```

  配置 NAT 策略：

```
[FW] nat-policy interzone trust untrust outbound
[FW-nat-policy-interzone-trust-untrust-outbound] policy 1
[FW-nat-policy-interzone-trust-untrust-outbound-1] policy source 192.168.0.0 0.0.0.255      //匹配条件
[FW-nat-policy-interzone-trust-untrust-outbound-1] action source-nat          //动作为进行源 NAT 转换
[FW-nat-policy-interzone-trust-untrust-outbound-1] address-group 1 no-pat  //引用 NAT 地址池并指定转换方式为 No-PAT
[FW-nat-policy-interzone-trust-untrust-outbound-1] quit
[FW-nat-policy-interzone-trust-untrust-outbound] quit
```

完成 NAT 的相关配置后，接下来强叔还要强调两个重要配置：安全策略和黑洞路由。

（2）配置安全策略

安全策略和 NAT 策略从字面上看很相近，但是二者各司其职：安全策略的作用是控制报文能否通过防火墙，而 NAT 策略的作用是对报文进行地址转换，因此配置 NAT 的时候也需要配置安全策略允许报文通过。由于防火墙对报文进行安全策略处理发生在进行 NAT 策略处理之前，所以**如果要针对源地址设置安全策略，则源地址应该是进行 NAT 转换之前的私网地址**。

```
[FW] policy interzone trust untrust outbound
[FW-policy-interzone-trust-untrust-outbound] policy 1
[FW-policy-interzone-trust-untrust-outbound-1] policy source 192.168.0.0 0.0.0.255
[FW-policy-interzone-trust-untrust-outbound-1] action permit
[FW-policy-interzone-trust-untrust-outbound-1] quit
[FW-policy-interzone-trust-untrust-outbound] quit
```

（3）配置黑洞路由

黑洞路由是一个让报文"有去无回"的路由，它的效果就是让防火墙丢弃命中黑洞路由的报文。为了避免产生路由环路，在防火墙上必须针对地址池中的公网 IP 地址配置黑洞路由。这里我们先给出配置，关于黑洞路由产生的原因我们将在后文中介绍。

```
[FW] ip route-static 202.1.1.2 32 NULL 0
[FW] ip route-static 202.1.1.3 32 NULL 0
```

完成上述配置后，私网用户访问 Web 服务器，在防火墙上可以查看到会话表信息，如下。

```
[FW] display firewall session table
 Current Total Sessions : 1
   http  VPN:public --> public 192.168.0.2:2050[202.1.1.2:2050]-->210.1.1.2:80
   http  VPN:public --> public 192.168.0.3:2050[202.1.1.3:2050]-->210.1.1.2:80
```

从会话表中可以看到，两个私网用户的 IP 地址已经分别转换为两个不同的公网 IP 地址（**中括号[]内的是经过地址转换后的 IP 地址和端口**），而端口没有转换。

大家还记得我们在"第 2 章　安全策略"中提到过的 Server-map 表吧，NAT No-PAT 方式也会生成 Server-map 表，而且生成了正向和反向两条表项。

```
[FW] display firewall server-map
  server-map item(s)
------------------------------------------------------------------
 No-Pat, 192.168.0.2[202.1.1.2] -> any, Zone: ---
    Protocol: any(Appro: ---), Left-Time: 00:11:59, Addr-Pool: 1
    VPN: public -> public

 No-Pat Reverse, any -> 202.1.1.2[192.168.0.2], Zone: untrust
    Protocol: any(Appro: ---), Left-Time: --:--:--, Addr-Pool: ---
    VPN: public -> public

 No-Pat, 192.168.0.3[202.1.1.3] -> any, Zone: ---
    Protocol: any(Appro: ---), Left-Time: 00:11:59, Addr-Pool: 1
    VPN: public -> public

 No-Pat Reverse, any -> 202.1.1.3[192.168.0.3], Zone: untrust
    Protocol: any(Appro: ---), Left-Time: --:--:--, Addr-Pool: ---
    VPN: public -> public
```

这里生成的正向 Server-map 表的作用是保证特定私网用户访问 Internet 时，可以快速转换地址。因为转换方式是 No-PAT，一个私网用户就对应一个公网 IP 地址，那么在一段时间之内，私网用户访问 Internet 的报文，直接命中 Server-map 表进行地址转换，提高了处理效率。同理，Internet 上的用户主动访问私网用户的报文，也可以命中反向 Server-map 表直接进行地址转换，但有一点需要注意，命中 Server-map 表后还需要进行安全策略的检查，只有安全策略允许报文通过，报文才能通过防火墙。

此时内部网络中的其他私网用户是无法访问 Web 服务器的，因为 NAT 地址池中只有两个公网 IP 地址，已经被两个私网用户占用了，其他私网用户必须等待公网地址被释放后才能访问 Web 服务器。可见，在 NAT No-PAT 的转换方式中，一个公网 IP 地址不能同时被多个私网用户使用，其实并没有起到节省公网 IP 地址的效果。下面我们就来介绍真正可以节省公网 IP 地址的 NAPT 方式。

4.1.3　NAPT

NAPT（Network Address and Port Translation）表示网络地址和端口转换，即同时对 IP 地址和端口进行转换，也可称为 PAT（PAT 不是只转换端口的意思，而是 IP 地址和端口同时转换）。NAPT 是一种应用最广泛的地址转换方式，可以利用少量的公网 IP 地址来满足大量私网用户访问 Internet 的需求。

NAPT 方式和 NAT No-PAT 方式在配置上的区别仅在于：NAPT 方式的 NAT 策略在引用 NAT 地址池时，不配置关键字"**no-pat**"，其他的配置都是一样的。我们还是以图 4-3 所示的组网环境为例给出 NAPT 方式的配置过程。

（1）配置 NAT 地址池

```
[FW] nat address-group 1 202.1.1.2 202.1.1.3
```

（2）配置 NAT 策略

```
[FW] nat-policy interzone trust untrust outbound
[FW-nat-policy-interzone-trust-untrust-outbound] policy 1
[FW-nat-policy-interzone-trust-untrust-outbound-1] policy source 192.168.0.0 0.0.0.255
[FW-nat-policy-interzone-trust-untrust-outbound-1] action source-nat
[FW-nat-policy-interzone-trust-untrust-outbound-1] address-group 1      //引用 NAT 地址池
[FW-nat-policy-interzone-trust-untrust-outbound-1] quit
[FW-nat-policy-interzone-trust-untrust-outbound] quit
```

（3）配置安全策略

```
[FW] policy interzone trust untrust outbound
[FW-policy-interzone-trust-untrust-outbound] policy 1
[FW-policy-interzone-trust-untrust-outbound-1] policy source 192.168.0.0 0.0.0.255
[FW-policy-interzone-trust-untrust-outbound-1] action permit
[FW-policy-interzone-trust-untrust-outbound-1] quit
[FW-policy-interzone-trust-untrust-outbound] quit
```

（4）配置黑洞路由

```
[FW] ip route-static 202.1.1.2 32 NULL 0
[FW] ip route-static 202.1.1.3 32 NULL 0
```

完成上述配置后，私网用户访问 Web 服务器，在防火墙上可以查看到会话表信息。

```
[FW] display firewall session table
 Current Total Sessions : 2
```

```
http   VPN:public --> public 192.168.0.2:2053[202.1.1.2:2048]-->210.1.1.2:80
http   VPN:public --> public 192.168.0.3:2053[202.1.1.3:2048]-->210.1.1.2:80
```

从会话表中可以看到，两个私网用户的 IP 地址已经分别转换为两个不同的公网 IP 地址，同时端口也转换为新的端口。

此时内部网络中的其他私网用户也能够成功访问 Web 服务器，防火墙上可以查看到会话信息。

```
[FW] display firewall session table
Current Total Sessions : 3
   http   VPN:public --> public 192.168.0.2:2053[202.1.1.2:2048]-->210.1.1.2:80
   http   VPN:public --> public 192.168.0.3:2053[202.1.1.3:2048]-->210.1.1.2:80
   http   VPN:public --> public 192.168.0.4:2051[202.1.1.2:2049]-->210.1.1.2:80
```

从会话表中可以看到，新的私网用户与原有的私网用户共用了同一个公网 IP 地址，但是端口不一样。两者在转换后的公网 IP 地址是一样的，但转换后的端口不同，这样就不用担心转换冲突的问题。

另外需要注意，NAPT 方式不会生成 Server-map 表，这一点与 NAT No-PAT 方式方式不同。

4.1.4　出接口地址方式

出接口地址方式（Easy-IP）指的是利用出接口的公网 IP 地址作为 NAT 转换后的地址，也同时转换地址和端口，一个公网 IP 地址可以同时被多个私网用户使用，可以看成是 NAPT 方式的一种"变体"。

出接口地址方式的应用场景比较特殊，当防火墙上的公网接口通过拨号方式动态获取公网 IP 地址时，如果只想使用这一个公网 IP 地址来进行地址转换，这个时候就不能在 NAT 地址池中配置固定的地址，因为公网 IP 地址是动态变化的。此时可以使用出接口地址方式，即使出接口上获取的公网 IP 地址发生变化，防火墙也会按照新的公网 IP 地址来进行地址转换。出接口地址方式简化了配置过程，所以也叫作 Easy-IP 方式，目前 USG2000/5000/6000 系列防火墙支持 Easy-IP 方式。

Easy-IP 方式无需配置 NAT 地址池，也不用配置黑洞路由，只需在 NAT 策略中指定出接口即可，下面以图 4-4 所示的组网环境为例介绍 Easy-IP 方式的配置过程。

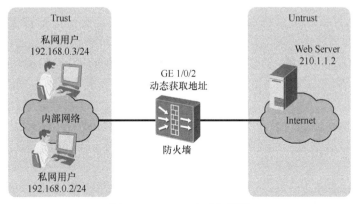

图 4-4　Easy-IP 方式组网图

Easy-IP 方式的配置过程如下。

（1）配置 NAT 策略

```
[FW] nat-policy interzone trust untrust outbound
[FW-nat-policy-interzone-trust-untrust-outbound] policy 1
[FW-nat-policy-interzone-trust-untrust-outbound-1] policy source 192.168.0.0 0.0.0.255
[FW-nat-policy-interzone-trust-untrust-outbound-1] action source-nat
[FW-nat-policy-interzone-trust-untrust-outbound-1] easy-ip GigabitEthernet1/0/2    //指定出接口
[FW-nat-policy-interzone-trust-untrust-outbound-1] quit
[FW-nat-policy-interzone-trust-untrust-outbound] quit
```

（2）配置安全策略

```
[FW] policy interzone trust untrust outbound
[FW-policy-interzone-trust-untrust-outbound] policy 1
[FW-policy-interzone-trust-untrust-outbound-1] policy source 192.168.0.0 0.0.0.255
[FW-policy-interzone-trust-untrust-outbound-1] action permit
[FW-policy-interzone-trust-untrust-outbound-1] quit
[FW-policy-interzone-trust-untrust-outbound] quit
```

私网用户访问 Web 服务器，在防火墙上可以查看到会话表信息。

```
[FW] display    firewall session table
Current Total Sessions : 2
   http   VPN:public --> public 192.168.0.2:2054[202.1.1.1:2048]-->210.1.1.2:80
   http   VPN:public --> public 192.168.0.3:2054[202.1.1.1:2049]-->210.1.1.2:80
```

可见，两个私网用户的 IP 地址已经转换为出接口的公网 IP 地址（这里是 202.1.1.1），同时端口也转换为新的端口。如果内部网络中的其他私网用户也访问 Web 服务器，防火墙同样会对其报文进行地址转换，转换后的公网地址还是 202.1.1.1，端口是一个新的端口。

此外，和 NAPT 一样，Easy-IP 方式也不会生成 Server-map 表。

4.1.5　Smart NAT

前面我们介绍过 NAT No-PAT 方式，它是一种"一对一地址转换"，NAT 地址池中的公网 IP 地址被私网用户占用后，其他私网用户就无法再使用该公网 IP 地址，也就无法访问 Internet。在这种情况下如何使其他私网用户也能访问 Internet 呢？Smart NAT 方式登场了。

Smart NAT 方式也叫作"聪明的 NAT"，这是因为它融合了 NAT No-PAT 方式和 NAPT 方式的特点，它的实现原理如下。

假设 Smart NAT 方式使用的地址池中包含 N 个 IP，其中一个 IP 被指定为预留地址，另外 N-1 个地址构成地址段 1（section1）。进行 NAT 地址转换时，Smart NAT 会先使用 section1 进行 NAT No-PAT 方式的转换，即一对一的地址转换。当 section1 中的 IP 都被占用后，Smart NAT 才使用预留地址进行 NAPT 方式的转换，即多对一的地址转换。

其实我们可以把 Smart NAT 方式理解成是对 NAT No-PAT 功能的增强，它克服了 NAT No-PAT 的缺点——只能让有限的私网用户访问 Internet，当私网用户数量大于地址池中公网 IP 地址数量时，后面的私网用户将无法访问 Internet，只能等待公网 IP 地址被释放（会话老化）。

使用 Smart NAT 方式后，即使某一时刻私网用户数量激增，Smart NAT 也留有后手，即预留一个公网 IP 地址进行 NAPT 方式的地址转换,这样就可以满足大量新增的私网用户访问 Internet 的需求。

目前华为 USG9500 系列防火墙 V300R001 版本支持 Smart NAT 方式，下面我们就以 USG9500 系列防火墙为例，结合图 4-5 所示的组网环境，给出 Smart NAT 方式的配置过程。

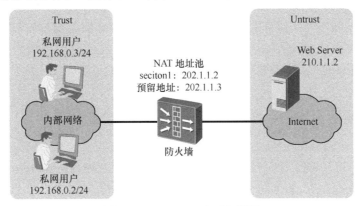

图 4-5　Smart NAT 方式组网图

Smart NAT 方式的配置过程如下。

（1）配置 NAT 地址池

```
[FW] nat address-group 1
[FW-address-group-1] mode no-pat local
[FW-address-group-1] smart-nopat 202.1.1.3        //预留地址
[FW-address-group-1] section 1 202.1.1.2 202.1.1.2   //section 中不能包含预留地址
[FW-address-group-1] quit
```

（2）配置 NAT 策略

```
[FW] nat-policy interzone trust untrust outbound
[FW-nat-policy-interzone-trust-untrust-outbound] policy 1
[FW-nat-policy-interzone-trust-untrust-outbound-1] policy source 192.168.0.0 0.0.0.255
[FW-nat-policy-interzone-trust-untrust-outbound-1] action source-nat
[FW-nat-policy-interzone-trust-untrust-outbound-1] address-group 1      //引用 NAT 地址池
[FW-nat-policy-interzone-trust-untrust-outbound-1] quit
[FW-nat-policy-interzone-trust-untrust-outbound] quit
```

（3）配置安全策略

```
[FW] policy interzone trust untrust outbound
[FW-policy-interzone-trust-untrust-outbound] policy 1
[FW-policy-interzone-trust-untrust-outbound-1] policy source 192.168.0.0 0.0.0.255
[FW-policy-interzone-trust-untrust-outbound-1] action permit
[FW-policy-interzone-trust-untrust-outbound-1] quit
[FW-policy-interzone-trust-untrust-outbound] quit
```

（4）配置黑洞路由

```
[FW] ip route-static 202.1.1.2 32 NULL 0
[FW] ip route-static 202.1.1.3 32 NULL 0
```

完成上述配置后，内部网络中的一个私网用户访问 Web 服务器，在防火墙上可以查看到会话表信息。

```
[FW] display firewall session table
Current total sessions: 1
```

```
 Slot: 2 CPU: 3
   http   VPN:public --> public 192.168.0.2:2053[202.1.1.2:2053]-->210.1.1.2:80
```

从会话表中可以看到，该私网用户的 IP 地址已经转换为 section1 中的公网 IP 地址，端口没有转换。

此时内部网络中的其他私网用户也能够成功访问 Web 服务器，防火墙上可以查看到会话信息。

```
[FW] display firewall session table
Current total sessions: 3
 Slot: 2 CPU: 3
   http   VPN:public --> public 192.168.0.2:2053[202.1.1.2:2053]-->210.1.1.2:80
   http   VPN:public --> public 192.168.0.3:2053[202.1.1.3:2048]-->210.1.1.2:80
   http   VPN:public --> public 192.168.0.4:2053[202.1.1.3:2049]-->210.1.1.2:80
```

从会话表中可以看到，两个私网用户的 IP 地址已经都转换为预留的公网 IP 地址，同时端口也转换为新的端口，说明防火墙对这两个私网用户进行了 NAPT 方式的地址转换。**即只有公网 IP 地址（除预留 IP）被 NAT No-PAT 转换用尽了的时候才会进行 NAPT 转换。**

我们再看看 Server-map 表，因为 Smart NAT 方式中包括了 NAT No-PAT 方式的地址转换，所以防火墙上生成了相应的 Server-map 表。

```
[FW] display firewall server-map
 ServerMap item(s) on slot 2 cpu 3
---------------------------------------------------------------------
 Type: No-Pat,   192.168.0.2[202.1.1.2] -> ANY,   Zone: untrust
 Protocol: ANY(Appro: unknown),   Left-Time:00:05:55,   Pool: 1, Section: 1
 Vpn: public -> public

 Type: No-Pat Reverse,   ANY -> 202.1.1.2[192.168.0.2],   Zone: untrust
 Protocol: ANY(Appro: unknown),   Left-Time:---,   Pool: 1, Section: 1
 Vpn: public -> public
```

4.1.6　三元组 NAT

前面我们介绍了 4 种源 NAT 转换方式，其中 NAPT 应用最广泛，不但解决了公网 IP 地址短缺的问题，还隐藏了内部主机的私网 IP 地址，提高了安全性。但是 NAT 技术与目前广泛应用于文件共享、语音通信、视频传输等方面的 P2P 技术不能很好地共存，当 P2P 业务遇到 NAT 的时候，产生的不是完美的"NAT-P2P"，而是……你可能无法下载最新的影视资源、无法进行视频聊天。

为了解决 P2P 业务和 NAT 共存的问题，我们就要用到一种新的地址转换方式：三元组 NAT。在介绍三元组 NAT 方式之前，我们先来看一下 P2P 业务的交互过程，以及在 NAPT 方式下 P2P 业务会遇到什么问题。

如图 4-6 所示，PC1 和 PC2 是两台运行 P2P 业务的客户端，它们运行 P2P 应用时首先会和 P2P 服务器进行交互（登录、认证等操作），P2P 服务器会记录客户端的地址和端口。如果 PC1 位于内部网络，防火墙会对 PC1 访问 P2P 服务器的报文进行 NAPT 方式的转换，这样 P2P 服务器上记录的是经过转换后的公网地址和端口。当 PC2 需要下载文件时，服务器会将拥有该文件的客户端的地址和端口发送给 PC2（如 PC1 的地址和端口），然后 PC2 会向 PC1 发送请求，并从 PC1 上下载文件。

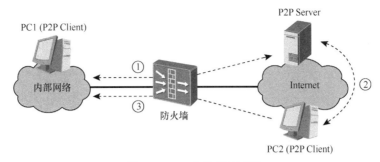

图 4-6　P2P 业务交互过程

上述交互过程看起来似乎很顺畅，但是对于 P2P 业务来说，存在两个问题。

（1）为了保持联系，PC1 会定期向 P2P 服务器发送报文，该报文在防火墙上经过 NAPT 方式的转换后，NAPT 方式决定了转换后的端口并不是固定的，会动态变化。这样的话，P2P 服务器记录的 PC1 的地址和端口的信息也要经常刷新，会影响 P2P 业务正常运行。

（2）更重要的是，根据防火墙的转发原理，只有 P2P 服务器返回给 PC1 的报文命中会话表后才能通过防火墙，其他主机如 PC2 不能通过转换后的地址和端口来主动访问 PC1，默认情况下，防火墙上的安全策略不允许这一类的访问报文通过。

三元组 NAT 方式可以完美地解决上述两个问题，因为三元组 NAT 方式在进行转换时有以下两个特点。

（1）对外呈现端口一致性

PC1 访问 P2P 服务器后，在一段时间内，PC1 再次访问 P2P 服务器或者访问 Internet 上的其他主机时，防火墙都会将 PC1 的端口转换成相同的端口，这样就保证了 PC1 对外所呈现的端口的一致性，不会动态变化。

（2）支持外网主动访问

无论 PC1 是否访问过 PC2，只要 PC2 获取到 PC1 经过 NAT 转换后的地址和端口，就可以主动向该地址和端口发起访问。防火墙上即使没有配置相应的安全策略，也允许此类访问报文通过。

正是由于三元组 NAT 的这两个特点，使得 P2P 业务可以正常运行。目前华为 USG9500 系列防火墙 V300R001 版本支持三元组 NAT 方式，下面我们结合图 4-7 所示的组网环境，给出三元组 NAT 的配置过程。

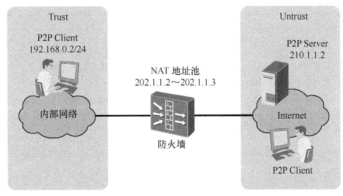

图 4-7　三元组 NAT 方式组网图

📖 说明

对于 USG2000/5000/6000 系列防火墙来说，可以通过配置 User-defined 协议的 ASPF 来保证 P2P 业务的正常运行。

三元组 NAT 方式的配置过程如下（三元组 NAT 不能配置黑洞路由，否则会影响业务）。

（1）配置 NAT 地址池

```
[FW] nat address-group 1
[FW-address-group-1] mode full-cone local          //指定模式为三元组 NAT 方式
[FW-address-group-1] section 1 202.1.1.2 202.1.1.3
[FW-address-group-1] quit
```

（2）配置 NAT 策略

```
[FW] nat-policy interzone trust untrust outbound
[FW-nat-policy-interzone-trust-untrust-outbound] policy 1
[FW-nat-policy-interzone-trust-untrust-outbound-1] policy source 192.168.0.0 0.0.0.255
[FW-nat-policy-interzone-trust-untrust-outbound-1] action source-nat
[FW-nat-policy-interzone-trust-untrust-outbound-1] address-group 1        //引用 NAT 地址池
[FW-nat-policy-interzone-trust-untrust-outbound-1] quit
[FW-nat-policy-interzone-trust-untrust-outbound] quit
```

（3）配置安全策略

```
[FW] policy interzone trust untrust outbound
[FW-policy-interzone-trust-untrust-outbound] policy 1
[FW-policy-interzone-trust-untrust-outbound-1] policy source 192.168.0.0 0.0.0.255
[FW-policy-interzone-trust-untrust-outbound-1] action permit
[FW-policy-interzone-trust-untrust-outbound-1] quit
[FW-policy-interzone-trust-untrust-outbound] quit
```

完成上述配置后，内部网络中的 P2P 客户端访问 P2P 服务器，在防火墙上可以查看到会话表信息。

```
[FW] display firewall session table
Current total sessions: 1
Slot: 2 CPU: 3
tcp VPN: public --> public 192.168.0.2:4661[202.1.1.2:3536] --> 210.1.1.2:4096
```

从会话表中可以看到，P2P 客户端的 IP 地址已经转换为公网 IP 地址，端口也进行了转换。下面我们重点来看一下在这个过程中防火墙上生成的 Server-map 表。

📖 说明

- Server-map 表中的"Untrust"安全区域因 **mode full-cone local** 命令中的 **local** 参数而产生。如果命令是 **mode full-cone global** 的话，Zone 为空，表示不对安全区域进行限制。
- Server-map 表中"FullCone"（全圆锥）字段的含义我们在"4.1.9 延伸阅读"中介绍。

```
[FW] display firewall server-map
ServerMap item(s) on slot 2 cpu 3
----------------------------------------------------------------
```

Type: **FullCone Src**,　　**192.168.0.2**:**4661**[**202.1.1.2**:**3536**] -> ANY,　　Zone: **Untrust**
Protocol: **tcp**(Appro: ---),　　Left-Time:00:00:58,　　Pool: 1, Section: 0
Vpn: public -> public
Hotversion: 2

Type: **FullCone Dst**,　　ANY -> **202.1.1.2**:**3536**[**192.168.0.2**:**4661**],　　Zone: **Untrust**
Protocol: **tcp**(Appro: ---),　　Left-Time:00:00:58,　　Pool: 1, Section: 0
Vpn: public -> public
Hotversion: 2

从 Server-map 表中可以看到，防火墙为三元组 NAT 方式生成了两条 Server-map 表项，分别是源 Serverv-map 表项（FullCone Src）和目的 Serverv-map 表项（FullCone Dst）。这两条 Server-map 表项的作用如下。

- 源 Serverv-map 表项（FullCone Src）
  表项老化之前，PC1 访问 Untrust 安全区域内的任意主机（ANY）时，NAT 转换后的地址和端口都是 202.1.1.2:3536，端口不会变化，这样就保证了 PC1 对外所呈现的端口的一致性。
- 目的 Serverv-map 表项（FullCone Dst）
  表项老化之前，Untrust 安全区域内的任意主机（ANY）都可以通过 202.1.1.2 的 3536 端口来访问 PC1 的 4661 端口，这样就保证了 Internet 上的 P2P 客户端可以主动访问 PC1。

由此可知，三元组 NAT 方式通过源和目的 Serverv-map 表项解决了 P2P 业务与 NAT 地址转换共存时的问题。从源和目的 Serverv-map 表项中还可以看出，三元组 NAT 在进行转换时，仅和**源 IP 地址、源端口和协议类型**这 3 个元素有关，这也正是"三元组" NAT 名字的由来。

上面我们说过，通过目的 Serverv-map 表项就可以使 Internet 上的 P2P 客户端可以主动访问 PC1，大家可能会有疑问，三元组 NAT 生成的 Serverv-map 表项是不是就像 ASPF 功能生成的 Serverv-map 表项那样，报文命中表项之后就不受安全策略的控制了呢？

其实这里面还暗藏玄机，防火墙上针对三元组 NAT 还支持"端点无关过滤"功能，配置命令如下。

📖 **说明**

命令中 **endpoint-independent** 参数的原意是"不关心对端地址和端口转换模式"，表示一种 NAT 转换方式，其实可以看成是三元组 NAT 方式的另一种叫法。华为防火墙使用了这个词作为命令的关键字，刚好代表该条命令的作用是在三元组 NAT 方式下控制报文是否进行安全策略检查。

[FW] firewall endpoint-independent filter enable

开启端点无关过滤功能后，报文只要命中目的 Serverv-map 表项就可以通过防火墙，不受安全策略控制。关闭端点无关过滤功能后，报文命中目的 Serverv-map 表项后也要受安全策略的控制，那么就需要配置相应的安全策略允许报文通过。而缺省情况下，防火墙上是开启了端点无关过滤功能的，所以我们在前面说 Internet 上的 P2P 客户端可以主动访问内部网络中的 PC1。

4.1.7 多出口场景下的源 NAT

各种各样的源 NAT 大家都见识过了，看似各种源地址转换问题都能一网打尽了。但实际上把这些源 NAT 理论应用到现实网络中很快就会出现告急：在多出口网络中，源 NAT 该何去何从？

首先，我们以防火墙通过两个出口连接 Internet 为例，探讨源 NAT 的配置方法，防火墙通过更多出口连接 Internet 的情况与之类似，大家可以举一反三自行搞定。

如图 4-8 所示，某企业在内部网络的出口处部署了防火墙作为出口网关，通过 ISP1 和 ISP2 两条链路连接到 Internet，企业内部网络中的 PC 有访问 Internet 的需求。

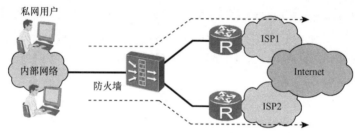

图 4-8　双出口环境下的源 NAT 组网示意图

该场景中，防火墙面临的主要问题是在转发内部网络访问 Internet 的报文时如何进行出口选路。如果本应该从 ISP1 的链路发出的报文却从 ISP2 的链路发出，可能会导致报文"绕路"到达目的地，影响转发效率和用户体验。

选路的方式有多种，如果根据报文的目的地址进行选路，我们可以配置两条缺省路由（等价路由）或者配置明细路由；如果根据报文的源地址进行选路，我们还可以配置策略路由。这些选路方式不是本节的重点，我们将在第 10 章"出口选路"中详细介绍。

其实对于源 NAT 功能来说，无论使用了哪种选路方式，结果无非就是两种：报文或者走 ISP1 的链路出去，或者走 ISP2 的链路出去。不管是走哪条链路，只要在报文发出去之前把报文中私网地址转换成相应的公网地址，源 NAT 的作用就完成了。

通常情况，我们会把防火墙与 ISP1 和 ISP2 相连的两个接口分别加入到不同的安全区域，然后基于内部网络所在安全区域（通常是 Trust 区域）与这两个接口所在安全区域之间配置源 NAT 策略，如图 4-9 所示。

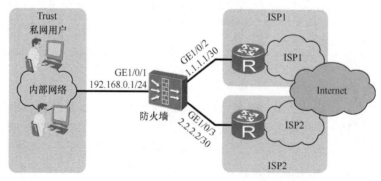

图 4-9　双出口环境下的源 NAT 组网配置图

下面给出了 NAPT 方式的源 NAT 的配置样例，这里假设 ISP1 为我们分配的公网地址是 1.1.1.10～1.1.1.12，ISP2 为我们分配的公网地址是 2.2.2.10～2.2.2.12。

（1）将接口分别加入到不同的安全区域

```
[FW] firewall zone trust
[FW-zone-trust] add interface GigabitEthernet1/0/1
[FW-zone-trust] quit
[FW] firewall zone name isp1
[FW-zone-isp1] set priority 10
[FW-zone-isp1] add interface GigabitEthernet1/0/2
[FW-zone-isp1] quit
[FW] firewall zone name isp2
[FW-zone-isp2] set priority 20
[FW-zone-isp2] add interface GigabitEthernet1/0/3
[FW-zone-isp2] quit
```

（2）配置两个 NAT 地址池

```
[FW] nat address-group 1 1.1.1.10 1.1.1.12
[FW] nat address-group 2 2.2.2.10 2.2.2.12
```

（3）基于不同的域间关系配置两条 NAT 策略

```
[FW] nat-policy interzone trust isp1 outbound
[FW-nat-policy-interzone-trust-isp1-outbound] policy 1
[FW-nat-policy-interzone-trust-isp1-outbound-1] policy source 192.168.0.0 0.0.0.255
[FW-nat-policy-interzone-trust-isp1-outbound-1] action source-nat
[FW-nat-policy-interzone-trust-isp1-outbound-1] address-group 1
[FW-nat-policy-interzone-trust-isp1-outbound-1] quit
[FW-nat-policy-interzone-trust-isp1-outbound] quit
[FW] nat-policy interzone trust isp2 outbound
[FW-nat-policy-interzone-trust-isp2-outbound] policy 1
[FW-nat-policy-interzone-trust-isp2-outbound-1] policy source 192.168.0.0 0.0.0.255
[FW-nat-policy-interzone-trust-isp2-outbound-1] action source-nat
[FW-nat-policy-interzone-trust-isp2-outbound-1] address-group 2
[FW-nat-policy-interzone-trust-isp2-outbound-1] quit
[FW-nat-policy-interzone-trust-isp2-outbound] quit
```

（4）基于不同的域间关系配置两条安全策略

```
[FW] policy interzone trust isp1 outbound
[FW-policy-interzone-trust-isp1-outbound] policy 1
[FW-policy-interzone-trust-isp1-outbound-1] policy source 192.168.0.0 0.0.0.255
[FW-policy-interzone-trust-isp1-outbound-1] action permit
[FW-policy-interzone-trust-isp1-outbound-1] quit
[FW-policy-interzone-trust-isp1-outbound] quit
[FW] policy interzone trust isp2 outbound
[FW-policy-interzone-trust-isp2-outbound] policy 1
[FW-policy-interzone-trust-isp2-outbound-1] policy source 192.168.0.0 0.0.0.255
[FW-policy-interzone-trust-isp2-outbound-1] action permit
[FW-policy-interzone-trust-isp2-outbound-1] quit
[FW-policy-interzone-trust-isp2-outbound] quit
```

（5）黑洞路由的配置必不可少

```
[FW] ip route-static 1.1.1.10 32 NULL 0
[FW] ip route-static 1.1.1.11 32 NULL 0
[FW] ip route-static 1.1.1.12 32 NULL 0
[FW] ip route-static 2.2.2.10 32 NULL 0
[FW] ip route-static 2.2.2.11 32 NULL 0
[FW] ip route-static 2.2.2.12 32 NULL 0
```

如果我们把防火墙与 ISP1 和 ISP2 相连的两个接口加入到同一个安全区域，如 Untrust，那么无论报文走 ISP1 的链路还是走 ISP2 的链路，安全域间关系都是 Trust--> Untrust，基于相同的安全域间关系配置的 NAT 策略就无法区分两条链路。为了便于大家理解这种情况，下面给出了一段配置脚本，在 Trust-->Untrust 安全域间配置了两条 NAT 策略 policy 1 和 policy 2。

```
#
nat-policy interzone trust untrust outbound
  policy 1
    action source-nat
    policy source 192.168.0.0 0.0.0.255
    address-group 1
  policy 2
    action source-nat
    policy source 192.168.0.0 0.0.0.255
    address-group 2
#
```

由于 policy 1 的匹配顺序高于 policy 2，此时就会导致内部网络访问 Internet 的报文都匹配了 policy 1，都从 ISP1 的链路发出去了，不会再向下继续匹配 policy 2。所以我们要将防火墙上连接不同 ISP 的出接口加入到不同的安全区域，然后基于不同的安全域间关系来配置源 NAT 策略。

4.1.8 总结

现在我们已经将各种源 NAT 技术剖析清楚了，也可以做一个深入的对比了，如表 4-2 所示。

表 4-2   华为防火墙支持的源 **NAT** 技术对比

源 NAT 方式	IP 地址对应关系	是否转换端口	是否生成动态 Server-map 表	是否需要配置黑洞路由	安全策略的源地址
NAT No-PAT	一对一	否	是	是	地址转换前的私网地址
NAPT	多对一多对多	是	否	是	
出接口地址方式（Easy-IP）	多对一	是	否	否	
Smart NAT	一对一+多对一（针对预留地址）	否（预留地址会进行端口转换）	是（仅 NAT No-PAT 转换方式）	是	
三元组 NAT	多对一多对多	是	是	否	

4.1.9 延伸阅读

三元组 NAT 还有一个学名：Full Cone（全圆锥）。根据 RFC3489 中的内容，Full Cone（全圆锥）是 4 种 NAT 端口映射方式中的一种，其他 3 种分别为：Restricted Cone（受限圆锥）、Port Restricted Cone（端口受限圆锥）和 Symmetric（对称型）。

为了加深读者对本节内容的理解，下面对比介绍 Full Cone（全圆锥）和 Symmetric

（对称型）模型。由于 RFC3489 已废弃（由 RFC 5389 替代），故不对 Restricted Cone（受限圆锥）和 Port Restricted Cone（端口受限圆锥）进行介绍。

全圆锥 NAT 的模型如图 4-10 所示，内网主机进行 NAT 转换后的地址和端口在一段时间内保持不变，不会因为目的地址不同而不同，所以内网主机可以使用转换后相同的三元组（源 IP 地址、源端口、协议类型）访问不同的外网主机，外网主机也都可以通过该三元组访问内网主机。

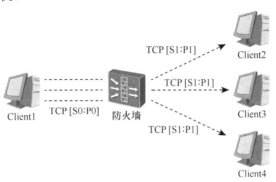

图 4-10　全圆锥 NAT 模型

对称型 NAT 的模型如图 4-11 所示，内网主机会根据不同的目的地址进行 NAT 转换，NAT 转换后的地址和端口一般是不相同的。由于对不同外网主机呈现不同的三元组（源 IP 地址、源端口、协议类型），所以只有特定的外网主机的特定端口才能进入内网，即需要限定目标主机和端口。对称型 NAT 也称为五元组 NAT（源 IP 地址、源端口、目的 IP 地址、目的端口、协议类型），NAPT 方式即为五元组 NAT。

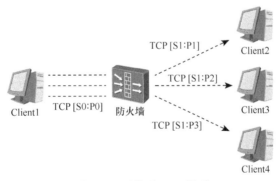

图 4-11　对称型 NAT 模型

4.2　NAT Server

学校或公司经常会对公网用户提供一些可访问的服务。但是网络部署时，这些服务器的地址一般都会被配置成私网地址，而公网用户是无法直接访问私网地址的。那么，防火墙作为学校或企业的出口网关时，是如何应对这个问题的呢？

看过源 NAT 的读者一定会联想到，防火墙是不是也可以将服务器的私网地址通过 NAT 转换成公网地址来提供对外的服务呢？

Bingo！大方向已经对了。不过，源 NAT 是对私网用户访问公网的报文的源地址进行转换，而服务器对公网提供服务时，是公网用户向私网发起访问，方向正好反过来了。于是，NAT 转换的目标也由报文的源地址变成了目的地址。针对服务器的地址转换，我们赋予了它一个形象的名字——NAT Server（服务器映射）。

4.2.1　NAT Server 基本原理

下面我们结合图 4-12 所示的组网环境来看下防火墙上的 NAT Server 是如何配置和实现的。NAT Server 也需要用到公网 IP 地址，与源 NAT 不同的是，NAT Server 的公网 IP 地址不需要放到 NAT 地址池这个容器中，直接使用即可，这里我们假设公网地址是 1.1.1.1。

📖 **说明**

建议不要把防火墙公网接口的 IP 地址配置为 NAT Server 的公网 IP 地址，如果确实需要这样操作，那么请配置指定协议和端口的 NAT Server，避免 NAT Server 与访问防火墙的 Telnet、Web 等管理需求相冲突。

图 4-12　配置 NAT Server 组网图

NAT Server 的配置过程如下。

（1）配置 NAT Server

在防火墙上配置如下命令，就能将服务器的私网地址 10.1.1.2 映射成公网地址 1.1.1.1。

`[FW] nat server global 1.1.1.1 inside 10.1.1.2`

如果一台服务器同时存在多种协议和端口的服务项，按照上述配置会将服务器上所有服务项都发布到公网，这无疑会带来很大的安全风险。华为防火墙支持配置指定协议的 NAT Server，只将服务器上特定的服务项对公网发布，从而避免服务项全发布带来的风险。例如，我们可以按如下方式配置，将服务器上 80 端口的服务项映射为 9980 端口供公网用户访问。

📖 **说明**

这里我们将 80 端口转换为 9980 端口而不是直接转换成 80 端口，是因为一些地区的运营商会阻断新增的 80、8000、8080 端口的业务，从而导致服务器无法访问。

`[FW] nat server protocol tcp global 1.1.1.1 9980 inside 10.1.1.2 80`

NAT Server 配置完成之后，也会生成 Server-map 表。不过与源 NAT 生成的 Server-map 表不同的是，**NAT Server 的 Server-map 表是静态的**，不需要报文来触发，配置了 NAT

Server 后就会自动生成，只有当 NAT Server 配置被删除时，对应的 Server-map 表项才会被删除。NAT Server 的 Server-map 表如下。

```
[FW] display firewall server-map
server-map item(s)
---------------------------------------------------------------------
Nat Server, any -> 1.1.1.1:9980[10.1.1.2:80], Zone: ---
    Protocol: tcp(Appro: unknown), Left-Time: --:--:--, Addr-Pool: ---
    VPN: public -> public

Nat Server Reverse, 10.1.1.2[1.1.1.1] -> any, Zone: ---
    Protocol: any(Appro: ---), Left-Time: --:--:--, Addr-Pool: ---
    VPN: public -> public
```

NAT Server 的 Server-map 表和我们前面介绍过的三元组 NAT 的 Server-map 表相同，也包含了两条表项。

- 正向 Server-map 表项

  "Nat Server, any -> 1.1.1.1:9980[10.1.1.2:80]" 为正向 Server-map 表项，记录着服务器私网地址端口和公网地址端口的映射关系。[]内为服务器私网地址和端口、[]外为服务器公网地址和端口。我们将表项翻译成文字就是：任意客户端（any）向（->）1.1.1.1:9980 发起访问时，报文的目的地址和端口都会被转换成 10.1.1.2:80。其作用是在公网用户访问服务器时对报文的目的地址做转换。

- 反向 Server-map 表项

  "Nat Server Reverse, 10.1.1.2[1.1.1.1] -> any" 为反向 Server-map 表项，其作用为当私网服务器主动访问公网时，可以直接使用这个表项将报文的源地址由私网地址转换为公网地址，而不用再单独为服务器配置源 NAT 策略。这就是防火墙 NAT Server 做得非常贴心的地方了，一条命令同时打通了私网服务器和公网之间出入两个方向的地址转换通道。

这里强叔反复提到"**转换**"二字。没错，不论是正向还是反向 Server-map 表项，都仅能实现地址转换而已，并不能像 ASPF 的 Server-map 表项一样打开一个可以绕过安全策略检查的通道。因此，无论是公网用户要访问私网服务器还是私网服务器要主动访问公网时，都需要配置相应的安全策略允许报文通过。

（2）配置安全策略

这里有一个经典问题，强叔回答了无数遍，但仍然有人不断在问：**NAT Server 场景下，为了让公网用户能够访问私网服务器，配置安全策略时策略的目的地址是服务器的私网地址还是公网地址？** 先不忙告诉大家答案，我们先回顾一下公网用户访问私网服务器时防火墙的处理流程。

当公网用户通过 1.1.1.1:9980 访问私网服务器时，防火墙收到报文的首包后，首先是查找并匹配到 Server-map 表项，将报文的目的地址和端口转换为 10.1.1.2:80。然后根据目的地址查找路由，找到出接口。根据入接口和出接口所处的安全区域，判断出报文在哪两个安全区域间流动，进行域间安全策略检查。因此，**配置安全策略时需要注意，策略的目的地址应配置为服务器私网地址，而不是服务器对外映射的公网地址。** 所以本例的安全策略配置应为：

```
[FW] policy interzone dmz untrust inbound
[FW-policy-interzone-dmz-untrust-inbound] policy 1
[FW-policy-interzone-dmz-untrust-inbound-1] policy destination 10.1.1.2 0
[FW-policy-interzone-dmz-untrust-inbound-1] policy service service-set http
[FW-policy-interzone-dmz-untrust-inbound-1] action permit
[FW-policy-interzone-dmz-untrust-inbound-1] quit
[FW-policy-interzone- dmz-untrust-inbound] quit
```

报文通过安全策略检查后，防火墙会建立如下的会话表，并将报文转发到私网服务器。

```
[FW] display firewall session table
 Current Total Sessions : 1
  http VPN:public --> public 1.1.1.2:2049-->1.1.1.1:9980[10.1.1.2:80]
```

之后，服务器对公网用户的请求做出响应。响应报文到达防火墙后匹配到上面的会话表，防火墙将报文的源地址和端口转换为 1.1.1.1:9980，而后发送至公网。公网用户和私网服务器交互的后续报文，防火墙都会直接根据会话表对其进行地址和端口转换，而不会再去查找 Server-map 表项了。

在防火墙的前后抓包，能很清楚地看到 NAT Server 的效果。

- 转换公网用户发往私网服务器的报文的目的地址和端口。

- 转换私网服务器响应公网用户的报文的源地址和端口。

（3）配置黑洞路由

为了避免路由环路，NAT Server 也需要配置黑洞路由。

```
[FW] ip route-static 1.1.1.1 32 NULL 0
```

4.2.2 多出口场景下的 NAT Server

与源 NAT 相同，NAT Server 也要面临多出口的问题，接下来我们还是以防火墙通过两个出口连接 Internet 为例，介绍 NAT Server 的配置方法。

1. 配置 NAT Server

如图 4-13 所示，某企业在内部网络的出口处部署了防火墙作为出口网关，通过 ISP1 和 ISP2 两条链路连接到 Internet，企业需要将私网服务器提供给 Internet 上的用户访问。

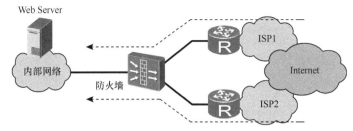

图 4-13　双出口环境下的 NAT Server 组网示意图

防火墙作为出口网关，双出口、双 ISP 接入公网时，NAT Server 的配置通常需要一分为二，让一个私网服务器向两个 ISP 发布两个不同的公网地址供公网用户访问。一分为二的方法有两种。

方法一：将接入不同 ISP 的公网接口规划在不同的安全区域中，配置 NAT Server 时，带上 zone 参数，使同一个服务器向不同安全区域发布不同的公网地址，如图 4-14 所示。

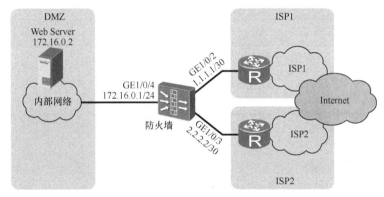

图 4-14　双出口环境下的 NAT Server 组网图（两个出口属于不同安全区域）

下面给出了该场景的配置过程，这里假设私网服务器对 ISP1 发布的公网地址是 1.1.1.20，对 ISP2 发布的公网地址是 2.2.2.20。

（1）将接口分别加入到不同的安全区域

```
[FW] firewall zone dmz
[FW-zone-dmz] add interface GigabitEthernet1/0/4
[FW-zone-dmz] quit
[FW] firewall zone name isp1
[FW-zone-isp1] set priority 10
[FW-zone-isp1] add interface GigabitEthernet1/0/2
[FW-zone-isp1] quit
[FW] firewall zone name isp2
[FW-zone-isp2] set priority 20
[FW-zone-isp2] add interface GigabitEthernet1/0/3
[FW-zone-isp2] quit
```

（2）配置带有 zone 参数的 NAT Server

```
[FW] nat server zone isp1 protocol tcp global 1.1.1.20 9980 inside 172.16.0.2 80
[FW] nat server zone isp2 protocol tcp global 2.2.2.20 9980 inside 172.16.0.2 80
```

（3）基于不同的域间关系配置两条安全策略

```
[FW] policy interzone isp1 dmz inbound
[FW-policy-interzone-dmz-isp1-inbound] policy 1
```

```
[FW-policy-interzone-dmz-isp1-inbound-1] policy destination 172.16.0.2 0
[FW-policy-interzone-dmz-isp1-inbound-1] policy service service-set http
[FW-policy-interzone-dmz-isp1-inbound-1] action permit
[FW-policy-interzone-dmz-isp1-inbound-1] quit
[FW-policy-interzone-dmz-isp1-inbound] quit
[FW] policy interzone isp2 dmz inbound
[FW-policy-interzone-dmz-isp2-inbound] policy 1
[FW-policy-interzone-dmz-isp2-inbound-1] policy destination 172.16.0.2 0
[FW-policy-interzone-dmz-isp2-inbound-1] policy service service-set http
[FW-policy-interzone-dmz-isp2-inbound-1] action permit
[FW-policy-interzone-dmz-isp2-inbound-1] quit
[FW-policy-interzone-dmz-isp2-inbound] quit
```

（4）黑洞路由的配置必不可少

```
[FW] ip route-static 1.1.1.20 32 NULL 0
[FW] ip route-static 2.2.2.20 32 NULL 0
```

配置完成后，防火墙上生成了如下的 Server-map 表项。

```
[FW] display firewall server-map
 server-map item(s)
------------------------------------------------------------------------
 Nat Server, any -> 1.1.1.20:9980[172.16.0.2:80], Zone: isp1
    Protocol: tcp(Appro: unknown), Left-Time: --:--:--, Addr-Pool: ---
    VPN: public -> public

 Nat Server Reverse, 172.16.0.2[1.1.1.20] -> any, Zone: isp1
    Protocol: any(Appro: ---), Left-Time: --:--:--, Addr-Pool: ---
    VPN: public -> public

 Nat Server, any -> 2.2.2.20:9980[172.16.0.2:80], Zone: isp2
    Protocol: tcp(Appro: unknown), Left-Time: --:--:--, Addr-Pool: ---
    VPN: public -> public

 Nat Server Reverse, 172.16.0.2[2.2.2.20] -> any, Zone: isp2
    Protocol: any(Appro: ---), Left-Time: --:--:--, Addr-Pool: ---
    VPN: public -> publi
```

从 Server-map 表项中可以看到，正向和反向的 Server-map 表项都已经生成，Internet 上的公网用户通过正向 Server-map 表项就可以访问私网服务器；私网服务器通过反向 Server-map 表项也可以主动访问 Internet。

所以我们推荐在网络规划的时候，就把防火墙与 **ISP1** 和 **ISP2** 相连的两个接口分别加入到不同的安全区域，然后配置带有 **zone** 参数的 **NAT Server** 功能。如果这两个接口已经加入到同一个安全区域如 Untrust 并且无法调整，那么我们还有另一种配置方法。

方法二：配置 NAT Server 时带上 no-reverse 参数，使同一个服务器向外发布两个不同的公网地址，如图 **4-15** 所示。

该场景中为了保证可以正常配置 NAT Server 功能，我们必须使用 **no-reverse** 参数，下面给出了 NAT Server 的配置，其他配置与第一种方法相同，不再赘述。

配置带有 **no-reverse** 参数的 NAT Server。

```
[FW] nat server protocol tcp global 1.1.1.20 9980 inside 172.16.0.2 80 no-reverse
[FW] nat server protocol tcp global 2.2.2.20 9980 inside 172.16.0.2 80 no-reverse
```

配置完成后，防火墙上生成了如下的 Server-map 表项。

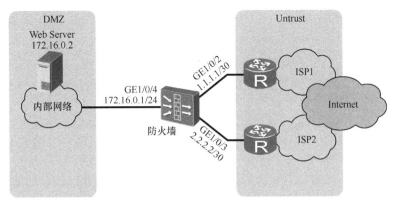

图 4-15   双出口环境下的 NAT Server 组网图（两个出口属于同一个安全区域）

```
[FW] display firewall server-map
 server-map item(s)
------------------------------------------------------------------------------
 Nat Server, any -> 1.1.1.20:9980[172.16.0.2:80], Zone: ---
    Protocol: tcp(Appro: unknown), Left-Time: --:--:--, Addr-Pool: ---
    VPN: public -> public

 Nat Server, any -> 2.2.2.20:9980[172.16.0.2:80], Zone: ---
    Protocol: tcp(Appro: unknown), Left-Time: --:--:--, Addr-Pool: ---
    VPN: public -> public
```

从 Server-map 表项中可以看到，只生成了正向的 Server-map 表项，Internet 上的公网用户通过正向 Server-map 表项就可以访问私网服务器；但是如果私网服务器想要主动访问 **Internet**，因为没有了反向 **Server-map** 表，所以就必须在 **DMZ--->Untrust** 的域间配置源 **NAT** 策略。

看到这里大家就要问了，不带 **no-reverse** 参数直接配置上面两条 **nat server** 命令会怎样？答案是不带 **no-reverse** 参数时这两条命令压根就不能同时下发。

```
[FW] nat server protocol tcp global 1.1.1.20 9980 inside 172.16.0.2 80
[FW] nat server protocol tcp global 2.2.2.20 9980 inside 172.16.0.2 80
 Error: This inside address has been used!
```

我们尝试着逆向思考下，假如这两条命令能同时下发，会发生什么？将上面的两条命令分别在两台防火墙上配置，然后查看各自生成的 Server-map 表项。

```
[FW1] nat server protocol tcp global 1.1.1.20 9980 inside 172.16.0.2 80
[FW1] display firewall server-map
 server-map item(s)
------------------------------------------------------------------------------
 Nat Server, any -> 1.1.1.20:9980[172.16.0.2:80], Zone: ---
    Protocol: tcp(Appro: unknown), Left-Time: --:--:--, Addr-Pool: ---
    VPN: public -> public

 Nat Server Reverse, 172.16.0.2[1.1.1.20] -> any, Zone: ---
    Protocol: any(Appro: ---), Left-Time: --:--:--, Addr-Pool: ---
    VPN: public -> public


[FW2] nat server 1 global 2.2.2.20 inside 172.16.0.2
```

```
[FW2] display firewall server-map
server-map item(s)
--------------------------------------------------------------------------
Nat Server, any -> 2.2.2.20:9980[172.16.0.2:80], Zone: ---
   Protocol: tcp(Appro: unknown), Left-Time: --:--:--, Addr-Pool: ---
   VPN: public -> public

Nat Server Reverse, 172.16.0.2[2.2.2.20] -> any, Zone: ---
   Protocol: any(Appro: ---), Left-Time: --:--:--, Addr-Pool: ---
   VPN: public -> public
```

很容易看出来，一台防火墙上的反向 Server-map 表项是将报文的源地址由 172.16.0.2 转换为 1.1.1.20，另一台防火墙上的反向 Server-map 表项是将报文的源地址由 172.16.0.2 转换为 2.2.2.20。试想下，如果这两个反向 Server-map 表项同时出现在一台防火墙上会发生什么？即防火墙既可以将报文的源地址由 172.16.0.2 转换为 1.1.1.20，又可以转换为 2.2.2.20。于是乎，防火墙凌乱了——这就是两条 **nat server** 命令不带 **no-reverse** 参数同时下发会带来的问题。如果配置时带上 **no-reverse** 参数，就不会生成反向 Server-map 表项。没有了反向 Server-map 表项，上述的问题也就不复存在了。

2. 配置源进源出

上面介绍了 NAT Server 一分为二的配置方法，我们可以根据防火墙与 ISP1 和 ISP2 相连的两个接口是否加入到不同安全区域，酌情选择带有 **zone** 参数或带有 **no-reverse** 参数来配置 NAT Server。除此之外，双出口的环境中，还需要考虑两个 ISP 中的公网用户使用哪个公网地址访问私网服务器的问题。

例如，ISP1 网络中的公网用户如果通过防火墙发布给 ISP2 的公网地址来访问私网服务器，这个访问本身就"绕路"了，而且两个 ISP 之间由于利益冲突可能会存在无法互通的情况，就会导致访问过程很慢或者干脆就不能访问。

此时要求我们向两个 ISP 中的公网用户告知公网地址时，要避免两个 ISP 中的公网用户使用非本 ISP 的公网地址访问私网服务器。即对于 ISP1 的用户，就让其使用防火墙发布给 ISP1 的公网地址来访问私网服务器；对于 ISP2 的用户，就让其使用防火墙发布给 ISP2 的公网地址来访问。

另外，防火墙在处理私网服务器回应报文时，可能也会由于出口选路有误带来问题。如图 4-16 所示，ISP1 中的公网用户通过防火墙发布给 ISP1 的公网地址访问私网服务器，报文从防火墙的 GE1/0/2 接口进入。私网服务器的回应报文到达防火墙后，虽然匹配了会话表并进行了地址转换，但还是要根据目的地址查找路由来确定出接口。如果防火墙上没有配置到该公网用户的明细路由，只配置了缺省路由，就可能会导致回应报文从连接 ISP2 的链路即 GE1/0/3 接口发出。该报文在 ISP2 的网络中传输时凶多吉少，很有可能就回不到 ISP1 中，访问就会中断。

为了解决这个问题，我们可以在防火墙上配置明细路由，让防火墙严格按照 ISP1 和 ISP2 各自的公网地址来选路。但 ISP1 和 ISP2 的公网地址数量很大，配置起来工作量大，不太现实。为此，防火墙提供了源进源回（或者叫源进源出）功能，即请求报文从某条路径进入，响应报文依然沿着同样的路径返回，而不用查找路由表来确定出接口，保证了报文从同一个接口进出。

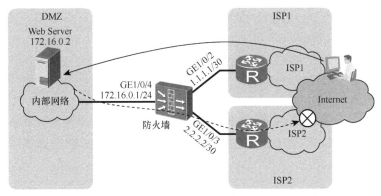

图 4-16　报文没有从同一接口进出导致 NAT Server 业务不通

　　源进源回功能在接口上配置，防火墙连接 ISP1 和 ISP2 的两个接口上都需要配置。下面给出了在接口 GE1/0/2 上开启源进源回功能的配置命令，这里假设 ISP1 提供的下一跳地址是 1.1.1.254，该命令适用于 USG9500 系列防火墙。

```
[FW] interface GigabitEthernet 1/0/2
[FW-GigabitEthernet1/0/2] redirect-reverse nexthop 1.1.1.254
```

　　如果是 USG2000/5000 系列防火墙，相应的配置命令是：

```
[FW] interface GigabitEthernet 1/0/2
[FW-GigabitEthernet1/0/2] reverse-route nexthop 1.1.1.254
```

　　如果是 USG6000 系列防火墙，相应的配置命令是：

```
[FW] interface GigabitEthernet 1/0/2
[FW-GigabitEthernet1/0/2] gateway 1.1.1.254
[FW-GigabitEthernet1/0/2] reverse-route enable
```

4.3　双向 NAT

　　经过前面几节的介绍，相信大家已经对源 NAT 和 NAT Server 有了相当了解。NAT 功能就像一个武林高手，可内可外，游刃有余，那么这"一内一外"能否配合使用呢？答案当然是肯定的！

　　如果需要同时改变报文的源地址和目的地址，就可以配置"源 NAT+NAT Server"，我们称此类 NAT 技术为双向 NAT。这里需要注意：双向 NAT 不是一个单独的功能，而是源 NAT 和 NAT Server 的组合。这里"组合"的含义是针对同一条流（例如公网用户访问私网服务器的报文），在其经过防火墙时同时转换报文的源地址和目的地址。大家千万不能理解为"防火墙上同时配置了源 NAT 和 NAT Server 就是双向 NAT"，这是不对的，因为源 NAT 和 NAT Server 可能是为不同流配置的。

　　之前介绍源 NAT 功能时，为了更利于大家理解相关概念和原理，我们都是按照私网用户访问 Internet 的思路进行组网设计和验证的。实际上，源 NAT 还可以根据报文在防火墙上的流动方向进行分类，包括域间 NAT 和域内 NAT。

　　• 域间 NAT
　　　报文在两个不同的安全区域之间流动时对报文进行 NAT 转换，根据流动方向的不同，又可以分为以下两类。

- NAT Inbound

  报文由低安全级别的安全区域向高安全级别的安全区域方向流动时，对报文进行的转换。一般来说，这种情况是公网用户访问内部网络，不太常见。

- NAT Outbound

  报文由高安全级别的安全区域向低安全级别的安全区域方向流动时，对报文进行的转换。前面介绍的私网用户访问 Internet 的场景使用的都是 NAT Outbound。

- 域内 NAT

  报文在同一个安全区域之内流动时对报文进行 NAT 转换，一般来说，域内 NAT 都会和 NAT Server 配合使用，单独配置域内 NAT 的情况较少见。

当域间 NAT 或域内 NAT 和 NAT Server 一起配合使用时，就实现了双向 NAT。当然，上述内容的一个大前提就是：合理设置安全区域的安全级别并规划网络——内网网络属于 Trust 区域（高安全级别），私网服务器属于 DMZ 区域（中安全级别），Internet 属于 Untrust 区域（低安全级别）。

双向 NAT 从技术和实现原理上讲并无特别之处，但是它的应用场景很有特色。究竟什么时候需要配置双向 NAT，配置后有什么好处，不配置双向 NAT 行不行？这都是实际规划和部署网络时需要思考的问题。

4.3.1　NAT Inbound+NAT Server

图 4-17 示意了一个最常见的场景：公网用户访问私网服务器，这个场景也是 NAT Server 的典型场景，但是下面要讲的是如何在这个场景中应用双向 NAT，以及这么做的好处。

图 4-17　NAT Inbound+NAT Server 组网图

下面是 NAT Server 和源 NAT 的配置，安全策略和黑洞路由的配置与前面介绍过的内容没有区别，这里就不给出具体配置了。先来看 NAT Server 的配置。

```
[FW] nat server protocol tcp global 1.1.1.1 9980 inside 10.1.1.2 80
```

相信大家对 NAT Server 的配置没有疑问。配置完成后，防火墙上生成的 Server-map 表如下。

```
[FW] display firewall server-map
server-map item(s)
-------------------------------------------------------------------------
  Nat Server, any -> 1.1.1.1:9980[10.1.1.2:80], Zone: ---
    Protocol: tcp(Appro: unknown), Left-Time: --:--:--, Addr-Pool: ---
```

```
    VPN: public -> public

Nat Server Reverse, 10.1.1.2[1.1.1.1] -> any, Zone: ---
    Protocol: any(Appro: ---), Left-Time: --:--:--, Addr-Pool: ---
    VPN: public -> public
```

下面来看一下源 NAT 的配置。

```
[FW] nat address-group 1 10.1.1.100 10.1.1.100
[FW] nat-policy interzone untrust dmz inbound
[FW-nat-policy-interzone-dmz-untrust-inbound] policy 1
[FW-nat-policy-interzone-dmz-untrust-inbound-1] policy destination 10.1.1.2 0    //由于先进行 NAT Server 转换，再进行
源 NAT 转换，所以此处的目的地址是 NAT Server 转换后的地址，即服务器的私网地址
[FW-nat-policy-interzone-dmz-untrust-inbound-1] action source-nat
[FW-nat-policy-interzone-dmz-untrust-inbound-1] address-group 1
[FW-nat-policy-interzone-dmz-untrust-inbound-1] quit
[FW-nat-policy-interzone-dmz-untrust-inbound] quit
```

上面的源 NAT 的配置和前面介绍过的不太一样，前面介绍过的 NAT 地址池中配置的都是公网地址，而这里配置的却是私网地址。另外，NAT 策略的方向是 Inbound，表示报文由低安全级别的安全区域向高安全级别的安全区域方向流动时进行转换，属于 NAT Inbound。

配置完成后，公网用户访问私网服务器，在防火墙上查看会话表，可以清楚地看到报文的源地址和目的地址都进行了转换。

```
[FW] display firewall session table
Current Total Sessions : 1
   http   VPN:public --> public
1.1.1.2:2049[10.1.1.100:2048]-->1.1.1.1:9980[10.1.1.2:80]
```

我们通过图 4-18 再来看一下报文的转换过程：公网用户访问私网服务器的报文到达防火墙时，目的地址（私网服务器的公网地址）经过 NAT Server 转换为私网地址，然后源地址经过 NAT Inbound 也转换为私网地址，且和私网服务器属于同一网段。这样报文的源地址和目的地址就同时进行了转换，即完成了双向 NAT。当私网服务器的回应报文经过防火墙时，再次进行双向 NAT 转换，报文的源地址和目的地址均转换为公网地址。

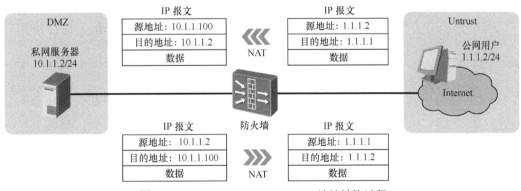

图 4-18　NAT Inbound+NAT Server 地址转换过程

看到这里大家肯定会有疑问，如果只配置 NAT Server 不配置 NAT Inbound，也不会影响公网用户访问私网服务器呀？答案是肯定的，但是配置了 NAT Inbound 自有它的好

处，秘密就在于私网服务器对回应报文的处理方式上。

我们把 NAT 地址池中的地址配置成和私网服务器在同一网段，当私网服务器回应公网用户的访问请求时，发现自己的地址和目的地址在同一网段，此时私网服务器就不会去查找路由，而是发送 ARP 广播报文询问目的地址对应的 MAC 地址。防火墙会及时挺身而出，将连接私网服务器的接口的 MAC 地址发给私网服务器，告诉私网服务器："把回应报文发送给我吧"，所以私网服务器将回应报文发送至防火墙，防火墙再对其进行后续处理。

既然私网服务器上省去了查找路由的环节，那就**不用设置网关**了，这就是配置 NAT Inbound 的好处。也许有人会说"在服务器上配置网关还是挺方便的，不用配置 NAT Inbound 这么麻烦吧"，如果只有一台服务器时，的确感受不到有什么便捷，如果有几十台甚至上百台服务器需要配置或修改网关时，我们就会发现配置 NAT Inbound 是多么方便了。当前，在这个场景中应用双向 NAT 时还有一个前提条件，那就是**私网服务器与防火墙必须在同一个网段**，否则就不能应用这个功能了。

如果我们在这个组网环境的基础上做一个变化，增加 Trust 安全区域，该区域内的私网用户也要通过公网地址访问 DMZ 安全区域中的私网服务器，如何配置双向 NAT 呢？NAT Server 的配置没有变化，源 NAT 的配置稍有变化：由于 Trust 安全区域的安全级别高于 DMZ 安全区域，所以报文从 Trust 安全区域向 DMZ 安全区域流动时，要配置 NAT Outbound，即双向 NAT 变化为 NAT Server+NAT Outbound。

4.3.2　域内 NAT+NAT Server

域内 NAT+NAT Server 的场景多见于小型网络，如图 4-19 所示，管理员在规划网络时"偷懒"，将私网用户和私网服务器规划到同一个网络中，并将二者置于同一个安全区域。

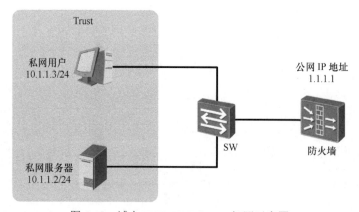

图 4-19　域内 NAT+NAT Server 组网示意图

此时，如果希望私网用户像公网用户一样，通过公网 IP 地址 1.1.1.1 访问私网服务器，就要在防火墙上配置 NAT Server。但是仅仅配置 NAT Server 会有问题，如图 4-20 所示，私网用户访问私网服务器的报文到达防火墙后进行目的地址转换（1.1.1.1->10.1.1.2），私网服务器回应报文时发现目的地址和自己的地址在同一网段，回应报文经交换机直接转发到私网用户，不会经过防火墙转发。

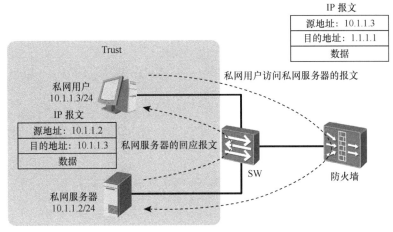

图 4-20　配置 NAT Server 后的报文转发示意图

如果希望提高内部网络的安全性，使私网服务器的回应报文也经过防火墙处理，就需要配置域内 NAT，将私网用户访问私网服务器的报文的源地址进行转换。转换后源地址可以是公网地址也可以是私网地址，只要不和私网服务器的地址在同一网段即可，这样私网服务器的回应报文就会被发送到防火墙。

下面是 NAT Server 和域内 NAT 的配置，黑洞路由的配置与前面介绍过的内容没有区别，这里就不给出具体配置了。先来看 NAT Server 的配置。

[FW] **nat server protocol tcp global 1.1.1.1 9980 inside 10.1.1.2 80**

配置完成后，防火墙上生成的 Server-map 表如下。

```
[FW] display firewall server-map
server-map item(s)
---------------------------------------------------------------------
  Nat Server, any -> 1.1.1.1:9980[10.1.1.2:80], Zone: ---
    Protocol: tcp(Appro: unknown), Left-Time: --:--:--, Addr-Pool: ---
    VPN: public -> public

  Nat Server Reverse, 10.1.1.2[1.1.1.1] -> any, Zone: ---
    Protocol: any(Appro: ---), Left-Time: --:--:--, Addr-Pool: ---
    VPN: public -> public
```

下面来看一下域内 NAT 的配置，域内 NAT 的配置和域间 NAT 几乎完全一样，只不过前者在域内进行 NAT 转换，后者在域间进行 NAT 转换。

[FW] **nat address-group 1 1.1.1.100 1.1.1.100**　　//公网地址或私网地址均可，不能和私网服务器的地址在同一网段
[FW] **nat-policy zone trust**
[FW-nat-policy-zone-trust] **policy 1**
[FW-nat-policy-zone-trust-1] **policy destination 10.1.1.2 0**　　//由于先进行 NAT Server 转换，再进行域内 NAT 转换，所以此处的目的地址是 NAT Server 转换后的地址，即服务器的私网地址
[FW-nat-policy-zone-trust-1] **action source-nat**
[FW-nat-policy-zone-trust-1] **address-group 1**
[FW-nat-policy-zone-trust-1] **quit**
[FW-nat-policy-zone-trust] **quit**

上面没有给出安全策略的配置，这是因为缺省情况下防火墙不对同一安全区域内流动的报文进行控制（USG6000 系列防火墙是个特例，报文在同一安全区域内流动时也受

安全策略控制）。当然，管理员也可以根据实际需要配置恰当的域内安全策略。

配置完成后，私网用户使用 1.1.1.1 访问私网服务器，在防火墙上查看会话表，可以清楚地看到报文的源地址和目的地址都进行了转换。

```
[FW] display firewall session table
Current Total Sessions : 1
  http   VPN:public --> public
10.1.1.3:2050[1.1.1.100:2048]-->1.1.1.1:9980[10.1.1.2:80]
```

我们通过图 4-21 再来看一下报文的转换过程。

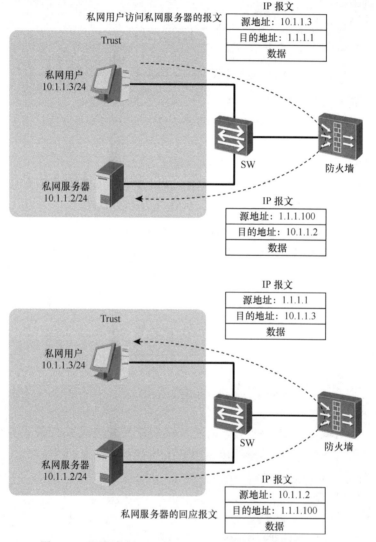

图 4-21　配置域内 NAT+NAT Server 后的报文转发示意图

如果我们在这个组网环境的基础上做一个变化，将私网用户和私网服务器通过不同的接口连接到防火墙，此时私网用户和私网服务器交互的所有报文都需要经过防火墙转发，所以只配置 NAT Server 是可以的。

通过上面的介绍，大家是不是感觉到双向 NAT 的原理和配置其实并不复杂，关键是要明确 NAT 转换的方向和转换后地址的作用,而不要纠结于转换后是公网地址还是私网地址。双向 NAT 并不是必配的功能,有时只配置源 NAT 或 NAT Server 就可以达到同样的效果,但是灵活应用双向 NAT 可以起到简化网络配置、方便网络管理的作用,也就达到了一加一大于二的效果。

4.4 NAT ALG

在前几节中,强叔为大家介绍了防火墙上支持的源 NAT、NAT Server 和双向 NAT,我们可以在不同场景下灵活运用。通过前面的介绍我们知道,NAT 技术只转换报文头中的地址信息,而有些协议如 FTP,其报文载荷中也带有地址信息,如果防火墙不能正确处理这些信息,将会导致 FTP 不能正常工作。面对这类协议时,防火墙该如何处理呢?

4.4.1 FTP 协议穿越 NAT 设备

首先我们还是以 FTP 协议为例,来看看 FTP 协议在通过 NAT 设备时会遇到什么问题。图 4-22 以 FTP 客户端位于私网、FTP 服务器位于公网,并且 FTP 工作在主动模式为例,展示了 FTP 协议在 NAT 设备上的交互过程。

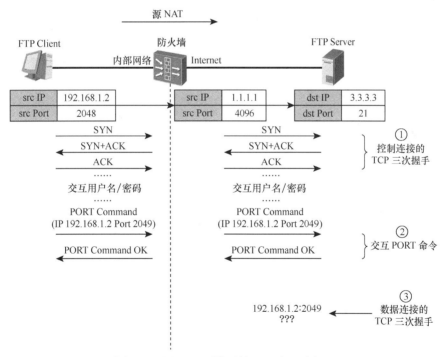

图 4-22 源 NAT 环境下的 FTP 交互过程一

可以看到,FTP 客户端与 FTP 服务器建立控制连接后,FTP 客户端向 FTP 服务器发送 PORT 命令报文,报文中包含 FTP 客户端的私网地址和端口,防火墙原封不动地将该报文转发至 FTP 服务器。FTP 服务器收到报文后,便根据 PORT 命令的信息,向 192.168.1.2 发送数据连接。但是问题来了,192.168.1.2 是一个私网地址,以这个地址为目的地址的报文根本就无法在公网上传输，所以 FTP 业务不能正常运行。

此时防火墙就需要做点什么来扭转局面，如果在转换报文头中的源 IP 地址后，同时把报文应用层信息中包含的 IP 地址信息也转换成公网地址，那么 FTP 服务器就可以正常发起数据连接请求了。

为此，防火墙提供了 NAT ALG（Application Level Gateway）功能，即 NAT 的应用层网关。NAT ALG 是一种穿越 NAT 设备的技术，防火墙在进行地址转换时，除了转换报文头中的 IP 地址信息，还转换报文载荷中携带的 IP 地址信息。图 4-23 展示了在防火墙上开启 NAT ALG 功能后，FTP 协议的交互过程。

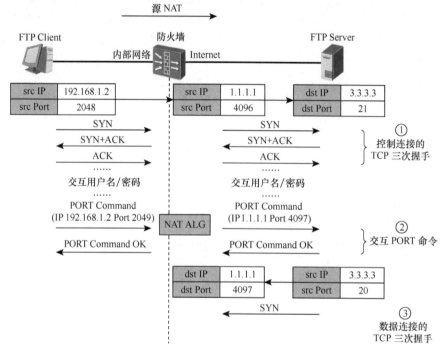

图 4-23　源 NAT 环境下的 FTP 交互过程二

开启 NAT ALG 功能后，防火墙将 PORT 命令报文中携带的 IP 地址信息转换成了公网地址 1.1.1.1，FTP 服务器收到该报文后，就可以向 1.1.1.1 这个地址发起数据连接了。

此时还有一个关键问题，就算 FTP 服务器能主动发起连接请求，但是防火墙是否允许该连接请求通过？问题到这里又回到了如何穿越防火墙上，是不是有种似曾相识的感觉，没错，解决方法还是用我们在"第 2 章 安全策略"中讲过的 ASPF 功能！开启 ASPF 功能后，防火墙会为 FTP 的数据连接开辟隐形通道，使其绕过安全策略检查，直接穿越防火墙。NAT 场景下 FTP 业务仍然需要这个功能支持。实际上，在防火墙上 NAT ALG 和 ASPF 功能是由一条命令控制的，开启 NAT ALG 功能就等于同时开启了 ASPF 功能，因此开启 NAT ALG 会有如下 Server-map 表项生成。

```
Type: ASPF,   3.3.3.3 -> 1.1.1.1:24576[192.168.1.2:55177],   Zone:---
  Protocol: tcp(Appro: ftp-data),   Left-Time:00:00:03,   Pool: ---
  Vpn: public -> public
```

这里生成的 Server-map 表项带有地址转换信息，在老化时间之内，该表项可以帮助

FTP 服务器发起的数据连接请求报文顺利穿越防火墙,准确到达位于私网的 FTP 客户端。FTP 协议的完整交互过程如图 4-24 所示。

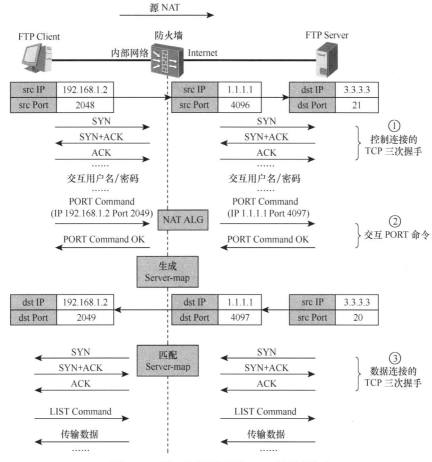

图 4-24 源 NAT 环境下的 FTP 交互过程三

除了源 NAT 场景,NAT Server 场景中也需要开启 NAT ALG 和 ASPF 功能。以 FTP 客户端位于公网、FTP 服务器位于私网,并且 FTP 工作在被动模式为例,图 4-25 给出了 FTP 协议的完整交互过程。

防火墙上生成的 Server-map 表项如下所示。

```
[FW] display firewall server-map
server-map item(s)
------------------------------------------------------------------------------
 Nat Server, any -> 1.1.1.1:21[192.168.1.2:21], Zone: ---
  Protocol: tcp(Appro: ftp), Left-Time: --:--:--, Addr-Pool: ---
  VPN: public -> public

 Nat Server Reverse, 192.168.1.2[1.1.1.1] -> any, Zone: ---
  Protocol: any(Appro: ---), Left-Time: --:--:--, Addr-Pool: ---
  VPN: public -> public

 ASPF, 3.3.3.3 -> 1.1.1.1:4097[192.168.1.2:2049], Zone: ---
  Protocol: tcp(Appro: ftp-data), Left-Time: 00:00:53, Addr-Pool: ---
  VPN: public -> public
```

FTP 客户端发起的控制连接的报文命中 NAT Server 的正向 Server-map 表项，进行地址转换；FTP 客户端发起的数据连接的报文命中 ASPF 生成的 Server-map 表项，进行地址转换。

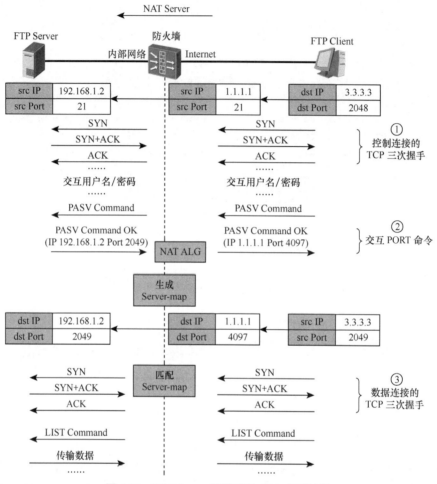

图 4-25 NAT Server 环境下的 FTP 交互过程

综上所述，如果网络中存在 **FTP、SIP、H323** 等这些多通道协议，在防火墙进行地址转换的场景中，一般都建议在防火墙上同时开启 **NAT ALG** 和 **ASPF** 功能，保证基于这些协议的业务能够正常运行。

4.4.2 QQ/MSN/User-defined 协议穿越 NAT 设备

在"第 2 章 安全策略"中，我们还提到了 QQ/MSN/User-defined 协议，防火墙会把这些协议归类于 STUN 协议。其实这里的 STUN（Simple Traversal of UDP Through Network Address Translators，UDP 对 NAT 的简单穿越）也是一种穿越 NAT 设备的方式。与 NAT ALG 不同的是，STUN 不需要 NAT 设备做任何处理，而是通过 STUN 客户端与服务器之间的信息交互，使位于私网的客户端事先获取到自己的公网地址，然后客户端将该公网地址填充到报文的载荷中再发送出去。这样，位于公网的用户就可以直接从载荷中得到该客户端的公网地址，进而可以向该地址发起连接请求。

既然防火墙把 QQ/MSN/User-defined 都看成是 STUN 协议了，所以如何保证基于这些协议的业务在地址转换时还能正常运行，就由协议自己负责，不用再配置 NAT ALG 了。但是，我们仍然需要考虑如何保证这些业务的报文能顺利通过防火墙，解决方法还是开启 ASPF 功能，报文匹配了 ASPF 生成的 Server-map 表项后，就可以穿越防火墙。

以 TFTP 协议为例，下面给出了在 NAT 环境下，ASPF 生成的 User-defined 协议的三元组 Server-map 表项（QQ/MSN 生成的 Server-map 表项与之类似）。

```
Type: STUN,   ANY -> 1.1.1.1:4096[192.168.1.2:63212],   Zone:---
Protocol: udp(Appro: stun-derived),   Left-Time:00:04:58,   Pool: 1, Section: 0
Vpn: public -> public
Type: STUN Reverse,   192.168.1.2:63212[1.1.1.1:4096] -> ANY,   Zone:---
Protocol: udp(Appro: stun-derived),   Left-Time:00:04:58,   Pool: 1, Section: 0
Vpn: public -> public
```

与非 NAT 环境下生成的表项不同，在 NAT 环境下的表项带有地址转换信息，并且生成了两个 Server-map 表项，其中 Type 为 **STUN** 的是正向表项，Type 为 **STUN Reverse** 的是反向表项。在老化时间之内，正向表项可以帮助 TFTP 服务器发起的连接请求报文顺利穿越防火墙，准确到达位于私网的 TFTP 客户端。反向表项可以使 TFTP 客户端以特定端口 63212 向 TFTP 服务器发起访问的报文都转换成相同的公网地址（1.1.1.1）和端口（4096），即保证了用户（私网地址）的一个特定应用（端口号），对外表现为一个固定的公网地址和端口号，有利于 TFTP 协议正常运行。

4.4.3 一条命令同时控制两种功能

在一些比较古老的华为防火墙产品上，ASPF 和 NAT ALG 是分别开启的，由两条不同的命令控制。目前绝大多数防火墙产品，都是由一条命令来同时开启这两个功能，即在域间或域内配置 **detect** 命令开启 ASPF 功能后，同时就开启了 NAT ALG 功能。

当然，防火墙会具体情况具体分析，根据是否存在 NAT 环境以及各个协议的特征来判断何时需要 NAT ALG 处理，何时需要 ASPF 处理，何时需要两者同时处理。而我们只需要执行一次命令即可，剩下的事都交给防火墙，减少了配置的工作量。

针对几个典型协议，表 4-3 给出了执行 **detect** 命令后，防火墙上的处理方式。

表 4-3　　　　　　　　　　　　典型协议的处理方式

典型协议	是否 NAT 环境	生效的功能	作用
FTP SIP H323	非 NAT 环境	ASPF	生成 Server-map 表项，保证其他主机访问 FTP/SIP/H323 主机的报文穿越防火墙
	NAT 环境	NAT ALG	对报文载荷中的 IP 地址进行地址转换
		ASPF	生成 Server-map 表项（带地址转换信息），保证公网上其他主机访问私网 FTP/SIP/H323 主机的报文能穿越防火墙
QQ MSN User-defined	非 NAT 环境	ASPF	生成三元组 Server-map 表项，保证其他主机访问 QQ/MSN/User-defined 主机的报文穿越防火墙
	NAT 环境	ASPF	生成三元组 Server-map 表项（带地址转换信息），保证公网上其他主机访问私网 QQ/MSN/User-defined 主机的报文能穿越防火墙

上面我们介绍了在 NAT 环境下 ASPF 为 User-defined 协议生成的三元组 Server-map 表项，在 4.1.6 节 "三元组 NAT" 中，我们还提到了三元组 NAT 功能，它也会生成三元组 Server-map 表项，那么这两个功能有什么区别呢？

4.4.4　User-defined 类型的 ASPF 和三元组 NAT 辨义

三元组 NAT 主要解决的是 P2P 和 NAT 无法共存的问题。内部网络的主机访问 Internet 时，在防火墙上经过 NAT 地址转换后建立起来了非对称的网络体系，只能是内网主机访问 Internet，而 Internet 上的用户不能主动向内网主机发起访问。

部署三元组 NAT 后，防火墙上会生成 Server-map 表项来保证 Internet 上用户主动访问内网主机的报文能够顺利穿越防火墙，使得基于 P2P 技术的文件共享、语音通信、视频传输等应用能够在 NAT 环境中正常运行。

三元组 NAT 生成的 Server-map 表包括源和目的（一正一反）两个表项，如下所示。

```
Type: FullCone Src,   192.168.1.2:51451[1.1.1.1:2048] -> ANY,   Zone:---
Protocol: tcp(Appro: ---),   Left-Time:00:00:57,   Pool: 1, Section: 0
Vpn: public -> public
Type: FullCone Dst,   ANY -> 1.1.1.1:2048[192.168.1.2:51451],   Zone:---
Protocol: tcp(Appro: ---),   Left-Time:00:00:57,   Pool: 1, Section: 0
Vpn: public -> public
```

其中，**FullCone Src** 是源 Server-map 表项，在老化时间内，使内网主机以特定端口（51451）向外发起访问的报文都转换成相同的公网地址（1.1.1.1）和端口（2048），即保证用户（私网地址）的一个特定应用（端口号），对外呈现为一个固定的公网地址和端口号，有利于 P2P 业务的正常运行；**FullCone Dst** 是目的 Server-map 表项，在老化时间内，保证了外部主机可以主动向对应的内网主机发起访问。

对照 NAT 环境下 ASPF 为 User-defined 协议生成的三元组 Server-map 表项，发现两者都生成了两条表项，而且都包含地址、端口和协议类型三个元素。我们可以将 NAT 环境下 ASPF 对 User-defined 协议的处理方式看成是一种特殊的三元组 NAT，两者都能够使 P2P 这类应用的报文正常穿越防火墙，不会被防火墙阻断。

下面再来看看两者的差异，ASPF 在 NAT 环境和非 NAT 环境下都可以工作，如果没有 NAT 存在，就生成正常的三元组 Server-map 表项，如果有 NAT 存在，就生成带地址转换信息的三元组 Server-map 表项。而三元组 NAT 本身是 NAT 的一种方式，只能在 NAT 环境下工作，其生成的 Server-map 表项也都带有地址转换信息。

另外还有一点重要的区别，报文命中了 ASPF 生成的三元组 Server-map 表项后，就不会进行安全策略的检查，防火墙直接允许其通过（也可以通过域间配置 **aspf packet-filter** *acl-number* { **inbound** | **outbound** }或域内配置 **aspf packet-filter** *acl-number* 命令来过滤报文）；而报文命中了三元组 NAT 生成的三元组 Server-map 表项后，是否进行安全策略的检查受 **firewall endpoint-independent filter enable** 命令开关控制，开关开启后不进行安全策略的检查，开关关闭后进行安全策略的检查。

从配置的角度来说，配置 User-defined 协议的 ASPF 时，需要熟知协议特征，精确定义 ACL，配置错误将会导致该协议无法工作，也可能会影响其他业务的正常运行，对管理员要求较高。而三元组 NAT 的配置过程相对来说较为简单，配置 NAT 策略，地址池方式指定为三元组 NAT（**full-cone** 参数）即可。

　　这两个功能在华为防火墙上的支持情况也不相同，USG9500 系列防火墙同时支持 User-defined 协议的 ASPF 和三元组 NAT，USG2000/5000/6000 系列防火墙仅支持 User-defined 协议的 ASPF，不支持三元组 NAT。所以当网络中同时存在 NAT 和 P2P 应用时，在 USG9500 系列防火墙上推荐配置三元组 NAT 来保证 P2P 业务正常运行，在 USG2000/5000/6000 系列防火墙上可以配置 User-defined 协议的 ASPF 来保证 P2P 业务的正常运行。

　　表 4-4 给出了 User-defined 类型的 ASPF 和三元组 NAT 的对比总结。

表 4-4　　　　　　　　　　**User-defined 类型的 ASPF 和三元组 NAT 对比**

对比项	User-defined 类型的 ASPF	三元组 NAT
Server-map 表项元素	三元组 地址、端口和协议类型	三元组 地址、端口和协议类型
Server-map 表项数目	两条 正向表项和反向表项	两条 源表项和目的表项
工作环境	NAT 环境和非 NAT 环境	NAT 环境
对安全策略影响	报文命中 Server-map 表项后不受安全策略控制	由命令决定报文命中 Server-map 表项后是否受安全策略控制
配置要求	精确定义 ACL 规则	NAT 地址池配置为 **full-cone** 方式
产品支持情况	USG2000/5000/6000/9500 系列防火墙都支持	只有 USG9500 系列防火墙支持

4.5　NAT 场景下黑洞路由的作用

　　在前面几节中，强叔多次提到配置 NAT 的同时要配置黑洞路由，避免路由环路，那么为什么要这么做呢？本节强叔就来为大家详细介绍其中缘由。

4.5.1　源 NAT 场景下的黑洞路由

　　首先我们搭建一个典型的源 NAT 组网环境，如图 4-26 所示。

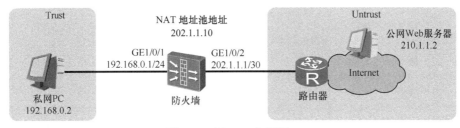

图 4-26　源 NAT 组网图一

　　防火墙上 NAT 的相关配置如下所示。

（1）配置 NAT 地址池

　　[FW] **nat address-group 1 202.1.1.10 202.1.1.10**

（2）配置 NAT 策略

```
[FW] nat-policy interzone trust untrust outbound
[FW-nat-policy-interzone-trust-untrust-outbound] policy 1
[FW-nat-policy-interzone-trust-untrust-outbound-1] policy source 192.168.0.0 0.0.0.255
[FW-nat-policy-interzone-trust-untrust-outbound-1] action source-nat
[FW-nat-policy-interzone-trust-untrust-outbound-1] address-group 1
[FW-nat-policy-interzone-trust-untrust-outbound-1] quit
[FW-nat-policy-interzone-trust-untrust-outbound] quit
```

（3）配置安全策略

```
[FW] policy interzone trust untrust outbound
[FW-policy-interzone-trust-untrust-outbound] policy 1
[FW-policy-interzone-trust-untrust-outbound-1] policy source 192.168.0.0 0.0.0.255
[FW-policy-interzone-trust-untrust-outbound-1] action permit
[FW-policy-interzone-trust-untrust-outbound-1] quit
[FW-policy-interzone-trust-untrust-outbound] quit
```

另外，防火墙上还配置了一条缺省路由，下一跳指向路由器接口的地址 202.1.1.2。

```
[FW] ip route-static 0.0.0.0 0 202.1.1.2
```

NAT 地址池地址是 202.1.1.10，防火墙与路由器相连接口的地址是 202.1.1.1，掩码是 30 位，NAT 地址池地址与防火墙公网接口地址**不在同一网段**。

正常情况下，私网 PC 访问公网 Web 服务器，生成会话表，源地址也进行了转换，一切都没有问题。

```
[FW] display firewall session table
Current Total Sessions : 1
  http   VPN:public --> public 192.168.0.2:2050[202.1.1.10:2049]-->210.1.1.2:80
```

此时，如果公网上的一台 PC，主动访问防火墙上的 NAT 地址池地址，如图 4-27 所示，会发生什么情况呢？

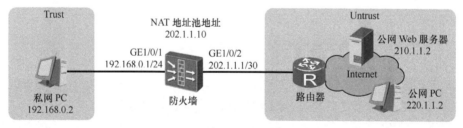

图 4-27　源 NAT 组网图二

我们在公网 PC 上执行 **ping 202.1.1.10** 命令，发现无法 ping 通，如下。

```
PC> ping 202.1.1.10
Ping 202.1.1.10: 32 data bytes, Press Ctrl_C to break
Request timeout!
Request timeout!
Request timeout!
Request timeout!
Request timeout!

--- 202.1.1.10 ping statistics ---
  5 packet(s) transmitted
  0 packet(s) received
  100.00% packet loss
```

　　显然，这是正常的结果。因为 NAT 地址池只有在转换私网地址的时候才会用到，也就是说，私网 PC 必须先发起访问请求，防火墙收到该请求后才会为其转换地址，NAT 地址池地址并不对外提供任何单独的服务。所以当公网 PC 主动访问 NAT 地址池地址时，报文无法穿过防火墙到达私网 PC，结果肯定不通。

　　但实际情况远没有这么简单，我们在防火墙的 GE1/0/2 接口抓包，然后再次在公网 PC 上执行 **ping 202.1.1.10** 命令，这次我们使用**-c 1** 参数，只发送一个 ping 报文。

```
PC> ping 202.1.1.10 -c 1
Ping 202.1.1.10: 32 data bytes, Press Ctrl_C to break
Request timeout!

--- 202.1.1.10 ping statistics ---
    1 packet(s) transmitted
    0 packet(s) received
    100.00% packet loss
```

　　然后，查看 GE1/0/2 接口上的抓包信息，如下所示。

　　嗯！不看不知道，一看吓一跳，居然看到了这么多 ICMP 报文。经过分析发现，报文的 TTL 值逐一递减，最后变为 1。我们都知道，TTL 是报文的生存时间，每经过一台设备的转发，TTL 的值减 1，当 TTL 的值为 0 时，就会被设备丢弃。这说明公网 PC 主动访问 NAT 地址池地址的报文，在防火墙和路由器之间相互转发，直到 TTL 变成 0 之后，被最后收到该报文的设备丢弃。

　　我们来梳理一下整个过程，如下所示。

　　（1）路由器收到公网 PC 访问 NAT 地址池地址的报文后，发现目的地址不是自己的直连网段，因此查找路由，发送到防火墙。

（2）防火墙收到报文后，该报文不属于私网访问公网的回程报文，无法匹配到会话表，同时目的地址也不是自己的直连网段（防火墙没有意识到该报文的目的地址是自己的 NAT 地址池地址），只能根据缺省路由来转发。因为报文从同一接口入和出，相当于在同一个安全区域流动，缺省情况下也不受安全策略的控制，就这样报文又从 GE1/0/2 接口发送到路由器。

（3）路由器收到报文后，再次查找路由，还是发送至防火墙，如此反复。这个可怜的报文像皮球一样被两台设备踢来踢去，最终被残忍丢弃，憾别网络……

下面我们来看一下配置了黑洞路由的情况。首先在防火墙上配置一条目的地址是 NAT 地址池地址的黑洞路由，为了避免这条黑洞路由影响其他业务，我们将掩码配置成 32 位，精确匹配 202.1.1.10 这个地址。

> [FW] ip route-static 202.1.1.10 32 NULL 0

然后，在防火墙的 GE1/0/2 接口上开启抓包，在公网 PC 上执行 **ping 202.1.1.10 -c 1** 命令，还是只发送一个 ping 报文，查看抓包信息，如下所示。

只抓到了一个 ICMP 报文，说明防火墙收到路由器发送过来的报文后，匹配到了黑洞路由，直接将报文丢弃了。此时就不会在防火墙和路由器之间产生路由环路，即使防火墙收到再多的同类型报文，都会送到黑洞中，让报文一去不复返。并且，这条黑洞路由不会影响正常业务，私网 PC 还是可以正常访问公网 Web 服务器。

到这里大家可能会问了，没有配置黑洞路由时，报文最终也会被丢弃，没啥问题啊？上面我们只是用了一个 ping 报文来演示这个过程，试想一下，如果公网上的捣乱分子利用成千上万的 PC 主动向 NAT 地址池地址发起大量访问，无数的报文就会在防火墙和路由器之间循环转发，占用链路带宽资源，同时防火墙和路由器将会消耗大量的系统资源来处理这些报文，就可能导致无法处理正常的业务。

所以，**当防火墙上 NAT 地址池地址和公网接口地址不在同一网段时，必须配置黑洞路由，避免在防火墙和路由器之间产生路由环路。**

那么如果 NAT 地址池地址和公网接口地址在同一网段时，还会有这个问题吗？我们再来验证一下。

首先，将防火墙和路由器相连的接口的掩码修改为 24 位，这样接口地址和 NAT 地址池地址就在同一网段了，然后去掉黑洞路由的配置，接下来在防火墙的 GE1/0/2 接口抓包，在公网 PC 执行 **ping 202.1.1.10 -c 1** 命令，查看抓包信息，如下所示。

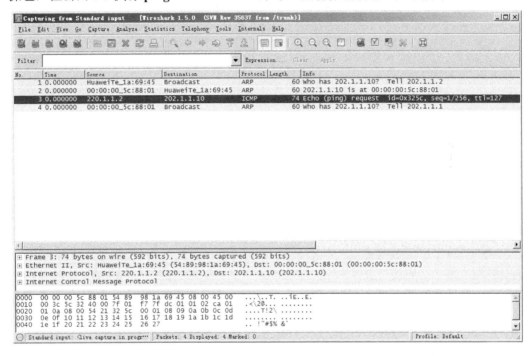

我们发现，只抓到了 3 个 ARP 报文和一个 ICMP 报文，公网 PC 访问 NAT 地址池地址的报文没有在防火墙和路由之间相互转发。梳理整个过程，如下所示。

（1）路由器收到公网 PC 访问 NAT 地址池地址的报文后，发现目的地址属于自己的直连网段，发送 ARP 请求，防火墙会回应这个 ARP 请求，前两个 ARP 报文就是来完成了这一交互过程的。然后路由器使用防火墙告知的 MAC 地址封装报文，发送至防火墙。

（2）防火墙收到报文后，发现报文的目的地址和自己的 GE1/0/2 接口在同一网段，直接发送 ARP 请求报文（第三个 ARP 报文），寻找该地址的 MAC 地址（防火墙依然没有意识到该报文的目的地址是自己的 NAT 地址池地址）。但是网络中其他设备都没有配置这个地址，肯定就不会回应，最终防火墙将报文丢弃。

所以说，在这种情况下不会产生路由环路。但是如果公网上的捣乱分子发起大量访问时，防火墙将发送大量的 ARP 请求报文，也会消耗系统资源。所以，**当防火墙上 NAT 地址池地址和公网接口地址在同一网段时，建议也配置黑洞路由，避免防火墙发送 ARP 请求报文，节省防火墙的系统资源。**

下面是配置黑洞路由后的抓包信息，可以看到，防火墙没有再发送 ARP 请求报文。

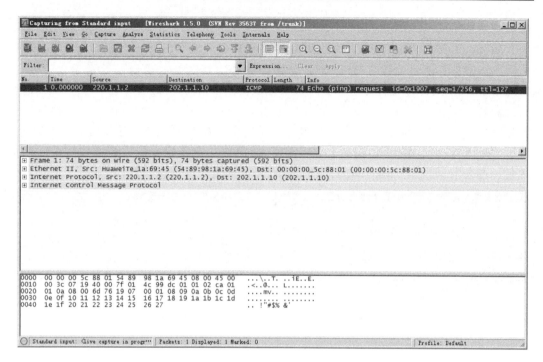

还有一种极端情况，我们配置源 NAT 时，可以直接把公网接口地址作为转换后地址（Easy-IP 方式），也可以把公网接口地址配置成地址池地址。这样，NAT 转换使用的地址和公网接口地址就是同一个地址了。在这种情况下，需要配置黑洞路由吗？

我们来分析一下整个流程：防火墙收到公网 PC 的报文后，**发现是访问自身的报文**，这时候就取决于公网接口所属安全区域和 Local 安全区域之间的安全策略，安全策略允许通过，就处理；安全策略不允许通过，就丢弃。不会产生路由环路，**也不需要配置黑洞路由**。

4.5.2　NAT Server 场景下的黑洞路由

看到这里，聪明的读者肯定会问，NAT Server 有没有这个问题啊？强叔告诉大家，NAT Server 也存在路由环路的问题，不过发生路由环路的前提条件比较特殊，要看 NAT Server 是怎样配置的。下面是一个典型的 NAT Server 组网环境，我们先来看一下 NAT Server 的 Global 地址和公网接口地址不在同一网段的情况，如图 4-28 所示。假设接口地址、安全区域、安全策略、路由都已经配置完整，此处不再赘述。

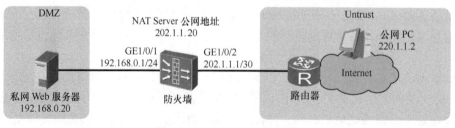

图 4-28　NAT Server 组网图

如果我们在防火墙上配置了一条粗犷型的 NAT Server，将私网 Web 服务器发布到公网，如下所示。

[FW] **nat server global 202.1.1.20 inside 192.168.0.20**

公网 PC 访问 202.1.1.20 的报文，目的地址都会被转换成 192.168.0.20，然后发送给私网 Web 服务器，这个时候自然不会产生路由环路。

但是如果我们配置了一条精细化的 NAT Server，只把私网 Web 服务器特定的端口发布到公网上，如：

[FW] **nat server protocol tcp 202.1.1.20 9980 inside 192.168.0.20 80**

此时如果公网 PC 不按常理出牌，没有访问 202.1.1.20 的 80 端口，而是使用 **ping** 命令访问 202.1.1.20，防火墙收到该报文后，既无法匹配 Server-map 表，也无法匹配会话表，就只能查找路由转发，从 GE1/0/2 接口送出去。而路由器收到报文后，还是要送到防火墙，这样依然会产生路由环路。

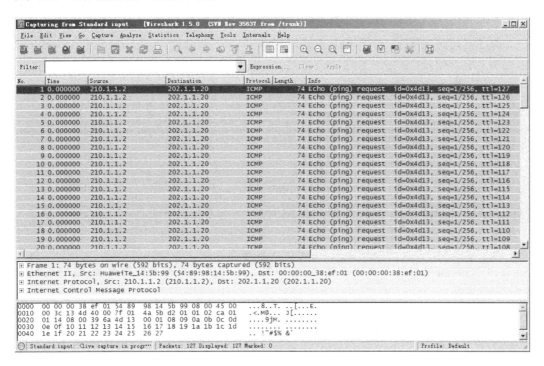

所以，当防火墙上配置了特定协议和端口的 **NAT Server** 并且 **NAT Server** 的 **Global** 地址和公网接口地址不在同一网段时，必须配置黑洞路由，避免在防火墙和路由器之间产生路由环路。

如果 NAT Server 的 Global 地址和公网接口地址在同一网段，防火墙收到公网 PC 的 ping 报文后，会发送 ARP 请求报文，这个过程就和前面讲过的 NAT 的情况是一样的。同理，当防火墙上配置了特定协议和端口的 **NAT Server** 并且 **NAT Server** 的 **Global** 地址和公网接口地址在同一网段时，建议也配置黑洞路由，避免防火墙发送 **ARP** 请求报文，节省防火墙的系统资源。

同样，我们配置 NAT Server 时，也可以把公网接口地址配置成 Global 地址。此时，防火墙收到公网 PC 的报文后，如果能匹配上 Server-map 表，就转换目的地址，然后转发到私网；如果不能匹配上 Server-map 表，就会**认为是访问自身的报文**，由公网接口所属安全区域和 Local 安全区域之间的安全策略决定如何处理，不会产生路由环路，也**不需要配置黑洞路由**。

4.5.3　总结

讲到这里，相信大家一定明白了配置黑洞路由的原因，是不是感觉内功又提升了呀。我们再总结一下。

对于源 NAT 来说：

- 如果 NAT 地址池地址与公网接口地址不在同一网段，必须配置黑洞路由；
- 如果 NAT 地址池地址与公网接口地址在同一网段，建议也配置黑洞路由。

对于指定了特定协议和端口的 NAT Server 来说：

- 如果 NAT Server 的 Global 地址与公网接口地址不在同一网段，必须配置黑洞路由；
- 如果 NAT Server 的 Global 地址与公网接口地址在同一网段，建议也配置黑洞路由。

除了防止路由环路、节省设备的系统资源，其实黑洞路由还有一个作用，那就是在防火墙上引入到 OSPF 中，发布给路由器。

我们知道，当 NAT 地址池地址或 NAT Server 的 Global 地址与防火墙和路由器互联接口的地址不在同一网段时，需要在路由器上配置到 NAT 地址池地址或 NAT Server 的 Global 地址的静态路由，保证路由器可以把去往 NAT 地址池地址或 NAT Server 的 Global 地址的报文发送到防火墙。

如果防火墙和路由器之间运行 OSPF 协议，那么就可以通过 OSPF 协议来学习路由，减少手动配置的工作量。但是 NAT 地址池地址和 NAT Server 的 Global 地址不同于接口地址，无法在 OSPF 中通过 **network** 命令发布出去，那么路由器如何才能学习到路由呢？

此时就可以通过在防火墙的 OSPF 中引入静态路由的方式，把黑洞路由引入到 OSPF 中，然后通过 OSPF 发布给路由器。这样，路由器就知道了去往 NAT 地址池地址或 NAT Server 的 Global 地址的报文都要发送到防火墙上（注意，是发送到防火墙，而不是发送到黑洞路由中）。

以 NAT Server 的组网为例，NAT Server 的 Global 地址和公网接口地址不在同一网段，防火墙和路由器都运行 OSPF 协议，在防火墙上的 OSPF 中引入静态路由，如下。

```
[FW] ospf 100
[FW-ospf-100] import-route static
[FW-ospf-100] area 0.0.0.0
[FW-ospf-100-area-0.0.0.0] network 202.1.1.0 0.0.0.3
[FW-ospf-100-area-0.0.0.0] quit
[FW-ospf-100] quit
```

这时路由器就可以学习到去往 NAT Server 的 Global 地址的路由。

```
[Router] display ip routing-table
Route Flags: R - relay, D - download to fib
------------------------------------------------------------------------
Routing Tables: Public
         Destinations : 7        Routes : 7

Destination/Mask    Proto    Pre  Cost      Flags NextHop          Interface
```

127.0.0.0/8	Direct	0	0		D	127.0.0.1	InLoopBack0
127.0.0.1/32	Direct	0	0		D	127.0.0.1	InLoopBack0
202.1.1.0/30	Direct	0	0		D	202.1.1.2	Ethernet0/0/0
202.1.1.2/32	Direct	0	0		D	127.0.0.1	Ethernet0/0/0
202.1.1.20/32	**O_ASE**	**150**	**1**		**D**	**202.1.1.1**	**Ethernet0/0/0**
210.1.1.0/30	Direct	0	0		D	210.1.1.1	Ethernet0/0/1
210.1.1.1/32	Direct	0	0		D	127.0.0.1	Ethernet0/0/1

4.6 NAT 地址复用专利技术

提到多对多、多对一的 NAT（多个私网 IP 地址转换为多个或一个公网 IP 地址），就不能回避公网 IP 地址利用率的问题。"**华为防火墙一个公网 IP 地址突破了 65535 端口限制，理论上能够无限制进行 NAT 转换**"这个结论在江湖上已经广为流传，接触过华为防火墙的读者可能早有听闻。这正是华为防火墙十年前申请的一项专利技术的应用。

📖 说明

这里的 65535 泛指可分配的端口资源，实际上防火墙在分配端口时会保留一些端口。例如，1024 之内的知名端口就会保留不被分配。

在"4.1 源 NAT"一节，强叔提到："防火墙在进行 NAT 转换时就是从 NAT 地址池中挑选出一个公网 IP 地址，然后对私网 IP 地址进行转换。挑选哪个公网 IP 地址是随机的，和配置时的顺序、IP 地址大小等因素都没有关系。"这其实就是我们看到的外部招式，而内功心法是不外露的。

那么防火墙在进行源 NAT 转换时，究竟是怎样从 NAT 地址池中挑选出公网 IP 地址进行分配的呢？

请允许强叔引入 HASH 算法的概念，这应该是大家常听说的一种广泛应用于程序编写的方法，华为防火墙的产品资料中也偶尔会提到"基于源地址 HASH"。一句话解释，HASH 算法的作用就是把某一任意长度的信息进行压缩映射，成为某一固定长度的信息。

这里我们可以把公网 IP 地址分配的过程看成是一次 HASH 的过程，私网 IP 地址对应的是任意长度的信息，NAT 地址池中公网 IP 地址对应的是固定长度的信息。例如，把 3 000 个私网 IP 地址映射成 10 个公网 IP 地址，也就是从 NAT 地址池挑选出公网 IP 地址资源进行分配的过程。

那么 HASH 算法的具体规则是什么呢？在这里，我们使用的规则也比较简单，即取模运算，思路如下。

X=NAT 地址池中公网 IP 地址的个数

Y=内部用户的私网 IP 地址（转换为 32 位二进制数值）

将 X、Y 进制统一，使用 Y/X 的余数来对应待分配的公网 IP 地址资源，余数为 0，则选择 NAT 地址池中的第一个地址；余数为 1，则选择第二个地址……余数不可能大于地址池中的地址个数，最大的余数刚好对应池地址池的最后一个地址。

假设内部用户的私网地址范围是 10.1.1.1～10.1.10.254，NAT 地址池 202.169.1.1～202.169.1.5。我们以 10.1.1.1 为例来进行说明，根据上面的公式，即

X=5

Y=10.1.1.1

将 X 和 Y 的进制统一，将 Y 转换为 32 位二进制数，然后转换为十进制数，即

10.1.1.1----->00001010 00000001 00000001 00000001----->167837953

不用计算可目测余数为 3，则选择 NAT 地址池的第 4 个地址即 202.169.1.4。以此类推，内部用户的私网 IP 地址可以全部被分配到 NAT 地址池中的公网 IP 地址，并且保证了每个内部用户每次访问 Internet 时始终被转换为同一个公网 IP 地址。

按照上述运算后，一部分内部用户就会被分配相同的公网 IP 地址。下一步，我们来研究下如何分配端口资源，首先来看一下端口分配对会话表的影响。前面我们介绍过 NAPT 方式建立的会话表，例如，内部网络中的用户 10.1.1.1 和 10.1.1.2 分别访问 Internet 上的服务器 210.1.1.2 和 210.1.1.3，防火墙上使用公网 IP 地址 202.1.1.2 进行 NAT 转换，查看会话表如下。

```
[FW] display firewall session table
 Current Total Sessions : 2
   http   VPN:public --> public 10.1.1.1:2053[202.1.1.2:2048]-->210.1.1.2:80
   http   VPN:public --> public 10.1.1.2:2053[202.1.1.2:2048]-->210.1.1.3:80
```

由于内部网络中不同用户的 IP 地址或使用的端口必不相同，仅使用"转换前源地址+转换前源端口"二元组信息在防火墙上即可标识一条数据流，来建立正向的 NAT 地址转换。而防火墙在收到回应报文进行反向的地址还原时，使用"转换后源地址+转换后源端口+目的地址+目的端口+协议"五元组信息唯一标识一条数据流。

因此，只要内部网络中不同用户访问的"目的地址+目的端口+协议"三元组中的任一参数不同时，即使将 NAT 地址池中同一公网 IP 地址的同一端口同时分配给内部网络中多个用户时，也不会产生冲突。端口可以反复利用，不受 65 535 个数的限制，如表 4-5 所示。

表 4-5 端口分配示意表

编号	源地址	源端口	转换后地址	转换后端口	目的地址	目的端口	协议
1	10.1.1.1	80	202.1.1.2	**2048**	**210.1.1.2**	80	http
2	10.1.1.2	80	202.1.1.2	**2048**	**210.1.1.3**	80	http

看到这里大家肯定会有问题：在 NAT 地址池中只有**一个公网 IP 地址**的情况下，如果内部网络中的用户访问的"**目的地址+目的端口+协议**"**三元组完全相同**时怎么办？现实可能就是这么残酷……

此时不能为内部网络中的用户分配相同的公网 IP 地址和端口，这是因为一旦公网 IP 地址和端口完全相同，被访问的目的主机会发现出现同样的"源地址+源端口"访问本主机的同一"目的地址+端口+协议"，目的主机可能无法正确回应甚至会判定为受到攻击。再者说，"转换后源地址+转换后源端口+目的地址+目的端口+协议"五元组信息完全相同，防火墙在进行反向的地址还原时也无法区分报文属于哪一条数据流。

因此，保证内部网络中的不同用户不能被分配到相同地址的相同端口是关键，这就

要引入冲突检测机制。这里我们仍然使用 HASH 算法，使得在内存占用合理情况下，尽可能保证被分配到相同公网地址的用户，其被分配的端口尽量不一致，简化的基本思路如下。

Z=地址池地址⊕访问的目的地址⊕目的端口⊕协议（按一定规则和对应关系异或运算）

得到分配的端口后，根据会话表判断该端口是否已经被分配。如果检测到端口已经被分配，则执行 Z++运算，重新分配端口。

例如，经过计算得出待分配的端口是 3000，但检测到 3000 端口已经被使用，那么在其之上加 1，分配 3001 端口。如果 3001 也被占用，继续执行加 1 运算，直至找到未使用端口。

这样就保证了不同的内网网络用户访问的"目的地址+目的端口+协议"三元组相同时，不会被分配到相同的地址和端口。而且，会话表是会实时老化的，被分配过的端口在会话表老化后会重新被利用，因此，从概率上来讲端口也不会受到限制。

除非最极端的情况发生：超过 65 535 个内部网络用户，在**同一时刻**、向外网**同一目的主机**的**同一端口**、**采用同样协议**发起链接。不过大家觉不觉得这种情况很面熟，这看起来就是发起了传统而典型的 DDoS 攻击了吧。

好了，NAT 地址复用技术揭密到此，大家应该已经了然于胸了吧。其实原专利本身是晦涩难懂的，华为防火墙也在这么多年的发展中不断演进，强叔只是对其基本实现原理进行了简单解读。若有对原专利感兴趣的读者可自行搜索"CN1567907A 一种网络地址资源的利用方法"。

强叔提问

1. 源 NAT 技术中，Easy-IP 方式指的是？
2. 三元组 NAT 通过什么机制来保证外网主机可以主动访问内网主机？
3. 报文匹配 NAT Server 生成的 Server-map 表项后，是否还需要进行安全策略的检查？
4. 当私网用户和私网服务器处在同一 LAN 内，两者通过交换机连接到防火墙的同一个接口上，如何保证私网用户可以通过公网地址来访问私网服务器，并且私网用户和私网服务器之间交互的报文都经过防火墙的处理？
5. 在 NAT 环境下 User-defined 类型的 ASPF 与三元组 NAT 的主要区别有哪些？
6. 配置源 NAT 时，要求同时配置目的地址为 NAT 地址池地址的黑洞路由，请问这里配置的黑洞路由有哪两个主要作用？
7. 华为防火墙在进行 NAT 地址转换时，通过什么方式来实现一个公网 IP 地址突破 65535 端口的限制？

第5章
GRE&L2TP VPN

5.1　VPN技术简介

5.2　GRE

5.3　L2TP VPN的诞生及演进

5.4　L2TP Client–Initiated VPN

5.5　L2TP NAS–Initiated VPN

5.6　L2TP LAC–Auto–Initiated VPN

5.7　总结

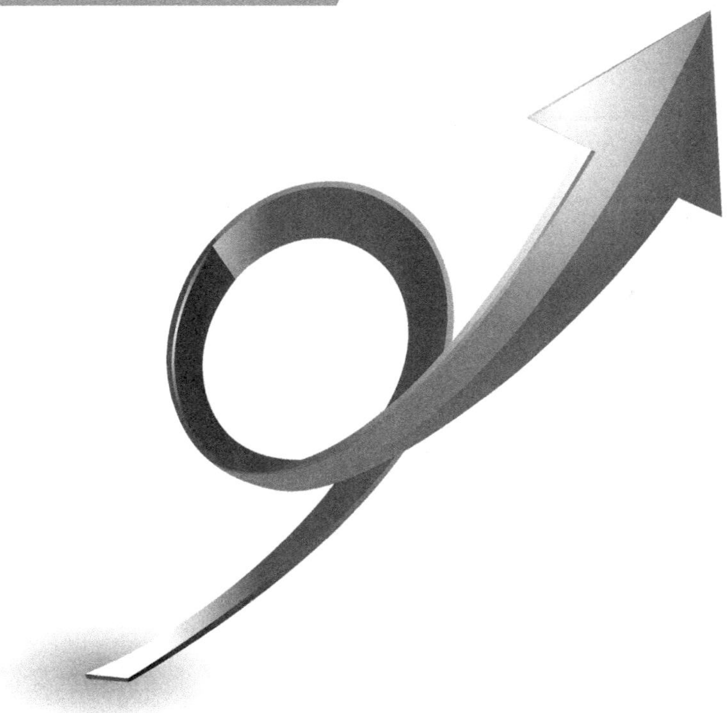

5.1　VPN 技术简介

对于规模较大的企业来说，网络访问需求不仅仅局限于公司总部网络，分公司、办事处、出差员工、合作单位也需要访问公司总部的网络资源，大家都知道这种情况需要使用 VPN（Virtual Private Network，虚拟私有网络）技术，但选哪种 VPN 技术还是挺有讲究的，下面强叔就谈谈这方面的心得。

VPN 是指在公用网络上建立一个私有的、专用的虚拟通信网络，广泛应用于企业网络中分支机构和出差员工连接公司总部网络的场景。VPN 网络和 VPN 技术通常是如何分类的呢？

5.1.1　VPN 分类

1. 根据建设单位不同分类

这种分类根据 VPN 网络端点设备（关键设备）由运营商提供，还是由企业自己提供来划分。

- 租用运营商 VPN 专线搭建企业 VPN 网络。如图 5-1 所示，主要指租用运营商 MPLS（Multiprotocol Label Switching，多协议标签交换） VPN 专线，比如联通、电信都提供 MPLS VPN 专线服务。跟传统的租用传输专线如租用 E1、SDH（Synchronous Digital Hierarchy，同步数字体系专线）相比，MPLS VPN 专线的优势主要在于线路租用成本低。

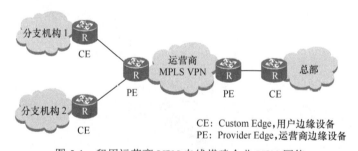

图 5-1　租用运营商 VPN 专线搭建企业 VPN 网络

- 用户自建企业 VPN 网络。如图 5-2 所示，目前最常用的就是基于 Internet 建立企业 VPN 网络，具体技术包括 GRE、L2TP、IPSec、DSVPN、SSL VPN 等。这种方案企业只需要支付设备购买费用和上网费用，没有 VPN 专线租用费用；另外企业在网络控制方面享有更多的主动权、更方便企业进行网络调整。强叔要介绍的正是这类 VPN。

2. 根据组网方式不同分类

- 远程访问 VPN（Access VPN）。如图 5-3 所示，适用于出差员工 VPN 拨号接入的场景。员工可以在任何能够接入 Internet 的地方，通过远程拨号接入企业内网，从而访问内网资源。

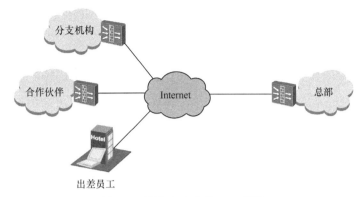

图 5-2　用户自建企业 VPN 网络

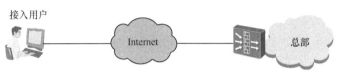

图 5-3　远程访问 VPN

- 局域网到局域网的 VPN（site-to-site VPN）。如图 5-4 所示，适用于公司两个异地机构的局域网互连。

图 5-4　局域网到局域网的 VPN

3. 根据应用对象不同分类

- Access VPN（远程访问）。面向出差员工，允许出差员工跨越公用网络远程接入公司内部网络。
- Intranet VPN（企业内部虚拟专网）。Intranet VPN 通过公用网络进行企业内部各个网络的互连。
- Extranet VPN（扩展的企业内部虚拟专网）。Extranet VPN 利用 VPN 将企业网延伸至合作伙伴处，使不同企业间通过 Internet 来构筑 VPN。Intranet VPN 和 Extranet VPN 的不同点主要在于访问公司总部网络资源的权限有区别。

如图 5-5 所示，不同的应用对象如分支机构、合作伙伴和出差员工会通过不同类型的 VPN 接入公司总部。

4. 按照 VPN 技术实现的网络层次进行分类

- 基于数据链路层的 VPN：L2TP、L2F、PPTP。其中 L2F 和 PPTP 已经基本上被 L2TP 替代了，本章就不再关注这两种技术了。
- 基于网络层的 VPN：GRE、IPSec、DSVPN
- 基于应用层的 VPN：SSL

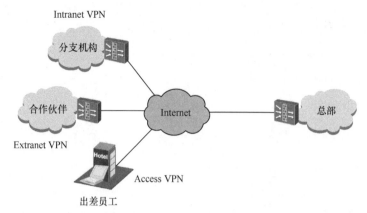

图 5-5　远程访问 VPN/ Intranet VPN/ Extranet VPN

5.1.2　VPN 的关键技术

基于 Internet 的 VPN 技术有一个共同点就是必须解决 VPN 网络的安全问题。

- 出差员工的地理接入位置不固定，其所处位置往往不受企业信息安全措施的保护，所以需要对出差员工进行严格的接入认证，这就涉及身份认证技术。同时，还要对出差员工可以访问的资源和权限进行精确控制。
- 合作伙伴需要根据业务开展的情况，灵活进行授权，限制合作伙伴可以访问的网络范围、可以传输的数据类型。此时推荐对合作伙伴进行身份认证，认证通过后可以使用安全策略对合作伙伴的权限进行限制。
- 另外分支机构、合作伙伴和出差用户与公司总部之间的数据传输都必须是安全的。这一过程涉及数据加密和数据验证技术。

下面简单讲解一下 VPN 解决以上问题用到的几个关键技术点。

1. 隧道技术

隧道技术是 VPN 的基本技术，类似于点到点连接技术。如图 5-6 所示，VPN 网关 1 收到原始报文后，将报文"封装"，然后通过 Internet 传输到 VPN 网关 2。VPN 网关 2 再对报文进行"解封装"，最终得到原始报文。

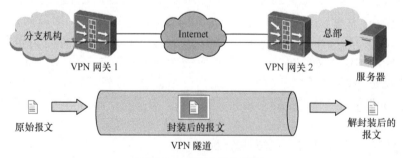

图 5-6　隧道技术示意图

"封装/解封装"过程本身就可以为原始报文提供安全防护功能，所以被封装的报文在 Internet 上传输时所经过的逻辑路径被称为"隧道"。不同的 VPN 技术封装/解封装的过程完全不同，具体封装过程在每种 VPN 技术中详细介绍。

2. 身份认证技术

身份认证技术主要用于移动办公用户远程接入的情况。总部的 VPN 网关对用户的身份进行认证，确保接入内部网络的用户是合法用户，而非恶意用户。

不同的 VPN 技术能提供的用户身份认证方法不同，如下所示。

- GRE：不支持针对用户的身份认证技术。
- L2TP：依赖 PPP 提供的认证（如 CHAP、PAP、EAP）。对接入用户进行认证时，可以使用本地认证方式也可以使用第三方 RADIUS 服务器来认证。认证通过以后会给用户分配内部的 IP 地址，通过此 IP 地址对用户进行授权和管理。
- IPSec：使用 IKEv2 时，支持对用户进行 EAP 认证。认证时可以使用本地认证方式也可以使用第三方 RADIUS 服务器来认证。认证通过以后会给用户分配内部的 IP 地址，通过此 IP 地址对用户进行授权和管理。
- DSVPN：不支持针对用户的身份认证技术。
- SSL VPN：对接入用户进行认证时，支持本地认证、证书认证和服务器认证。另外，接入用户也可以对 SSL VPN 服务器进行身份认证，确认 SSL VPN 服务器的合法性。

3. 加密技术

加密就是把明文变成密文的过程，如图 5-7 所示，这样即便黑客截获了报文也无法知道其真实含义。加密对象有数据报文和协议报文之分，能够实现协议报文和数据报文都加密的协议安全系数更高。

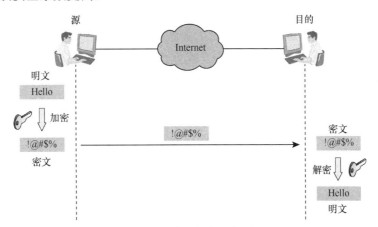

图 5-7　数据加密示意图

- GRE 和 L2TP 协议本身不提供加密技术，所以通常结合 IPSec 协议一起使用，依赖 IPSec 的加密技术。
- IPSec：支持对数据报文和协议报文进行加密。
- DSVPN：配置 IPSec 安全框架后，支持对数据报文和协议报文进行加密。
- SSL VPN：支持对数据报文和协议报文加密。

4. 数据验证技术

数据验证技术就是对报文的真伪进行检查，丢弃伪造的、被篡改的报文。那么验证是如何实现的呢？它采用一种称为"摘要"的技术，如图 5-8 所示（图中只给出了验证的过程，通常情况下验证和加密会一起使用）。"摘要"技术主要采用 HASH 函数将一段长的报文通过函数变换，映射为一段短的报文。在收发两端都对报文进行验证，只有摘要一致的报文才被接收。

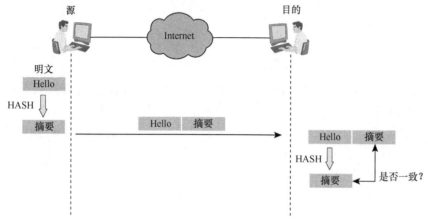

图 5-8   数据验证示意图

- GRE：本身只提供简单的校验和验证和关键字验证，但可结合 IPSec 协议一起使用，使用 IPSec 的数据验证技术。
- L2TP：本身不提供数据验证技术，但可结合 IPSec 协议一起使用，使用 IPSec 的数据验证技术。
- IPSec：支持对数据进行完整性验证和数据源验证。
- DSVPN：配置 IPSec 安全框架后，支持对数据进行完整性验证和数据源验证。
- SSL VPN：支持对数据进行完整性验证和数据源验证。

5.1.3 总结

下面总结一下 GRE、L2TP、IPSec 和 SSL VPN 常用的安全技术和适用场景，如表 5-1 所示。

表 5-1   常用 VPN 技术对比

协议	保护范围	适用场景	用户身份认证	加密和验证
GRE	IP 层及以上数据	Intranet VPN	不支持	支持简单的关键字验证、校验和验证
L2TP	IP 层及以上数据	Access VPN Extranet VPN	支持基于 PPP 的 CHAP、PAP、EAP 认证	不支持
IPSec	IP 层及以上数据	Access VPN Intranet VPN Extranet VPN	支持预共享密钥或证书认证；支持 IKEv2 的 EAP 认证	支持
DSVPN	IP 层及以上数据	Intranet VPN Extranet VPN	不支持	配置 IPSec 安全框架后支持
SSL VPN	应用层特定数据	Access VPN	支持用户名/密码或证书认证	支持

本节简单地介绍了一下 VPN，仅了解这些皮毛是不够的，下面我们就来详细介绍每种 VPN 技术的应用、配置和原理。

5.2　GRE

要说起这个 GRE，我们还得把时间的镜头拉回到 20 年前，回顾一下当年发生的故事。在那个年代，Internet 已经开始快速发展，越来越多的资源被网络所连接，从而使人们的联系更为便捷，这本是一件皆大欢喜的事情。然而看似和谐的网络世界，也充斥着各种不幸。有时就像人生，欢乐大抵相似，痛苦各有不同。被 Internet 互联以后的私有网络就面临着以下几个痛苦。

- 私有 IP 网络之间无法直接通过 Internet 互通。

这个不用多说，私有网络中使用的都是私有地址，而在 Internet 上传输的报文必须使用公网地址，如图 5-9 所示。

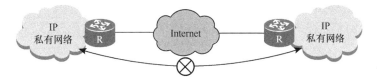

图 5-9　私有 IP 网络之间无法直接通过 Internet 互通

- 异种网络（IPX、AppleTalk）之间无法通过 Internet 直接进行通信。

这个痛苦是由先天缺陷造成的，IPX 和 IP 本就不是同一种网络协议，因此 IP 网络不转发 IPX 报文，这倒也情有可原，如图 5-10 所示。

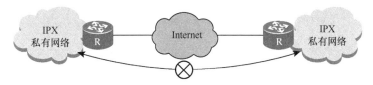

图 5-10　异种网络（IPX、AppleTalk）之间无法通过 Internet 直接进行通信

或许悲催的故事还有很多，强叔在此就不一一列举了。总之，当各种痛苦交织、汇聚在一起之后，形成了一股强大的推动力，迫使网络工程师们绞尽脑汁的寻求一种解决之道，终于在 1994 年 GRE 协议问世了，它的 RFC 编号为 RFC1701 和 RFC1702。

GRE（General Routing Encapsulation）即通用路由封装协议，它的出现使得上面的那些悲情故事在今天不再重演。大家肯定就要问了，GRE 到底是用了什么方法能够一一化解上述难题？其实说穿了也很简单，GRE 用的就是当下流行的"马甲"技术。既然私有网络发出的报文由于种种原因不能在 Internet 上进行传输，那何不给这些报文穿上 Internet 能够识别的"马甲"，然后在 Internet 上传输。反正对于 Internet 而言，它是只认"马甲"不认人。这种"马甲"技术在网络中的专用术语就是"封装"。

5.2.1　GRE 的封装/解封装

但凡一种网络封装技术，其基本的构成要素都可以分为三个部分：乘客协议、封装协议、运输协议，GRE 也不例外。为了便于理解封装技术，我们用邮政系统打个比方。

- 乘客协议

乘客协议就是我们写的信，信的语言可以是汉语、英语、法语等，具体的内容由写信人、读信人自己负责。

- 封装协议

封装协议可以理解为信封，可以是平信、挂号或者是 EMS。不同的信封就对应于多种封装协议。

- 运输协议

运输协议就是信的运输方式，可以是陆运、海运或者空运。不同的运输方式就对应于多种运输协议。

理解了上面的比喻之后，我们再来看看 GRE 中都用到了哪些协议，如图 5-11 所示。

从图中我们可以很清晰地看到，GRE 能够承载的协议包括 IP 协议和 IPX 协议，GRE 所使用的运输协议是 IP 协议。

了解 GRE 的基本概念后，下面我们来看一下 GRE 的封装原理。如图 5-12 所示，这里的乘客协议我们以 IP 协议为例，最终的封装效果就是 IP 报文封装 IP 报文。

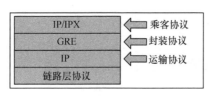

图 5-11　GRE 的协议栈

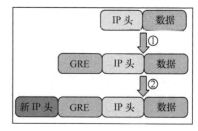

图 5-12　GRE 报文封装

GRE 的封装过程可以细分成两步，第一步是在私网的原始报文前面添加 GRE 头，第二步是在 GRE 头前面再加上新的 IP 头，新 IP 头中的 IP 地址为公网地址。加上新的 IP 头以后，就意味着这个私有网络的报文经过层层封装以后就可以在 Internet 上传输了。

在防火墙上，封装操作是通过一个逻辑接口来实现的，这个逻辑接口就是鼎鼎有名的 Tunnel 接口。Tunnel 即隧道，从名字就可以看出来这个逻辑接口就是为隧道而生。Tunnel 接口上带有新 IP 头的源地址和目的地址信息，报文进入 Tunnel 接口后，防火墙就会为报文封装 GRE 头和新的 IP 头。

那么防火墙是如何把报文送到 Tunnel 接口的呢？这就要通过路由来实现了，防火墙支持如下两种方式。

- 静态路由

在 GRE 隧道两端的防火墙上配置去往对端私网网段的静态路由，下一跳设置为本端 Tunnel 接口的 IP 地址，出接口为本端 Tunnel 接口。

- 动态路由

在 GRE 隧道两端的防火墙上配置动态路由如 OSPF，将私网网段和 Tunnel 接口的地址发布出去，两端防火墙都会学习到去往对端私网网段的路由，下一跳为对端 Tunnel 接口的 IP 地址，出接口为本端 Tunnel 接口。

无论使用哪种路由，最终的目的都是在防火墙的路由表中生成去往对端私网网段的路由，通过这条路由来引导报文进入 Tunnel 接口进行封装。

图 5-13 给出了防火墙对私网报文进行加封装、解封装，以及转发的过程。

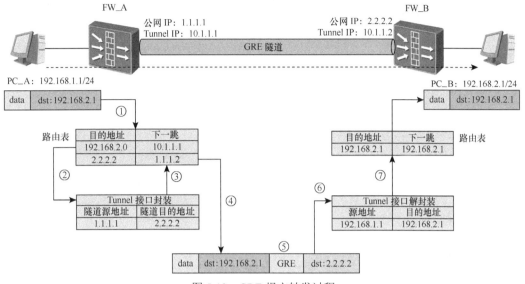

图 5-13　GRE 报文转发过程

PC_A 通过 GRE 隧道访问 PC_B 时，FW_A 和 FW_B 上的报文转发过程如下。

（1）PC_A 访问 PC_B 的原始报文进入 FW_A 后，首先匹配路由表。

（2）根据路由查找结果，FW_A 将报文送到 Tunnel 接口进行 GRE 封装，增加 GRE 头、外层新 IP 头。

（3）FW_A 根据封装后报文的新 IP 头的目的地址，再次查找路由表。

（4）FW_A 根据路由查找结果将报文发送至 FW_B，图中假设 FW_A 查找到的去往 FW_B 的下一跳地址是 1.1.1.2。

（5）FW_B 收到报文后，首先判断这个报文是不是 GRE 报文。

怎么判断呢？从封装过程中我们可以看到封装后的 GRE 报文会有个新的 IP 头，这个新的 IP 头中包含 Protocol 字段，字段中标识了内层协议类型，如果这个 Protocol 字段值是 47，就表示这个报文是 GRE 报文。

（6）如果 FW_B 收到的报文是 GRE 报文，则报文将被送到 Tunnel 接口解封装，去掉外层 IP 头、GRE 头，恢复为原始报文。

（7）FW_B 根据原始报文的目的地址再次查找路由表，然后根据路由匹配结果将报文发送至 PC_B。

这就是防火墙对私网报文进行 GRE 封装/解封装和转发的全过程，很简单吧！

5.2.2　配置 GRE 基本参数

上面我们从原理角度介绍了私网报文进入隧道、加封装、解封装的过程。想必大家更想知道的是在防火墙上怎么配置 GRE 隧道呢？下面我们就结合图 5-14 来讲讲 GRE 隧道的配置方法。

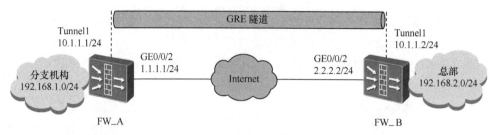

图 5-14　GRE VPN 组网图

GRE 隧道的配置也很简单，可以分为两个步骤。

1. 配置 Tunnel 接口

在 FW_A 上配置 Tunnel 接口的封装参数。

```
[FW_A] interface Tunnel 1
[FW_A-Tunnel1] ip address 10.1.1.1 24
[FW_A-Tunnel1] tunnel-protocol gre
[FW_A-Tunnel1] source 1.1.1.1
[FW_A-Tunnel1] destination 2.2.2.2
[FW_A-Tunnel1] quit
```

在 FW_A 上将 Tunnel 接口加入安全区域。Tunnel 接口可以加入到任意一个安全区域中，这里我们把 Tunnel 接口加入到了 DMZ 区域。

```
[FW_A] firewall zone dmz
[FW_A-zone-dmz] add interface Tunnel 1
[FW_A-zone-dmz] quit
```

在 FW_B 上配置 Tunnel 接口的封装参数。

```
[FW_B] interface Tunnel 1
[FW_B-Tunnel1] ip address 10.1.1.2 24
[FW_B-Tunnel1] tunnel-protocol gre
[FW_B-Tunnel1] source 2.2.2.2
[FW_B-Tunnel1] destination 1.1.1.1
[FW_B-Tunnel1] quit
```

在 FW_B 上将 Tunnel 接口加入安全区域。同样，我们把 Tunnel 接口加入到了 DMZ 区域。

```
[FW_B] firewall zone dmz
[FW_B-zone-dmz] add interface Tunnel 1
[FW_B-zone-dmz] quit
```

配置 Tunnel 接口封装参数时，我们首先设置 Tunnel 接口的封装类型为 GRE，然后指定 GRE 隧道的源和目的地址。看上去步骤非常简单，但这几步对 Tunnel 接口完成 GRE 报文封装起了决定性作用。

- 首先明确 Tunnel 接口要封装 GRE 头。
- 然后明确新 IP 头中的源和目的地址，实际上就是 GRE 隧道两端防火墙公网接口的 IP 地址。

这两点和 GRE 报文封装的原理是一致的，比较容易理解。可能大家更容易对 Tunnel 接口本身的属性产生疑问。

- Tunnel 接口的 IP 地址是否必须配置？
- 隧道两端防火墙上 Tunnel 接口的 IP 地址是否有所关联？

- Tunnel 接口使用的是公网 IP 地址还是私网 IP 地址？

首先，Tunnel 接口的 IP 地址必须配置，如果不配置 IP 地址，Tunnel 接口就无法为 UP 状态。其次，从 GRE 的封装过程来看，Tunnel 接口的 IP 地址并没有参与报文封装，所以隧道两端防火墙上 Tunnel 接口的 IP 地址没有任何关联，可以各配各的。最后，既然 Tunnel 接口不参与封装，所以也就没有必要用公网地址了，配置成私网 IP 地址就可以了。

2. 配置路由，把需要进行 GRE 封装的报文引导至 Tunnel 接口

前面我们讲过，防火墙支持静态路由和动态路由两种方式，两种方式可以任选其一。

（1）静态路由

在 FW_A 上配置静态路由，将去往总部私网的路由的下一跳设置为 Tunnel 接口。

[FW_A] ip route-static 192.168.2.0 24 Tunnel 1

在 FW_B 上配置静态路由，将去往分支机构私网的路由的下一跳设置为 Tunnel 接口。

[FW_B] ip route-static 192.168.1.0 24 Tunnel 1

（2）动态路由

在 FW_A 上配置 OSPF，在 OSPF 中将分支机构的私网和 Tunnel 接口所在的网段发布出去。

```
[FW_A] ospf 1
[FW_A-ospf-1] area 0
[FW_A-ospf-1-area-0.0.0.0] network 192.168.1.0 0.0.0.255
[FW_A-ospf-1-area-0.0.0.0] network 10.1.1.0 0.0.0.255
```

在 FW_B 上配置 OSPF，在 OSPF 中将总部的私网和 Tunnel 接口所在的网段发布出去。

```
[FW_B] ospf 1
[FW_B-ospf-1] area 0
[FW_B-ospf-1-area-0.0.0.0] network 192.168.2.0 0.0.0.255
[FW_B-ospf-1-area-0.0.0.0] network 10.1.1.0 0.0.0.255
```

配置完成后，FW_A 和 FW_B 上就会学习到去往对端私网网段的路由。

有一点需要注意，使用 OSPF 动态路由方式时，如果 GRE 隧道对应的公网接口也使用 OSPF 发布路由，那我们就需要用一个新的 OSPF 进程来发布私网网段和 Tunnel 接口所在网段了，以免私网报文直接通过公网接口转发，而不是通过 GRE 隧道转发。

5.2.3　配置 GRE 安全机制

大家可能会有担忧，如果 Internet 上的恶意用户伪装成 FW_A 向 FW_B 发送 GRE 报文，那伪装者不就可以访问 FW_B 中的资源了吗，FW_A 和 FW_B 在建立 GRE 隧道时，如何做到互信的呢？下面我们讲一下 GRE 的安全机制。

1. 关键字验证

防火墙上配置了 GRE 隧道后，并不是说防火墙会对收到的所有 GRE 报文都进行处理。防火墙只处理与自身建立 GRE 隧道的对端设备发送过来的 GRE 报文，GRE 头中的 "Key" 字段就是来实现这一功能的。

防火墙在为报文封装 GRE 头时，将 GRE 头中的 Key 位的值置 1，并在 GRE 头中插入 Key 字段。两台防火墙在建立隧道时，通过 Key 字段的值来验证对端的身份，只有两端设置的 Key 字段的值完全一致时才能建立隧道。

下图展示了 GRE 头中的信息，其中 Key 位为 1 表示启用了关键字验证功能，下面的 "Key：0x00003039" 是关键字的值，转换为十进制就是 12345。

```
⊞ Frame 3: 102 bytes on wire (816 bits), 102 bytes captured (816 bits)
⊞ Ethernet II, Src: 00:00:00_2b:b8:02 (00:00:00:2b:b8:02), Dst: HuaweiTe_87:22:a4 (54:89:98:87:22:a4)
⊞ Internet Protocol, Src: 1.1.1.1 (1.1.1.1), Dst: 2.2.2.2 (2.2.2.2)
⊟ Generic Routing Encapsulation (IP)
  ⊟ Flags and version: 0x2000
      0... .... .... .... = Checksum Bit: No
      .0.. .... .... .... = Routing Bit: No
      ..1. .... .... .... = Key Bit: Yes
      ...0 .... .... .... = Sequence Number Bit: No
      .... 0... .... .... = Strict Source Route Bit: No
      .... .000 .... .... = Recursion control: 0
      .... .... 0000 0... = Flags (Reserved): 0
      .... .... .... .000 = Version: GRE (0)
    Protocol Type: IP (0x0800)
    Key: 0x00003039
⊞ Internet Protocol, Src: 192.168.1.2 (192.168.1.2), Dst: 192.168.2.2 (192.168.2.2)
⊞ Internet Control Message Protocol
```

配置关键字验证的步骤很简单，唯一需要注意的是，隧道两端防火墙上设置的关键字必须相同。

在 FW_A 上设置关键字为 12345：

[FW_A-Tunnel1] gre key 12345

同时，在 FW_B 上设置关键字为 12345：

[FW_B-Tunnel1] gre key 12345

2. 校验和验证

虽然 GRE 隧道两端的防火墙实现了互信，但是如果报文在 Internet 传输途中也可能被恶意用户篡改，如何保证报文在传输时的完整性呢？这里又用到 GRE 头中的 "Checksum" 字段。

防火墙在为报文封装 GRE 头时，将 GRE 头中的 Checksum 位的值置 1，然后根据报文的信息计算校验和，并将校验和填到 Checksum 字段中。当隧道对端收到该报文时，也会根据报文信息计算校验和，并与报文中携带的校验和进行比较，如果校验结果一致，则接受此报文；如果不一致，则丢弃此报文。

校验和验证功能是单向的，对端防火墙是否开启不影响本端的校验和验证功能。实际环境中，建议在隧道两端防火墙上同时开启。

下图中 GRE 头的 Checksum 位为 1，表示启用了校验和验证功能，下面的 "Checksum: 0x8f8d" 是校验和的值。

```
⊞ Frame 10: 106 bytes on wire (848 bits), 106 bytes captured (848 bits)
⊞ Ethernet II, Src: 00:00:00_2b:b8:02 (00:00:00:2b:b8:02), Dst: HuaweiTe_87:22:a4 (54:89:98:87:22:a4)
⊞ Internet Protocol, Src: 1.1.1.1 (1.1.1.1), Dst: 2.2.2.2 (2.2.2.2)
⊟ Generic Routing Encapsulation (IP)
  ⊟ Flags and version: 0xa000
      1... .... .... .... = Checksum Bit: Yes
      .0.. .... .... .... = Routing Bit: No
      ..1. .... .... .... = Key Bit: Yes
      ...0 .... .... .... = Sequence Number Bit: No
      .... 0... .... .... = Strict Source Route Bit: No
      .... .000 .... .... = Recursion control: 0
      .... .... 0000 0... = Flags (Reserved): 0
      .... .... .... .000 = Version: GRE (0)
    Protocol Type: IP (0x0800)
    Checksum: 0x8f8d [correct]
    offset: 38968
    Key: 0x00003039
⊞ Internet Protocol, Src: 192.168.1.2 (192.168.1.2), Dst: 192.168.2.2 (192.168.2.2)
⊞ Internet Control Message Protocol
```

配置校验和验证的步骤也很简单，在 FW_A 上开启校验和验证：

[FW_A-Tunnel1] gre checksum

在 FW_B 上开启校验和验证：

```
[FW_B-Tunnel1] gre checksum
```

3．Keepalive

GRE 的安全机制可以实现隧道两端防火墙的互信，并保证报文传输的完整性。但是这里还有一个问题，如果隧道对端出现故障时，隧道本端如何感知呢？

GRE 隧道是一种无状态类型的隧道，所谓的无状态类型是指隧道本端并不维护与对端的状态。换句话说假如隧道对端出现故障，那隧道本端是感受不到的。为了解决这个问题，GRE 隧道提供了 Keepalive 保活机制。

如图 5-15 所示，在 FW_A 上开启 Keepalive 功能后，FW_A 会周期性的向 FW_B 发送探测报文，以检测隧道对端状态。如果 FW_B 可达，则 FW_A 会收到 FW_B 的回应报文，此时 FW_A 会保持隧道的正常状态；如果 FW_A 收不到 FW_B 的回应报文，说明 FW_B 不可达，则 FW_A 会将隧道关闭。这样就避免了因隧道对端不可达而造成的数据黑洞。

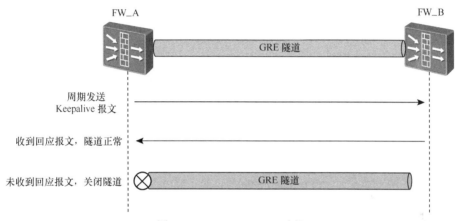

图 5-15　GRE Keepalive 功能

Keepalive 功能是单向的，对端是否开启 Keepalive 功能不影响本端的 Keepalive 功能。实际环境中，建议在隧道两端防火墙上同时开启。

下面给出开启 Keepalive 功能的命令，在 FW_A 上开启 Keepalive 功能：

```
[FW_A-Tunnel1] keepalive
```

在 FW_B 上开启 Keepalive 功能：

```
[FW_B-Tunnel1] keepalive
```

介绍到这里，大家是不是觉得有了 GRE 隧道就万事大吉了呢，其实不然。GRE 隧道自身有个缺陷：不带有安全加密功能。没有加密功能的 GRE 报文，只能说是穿了个透明的马甲，隧道中的报文都是明文传输。所以我们在实际使用时，很少单纯使用 GRE，而是经常会把 GRE 与 IPSec 一同使用。由于 IPSec 技术具备很强的加密功能，就解决了 GRE 的安全性问题。这也就是我们后面要介绍的 GRE over IPSec 技术。

5.2.4　安全策略配置思路

在"第 2 章　安全策略"中，我们讲到"经过防火墙转发的数据流，以及防火墙本身与外界互访的数据流同样受安全策略的控制"，那么在 GRE 中我们用到了哪些接口、哪些安全区域，安全策略该如何配置呢？由于 Tunnel 接口的出现，GRE 的安全策略的配置变得有点扑朔迷离。没关系，强叔有一套百试不厌的方法帮你搞定！

如图 5-16 所示，我们假设在 FW_A 和 FW_B 上，GE0/0/1 接口连接私网，属于 Trust 区域；GE0/0/2 接口连接 Internet，属于 Untrust 区域；Tunnel 接口属于 DMZ 区域。

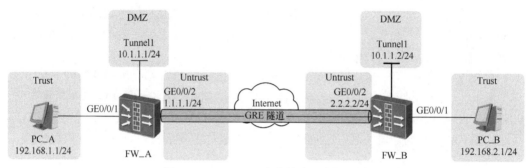

图 5-16　GRE VPN 安全策略配置组网图

安全策略的配置过程如下。

（1）我们先配置一个最宽泛的域间安全策略，以便调测 GRE。

在 FW_A 上将域间缺省包过滤的动作设置为 permit。

[FW_A] firewall packet-filter default permit all

在 FW_B 上将域间缺省包过滤的动作设置为 permit。

[FW_B] firewall packet-filter default permit all

（2）配置好 GRE 后，在 PC_A 上 ping PC_B，然后查看会话表，以 FW_A 为例。

```
[FW_A] display firewall session table verbose
 Current Total Sessions : 2
 gre   VPN:public --> public
 Zone: local--> untrust   TTL: 00:04:00   Left: 00:03:37
 Interface: GigabitEthernet0/0/2   NextHop: 1.1.1.2   MAC: 54-89-98-87-22-a4
 <--packets:4 bytes:352    -->packets:5 bytes:460
 1.1.1.1:0-->2.2.2.2:0

 icmp   VPN:public --> public
 Zone: trust--> dmz   TTL: 00:00:20   Left: 00:00:00
 Interface: Tunnel1   NextHop: 192.168.2.2   MAC: 00-00-00-00-00-00
 <--packets:1 bytes:60    -->packets:1 bytes:60
 192.168.1.2:22625-->192.168.2.2:2048
```

从上述信息可知，PC_A 可以 ping 通 PC_B，GRE 会话也正常创建。

（3）分析会话表得到精细化的安全策略的匹配条件。

从会话表中我们可以看到两条流，一条是 trust-->dmz 之间的 ICMP 报文，一条是 local-->untrust 之间的 GRE 报文，由此我们可以得到 FW_A 上的报文走向，如图 5-17 所示。

由上图可知，FW_A 上需要配置 Trust 区域—>DMZ 区域的安全策略，允许 PC_A 访问 PC_B 的报文通过；还需要配置 Local 区域—>Untrust 区域的安全策略，允许 FW_A 与 FW_B 建立 GRE 隧道。

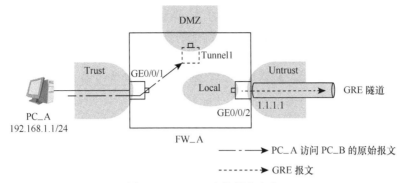

图 5-17　FW_A 上的报文走向

同样也可以得到 FW_B 上的报文走向，如图 5-18 所示。

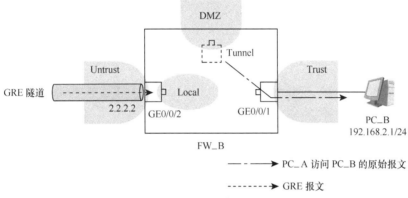

图 5-18　FW_B 上的报文走向

由上图可知，FW_B 上需要配置 DMZ 区域—>Trust 区域的安全策略，允许 PC_A 访问 PC_B 的报文通过；还需要配置 Untrust 区域—>Local 区域的安全策略，允许 FW_A 与 FW_B 建立 GRE 隧道。

当 PC_B 向 PC_A 发起访问时，报文走向与 PC_A 访问 PC_B 时的走向相反，不再赘述。

综上所述，FW_A 和 FW_B 上应该配置的安全策略匹配条件如表 5-2 所示，我们按照表中的匹配条件配置精确的安全策略。

表 5-2　　　　　　　　　　　　FW_A 和 FW_B 的安全策略匹配条件

业务方向	设备	源安全区域	目的安全区域	源地址	目的地址	应用
PC_A 访问 PC_B	FW_A	Local	Untrust	1.1.1.1/32	2.2.2.2/32	gre
		Trust	DMZ	192.168.1.0/24	192.168.2.0/24	*
	FW_B	Untrust	Local	1.1.1.1/32	2.2.2.2/32	gre
		DMZ	Trust	192.168.1.0/24	192.168.2.0/24	*
PC_B 访问 PC_A	FW_A	Untrust	Local	2.2.2.2/32	1.1.1.1/32	gre
		DMZ	Trust	192.168.2.0/24	192.168.1.0/24	*
	FW_B	Local	Untrust	2.2.2.2/32	1.1.1.1/32	gre
		Trust	DMZ	192.168.2.0/24	192.168.1.0/24	*

*：此处的应用与具体的业务类型有关，可以根据实际情况配置，如 tcp、udp、icmp 等

在 GRE 场景中，**FW_A 和 FW_B 上的 Tunnel 接口必须加入安全区域，而且 Tunnel 接口所属的安全区域决定了报文在防火墙内部的走向**。如果 Tunnel 接口属于 Trust 区域，那就不需要配置 DMZ<--->Trust 的安全策略，但这样会带来安全风险。因此建议将 Tunnel 接口加入到单独的安全区域，然后配置带有精确匹配条件的安全策略。

（4）最后，将缺省包过滤的动作改为 deny。

在 FW_A 上将域间缺省包过滤的动作设置为 deny。

[FW_A] firewall packet-filter default deny all

在 FW_B 上将域间缺省包过滤的动作设置为 deny。

[FW_B] firewall packet-filter default deny all

以上调测过程虽然有点麻烦，但这样配置出来的安全策略比较精细化，能充分保证防火墙和内网的安全。

5.3 L2TP VPN 的诞生及演进

说到 L2TP VPN 必须先将镜头切到互联网发展初期，那个时代个人用户和企业用户大都通过电话线上网，当然企业分支机构和出差用户一般也通过"电话网络［学名叫作 PSTN（Public Switched Telephone Network）/ISDN（Integrated Services Digital Network）］"来接入总部网络。人们将这种基于 PSTN/ISDN 的 VPN 命名为 VPDN（Virtual Private Dial Network），L2TP VPN 是 VPDN 技术的一种，其他的 VPDN 技术已经逐步退出了历史舞台。

如图 5-19 所示，在传统的基于 PSTN/ISDN 的 L2TP VPN 中，运营商在 PSTN/ISDN 和 IP 网络之间部署 LAC（在 VPDN 里称为 NAS，Network Access Server），集中为多个企业用户提供 L2TP VPN 专线服务，配套提供认证和计费功能。当分支机构和出差员工拨打 L2TP VPN 专用接入号时，接入 Modem 通过 PPP 协议与 LAC 建立 PPP 会话，同时启动认证和计费。认证通过后 LAC 向 LNS 发起 L2TP 隧道和会话协商，企业总部的 LNS 出于安全考虑，再次认证接入用户身份，认证通过后分支机构和出差员工就可以访问总部网络了。

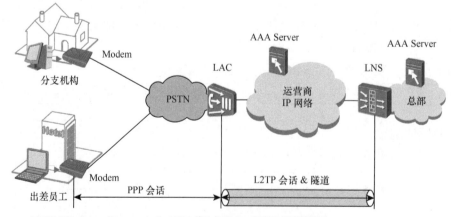

LAC(L2TP Access Concentrator)：L2TP 接入汇聚点，部署在运营商网络
LNS(L2TP Network Server)：L2TP 网络服务器，部署在企业总部出口

图 5-19 基于 PSTN/ISDN 的 L2TP VPN

📖 **说明**

LAC 和 LNS 是 L2TP 协议里的概念，NAS 是 VPDN 里的概念，在 L2TP VPN 中 LAC 实际上就是 NAS。

随着 IP 网络的普及，PSTN/ISDN 网络逐渐退出数据通信领域。企业和个人用户都可以通过以太网直接接入 Internet 了，此时 L2TP VPN 也悄悄地向前"迈了两小步"——看似只有两小步，但这两小步却让 L2TP VPN 这个过气明星留在了风云变化的 IP 舞台上。现今 L2TP VPN 常用场景如图 5-20 所示，从图中我们可以看出 L2TP VPN 已经可以从容地行走在 IP 江湖上了。

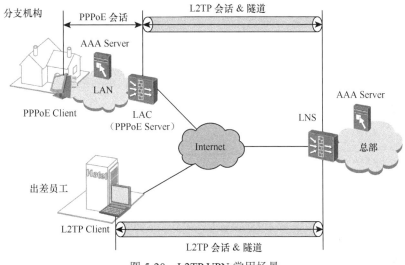

图 5-20　L2TP VPN 常用场景

- **两小步之一——PPP 屈尊落户以太网**。这是拨号网络向以太网演进过程中的必经之路，并非专门为 L2TP VPN 设计，但 L2TP VPN 确实是最大的受益者。分支机构用户安装 PPPoE Client，在以太网上触发 PPPoE 拨号，在 PPPoE Client 和 LAC（PPPoE Server）之间建立 PPPoE 会话。LAC 和 LNS 之间的 L2TP VPN 建立过程没有变化。

- **两小步之二——L2TP 延伸到用户 PC**。这种场景下，PC 可以通过系统自带的 L2TP Client 或第三方 L2TP Client 软件直接拨号与 LNS 建立 L2TP VPN。L2TP Client 摒弃了 LAC 这位"掮客"跟总部直接建立合作关系，看来这种事情在哪里都会发生啊！

这两种场景跟初始 L2TP VPN 场景相比有一个共同特征就是：企业投资买设备，然后借用 Internet 自建 L2TP VPN。这样就可以避开运营商对 VPN 专线业务的收费，减少了长期投资。为区分以上两种 L2TP VPN，前者（基于 LAC 拨号的 L2TP VPN）被称为 NAS-Initiated VPN，后者（客户端直接拨号的 L2TP VPN）被称为 Client-Initiated VPN。下面我们对这两种 L2TP VPN 进行详细介绍。

5.4　L2TP Client-Initiated VPN

现在大家普遍对 PC、PAD 或手机上的各种客户端不太陌生了，最常见的是 PPPoE 客户端，就是大家常说的宽带上网客户端。其次是 VPN 客户端，这种客户端家庭用户不会使用，一般是企业为远程办公员工提供的服务。这里我们主要介绍的是 VPN 客户端中的一种，即 L2TP VPN 客户端。

L2TP VPN 客户端的作用是帮助用户在 PC、PAD 或手机上触发建立一条直通公司总部网络的 L2TP 隧道，实现用户自由访问总部网络的目的，这有点像是掌握了通往地球（总部网络）的"虫洞"入口的都教授可以瞬间自由往来于两个遥远的星球。无论是在现实社会还是在虚拟网络世界，幸福生活似乎只有在消除了时空距离后方能体会，强叔用真实体验告诉大家 Client-Initiated VPN 可以助您轻松过上都教授的幸福生活。

都教授要借助 L2TP VPN 客户端穿越"虫洞"进入公司网络，必然要先通过"门神" LNS 的身份检查（检查手段毫不含糊，用户名称、密码、主机名称、隧道验证应有尽有）。LNS 为通过验证的用户发放特别通行证（公司内网 IP 地址），对试图混入的人说 bye-bye，Client-Initiated VPN 的消息交互中体现的就这样一个简单的思想。为了让大家一目了然，并方便跟下一节的 NAS-Initiated VPN 进行对比，强叔画了一张简图，如图 5-21 所示，然后结合这张图对 L2TP Client 与 LNS 之间的消息交互进行深入剖析。

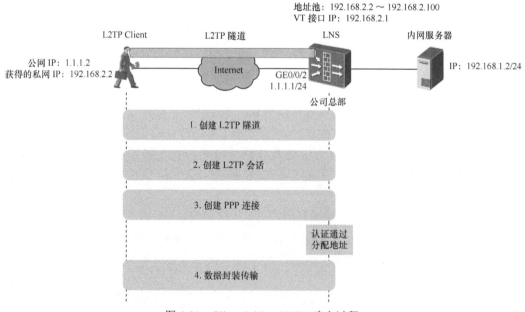

图 5-21　Client-Initiated VPN 建立过程

Client-Initiated VPN 配置如表 5-3 所示，为突出重点，L2TP Client、LNS、内网服务器之间都是直连，省去了路由配置。用户认证也采用了比较简单的本地认证。另外，内网服务器上要配置网关，保证回应给 L2TP Client 的报文能够发送到 LNS。

表 5-3　　　　　　　　　　　　配置 Client-Initiated VPN

配置项	L2TP Client（以 VPN Client 为例）	LNS
配置 L2TP	• 对端 IP 地址：1.1.1.1 • 登录用户（PPP 用户）名：12tpuser • 登录用户（PPP 用户）密码：Admin@123 • 隧道名称（可选）：LNS • PPP 认证模式（PAP/CHAP/EAP，有些客户端默认 CHAP）：CHAP • 隧道验证（可选，有些客户端不支持）：不选中 前三项是必配内容，后三项可能会因客户端不同有所取舍	12tp enable interface Virtual-Template1 　ppp authentication-mode chap 　ip address 192.168.2.1 255.255.255.0 　remote address pool 1 12tp-group 1 undo tunnel authentication allow 12tp virtual-template 1　　//指定 VT 接口 tunnel name LNS　　　　　　　//本端隧道名称
配置 AAA 认证	—	aaa local-user 12tpuser password cipher Admin@ 123 　　　　　　　　　　　　　//本地用户名、密码 local-user 12tpuser service-type ppp //用户的服务类型 ip pool 1 192.168.2.2 192.168.2.100 //地址池

　　大家对 VT 接口应该比较陌生吧？它是用于二层协议通信的逻辑接口，一般在 PPPoE 协议中使用。L2TP 为了适应以太网环境跟 PPPoE 展开了合作，所以大家在这里会发现 VT 接口的身影。有关 VT 接口在 Client-Initiated VPN 中的作用，容强叔一点一点揭开。

　　下面强叔结合抓包情况来讲解一下 Client-Initiated VPN 建立的完整过程。

5.4.1　阶段 1　建立 L2TP 隧道：3 条消息协商进入虫洞时机

　　L2TP Client 和 LNS 通过交互三条消息协商隧道 ID、UDP 端口（LNS 用 1701 端口响应 Client 隧道建立请求）、主机名称、L2TP 的版本、隧道验证（Client 不支持隧道验证时 LNS 的隧道验证功能要关闭，例如 WIN7 操作系统）等参数。

```
 8 10.107729  1.1.1.2    1.1.1.1    L2TP    Control Message - SCCRQ  (tunnel id=0, session id=0)
 9 10.129075  1.1.1.1    1.1.1.2    L2TP    Control Message - SCCRP  (tunnel id=1, session id=0)
10 10.129254  1.1.1.2    1.1.1.1    L2TP    Control Message - SCCCN  (tunnel id=1, session id=0)
```

　　表 5-4 给出了隧道 ID 协商过程，帮助大家理解"协商"的含义。

表 5-4　　　　　　　　　　　　隧道 ID 协商过程

步骤 1 SCCRQ	**L2TP Client**：LNS 兄，用 1 作为 Tunnel ID 跟我通信吧	⊟ Assigned Tunnel ID AVP 　Mandatory: True 　Hidden: False 　Length: 8 　Vendor ID: Reserved (0) 　Type: Assigned Tunnel ID (9) 　Tunnel ID: 1
步骤 2 SCCRP	**LNS**：OK，L2TP Client，你也用 1 作为 Tunnel ID 跟我通信	⊟ Assigned Tunnel ID AVP 　Mandatory: True 　Hidden: False 　Length: 8 　Vendor ID: Reserved (0) 　Type: Assigned Tunnel ID (9) 　Tunnel ID: 1
步骤 3 SCCCN	**L2TP Client**：OK	-

5.4.2　阶段 2　建立 L2TP 会话：3 条消息唤醒虫洞门神

L2TP Client 和 LNS 通过交互三条消息协商 Session ID，建立 L2TP 会话。只有先跟"门神"对上话了，才可能提交身份认证材料呀！

```
11 10.129306  1.1.1.2      1.1.1.1      L2TP    Control Message - ICRQ    (tunnel id=1, session id=0)
12 10.135796  1.1.1.1      1.1.1.2      L2TP    Control Message - ICRP    (tunnel id=1, session id=1)
13 10.135883  1.1.1.2      1.1.1.1      L2TP    Control Message - ICCN    (tunnel id=1, session id=1)
```

表 5-5 给出了 Session ID 协商过程。

表 5-5　　　　　　　　　　　　　　　　　**Session ID 协商过程**

步骤 1 ICRQ	**L2TP Client**：LNS 兄，用 1 作为 Session ID 跟我通信吧	⊟ Assigned Session AVP 　　Mandatory: True 　　Hidden: False 　　Length: 8 　　Vendor ID: Reserved (0) 　　Type: Assigned Session (14) 　　Assigned Session: 1
步骤 2 ICRP	**LNS**：OK，L2TP Client，你也用 1 作为 Session ID 跟我通信	⊟ Assigned Session AVP 　　Mandatory: True 　　Hidden: False 　　Length: 8 　　Vendor ID: Reserved (0) 　　Type: Assigned Session (14) 　　Assigned Session: 1
步骤 3 ICCN	**L2TP Client**：OK	-

5.4.3　阶段 3　创建 PPP 连接：身份认证，发放特别通行证

1. LCP 协商

LCP 协商是两个方向分开协商的，主要协商 MRU 大小。MRU 是 PPP 的数据链路层参数，类似以太网中的 MTU。如果 PPP 链路一端设备发送的报文载荷大于对端的 MRU，这个报文在传送时就会被分片。

```
20 13.147023  1.1.1.1      1.1.1.2      PPP LCP    Configuration Request
21 13.147091  1.1.1.2      1.1.1.1      PPP LCP    Configuration Ack

⊟ PPP Link Control Protocol
    Code: Configuration Request (0x01)
    Identifier: 0x03
    Length: 19
  ⊟ Options: (15 bytes)
    Maximum Receive Unit: 1460
    ⊞ Authentication protocol: 5 bytes
      Magic number: 0xe8969673
```

从图中可知，协商后的 MRU 值是 1 460。

2. PPP 验证

验证方式包括 CHAP、PAP、EAP。CHAP 或 PAP 可以在本地认证，也可在 AAA 服务器上认证；EAP 只能在 AAA 服务器上进行认证。EAP 认证比较复杂，而且不同型号的防火墙支持情况有差异，所以此处仅给出最常用的 CHAP 验证过程。

```
22 13.155308  1.1.1.1      1.1.1.2      PPP CHAP   Challenge (NAME='', VALUE=0x56e153e3a6261b54e5e2a1ed90879403)
23 13.155384  1.1.1.2      1.1.1.1      PPP CHAP   Response (NAME='l2tpuser', VALUE=0xf343eddd3b44b292e14a277dbb91b20d)
24 13.167593  1.1.1.1      1.1.1.2      PPP CHAP   Success (MESSAGE='Welcome to .')
```

表 5-6 给出了经典的 PPP 三次握手验证的过程。

表 5-6		PPP 三次握手过程
步骤 1	**LNS**：L2TP Client，发给你一个"挑战（Challenge）"，用它来加密你的密码吧	⊟ PPP Challenge Handshake Authentication Protocol 　　Code: Challenge (1) 　　Identifier: 1 　　Length: 21 　⊟ Data 　　　Value Size: 16 　　　Value: 56e153e3a6261b54e5e2a1ed90879403
步骤 2	**L2TP Client**：OK，把我的用户名和加密后的密码发给你，请验证	⊟ PPP Challenge Handshake Authentication Protocol 　　Code: Response (2) 　　Identifier: 1 　　Length: 29 　⊟ Data 　　　Value Size: 16 　　　Value: f343eddd3b44b292e14a277dbb91b20d 　　　Name: l2tpuser
步骤 3	**LNS**：验证通过，欢迎来到 PPP 的世界	⊟ PPP Challenge Handshake Authentication Protocol 　　Code: Success (3) 　　Identifier: 1 　　Length: 16 　　Message: Welcome to .

LNS 上配置的用户名和密码是用来验证 Client 的，当然要求"本人"和"签证"完全一致，即要求 L2TP Client 和 LNS 上配置的用户名和密码完全一致。这里详解一下什么叫用户名完全一致。

- 如果在 LNS 上配置的签证为 username（没有 domain），则 L2TP Client 登录的用户名也要是 username。
- 如果在 LNS 上配置的签证为 fullusername（username@default 或 username@ domain），则 L2TP Client 登录的用户名也要是 username@default 或 username@domain。

本例中 LNS 上配置的用户名是 l2tpuser，所以 Client 登录时务必要输入完全一致的用户名。这个道理很简单，但却是大家在配置时常犯的错误。

在 AAA 认证中一定会用到"domain（认证域）"这个概念的，大家肯定会问用户名称后面加上 domain 有何意义？

在大企业中，往往会把不同部门划分到不同 domain 中，然后在 LNS 上根据 domain 给不同部门创建不同的地址池，也就是说不同部门的网段可以通过地址池规划分开，这样方便后续针对不同部门部署不同的安全策略。

3. IPCP 协商，成功后分配 IP 地址

LNS 分配给 L2TP Client 的 IP 地址是 192.168.2.2。

```
30 13.175972 1.1.1.2        1.1.1.1        PPP IPCP   Configuration Request
31 13.185457 1.1.1.1        1.1.1.2        PPP IPCP   Configuration Nak
32 13.185565 1.1.1.2        1.1.1.1        PPP IPCP   Configuration Request
33 13.195612 1.1.1.1        1.1.1.2        PPP IPCP   Configuration Ack

⊟ PPP IP Control Protocol
    Code: Configuration Request (0x01)
    Identifier: 0x02
    Length: 10
  ⊟ Options: (6 bytes)
      IP address: 192.168.2.2
```

看到这里大家应该明白了，LNS 上地址池里的地址就是用来给远端 Client 分配 IP 地址用的，当然应该是私网地址，应该跟其他内网主机地址一样遵循内网 IP 地址规划原则。那么 VT 接口呢？其实 VT 接口也是内网接口，也应该遵循内网 IP 地址规划原则统

一进行规划。IP 地址规划总的原则如下。

- 建议为 VT 口、地址池和总部网络地址分别规划独立的网段，三者的地址不要重叠。
- 如果地址池地址和总部网络地址配置为同一网段，则必须在 LNS 连接总部网络的接口上开启 ARP 代理功能，并且开启 L2TP 虚拟转发功能，保证 LNS 可以对总部内网服务器发出的 ARP 请求进行应答。

假设 LNS 连接总部网络的接口是 GE0/0/1，开启 ARP 代理功能和 L2TP 虚拟转发功能的配置如下。

```
[LNS] interface GigabitEthernet0/0/1
[LNS-GigabitEthernet0/0/1] arp-proxy enable          //开启 ARP 代理功能
[LNS-GigabitEthernet0/0/1] virtual-12tpforward enable //开启 L2TP 虚拟转发功能
```

看完 PPP 认证过程大家应该明白了，L2TP 巧妙地利用了 PPP 的认证功能达到了自己认证远程接入用户的目的。是谁促成了这个合作项目的呢？就是 VT 接口。

```
[LNS] 12tp-group 1
[LNS-12tp1] allow 12tp virtual-template 1
```

就是上面这条命令将 L2TP 与 PPP 联系了起来：VT 接口管理 PPP 认证，L2TP 模块义是 VT 接口的老板，二者的合作就这样实现了！VT 接口只在 L2TP 和 PPP 之间起作用，是个无名英雄，不参与封装，也不需要对外发布，所以其 IP 地址配置成私网 IP 地址即可。

L2TP Client-Initiated VPN 的协商过程远比 GRE VPN 要复杂，总结一下 Client-Initiated VPN 隧道的特点，如下所示。

- L2TP VPN 跟 GRE VPN 有很大不同。GRE VPN 没有隧道协商过程，是没有控制连接和状态的隧道，所以也无法查看隧道、检查隧道状态。但 L2TP VPN 是有控制连接的隧道，可以查看到隧道和会话。
- 如图 5-22 所示，对于 Client-Initiated VPN 来说，L2TP Client 和 LNS 之间存在一条 L2TP 隧道，隧道中只有一条 L2TP 会话，PPP 连接就承载在此 L2TP 会话上。这一点跟下一节要讲的 NAS-Initiated VPN 不同，需要关注一下。

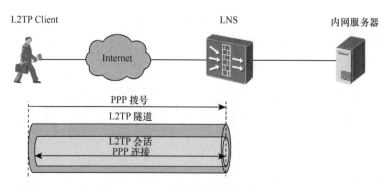

图 5-22　Client-Initiated VPN 中 L2TP 隧道、会话跟 PPP 连接的关系

5.4.4　阶段 4 数据封装传输：穿越虫洞，访问地球

L2TP 隧道建立后，L2TP Client 的数据就可以轻松地进出总部网络了。想把都教授

如何穿越虫洞的过程讲清楚很困难，但是把 L2TP Client 的数据如何穿越 L2TP 隧道达到总部网络的过程讲清楚不太难，这就涉及了 L2TP 数据报文的封装过程。这个过程跟 GRE 报文穿"马甲"脱"马甲"的过程很相似，不同的是马甲的样式有点变化。

```
⊞ Frame 2: 112 bytes on wire (896 bits), 112 bytes captured (896 bits)
⊞ Ethernet II, Src: Vmware_9e:05:57 (00:50:56:9e:05:57), Dst: HuaweiSy_30:00:11 (00:22:a1:30:00:11)
⊞ Internet Protocol, Src: 1.1.1.2 (1.1.1.2), Dst: 1.1.1.1 (1.1.1.1)          公网IP头
⊞ User Datagram Protocol, Src Port: l2f (1701), Dst Port: l2f (1701)          UDP头
⊞ Layer 2 Tunneling Protocol                                                  L2TP头
⊞ Point-to-Point Protocol                                                     PPP头
⊞ Internet Protocol, Src: 192.168.2.2 (192.168.2.2), Dst: 192.168.1.2 (192.168.1.2)   私网IP头
⊞ Internet Control Message Protocol
```

从上面的抓包信息中可以看出 L2TP 报文的封装结构，仔细分析一下可以得到 Client-Initiated VPN 场景下，L2TP 数据报文的封装/解封装过程，如图 5-23 所示。

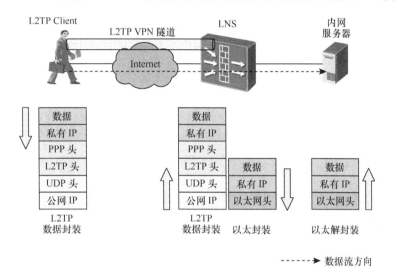

图 5-23　Client-Initiated VPN 报文封装/解封装过程

L2TP Client 发往内网服务器的报文的转发过程如下。

（1）L2TP Client 将原始报文用 PPP 头、L2TP 头、UDP 头、外层公网 IP 头层层封装，成为 L2TP 报文。外层公网 IP 头中的源地址是 L2TP Client 的公网 IP 地址，目的地址是 LNS 的公网接口 IP 地址。

（2）L2TP 报文穿过 Internet 达到 LNS。

（3）LNS 收到报文后，在 L2TP 模块中完成了身份认证和报文的解封装，去掉 PPP 头、L2TP 头、UDP 头和外层 IP 头，还原为原始报文。

（4）原始报文只携带了内层私网 IP 头，内层私网 IP 头中的源地址是 L2TP Client 获取到的私网 IP 地址，目的地址是内网服务器的私网 IP 地址。LNS 根据目的地址查找路由表，然后根据路由匹配结果转发报文。

至此，L2TP Client 可以畅通无阻地访问总部的内网服务器了，但是还有一个问题，从总部的内网服务器到 L2TP Client 的回程报文是如何进入隧道返回 L2TP Client 的，我们似乎并没有配置什么路由将回程报文引导到隧道呀？查看 LNS 上的路由表，发现了一个有趣的现象：LNS 为获得私网 IP 地址的 L2TP Client 自动下发了一条主机路由。

[LNS] display ip routing-table						
Destination/Mask	Proto	Pre	Cost	Flags NextHop		Interface
192.168.2.2/32	**Direct**	**0**	**0**	**D**	**192.168.2.2**	**Virtual-Template1**

这条自动生成的主机路由属于 UNR（User Network Route）路由，目的地址和下一跳都为 LNS 为 L2TP Client 分配的私网 IP 地址，出接口是 VT 口。这条路由就是 LNS 上虫洞的入口，引导去往 L2TP Client 的报文进入隧道。疑问消除，内网服务器返回报文的转发过程也就不难理解了。

（1）LNS 收到内网服务器发来的回程报文后，根据报文的目的地址（L2TP Client 的私网 IP 地址）查找路由，命中 UNR 路由，将回程报文发送至 VT 接口。

（2）回程报文在 L2TP 模块封装 PPP 头、L2TP 头、UDP 头和外层公网 IP 头。

（3）LNS 根据报文外层公网 IP 头中的目的 IP 地址（L2TP Client 的公网 IP 地址）查找路由表，然后根据路由匹配结果转发报文。

以上过程稍有点复杂，回程报文通过两次匹配路由表完成了返回 L2TP Client 的旅程。

上文我们只使用了一个 L2TP Client 来讲解，实际环境中会有多个 L2TP Client 同时穿过虫洞访问总部网络。如果 L2TP Client 已经不满足只访问总部网络，还想访问其他的 L2TP Client，即 L2TP Client 之间实现相互访问，L2TP 能做到吗？别忘了，LNS 是连接多个虫洞的中转站，它上面存在着到各个 L2TP Client 的主机路由。所以通过 LNS 来转发，两个 L2TP Client 之间可以自如访问，如图 5-24 所示。当然，互访的前提是双方要知道 LNS 为对方分配的 IP 地址。这个前提确实不太容易获得，所以 L2TP Client 之间互访的场景也不常见。

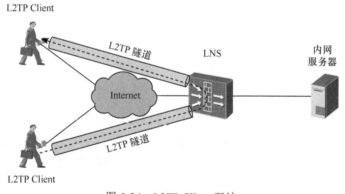

图 5-24　L2TP Client 互访

5.4.5　安全策略配置思路

L2TP Client-Initiated VPN 中安全策略的总体配置思路与 GRE 中安全策略的配置思路相同，只是把 Tunnel 接口换成了 VT 接口而已。

如图 5-25 所示，我们假设在 LNS 上，GE0/0/1 接口连接总部私网，属于 Trust 区域；GE0/0/2 接口连接 Internet，属于 Untrust 区域；VT 接口属于 DMZ 区域。LNS 为 L2TP Client 分配的 IP 地址为 192.168.2.2。

安全策略的配置过程如下。

（1）我们先配置一个最宽泛的域间安全策略，以便调测 L2TP VPN。

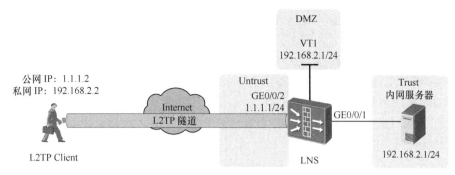

图 5-25　Client-Initiated VPN 安全策略配置组网图

在 LNS 上将域间缺省包过滤的动作设置为 permit。

[LNS] firewall packet-filter default permit all

（2）配置好 L2TP 后，在 L2TP Client 上 ping 内网服务器，然后查看会话表。

```
[LNS] display firewall session table verbose
 Current Total Sessions : 2
  l2tp   VPN:public --> public
  Zone: untrust--> local   TTL: 00:02:00   Left: 00:01:58
  Interface: InLoopBack0   NextHop: 127.0.0.1   MAC: 00-00-00-00-00-00
  <--packets:20 bytes:1120   -->packets:55 bytes:5781
  1.1.1.2:1701-->1.1.1.1:1701

  icmp   VPN:public --> public
  Zone: dmz--> trust   TTL: 00:00:20   Left: 00:00:01
  Interface: GigabitEthernet0/0/1   NextHop: 192.168.1.2   MAC: 20-0b-c7-25-6d-63
  <--packets:5 bytes:240   -->packets:5 bytes:240
  192.168.2.2:1024-->192.168.1.2:2048
```

从上述信息可知，L2TP Client 可以 ping 通内网服务器，L2TP 会话也正常创建。

（3）分析会话表得到精细化的安全策略的匹配条件。

从会话表中我们可以看到两条流，一条是 Ontrust-->Local 之间的 L2TP 报文，一条是 DMZ-->Trust 之间的 ICMP 报文，由此我们可以得到 LNS 上的报文走向，如图 5-26 所示。

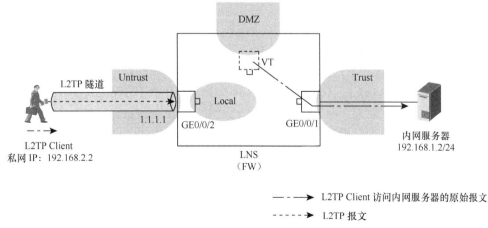

图 5-26　LNS 上的报文走向

由上图可知，LNS 上需要配置 DMZ 区域—>Trust 区域的安全策略允许 L2TP Client 访问内网服务器的报文通过，同时还需要配置 Untrust 区域—>Local 区域的安全策略，允许 L2TP Client 与 LNS 建立 L2TP 隧道。

L2TP 隧道建立后，内网服务器发送给 L2TP Client 的回程报文在 LNS 上的走向与 L2TP Client 访问内网服务器时的报文走向相反，不再赘述。

综上所述，LNS 上应该配置的安全策略匹配条件如表 1 所示，我们按照表中的匹配条件配置精确的安全策略。

表 5-7   LNS 的安全策略匹配条件

业务方向	源安全区域	目的安全区域	源地址	目的地址	应用
L2TP Client 访问内网服务器	Untrust	Local	ANY	1.1.1.1/32	l2tp
	DMZ	Trust	192.168.2.2～192.168.2.100（地址池地址）	192.168.1.0/24	*
内网服务器访问 L2TP Client	Trust	DMZ	192.168.1.0/24	192.168.2.2～192.168.2.100（地址池地址）	*

*：此处的应用与具体的业务类型有关，可以根据实际情况配置，如 tcp、udp、icmp 等

📖 说明

该场景中，LNS 只是被动接收 L2TP Client 建立隧道的请求，并不会主动向 L2TP Client 发起建立隧道的请求，所以在 LNS 上针对 L2TP 隧道只需配置 Untrust--->Local 的安全策略。

可见，在 Client-Initiated 方式的 L2TP VPN 场景中，**LNS 上的 VT 接口必须加入安全区域，而且 VT 接口所属的安全区域决定了报文在防火墙内部的走向**。如果 VT 接口属于 Trust 区域，那就不需要配置 DMZ<--->Trust 的安全策略，但这样会带来安全风险。因此建议将 VT 接口加入到单独的安全区域，然后配置带有精确匹配条件的安全策略。

（4）最后，将缺省包过滤的动作改为 deny。

[LNS] firewall packet-filter default deny all

5.5   L2TP NAS-Initiated VPN

上节中我们讲过，Client-Initiated VPN 可以让企业出差员工像都教授一样穿越"虫洞"，来去自如地访问总部网络。而企业分支机构用户就没有这么幸运，它们一般通过拨号网络接入 Internet，面对浩瀚的 Internet 海洋，没有能力找到"虫洞"的入口，只能望洋兴叹。即使拨号网络演进到以太网，也只是解决了本地接入 Internet 的问题，无法访问总部网络。难道分支机构用户注定与总部网络无缘了吗？

幸好 LAC 横空出世，帮助分支机构解决了这一难题。一方面，LAC 作为 PPPoE Server，分支机构用户作为 PPPoE Client 与 LAC 建立 PPPoE 连接，让 PPP 欢快地跑在以太网上；另一方面，LAC 作为 LNS 的"中介"，为分支机构提供"虫洞"的入口，在

分支机构用户看来，通过 LAC 这扇传送门就可以到达总部网络。

因为在 VPDN 里 LAC 还有一个别名叫作 NAS，所以这种 L2TP VPN 也称为 NAS-Initiated VPN。可能把 NAS-Initiated VPN 改为 LAC-Initiated VPN 大家更习惯一些，因为组网图中明明标的是 LAC，却非得叫一个已经搁置不用的"曾用名"，这对于后来者而言确实有点不明所以。

NAS-Initiated VPN 的建立过程有点小复杂，为了便于记忆强叔给大家画了一张简图，如图 5-27 所示，方便后续对着这张图一一道来。

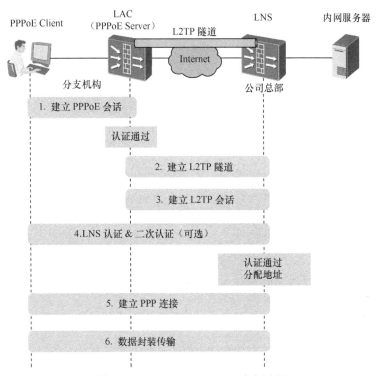

图 5-27　NAS-Initiated VPN 建立过程

为了复习一下 PPPoE 的相关知识，我们用一台防火墙作为 PPPoE Client，模拟 PC 的 PPPoE Client，如图 5-28 所示。

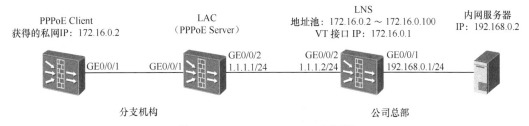

图 5-28　NAS-Initiated VPN 组网图

为突出重点，PPPoE Client、LAC、LNS、内网服务器之间都是直连，省去了路由配置。用户认证也采用了比较简单的本地认证。另外，内网服务器上要配置网关，保证回应给 PPPoE Client 的报文能够发送到 LNS。

5.5.1　阶段 1　建立 PPPoE 连接：拨号口呼唤 VT 口

PPP 屈尊落户以太网变为 PPPoE 后，为了在以太网上模拟 PPP 的拨号过程，PPPoE 发明了两个虚拟接口——Dialer 接口和 VT 接口。防火墙作上运行 PPPoE 时也用到了这两个接口，防火墙作为 PPPoE Client 时用到了 Dialer 接口，防火墙作为 PPPoE Server 时用到了 VT 接口，在这两个接口上配置 PPPoE 相关参数，如表 5-8 所示。

表 5-8　　　　　　　　　　　配置 NAS-Initiated VPN 的 PPPoE 部分

PPPoE Client	PPPoE Server（LAC）
interface dialer 1 　dialer user user1 　dialer-group 1 　dialer bundle 1 　ip address ppp-negotiate　//协商模式下实现 IP 地址动态分配 　ppp chap user user1　//PPPoE Client 的用户名 　ppp chap password cipher Password1　//PPPoE Client 的密码 dialer-rule 1 ip permit interface GigabitEthernet0/0/1 　pppoe-client dial-bundle-number 1　//在物理接口上启用 PPPoE Client 并绑定 dial-bundle	interface Virtual-Template 1 　ppp authentication-mode chap interface GigabitEthernet 0/0/1 　pppoe-server bind virtual-template 1　//在物理接口 上启用 PPPoE Server 并绑定 VT 接口 aaa 　local-user user1 password Password1 　local-user user1 service-type ppp

PPPoE Server（LAC）上的 VT 接口只完成了 PPPoE 的本职工作，为 PPPoE Server 提供 PPP 认证功能，没有肩负与 L2TP 的合作职能。

在 L2TP 中，用户的 IP 地址都是由总部（LNS 或 AAA 服务器）统一进行分配的，所以 LAC 上不需要配置地址池（即使配置了地址池，在 L2TP 隧道已经建立的情况下，也会优先使用总部的地址池进行地址分配），而普通的 PPPoE 拨号则必须在 PPPoE Server 上配置地址池。

下面通过抓包来分析 PPPoE 连接的建立过程。

这里重点介绍 PPPoE 发现阶段的协商过程，如表 5-9 所示，PPPoE Client 和 PPPoE Server 之间通过交互 PADI、PADO、PADR 和 PADS 报文，确定对方以太网地址和 PPPoE 会话 ID。

表 5-9　　　　　　　　　　　PPPoE 发现阶段的协商过程

步骤 1 **PADI**	**PPPoE Client**：广播广播，我想接入 PPPoE，谁来帮帮我	

（续表）

步骤 2 PADO	**PPPoE Server**：PPPoE Client，找我呀，我可以帮助你	□ PPP-over-Ethernet Discovery 　　0001 .... = version: 1 　　.... 0001 = Type: 1 　　Code: Active Discovery Offer (PADO) (0x07) 　　Session ID: 0x0000 　　Payload Length: 29 　⊞ PPPoE Tags
步骤 3 PADR	**PPPoE Client**：太好了，PPPoE Server，我想跟你建立 PPPoE 会话	□ PPP-over-Ethernet Discovery 　　0001 .... = version: 1 　　.... 0001 = Type: 1 　　Code: Active Discovery Request (PADR) (0x19) 　　Session ID: 0x0000 　　Payload Length: 29 　⊞ PPPoE Tags
步骤 4 PADS	**PPPoE Server**：没问题，我把会话 ID 发给你，我们就用这个 ID 建立 PPPoE 会话吧	□ PPP-over-Ethernet Discovery 　　0001 .... = version: 1 　　.... 0001 = Type: 1 　　Code: Active Discovery Session-confirmation (PADS) (0x65) 　　Session ID: 0x0001 　　Payload Length: 29 　⊞ PPPoE Tags

然后经过 PPP LCP 协商和 PPP CHAP 认证，PPPoE 连接就建立起来了。

5.5.2　阶段 2　建立 L2TP 隧道：3 条消息协商进入虫洞时机

首先来看一下 LAC 和 LNS 的具体配置，如表 5-10 所示。

表 5-10　　　　　　　　　　配置 NAS-Initiated VPN 的 L2TP 部分

LAC	LNS
12tp enable 12tp-group 1 　tunnel authentication　　//避免假冒 LAC 接入 LNS 　tunnel password cipher Password1 　tunnel name lac 　start 12tp ip 1.1.1.2 fullusername user1　　//指定隧道对端地址	12tp enable interface Virtual-Template 1 　ppp authentication-mode chap 　ip address 172.16.0.1 255.255.255.0 　remote address pool 1 12tp-group 1 　tunnel authentication　　//避免假冒 LAC 接入 LNS 　tunnel password cipher Password1 　allow 12tp virtual-template 1 remote lac　　//指定 VT 接口并允许远端 LAC 接入 aaa 　local-user user1 password Password1 　local-user user1 service-type ppp 　ip pool 1 172.16.0.2 172.16.0.100

LAC 和 LNS 通过交互 3 条消息协商 L2TP 隧道，这个过程我们在"5.4 L2TP Client-Initiated VPN"中已经介绍过了，这里再复习一遍，抓包信息如下。

```
1 0.000000  1.1.1.1   1.1.1.2   L2TP    Control Message - SCCRQ   (tunnel id=0, session id=0)
2 0.000000  1.1.1.2   1.1.1.1   L2TP    Control Message - SCCRP   (tunnel id=1, session id=0)
3 0.000000  1.1.1.1   1.1.1.2   L2TP    Control Message - SCCCN   (tunnel id=1, session id=0)
```

隧道 ID 协商过程如表 5-11 所示。

表 5-11 　　　　　　　　　　　　　　　隧道 **ID** 协商过程

步骤 1 SCCRQ	**LAC**：LNS，使用 1 作为 Tunnel ID 跟我通信吧	⊟ Assigned Tunnel ID AVP 　Mandatory: True 　Hidden: False 　Length: 8 　Vendor ID: Reserved (0) 　Type: Assigned Tunnel ID (9) 　Tunnel ID: 1
步骤 2 SCCRP	**LNS**：OK。LAC，你也用 1 作为 Tunnel ID 跟我通信	⊟ Assigned Tunnel ID AVP 　Mandatory: True 　Hidden: False 　Length: 8 　Vendor ID: Reserved (0) 　Type: Assigned Tunnel ID (9) 　Tunnel ID: 1
步骤 3 SCCCN	**LAC**：OK	—

5.5.3　阶段 3　建立 L2TP 会话：3 条消息唤醒虫洞门神

LAC 和 LNS 通过交互 3 条消息协商 Session ID，建立 L2TP 会话。同样，我们再复习一遍这个过程，抓包信息如下。

```
4 0.000000   1.1.1.1    1.1.1.2    L2TP    Control Message - ICRQ    (tunnel id=1, session id=0)
5 0.000000   1.1.1.2    1.1.1.1    L2TP    Control Message - ICRP    (tunnel id=1, session id=4)
6 0.000000   1.1.1.1    1.1.1.2    L2TP    Control Message - ICCN    (tunnel id=1, session id=4)
```

表 5-12 给出了 Session ID 协商过程。

表 5-12 　　　　　　　　　　　　　　**Session ID** 协商过程

步骤 1 ICRQ	**LAC**：LNS，使用 4 作为 Session ID 跟我通信吧	⊟ Assigned Session AVP 　Mandatory: True 　Hidden: False 　Length: 8 　Vendor ID: Reserved (0) 　Type: Assigned Session (14) 　Assigned Session: 4
步骤 2 ICRP	**LNS**：OK，LAC，你也使用 4 作为 Session ID 跟我通信吧	⊟ Assigned Session AVP 　Mandatory: True 　Hidden: False 　Length: 8 　Vendor ID: Reserved (0) 　Type: Assigned Session (14) 　Assigned Session: 4
步骤 3 ICCN	**LAC**：OK	—

5.5.4　阶段 4 ~ 5　LNS 认证，分配 IP 地址：LNS 冷静接受 LAC

1. LNS 认证 & 二次认证（可选）

LAC 将用户信息发给 LNS 进行验证，但 LNS 清醒认识到 LAC "中介" 的本来面目，对此 LNS 有 3 种态度。

- LAC 代理认证：相信 LAC 是可靠的，直接对 LAC 发来的用户信息进行验证。
- 强制 CHAP 认证：不相信 LAC，要求重新对用户进行 "资格审查"（强制重新对用户进行 CHAP 验证）。
- LCP 重协商：不仅不相信 LAC，还对前面签订的业务合同不满，要求跟用户重新 "洽谈业务"（重新发起 LCP 协商，协商 MRU 参数和认证方式）。

后两种方式统称为 LNS 二次认证，若 LNS 配置二次认证而 PPPoE Client 不支持二次认证，将会导致 L2TP VPN 无法建立。两种二次认证的共同特征是 LNS 都绕过了 LAC 直接验证 PPPoE Client 提供的用户信息，可以为 VPN 业务提供了更高的安全保障。3 种认证方式的配置方法如表 5-13 所示。

表 5-13　　　　　　　　　　　　配置 NAS-Initiated VPN 的 LNS 认证部分

认证方式	配置方法	抓包分析
LAC 代理 认证 ★	缺省，不用配置	`1.1.1.2    1.1.1.1    PPP CHAP    Success (MESSAGE='welcome to .'` LNS 直接对 LAC 发来的用户信息进行验证，验证通过即成功建立 PPP 连接

强制 CHAP
认证
★★
	l2tp-group 1
	　mandatory-chap
		`1.1.1.1 1.1.1.1  PPP CHAP   Challenge (NAME='', VALUE=0xeb52bbb7eb6aee6aad516f044de419a0)`
		`1.1.1.1 1.1.1.1  L2TP       Control Message - SLI    (tunnel id=1, session id=8)`
		`1.1.1.1 1.1.1.1  PPP CHAP   Response (NAME='user1', VALUE=0x4a045149d6946c7d6abeb79dd0de900f)`
		`1.1.1.1 1.1.1.1  PPP CHAP   Success (MESSAGE='welcome to .')`
		LNS 重新对用户进行 CHAP 验证，LNS 发送挑战，PPPoE Client 使用挑战将用户名和加密后的密码发给 LNS，LNS 验证通过成功建立 PPP 连接

LCP 重协商
★★★
	interface virtual-template 1
	ppp authentication-mode chap
	// 指定重协商后的验证方式
	l2tp-group 1
	　mandatory-lcp
		`1.1.1.2 1.1.1.1  PPP LCP    Configuration Request`
		`1.1.1.1 1.1.1.2  PPP LCP    Configuration Nak`
		`1.1.1.1 1.1.1.2  PPP LCP    Configuration Request`
		`1.1.1.2 1.1.1.1  PPP LCP    Configuration Ack`
		`1.1.1.2 1.1.1.1  PPP CHAP   Challenge (NAME='', VALUE=0x6503e0f056b5f8dead117f30bb91bb08)`
		`1.1.1.1 1.1.1.1  L2TP       Control Message - SLI    (tunnel id=1, session id=11)`
		`1.1.1.1 1.1.1.1  L2TP       Control Message - ZLB    (tunnel id=1, session id=0)`
		`1.1.1.2 1.1.1.1  PPP CHAP   Response (NAME='user1', VALUE=0x7aacfd7fc59af0c00b78a7ee8c990df1)`
		`1.1.1.1 1.1.1.2  PPP CHAP   Success (MESSAGE='welcome to .')`
		LNS 重新发起 LCP 协商，协商 MRU 参数和认证方式，然后进行 CHAP 验证，验证通过即成功建立 PPP 连接

★代表优先级，三种方式同时配置时 LCP 重协商优先级最高

2. 分配 IP 地址

通过 PPP IPCP 协商，LNS 为 PPPoE Client 分配 IP 地址。

```
13 0.000000  1.1.1.1   1.1.1.2   PPP IPCP   Configuration Request
14 0.000000  1.1.1.2   1.1.1.1   PPP IPCP   Configuration Nak
15 0.000000  1.1.1.1   1.1.1.2   PPP IPCP   Configuration Ack
16 0.000000  1.1.1.1   1.1.1.2   PPP IPCP   Configuration Request
17 0.000000  1.1.1.2   1.1.1.1   PPP IPCP   Configuration Ack
```

```
- PPP IP Control Protocol
    Code: Configuration Ack (0x02)
    Identifier: 0x02
    Length: 10
  - Options: (6 bytes)
      IP address: 172.16.0.2
```

关于地址池地址的规划问题，我们在 "5.4 L2TP Client-Initiated VPN" 中也讲过，大家可以回顾一下。

总结一下 NAS-Initiated VPN 隧道的特点，如下所示。

如图 5-29 所示，在 NAS-Initiated VPN 中，一对 LNS 和 LAC 之间可建立多条隧道（每个 L2TP 组建立一个），每条隧道中都可承载多个会话，也就是由每个 LAC 去承载所属分支结构中所有拨号用户的会话，例如接入用户 1 与 LNS 之间建立 PPP 连接 1 和 L2TP 会话 1，接入用户 2 与 LNS 之间建立 PPP 连接 2 和 L2TP 会话 2。当一个用户拨号后，触发 LAC 和 LNS 之间建立隧道。只要此用户尚未下线，则其余用户拨号时，会在已有隧道基础上建立会话，而并非重新触发建立隧道。

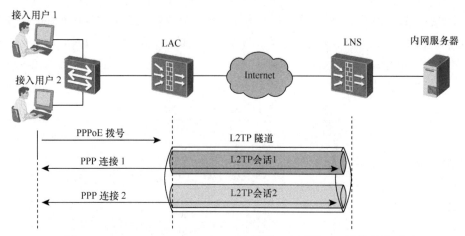

图 5-29　NAS-Initiated VPN 中 L2TP 隧道、会话跟 PPP 连接的关系

5.5.5　阶段 6　数据封装传输：一路畅通

　　PPPoE Client 访问总部服务器的报文到达 LAC 后，LAC 为报文穿上三层"马甲"，即 L2TP 头、UDP 头和公网 IP 头，然后发送到 LNS。LNS 收到报文后，脱去这三层"马甲"，将报文转发至内网服务器。

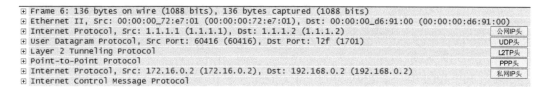

　　NAS-Initiated VPN 场景下，报文的封装和解封装的过程如图 5-30 所示。

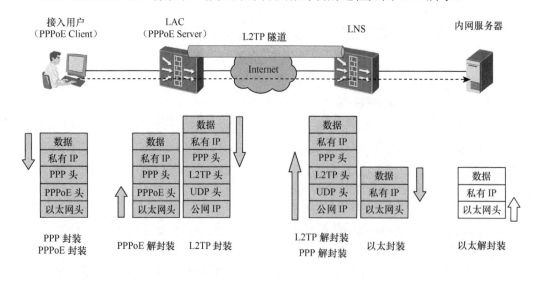

图 5-30　NAS-Initiated VPN 报文封装过程

与 Client-Initiated VPN 相同，NAS-Initiated VPN 场景中，LNS 也会为获得私网 IP 地址的 PPPoE Client 自动下发了一条主机路由（UNR 路由），用于指导内网服务器到 PPPoE Client 的回程报文进入隧道。

5.5.6　安全策略配置思路

相比 Client-Initiated VPN，NAS-Initiated VPN 的安全策略配置要更麻烦一些，因为在 LAC 和 LNS 上都要配置，但配置思路是相似的。

如图 5-31 所示，我们假设在 LAC 上，GE0/0/2 接口连接 Internet，属于 Untrust 区域。在 LNS 上，GE0/0/1 接口连接私网，属于 Trust 区域；GE0/0/2 接口连接 Internet，属于 Untrust 区域；**VT 接口属于 DMZ 区域**。LNS 为 PPPoE Client 分配的 IP 地址是 172.16.0.2。

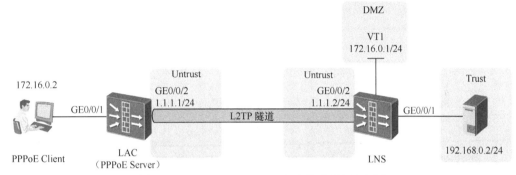

图 5-31　NAS-Initiated VPN 安全策略配置组网图

安全策略的配置过程如下。

（1）我们先配置一个最宽泛的域间安全策略，以便调测 L2TP VPN。

在 LAC 上将域间缺省包过滤的动作设置为 permit。

> [LAC] firewall packet-filter default permit all

在 LNS 上将域间缺省包过滤的动作设置为 permit。

> [LNS] firewall packet-filter default permit all

（2）LAC 和 LNS 上配置好 L2TP 后，在 PPPoE Client 上 ping 内网服务器，然后在 LAC 和 LNS 上查看会话表。

- LAC 上的会话表

> [LAC] display firewall session table verbose
> Current Total Sessions : 1
>   l2tp　VPN:public --> public
>   **Zone: local--> untrust**　TTL: 00:02:00　Left: 00:01:52
>   Interface: GigabitEthernet0/0/2　NextHop: 1.1.1.2　MAC: 00-00-00-53-62-00
>   <--packets:26 bytes:1655　-->packets:11 bytes:900
>   **1.1.1.1:60416-->1.1.1.2:1701**

分析会话表得到 LAC 上的报文走向，如图 5-32 所示。

LAC 上没有 ICMP 会话，只有一条 L2TP 会话。所以 LAC 上需要配置 Local 区域—Untrust 区域的安全策略，允许 LAC 与 LNS 建立 L2TP 隧道。而 **PPPoE Client 访问内部服务器的报文，会被封装到 PPPoE 报文中，LAC 收到 PPPoE 报文后直接封装到**

L2TP 报文中，进入 **L2TP** 隧道，不受安全策略的控制。因此在 LAC 上只需配置 Local 区域—>Untrust 区域的安全策略。

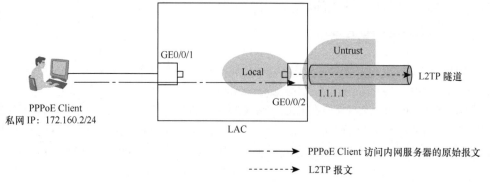

图 5-32　LAC 上的报文走向

- LNS 的会话表

```
[LNS] display firewall session table verbose
 Current Total Sessions : 2
   l2tp    VPN:public --> public
   Zone: untrust--> local   TTL: 00:02:00   Left: 00:01:52
   Interface: InLoopBack0   NextHop: 127.0.0.1   MAC: 00-00-00-00-00-00
   <--packets:18 bytes:987    -->packets:23 bytes:2057
   1.1.1.1:60416-->1.1.1.2:1701

   icmp    VPN:public --> public
   Zone: dmz--> trust   TTL: 00:00:20   Left: 00:00:00
   Interface: GigabitEthernet0/0/1   NextHop: 192.168.0.2   MAC: 54-89-98-62-32-60
   <--packets:4 bytes:336     -->packets:5 bytes:420
   172.16.0.2:52651-->192.168.0.2:2048
```

LNS 上有两条会话，一条 L2TP 会话，一条 ICMP 会话。分析会话表得到 LNS 上的报文走向，如图 5-33 所示。

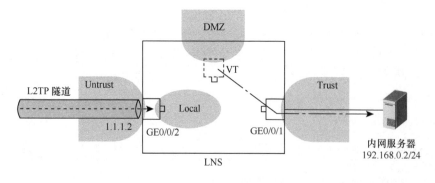

图 5-33　LNS 上的报文走向

由上图可知，LNS 上需要配置 DMZ 区域—>Trust 区域的安全策略，允许 PPPoE Client 访问内网服务器的报文通过；还需要配置 Untrust 区域—>Local 区域的安全策略，允许 LAC 与 LNS 建立 L2TP 隧道。

L2TP 隧道建立后，内网服务器向 PPPoE Client 发起访问时，报文走向与 PPPoE Client 访问服务器时的走向相反，不再赘述。

综上所述，LAC 和 LNS 上应该配置的安全策略匹配条件如表 5-14 所示，我们按照表中的匹配条件配置精确的安全策略。

表 5-14　　　　　　　　　　　　　LAC 和 LNS 的的安全策略匹配条件

业务方向	设备	源安全区域	目的安全区域	源地址	目的地址	应用
PPPoE Client 访问服务器	LAC	Local	Untrust	1.1.1.1/32	1.1.1.2/32	12tp
	LNS	Untrust	Local	1.1.1.1/32	1.1.1.2/32	12tp
		DMZ	Trust	172.16.0.2～172.16.0.100（地址池地址）	192.168.0.0/24	*
服务器访问 PPPoE Client	LNS	Trust	DMZ	192.168.0.0/24	172.16.0.2～172.16.0.100（地址池地址）	*

*：此处的应用与具体的业务类型有关，可以根据实际情况配置，如 tcp、udp、icmp 等

📖 说明

该场景中，LNS 只是被动接收 LAC 建立隧道的请求，并不会主动向 LAC 发起建立隧道的请求，所以在 LNS 上针对 L2TP 隧道只需配置 Untrust-->Local 的安全策略。

可见，在 NAS-Initiated 方式的 L2TP VPN 中，**LNS 上的 VT 接口必须加入安全区域，而且 VT 接口所属的安全区域决定了报文在设备内部的走向**。如果 VT 接口属于 Trust 区域，那就不需要配置 DMZ<--->Trust 的安全策略，但这样会带来安全风险。因此建议将 VT 接口加入到单独的安全区域，然后配置带有精确匹配条件的安全策略。

（3）最后，将缺省包过滤的动作改为 deny。

在 LAC 上将域间缺省包过滤的动作设置为 deny。

[LAC] firewall packet-filter default deny all

在 LNS 上将域间缺省包过滤的动作设置为 deny。

[LNS] firewall packet-filter default deny all

NAS-Initiated VPN 中，分支机构用户必须拨号才能使用 L2TP VPN，报文还要封装成 PPPoE，太麻烦了。况且拨号网络逐渐消失，以太网一统江湖，分支机构用户就不能直接在以太网上访问总部网络吗？当然可以，人类偷懒的需求才是科技进步的原动力。下节强叔就为大家介绍 LAC-Auto-Initiated VPN，由 LAC 自动拨号到 LNS，省去了分支机构员工拨号的过程，堪称最省事的 L2TP VPN。

5.6　L2TP LAC-Auto-Initiated VPN

LAC-Auto-Initiated VPN 也叫作 LAC 自动拨号 VPN，顾名思义，在 LAC 上配置完成后，LAC 会自动向 LNS 发起拨号，建立 L2TP 隧道和会话，不需要分支机构用户拨号

来触发。对于分支机构用户来说，访问总部网络就跟访问自己所在的分支机构网络一样，完全感觉不到自己是在远程接入。但是这种方式下 LNS 只对 LAC 进行认证，分支机构用户只要能连接 LAC 即可以使用 L2TP 隧道接入总部，与 NAS-Initiated VPN 相比安全性要差一些。

5.6.1　LAC-Auto-Initiated VPN 原理及配置

如图 5-34 所示，LAC-Auto-Initiated VPN 的建立过程与 Client-Initiated VPN 类似，只不过在 LAC-Auto-Initiated VPN 中，LAC 取代了 Client-Initiated VPN 中 L2TP Client 的角色。

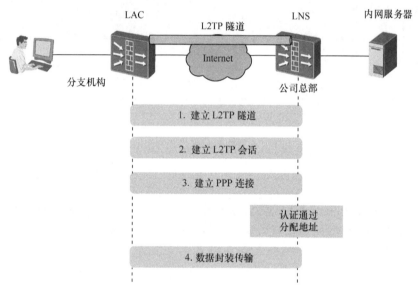

图 5-34　LAC-Auto-Initiated VPN 建立过程

各个阶段的建立过程与 Client-Initiated VPN 的建立过程大同小异，大家可以温习"5.4 L2TP Client-Initiated VPN"，强叔在这里就不多说了。需要注意的一点是，在阶段 3 中，LNS 只对 LAC 进行验证，验证通过后为 LAC 的 VT 接口分配 IP 地址，而不是为分支机构用户分配 IP 地址。虽然 LNS 不为分支机构分配 IP 地址，但是并不代表分支机构的 IP 地址可以随意配置。为了保证分支机构网络与总部网路之间正常访问，请为分支机构网络和总部网络规划各自独立的私网网段，要求二者的网段地址不能重叠。

LAC-Auto-Initiated VPN 的配置也不复杂，我们搭建图 5-35 所示的网络。

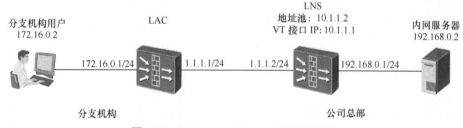

图 5-35　LAC-Auto-Initiated VPN 组网图

LAC 和 LNS 的配置如表 5-15 所示，为突出重点，LAC、LNS、内网服务器之间都是直连，省去了路由配置。用户认证也采用了比较简单的本地认证。另外，分支机构用户和内网服务器上都要配置网关，保证双方互访的报文能够发送到 LAC 和 LNS。

表 5-15　　　　　　　　　　　　配置 L2TP LAC-Auto-Initiated VPN

LAC	LNS
12tp enable 12tp-group 1 　tunnel authentication 　tunnel password cipher Password1 　tunnel name lac 　start 12tp ip 1.1.1.2 fullusername lac //指定隧道对端地址 interface Virtual-Template 1 　ppp authentication-mode chap 　ppp chap user lac 　ppp chap password cipher Password1 　ip address ppp-negotiate 　call-lns local-user lac binding 12tp-group 1　//LAC 向 LNS 发起拨号 ip route-static 192.168.0.0 255.255.255.0 Virtual-Template 1 //配置去往总部网络的静态路由，此处与 Client-Initiated VPN 以及 NAS-Initiated VPN 不同，LAC 上必须配置该条路由，指引分支机构用户访问总部网络的报文进入 L2TP 隧道	12tp enable interface Virtual-Template 1 　ppp authentication-mode chap 　ip address 10.1.1.1 255.255.255.0 　remote address pool 1 12tp-group 1 　tunnel authentication 　tunnel password cipher Password1 　allow 12tp virtual-template 1 remote lac　//允许远端接入 aaa 　local-user lac password Password1 　local-user lac service-type ppp ip pool 1 10.1.1.2　//由于 LNS 只为 LAC 分配地址，因此地址池中只需配置一个 IP 地址 ip route-static 172.16.0.0 255.255.255.0 Virtual-Template 1 //配置去往分支机构网络的静态路由，如果 LAC 上配置了源 NAT，则无需配置该条路由，详细情况后文介绍

总结一下 LAC-Auto-Initiated VPN 隧道的特点，如下所示。

如图 5-36 所示，LAC-Auto-Initiated VPN 场景中，LAC 和 LNS 之间建立一条永久的隧道，且仅承载一条永久的 L2TP 会话和 PPP 连接。L2TP 会话和 PPP 连接只存在于 LAC 和 LNS 之间。

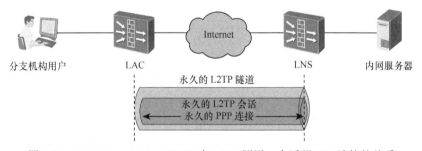

图 5-36　LAC-Auto-Initiated VPN 中 L2TP 隧道、会话跟 PPP 连接的关系

LAC-Auto-Initiated VPN 的 PPP 封装和 L2TP 封装仅限于 LAC 和 LNS 之间的报文交互，如图 5-37 所示。

另外，还有一个需要重点关注的问题是回程报文如何进入隧道。与 Client-Initiated VPN 以及 NAS-Initiated VPN 不同，在 LAC-Auto-Initiated VPN 中，LNS 只下发了一条目的地址为 LAC 的 VT 接口地址的 UNR 路由，并没有去往分支机构网络的路由。对此 LNS 振振有词："我只对我分配出去的 IP 地址负责，所以保证可以到达对端 LAC 的 VT 接口。分支机构网络的地址不是我分配的，我甚至都不知道它们的地址是什么，因此只能说抱歉。"

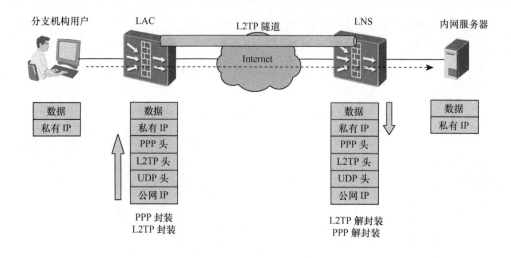

图 5-37　LAC-Auto-Initiated VPN 报文封装过程

那么如何解决这个问题呢？最简单方法就是在 LNS 手动配置一条去往分支机构网络的静态路由，指引回程报文进入隧道。

[LNS] **ip route-static 172.16.0.0 255.255.255.0 Virtual-Template 1**

除了配置静态路由之外，还有没有其他方法呢？强叔突然灵光一现，还记得我们之前讲过的 NAT 吧！既然 LNS 只认它分配的 IP 地址，那我们就在 LAC 上配置源 NAT 功能，把分支机构用户访问总部网络报文的源地址都转换成 VT 接口的地址，即 Easy-IP 方式的源 NAT。LNS 收到回程报文后，发现目的地址是 LAC 的 VT 接口的 IP 地址，就会按照直连路由进入隧道转发，这样就无需在 LNS 上配置静态路由了。

如图 5-38 所示，下面强叔就以实际组网为例，介绍一下 LAC 上配置了源 NAT 后，分支机构用户访问总部服务器时的报文封装与解封装全过程如下。

（1）LAC 收到分支机构用户访问总部服务器的原始报文后，根据目的地址查找路由，命中我们手动配置的静态路由，将报文发送至 VT 接口。

（2）LAC 在 VT 接口对原始报文进行 NAT 转换，将源地址转换成 VT 接口的地址，然后为报文封装 PPP 头、L2TP 头和公网地址。LAC 根据公网目的地址查找路由，将封装后的报文发送至 LNS。

（3）LNS 收到报文后，剥离掉 PPP 头、L2TP 头，根据目的地址查找路由（此处为直连路由），然后将报文发送至总部服务器。

（4）LNS 收到总部服务器的回程报文后，根据目的地址查找路由，命中 LNS 自动下发的路由，将报文发送至 VT 接口。

（5）报文在 VT 接口封装 PPP 头、L2TP 头和公网地址，LNS 根据公网目的地址查找路由，将封装后的报文发送至 LAC。

（6）LAC 收到报文后，剥离掉 PPP 头、L2TP 头，将报文的目的地址转换成分支机构用户的地址，然后将报文发送至分支机构用户。

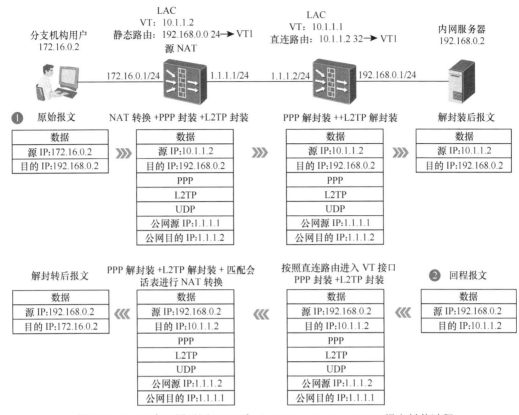

图 5-38　LAC 上配置了源 NAT 后，LAC-Auto-Initiated VPN 报文封装过程

在 LAC 上配置 Easy-IP 方式源 NAT 的示例如下（假设在 LAC 上连接分支机构网络的接口属于 Trust 区域，VT 接口属于 DMZ 区域）。

```
[LAC] nat-policy interzone trust dmz outbound
[LAC-nat-policy-interzone-trust-dmz-outbound] policy 1
[LAC-nat-policy-interzone-trust-dmz-outbound-1] policy source 172.16.0.0 0.0.0.255
[LAC-nat-policy-interzone-trust-dmz-outbound-1] action source-nat
[LAC-nat-policy-interzone-trust-dmz-outbound-1] easy-ip Virtual-Template 1
```

5.6.2　安全策略配置思路

LAC-Auto-Initiated VPN 中安全策略的总体配置思路与前面两节介绍过的配置思路基本相同，这里我们简要介绍一下。

如图 5-39 所示，我们假设在 LAC 和 LNS 上，GE0/0/1 接口连接私网，属于 Trust 区域；GE0/0/2 接口连接 Internet，属于 Untrust 区域；**VT 接口属于 DMZ 区域**。

安全策略的配置过程如下。

（1）我们先配置一个最宽泛的域间安全策略，以便调测 L2TP VPN。

在 LAC 上将域间缺省包过滤的动作设置为 permit。

```
[LAC] firewall packet-filter default permit all
```

在 LNS 上将域间缺省包过滤的动作设置为 permit。

```
[LNS] firewall packet-filter default permit all
```

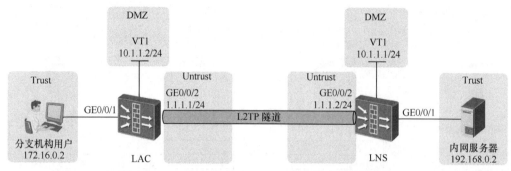

图 5-39　LAC-Auto-Initiated VPN 安全策略配置组网图

（2）LAC 和 LNS 上配置好 L2TP 后，分支机构用户 ping 内网服务器发起访问时，然后在 LAC 和 LNS 上查看会话表。

- LAC 上的会话表

```
[LAC] display firewall session table verbose
Current Total Sessions : 2
  12tp   VPN:public --> public
  Zone: local--> untrust   TTL: 00:02:00   Left: 00:01:57
  Interface: GigabitEthernet0/0/2   NextHop: 1.1.1.2   MAC: 00-00-00-c5-48-00
  <--packets:38 bytes:2517   -->packets:62 bytes:4270
  1.1.1.1:60416-->1.1.1.2:1701

  icmp   VPN:public --> public
  Zone: trust--> dmz   TTL: 00:00:20   Left: 00:00:07
  Interface: Virtual-Template1   NextHop: 192.168.0.2   MAC: 00-00-00-c5-48-00
  <--packets:1 bytes:60   -->packets:1 bytes:60
  172.16.0.2:11749-->192.168.0.2:2048
```

分析会话表得到 LAC 上的报文走向，如图 5-40 所示。

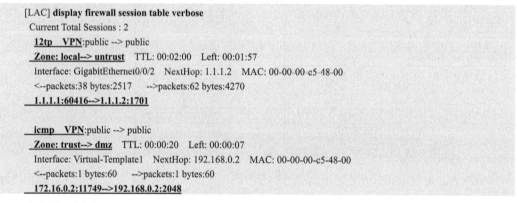

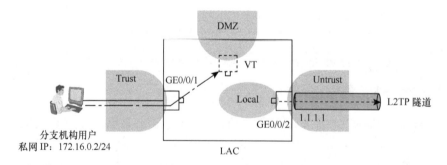

　—　—　—　▶　分支机构用户访问内网服务器的原始报文
　- - - - -　▶　L2TP 报文

图 5-40　LAC 上的报文走向

由上图可知，LAC 上需要配置 Trust 区域—>DMZ 区域的安全策略，允许分支机构用户访问内网服务器的报文通过；还需要配置 Local 区域—>Untrust 区域的安全策略，允许 LAC 与 LNS 建立 L2TP 隧道。

- LNS 的会话表

```
[LNS] display firewall session table verbose
 Current Total Sessions : 2
  l2tp   VPN:public --> public
  Zone: untrust--> local   TTL: 00:02:00   Left: 00:01:52
  Interface: InLoopBack0   NextHop: 127.0.0.1   MAC: 00-00-00-00-00-00
  <--packets:18 bytes:987    -->packets:23 bytes:2057
  1.1.1.1:60416-->1.1.1.2:1701

  icmp   VPN:public --> public
  Zone: dmz--> trust   TTL: 00:00:20   Left: 00:00:00
  Interface: GigabitEthernet0/0/1   NextHop: 192.168.0.2   MAC: 54-89-98-62-32-60
  <--packets:4 bytes:336    -->packets:5 bytes:420
  172.16.0.2:52651-->192.168.0.2:2048
```

LNS 上有两条会话，一条 L2TP 会话，一条 ICMP 会话。分析会话表得到 LNS 上的报文走向，如图 5-41 所示。

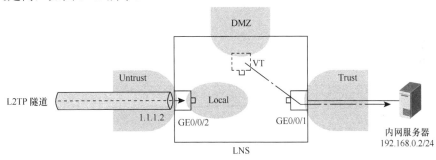

图 5-41　LNS 上的报文走向

由上图可知，LNS 上需要配置 DMZ 区域—>Trust 区域的安全策略，允许分支机构用户访问内网服务器的报文通过；还需要配置 Untrust 区域—>Local 区域的安全策略，允许 LAC 与 LNS 建立 L2TP 隧道。

L2TP 隧道建立后，PC 向服务器发起访问时，报文走向与服务器访问 PC 时的走向相反，不再赘述。

综上所述，LAC 和 LNS 上应该配置的安全策略匹配条件如表 5-16 所示，我们按照表中的匹配条件配置精确的安全策略。

表 5-16　　　　　　　　　　　LAC 和 LNS 的安全策略匹配条件

业务方向	设备	源安全区域	目的安全区域	源地址	目的地址	应用
PC 访问服务器	LAC	Local	Untrust	1.1.1.1/32	1.1.1.2/32	l2tp
		Trust	DMZ	172.16.0.0/24	192.168.0.0/24	*
	LNS	Untrust	Local	1.1.1.1/32	1.1.1.2/32	l2tp
		DMZ	Trust	172.16.0.0/24	192.168.0.0/24	*
服务器访问 PC	LAC	DMZ	Trust	192.168.0.0/24	172.16.0.0/24	*
	LNS	Trust	DMZ	192.168.0.0/24	172.16.0.0/24	*

*：此处的应用与具体的业务类型有关，可以根据实际情况配置，如 tcp、udp、icmp 等

可见，在 LAC 自动拨号方式的 L2TP 场景中，**LAC 和 LNS 上的 VT 接口必须加入安全区域，而且 VT 接口所属的安全区域决定了报文在设备内部的走向**。如果 VT 接口属于 Trust 区域，那就不需要配置 DMZ<--->Trust 的安全策略，但这样会带来安全风险。因此建议将 VT 接口加入到单独的安全区域，然后配置带有精确匹配条件的安全策略。

（3）最后，将缺省包过滤的动作改为 deny。

在 LAC 上将域间缺省包过滤的动作设置为 deny。

[LAC] firewall packet-filter default deny all

在 LNS 上将域间缺省包过滤的动作设置为 deny。

[LNS] firewall packet-filter default deny all

5.7 总结

至此，强叔用三节的篇幅介绍了三种 L2TP VPN，下面我们再来对这三种 L2TP VPN 做一下总结，如表 5-17 所示。

表 5-17   三种 **L2TP VPN** 对比

项目	Client-Initiated VPN	NAS-Initiated VPN	LAC-Auto-Initiated VPN
协商方式	L2TP Client 和 LNS 协商建立 L2TP 隧道和 L2TP 会话、建立 PPP 连接	接入用户使用 PPPoE 拨号触发 LAC 和 LNS 之间协商建立 L2TP 隧道和 L2TP 会话，接入用户和 LNS 协商建立 PPP 连接	LAC 主动拨号，和 LNS 协商建立 L2TP 隧道和 L2TP 会话、建立 PPP 连接
隧道和会话关系	每个 L2TP Client 和 LNS 之间均建立一条 L2TP 隧道，每条隧道中仅承载一条 L2TP 会话和 PPP 连接	LAC 和 LNS 之间可存在多条 L2TP 隧道，一条 L2TP 隧道中可承载多条 L2TP 会话	LAC 和 LNS 之间建立一条永久的 L2TP 隧道，且仅承载一条永久的 L2TP 会话和 PPP 连接
安全性	LNS 对 L2TP Client 进行 PPP 认证（PAP 或 CHAP），安全性较高	LAC 对接入用户进行认证，LNS 对接入用户进行二次认证（可选），安全性最高	LAC 不对用户进行认证，LNS 对 LAC 配置的用户进行 PPP 认证（PAP 或 CHAP），安全性低
回程路由	LNS 上会自动下发 UNR 路由，指导回程报文进入 L2TP 隧道，无需手动配置	LNS 上会自动下发 UNR 路由，指导回程报文进入 L2TP 隧道，无需手动配置	LNS 上需要手动配置目的地址为网段的静态路由，或者在 LAC 上配置 easy-IP 方式的源 NAT
分配 IP 地址	LNS 为 Client 分配 IP 地址	LNS 为 Client 分配 IP 地址	LNS 为 LAC 的 VT 接口分配 IP 地址

至此，L2TP VPN 就告一段落了，需要注意的是，无论是哪种方式的 L2TP VPN，都不支持加密功能，因此数据在隧道传输过程中面临安全风险。如何解决这个问题？大家在学习了功能强大配置复杂安全性高的 IPSec VPN 之后，一定能得到答案。

强叔提问

1. GRE 报文外层 IP 头中的源地址和目的地址是 Tunnel 口的 IP 地址吗？

2．在 L2TP VPN 中，NAS-Initiated VPN 和 Client-Initiated VPN 这两个场景的主要区别是什么？

3．在 L2TP Client-Initiated VPN 中，一般建议把地址池地址和总部网络地址规划为不同的网段，如果把地址池地址和总部网络地址配置为同一网段，需要做什么处理？

4．在 L2TP Client-Initiated VPN 中，LNS 如何保证总部中内网服务器的回应报文能够进入 L2TP 隧道返回至 L2TP Client？

5．在 L2TP NAS-Initiated VPN 中，LNS 对接入用户的认证方式有哪几种？

第6章
IPSec VPN

6.1　IPSec简介

6.2　手工方式IPSec VPN

6.3　IKE和ISAKMP

6.4　IKEv1

6.5　IKEv2

6.6　IKE/IPSec对比

6.7　IPSec模板方式

6.8　NAT穿越

6.9　数字证书认证

6.10　GRE/L2TP over IPSec

6.11　对等体检测

6.12　IPSec双链路备份

6.13　安全策略配置思路

6.14　IPSec故障排除

6.1　IPSec 简介

随着 GRE 和 L2TP 的广泛应用，民间组织天地会也与时俱进，在总舵和各个分舵之间部署了 GRE 和 L2TP。总舵和分舵使用 GRE 隧道和 L2TP 隧道传递消息，互通有无，反清复明事业开展得如火如荼。但好景不长，总舵和分舵之间传递的机密信息被官府查获，分舵的堂主帮众悉数被抓，一时间 Internet 上暗潮汹涌，天地会危机四伏。

事关帮派存亡，陈总舵主赶忙召集会议商讨对策，究其原因，无论是 GRE 还是 L2TP，建立的隧道都没有任何安全加密措施，总舵和分舵之间的消息在 GRE 隧道或 L2TP 隧道中都是明文传输，机密信息很容易就被官府获取。如何保证信息安全传输是摆在天地会面前的一道难题，购买专线是个解决方法，但由于四十二章经中的宝藏还未找到，天地会的财力不足以搭建总舵到各个分舵的专线，所以还得利用现有的公共资源——Internet 来想办法。

遍访高人之后，天地会终于找到了解决问题之道：IPSec（IP Security）。作为新一代的 VPN 技术，IPSec 可以在 Internet 上建立安全稳定的专用线路。与 GRE 和 L2TP 相比，IPSec 更加安全，能够保证总舵与分舵之间消息的安全传输。

6.1.1　加密和验证

要说这 IPSec 可不简单，它不是一个单一的招式，而是一整套招法。IPSec 巧妙借用了密码学门派所擅长的易容障眼之法，融会到自创的 AH（Authentication Header，验证头）和 ESP（Encapsulating Security Payload，封装安全载荷）两大绝技中，既可改头换面瞒天过海，也能验明正身完璧归赵。即便消息被截获了也没人能看懂，被篡改了也能及时发现。

1. 改头换面，瞒天过海 —— 加密

如图 6-1 所示，IPSec 借用了易容术的巧妙之处，一方传递消息之前，先使用加密算法和加密密钥，将消息改头换面，该过程称为加密。另一方收到消息后，使用相同的加密算法和加密密钥，逆向将消息恢复为真实面貌，该过程称为解密。而消息在传递过程中绝不以真容示人，令窃密者一无所获。

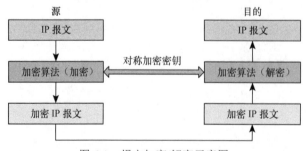

图 6-1　报文加密/解密示意图

当天地会的总舵和分舵需要互通消息时，双方事先商议好相同的加密算法和加密密钥，假设总舵要向分舵发布命令"八月十五，太湖岸边，共举大事"，总舵先使用颠三倒四加密算法，将文字颠倒位置，然后再将加密密钥"反清复明"插入其中，加密后的命令最终变成"反十五太湖清岸边共举复大事八月明"这样的一段消息，然后传递出去。即使该消息在路上被官府截获，也会让官府看的一头雾水，不会发现任何蛛丝马迹。而分舵收到消息后，使用相同的颠三倒四算法和解密密钥"反清复明"，便可将消息恢复成原始的命令"八月十五，太湖岸边，共举大事"。

总舵和分舵使用相同的密钥来加密和解密，这种方式也叫对称加密算法，主要包括DES、3DES 和 AES，三种算法的对比如表 6-1 所示。

表 6-1　　　　　　　　　　　　　　　　对称加密算法

项目	DES	3DES	AES
全称	Data Encryption Standard	Triple Data Encryption Standard	Advanced Encryption Standard
密钥长度	56 位	168 位	128 位、192 位、256 位
安全级别	低	中	高

2. 验明正身，完璧归赵 —— 验证

报文验证过程如图 6-2 所示，一方传递消息之前，先使用验证算法和验证密钥对消息进行处理，得到签字画押的文书，即签名。然后将签名随消息一同发出去。另一方收到消息后，也使用相同的验证算法和验证密钥对消息进行处理，同样得到签名，然后比对报文中携带的签名，如果相同则证明该消息没有被篡改。

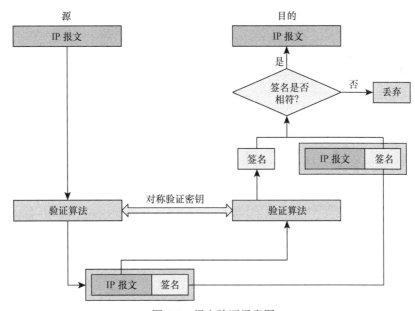

图 6-2　报文验证示意图

除了对消息的完整性进行验证，IPSec 还可以对消息的来源进行验证，即验明消息的正身，保证消息来自真实的发送者。

通常情况下，验证和加密配合使用，加密后的报文经过验证算法处理生成签名。常用的验证算法有 MD5 和 SHA 系列，两种算法对比如表 6-2 所示。

表 6-2 验证算法

项目	MD5	SHA1	SHA2
全称	Message Digest 5	Secure Hash Algorithm 1	Secure Hash Algorithm 2
签名长度	128 位	160 位	SHA2-256：256 位 SHA2-384：384 位 SHA2-512：512 位
安全级别	低	中	高

IPSec 的两大绝技中，AH 只能用来验证，没有加密的功能，而 ESP 同时具有加密和验证的功能，AH 和 ESP 可以单独使用也可以配合使用。

6.1.2 安全封装

天地会不能将反清复明的招牌挂于明处，所以只能用合法生意作为掩护。例如，总舵对外的公开身份是当铺，分舵对外的公开身份是票号，当铺和票号之间正常的生意往来就是最好的保护伞。为了更好地利用这个保护伞，IPSec 设计了两种封装模式，如下所示。

1. 明修栈道暗度陈仓 —— 隧道模式

在隧道模式下，AH 头或 ESP 头被插到原始 IP 头之前，另外生成一个新的报文头放到 AH 头或 ESP 头之前，如图 6-3 所示。

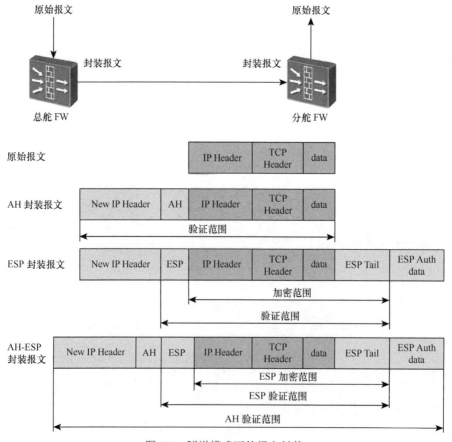

图 6-3 隧道模式下的报文封装

　　隧道模式使用新的报文头来封装消息，新 IP 头中的源/目的地址为隧道两端的公网 IP 地址，所以隧道模式适用于两个网关之间建立 IPSec 隧道，可以保护两个网关后面的两个网络之间的通信，是目前比较常用的封装模式。总舵和分舵内部私网之间的信息经过加密和封装处理后，在外看来只是总舵和分舵的公开身份（公网 IP 地址），即当铺和票号之间的通信，不会被人怀疑。

　　2. 开门见山直来直往——传输模式

　　在传输模式中，AH 头或 ESP 头被插入到 IP 头与传输层协议头之间，如图 6-4 所示。

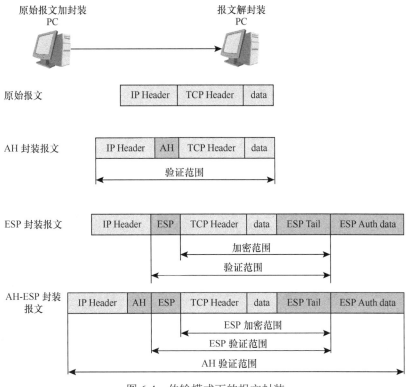

图 6-4　传输模式下的报文封装

　　传输模式不改变报文头，隧道的源和目的地址就是最终通信双方的源和目的地址，通信双方只能保护自己发出的消息，不能保护一个网络的消息。所以该模式只适用于两台主机之间通信，不适用于天地会总舵和分舵内部私网之间通信。

6.1.3　安全联盟

　　IPSec 中通信双方建立的连接叫作安全联盟 SA（Security Association），顾名思义，通信双方结成盟友，使用相同的封装模式、加密算法、加密密钥、验证算法、验证密钥，相互信任亲密无间。

　　安全联盟是单向的逻辑连接，为了使每个方向都得到保护，总舵和分舵的每个方向上都要建立安全联盟。总舵入方向上的安全联盟对应分舵出方向上的安全联盟，总舵出方向上的安全联盟对应分舵入方向上的安全联盟，如图 6-5 所示。

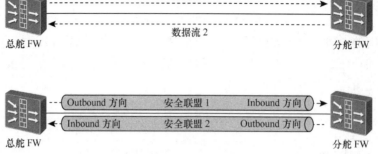

图 6-5　IPSec 安全联盟示意图

为了区分这些不同方向的安全联盟，IPSec 为每一个安全联盟都打上了唯一的标识符，这个标识符叫作 SPI（Security Parameter Index）。

建立安全联盟最直接的方式就是分别在总舵和分舵上人为设定好封装模式、加密算法、加密密钥、验证算法、验证密钥，即手工方式建立 IPSec 安全联盟。

6.2　手工方式 IPSec VPN

了解到 IPSec 的强大威力后，天地会陈总舵主决定先在总舵和一个分舵之间使用手工方式建立 IPSec 隧道，对总舵和分舵内部网络之间传递的消息进行保护，验证 IPSec 隧道的安全效果。具体组网环境如图 6-6 所示。

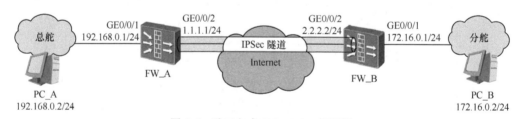

图 6-6　手工方式 IPSec VPN 组网图

IPSec 是建立在 Internet 上的 VPN 技术，它是叠加在防火墙基本功能之上的业务，所以在配置 IPSec VPN 之前必须先保证整个网络是畅通的，要保证两个前提条件。

（1）FW_A 和 FW_B 之间公网路由可达。

（2）FW_A 和 FW_B 上的安全策略允许 PC_A 和 PC_B 互访流量通过。

有关 IPSec VPN 场景下的安全策略的配置可参考"6.13　安全策略配置思路"，现在大家先学习本节的重点——手工方式 IPSec VPN 的配置，不能跑偏。

为了让加密、验证、安全联盟的配置关系更清晰，IPSec 为手工方式定义了 4 个步骤，如下所示。

（1）定义需要保护的数据流。只有总舵和分舵内部网络之间交互的消息才被 IPSec 保护，其他消息不受保护。

（2）配置 IPSec 安全提议。总舵和分舵 FW 根据对方的提议，决定能否成为盟友。封装模式、安全协议、加密算法和验证算法均在安全提议中设置。

（3）配置手工方式的 IPSec 安全策略。指定总舵和分舵 FW 的公网地址、安全联盟标识符 SPI，以及加密密钥和验证密钥。

（4）应用 IPSec 安全策略。

手工方式的 IPSec 配置逻辑如图 6-7 所示。

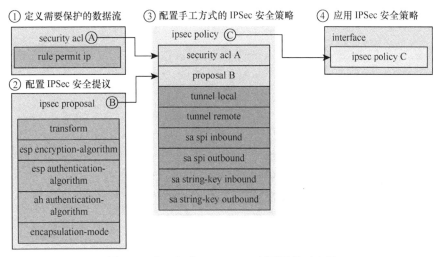

图 6-7　手工方式 IPSec VPN 配置逻辑示意图

天地会总舵和分舵 FW 的关键配置和解释如表 6-3 所示。

表 6-3　　　　　　　　　配置手工方式 IPSec VPN（IPSec 参数）

配置项	总舵 FW_A	分舵 FW_B
ACL	acl number 3000 　rule 5 permit ip source 192.168.0.0 0.0.0.255 destination 172.16.0.0 0.0.0.255	acl number 3000 　rule 5 permit ip source 172.16.0.0.0.0.0.255 destination 192.168.0.0 0.0.0.255
IPSec 安全提议	ipsec proposal pro1 　transform esp 　encapsulation-mode tunnel 　esp authentication-algorithm sha1 　esp encryption-algorithm aes	ipsec proposal pro1 　transform esp 　encapsulation-mode tunnel 　esp authentication-algorithm sha1 　esp encryption-algorithm aes
IPSec 安全策略	ipsec policy policy1 1 manual 　security acl 3000 　proposal pro1 　tunnel local 1.1.1.1 　tunnel remote 2.2.2.2 　sa spi inbound esp 54321 　sa spi outbound esp 12345 　sa string-key inbound esp huawei@123 　sa string-key outbound esp huawei@456	ipsec policy policy1 1 manual 　security acl 3000 　proposal pro1 　tunnel local 2.2.2.2 　tunnel remote 1.1.1.1 　sa spi inbound esp 12345 　sa spi outbound esp 54321 　sa string-key inbound esp huawei@456 　sa string-key outbound esp huawei@123
应用 IPSec 安全策略	interface GigabitEthernet0/0/2 　ip address 1.1.1.1 255.255.255.0 　ipsec policy policy1	interface GigabitEthernet0/0/2 　ip address 2.2.2.2 255.255.255.0 　ipsec policy policy1
路由	ip route-static 172.16.0.0 255.255.255.0 1.1.1.2　//配置到达对端私网的静态路由，将流量引导到应用了 IPSec 策略的接口	ip route-static 192.168.0.0 255.255.255.0 2.2.2.1　//配置到达对端私网的静态路由，将流量引导到应用了 IPSec 策略的接口

手工方式下，创建 IPSec 安全联盟所需的全部参数，包括加密、验证密钥，都需要用户手工配置，也只能手工刷新。另外，IPSec VPN 两端私网用户互访的路由只能通过配置静态路由来实现，没有更好的办法。

部署完成后，PC_A 向 PC_B 发出 ping 消息，PC_B 回复 ping 消息，天地会在 Internet 上模拟官府设卡检查，发现两个方向的 ping 消息都已经被 IPSec 安全联盟保护。两个方向上 IPSec 安全联盟的标识符 SPI 分别为 0x3039（十进制为 12 345）以及 0xd431（十进制为 54 321），与上文配置相符，如下所示。

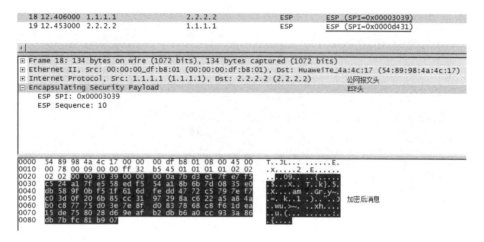

由于采用了隧道模式进行封装，IPSec 报文最外层 IP 头中的地址为公网 IP 地址。分析报文的内容，发现 ESP 头内的 ping 消息已经被加密，面目全非无法辨识，这样即使该消息被官府查获，也不能获取到任何有价值的信息。

为了对比 ESP 和 AH 的作用，天地会又使用 IPSec 中的另一绝技 AH 来建立安全联盟。AH 只有验证功能，没有加密的功能，官府从查获到的消息中能够看到 AH 头内封装的私网报文头和 ping 消息真容。**因此，如果要实现加密，还是要使用 ESP，或者 AH 和 ESP 配合使用**，如下所示。

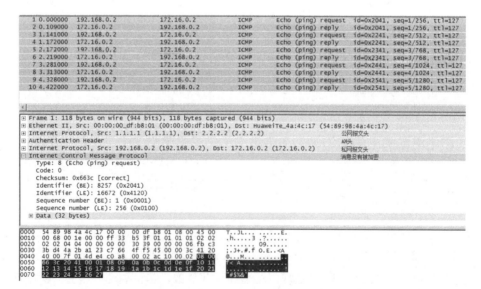

自从使用了 IPSec 后，天地会总舵和分舵之间通信顺畅，没过多久，又新发展了好几个分舵，新建立的分舵也要和总舵建立 IPSec 隧道。如果继续使用手工方式的话，每

个分舵都需要配置各种参数，工作量很大，而且为了安全性起见，加密密钥和验证密钥还要经常更新，当然这种被动局面没有持续多久，陈总舵主及其助手们很快解决了这个问题：用 IKE/IPSec VPN 取代了手工方式的 IPSec VPN。

6.3   IKE 和 ISAKMP

手工方式 IPSec VPN 的加密和验证所使用的密钥都是手工配置的，为了保证 IPSec VPN 的长期安全，需要经常修改这些密钥。分舵数量越多，密钥的配置和修改工作量越大。随着天地会的壮大，IPSec VPN 的维护管理工作越来越让人吃不消了。为了降低 IPSec VPN 管理工作量，天地会总舵主再访高人寻求灵丹妙药。灵丹已炼，妙药天成，原来 IPSec 协议框架中早就考虑了这个问题——智能的密钥管家 IKE（Internet Key Exchange）协议可以解决这个问题。

IKE 综合了三大协议：ISAKMP（Internet Security Association and Key Management Protocol）、Oakley 协议和 SKEME 协议。

- ISAKMP 主要定义了 IKE 伙伴（IKE Peer）之间合作关系（即 IKE SA，与 IPSec SA 类似）的建立过程。
- Oakley 协议和 SKEME 协议的核心是 DH（Diffie-Hellman）算法，主要用于在 Internet 上安全地分发密钥、验证身份，以保证数据传输的安全性。不要小瞧 DH 算法，IPSec SA、IKE SA 需要的加密密钥、验证密钥是通过 DH 算法生成的，还可以动态刷新。

有了 IKE 加盟，IPSec VPN 的安全和管理问题不再困扰天地会，各地分舵申请建立 VPN 的流程可以加快实施进度了。

IKE 协议的终极目标是通过协商在总舵和分舵之间动态建立 IPSec SA，并能够实时维护 IPSec SA。为建立 IPSec SA 而进行的 IKE 协商工作是由 ISAKMP 报文来完成的，所以在部署 IKE 之前，强叔先领大家认识一下 ISAKMP 报文，如图 6-8 所示。

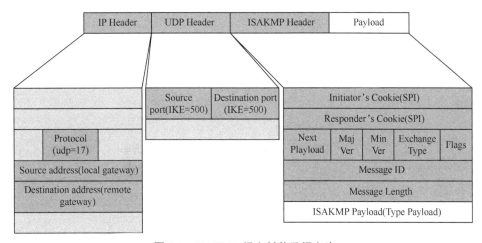

图 6-8   ISAKMP 报文封装及报文头

1. IP 报文头

- 源地址 src：本端发起 IKE 协商的 IP 地址，可能是物理/逻辑接口 IP 地址，也可能是通过命令配置的 IP 地址。
- 目的 IP 地址 Dst：对端发起 IKE 协商的 IP 地址，由命令配置。

2. UDP 报文头

IKE 协议使用端口号 500 发起协商、响应协商。在总舵和分舵都有固定 IP 地址时，这个端口在协商过程中保持不变。当总舵和分舵之间有 NAT 设备时（NAT 穿越场景），IKE 协议会有特殊处理，后续章节会有详解。

3. ISAKMP 报文头

- Initiator's Cookie(SPI)和 responder's Cookie(SPI)：在 IKEv1 版本中为 Cookie，在 IKEv2 版本中 Cookie 为 IKE 的 SPI，唯一标识一个 IKE SA。
- Version：IKE 版本号。IKE 诞生以来，有过一次大的改进，老的 IKE 被称为 IKEv1，改进后的 IKE 被称为 IKEv2。
- Exchange Type：IKE 定义的交换类型。交换类型定义了 ISAKMP 消息遵循的交换顺序，后面 IKEv1 中讲到的主模式、野蛮模式、快速模式，IKEv2 中讲到的初始交换、子 SA 交换都属于 IKE 定义的交换类型。
- Next Payload：标识消息中下一个载荷的类型。一个 ISAKMP 报文中可能装载多个载荷，该字段提供载荷之间的"链接"能力。若当前载荷是消息中最后一个载荷，则该字段为 0。
- ISAKMP Payload(Type Payload)：载荷类型，ISAKMP 报文携带的用于协商 IKE SA 和 IPSec SA 的"参数包"。载荷类型有很多种，不同载荷携带的"参数包"不同。不同载荷的具体作用我们后面会结合抓包过程逐一分析。

IKEv1 和 IKEv2 的精华之处正是本章的重点，容强叔一一道来。

6.4　IKEv1

6.4.1　配置 IKE/IPSec VPN

IKE 最适用于在总舵和众多分舵之间建立 IPSec VPN 的场景，分舵越多 IKE 的优势越能凸显。为了讲解方便，这里仅给出总舵 FW 和一个分舵 FW 之间建立 IPSec VPN 的组网图，如图 6-9 所示。

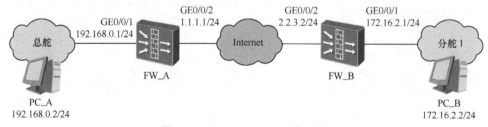

图 6-9　IKEv1/IPSec VPN 组网图

如图 6-10 所示，相比手工方式，IKE/IPSec VPN 的配置步骤仅增加了两步：配置 IKE 安全提议和 IKE 对等体。IKE 安全提议主要用于配置建立 IKE SA 用到的加密和验证算法。IKE 对等体主要配置 IKE 版本、身份认证和交换模式。

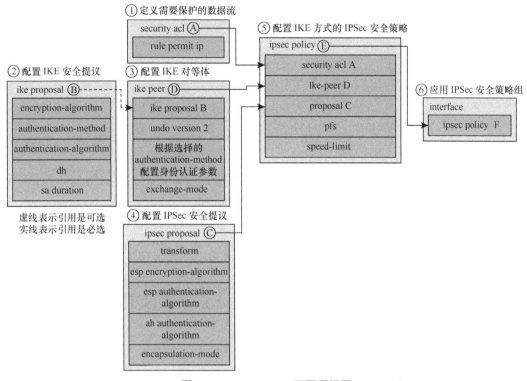

图 6-10　IKEv1/IPSec 配置逻辑图

跟手工方式的 IPSec VPN 是一样的，在配置 IKE/IPSec VPN 之前必须先保证整个网络是畅通的，要保证两个前提条件。

（1）FW_A 和 FW_B 之间公网路由可达。

（2）FW_A 和 FW_B 上的安全策略允许 PC_A 和 PC_B 互访流量通过。

有关 IPSec VPN 场景下的安全策略的配置可参考 "6.13 安全策略配置思路"，现在大家先学习本节的重点——IKE 方式 IPSec VPN 的配置。

配置 IKE/IPSec VPN 的步骤如表 6-4 所示。

表 6-4　　　　　　　　　　　　　　配置 IKE/IPSec VPN

配置项	总舵 FW_A	分舵 FW_B
IKE 安全提议	ike proposal 10	ike proposal 10
IKE 对等体	ike peer b ike-proposal 10 **undo version 2** 　　　　//IKEv1 **exchange-mode main** 　//主模式（缺省） remote-address 2.2.3.2 //对端发起 IKE 协商的地址 pre-shared-key tiandihui2	ike peer a ike-proposal 10 **undo version 2** 　　　　//IKEv1 **exchange-mode main** 　//主模式（缺省） remote-address 1.1.1.1//对端发起 IKE 协商的地址 pre-shared-key tiandihui2
ACL	acl number 3001 rule 5 permit ip source 192.168.0.0 0.0.0.255 destination 172.16.2.0 0.0.0.255	acl number 3000 rule 5 permit ip source 172.16.2.0 0.0.0.255 destination 192.168.0.0 0.0.0.255

（续表）

配置项	总舵 FW_A	分舵 FW_B
IPSec 安全提议	ipsec proposal a transform esp encapsulation-mode tunnel esp authentication-algorithm md5 esp encryption-algorithm des	ipsec proposal b transform esp encapsulation-mode tunnel esp authentication-algorithm md5 esp encryption-algorithm des
IPSec 安全策略	ipsec policy policy1 1 isakmp security acl 3001 proposal a ike-peer b	ipsec policy policy1 1 isakmp security acl 3000 proposal b ike-peer a
应用 IPSec 安全策略	interface GigabitEthernet0/0/2 ip address 1.1.1.1 255.255.255.0 ipsec policy policy1	interface GigabitEthernet0/0/2 ip address 2.2.3.2 255.255.255.0 ipsec policy policy1
路由	ip route-static 172.16.2.0 255.255.255.0 1.1.1.2 //配置到达对端私网的静态路由，将流量引导到应用了 IPSec 策略的接口	ip route-static 192.168.0.0 255.255.255.0 2.2.3.1 //配置到达对端私网的静态路由，将流量引导到应用了 IPSec 策略的接口

配置完成之后，总舵和分舵 FW 之间有互访数据流时即可触发建立 IPSec VPN 隧道，下面强叔通过抓包来为大家详解一下 IKEv1 的精妙之处。

IKEv1 版本分两个阶段来完成动态建立 IPSec SA 的任务。

阶段 1 建立 IKE SA：采用主模式或野蛮模式协商建立 IKE SA。

阶段 2 建立 IPSec SA：采用快速模式协商建立 IPSec SA。

为什么要分两个阶段，这两个阶段之间有什么关系呢？简单地说阶段 1 是为阶段 2 做准备的，IKE 对等体双方交换密钥材料、生成密钥，相互进行身份认证，这些准备工作完成后 IPSec 才真正启动 IPSec SA 的协商。

下面我们先介绍主模式+快速模式下的 IPSec SA 建立过程，大家一起看看 IKE/IPSec VPN 跟手工方式 IPSec VPN 有什么本质不同。

6.4.2　建立 IKE SA（主模式）

主模式下 IKEv1 采用 3 个步骤 6 条 ISAKMP 消息建立 IKE SA，抓包信息如下所示。

302 0.000000	1.1.1.1	2.2.3.2	ISAKMP	Identity Protection (Main Mode)
303 0.000000	2.2.3.2	1.1.1.1	ISAKMP	Identity Protection (Main Mode)
304 0.000000	1.1.1.1	2.2.3.2	ISAKMP	Identity Protection (Main Mode)
305 0.000000	2.2.3.2	1.1.1.1	ISAKMP	Identity Protection (Main Mode)
306 0.000000	1.1.1.1	2.2.3.2	ISAKMP	Identity Protection (Main Mode)
307 0.000000	2.2.3.2	1.1.1.1	ISAKMP	Identity Protection (Main Mode)

下面以总舵 FW 主动发起 IKE 协商为例详细讲解阶段 1 的协商过程，如图 6-11 所示。

1．协商 IKE 安全提议

协商分两种情况，如下所示。

● 发起方的 IKE Peer 中引用了 IKE Proposal（发送引用的 IKE 安全提议）。

● 发起方的 IKE peer 中没有引用 IKE Proposal（发送所有 IKE 安全提议）。

两种情况下响应方都会在自己配置的 IKE 安全提议中寻找与发送方相匹配的 IKE 安全提议（因此在"图 6-10 IKEv1/IPSec 配置逻辑图"中引用 IKE 安全提议的线是虚线，表示引用或是不引用都可以），如果没有匹配的安全提议则协商失败。

IKE 对等体双方判断 IKE 安全提议是否匹配的原则为双方有相同的加密算法、认证算法、身份认证方法和 **DH** 组标识，不包括 **IKE SA** 生存周期。

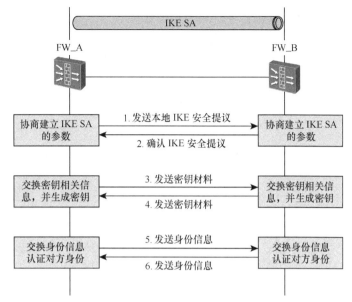

图 6-11　IKE SA 主模式协商过程

IKE Peer 中配置的参数是 **IKE** 双方能够顺利接头的关键，对端 **ID** 或 **IP** 地址或域名，以及身份认证参数，无论哪个出错都会出现"无缘对面不相识"的悲剧。

📖 说明

通过 IKEv1 协商建立 IPSec 安全联盟时，IKE SA 的超时时间采用本地生存周期和对端生存周期中较小的一个，隧道两端设备配置的生存周期不同不影响 IKE 协商。

通过抓包可以看出 ISAKMP 消息的 SA 载荷中携带用于协商的 IKE 安全提议。以消息①为例，如下所示。

```
⊟ Internet Security Association and Key Management Protocol
     Initiator cookie: 98fc99866ccbb551
     Responder cookie: 0000000000000000
     Next payload: Security Association (1)
     Version: 1.0
     Exchange type: Identity Protection (Main Mode) (2)
   ⊞ Flags: 0x00
     Message ID: 0x00000000
     Length: 144
   ⊟ Type Payload: Security Association (1)
       Next payload: Vendor ID (13)
       Payload length: 56
       Domain of interpretation: IPSEC (1)
     ⊞ Situation: 00000001
     ⊟ Type Payload: Proposal (2) # 1
         Next payload: NONE / No Next Payload  (0)
         Payload length: 44
         Proposal number: 1
         Protocol ID: ISAKMP (1)
         SPI Size: 0
         Proposal transforms: 1
       ⊟ Type Payload: Transform (3) # 0
           Next payload: NONE / No Next Payload  (0)
           Payload length: 36
           Transform number: 0
           Transform ID: KEY_IKE (1)
         ⊞ Transform IKE Attribute Type (t=1,l=2) Encryption-Algorithm : DES-CBC
         ⊞ Transform IKE Attribute Type (t=2,l=2) Hash-Algorithm : SHA
         ⊞ Transform IKE Attribute Type (t=3,l=2) Authentication-Method : PSK
         ⊞ Transform IKE Attribute Type (t=4,l=2) Group-Description : Default 768-bit MODP group
         ⊞ Transform IKE Attribute Type (t=11,l=2) Life-Type : Seconds
         ⊞ Transform IKE Attribute Type (t=12,l=4) Life-Duration : 1
```

2. 使用 DH 算法交换密钥材料，并生成密钥

总舵和分舵 FW 利用 ISAKMP 消息的 Key Exchange 和 nonce 载荷交换彼此的密钥材料。Key Exchange 用于交换 DH 公开值，nonce 用于传送临时随机数。由于 DH 算法中 IKE 对等体双方只交换密钥材料，并不交换真正的共享密钥，所以即使黑客窃取了 DH 值和临时值也无法计算出共享密钥，这一点正是 DH 算法的精髓所在。从抓包中可以看到 IKE 对等体双方交换密钥材料，以消息③为例，如下所示。

```
⊟ Internet Security Association and Key Management Protocol
    Initiator cookie: 98fc99866ccbb551
    Responder cookie: 34e0f454337735f7
    Next payload: Key Exchange (4)
    Version: 1.0
    Exchange type: Identity Protection (Main Mode) (2)
  ⊞ Flags: 0x00
    Message ID: 0x00000000
    Length: 196
  ⊟ Type Payload: Key Exchange (4)
      Next payload: Nonce (10)
      Payload length: 100
      Key Exchange Data: 390e8313198d141928d4e8570567588a9687031fad73c0f7...
  ⊟ Type Payload: Nonce (10)
      Next payload: NAT-D (RFC 3947) (20)
      Payload length: 20
      Nonce DATA: b69c95e941c5146abb9937009ef4ff02
```

密钥材料交换完成后，IKE 对等体双方结合自身配置的身份验证方法各自开始复杂的密钥计算过程（预共享密钥或数字证书都会参与到密钥计算过程中），最终会产生三个密钥，如下所示。

- SKEYID_a：ISAKMP 消息完整性验证密钥——谁也别想篡改 ISAKMP 消息了，只要消息稍有改动，响应端完整性检查就会发现！
- SKEYID_e：ISAKMP 消息加密密钥——再也别想窃取 ISAKMP 消息了，窃取了也看不懂！

以上两个密钥保证了后续交换的 ISAKMP 消息的安全性！

- SKEYID_d：用于衍生出 IPSec 报文的加密和验证密钥——最终是由这个密钥保证 IPSec 封装的数据报文的安全性！

整个密钥交换和计算过程在 IKE SA 超时时间的控制下以一定的周期进行自动刷新，避免了密钥长期不变带来的安全隐患。

3. 身份认证

IKE 对等体双方通过两条 ISAKMP 消息⑤、⑥交换身份信息，进行身份认证。目前有两种身份认证技术比较常用，如下所示。

- 预共享密钥方式（pre-share）：设备的身份信息为 IP 地址或名称。
- 数字证书方式：设备的身份信息为证书和通过证书私钥加密的部分消息 HASH 值（俗称签名）。

以上身份信息都由 SKEYID_e 进行加密，所以在抓包中我们只能看到标识为 "Encrypted" 的 ISAKMP 消息，看不到消息的内容（身份信息）。以消息⑤为例，如下所示。

预共享密钥是最简单、最常用的身份认证方法。这种方式下设备的身份信息可以用 IP 地址或名称（包括 FQDN 和 USER-FQDN 两种形式）来标识。当 IKE 对等体两端都有固定 IP 地址的时候，一般都用 IP 地址作为身份标识；当一端为动态获取 IP 地址的时候，这一端只能用名称来标识。只有验证端和被验证端的身份信息吻合了，身份认证才

能通过。总舵和分舵 FW 身份认证的配置要点如表 6-5 所示。

```
⊟ Internet Security Association and Key Management Protocol
    Initiator cookie: 98fc99866ccbb551
    Responder cookie: 34e0f454337735f7
    Next payload: Identification (5)
    Version: 1.0
    Exchange type: Identity Protection (Main Mode) (2)
⊟ Flags: 0x01
    .... ...1 = Encryption: Encrypted
    .... ..0. = Commit: No commit
    .... .0.. = Authentication: No authentication
    Message ID: 0x00000000
    Length: 68
    Encrypted Data (40 bytes)
```

表 6-5　　　　　　　　　　　　　配置身份认证信息

设备身份类型	总舵（验证端）	分舵（被验证端）
IP 地址	**remote-address**	为发起 IPSec 隧道协商的接口地址或 **local-address** 指定的地址
FQDN	**remote-id**	**ike local-name**
USER-FQDN	**remote-id**	**ike local-name**

　　这里有个问题提醒大家关注，在 IKE 对等体两端都有固定 IP 地址的场景下，**remote-address** 命令配置的 IP 地址要跟对端发起 IKE 协商的 IP 地址保持一致。这个 IP 地址的作用是三位一体：不仅仅指定了隧道对端的 IP 地址，还参与了本地预共享密钥的查找，进而验证对端身份。这一点是 IPSec 中构造最复杂的陷阱，在不同场景下它可以七十二变，抓不到正确的规律肯定要出错的。

　　综上所述，在阶段 1 协商过程中 IKE 做了如下两件大事。

- 为后续 ISAKMP 消息生成了加密密钥和验证密钥，为 IPSec SA 生成密钥材料。
- 完成了身份认证，且是在加密状态下进行的。身份信息可以是 IP 地址、设备名称，或是包含更多信息的数字证书都可以。

　　且以上所有工作成果都受安全联盟生存周期的控制，也就是说一旦 SA 超时以上工作就得重新做一遍。这样的好处是无论密钥计算还是身份认证结果都会定时刷新，不会给恶意分子可乘之机。这些都是手工方式 IPSec VPN 无法顾及到的，也是 IKE 这位密钥管家的"智能"之处。

6.4.3　建立 IPSec SA

　　从阶段 2 开始，IKE 对等体两端继续交换密钥材料，包括 SKEYID_d、SPI 和协议（指 AH 和/或 ESP 协议）、nonce 等参数，然后各自进行密钥计算，生成用于 IPSec SA 加密验证的密钥，这样可以保证每个 IPSec SA 都有自己独一无二的密钥用于后续数据传输的加密和验证。另外，IPSec SA 也有超时的概念，一旦 IPSec SA 超时，IKE SA 和 IPSec SA 都将被删除，然后重新进行协商。

　　IKEv1 采用快速交换模式通过 3 条 ISAKMP 消息建立 IPSec SA，抓包信息如下所示。

```
22 0.000000   1.1.1.1       2.2.3.2       ISAKMP      Quick Mode
23 0.000000   2.2.3.2       1.1.1.1       ISAKMP      Quick Mode
24 0.000000   1.1.1.1       2.2.3.2       ISAKMP      Quick Mode
```

　　由于快速交换模式使用 IKEv1 阶段 1 中生成的密钥 SKEYID_e 对 ISAKMP 消息进行加密，所以我们抓到的报文都是加密的，看不到载荷里面的具体内容，故下面只能用文字介绍一下每一步的作用，如图 6-12 所示，我们还是以总舵 FW 发起 IPSec 协商为例进行讲解。

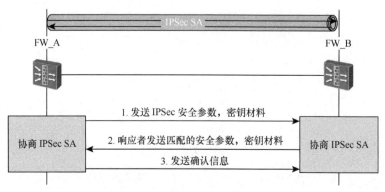

图 6-12　IPSec SA 快速交换模式协商过程

（1）发起方发送 IPSec 安全提议、被保护的数据流（ACL）和密钥材料给响应方。

（2）响应方回应匹配的 IPSec 安全提议、被保护的数据流，同时双方生成用于 IPSec SA 的密钥。

IPSec 用 ACL 来圈定它想保护的数据流，像本例总舵只需要跟一个分舵进行通信的情况，配置比较简单，只要两端 FW 上配置的 ACL "互为镜像"（两端 ACL 配置的源和目的地址正好相反）即可。但其他复杂场景，例如总舵和多个分舵之间建立 VPN 且分舵通过总舵互访，以及 L2TP/GRE over IPSec，或 IPSec 和 NAT 网关合一的场景下，ACL 配置都比较有讲究，后续遇到具体情况时我们再讲。

IKE 对等体双方判断 IPSec 安全提议是否匹配的原则为双方安全协议采用的认证算法、加密算法和封装模式必须相同。

由于 IPSec SA 的密钥都是由 SKEYID_d 衍生的，一旦 SKEYID_d 泄露将可能导致 IPSec VPN 受到侵犯。为提升密钥管理的安全性，IKE 提供了 PFS（Perfect Forward Secrecy，完美向前保密）功能。启用 PFS 后，在进行 IPSec SA 协商时会进行一次附加的 DH 交换，重新生成新的 IPSec SA 密钥，进一步提高了 IPSec SA 的安全性。**记住 PFS 要配置的话必须在隧道两端 FW 上一起配置！**

（3）发起方发送确认结果。

协商完成后发送方开始发送 IPSec（ESP）报文，如下所示。

```
46 0.000000   1.1.1.1      2.2.3.2      ESP    ESP (SPI=0xca54cc6f)
47 0.000000   1.1.1.1      2.2.3.2      ESP    ESP (SPI=0xca54cc6f)
48 0.000000   2.2.3.2      1.1.1.1      ESP    ESP (SPI=0x4a314106)
49 0.000000   1.1.1.1      2.2.3.2      ESP    ESP (SPI=0xca54cc6f)
50 0.000000   2.2.3.2      1.1.1.1      ESP    ESP (SPI=0x4a314106)
51 0.000000   1.1.1.1      2.2.3.2      ESP    ESP (SPI=0xca54cc6f)
```

IPSec SA 建立成功后，检查 IPSec VPN 状态信息。以总舵 FW_A 上的显示信息为例。

- 查看 IKE SA 的建立情况

```
<FW_A> display ike sa
current ike sa number: 2
-------------------------------------------------------------------------
conn-id    peer          flag        phase vpn
-------------------------------------------------------------------------
40129      2.2.3.2       RD|ST       v1:2  public
40121      2.2.3.2       RD|ST       v1:1  public
```

这里统一显示了 IKE SA（v1:1）和 IPSec SA（v1:2）的状态，RD 表示 SA 状态为 READY。IKE Peer 之间只有一个 IKE SA，IKE SA 是双向逻辑连接（不区分源和目的）。

- 查看 IPSec SA 的建立情况

```
<FW_A> display ipsec sa brief
current ipsec sa number: 2
current ipsec tunnel number: 1
------------------------------------------------------------------------------
Src Address       Dst Address       SPI            Protocol  Algorithm
------------------------------------------------------------------------------
1.1.1.1           2.2.3.2           4090666525 ESP           E:DES;A:HMAC-MD5-96;
2.2.3.2           1.1.1.1           2927012373 ESP           E:DES;A:HMAC-MD5-96;
```

IPSec SA 是单向的（区分源和目的），两个方向的 IPSec SA 共同组成一条 IPSec 隧道。一般来说一条数据流对应一个 IPSec SA。但当 IPSec 同时采用了 ESP+AH 封装时，一条数据流会对应两个 IPSec SA。

- 查看会话表

```
<FW_A> display firewall session table
 Current Total Sessions : 3
 icmp   VPN:public --> public 192.168.0.2:18334-->172.16.2.2:2048
 udp    VPN:public --> public 1.1.1.1:500-->2.2.3.2:500
 esp    VPN:public --> public 2.2.3.2:0-->1.1.1.1:0
```

至此，IPSec SA 建立完成，看上去 IKE 方式建立的 IPSec SA 跟手工方式建立的 IPSec SA 似乎没有区别，但实际上区别很大。

- 密钥生成方式不同

  手工方式下，创建 IPSec SA 所需的全部参数，包括加密、验证密钥，都需要用户手工配置，也只能手工刷新。

  IKE 方式下，创建 IPSec SA 需要的加密、验证密钥是通过 DH 算法生成的，可以动态刷新。密钥管理成本低，安全性较高。

- IPSec SA 生存周期不同

  手工方式创建的 IPSec SA 一经创建永久存在。

  IKE 方式下，由数据流触发建立 IPSec SA，SA 的生存周期由双方配置的生存周期参数（也叫 SA 超时时间）控制。

主模式是推荐的配置，安全可靠。下面简单介绍一下另外一种 IKE SA 协商方法——野蛮模式。

6.4.4　建立 IKE SA（野蛮模式）

IKEv1 分两个阶段完成了 IPSec SA 的动态协商，阶段 1 采用主模式协商方式既安全又可靠，但有些情况下完美的主模式却发挥不了作用。为什么呢？让我们先看看作为主模式替补的野蛮模式的协商过程吧。

在"表 6-4 配置 IKE/IPSec VPN"中，将 IKE 对等体中的配置命令**exchange-mode main**改为**exchange-mode aggressive** 即可将 IKEv1 阶段 1 的协商模式改为野蛮模式。抓包看一下野蛮模式的报文交互情况，如下所示。

57 0.000000	1.1.1.1	2.2.3.2	ISAKMP	Aggressive
58 0.000000	2.2.3.2	1.1.1.1	ISAKMP	Aggressive
59 0.000000	1.1.1.1	2.2.3.2	ISAKMP	Aggressive
60 0.000000	1.1.1.1	2.2.3.2	ISAKMP	Quick Mode
61 0.000000	2.2.3.2	1.1.1.1	ISAKMP	Quick Mode
62 0.000000	1.1.1.1	2.2.3.2	ISAKMP	Quick Mode

如图 6-13 所示，野蛮模式只用了 3 条 ISAKMP 消息就完成了阶段 1 的协商过程，阶段 2 仍旧是快速模式不变。

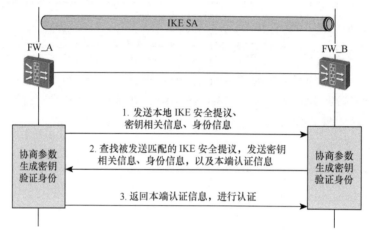

图 6-13　IKE SA 野蛮模式协商过程

发起方和响应方把 IKE 安全提议、密钥相关信息和身份信息一股脑地全放在一个 ISAKMP 消息中发送给对方，IKE 协商效率提高了。但由于身份信息是明文传输，没有加密和完整性验证过程，IKE SA 的安全性降低了。既然这样不够安全，为什么野蛮模式还会出现？

在 IPSec VPN 出现的早期，由于主模式+预共享密钥身份认证方式下，IPSec 需要通过对端的 IP 地址来在本地查找预共享密钥。这种密钥查找方式在对端没有固定 IP 地址的情况下行不通。此时，野蛮模式可以"野蛮"地解决这个问题。

野蛮模式中"身份信息"没有加密，本端就直接用对端发送来的身份信息（也就是 IP 地址）来查找预共享密钥即可。所以在 IPSec VPN 应用初期，野蛮模式主要用于解决没有固定 IP 地址的节点部署 IPSec VPN 的问题。现在，IPSec VPN 解决这个问题有很多方法，不安全的野蛮模式已经不是最好的选择了。大家了解这个知识点即可，强叔不推荐用这种协商模式。

6.5　IKEv2

IKEv1 似乎已经很完美了，但用得久了仍旧会发现不尽人意之处。

- 协商建立 IPSec SA 的时间太长

IKEv1 主模式协商一对 IPSec SA，需要 6（协商 IKE SA）+3（协商 IPSec SA）=9 条消息。

IKEv1 野蛮模式协商一对 IPSec SA，需要 3（协商 IKE SA）+3（协商 IPSec SA）=6 条消息。

- 不支持远程用户接入

IKEv1 不能对远程用户进行认证。若想支持远程用户接入，只能借助 L2TP，通过 PPP 来对远程用户进行 AAA 认证。

这些问题怎么解决呢？办法总比问题多！IKEv2 完美地解决了这些问题。

IKEv2 相比 IKEv1，如下。

- 协商建立 IPSec SA 的速度大大提升。

正常情况 IKEv2 协商一对 IPSec SA 只需要 2（协商 IKE SA）+2（协商 IPSec SA）=4 条消息。后续每建立一对 IPSec SA 只会增加 2 条消息。

- 增加了 EAP（Extensible Authentication Protocol）方式的身份认证。

这里我们只介绍 IKEv2 的基本协商过程，EAP 认证在企业网中还没看到应用，暂时不讲。

6.5.1　IKEv2 简介

下面结合图 6-14 所示的组网环境，讲解 IKEv2 的实现过程。

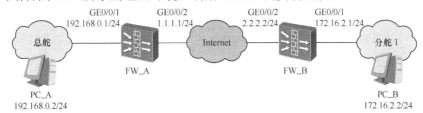

图 6-14　IKEv2/IPSec VPN 组网图

IKEv2 的配置思路与 IKEv1 完全相同，只是细节稍有不同。如图 6-15 所示，斜体字所示命令与 IKEv1 不同。缺省情况下，防火墙同时开启 IKEv1 和 IKEv2 协议。本端发起协商时，采用 IKEv2，接受协商时，同时支持 IKEv1 和 IKEv2，所以也可以不关闭 IKEv1。

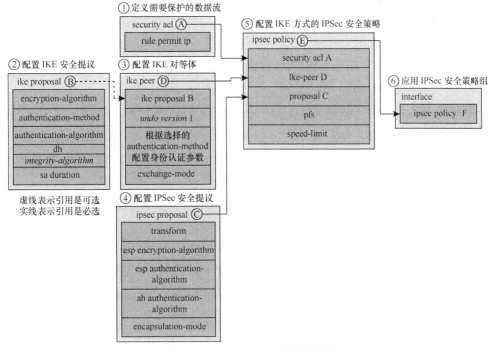

图 6-15　IKEv2/IPSec 配置逻辑图

6.5.2 IKEv2 协商过程

IKEv2 协商 IPSec SA 的过程跟 IKEv1 有很大差别，最少 4 条消息就可以创建一对 IPSec SA，效率奇高！

1. 初始交换 4 条消息同时搞定 IKE SA 和 IPSec SA

IKEv2 的初始交换通过 4 条消息同时建立 IKE SA 和 IPSec SA，抓包信息如下所示。

```
5 0.000000   1.1.1.1      2.2.2.2          ISAKMP        IKE_SA_INIT
6 0.000000   2.2.2.2      1.1.1.1          ISAKMP        IKE_SA_INIT
7 0.000000   1.1.1.1      2.2.2.2          ISAKMP        IKE_AUTH
8 0.000000   2.2.2.2      1.1.1.1          ISAKMP        IKE_AUTH
```

如图 6-16 所示，初始交换包括 IKE 安全联盟初始交换（IKE_SA_INIT 交换）和 IKE 认证交换（IKE_AUTH 交换）。

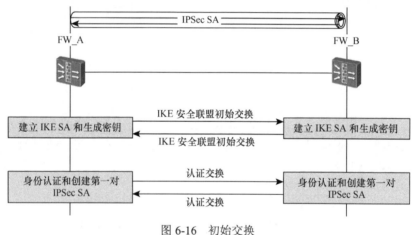

图 6-16   初始交换

- 第一个消息对（IKE_SA_INIT）

负责 IKE 安全联盟参数的协商，包括 IKE Proposal，临时随机数（nonce）和 DH 值，如下所示。

```
⊞ Frame 5: 310 bytes on wire (2480 bits), 310 bytes captured (2480 bits)
⊞ Ethernet II, Src: 00:00:00_b2:f8:01 (00:00:00:b2:f8:01), Dst: HuaweiTe_15:34:ec (00:e0:fc:15:34:ec)
⊞ Internet Protocol, Src: 1.1.1.1 (1.1.1.1), Dst: 2.2.2.2 (2.2.2.2)
⊞ User Datagram Protocol, Src Port: isakmp (500), Dst Port: isakmp (500)
⊟ Internet Security Association and Key Management Protocol
    Initiator cookie: f7ef9cf859be8f3d
    Responder cookie: 0000000000000000
    Next payload: Security Association (33)
    Version: 2.0
    Exchange type: IKE_SA_INIT (34)
  ⊞ Flags: 0x08
    Message ID: 0x00000000
    Length: 268
  ⊞ Type Payload: Security Association (33)
  ⊞ Type Payload: Key Exchange (34)
  ⊞ Type Payload: Nonce (40)
```

SA 载荷主要用来协商 IKE Proposal，如下所示。

```
■ Type Payload: Security Association (33)
    Next payload: Key Exchange (34)
    0... .... = Critical Bit: Not Critical
    Payload length: 44
  ⊟ Type Payload: Proposal (2) # 1
      Next payload: NONE / No Next Payload (0)
      0... .... = Critical Bit: Not Critical
      Payload length: 40
      Proposal number: 1
      Protocol ID: IKE (1)
      SPI Size: 0
      Proposal transforms: 4
    ⊟ Type Payload: Transform (3)
        Next payload: Transform (3)
        0... .... = Critical Bit: Not Critical
        Payload length: 8
        Transform Type: Encryption Algorithm (ENCR) (1)
        Transform ID (ENCR): ENCR_DES (2)
    ⊟ Type Payload: Transform (3)
        Next payload: Transform (3)
        0... .... = Critical Bit: Not Critical
        Payload length: 8
        Transform Type: Pseudo-random Function (PRF) (2)
        Transform ID (PRF): PRF_HMAC_SHA1 (2)
    ⊟ Type Payload: Transform (3)
        Next payload: Transform (3)
        0... .... = Critical Bit: Not Critical
        Payload length: 8
        Transform Type: Integrity Algorithm (INTEG) (3)
        Transform ID (INTEG): AUTH_HMAC_SHA1_96 (2)
    ⊟ Type Payload: Transform (3)
        Next payload: NONE / No Next Payload (0)
        0... .... = Critical Bit: Not Critical
        Payload length: 8
        Transform Type: Diffie-Hellman Group (D-H) (4)
        Transform ID (D-H): Default 768-bit MODP group (1)
```

KE（Key Exchange）载荷和 Nonce 载荷主要用来交换密钥材料，如下所示。

```
⊞ Type Payload: Security Association (33)
⊟ Type Payload: Key Exchange (34)
    Next payload: Nonce (40)
    0... .... = Critical Bit: Not Critical
    Payload length: 104
    DH Group #: Default 768-bit MODP group (1)
    Key Exchange Data: 92d4ee4e8c998aca22f582e58df19b91f1d55991459cbf08...
⊟ Type Payload: Nonce (40)
    Next payload: Notify (41)
    0... .... = Critical Bit: Not Critical
    Payload length: 36
    Nonce DATA: 3e32b6823e3b1cf46473ea12cfe6bc75b6631940ebd25f43...
```

IKEv2 通过 IKE_SA_INIT 交换后最终也生成三类密钥。

- SK_e：用于加密第二个消息对。
- SK_a：用于第二个消息对的完整性验证。
- SK_d：用于为 Child SA（IPSec SA）衍生出加密材料。

● **第二个消息对（IKE_AUTH）**

负责身份认证，并创建第一个 Child SA（一对 IPSec SA）。目前两种身份认证技术比较常用，如下所示。

- 预共享密钥方式（pre-share）：设备的身份信息为 IP 地址或名称。
- 数字证书方式：设备的身份信息为证书和通过证书私钥加密的部分消息 HASH 值（签名）。

以上身份信息都通过 SKEYID_e 加密。

创建 Child SA 时，当然也要协商 IPSec 安全提议、被保护的数据流。IKEv2 通过 TS 载荷（TSi 和 TSr）来协商两端设备的 ACL 规则，最终结果是取双方 ACL 规则的交集（这点跟 IKEv1 不同，IKEv1 没有 TS 载荷不协商 ACL 规则）。

当一个 IKE SA 需要创建多对 IPSec SA 时，例如两个 IPSec 对等体之间有多条数据流的时候，需要使用创建子 SA 交换来协商后续的 IPSec SA。

2. 子 SA 交换 2 条消息建立一对 IPSec SA

```
39 0.000000   1.1.1.1    2.2.2.2    ISAKMP   CREATE_CHILD_SA
40 0.000000   2.2.2.2    1.1.1.1    ISAKMP   CREATE_CHILD_SA
```

子 SA 交换必须在 IKE 初始交换完成之后才能进行，交换的发起者可以是 IKE 初始交换的发起者，也可以是 IKE 初始交换的响应者。这 2 条消息由 IKE 初始交换协商的密钥进行保护。

IKEv2 也支持 PFS 功能，创建子 SA 交换阶段可以重新进行一次 DH 交换，生成新的 IPSec SA 密钥。

6.6　IKE/IPSec 对比

6.6.1　IKEV1 PK IKEv2

IKEv1 和 IKEv2 的细节写了这么多，现在总结一下二者的主要差异点吧，如表 6-6 所示。

表 6-6　　　　　　　　　　　　　　IKEv1 和 IKEv2 对比

功能项	IKEv1	IKEv2
IPSec SA 建立过程	分两个阶段，阶段 1 分两种模式：主模式和野蛮模式，阶段 2 为快速模式 主模式+快速模式需要 9 条信息建立 IPSec SA 野蛮模式+快速模式需要 6 条信息建立 IPSec SA	不分阶段，最少 4 条消息即可建立 IPSec SA
IKE SA 完整性验证	不支持	支持
ISAKMP 载荷	二者支持的载荷不同，例如 IKEv2 支持 TS 载荷，用于协商 ACL，IKEv1 不支持 IKEv1 和 IKEv2 支持的载荷还有其他不同，本节仅仅介绍了 TS 载荷	
认证方法	预共享密钥 数字证书 数字信封（较少使用）	预共享密钥 数字证书 EAP 数字信封（较少使用）
远程接入	通过 L2TP over IPSec 来实现	通过 EAP 认证支持

显然 IKEv2 以其更加快捷、更加安全的服务胜出，长江后浪推前浪又成为了没有任何悬念的事实。

6.6.2　IPSec 协议框架

安全协议（AH 和 ESP）、加密算法（DES、3DES、AES）、验证算法（MD5、SHA1、SHA2）、IKE、DH，这么多的概念，大家搞清楚他们之间的关系了吗？强叔做了一下总结，看看能否帮助大家。

- 安全协议（AH 和 ESP）——IP 报文的安全封装。IP 报文穿上 AH 或/和 ESP 马甲后变为 IPSec 报文。此"马甲"并非一般马甲，是交织了"加密"和"验证"算法的刀枪不入的"软猬甲"（马甲穿着技巧请参见"6.1.2　安全封装"）。二者的差异如表 6-7 所示。

表 6-7　　　　　　　　　　　　　　　　AH 和 ESP 的差异

安全特性	AH	ESP
IP 协议号	51	50
数据完整性校验	支持（验证整个 IP 报文）	支持（不验证 IP 头）
数据源验证	支持	支持
数据加密	不支持	支持
防报文重放攻击	支持	支持
IPSec NAT-T（NAT 穿越）	不支持	支持

- 加密算法（DES、3DES、AES）——IPSec 报文的易容之术。IPSec 数据报文采用对称加密算法进行加密，但只有 ESP 协议支持加密，AH 协议不支持。另外，IKE 协商报文也会进行加密。
- 验证算法（MD5、SHA1、SHA2）——IPSec 报文的验明正身之法。加密后的报文经过验证算法处理生成数字签名，数字签名填写在 AH 和 ESP 报文头的完整性校验值 ICV 字段发送给对端；在接收设备中，通过比较数字签名进行数据完整性和真实性验证。
- IKE——手握密钥管理大权的贴心管家。IPSec 使用 IKE 协议在发送、接收设备之间安全地协商密钥、更新密钥。
- DH 算法——贴心管家的铁算盘。DH 被称为公共密钥交换方法，它用于产生密钥材料，并通过 ISAKMP 消息进行交换，并最终在收发两端计算出加密密钥和验证密钥。

这些概念——梳理过来，强叔不得不感叹 IPSec 协议设计者的强大。这么多新的老的协议、算法拼接起来如此天衣无缝，自此 Internet 的险恶被屏蔽在隧道之外！为了方便大家记忆这些缩写，强叔用一张简图概括之，如图 6-17 所示。

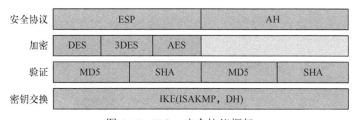

图 6-17　IPSec 安全协议框架

写到这里，强叔心情舒畅，暗自为天地会网络的顺利推动得意。可是问题又来了——将 IKE 应用于 IPSec VPN 之后，那些有固定公网 IP 地址的大中型分舵的通信问题很快就解决了，可是那些申请不到固定公网 IP 地址的分舵不乐意了，大呼厚此薄彼不是真兄弟！没有固定公网 IP 地址的分舵就无法与总舵建立稳定的 IPSec VPN，于是天地会提出疑问：建立 IPSec VPN 的通信双方必须使用固定的公网 IP 地址吗？

当然不是！下面强叔就给大家介绍一种新的建立 IPSec VPN 的方式——IPSec 模板方式。

6.7　IPSec 模板方式

与 IKE 方式的 IPSec 安全策略一样,模板方式 IPSec 安全策略也要依靠 IKE 协商 IPSec 隧道。模板方式 IPSec 安全策略最大的改进就是不要求对端 IP 地址固定:**可以严格指定对端 IP 地址(单个 IP),可以宽泛指定对端 IP 地址(IP 地址段)也可以干脆不指定对端 IP(意味着对端 IP 可以是任意 IP)。**

模板方式 IPSec 安全策略就好像一员猛将,根本不把对端 IP 放在眼里,什么固定 IP、动态地址、私网 IP 统统不在话下。只管放马过来,来多少都照单全收。正因为这种大将风范,模板方式 IPSec 安全策略特别适用于天地会总舵,用于响应众多分舵的协商请求,且分舵数量越多越明显。

- 采用 IKE 方式 IPSec 策略。总舵需要配置 N 个 IPSec 策略,N 个 IKE 对等体,N=分舵数量。
- 采用模板方式 IPSec 策略。总舵需要配置 1 个 IPSec 策略,一个 IKE 对等体,与 N 的取值无关。

总之,模板方式 IPSec 安全策略的两大优点令他在 IPSec 阵营中始终保持明星地位。

- 对发起端要求甚少,有无固定公网 IP 均可。
- 配置简单,只要配置一个 IKE Peer 即可。

但明星也有自己的难言之隐,那就是**模板方式 IPSec 安全策略只能响应对端发起的协商请求,不能主动发起协商。**

6.7.1　在点到多点组网中的应用

如图 6-18 所示,分舵 1 和分舵 2 的出接口采用动态方式获取公网 IP 地址。要求在分舵 1 与总舵、分舵 2 与总舵之间建立 IPSec 隧道,分舵 1 与分舵 2 之间也可以通过 IPSec VPN 通信。

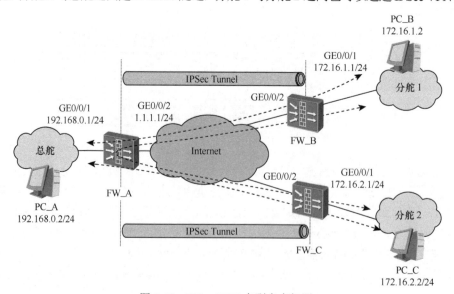

图 6-18　IPSec VPN 点到多点组网

模板方式 IPSec 安全策略配置逻辑如图 6-19 所示。

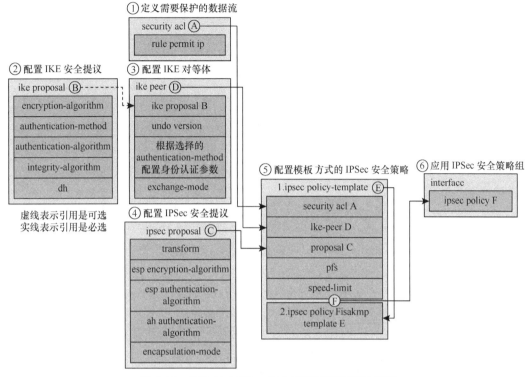

图 6-19　模板方式 IPSec 安全策略配置逻辑示意图

模板方式 IPSec 安全策略配置如表 6-8 所示，IKE 安全提议和 IPSec 安全提议采用缺省配置，不再详述。分舵 2 的配置与分舵 1 类似，参考分舵 1 配置即可。

表 6-8　　　　　　　　　　　　配置模板方式的 **IPSec VPN**

配置项	总舵 FW_A（采用模板 方式 IPSec 策略）	分舵 1　FW_B（采用 IKE 方式 IPSec 策略）
配置 IKE 安全提议	ike proposal 10	ike proposal 10
配置 IKE 对等体	ike peer a 　ike-proposal 10 　pre-shared-key tiandihui1 //可以不配置 remote-address，也可以通过 remote- address 指定 IP 地址段	ike peer a 　ike-proposal 10 remote-address 1.1.1.1 　pre-shared-key tiandihui1
ACL	acl number 3000 　rule 5 permit ip destination 172.16.1.0 0.0.0.255 　rule 10 permit ip destination 172.16.2.0 0.0.0.255	acl number 3000 　rule 5 permit ip source 172.16.1.0 0.0.0.255
IPSec 安全提议	ipsec proposal a	ipsec proposal a
IPSec 安全策略	ipsec policy-template tcm1 1 //配置 IPSec 策略模板 　security acl 3000 　proposal a 　ike-peer a ipsec policy policy1 12 isakmp template tem1//配置模板 方式 IPSec 策略	ipsec policy policy1 1 isakmp 　security acl 3000 　proposal a 　ike-peer a

（续表）

配置项	总舵 FW_A（采用模板方式 IPSec 策略）	分舵 1　FW_B（采用 IKE 方式 IPSec 策略）
应用 IPSec 安全策略	interface GigabitEthernet0/0/2 　ip address 1.1.1.1 255.255.255.0 　ipsec policy policy1	interface GigabitEthernet0/0/2 　ip address 2.2.2.2 255.255.255.0 　ipsec policy policy1 auto-neg　　//配置 auto-neg 后，不需要流量触发就直接建立 IPSec 隧道
路由	配置各个需要互访的私网之间的路由	配置各个需要互访的私网之间的路由

以上配置有两点跟普通的 IKE 方式的安全策略有区别，大家务必注意。

- 总舵 FW 采用模板方式的 IPSec 策略。

模板方式的 IPSec 策略允许 IKE Peer 中不配置 remote-address，或者通过 remote-address 指定 IP 地址段。

在"6.4.2 阶段 1 建立 IKE SA（主模式）"中，我们讲过 **remote-address** 命令指定的 IP 地址有三个作用，那么现在大家思考一下，在模板方式的 IPSec 策略中不配置 **remote-address** 命令是否会引起混乱呢？如果此时总舵放弃一些权利，倒也不会有问题。

- 　如果总舵没有配置 **remote-address** 命令，即没有指定隧道对端 IP 地址，这时总舵只能接收分舵的主动访问，不验证分舵，也不主动访问分舵。
- 　如果总舵用 **remote-address** 指定了隧道对端的 IP 地址段，那么总舵就会检查一下分舵的设备 ID（IP 地址）是否包含在 IP 地址段中，只有包含在内才接纳请求。当然此时总舵也不能主动访问分舵。

从以上两点可以看出模板方式的 IPSec 策略使总舵看起来能够应付对端"没有固定 IP"、"没有公网 IP"的局面，这实际上是以总舵主动放弃了两项权利为代价才达到的。

- ACL 配置有讲究，分舵越多总舵的 ACL 配置越复杂。
- 　总舵 FW_A 的 ACL 要求包含两条规则。

允许分舵 2 和总舵 FW 访问分舵 1 FW，source 必须包括分舵 2 和总舵网段，destination 为分舵 1 网段。本例中不指定 source，表明 source 可以为分舵 2 也可以为总舵或其他 IP 地址段。

允许分舵 1 和总舵 FW 访问分舵 2 FW，source 必须包括分舵 1 和总舵网段，destination 为分舵 2 网段。本例中不指定 source，表明 source 可以为分舵 1 也可以为总舵或其他 IP 地址段。

- 　分舵 FW 的 ACL 要求。

允许分舵 1 FW 访问分舵 2 和总舵 FW，source 为分舵 1 网段，destination 为分舵 2 和总舵网段。本例中不指定 destination，表明 source 可以为分舵 2 也可以为总舵或其他 IP 地址段。

配置完成后进行验证如下。

（1）在总舵 FW_A 上可以查看到总舵跟分舵 1 和分舵 2 的 FW 都正常建立了第一阶段和第二阶段安全联盟。

（2）分舵 1、分舵 2、总舵可以互相通信。

问题：若在 FW_B 的接口上应用 IPSec 策略时不配置 **auto-neg** 参数，分舵 1 与分舵 2 可以直接通信吗？

（1）在分舵 1 和分舵 2 的 FW 上取消接口上应用的 IPSec 策略后，重新应用时不配置 **auto-neg** 参数。由分舵 1 的 PC_B　ping 分舵 2 的 PC_C，无法 ping 通。

（2）查看分舵 1 的 FW_B 上安全联盟的建立情况。

```
<FW_B> display ike sa
current ike sa number: 2
---------------------------------------------------------------------
conn-id    peer              flag        phase vpn
---------------------------------------------------------------------
40022      1.1.1.1           RD|ST       v2:2   public
7          1.1.1.1           RD|ST       v2:1   public
```

分舵 1 与总舵之间的安全联盟正常建立。

（3）查看分舵 2 的 FW_C 上安全联盟的建立情况。

```
<FW_C> display ike sa
current sa Num :0
```

分舵 2 与总舵 FW 之间没有建立安全联盟。其原因在于总舵 FW 配置了模板方式 IPSec 安全策略，只能响应协商。所以分舵 1 到总舵 FW 的安全联盟正常创建了，而总舵到分舵 2 FW 的安全联盟没法建立。在分舵 1 和分舵 2 的 FW 上应用 IPSec 安全策略时带上 **auto-neg** 参数后，IPSec 安全联盟自动创建。由于分舵 1 到总舵 FW、总舵到分舵 2 FW 之间的安全联盟都已创建好，所以分舵 1 跟分舵 2 可以通信。同样总舵可以 ping 通分舵。

至此我们已经介绍了三种 IPSec 安全策略：手工方式 IPSec 安全策略、IKE 方式 IPSec 安全策略、模板方式 IPSec 安全策略。这三种 IPSec 安全策略都可以配置在一个 IPSec 安全策略组中。所谓 IPSec 安全策略组就是一组名称相同的 IPSec 安全策略。在一个 IPSec 安全策略组中最多只能存在一个模板方式 IPSec 安全策略，且其序号必须最大，即优先级最小。否则接入请求先被模板方式 IPSec 安全策略接收了，优先级低的 IKE 方式 IPSec 安全策略就无法施展才华了。

模板方式 IPSec 安全策略与 IKE 方式 IPSec 安全策略都需要通过 IKE 来协商 IPSec 隧道。协商的过程一样，这里强叔就不多说了。下面重点讲讲模板方式 IPSec 安全策略的"特色"之处。

6.7.2　个性化的预共享密钥

IPSec 模板中只能引用一个 IKE Peer。而一个 IKE Peer 中只能配置一个预共享密钥，因此所有与之对接的对端都必须配置相同的预共享密钥。于是问题来了，只要有一个防火墙的预共享密钥泄露，则其他所有防火墙的安全都受到威胁。

那么在总舵跟多个分舵对接的点到多点组网中，分舵防火墙可以配置不同的预共享密钥吗？既然预共享密钥跟密钥生成和身份认证相关，只要把预共享密钥与设备身份挂钩就可以。预共享密钥认证方式下可以采用本地 IP 地址或设备名称进行身份认证。那通过 IP 地址来指定预共享密钥或通过设备名称来指定预共享密钥就可以为每个分舵防火墙配置"**个性化的预共享密钥**"（仅 USG9500 系列防火墙支持）了。

1. 通过对端 IP 地址为每个分舵防火墙指定个性化预共享密钥

此方式适用于分舵防火墙出口 IP 地址固定的情况。将总舵防火墙上 ike peer 下配置

的 **remote-address** 和 **pre-shared-key** 删掉，改为在全局下为每个分舵防火墙配置 **remote-address** 和 **pre-shared-key** 就可以了，这样既保留模板方式的先进性，又巧妙规避了模板方式的局限性。关键的配置如表 6-9 所示。

表 6-9 通过对端 IP 地址为对端指定个性化预共享密钥

配置项	总舵 FW_A	分舵 1 FW_B
配置 IKE 对等体	ike peer a local-id-type ip ike-proposal 10	ike peer a local-id-type ip ike-proposal 10 remote-address 1.1.1.1 pre-shared-key tiandihui1
配置个性化预共享密钥	ike remote-address 2.2.2.2 pre-shared-key tiandihui1 ike remote-address 2.2.3.2 pre-shared-key tiandihui2	-

2. 通过对端设备名称指定预共享密钥

当分舵防火墙出口没有固定 IP 地址时，可以通过设备名称来标识身份（ike local-name），此时总舵防火墙可以在全局下为每个分舵防火墙配置 remote-id 和 pre-shared-key 即可。关键的配置如表 6-10 所示。

表 6-10 通过设备名称为对端指定个性化预共享密钥

配置项	总舵 FW_A	分舵 1 FW_B
配置 IKE 对等体	ike peer a local-id-type ip ike-proposal 10	ike peer a local-id-type fqdn //通过设备名称进行身份认证时本地认证类型需配置为 FQDN 或 USER-FQDN ike-proposal 10 remote-address 1.1.1.1 pre-shared-key tiandihui1
配置本地名称	-	ike local-name tdhfd1
配置个性化预共享密钥	ike remote-id tdhfd1 pre-shared-key tiandihui1 ike remote-id tdhfd2 pre-shared-key tiandihui2	-

📖 说明
总舵 FW_A 上配置的"**ike remote-id**"必须与分舵 1 FW_B 上配置的"**ike local-name**"一致。

6.7.3 巧用指定对端域名

分舵防火墙用动态 IP 地址接入的情况，IKE 方式 IPSec 安全策略是否真的束手无策呢？

其实不然，还有一个可以帮助 IKE 方式 IPSec 安全策略解决问题的方法：对端 IP 地址不固定，当然也就无法配置 **remote-address**，但总舵可以通过其他方式间接获知 IP 地址，比如通过域名。即总舵可以用指定 **remote-domain** 代替 **remote-address**；分舵防火墙上配置 DNS 获得域名和 IP 地址之间的映射关系，开启 DDNS 保证映射关系能够实时更新。当然配置动态域名的方式也适用于模板方式 IPSec 策略。关键的配置如表 6-11 所示。

表 6-11 IKE Peer 中指定对端域名

配置调整	总舵 FW_A	分舵 1 FW_B
IPSec 配置	仅 IKE Peer 中配置有变化 ike peer a 　ike-proposal 10 　pre-shared-key tiandihui1 　remote-domain www.adcd.3322.org	无变化
新增配置	—	1．开启域名解析 dns resolve dns server 200.1.1.1 2．配置 DDNS 策略　//以下配置需联系 DDNS 服务提供商，并根据 DDNS 服务提供商的说明操作 ddns policy abc 　ddns client www.adcd.3322.org 　ddns server www.3322.org 　ddns username abc123 password abc123 3．应用 DDNS 策略　//dialer 口为 ADSL 接口对应的逻辑接口。这种方案在分舵采用 ADSL 拨号口的场景中应用较多，故本例分舵的 DDNS 策略应用到了 dialer 口上 　ddns client enable 　interface dialer 1 　ddns apply policy abc

此方案的局限性在于动态接入方必须有固定域名，另外还增加了 DNS 和 DDNS 的配置，有点小复杂。所以不如模板式 IPSec 安全策略好用，所以只在不得不用时才会使用。

6.7.4　总结

模板方式 IPSec 安全策略很强大吧？实际场景中，它并不是孤军作战的，只有模板方式 IPSec 安全策略和 IKE 方式 IPSec 安全策略联合作战才能全线告捷，二者的配伍关系如表 6-12 所示。

表 6-12 模板方式 IPSec 安全策略和 IKE 方式 IPSec 安全策略配合使用场景

场景	总舵 FW_A	分舵 FW_B
总舵 IP 地址固定+分舵 IP 地址固定	IKE 方式 IPSec 策略或模板方式 IPSec 策略	IKE 方式 IPSec 策略
总舵 IP 地址固定+分舵 IP 地址动态获取	模板方式 IPSec 策略或 IKE 方式 IPSec 策略（指定对端域名）	IKE 方式 IPSec 策略
总舵 IP 地址动态获取+分舵 IP 地址动态获取	模板方式 IPSec 策略或 IKE 方式 IPSec 策略（指定对端域名）	IKE 方式 IPSec 策略（指定对端域名）

模板方式 IPSec 安全策略真的很强大，只要总舵 FW 手持这项盾牌，分舵 FW 有没有公网地址，是固定配置还是动态获得，似乎通通不用关心。但实际上细研究一下就可以发现，模板方式 IPSec 安全策略对待公网 IP 地址和私网 IP 地址态度是不一样的。当对端是私网 IP 地址时，模板方式 IPSec 安全策略还要要些小手段才能搞定！

6.8　NAT 穿越

前文说到模板方式 IPSec 安全策略可以解决总舵与出口 IP 地址不固定的分舵建立 IPSec 隧道的问题。至此，无论是拥有固定公网 IP 的分舵还是动态获得公网 IP 地址的分舵，都可以通过 IPSec 隧道安全地访问总舵，天地会业务兴隆一片祥和。

但 Internet 的江湖远非如此平静，天地会又面临新的问题。有的分舵连动态的公网 IP 地址都没有，只能先由网络中的 NAT 设备进行地址转换，然后才能访问 Internet，此时分舵能否正常访问总舵？另外，分舵除了访问总舵之外，还有访问 Internet 的需求，有些分舵在防火墙上同时配置了 IPSec 和 NAT，两者能否和平共处？如何解决上述这两个问题，且听强叔一一道来。

6.8.1　NAT 穿越场景简介

先来看网络中存在 NAT 设备的情况，如图 6-20 所示，分舵防火墙的出接口 IP 是私网地址，必须经过 NAT 设备进行地址转换，转换为公网 IP 地址之后才能与总舵防火墙建立 IPSec 隧道。

图 6-20　NAT 穿越场景

我们都知道，IPSec 是用来保护报文不被修改的，而 NAT 却专门修改报文的 IP 地址，看起来两者水火不容。我们来详细分析一下，首先，协商 IPSec 的过程是由 ISAKMP 消息完成的，而 ISAKMP 消息是经过 UDP 封装的，源和目的端口号均是 500，NAT 设备可以转换该消息的 IP 地址和端口，因此 ISAKMP 消息能够顺利的完成 NAT 转换，成功协商 IPSec 安全联盟。但是数据流量是通过 AH 或 ESP 协议传输的，在 NAT 转换过程中存在问题。下面分别看一下 AH 和 ESP 报文能否通过 NAT 设备。

- AH 协议

因为 AH 对数据进行完整性检查，会对包括 IP 地址在内的整个 IP 包进行 HASH 运算。而 NAT 会改变 IP 地址，从而破坏 AH 的 HASH 值。**因此 AH 报文无法通过 NAT 网关。**

- ESP 协议

ESP 对数据进行完整性检查，不包括外部的 IP 头，IP 地址转换不会破坏 ESP 的 HASH 值。但 ESP 报文中 TCP 的端口已经加密无法修改，所以对于同时转换端口的 NAT 来说，ESP 没法支持。

为了解决这个问题，必须在建立 IPSec 隧道的两个防火墙上同时开启 NAT 穿越功能

（**Nat Traversal**）。开启 **NAT** 穿越功能后，当需要穿越 **NAT** 设备时，**ESP** 报文会被封装到 **UDP** 头中，源和目的端口号均是 **4500**。有了这个 **UDP** 头 **IPSec** 报文就不怕被 **NAT** 设备修改 **IP** 地址和端口了。

　　根据 NAT 设备所处的位置和地址转换功能的不同，我们从下面三个场景来分别介绍。

场景一：NAT 转换后的分舵公网地址未知

　　如图 6-21 所示，NAT 设备位于运营商网络内，分舵 FW 接口 GE0/0/2 的私网 IP 地址经过 NAT 设备转换后变为公网 IP 地址。由于天地会无从获知经过 NAT 设备转换后的分舵公网 IP 地址，也就无法在总舵 FW 上明确指定对端分舵的公网地址。因此，总舵 FW 必须使用模板方式来配置 IPSec 安全策略，同时总舵和分舵的 FW 上都要开启 NAT 穿越功能。

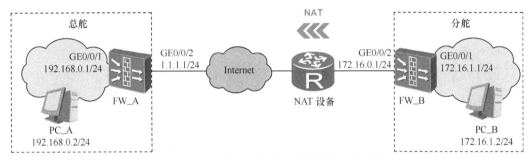

图 6-21　NAT 转换后的分舵公网地址未知场景

　　这种场景下，总舵既然使用了模板方式，那就无法主动访问分舵，只能由分舵主动向总舵发起访问。

　　总舵和分舵 FW 的关键配置如表 6-13 所示。

表 6-13　　　　　　　　　　　　　　NAT 穿越配置（1）

关键配置	总舵 FW_A	分舵 FW_B
IPSec 安全提议	ipsec proposal pro1 　transform esp　//采用 ESP 协议传输报文	ipsec proposal pro1 　transform esp　//采用 ESP 协议传输报文
IKE 对等体	ike peer fenduo 　pre-shared-key tiandihui1 　ike-proposal 10 　nat traversal　//双方同时开启，默认为开启	ike peer zongduo 　pre-shared-key tiandihui1 　ike-proposal 10 　remote-address 1.1.1.1 　nat traversal //双方同时开启，默认为开启
IPSec 安全策略	ipsec policy-template tem1 1 //配置模板方式 　security acl 3000 　proposal pro1 　ike-peer fenduo ipsec policy policy1 1 isakmp template tem1	ipsec policy policy1 1 isakmp 　security acl 3000 　proposal pro1 　ike-peer zongduo

场景二：NAT 转换后的分舵公网地址可知

　　如图 6-22 所示，NAT 设备位于分舵网络之内，分舵 FW 接口 GE0/0/2 的私网 IP 地址经过 NAT 设备转换后变为公网 IP 地址。由于 NAT 设备在分舵控制范围之内，转换后的公网地址可知，所以总舵 FW 上可以使用模板方式也可以使用 IKE 方式来配置 IPSec 安全策略。

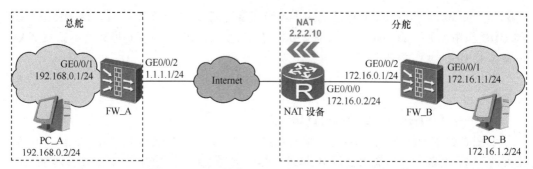

图 6-22　NAT 转换后的分舵公网地址可知场景

需要注意的是，即便使用 IKE 方式，总舵也无法主动与分舵建立 IPSec 隧道。这不是 IPSec 的问题，而是 NAT 设备的问题。NAT 设备只提供了源地址转换，实现分舵--->总舵这一方向的访问，分舵"隐藏"在 NAT 设备之后，无法实现总舵--->分舵方向的访问。如果要实现总舵主动访问分舵 FW_B 的私网地址，则需要在 NAT 设备上配置 NAT Server 功能，我们会在场景三中详细介绍。

以 IKE 方式 IPSec 策略为例，总舵和分舵 FW 的关键配置如表 6-14 所示。

表 6-14   NAT 穿越配置（2）

关键配置	总舵 FW_A	分舵 FW_B
IPSec 安全提议	ipsec proposal pro1 　transform esp　//采用 ESP 协议传输报文	ipsec proposal pro1 　transform esp　//采用 ESP 协议传输报文
IKE 对等体	ike peer fenduo 　pre-shared-key tiandihui1 　ike-proposal 10 　nat traversal　//双方同时开启，默认为开启 　remote-address 2.2.2.10　//对端地址为 NAT 后的地址。采用 IKE 方式时由于对端地址为单个地址，所以要求 NAT 设备的地址池中只有一个地址。模板方式时无此要求 　remote-address authentication-address 172.16.0.1 //认证地址为 NAT 前的地址。模板方式时无此要求	ike peer zongduo 　pre-shared-key tiandihui1 　ike-proposal 10 　remote-address 1.1.1.1 　nat traversal //双方同时开启，默认为开启
IPSec 安全策略	ipsec policy policy1 isakmp 　security acl 3000 　proposal pro1 　ike-peer fenduo	ipsec policy policy1 1 isakmp 　security acl 3000 　proposal pro1 　ike-peer zongduo

场景三：NAT 设备提供 NAT Server 功能

如图 6-23 所示，NAT 设备位于分舵网络之内，提供 NAT Server 功能，对外发布的地址是 2.2.2.20，映射成私网地址是分舵 FW 接口 GE0/0/2 的地址 172.16.0.1。总舵 FW 上使用 IKE 方式来配置 IPSec 策略，即可实现总舵--->分舵方向的访问。

在 NAT 设备上配置 NAT Server，将 2.2.2.20 的 UDP 500 端口和 4500 端口分别映射到 172.16.0.1 的 UDP 500 端口和 4500 端口，具体配置如下。

```
[NAT] nat server protocol udp global 2.2.2.20 500 inside 172.16.0.1 500
[NAT] nat server protocol udp global 2.2.2.20 4500 inside 172.16.0.1 4500
```

同时，由于 NAT 设备上配置 NAT Server 时会生成反向 Server-map 表，所以分舵 FW 也可以主动向总舵发起访问。报文到达 NAT 设备后，匹配反向 Server-map 表，源地址转换为 2.2.2.20，即可实现分舵--->总舵方向的访问。

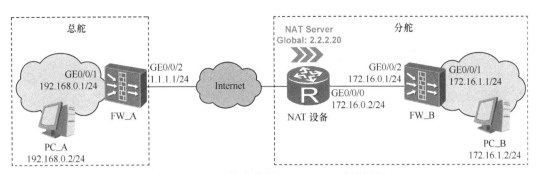

图 6-23　NAT 设备提供 NAT Server 功能场景

总舵和分舵 FW 的关键配置如表 6-15 所示。

表 6-15　　　　　　　　　　　　　　　　**NAT 穿越配置（3）**

关键配置	总舵 FW_A	分舵 FW_B
IPSec 安全提议	ipsec proposal pro1 　transform esp　　//采用 ESP 协议传输报文	ipsec proposal pro1 　transform esp　　//采用 ESP 协议传输报文
IKE 对等体	ike peer fenduo 　pre-shared-key tiandihui1 　ike-proposal 10 　nat traversal　//双方同时开启，默认为开启 　remote-address 2.2.2.20 //对端地址为 Server 的 Global 地址 　remote-address authentication-address 172.16.0.1 //认证地址为 NAT 转换前的地址	ike peer zongduo 　pre-shared-key tiandihui1 　ike-proposal 10 　remote-address 1.1.1.1 　nat traversal //双方同时开启，默认为开启
IPSec 安全策略	ipsec policy policy1 isakmp 　security acl 3000 　proposal pro1 　ike-peer fenduo	ipsec policy policy1 1 isakmp 　security acl 3000 　proposal pro1 　ike-peer zongduo

NAT 穿越场景下的配置有三点独特之处。

- 两端必须同时开启 NAT 穿越功能（**nat traversal**），即便是只有一端防火墙出口是私网 IP 地址。
- 由于分舵防火墙出口"隐藏"在 NAT 设备之后，在总舵防火墙"看来"隧道对端的 IP 地址是 NAT 转换后的公网 IP 地址。所以在总舵采用 IKE 方式 IPSec 策略时 **remote-address** 命令指定的 IP 地址是 NAT 转换后的地址，不再是对端发起 IKE 协商的私网地址。
- 由于 **remote-address** 命令指定的公网 IP 地址不能再同时用于身份认证了，所以又增加了一条命令，即 **remote-address authentication-address** 命令指定对端身份认证地址（必须是对端设备 NAT 转换前的地址，是真正的 IKE 协商发起端的地址），本端用这个 IP 地址来验证对端设备。

当然若总舵配置模板方式的 IPSec 策略时，一样会自动放弃主动发起访问的权利，也可以不验证对端设备了，此时 **remote-address** 和 **remote-address authentication-address** 命令就可以不用配置了。

下面以第二种场景为例，分别介绍一下采用 IKEv1 和 IKEv2 时 IPSec 是如何进行 NAT 穿越的。

6.8.2 IKEv1 的 NAT 穿越协商

IKEv1 主模式下的 NAT 穿越协商报文交互过程如下。

（1）开启 NAT 穿越时，IKEv1 协商第一阶段的消息①、②会发送标识 NAT 穿越能力（简称 NAT-T）的 Vendor ID 载荷，用于检查通信双方是否支持 NAT-T，如下所示。

```
⊟ Type Payload: Vendor ID (13) : RFC 3947 Negotiation of NAT-Traversal in the IKE
    Next payload: Vendor ID (13)
    Payload length: 20
    Vendor ID: 4a131c81070358455c5728f20e95452f
    Vendor ID: RFC 3947 Negotiation of NAT-Traversal in the IKE
⊟ Type Payload: Vendor ID (13) : draft-ietf-ipsec-nat-t-ike-02\n
    Next payload: Vendor ID (13)
    Payload length: 20
    Vendor ID: 90cb80913ebb696e086381b5ec427b1f
    Vendor ID: draft-ietf-ipsec-nat-t-ike-02\n
⊟ Type Payload: Vendor ID (13) : draft-ietf-ipsec-nat-t-ike-00
    Next payload: NONE / No Next Payload  (0)
    Payload length: 20
    Vendor ID: 4485152d18b6bbcd0be8a8469579ddcc
    Vendor ID: draft-ietf-ipsec-nat-t-ike-00
```

当双方都在各自的消息中包含了该载荷时，才会进行相关的 NAT-T 协商。

（2）主模式消息③和消息④中发送 NAT-D（NAT Discovery）载荷。NAT-D 载荷用于探测两个要建立 IPSec 隧道的防火墙之间是否存在 NAT 网关以及 NAT 网关的位置，如下所示。

```
⊟ Type Payload: NAT-D (RFC 3947) (20)
    Next payload: NAT-D (RFC 3947) (20)
    Payload length: 24
remote HASH of the address and port: c2954146c97839f5eb42bb0438395a42de5f6aa5
⊟ Type Payload: NAT-D (RFC 3947) (20)
    Next payload: NONE / No Next Payload  (0)
    Payload length: 24
local HASH of the address and port: 88870822cf707e8da4023106192e8489f0e684ed
```

协商双方通过 NAT-D 载荷向对端发送源和目的 IP 地址与端口的 HASH 值，就可以检测到地址和端口在传输过程中是否发生变化。如果接收方根据收到的报文计算出来的 HASH 值与对端发来的 HASH 值一样，则表示它们之间没有 NAT 设备。否则，说明传输过程中有 NAT 设备转换了报文的 IP 地址和端口。

第一个 NAT-D 载荷为对端 IP 和端口的 HASH 值，第二个 NAT-D 载荷为本端 IP 和端口的 HASH 值。

（3）发现 NAT 网关后，后续 ISAKMP 消息（主模式从消息⑤）的端口号转换为 4500。ISAKMP 报文标识了 "Non-ESP Marker"，如下所示。

```
⊞ User Datagram Protocol, Src Port: ipsec-nat-t (4500), Dst Port: ipsec-nat-t (4500)
⊟ UDP Encapsulation of IPsec Packets
    Non-ESP Marker
⊞ Internet Security Association and Key Management Protocol
```

（4）在 IKEv1 第二阶段会协商是否使用 NAT 穿越以及 NAT 穿越时 IPSec 报文的封装模式：UDP 封装隧道模式报文（UDP-Encapsulated-Tunnel）和 UDP 封装传输模式报文（UDP-Encapsulated-Transport）。

IKEv1 为 ESP 报文封装 UDP 头，UDP 报文端口号为 4500。当封装后的报文通过 NAT 设备时，NAT 设备对该报文的外层 IP 头和增加的 UDP 头进行地址和端口号转换。

```
⊟ User Datagram Protocol, Src Port: ipsec-nat-t (4500), Dst Port: ipsec-nat-t (4500)
    Source port: ipsec-nat-t (4500)
    Destination port: ipsec-nat-t (4500)
    Length: 100
  ⊞ Checksum: 0x0000 (none)
    UDP Encapsulation of IPsec Packets
⊞ Encapsulating Security Payload
```

6.8.3　IKEv2 的 NAT 穿越协商

IKEv2 的 NAT 穿越协商报文交互过程如下。

（1）开启 NAT 穿越后，IKE 的发起者和响应者都在 IKE_SA_INIT 消息对中包含类型为 NAT_DETECTION_SOURCE_IP 和 NAT_DETECTION_DESTINATION_IP 的通知载荷。这两个通知载荷用于检测在将要建立 IPSec 隧道的两个防火墙之间是否存在 NAT，哪个防火墙位于 NAT 之后。如果接收到的 NAT_DETECTION_SOURCE 通知载荷没有匹配数据包 IP 头中的源 IP 和端口的 HASH 值，则说明对端位于 NAT 网关后面。如果接收到的 NAT_DETECTION_DESTINATION_IP 通知载荷没有匹配数据包 IP 头中的目的 IP 和端口的 HASH 值，则意味着本端位于 NAT 网关之后。

```
⊟ Type Payload: Notify (41)
    Next payload: Notify (41)
    0... .... = Critical Bit: Not Critical
    Payload length: 28
    Protocol ID: RESERVED (0)
    SPI Size: 0
    Notify Message Type: NAT_DETECTION_SOURCE_IP (16388)
    Notification DATA: 6729d884a9f751b8dbca63cab4165e6d137b7cd8
⊟ Type Payload: Notify (41)
    Next payload: NONE / No Next Payload (0)
    0... .... = Critical Bit: Not Critical
    Payload length: 28
    Protocol ID: RESERVED (0)
    SPI Size: 0
    Notify Message Type: NAT_DETECTION_DESTINATION_IP (16389)
    Notification DATA: 908595db62cb4f3d4f782f156a6715dd03cfc6c8
```

（2）检测到 NAT 网关后，从 IKE_AUTH 消息对开始 ISAKMP 报文端口号改为 4500。报文标识"Non-ESP Marker"。

```
⊟ User Datagram Protocol, Src Port: ipsec-nat-t (4500), Dst Port: ipsec-nat-t (4500)
    Source port: ipsec-nat-t (4500)
    Destination port: ipsec-nat-t (4500)
    Length: 240
  ⊞ Checksum: 0xef30 [validation disabled]
⊟ UDP Encapsulation of IPsec Packets
    Non-ESP Marker
⊞ Internet Security Association and Key Management Protocol
```

IKEv2 中也使用 UDP 封装 ESP 报文，UDP 报文端口号为 4500。当封装后的报文通过 NAT 设备时，NAT 设备对该报文的外层 IP 头和增加的 UDP 头进行地址和端口号转换。

```
⊟ User Datagram Protocol, Src Port: ipsec-nat-t (4500), Dst Port: ipsec-nat-t (4500)
    Source port: ipsec-nat-t (4500)
    Destination port: ipsec-nat-t (4500)
    Length: 100
  ⊞ Checksum: 0x0000 (none)
    UDP Encapsulation of IPsec Packets
⊞ Encapsulating Security Payload
```

在第二种场景中，配置完成后 PC_A 可以 ping 通 PC_B。在总舵 FW_A 上查看 IKE SA 和 IPSec SA 的建立情况，如下所示。

```
<FW_A> display ike sa
current ike sa number: 2
--------------------------------------------------------------------------------
conn-id    peer                    flag            phase vpn
--------------------------------------------------------------------------------
40014      2.2.2.10:264            RD              v1:2  public
40011      2.2.2.10:264            RD              v1:1  public
```

在总舵 FW_A 上查看会话如下所示。

```
<FW_A> display firewall session table
Current Total Sessions : 2
  udp    VPN:public --> public 2.2.2.10:2050-->1.1.1.1:4500
  udp    VPN:public --> public 2.2.2.10:2054-->1.1.1.1:500
```

在分舵 FW_B 上查看会话如下所示。

```
<FW_B> display firewall session table
Current Total Sessions : 2
  udp    VPN:public --> public 172.16.0.1:4500-->1.1.1.1:4500
  udp    VPN:public --> public 172.16.0.1:500-->1.1.1.1:500    //刚开始协商时端口号还是 500
```

因为中间 NAT 设备上配置了源 NAT 转换，所以分舵 FW_B 上只有分舵到总舵方向的会话，没有总舵到分舵方向的会话。

6.8.4　IPSec 与 NAT 并存于一个防火墙

前面讲了 IPSec 穿越 NAT 的情况，当 IPSec 和 NAT 同时配置在一台防火墙上时，会有什么问题呢？

如图 6-24 所示，分舵 FW_B 上同时配置了 IPSec 和 NAPT，IPSec 用于保护分舵跟总舵通信的流量，NAPT 处理的是分舵访问 Internet 的流量。总舵 FW_A 上同时配置了 IPSec 和 NAT Server，IPSec 用于保护总舵跟分舵通信的流量，NAT Server 处理的是 Internet 用户访问总舵服务器的流量。

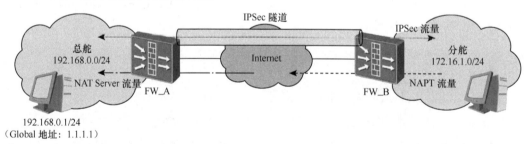

图 6-24　IPSec 与 NAT 并存于一个网关

按理说两台防火墙上 IPSec 流量和 NAT 流量应该是泾渭分明，互不相干，其实不然。本例中的 IPSec 和 NAT 处理的流量是有重叠的，而在防火墙的转发流程中，NAT 在上游环节，IPSec 在下游环节，所以 IPSec 流量难免会受到 NAT 处理流程的干扰。即原本应该进入 IPSec 隧道的流量一旦命中 NAT 策略就会进行 NAT 转换，转换后的流量不会再匹配 IPSec 中的 ACL 了，也就不会进行 IPSec 处理了。所以，此时若处理不好 IPSec 和 NAT 的关系，就会出现莫名其妙的问题。

- 对于分舵，会出现分舵用户访问总舵用户不成功的现象。经检查发现分舵用户访问总舵用户的流量没有进入 IPSec 隧道，都匹配了 NAT 策略。
- 对于总舵，会出现总舵服务器访问分舵用户不成功的现象。总舵服务器访问分舵用户的流量都匹配了 NAT Server 的反向 Server-map 表，无法进入 IPsec 隧道。

解决这两个问题的方法很简单，如下。
- IPSec 和 NAPT 并存于一个防火墙时的要求。

需要在 NAT 策略中配置一条针对 IPSec 流量不进行地址转换的策略，该策略的优先级要高于其他的策略，并且该策略中定义的流量范围是其他策略的子集。这样的话，IPSec 流量会先命中不进行 NAT 转换的策略，地址不会被转换，也就不会影响下面 IPSec 环节的处理，而需要进行 NAT 处理的流量也可以命中其他策略正常转换。

下面给出了一段 NAT 策略的配置脚本，在 Trust->Untrust 安全域间配置了两条 NAT 策略 policy 1 和 policy 2。

```
nat-policy interzone trust untrust outbound
policy 1      //需要 IPSec 保护的流量不进行 NAT 转换
   action no-nat
   policy source 172.16.1.0 mask 24
   policy destination 192.168.0.0 mask 24
policy 2        //访问 Internet 的流量进行 NAT 转换
   action source-nat
   policy source 172.16.1.0 mask 24
   address-group 1
```

- IPSec 和 NAT Server 并存于一个防火墙时要求如下。

在配置 NAT Server 时指定 **no-reverse** 参数，不生成反向 Server-map 表即可。

```
[FW_A] nat server protocol tcp global 1.1.1.1 9980 inside 192.168.0.1 80 no-reverse
```

理解以上问题的关键在于理解防火墙转发流程，而防火墙转发流程非常复杂，这里只透露了冰山一角，有关防火墙转发流程的详细说明请参见"附录 A 报文处理流程"。

6.9　数字证书认证

随着分舵数量越来越多，总舵和每个分舵之间形成的对等体都要配置预共享密钥。如果所有对等体都使用同一个密钥，存在安全风险；而每个对等体都使用不同的密钥，又不便于管理和维护。所以天地会亟需一个新的身份信息认证方案来代替预共享密钥方式，降低管理成本。既然天地会的总舵和分舵都是以合法生意（如当铺和票号）作为掩护，不如直接向官府的刑部申请为当铺和票号发放身份凭证，标明当铺和票号的身份信息。因为刑部是公正的、可信赖的官府部门，所以盖着刑部大印的身份凭证也就是可信任的，总舵和分舵就可以直接通过身份凭证来验证双方的身份。

这个身份凭证就叫作数字证书，简称证书，是由第三方机构颁发的代表设备身份信息的"身份证"。通过引入证书机制，总舵和分舵可以简单便捷地进行身份认证。关于证书的进一步介绍请参见"附录 B 证书浅析"。

在详细介绍证书的实现原理和获取方法之前，我们先来了解一下公钥密码学和 PKI 框架的知识。

6.9.1 公钥密码学和 PKI 框架

在"6.1 IPSec 简介"中，我们提到过对称密码学，即总舵和分舵使用相同的密钥来加密和解密。与之对应的是非对称密码学，即加密和解密数据使用不同的密钥，也叫作公钥密码学。目前较常用的公钥密码学算法有 RSA（Ron Rivest、Adi Shamirh、LenAdleman）和 DSA（Digital Signature Algorithm）。

公钥密码学中使用了两个不同的密钥：一个可对外界公开的密钥称为"公钥"；只有所有者知道的密钥称为"私钥"。这一对密钥的特点是，使用公钥加密的信息只能用相应的私钥解密，反之使用私钥加密的信息也只能用相应的公钥解密。

利用公钥和私钥的这个特点，就可以实现通信双方的身份认证。例如，某个分舵防火墙使用自己的私钥对信息进行加密（数字签名），而总舵防火墙使用分舵防火墙对外公开的公钥进行解密。因为其他人没有该分舵防火墙的私钥，所以只要总舵使用对应的公钥可以解密信息就确定信息是由该分舵发出来的，从而实现身份认证功能。

了解公钥密码学的基本概念后，如何在实际环境中应用公钥密码学理论呢？PKI（Public Key Infrastructure，公钥基础设施）正是一个基于公钥密码学理论来实现信息安全服务的基础框架，数字证书是其核心组成部分，而 IKE 借用了 PKI 中的证书机制来进行对等体的身份认证。

PKI 框架中包括以下两个重要角色。

- 终端实体（EE，End Entity）：证书的最终使用者，例如总舵和分舵的防火墙。
- 证书颁发机构（CA，Certificate Authority）：是一个权威的、可信任的第三方机构（类似刑部），负责证书颁发、查询以及更新等工作。

在 IPSec 中，总舵和分舵的防火墙是证书的最终使用者，要想为防火墙生成证书，首先需要保证防火墙自己的公私密钥对是存在的。我们可以在总舵和分舵的防火墙上创建公私密钥对，然后将公钥、防火墙的信息（实体信息）发送给 CA 进行证书申请；也可以在 CA 上为总舵和分舵的防火墙生成公私密钥对，并在此基础上生成证书，然后在总舵和分舵的防火墙上分别导入各自的公私密钥对和证书。本章主要讲解总舵和分舵防火墙自己创建公私密钥对并申请证书的内容，CA 为总舵和分舵防火墙生成公私密钥对和证书的过程请参见"附录 B 证书浅析"。

📖 **说明**

本篇中所提到的证书分为两种类型：防火墙自身的证书称为本地证书，代表防火墙的身份；而 CA "自签名"的证书称为 CA 证书，又叫根证书，代表了 CA 的身份。

上面简单介绍了证书涉及的几个重要概念，下面我们来看一下如何为总舵和分舵的防火墙获取到证书。

6.9.2 证书申请

总舵和分舵的防火墙申请证书前，必须先生成公私密钥对，然后将公钥以及防火墙的实体信息提供给 CA，由 CA 根据这些信息来生成证书。总舵和分舵防火墙可以通过下面两种方式申请证书。

- 在线方式（带内方式）

  防火墙和 CA 通过证书申请协议交互报文，在线申请证书，申请到的证书直接保存到防火墙的存储设备中（Flash 或 CF 卡），常用的证书申请协议有 SCEP（Simple Certification Enrollment Protocol）和 CMP（Certificate Management Protocol）。该方式适用于防火墙支持 SCEP 或 CMP 的情况，同时依赖于防火墙与 CA 之间网络的连通状态。

- 离线方式（带外方式）

  首先，防火墙生成证书请求文件（内容包括公钥和实体信息），我们将该文件通过磁盘、电子邮件等方式发送给 CA。然后，CA 根据证书请求文件为防火墙制作证书，同样通过磁盘、电子邮件等方式将证书返回。最后，我们将证书上传到防火墙的存储设备中。该方式适用于防火墙不支持 SCEP 或 CMP 的情况，或者防火墙与 CA 之间无法通过网络互访的情况。

上述两种方式可根据防火墙的实际情况灵活选择。下面以离线方式为例，结合图 6-25 所示的组网环境，介绍总舵和分舵防火墙获取证书的过程。

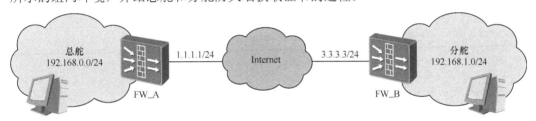

图 6-25　IKE/IPSec 组网图

离线方式申请证书的流程如图 6-26 所示。

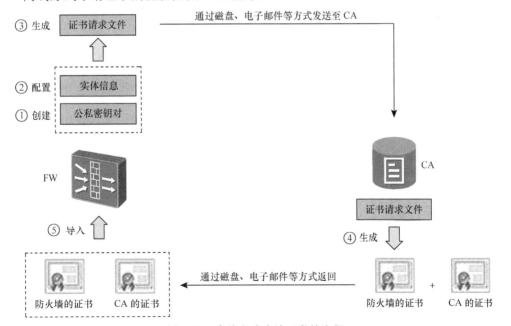

图 6-26　离线方式申请证书的流程

1. 创建公私密钥对

首先,在 FW_A 和 FW_B 上创建各自的公私密钥对,在申请证书时会用到公钥信息。创建过程中,系统会提示输入公钥的位数,位数的长度范围从 512 到 2 048。公钥的长度越大,其安全性就越高,但计算速度相对来说比较慢。这里我们要求最高的安全性,所以输入 2 048。

在 FW_A 上创建公私密钥对,如下所示。

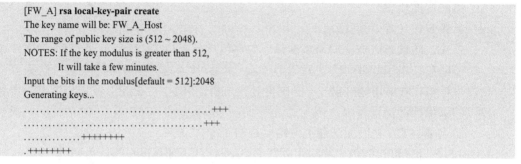

```
[FW_A] rsa local-key-pair create
The key name will be: FW_A_Host
The range of public key size is (512 ~ 2048).
NOTES: If the key modulus is greater than 512,
        It will take a few minutes.
Input the bits in the modulus[default = 512]:2048
Generating keys...
........................................+++
.......................................+++
.............++++++++
.++++++++
```

在 FW_B 上创建公私密钥对,如下所示。

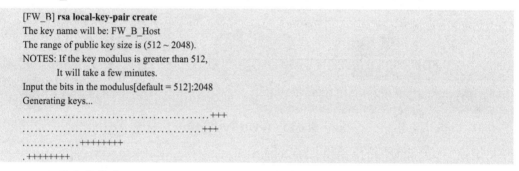

```
[FW_B] rsa local-key-pair create
The key name will be: FW_B_Host
The range of public key size is (512 ~ 2048).
NOTES: If the key modulus is greater than 512,
        It will take a few minutes.
Input the bits in the modulus[default = 512]:2048
Generating keys...
........................................+++
.......................................+++
.............++++++++
.++++++++
```

2. 配置实体信息

申请证书时,FW_A 和 FW_B 必须向 CA 提供能够证明自己身份的信息,实体信息代表的就是防火墙的身份信息,包括:通用名称(Common Name)、FQDN(Fully Qualified Domain Name)名称、IP 地址、电子邮箱地址等。其中,通用名称是必须配置的,而其他几项是可选配置的。

上述信息都将会包含在证书中,在 IKE 对等体中配置 ID 类型时,就可以根据证书中包含的实体信息来决定使用哪种 ID 类型来进行认证。

实体信息配置完成后,还需要在 PKI 域中引用实体信息。表 6-16 给出 FW_A 和 FW_B 上实体信息和 PKI 域的配置情况。

表 6-16　　　　　　　　　　　　　　　　配置实体和 PKI

关键配置	总舵 FW_A		分舵 FW_B	

实体信息	pki entity fwa
	　common-name fwa
	　fqdn fwa.tdh.com
	　ip-address 1.1.1.1
	　email fwa@tdh.com
		//通用名称
		//FQDN 名称
		//IP 地址
		//Email 地址
			pki entity fwb
			　common-name fwb
			　fqdn fwb.tdh.com
			　ip-address 3.3.3.3
			　email fwb@tdh.com
				//通用名称
				//FQDN 名称
				//IP 地址
				//Email 地址

PKI 域	pki domain fwa 　certificate request entity fwa	//PKI 域中引用实体信息	pki domain fwb 　certificate request entity fwb	//PKI 域中引用实体信息

3. 生成证书请求文件

接下来就可以在 FW_A 和 FW_B 上生成证书请求文件，生成的证书请求文件以"*PKI 域名*.req"的名字保存在 FW_A 和 FW_B 的存储设备中，FW_A 生成的证书请求文件名字是 **fwa.req**，FW_B 生成的证书请求文件名字是 **fwb.req**。

```
[FW_A] pki request-certificate domain fwa pkcs10
Creating certificate request file...
Info: Create certificate request file successfully.
[FW_B] pki request-certificate domain fwb pkcs10
Creating certificate request file...
Info: Create certificate request file successfully.
```

在 FW_A 上查看生成的证书请求文件，可以看到里面包含了上面配置的通用名称、FQDN 名称、IP 地址和电子邮箱地址，以及 FW_A 的公钥信息。

```
[FW_A] display pki cert-req filename fwa.req
Certificate Request:
    Data:
        Version: 0 (0x0)
        Subject: CN=fwa
        Subject Public Key Info:
            Public Key Algorithm: rsaEncryption
            RSA Public Key: (2048 bit)
                Modulus (2048 bit):
                    00:ae:68:50:18:e7:55:32:7a:0e:61:b6:6e:47:45:
                    ec:fb:29:d9:1b:4a:9d:6b:b0:00:b0:65:c8:fc:5b:
                    b4:68:d7:90:7d:96:f7:1d:e4:62:43:06:bc:d0:a3:
                    5b:b4:fa:30:a3:19:7e:6f:7c:05:6b:47:0c:a2:42:
                    1b:c4:82:f7:5b:0a:73:a1:0a:8b:00:dd:37:aa:5e:
                    21:02:56:b2:e6:55:31:08:8f:71:03:13:92:b9:c1:
                    51:7e:51:04:e2:ca:85:2e:45:97:bb:9a:0e:ed:61:
                    03:97:d2:1e:44:b2:9f:ff:b9:b1:1d:5d:65:7e:fc:
                    e6:13:c3:1e:71:81:d0:fe:a0:60:71:a4:8a:40:93:
                    92:e3:b3:b6:cf:56:f1:30:b2:fc:53:31:bd:9d:6f:
                    3c:33:1e:4a:a5:6f:83:c7:45:26:8d:c6:9c:84:85:
                    b5:8f:b9:e3:86:86:59:ad:9b:58:63:a1:3d:7b:81:
                    d7:43:14:3d:98:4a:a2:cb:82:2c:fa:ca:91:32:b1:
                    e0:09:de:fa:a8:d6:fc:ea:8e:7e:36:8f:fb:86:31:
                    1e:bc:5e:01:71:6b:b4:23:86:7b:05:c1:63:7a:f5:
                    bc:a7:9b:a1:da:ff:4f:26:2d:33:44:06:72:f1:7b:
                    84:d5:a8:49:1d:be:b4:0e:9c:94:85:34:7b:e5:bb:
                    8a:49
                Exponent: 65537 (0x10001)
        Attributes:
        Requested Extensions:
            X509v3 Subject Alternative Name:
                IP Address:1.1.1.1, DNS:fwa.tdh.com, email:fwa@tdh.com
    Signature Algorithm: md5WithRSAEncryption
        4b:a6:fc:91:2a:77:e3:30:02:bb:e4:0f:1a:bf:d2:a1:ad:81:
        3e:44:51:81:b1:26:2d:2e:83:7c:0c:29:70:3c:6a:8a:7a:1a:
        27:c8:a4:8d:3b:8f:dc:a7:d7:df:10:be:4c:96:1f:f5:db:96:
        4d:e9:28:82:b9:2d:9b:e6:6d:22:52:ca:50:07:c2:7a:2b:17:
        c7:49:7a:a6:a5:7c:cc:82:02:15:14:ca:9c:69:39:eb:fb:44:
        3a:c9:75:d9:f5:b6:bf:b1:45:e4:e7:f4:db:df:eb:3d:6b:74:
        ac:14:e9:51:af:b1:c8:d6:c1:19:48:bc:27:c1:37:59:41:38:
        9c:1f:9a:7e:c7:fe:20:c9:e8:1d:94:55:ff:85:3e:8c:5a:f5:
        f3:ff:9b:18:36:b1:25:2b:4d:60:2e:13:7b:be:91:c0:a1:1f:
```

```
6c:5c:1a:f6:3a:5b:e7:87:2b:43:7f:d8:f6:2b:c8:b1:df:7d:
c8:40:df:07:f9:52:4c:8b:ba:b0:10:f3:34:00:00:74:0b:ae:
c1:7a:9c:dd:de:26:26:28:30:de:e8:6c:dc:0a:c6:8f:27:27:
c6:0d:5e:8e:68:a8:8d:cc:eb:91:9c:59:3d:1e:f3:f3:58:72:
16:bf:cc:f5:df:71:bc:51:fb:98:83:c5:2b:17:73:d7:0a:6c:
f7:93:76:f4
```

4．CA 根据证书请求文件制作证书

证书请求文件生成后，可以将该文件通过磁盘、电子邮件等方式将该文件发送给 CA，由 CA 为 FW_A 和 FW_B 制作证书。除了 FW_A 和 FW_B 的证书之外，CA 还会提供自身的证书，即 CA 证书。CA 将制作好的 FW_A 和 FW_B 的证书同自身的证书一道通过磁盘、电子邮件等方式返回。

常用的 Windows Server 操作系统就可以作为 CA 来制作和颁发证书，具体的操作步骤在网上都可以搜索到，在此就不作详细介绍了。

5．导入证书

经过 CA 的处理，最终我们获取到了 FW_A 的证书 **fwa.cer**，FW_B 的证书 **fwb.cer**，以及 CA 本身的证书 **ca.ccr**。图 6-27 展示了 FW_A 的证书 **fwa.cer** 的内容。

将 **fwa.cer** 和 **ca.cer** 上传到 FW_A 的存储设备中，将 **fwb.cer** 和 **ca.cer** 上传到 FW_B 的存储设备中，然后还需要将证书分别导入到 FW_A 和 FW_B 上。

在 FW_A 上导入 CA 证书和本地证书，如下所示。

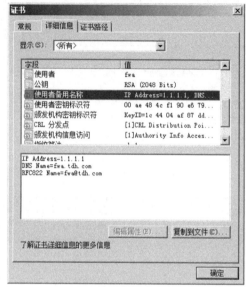

图 6-27　证书的内容

```
[FW_A] pki import-certificate ca filename ca.cer
Info: Import file successfully.
[FW_A] pki import-certificate local filename fwa.cer
Info: Import file successfully.
```

在 FW_B 上导入 CA 证书和本地证书，如下所示。

```
[FW_B] pki import-certificate ca filename ca.cer
Info: Import file successfully.
[FW_B] pki import-certificate local filename fwb.cer
Info: Import file successfully.
```

6.9.3　数字证书方式的身份认证

导入证书后，FW_A 和 FW_B 都是有"身份"的设备了，在 IKE 对等体中引入证书，FW_A 和 FW_B 就可以通过证书来认证对方的身份。

前面提到过，使用证书进行身份认证时，可以根据证书中包含的实体信息来决定使用哪种 ID 类型。目前可以在 IKE 对等体中使用 DN（Distinguished Name）、FQDN、User-FQDN 和 IP 4 种 ID 类型。这 4 种 ID 类型对应的证书中字段以及 FW_A 和 FW_B

上的取值如表 6-17 所示。

表 6-17 　　　　　　　　　　　　证书中的身份 ID 字段及防火墙上的取值

ID 类型	对应证书中的字段	FW_A 的取值	FW_B 的取值
DN	Subject	本端 ID：/CN=fwa 对端 ID：/CN=fwb	本端 ID：/CN=fwb 对端 ID：/CN=fwa
FQDN	DNS	本端 ID：fwa.tdh.com 对端 ID：fwb.tdh.com	本端 ID：fwb.tdh.com 对端 ID：fwa.tdh.com
User-FQDN	email	本端 ID：fwa@tdh.com 对端 ID：fwb@tdh.com	本端 ID：fwb@tdh.com 对端 ID：fwa@tdh.com
IP	IP Address	本端 ID：1.1.1.1 对端 ID：3.3.3.3	本端 ID：3.3.3.3 对端 ID：1.1.1.1

表 6-18 以 ID 类型是 DN 为例，介绍 FW_A 和 FW_B 的关键配置。

表 6-18 　　　　　　　　　　　　　　配置 IKE/IPSec 证书认证

关键配置	总舵 FW_A	分舵 FW_B
IKE 安全提议	ike proposal 10 　authentication-method　rsa-sig// 采用证书认证方式	ike proposal 10 authentication-method rsa-sig　　//采用证书认证方式
IKE 对等体	ike peer fwb 　certificate local-filename fwa.cer　　//FW_A 的证书 ike-proposal 10 　local-id-type dn　　//ID 类型为 DN remote-id /CN=fwb　　//FW_B 的 DN remote-address 3.3.3.3 //FW_B 的 IP 地址	ike peer fwa certificate local-filename fwb.cer　//FW_B 的证书 ike-proposal 10 local-id-type dn　　　　　//ID 类型为 DN remote-id /CN=fwa　　　　//FW_A 的 DN remote-address 1.1.1.1　　//FW_A 的 IP 地址
证书属性访问控制策略	pki certificate access-control-policy default permit	pki certificate access-control-policy default permit

　　采用证书方式的 IKE 协商过程与采用预共享密钥方式的 IKE 协商过程大致相同，不同之处在于采用证书方式时，两端交互身份信息的 ISAKMP 消息（主模式是第⑤、⑥条 ISAKMP 消息；野蛮模式是第①、②条 ISAKMP 消息）中多了证书载荷和签名载荷，具体协商过程不再赘述。

　　至此，天地会找到了可以代替预共享密钥方式的身份信息认证方案。当新的分舵与总舵 FW 建立 IPSec 连接时，只需要在同一个 CA 为该分舵申请证书，然后分舵和总舵就可以通过证书来进行身份认证，从而无需再为每个分舵和总舵之间的对等体都维护一个预共享密钥，减少了天地会的管理成本。

📖 说明

数字证书除了在 IPSec 中使用之外，还可以应用于 SSL VPN 中客户端和服务器的身份认证，详细内容将会在 "第 8 章 SSL VPN 中介绍。

　　除了新发展的分舵，天地会还有一些老的分舵，已经通过 GRE 或 L2TP 方式接入总舵。如何借力 IPSec 在不改变原有接入方式的基础上使这些分舵和总舵之间可以安全通信呢，强叔为此进行了深入研究。

6.10 GRE/L2TP over IPSec

IPSec 兼容并济胸襟宽广已为世人公认，所以当 GRE 和 L2TP VPN 为自己的安全性苦恼时，IPSec 及时出手相助。IPSec 将 GRE 隧道和 L2TP 隧道视为受保护对象，即报文先进行 GRE 或 L2TP 封装，然后再进行 IPSec 封装。这样分舵和总舵之间的通信不用改动原有的接入方式，就可以受到 IPSec 的保护。这种方式相当于是两种不同类型的隧道叠加，也叫作 GRE over IPSec 和 L2TP over IPSec。

下面先来看一下在分舵通过 GRE 接入总舵的场景中，如何使用 IPSec 来保护 GRE 隧道。

6.10.1 分舵通过 GRE over IPSec 接入总舵

如图 6-28 所示，总舵 FW_A 和分舵 FW_B 已经建立了 GRE 隧道，现需要在 GRE 隧道之外再封装 IPSec 隧道，对总舵和分舵的通信进行加密保护。

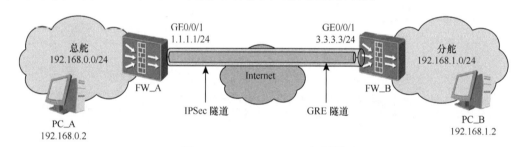

图 6-28　GRE over IPSec 组网图

前面我们介绍过，IPSec 有两种封装模式：传输模式和隧道模式。IPSec 对 GRE 隧道进行封装时，这两种模式的封装效果也不尽相同。

1. 传输模式

在传输模式中，AH 头或 ESP 头被插入到新的 IP 头与 GRE 头之间，如图 6-29 所示。

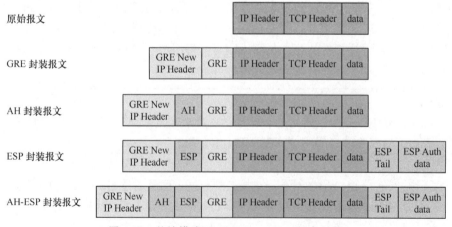

图 6-29　传输模式下 GRE over IPSec 报文封装

传输模式不改变 GRE 封装后的报文头，IPSec 隧道的源和目的地址就是 GRE 封装后的源和目的地址。

2. 隧道模式

在隧道模式中，AH 头或 ESP 头被插到新的 IP 头之前，另外再生成一个新的报文头放到 AH 头或 ESP 头之前，如图 6-30 所示。

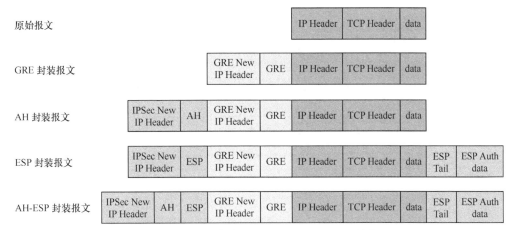

图 6-30　隧道模式下 GRE over IPSec 报文封装

隧道模式使用新的 IPSec 报文头来封装经过 GRE 封装后的消息，封装后的消息共有 3 个报文头：原始报文头、GRE 报文头和 IPSec 报文头，Internet 上的设备根据最外层的 IPSec 报文头来转发该消息。

封装 GRE 报文头时，源和目的地址可以与 IPSec 报文头中的源和目的地址相同，即使用公网地址来封装；也可以使用私网地址封装 GRE 报文头，例如，创建 Loopback 接口并配置私网地址，然后在 GRE 中借用 Loopback 接口的地址来封装。

在 GRE over IPSec 中，无论 IPSec 采用传输模式还是隧道模式，都可以保护两个网络之间通信的消息。这是因为 GRE 已经进行了一次封装，原始报文就可以是两个网络之间的报文。

📖 说明

隧道模式与传输模式相比多增加了新的 IPSec 报文头，导致报文长度更长，更容易导致分片。如果网络环境要求报文不能分片，推荐使用传输模式。

如表 6-19 所示，以隧道模式下 ESP 封装为例，来对总舵和分舵之间的 GRE 隧道进行加密保护。首先给出总舵 FW_A 和分舵 FW_B 的关键配置。

表 6-19　　　　　　　　　　　　配置 GRE over IPSec VPN

关键配置	总舵 FW_A	分舵 FW_B
GRE 配置	如果使用公网地址进行封装，进行如下配置： interface Tunnel1 　ip address 10.1.1.1 255.255.255.0 　tunnel-protocol gre	如果使用公网地址进行封装，进行如下配置： interface Tunnel1 　ip address 10.1.1.2 255.255.255.0 　tunnel-protocol gre

（续表）

关键配置	总舵 FW_A	分舵 FW_B
GRE 配置	source 1.1.1.1　　//使用公网地址封装 destination 3.3.3.3　//使用公网地址封装 如果使用私网地址进行封装，进行如下配置： interface LoopBack1 　ip address 172.16.0.1 255.255.255.0 interface Tunnel1 　ip address 10.1.1.1 255.255.255.0 　tunnel-protocol gre source LoopBack 1 　destination 172.16.0.2　//FW_B 的 Loopback1 接口地址	source 3.3.3.3　　//使用公网地址封装 destination 1.1.1.1　//使用公网地址封装 如果使用私网地址进行封装，进行如下配置： interface LoopBack1 　ip address 172.16.0.2 255.255.255.0 interface Tunnel1 　ip address 10.1.1.2 255.255.255.0 　tunnel-protocol gre source LoopBack 1 　destination 172.16.0.1　//FW_A 的 Loopback1 接口地址
路由配置	ip route-static 0.0.0.0 0.0.0.0 1.1.1.2　//假设下一跳为 1.1.1.2 ip route-static 192.168.1.0 255.255.255.0 Tunnel1	ip route-static 0.0.0.0 0.0.0.0 3.3.3.1　//假设下一跳为 3.3.3.1 ip route-static 192.168.0.0 255.255.255.0 Tunnel1
ACL	acl number 3000 　rule 5 permit ip source 1.1.1.1 0 destination 3.3.3.3 0　//定义 GRE 封装后的源地址和目的地址 如果使用私网地址进行封装，此处的源地址应为 172.16.0.1，目的地址应为 172.16.0.2	acl number 3000 　rule 5 permit ip source 3.3.3.3 0 destination 1.1.1.1 0　//定义 GRE 封装后的源地址和目的地址 如果使用私网地址进行封装，此处的源地址应为 172.16.0.2，目的地址应为 172.16.0.1
IKE 安全提议	ike proposal 1　//使用默认参数	ike proposal 1　//使用默认参数
IKE 对等体	ike peer fwb 　pre-shared-key tiandihui 　ike-proposal 1 　remote-address 3.3.3.3	ike peer fwa 　pre-shared-key tiandihui 　ike-proposal 1 　remote-address 1.1.1.1
IPSec 安全提议	ipsec proposal 1 　transform esp 　encapsulation-mode tunnel 　esp authentication-algorithm sha1 　esp encryption-algorithm aes	ipsec proposal 1 　transform esp 　encapsulation-mode tunnel 　esp authentication-algorithm sha1 　esp encryption-algorithm aes
IPSec 安全策略	ipsec policy policy1 1 isakmp 　security acl 3000 　ike-peer fwb 　proposal 1	ipsec policy policy1 1 isakmp 　security acl 3000 　ike-peer fwa 　proposal 1
应用 IPSec 安全策略	interface GigabitEthernet0/0/1 　ip address 1.1.1.1 255.255.255.0 　ipsec policy policy1	interface GigabitEthernet0/0/1 　ip address 3.3.3.3 255.255.255.0 　ipsec policy policy1

　　从上面的表格可以看出，配置 **GRE over IPSec** 时，与单独配置 **GRE** 和 **IPSec** 没有太大的区别。唯一需要注意的地方是，通过 **ACL** 定义需要保护的数据流时，不能再以总舵和分舵内部私网地址为匹配条件，而是必须匹配经过 **GRE** 封装后的报文，即定义报文的源地址为 **GRE** 隧道的源地址，目的地址为 **GRE** 隧道的目的地址。

　　配置完成后，在分舵中的 PC_B 可以 ping 通总舵的 PC_A，在 Internet 上抓包只能看到加密后的信息，无法获取到真实的 ping 消息，如下所示。

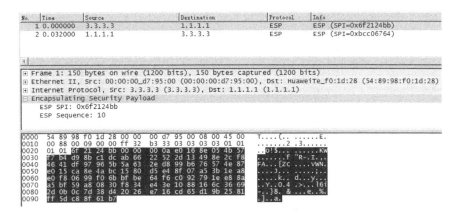

在总舵 FW_A 上可以查看到如下会话信息，会话信息中包括了原始的 ICMP 报文、第一层封装即 GRE 封装、第二层封装即 IPSec 封装，其中 GRE 封装和 IPSec 封装使用了相同的源和目的地址。

```
[FW_A] display firewall session table
Current Total Sessions : 4
  udp   VPN:public --> public 3.3.3.3:500-->1.1.1.1:500
  esp   VPN:public --> public 3.3.3.3:0-->1.1.1.1:0
  gre   VPN:public --> public 3.3.3.3:0-->1.1.1.1:0
  icmp  VPN:public --> public 192.168.1.2:2862-->192.168.0.2:2048
```

介绍完 GRE over IPSec 后，下面来看一下使用 IPSec 来保护 L2TP 隧道的情况。

6.10.2 分舵通过 L2TP over IPSec 接入总舵

在"第 5 章 GRE&L2TP VPN"中我们介绍了 L2TP 有 3 种类型，分别是 Client-Initiated VPN、NAS-Initiated VPN 和 LAC-Auto-Initiated VPN。其中 Client-Initiated VPN 属于单独的移动用户远程接入，我们将在下文中的远程接入部分介绍。NAS-Initiated VPN 和 LAC-Auto-Initiated VPN 都可以实现两个网络之间的通信，在这里我们重点以 NAS-Initiated VPN 为例来介绍。

如图 6-31 所示，总舵 FW_A 和分舵 FW_B 已经建立了 NAS-Initiated 方式的 L2TP 隧道，现需要在 L2TP 隧道之外再封装 IPSec 隧道，对总舵和分舵的通信进行加密保护。

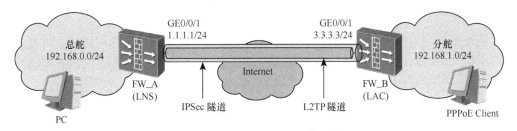

图 6-31　L2TP over IPSec 组网图

IPSec 对 L2TP 隧道进行封装时，传输模式和隧道模式的封装过程如下所示。

1. 传输模式

在传输模式中，AH 头或 ESP 头被插入到新的 IP 头与 UDP 头之间，如图 6-32 所示。

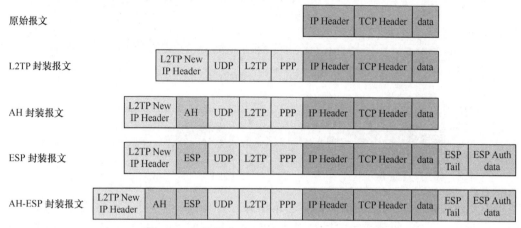

图 6-32　传输模式下 L2TP over IPSec 报文封装

传输模式不改变 L2TP 封装后的报文头，IPSec 隧道的源和目的地址就是 L2TP 封装后的源和目的地址。

2.　隧道模式

在隧道模式中，AH 头或 ESP 头被插到新的 IP 头之前，另外再生成一个新的报文头放到 AH 头或 ESP 头之前，如图 6-33 所示。

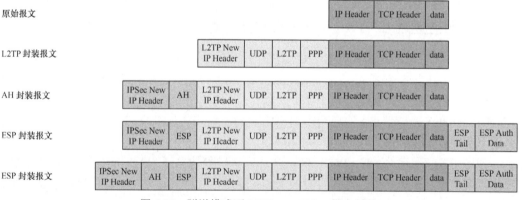

图 6-33　隧道模式下 L2TP over IPSec 报文封装

隧道模式使用新的 IPSec 报文头来封装经过 L2TP 封装后的消息，封装后的消息共有三个报文头：原始报文头、L2TP 报文头和 IPSec 报文头，Internet 上的设备根据最外层的 IPSec 报文头来转发该消息。

在 L2TP over IPSec 中，由于 L2TP 已经进行了一次封装，原始报文就是两个网络之间的报文，所以无论 IPSec 采用传输模式还是隧道模式，都可以保护两个网络之间通信的消息。

📖 说明

隧道模式与传输模式相比多增加了新的 IPSec 报文头，导致报文长度更长，更容易导致分片。如果网络环境要求报文不能分片，推荐使用传输模式。

下面以隧道模式下 ESP 封装为例,来对总舵和分舵之间的 L2TP 隧道进行加密保护。表 6-20 给出总舵 FW_A 和分舵 FW_B 的关键配置。

表 6-20 配置 L2TP over IPSec VPN

关键配置	总舵 FW_A（LNS）	分舵 FW_B（LAC）
L2TP 配置	l2tp enable interface Virtual-Template1 　ppp authentication-mode chap 　ip address 10.1.1.1 255.255.255.0 　remote address pool 0 l2tp-group 1 　tunnel authentication 　tunnel password cipher Tiandihui123 　allow l2tp virtual-template 1 remote lac aaa 　local-user l2tpuser password cipher Password1 　local-user l2tpuser service-type ppp 　ip pool 0 192.168.1.2 192.168.1.10	l2tp enable l2tp-group 1 　tunnel authentication 　tunnel password cipher Tiandihui123 　start l2tp ip 1.1.1.1 fullusername l2tpuser 　tunnel name lac
路由配置	ip route-static 0.0.0.0 0.0.0.0 1.1.1.2　//假设下一跳为 1.1.1.2	ip route-static 0.0.0.0 0.0.0.0 3.3.3.1　//假设下一跳为 3.3.3.1
ACL	acl number 3000 　rule 5 permit ip source 1.1.1.1 0 destination 3.3.3.3 0　//定义 L2TP 封装后的源地址和目的地址	acl number 3000 　rule 5 permit ip source 3.3.3.3 0 destination 1.1.1.1 0　//定义 L2TP 封装后的源地址和目的地址
IKE 安全提议	ike proposal 1　//使用默认参数	ike proposal 1　//使用默认参数
IKE 对等体	ike peer fwb 　pre-shared-key tiandihui 　ike-proposal 1 　remote-address 3.3.3.3	ike peer fwa 　pre-shared-key tiandihui 　ike-proposal 1 　remote-address 1.1.1.1
IPSec 安全提议	ipsec proposal 1 　transform esp 　encapsulation-mode tunnel 　esp authentication-algorithm sha1 　esp encryption-algorithm aes	ipsec proposal 1 　transform esp 　encapsulation-mode tunnel 　esp authentication-algorithm sha1 　esp encryption-algorithm aes
IPSec 安全策略	ipsec policy policy1 1 isakmp 　security acl 3000 　ike-peer fwb 　proposal 1	ipsec policy policy1 1 isakmp 　security acl 3000 　ike-peer fwa 　proposal 1
应用 IPSec 安全策略	interface GigabitEthernet0/0/1 　ip address 1.1.1.1 255.255.255.0 　ipsec policy policy1	interface GigabitEthernet0/0/1 　ip address 3.3.3.3 255.255.255.0 　ipsec policy policy1

同 GRE over IPSec 类似,**在 L2TP over IPSec 中定义 ACL 时,不能再以总舵和分舵内部私网地址为匹配条件,而是必须匹配经过 L2TP 封装后的报文,即定义报文的源地址为 L2TP 隧道的源地址,目的地址为 L2TP 隧道的目的地址。**

配置完成后,分舵中的 PPPoE Client 发起拨号访问,分舵 FW_B 和总舵 FW_A 先进行 IPSec 协商,建立 IPSec 隧道,然后在 IPSec 隧道的保护下进行 L2TP 协商,建立 L2TP 隧道。同样,在 Internet 上抓包也只能看到加密后的信息,无法获取到 L2TP 隧道中传输的消息。

通过部署 IPSec 对 GRE 和 L2TP 隧道进行加密保护,天地会这些老旧的分舵又焕发了青春。接下来天地会又面临新的问题:总舵的堂主经常会出差到各个分舵指导工作,而总舵中有一些紧急帮务需要他们及时处理。如果堂主恰巧在分舵中,就可以通过分舵接入总舵。但是如果堂主正在路途中,就只能通过 Client-Initiated VPN 方式的 L2TP 接入总舵,但是此时通信的安全性无法保证。而借助于 IPSec,就可以保证移动用户远程接入场景中的通信安全。

6.10.3 移动用户使用 L2TP over IPSec 远程接入总舵

在 L2TP 中，Client-Initiated VPN 方式专门适用于移动用户远程接入的场景。在此基础上，使用 IPSec 来对 L2TP 隧道进行加密保护，这也是一种 L2TP over IPSec 的应用。

如图 6-34 所示，总舵 FW_A 和分舵 FW_B 已经建立了 Client-Initiated VPN 方式的 L2TP 隧道，现需要在 L2TP 隧道之外再封装 IPSec 隧道，对总舵和分舵的通信进行加密保护。

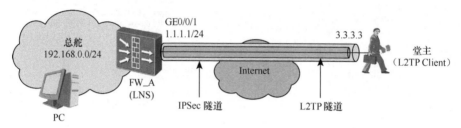

图 6-34　移动用户使用 L2TP over IPSec 远程接入组网图

堂主可以使用 Windows 系统自带的客户端来拨号，也可以使用第三方的拨号软件（如华为 VPN Client 软件）来拨号。如果使用 Windows 系统自带的客户端来拨号，因为其只支持传输模式，所以在总舵 FW_A 上也只能配置传输模式的 IPSec。IPSec 对 Client-Initiated VPN 方式的 L2TP 隧道的封装效果与上文介绍过的 NAS-Initiated VPN 方式相同，此处不再赘述。

下面以堂主使用 Windows 7 系统自带的客户端拨号接入总舵为例，给出总舵 FW_A 和 L2TP Client 的关键配置。如表 6-21 所示。

表 6-21　　　　　　配置移动用户使用 L2TP over IPSec 远程接入

FW_A（LNS）		L2TP Client
L2TP	12tp enable interface Virtual-Template1 　ppp authentication-mode chap 　ip address 10.1.1.1 255.255.255.0 　remote address pool 0 12tp-group 1　//使用 L2TP 组 1 　undo tunnel authentication　//关闭隧道验证 　allow 12tp virtual-template 1　//在 L2TP 组 1 中无需设置隧道对端名称 aaa 　local-user 12tpuser password cipher Password1 　local-user 12tpuser service-type ppp 　ip pool 0 192.168.1.2 192.168.1.10	IPsec Policy Agent 状态：已启动 用户名：12tpuser 密码：Password1 -- 目的地的主机名或 IP 地址：1.1.1.1 VPN 类型：使用 IPsec 的第 2 层隧道协议（L2TP/IPSec） 身份验证：CHAP -- IKE 加密算法：3DES IKE 完整性算法：SHA1 DH 组：中(2) ESP 加密算法：3DES
ACL	acl number 3000 　rule 5 permit udp source-port eq 1701　//定义 L2TP 封装后的源端口	ESP 完整性算法：SHA1 预共享密钥：tiandihui
IKE 安全提议	ike proposal 1 　encryption-algorithm 3des-cbc 　dh group2	注意：此处只给出了 Windows 7 系统自带的客户端上默认的 IPSec 配置，如需调整这些 IPSec 参数，请在 Windows 7 系统的"控制面板->系统和安全->管理工具->本地安全策略"中设置 IP 安全策略。
IKE 对等体	ike peer client 　pre-shared-key tiandihui 　ike-proposal 1	

（续表）

	FW_A（LNS）	L2TP Client
IPSec 安全 提议	ipsec proposal 1 　transform esp 　encapsulation-mode transport　//使用传输模式 　esp authentication-algorithm sha1 　　esp encryption-algorithm 3des	
IPSec 安全 策略	ipsec policy-template tem1 1 security acl 3000 　ike-peer client 　proposal 1 ipsec policy policy1 1 isakmp template tem1	
应用 IPSec 安全策略	interface GigabitEthernet0/0/1 　ip address 1.1.1.1 255.255.255.0 　　ipsec policy policy1	

因为堂主都是在 **Internet** 上动态接入，公网 **IP** 地址不确定，所以在总舵 **FW_A** 上定义
ACL 时，以源端口 **1701** 来匹配经过 **L2TP** 封装后的报文。此外，由于 Windows 系统自带
的客户端不支持隧道验证，所以还需要在总舵 FW_A 上关闭 L2TP 的隧道验证功能。

配置完成后，堂主就可以使用 Windows 7 系统自带的客户端随时随地接入总舵，在
IPSec 隧道的保护下处理紧急事务。而在 Internet 上抓包也只能看到加密后的信息，无法
获取到 L2TP 隧道中传输的消息。

至此，IPSec 的主要应用场景都介绍完毕。借助 IPSec，天地会解决了一个又一个的
问题，终于搭建起来了涵盖分舵接入、移动用户远程接入的加密通信网络。网络虽然搭
建起来，但是还面临稳定运行的问题，下面我们就来介绍 IKE 对等体检测、主备链路、
隧道化链路等提高可靠性的内容。

6.11　对等体检测

天地会应用了 IPSec 后，通信安全得到保障。当网络上突发问题时，比如路由问题、
对端设备重启等，会导致 IPSec 通信中断或时断时续，那么如何才能快速地检测到故障
并迅速恢复 IPSec 通信呢？这就需要用到 IKE 对等体检测机制和 IPSec 可靠性了。

当两个对等体之间采用 IKE 和 IPSec 进行通信时，对等体之间可能会由于路由问题、
IPSec 对等体设备重启或其他原因导致连接断开。由于 IKE 协议本身没有提供对等体状
态检测机制，一旦发生对等体不可达的情况，只能等待安全联盟老化。只有快速检测到
对等体的状态变化，才能尽快恢复 IPSec 通信。

下面我们来看一下由于对端设备重启导致 IPSec 中断的情况，如图 6-35 所示。

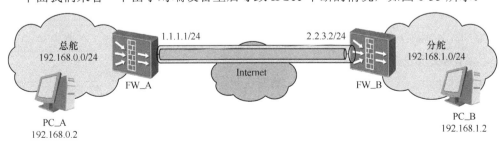

图 6-35　IKE/IPSec VPN 组网图

FW_A 与 FW_B 之间建立 IPSec 隧道。重启 FW_B 后，查看两端设备上 IPSec 隧道情况。

（1）发现 FW_A 上的 IPSec 隧道还存在。

```
<FW_A> display ike sa
current ike sa number: 2
------------------------------------------------------------------------
conn-id    peer              flag         phase vpn
------------------------------------------------------------------------
40015      2.2.3.2           RD           v1:2   public
40014      2.2.3.2           RD           v1:1   public
```

（2）发现 FW_B 重启后其上的 IPSec 隧道不存在了。

```
<FW_B> display ike sa
current ike sa number: 0
```

这样就会出现下面的情况。

- 总舵的 PC_A 先访问分舵的 PC_B，无法通信。

  其原因就在于 FW_A 上的安全联盟还存在，但 FW_B 上的安全联盟已经不存在了。从 PC_A 访问 PC_B 会采用原有的安全联盟，而无法触发 FW_A 与 FW_B 之间建立新的安全联盟。从而导致访问失败。

- 分舵的 PC_B 先访问总舵的 PC_A，可以正常通信。

  因为 FW_B 上不存在安全联盟，因此可以触发建立安全联盟。安全联盟建立后，双方可以正常通信。

针对这种问题的解决办法就是需要开启 IKE 对等体检测机制，来帮助 IKE 协议检测故障。开启 IKE 对等体检测机制后，当一端设备故障后，另一端设备的安全联盟也同时删除。对等体检测机制虽然不是必配项，但对 **IPSec 故障恢复有益，推荐大家在配置 IKE 时一定配置其中一种检测机制。**

华为防火墙支持两种 IKE 对等体检测机制。

6.11.1　Keepalive 机制

Keepalive 机制通过对等体周期性交换 Hello/ACK 消息来告知对方自己处于活动状态，如果在超时时间内没有收到 Hello 报文，则认为对端不可达，此时将删除该 IKE SA 及由它协商的 IPSec SA。

Keepalive 机制默认关闭，配置相应参数后，Keepalive 机制生效。

实际应用中 Keepalive 机制很少使用，主要是因为 Keepalive 机制存在两个方面的缺陷。

- Keepalive 机制周期性发送 Hello 报文将消耗大量的 CPU 资源，会限制可建立的 IPSec 会话的数量。
- Keepalive 没有统一标准，各厂商的设备可能无法对接。

6.11.2　DPD 机制

DPD（Dead Peer Detection）机制不会周期性发送 Hello 消息，而是通过 IPSec 流量

的状态来决定是否发送对等体状态检测报文。如果本端可以收到对端发来的流量，则认为对方处于活动状态，不会发送 DPD 报文；只有当一定时间间隔内没有收到对端发来的流量时，才会发送 DPD 报文探测对端的状态。如果发送几次 DPD 报文后一直没有收到对端的回应，则认为对端不可达，此时将删除该 IKE SA 及由它协商的 IPSec SA。

DPD 报文中含有通知载荷（notify）和 HASH 载荷（hash），设备发送 DPD 报文时要求指定其载荷顺序，且 IPSec 隧道两端的载荷顺序必须一致。

华为防火墙默认的载荷顺序是 notify 载荷在前，HASH 载荷在后，且该顺序无法修改。基于此实现方式，当华为防火墙与其他设备对接时，要求对端设备的 DPD 载荷顺序与华为防火墙默认的 DPD 载荷顺序一致。隧道两端 DPD 载荷顺序不一致将导致 DPD 功能失效。

- IKEv1 时配置 DPD 机制

  IKEv1 默认不支持 DPD。需要在隧道两端同时配置，两端配置的 DPD 参数彼此独立，不需要匹配。

- IKEv2 时配置 DPD 机制

  IKEv2 默认支持 DPD。只要在隧道一端配置 DPD，另一端就可以响应 DPD 报文。

DPD 机制的配置过程如表 6-22 所示，这里以 IKEv1 为例在总舵 FW_A 和分舵 FW_B 上同时配置了 DPD 机制，如果使用 IKEv2 时只要在隧道一端设备上配置就可以了。

表 6-22   配置 DPD

配置	总舵 FW_A	分舵 FW_B
配置 DPD	ike dpd interval 10 2	ike dpd interval 10 2

配置完成后，FW_A 与 FW_B 之间建立 IPSec 隧道。然后将 FW_B 重启后，在 FW_A 上查看 IKE SA 和 IPSec SA 的情况，发现 FW_A 上的安全联盟已经被删除了。

```
<FW_A> display ike sa
current ike sa number: 0
```

此时，总舵流量也可以正常触发建立 IPSec 隧道了。

6.12 IPSec 双链路备份

IPSec 可靠性可以分为设备可靠性和链路可靠性。设备可靠性主要是双机热备，由于双机热备非常复杂，不是一句两句可以说清的，我们将在后面专门讲解。本节讲解的重点是链路可靠性。

由于天地会的发展壮大，总舵要与所有分舵进行通信，网络带宽备感压力。一旦网络出问题，就完全不能通信了。为避免此等悲剧，陈总舵主决定为总舵再购买一条链路，既可缓解带宽压力，又可以实现双链路备份。

6.12.1 IPSec 主备链路备份

总舵采用双链路与分舵通信，采用 IPSec 主备链路备份方式的典型组网如图 6-36 所示。

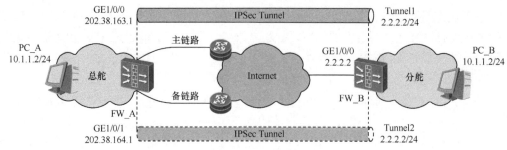

图 6-36　IPSec 主备链路备份组网图

FW_B 上配置两个 Tunnel 接口（借用 GE1/0/0 的 IP 地址）分别与 FW_A 的主链路接口 GE1/0/0 和备链路接口 GE1/0/1 进行 IPSec 对接。其配置的关键在于必须配置 IP-Link，并采用 IP-Link 检测主链路的状态。

- 不配置 IP-Link 时，当 FW_A 的主链路故障时，FW_B 无法感知。因此 FW_B 上的路由表不会变化，其出接口仍然是与主链路对接的 Tunnel1。这会导致 IPSec 隧道建立失败，如图 6-37 所示。

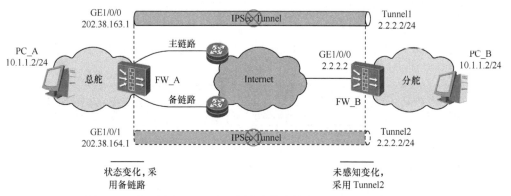

图 6-37　未配置 IP-Link 时，主链路故障导致 IPSec VPN 建立失败

- 配置 IP-Link 时，FW_B 上可以感知 FW_A 上的主链路状态的变化。当 FW_A 的主链路故障时，FW_B 上的路由表也会同步发生改变。此时流量可以触发备份链路建立 IPSec 隧道，恢复通信。为了总舵和分舵同步切换链路，两侧防火墙上都要配置 IP-Link，如图 6-38 所示。

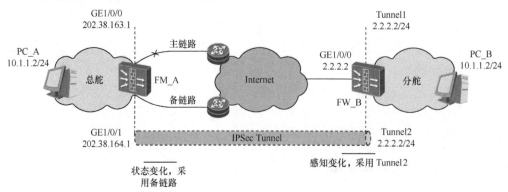

图 6-38　配置 IP-Link 时，主链路故障触发备份链路建立 IPSec VPN

总舵和分舵 FW 的关键配置如表 6-23 所示。

表 6-23　　　　　　　　　　主备链路备份时 FW 的配置

关键配置	总舵 FW_A	分舵 FW_B
IP-Link// 用于监控主链路的情况	ip-link check enable ip-link 1 destination 2.2.2.2 interface GigabitEthernet1/0/0 mode icmp next-hop 202.38.163.2	ip-link check enable ip-link 1 destination 202.38.163.1 interface GigabitEthernet1/0/0 mode icmp next-hop 2.2.2.1
路由配置	ip route-static 10.2.1.0 24 202.38.163.2 preference 10 track ip-link 1 //到分舵的路由，GE1/0/0 出口的链路为主链路 ip route-static 10.2.1.0 24 202.38.164.2 preference 20 //到分舵的路由，GE1/0/1 出口的链路为备链路 ip route-static 0.0.0.0 0.0.0.0 202.38.163.2 preference 10 track ip-link 1 //缺省路由，GE1/0/0 出口的链路为主链路 ip route-static 0.0.0.0 0.0.0.0 202.38.164.2 preference 20 //缺省路由，GE1/0/1 出口的链路为备链路	ip route-static 10.1.1.0 255.255.255.0 Tunnel 1 preference 10 track ip-link 1 //Tunnel1 与主链路对接 ip route-static 10.1.1.0 255.255.255.0 Tunnel 2 preference 20 //Tunnel2 与备链路对接 ip route-static 0.0.0.0 0.0.0.0 2.2.2.1 //配置缺省路由，下一跳为 2.2.2.1
定义被保护的数据流	//定义两个 ACL，配置相同的规则 acl 3000 　rule 5 permit ip source 10.1.1.0 0.0.0.255 destiantion 10.2.1.0 0.0.0.255 acl 3001 　rule 5 permit ip source 10.1.1.0 0.0.0.255 destiantion 10.2.1.0 0.0.0.255	//定义两个 ACL，配置相同的规则 acl 3000 　rule 5 permit ip source 10.2.1.0 0.0.0.255 destiantion 10.1.1.0 0.0.0.255 acl 3001 　rule 5 permit ip source 10.2.1.0 0.0.0.255 destiantion 10.1.1.0 0.0.0.255
配置 IPSec 安全提议	ipsec proposal pro1	ipsec proposal pro1
配置 IKE 安全提议	ike proposal 10	ike proposal 10
IKE 对等体	ike peer fenduo 　pre-shared-key tiandihui1 　ike-proposal 10	ike peer a1 　pre-shared-key tiandihui1 　ike-proposal 10 　remote-address 202.38.163.1 //原有链路的出接口 IP 地址 ike peer a2 　pre-shared-key tiandihui1 　ike-proposal 10 remote-address 202.38.164.1 //原有链路的出接口 IP 地址
IPSec 安全策略// 创建两条 IPSec 安全策略	ipsec policy-template tem1 1 　security acl 3000 　proposal pro1 　ike-peer fenduo ipsec policy policy1 1 isakmp template tem1 ipsec policy-template tem2 1 　security acl 3001 　proposal pro1 　ike-peer fenduo ipsec policy policy2 1 isakmp template tem2	ipsec policy policy1 1 isakmp 　security acl 3000 　proposal pro1 　ike-peer a1 ipsec policy policy1 1 isakmp 　security acl 3001 　proposal pro1 　ike-peer a2
应用 IPSec 安全策略// 在两个接口上分别应用 IPSec 安全策略	interface GigabitEthernet1/0/0 　ip address 202.38.163.1 24 　ipsec policy policy1 interface GigabitEthernet1/0/1 　ip address 202.38.164.1 24 　ipsec policy policy2	interface Tunnel1 　ip address unnumbered interface GigabitEthernet1/0/0 //借用物理口 GE1/0/0 的 IP 地址 　tunnel-protocol ipsec 　ipsec policy policy1 interface Tunnel2 　ip address unnumbered interface GigabitEthernet1/0/0 //借用物理口 GE1/0/0 的 IP 地址 　tunnel-protocol ipsec 　ipsec policy policy2 注意：该场景中不建议在分舵上应用 IPSec 策略时配置 auto-neg 参数，以免影响业务。

配置完成后，FW_A 与 FW_B 之间建立 IPSec 隧道。

（1）从分舵 PC_B ping 总舵 PC_A，可以 ping 通，然后查看 IKE SA 的状态。

```
<FW_B> display ike sa
current ike sa number: 2
--------------------------------------------------------------------------------
conn-id     peer              flag        phase vpn
--------------------------------------------------------------------------------
40003       202.38.163.1      RD|ST       v2:2   public
3           202.38.163.1      RD|ST       v2:1   public
```

（2）查看 FW_B 上的路由表（只给出静态路由）。

```
<FW_B> display ip routing-table
Route Flags: R - relay, D - download to fib
--------------------------------------------------------------------------------

Destination/Mask    Proto   Pre  Cost    Flags NextHop      Interface
0.0.0.0/0           Static 60   0        RD    2.2.2.1      GigabitEthernet1/0/0
10.1.1.0/24         Static 10   0        D     2.2.2.2      Tunnel1
```

（3）断开 FW_A 的主链路后，从分舵 PC_B 再 ping 总舵 PC_A，可以 ping 通。查看 IKE SA 建立情况如下。

```
<FW_B> display ike sa
current ike sa number: 2
--------------------------------------------------------------------------------
conn-id     peer              flag        phase vpn
--------------------------------------------------------------------------------
40009       202.38.164.1      RD|ST       v2:2   public
9           202.38.164.1      RD|ST       v2:1   public
```

说明 IP-Link 检测到主链路故障后，FW_B 上会重新协商创建一条新的 IPSec 隧道。

（4）再查看 FW_B 上的路由表（只给出静态路由）。

```
<FW_B> display ip routing-table
Route Flags: R - relay, D - download to fib
--------------------------------------------------------------------------------

Destination/Mask    Proto   Pre  Cost    Flags NextHop      Interface
0.0.0.0/0           Static 60   0        RD    2.2.2.1      GigabitEthernet1/0/0
10.1.1.0/24         Static 20   0        D     2.2.2.2      Tunnel2
```

说明 IP-Link 检测到主链路故障后，FW_B 上的出接口为 Tunnel1 的路由失效，出接口为 Tunnel2 的路由被激活。

6.12.2　IPSec 隧道化链路备份

⚠️ 注意

本节中介绍的案例在现网中部署可能会出现主备链路无法正常切换的问题，但由于问题的根因不在于防火墙的 IPSec 功能，而在于运营商网络。所以强叔保留了这部分内容，意在帮助大家理解很多事情都是理想很美好，现实很残酷。所以网络部署需谨慎，设备调试多思量。

IPSec 主备链路备份需要分别在两个物理接口上应用 IPSec 策略，配置复杂，且需要通过 IP-Link 跟踪路由状态，以便正确地进行 IPSec 隧道切换。那能否不直接在物理接口上应用 IPSec 策略呢，这样是否就可以避免隧道切换的问题呢？

当然是可以的。方法就是将 IPSec 策略应用到一个虚拟的 Tunnel 接口上。由于策略不是应用到实际物理接口，那么 IPSec 并不关心有几条链路可以到达对端，也不关心哪条链路发生故障，只要到对端路由可达，IPSec 通信就不会中断。

这种提高可靠性的方式叫作 IPSec 隧道化链路备份。总舵采用双链路与分舵通信，采用 IPSec 隧道化链路备份方式组网如图 6-39 所示。

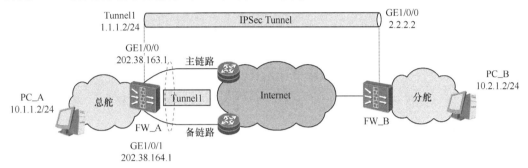

图 6-39　IPSec 隧道化链路备份组网图

下面我们来介绍 IPSec 隧道化链路备份时报文是如何封装和解封装的，FW_A 上报文加封装的过程如图 6-40 所示。

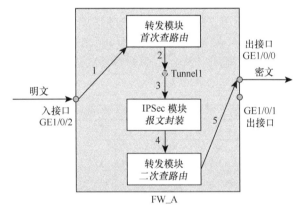

图 6-40　IPSec 隧道化链路备份时 IPSec 报文的封装过程

（1）FW_A 收到需要原始 IP 报文（明文）后，将收到的 IP 明文送到转发模块进行处理。

（2）转发模块查找路由，发现路由出接口为 Tunnel 接口。转发模块依据路由查询结果将 IP 明文发送到 Tunnel 接口。

（3）由于 Tunnel 接口应用了 IPSec 策略，报文在 Tunnel 接口上进行 IPSec 加封装。封装后的 IPSec 报文的源 IP 和目的 IP 分别为两端 Tunnel 接口的 IP 地址。

（4）封装后的 IPSec 报文被送到转发模块进行处理。转发模块再次对 IPSec 报文（密文）查找路由，发现路由下一跳为物理接口。

（5）转发模块根据路由的优先级等选择合适的路由，将 IPSec 报文从设备的某个实际物理接口转发出去。

FW_A 上报文解封装的过程如图 6-41 所示。

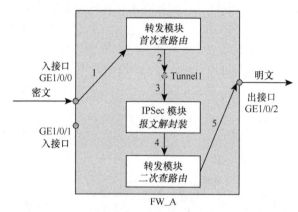

图 6-41　IPSec 隧道化链路备份时 IPSec 报文的解封装过程

（1）FW_A 收到 IPSec 报文（密文）后送到转发模块进行处理。

（2）转发模块识别到此 IP 密文的目的地址为本设备 Tunnel 接口的 IP 地址且 IP 协议号为 AH 或 ESP，将 IP 密文发送到 Tunnel 接口。

（3）IPSec 报文在 Tunnel 接口上进行解封装。

（4）解封装后的原始 IP 报文（明文）被再次送到转发模块进行处理。转发模块再次对明文查找路由。

（5）转发模块通过查找路由，将 IP 明文从实际物理接口转发出去。

与在物理接口上建立 IPSec 隧道相比，基于 Tunnel 接口的 IPSec 隧道建立过程有两点不同：一是在 Tunnel 接口上完成 IPSec 封装/解封装的；二是多了一步路由查找的过程。

总舵和分舵 FW 的关键配置如表 6-24 所示。

表 6-24　　　　　　　　　　隧道化链路备份时 FW 的配置

关键配置	总舵 FW_A	分舵 FW_B
路由配置	ip route-static 10.2.1.0 24 tunnel1 //到分舵网络的路由 ip route-static 2.2.2.2 32 202.38.163.2 preference 10 //到分舵 FW_B 的主用路由 ip route-static 2.2.2.2 32 202.38.164.2 preference 20 //到分舵 FW_B 的备用路由	ip route-static 10.1.1.0 255.255.255.0 2.2.2.1//到总舵网络的路由 ip route-static 1.1.1.2 255.255.255.0 2.2.2.1 //到总舵 FW_A 的 Tunnel1 接口的路由
定义被保护的数据流	acl 3000 　rule 5 permit ip source 10.1.1.0 0.0.0.255 destiantion 10.2.1.0 0.0.0.255	acl 3000 　rule 5 permit ip source 10.2.1.0 0.0.0.255 destiantion 10.1.1.0 0.0.0.255
配置 IPSec 安全提议	ipsec proposal pro1	ipsec proposal pro1
配置 IKE 安全提议	ike proposal 10	ike proposal 10
IKE 对等体	ike peer fenduo 　pre-shared-key tiandihui1 　ike-proposal 10	ike peer zongduo 　pre-shared-key tiandihui1 　ike-proposal 10 　remote-address 1.1.1.2 //Tunnel 接口的 IP 地址
IPSec 安全策略	ipsec policy-template tem1 1 //配置模板方式 　security acl 3000 　proposal pro1 　ike-peer fenduo ipsec policy policy1 1 isakmp template tem1	ipsec policy policy1 1 isakmp 　security acl 3000 　proposal pro1 　ike-peer zongduo

（续表）

关键配置	总舵 FW_A	分舵 FW_B
应用 IPSec 安全策略	interface Tunnel1 ip address 1.1.1.2 24 tunnel-protocol ipsec ipsec policy policy1	interface GigabitEthernet1/0/0 ip address 2.2.2.2 24 ipsec policy policy1

配置完成后，FW_A 与 FW_B 之间建立 IPSec 隧道。

（1）从分舵 PC_B ping 总舵 PC_A，可以 ping 通，然后在 FW_B 上查看 IKE SA 的状态。

```
<FW_B> display ike sa
current ike sa number: 2
-----------------------------------------------------------------------
conn-id    peer            flag            phase   vpn
-----------------------------------------------------------------------
40003      1.1.1.2         RD|ST           v2:2    public
3          1.1.1.2         RD|ST           v2:1    public
```

（2）主链路正常情况下，查看 FW_A 上的路由表（只给出静态路由）。

```
<FW_A> display ip routing-table
Route Flags: R - relay, D - download to fib
-----------------------------------------------------------------------

Destination/Mask   Proto   Pre   Cost   Flags   NextHop        Interface
2.2.2.2/0          Static  10    0      RD      202.38.163.1   GigabitEthernet1/0/0
2.2.2.2/0          Static  20    0      RD      202.38.164.2   GigabitEthernet1/0/1
10.2.1.0/24        Static  60    0      D       1.1.1.2        Tunnel1
```

总舵 FW_A 收到 PC_A 响应的 IP 报文（源地址为 10.1.1.2，目的地址为 10.2.1.2），首先匹配目的地址为 10.2.1.0/24 出接口为 Tunnel1 的路由，然后 IP 报文在 Tunnel1 接口上进行 IPSec 封装（源地址变为 1.1.1.2，目的地址变为 2.2.2.2）。封装后的 IPSec 报文二次匹配目的地址为 2.2.2.2/0 出接口为 202.38.163.1 的路由，然后从相应的物理接口发送出去。

（3）主链路中断后，查看 FW_A 上的路由表（只给出静态路由）。

```
<FW_A> display ip routing-table
Route Flags: R - relay, D - download to fib
-----------------------------------------------------------------------

Destination/Mask   Proto   Pre   Cost   Flags NextHop       Interface
2.2.2.2/0          Static  20    0      RD    202.38.164.2  GigabitEthernet1/0/1
10.2.1.0/24        Static  60    0      D     1.1.1.2       Tunnel1
```

（4）从分舵 PC_B ping 总舵 PC_A，然后查看 IKE SA 的状态。

```
<FW_B> display ike sa
current ike sa number: 2
-----------------------------------------------------------------------
conn-id    peer            flag            phase   vpn
-----------------------------------------------------------------------
40003      1.1.1.2         RD|ST           v2:2    public
3          1.1.1.2         RD|ST           v2:1    public
```

由于分舵是与总舵 Tunnel1 接口的 IP 地址建立 IPSec 隧道，所以在总舵 FW_A 上断开 GE1/0/0 接口所属链路后不会导致原有 IPSec 隧道中断，故在 FW_B 上查看 IKE SA 时可以看到对端的 IP 地址还是 Tunnel 口的 IP 地址 1.1.1.2。

从上述过程来看，IPSec 隧道化链路备份的表现明显优于 IPSec 主备链路备份。但是这个案例在现网应用中出了点意外。如图 6-42 所示，FW_A 两个出接口分别连接联通和电信两个 ISP，Tunnel1 和 GE1/0/0 使用联通地址，GE1/0/1 使用电信地址。

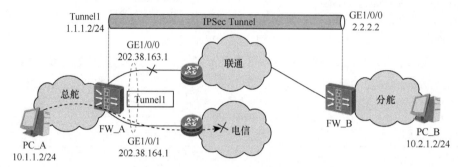

图 6-42　IPSec 隧道化链路备份实际应用

正常情况下总舵 FW_A 的 Tunnel1 与分舵 FW_B 的 GE1/0/0 之间建立 IPSec 隧道，报文从 FW_A 的 GE1/0/0 发送没有问题。但 FW_A 主链路故障后，IPSec 报文从 GE1/0/1 发送。由于电信网络接入设备会对收到的报文源地址进行检查，发现 IPSec 报文的源地址（Tunnel1 接口地址）是联通地址，进而会将报文丢弃，导致主备链路切换无法实现。

不仅在防火墙连接不同运营商网络时会出现这种问题，连接同一个运营商时也可能出现类似情况，例如主备两条链路跨局、跨区域连接到一个运营商的不同接入路由器上，如果运营商局端设备没有配合进行配置的话，也可能出现一样的问题。所以大家在应用这种方案时一定要先测试一下，看看实际网络环境是否允许主备链路倒换，以免后续出现问题。

总结一下 IPSec 隧道化链路备份与 IPSec 主备链路备份的区别，如表 6-25 所示。

表 6-25　　　　　　　　　IPSec 隧道化链路备份与主备链路备份比较

对比项	IPSec 主备链路备份	IPSec 隧道化链路备份
配置	复杂	简单
平滑切换	IPSec 隧道切换，需重新协商隧道	不需要隧道切换
适用场景	双链路	双链路或多链路
限制	无	需要确保链路切换后其上游网络能够正常转发 IPSec 报文

6.13　安全策略配置思路

IPSec VPN 场景下的安全策略配置有许多特别之处，不仅仅要允许穿过防火墙的流量通过，还要允许 IPSec 协议报文通过。本节旨在向大家传授针对 IPSec VPN 的精细化安全策略的配置方法。

6.13.1　IKE/IPSec VPN 场景

如图 6-43 所示，总舵 FW_A 和分舵 FW_B 之间建立 IPSec 隧道，PC_A 和 PC_B 通过 IPSec 隧道互访。假设在 FW_A 和 FW_B 上，GE0/0/1 接口连接私网，属于 Trust 区域；

GE0/0/2 接口连接 Internet，属于 Untrust 区域。

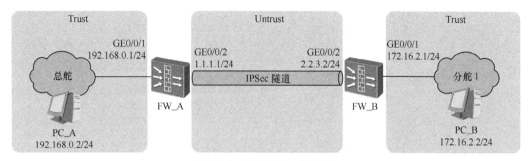

图 6-43　IKE/IPSec 组网图

安全策略的配置过程如下。

（1）先配置一个最宽泛的域间安全策略，以便调测 IPSec。

在 FW_A 上将域间缺省包过滤的动作设置为 permit。

[FW_A] **firewall packet-filter default permit all**

在 FW_B 上将域间缺省包过滤的动作设置为 permit。

[FW_B] **firewall packet-filter default permit all**

（2）在防火墙上配置好 IPSec，然后 PC_A 向 PC_B 发起访问，通过分析防火墙上的会话表得到安全策略匹配条件。

- 总舵 FW_A 上的会话表

```
[FW_A] display firewall session table verbose
 Current Total Sessions : 3
  udp    VPN:public --> public
  Zone: local--> untrust   TTL: 00:02:00  Left: 00:00:55
  Interface: GigabitEthernet0/0/2   NextHop: 1.1.1.2   MAC: 00-e0-fc-e4-65-58
  <--packets:4 bytes:692    -->packets:6 bytes:944
  1.1.1.1:500-->2.2.3.2:500    //对应 ISAKMP 协商报文，端口 500

  icmp    VPN:public --> public
  Zone: trust--> untrust   TTL: 00:00:20  Left: 00:00:16
  Interface: GigabitEthernet0/0/2   NextHop: 1.1.1.2   MAC: 00-e0-fc-e4-65-58
  <--packets:0 bytes:0    -->packets:1 bytes:60
  192.168.0.2:14235-->172.16.2.2:2048    //对应原始的 IP 报文

  esp    VPN:public --> public
  Zone: untrust--> local   TTL: 00:10:00  Left: 00:09:59
  Interface: InLoopBack0   NextHop: 127.0.0.1   MAC: 00-00-00-00-00-00
  <--packets:0 bytes:0    -->packets:2 bytes:224
  2.2.3.2:0-->1.1.1.1:0    //对应 IPSec 报文。如果同时配置了 AH 和 ESP 封装会出现两条会话。
```

这里有个奇怪的现象，总舵 FW_A 发出的 ESP 报文对应会话方向为 untrust->local（2.2.3.2:0->1.1.1.0），表示 FW_A 在接收 ESP 报文方向上的会话，与大家的一般认知不符，这是为什么呢？原来 FW_A 加密后发出的 ESP 报文是不建立会话的，不走防火墙转发流程，当然也不做安全策略检查。但是防火墙收到 ESP 报文进行解密时，需要先建会话走转发流程，做安全策略检查，所以大家看到的这条会话对应接收到的 ESP 报文。

ISAKMP 协商报文的收发都需要走转发流程，所以不存在这个问题。

通过分析会话表得到 FW_A 上的报文走向，如图 6-44 所示。

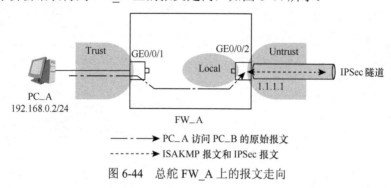

图 6-44　总舵 FW_A 上的报文走向

由上图可知，FW_A 上需要配置 Trust 区域->Untrust 区域的安全策略，允许 PC_A
访问 PC_B 的报文通过，还需要配置 Local 区域->Untrust 区域的安全策略，允许 ISAKMP
协商报文通过，以及配置 Untrust 区域->Local 区域的安全策略，允许 ESP 报文通过。

- 分舵 FW_B 上的会话表

```
[FW_B] display firewall session table verbose
 Current Total Sessions : 3
   udp   VPN:public --> public
   Zone: untrust--> local   TTL: 00:02:00   Left: 00:00:36
   Interface: InLoopBack0  NextHop: 127.0.0.1   MAC: 00-00-00-00-00-00
   <--packets:1 bytes:200      -->packets:2 bytes:280
   1.1.1.1:500-->2.2.3.2:500

   esp   VPN:public --> public
   Zone: untrust--> local   TTL: 00:10:00   Left: 00:09:59
   Interface: InLoopBack0  NextHop: 127.0.0.1   MAC: 00-00-00-00-00-00
   <--packets:0 bytes:0      -->packets:4 bytes:448
   1.1.1.1:0-->2.2.3.2:0

   icmp   VPN:public --> public
   Zone: untrust--> trust   TTL: 00:00:20   Left: 00:00:16
   Interface: GigabitEthernet0/0/1  NextHop: 172.16.2.2   MAC: 54-89-98-39-60-e2
   <--packets:1 bytes:60      -->packets:1 bytes:60
   192.168.0.2:61095-->172.16.2.2:2048
```

通过分析会话表得到 FW_B 上的报文走向，如图 6-45 如所示。

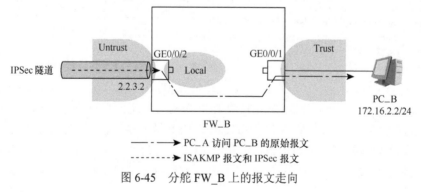

图 6-45　分舵 FW_B 上的报文走向

由上图可知，FW_B 上需要配置 Untrust 区域->Trust 区域的安全策略，允许 PC_A 访问 PC_B 的报文通过，还需要配置 Untrust 区域->Local 区域的安全策略，允许 ISAKMP 协商报文通过，以及配置 Untrust 区域->Local 区域的安全策略，允许 ESP 报文通过。

当 PC_B 向 PC_A 发起访问时，报文走向与 PC_A 访问 PC_B 时的走向相反，不再赘述。

综上所述，在 IKE/IPSec 场景中，FW_A 和 FW_B 上应该配置的安全策略匹配条件如表 6-26 所示。

表 6-26　　　　　　　　　　总舵和分舵 FW 安全策略匹配条件

业务方向	设备	源安全区域	目的安全区域	源地址	目的地址	应用（协议+目的端口）
PC_A 访问 PC_B	总舵 FW_A	Untrust	Local	2.2.3.2/32	1.1.1.1/32	AH 或/和 ESP（本例为 ESP）
		Local	Untrust	1.1.1.1/32	2.2.3.2/32	UDP+500
		Trust	Untrust	192.168.0.0/24	172.16.2.0/24	*
	分舵 FW_B	Untrust	Local	1.1.1.1/32	2.2.3.2/32	AH 或/和 ESP（本例为 ESP）UDP+500
		Untrust	Trust	192.168.0.0/24	172.16.2.0/24	*
PC_B 访问 PC_A	总舵 FW_A	Untrust	Local	2.2.3.2/32	1.1.1.1/32	AH 或/和 ESP（本例为 ESP）UDP+500
		Untrust	Trust	172.16.2.0/24	192.168.0.0/24	*
	分舵 FW_B	Untrust	Local	1.1.1.1/32	2.2.3.2/32	AH 或/和 ESP（本例为 ESP）
		Local	Untrust	1.1.1.1/32	2.2.3.2/32	UDP+500
		Trust	Untrust	172.16.2.0/24	192.168.0.0/24	*

*：此处的应用与具体的业务类型有关，可以根据实际情况配置，如 tcp、udp、icmp 等

📖 说明

手工方式建立的 IPSec VPN 与 IKE 方式建立的 IPSec VPN 的区别是没有 ISAKMP 会话，不用配置针对 UDP+500 的安全策略。

（3）最后，将缺省包过滤的动作改为 deny。

在 FW_A 上将域间缺省包过滤的动作设置为 deny。

```
[FW_A] firewall packet-filter default deny all
```

在 FW_B 上将域间缺省包过滤的动作设置为 deny。

```
[FW_B] firewall packet-filter default deny all
```

6.13.2　IKE/IPSec VPN+NAT 穿越场景

IKE/IPSec VPN+NAT 穿越场景下的安全策略配置又有点特殊之处，下面以"6.8.1 NAT 穿越场景简介"中的场景二为例进行介绍。

如图 6-46 所示，总舵 FW_A 和分舵 FW_B 之间建立 IPSec 隧道，中间存在 NAT 设

备，NAT 转换后地址为 2.2.2.10（地址池里就设置一个地址）。假设在 FW_A 和 FW_B 上，GE0/0/1 接口连接私网，属于 Trust 区域；GE0/0/2 接口连接上行设备，属于 Untrust 区域。

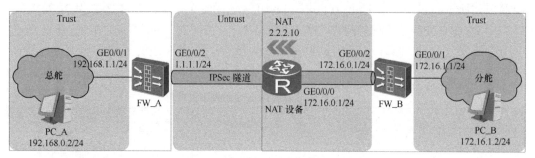

图 6-46　IKEv1/IPSec VPN+NAT 穿越组网图

安全策略的配置过程如下。

（1）先配置一个最宽泛的域间安全策略，以便调测 IPSec。

在 FW_A 上将域间缺省包过滤的动作设置为 permit。

`[FW_A] firewall packet-filter default permit all`

在 FW_B 上将域间缺省包过滤的动作设置为 permit。

`[FW_B] firewall packet-filter default permit all`

（2）在防火墙上配置好 IPSec，然后 PC_B 向 PC_A 发起访问，通过分析防火墙上的会话表得到安全策略匹配条件。

- 总舵 FW_A 上的会话表

```
<FW_A> display firewall session table verbose
 Current Total Sessions : 3
 udp   VPN:public --> public
 Zone: untrust--> local   TTL: 00:02:00   Left: 00:01:52
 Interface: InLoopBack0   NextHop: 127.0.0.1   MAC: 00-00-00-00-00-00
 <--packets:1 bytes:296   -->packets:1 bytes:296
 2.2.2.10:2052-->1.1.1.1:500

 udp   VPN:public --> public
 Zone: untrust--> local   TTL: 00:02:00   Left: 00:01:58
 Interface: InLoopBack0   NextHop: 127.0.0.1   MAC: 00-00-00-00-00-00
 <--packets:1 bytes:228   -->packets:5 bytes:740
 2.2.2.10:2049-->1.1.1.1:4500

 icmp   VPN:public --> public
 Zone: untrust--> trust   TTL: 00:00:20   Left: 00:00:14
 Interface: GigabitEthernet0/0/2   NextHop: 192.168.0.2   MAC: 54-89-98-7f-1e-b2
 <--packets:1 bytes:60   -->packets:1 bytes:60
 172.16.1.2: 34201-->192.168.0.2:2048
```

总舵 FW_A 上一共有 3 条会话，两条 udp 会话，一条 icmp 会话。两条 udp 会话中，一条端口为 500，另一条为 4 500，意味着 IKE 探测到 NAT 网关后，ISAKMP 报文外层增加了 UDP 封装，协商端口也由 500 切换为 4 500。后续传输的 ESP 报文也都增加了 UDP 头，所以在 FW_A 上看不到对应 ESP 报文的会话。

分析会话表得到总舵 FW_A 上的报文走向，如图 6-47 所示。

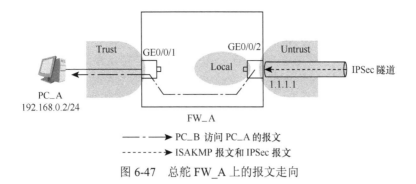

图 6-47　总舵 FW_A 上的报文走向

由上图可知，总舵 FW_A 上需要配置 Untrust 区域->Trust 区域的安全策略，允许 PC_B 访问 PC_A 的报文通过，还需要配置 Untrust 区域->Local 区域的安全策略，允许总舵 FW_A 与分舵 FW_B 建立 IPSec 隧道。

- 分舵防火墙 FW_B 上的会话表

```
<FW_B> display firewall session table verbose
 Current Total Sessions : 3
  udp   VPN:public --> public
  Zone: local--> untrust   TTL: 00:02:00   Left: 00:01:45
  Interface: GigabitEthernet0/0/2   NextHop:172.16.0.2   MAC: 00-00-00-d3-84-01
  <--packets:1 bytes:296    -->packets:1 bytes:296
  172.16.0.1:500-->1.1.1.1:500

  udp   VPN:public --> public
  Zone: local--> untrust   TTL: 00:02:00   Left: 00:01:50
  Interface: GigabitEthernet0/0/2   NextHop:172.16.0.2   MAC: 00-00-00-d3-84-01
  <--packets:5 bytes:708    -->packets:1 bytes:260
  172.16.0.1:4500-->1.1.1.1:4500

  icmp   VPN:public --> public
  Zone: trust--> untrust   TTL: 00:00:20   Left: 00:00:07
  Interface: GigabitEthernet0/0/2   NextHop: 10.1.5.1   MAC: 00-00-00-d3-84-01
  <--packets:1 bytes:60     -->packets:1 bytes:60
  172.16.1.2:34201-->192.168.0.2:2048
```

分析会话表得到分舵 FW_B 上的报文走向，如图 6-48 所示。

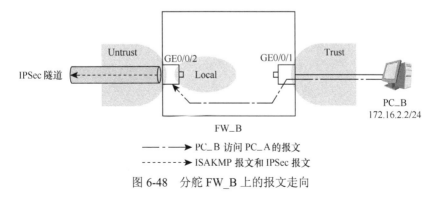

图 6-48　分舵 FW_B 上的报文走向

由上图可知，分舵 FW_B 上需要配置 Trust 区域->Untrust 区域的安全策略，允许 PC_B

访问 PC_A 的报文通过，还需要配置 Local 区域->Untrust 区域的安全策略，允许总舵 FW_A 与分舵 FW_B 建立 IPSec 隧道。

若 NAT 设备上仅仅配置了源 NAT，那么这个场景仅允许分舵 FW_B 主动与总舵 FW_A 建立 IPSec 隧道。这种情况下，总舵 FW_A 和分舵 FW_B 上应该配置的安全策略匹配条件如表 6-27 所示。

表 6-27   总舵和分舵 FW 安全策略匹配条件

业务方向	设备	源安全区域	目的安全区域	源地址	目的地址	应用（协议+目的端口）
PC_B访问 PC_A	总舵 FW_A	Untrust	Local	172.16.0.1/32	1.1.1.1/32	UDP+500 和 4500
		Untrust	Trust	172.16.1.0/24	192.168.0.0/24	*
	分舵 FW_B	Local	Untrust	172.16.0.1/32	1.1.1.1/32	UDP+500 和 4500
		Trust	Untrust	172.16.1.0/24	192.168.0.0/24	*

*：此处的应用与具体的业务类型有关，可以根据实际情况配置，如 tcp、udp、icmp 等

如果总舵没有配置模板方式的 IPSec 策略，且 NAT 设备上配置了 NAT Server，这种情况下则允许总舵 FW_A 主动与分舵 FW_B 建立 IPSec 隧道，那么大家可以按照上述方法把 PC_A 访问 PC_B 的安全策略匹配条件也总结出来。

（3）最后，将缺省包过滤的动作改为 deny。

在 FW_A 上将域间缺省包过滤的动作设置为 deny。

```
[FW_A] firewall packet-filter default deny all
```

在 FW_B 上将域间缺省包过滤的动作设置为 deny。

```
[FW_B] firewall packet-filter default deny all
```

6.14   IPSec 故障排除

IPSec 真是个很难啃的骨头，强叔一路唠叨过来一共说了多少个容易出错的地方，大家是否还记得？仔细算来 IPSec 的配置注意事项当然不止这些。这里强叔给大家上一张图，如图 6-49 所示，讲讲 IPSec 故障排除三板斧。图中的 A、B、C 三类故障将在下文中细化，处理方法也会逐一展开。

图 6-49 以及下面几节中介绍的故障排除思路和步骤，可以解决华为防火墙产品之间建立 IPSec VPN 时绝大部分的故障。

但对于华为防火墙与其他厂商防火墙产品对接建立 PSec VPN 的场景，这三板斧的作用就弱得多了。因为不同厂家的 IPSec 实现是有差异的，比如缺省配置不一致（可见的配置）、系统缺省参数不一致（不可见的参数）、IKE 协商机制不一致、SA 超时机制不一致等，这些都可能导致 IKE 协商失败或 IKE 协商成功后 IPSec 隧道不稳定，解决这类问题一般需要用到 IPSec 功能中众多的不常用配置命令。本文重点不在于此，不再就此进行深入探讨。建议大家闲暇之余到华为企业网站的案例库中找找这类案例，多学习一

点。经验就是靠学习前人的失败教训慢慢积累而来的，强叔也不例外。

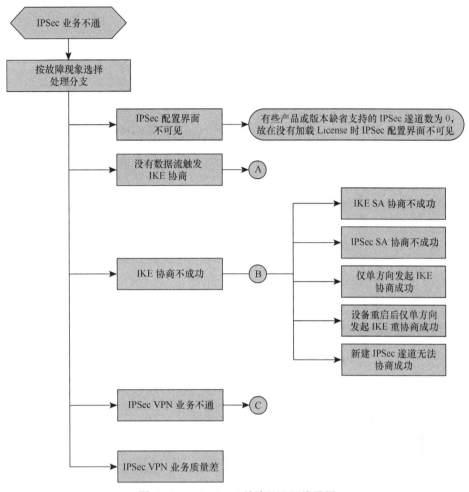

图 6-49　IPSec VPN 故障处理思维导图

6.14.1　没有数据流触发 IKE 协商故障分析

没有数据流触发 IKE 协商就相当于"自来水"还没有流到家中，即使装了再高级的净水设备也没用。此时在发起端设备上查看指定对端的 IKE SA 时，看不到任何信息。造成这种情况的原因不外两种可能：一是待加密保护的数据报文没有送达防火墙，二是数据报文送达了防火墙但还没有进入 IPSec 处理模块。按照由远及近、自底向上的原则，我们可以先排除网络问题，再排除防火墙本身的问题，具体可参照图 6-50 所示思路一步步排查。

具体排查命令可参考表 6-28。

在防火墙上执行 **ping** 命令时，报文是从 **Local** 区域发往 **Untrust** 区域的。某些防火墙在缺省情况下，**Local** 区域到 **Untrust** 域的安全策略是打开的。如果防火墙上缺省未开启 **Local** 区域到 **Untrust** 区域的安全策略，请开启后再进行 **ping** 操作。

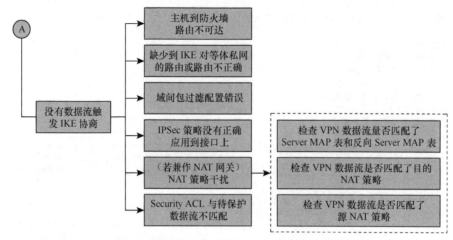

图 6-50　没有数据流触发 IKE 协商故障分析

表 6-28　　　　　　　　没有数据流触发 **IKE** 协商故障排除步骤

步骤	故障定界	命令	作用
1	确定数据报文是否能够送达防火墙内网接口	**display interface**	排除接口及链路问题
		display ip routing-table ping *host*	排除内网路由问题
2	确定数据报文是否能够进入 IPSec 模块	**display ip routing-table ping -a** *source-ip-address host**	检查是否有到对端私网的路由。只有这条路由能将报文引导到应用了 IPSec 策略的接口
		display firewall statistic system discard	检查是否存在安全策略导致的丢包。数据报文只有先过了安全策略这关后才能送达 IPSec 模块
		display ipsec policy **display acl all**	检查 ACL 的配置是否正确，以及数据报文是否匹配 ACL
		display firewall server-map	检查数据报文是否由于匹配了 NAT Server 建立的 Server-map 表，导致无法进入 IPSec 处理模块 详细原理可参见"6.8.4 IPSec 与 NAT 并存于一个防火墙"中的介绍
3	确认故障是否排除	display ike sa **remote** *ip-address* **display ipsec statistics**	确认 IKE SA 是否启动协商，统计信息中 IKE packet outbound 是否为 0。如果 IKE SA 有状态显示，本端有 IKE 报文发出，说明该故障已经排除

*：我们在排查本端防火墙到对端防火墙的路由是否可达时，常常使用带源地址的 **ping** 命令触发 IKE 协商。**ping** 命令中的 *source-ip-address* 和 *host* 应与本端上的 security acl 的 rule 规则匹配，否则 ping 报文无法进入 IPSec 模块触发 IKE 协商

6.14.2　IKE 协商不成功故障分析

有数据流触发 IKE 协商，不代表协商就能顺利完成，IKE 协商不成功指的就是这种情况。"不成功"是通过观察 IKE SA 的状态发现的，IKE 协商的两个阶段都可能出现异常。

阶段 1　IKE 协商不成功现象

- 对于 IKEv1 方式建立的 IPSec，发起端的 IKE SA 协商失败状态如下。

```
[FW] display ike sa
current ike sa number: 1
------------------------------------------------------------------------
  conn-id      peer               flag          phase vpn
------------------------------------------------------------------------
  40037      <unnamed>            NONE          v1:1   public


  flag meaning
  RD--READY      ST--STAYALIVE   RL--REPLACED      FD--FADING
  TO--TIMEOUT    TD--DELETING    NEG--NEGOTIATING  D--DPD
```

IKE SA 显示中，**flag** 一列显示阶段 1 为 **NONE** 状态，但过几十秒后，SA 数量显示为 0，表示 IKEv1 的阶段 1（IKE SA）协商失败。

- 对于 IKEv2 方式建立的 IPSec，发起端的 IKE SA 协商失败状态如下。

```
[FW] display ike sa
current ike sa number: 2
------------------------------------------------------------------------
  conn-id      peer               flag          phase vpn
------------------------------------------------------------------------
  40017      100.1.1.2           NEG           v2:2   public
  10         100.1.1.2           NEG           v2:1   public


  flag meaning
  RD--READY      ST--STAYALIVE   RL--REPLACED      FD--FADING
  TO--TIMEOUT    TD--DELETING    NEG--NEGOTIATING  D--DPD
```

IKE SA 的阶段 1 和阶段 2 的 **flag** 一列显示均为 **NEG**，但过几十秒后，SA 数量显示为 0。表示 IKEv2 的阶段 1（IKE SA）和阶段 2（IPSec SA）协商失败。

阶段 2　IPSec SA 协商不成功现象

对于 IKEv1 方式建立的 IPSec，隧道两端都显示阶段 1 为 RT|ST，阶段 2 为 NONE。

```
[FW] display ike sa
current ike sa number: 2
------------------------------------------------------------------------
  conn-id      peer               flag          phase vpn
------------------------------------------------------------------------
  40008      <unnamed>            NONE          v1:2   public
  40007      192.13.2.1          RD|ST         v1:1   public


  flag meaning
  RD--READY      ST--STAYALIVE   RL--REPLACED      FD--FADING
  TO--TIMEOUT    TD--DELETING    NEG--NEGOTIATING  D--DPD
```

对于 IKEv2 方式建立的 IPSec VPN，有些型号的设备不会区分阶段 1 和阶段 2 分别显示状态，也就是不管哪个阶段协商失败防火墙都会直接显示为 IKE SA 没有建立。这种情况看上去跟没有数据流触发 IKE 协商的情况有点类似，但仔细分析还是能看出差异的。

此时查看 IPSec 对等体两端的统计信息，如果没有数据流触发 IKE 协商，那发起端的 IKE packet outbound 为 0；如果已经启动 IKE 协商了，那么发起端的 IKE packet outbound 不为 0，且两端的 IKE packet inbound 和 IKE packet outbound 统计值严重不匹配。

此等蛛丝马迹只有仔细观察的人才会看到！

对等体两端的"恋爱"谈不下去了，肯定双方都有原因，但也可能有第三方的因素，故障原因可以概括为三句话：本端配置原因、中间网络原因、对端配置原因，具体排查思路可参考图 6-51。

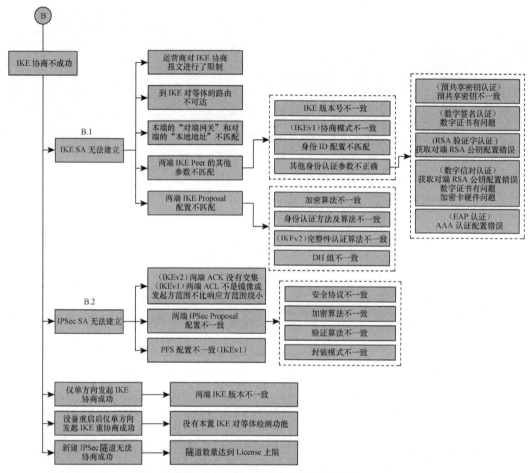

图 6-51　IKE 协商不成功故障分析

表 6-29 中主要给出了 B.1 和 B.2 两个故障分支的排查步骤，另外两个故障分支原因比较简单，大家完全可以自行搞定。

表 6-29　　　　　　　　　　　　IKE 协商不成功故障排除步骤

步骤	故障定界	命令	作用
1	确认 IPSec 对等体两端公网路由是否可达	**display interface**	排除接口及链路问题
		display ip routing-table ping	执行 **undo ipsec policy**，然后在没有 IPSec VPN 的情况下排除公网路由问题
2	确认运营商网络是否有限制	**debugging ip icmp**	在没有 IPSec VPN 的情况下，通过 debugging 消息观察中间网络是否对 AH、ESP 协议或 UDP 协议的 500、4 500 端口进行了限制

（续表）

步骤	故障定界	命令	作用
3	确认 IKE 配置是否有问题	**display ike peer**	检查两端 **remote-address/remote-domain/ remote-id** 配置是否匹配 检查两端 IKE peer 其他参数配置是否一致
		display ike proposal	检查两端 IKE proposal 配置是否一致
4	确认 IPSec 配置是否有问题	**display ipsec policy** **display acl all**	检查两端 ACL 配置是否匹配
		display ipsec proposal	排除两端 IPSec proposal 配置不一致问题
		display ipsec policy	对于 IKEv1 方式的 IPSec，排除两端 PFS 配置不一致
5	继续定位故障点	**debugging ip icmp**	若以上步骤无法定位故障点，可以继续分析 debugging 消息
6	确认故障排除	display ike sa **remote** *ip-address* **display firewall session table**	IKE SA 两个阶段的状态都正常，会话也正常建立，说明 IKE 协商成功

前面讲过在不同场景下 **remote-address/remote-domain/ remote-id** 这条命令的配置方法非常灵活，请对照相应的场景仔细检查配置是否有错误。

实在检查不出来配置错误也没关系，IPSec 模块对 IKE 的协商过程始终在进行严密监控，并实时把监控结果通过 debug 消息传递给大家，只要大家掌握了破解 debugging 消息的能力，就可以横行江湖了！强叔给出几个常见的样例供大家参考。

阶段 1　IKE SA 协商

• 隧道两端 IKE 安全提议、身份 ID、预共享密钥不匹配都将导致 IKE SA 无法建立。常见的 debugging 信息如下。

\# 两端的 IKE 安全提议不一致。

*0.10113310 sysname %%01IKE/4/WARNING(l): phase1: proposal mismatch, please check ike proposal configuration.
*0.10113320 sysname IKE/7/DEBUG:got NOTIFY of type NO_PROPOSAL_CHOSEN

\# 两端的 DH-Group 算法不一致。

*0.10114620 sysname %%01IKE/4/IKEDHGROUP(l): Phase1: dh-group mismatch.

\# 两端的预共享密钥、证书或 RSA 公钥配置不一致。

*0.10190450 sysname %%01IKE/4/WARNING(l): phase1: probably authentication failed, please check pre-shared-key, certificate or rsa peer-public-key configuration.
*0.10190460 sysname IKE/7/DEBUG:got NOTIFY of type PAYLOAD_MALFORMED

\# 本端 **remote-id** 与对端的 IKE 本地名称不一致。

*0.18689560 sysname %%01IKE/4/WARNING(l): phase1: cannot find matching ike peer configuration for peer sysname2,please check "remote-name" in ike peer configuration or check "ike local-name" configuration on remote machine.
*0.18689570 sysname IKE/7/DEBUG:recv ID: find ike peer by ID[sysname2] failed !

• 协商能够顺利进行的前提是响应端能够收到 IKE 协商发起端的 ISAKMP 消息，能否收到消息与发起端 **remote-address** 命令的配置相关，与发起端到响应端的路由是否可达有关，配置错误或网络不通、运营商对报文进行了限制都会导致响应端收不到 ISAKMP 消息。

\#本端 remote-address 与对端地址不一致时，常见的 debugging 信息如下。

*0.10432910 sysname %%01IKE/4/WARNING(l): phase1: cannot find matching ike peer configuration for peer 200.1.1.1, please check "remote-address" and "exchange-mode" in ike peer configuration.

*0.10432920 sysname IKE/7/DEBUG:exchange_setup_p1: no ike peer configuration found for peer "200.1.1.1"

阶段 2　IPSec SA 协商

隧道两端 IPSec 安全提议、PFS、ACL 规则不匹配都将导致 IPSec SA 无法建立。阶段 2 报文是加密的，无法通过抓包检查 IPSec 安全提议配置。

两端的 IPSec proposal 配置不一致。

*0.9939280 sysname %%01IKE/4/WARNING(l): phase2: proposal or pfs dh-group mismatch, please check ipsec proposal and pfs dh-group configuration.

*0.9939290 sysname IKE/7/DEBUG:got NOTIFY of type NO_PROPOSAL_CHOSEN

两端的 ACL 不互为镜像。

*0.18797770 sysname %%01IKE/4/WARNING(l): phase2: security acl mismatch.

*0.18797770 sysname IKE/7/DEBUG:Get IPsec policy: get IPsec policy failed

*0.18797770 sysname IKE/7/DEBUG:validate_prop: no IPsec policy found

以上为 IKEv1 的情况，IKEv2 类似，强叔就不罗列了。

6.14.3　IPSec VPN 业务不通故障分析

业务不通是指 IPSec VPN 已经协商成功，但 VPN 两端的私网业务互通有问题，这类问题一般发生在复杂网络的调试阶段。

- 可能是部分业务不通。
- 可能单方向不通。
- 可能是分舵用户访问总舵正常，但不同分舵用户之间访问不通。

要想确定以上问题的症结所在，我们得先搞清楚总舵、分舵用户通过 IPSec VPN 互访时的业务流程，下面以图 6-52 为例说明一下 PC_A 和 PC_B 的互访过程。

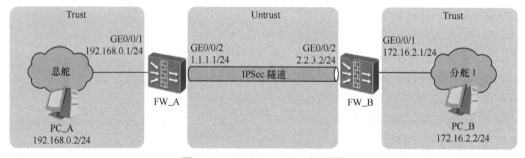

图 6-52　IKE/IPSec VPN 组网图

（1）PC_A 发出的报文能到达 FW_A，要求 PC_A 到 FW_A 内网接口的路由可达。

（2）PC_A 发出的报文能通过 FW_A 的安全策略检查，要求 FW_A 满足如下条件。

- FW_A 上有到达 PC_B 所在网段的路由，路由的出接口为应用了 IPSec 策略的接口。
- FW_A 开放了 IPSec VPN 对应的 Local 区和 Untrust 区的域间安全策略，允许 IKE 协商报文（UDP+500）通过。
- FW_A 上开放了 IPSec VPN 对应的 Trust 区和 Untrust 区的域间安全策略，允许业务报文通过。

（3）报文顺利进入 IPSec 处理模块，要求报文没有被 IPSec 模块之前的其他模块"劫持"。

报文在进入 IPSec 处理模块前要先经过 NAT 处理模块（源 NAT、目的 NAT），可能会被 NAT 模块"劫持"，即匹配了 NAT 安全策略，导致报文没能进入 IPSec 处理模块，相关信息请参考"附录 A 报文处理流程"。

（4）报文顺利通过运营商网络，要求 IPSec 报文没有被运营网络丢弃，有些运营商会限制 UDP+500/4500、AH、ESP 报文。

（5）到达 FW_B 的报文能够达到 PC_B。

FW_B 上当然也要有报文能够匹配的正确的路由和安全策略。

从 PC_B 返回 PC_A 的报文处理流程正好相反，不再详述。

因为 IPSec SA 可以成功建立，所以我们不用再检查 IKE 协商的具体参数了，只要关注业务报文处理过程中的关键环节即可。如图 6-53 所示，强叔总结出 IPSec VPN 业务不通的主要原因。

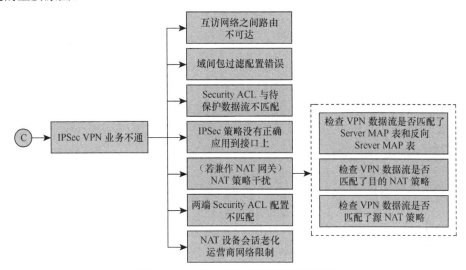

图 6-53 IPSec VPN 业务不通故障分析

看似故障原因也不是十分复杂，但在实际网络中这类故障不太好排查，主要原因是在于总舵-分舵这种组网中，分舵的数量可能会比较多，总舵和分舵、分舵和分舵之间需要通过 VPN 互通的网段也比较多，再加上有些场景下还要求分舵通过总舵防火墙的 NAT 上网。这种情况下路由、ACL、安全策略、NAT 策略的配置都会比较复杂，非常可能出现配置冲突或配置遗漏。

在网络调试阶段，遇到这种情况建议大家先清空已经建立的 IPSec 隧道（**reset ipsec sa** 和 **reset ike sa**）和会话（**reset firewall session table**），然后再单独针对有问题的网络单独触发 IKE 协商，观察 IPSec SA 建立过程和一段时间内的运行情况，找出故障点。具体的故障排除手段跟前两节用到的手段是一样的，这里不再详细列出。

6.14.4 IPSec VPN 业务质量差故障分析

IPSec 业务质量差指 VPN 业务的访问速度和质量下降，严重时可能出现业务时断时续，或部分业务不通。这类问题比较难地位，不可知的原因非常多。尤其是在华为防火墙跟其他厂商设备对接的情况下，定位故障原因简直跟大海捞针差不多。这里强叔就采用排除法，先给出最常见的原因吧。

1. 由于对等体检测或 SA 超时导致 IPSec 反复进行隧道协商

网络运行一段时间后，出现有规律地通信中断，可以按表 6-30 进行排查。

表 6-30　　由于网络问题或生存周期超时导致 IPSec 隧道不稳定故障排除步骤

步骤	故障定界	命令	作用
1	确认问题是否由于生存周期配置导致	**display ipsec statistics**	查看 IPSec 累计发生的超时次数或 DPD 操作次数
2		**display ike sa remote** *ip-address*	查看 IPSec SA 隧道协商状态
3		**display ipsec sa remote** *ip-address*	查看 IPSec SA 建立的时间和生存周期剩余的时间/字节
4		**sa duration** { **traffic-based** *kilobytes* | **time-based** *seconds* }	增加 IPSec SA 超时时间，观察隧道中断现象是否改变、是否消失
5	确认问题是否由于运营商网络质量差导致	**undo ipsec policy** **ping**	取消 IPSec VPN，然后排除运营商网络质量问题

为了帮助大家理解以上思路，强叔带领大家回顾一下 IPSec 隧道维护机制。

- Keepalive 和 DPD

  Keepalive 和 DPD 是用来检测对等体可达性的。运营商网络质量较差或者运营商网络对某些报文进行了限制（如限制大包）的时候，可能会被 Keepalive 或 DPD 检测到，从而删除 IKE SA 和 IPSec SA，导致 IPSec 隧道中断。这时需要考虑排除运营商网络故障。

- 安全联盟生存周期（也称 SA 超时时间）

  安全联盟生存周期有两种定义方式：基于时间的生存周期和基于流量的生存周期。缺省情况下二者同时开启，哪个先超时哪个参数生效。

  IPSec VPN 两个协商阶段都有各自的生存周期，缺省情况下 IKE SA 的超时时间为一天，IPSec SA 的超时时间为一小时。看似没有问题，但因为 IPSec SA 还有一个流量超时在起作用，所以容易出现以下问题。

  - 其他厂商设备可能不支持基于流量的生存周期（流量超时），当收到流量超时字段时可能会触发隧道重协商。所以在与不支持流量超时功能的设备对接时最好关闭本端防火墙的流量超时功能。

  - 在总舵-分舵组网中，总舵发往分舵的流量很大，可能引起总舵 IPSec SA 流量超时。同时由于总舵配置了模板方式的 IPSec 安全策略，不会主动发起重协商。总舵流量超时删除 IPSec SA，但分舵的 IPSec SA 仍存在，导致 VPN 业务中断。关闭两端设备的流量超时功能或者把流量超时参数同时调到最大值即可解决问题。

2. 由于防火墙性能不够导致 IPSec 业务质量下降

防火墙在网络上运行了几年后，随着业务流量的持续增长可能出现性能不够的情况，可以按照表 6-31 进行排查。

表 6-31　　　　　　　由于防火墙性能不够导致 **IPSec 隧道不稳定**故障排除步骤

步骤	故障定界	命令	作用
1	确认是否出现性能瓶颈问题	**display cpu-usage**	检查数据面的 CPU 占用率是否超过 80%
2	确认问题是否由于 UTM、DPI、攻击防范等特性导致	**display current-configuration configuration**	若配置了这些功能可以先将其关闭，然后再检查 CPU 占用率
3	确认问题是否由片报文导致	**display firewall statistic system transmitted**	查看分片报文统计情况

关于报文分片对 IPSec 性能的影响，强叔这里详细解释一下。

一条链路所能传输的最大报文长度被称为 MTU（Maximum Transfer Unit），MTU 大小与接口类型有关(如以太网口缺省 MTU 为 1 500 字节),链路 MTU 由这条链路上 MTU 最小的接口决定。当待发送的报文尺寸超过接口 MTU 时，设备会先对加密后的报文进行分片，然后再发送。接收端收到一个 IP 报文的所有分片后需要先进行重组，然后再解密。分片及重组都需要消耗 CPU 资源。

从 IPSec 报文的封装过程来看，IPSec 对收到的原始 IP 报文再次封装（有关 IPSec 报文封装的内容请参考前面介绍过的封装模式、L2TP over IPSec 工作原理、GRE over IPSec 的工作原理），每次封装都会增加新的开销。每封装一层增加的开销与封装的协议有关，请参见表 6-32。

假设 IPSec 处理流程中新增开销总计为 80 字节，大于 1 420 字节的报文经 IPSec 封装后将超过 1 500 字节，发送前都需要进行分片。当数据流中的报文大多数是超过 1 420 的大包时，CPU 资源消耗巨增，IPSec VPN 业务的访问速度和质量也会因此而大大下降。此时若能改变网络结构，减少报文封装层级（如将 L2TP over IPSec 改为 IPSec VPN），性能问题可能会暂时缓解。

表 6-32　　　　　　　　　　　　协议开销字节列表

协议	增加的开销（字节）
ESP	缺省为 56 ESP 报文增加的开销跟使用的加密算法和是否使用验证算法有关
AH	24
GRE	24
NAT-T	8
L2TP	12
PPPoE	8
IPSec 隧道模式	20
TCP	8

防火墙自身性能限制导致的问题有两种解决办法：一是关闭耗性能的业务；二是升级设备硬件。是否能关闭 UTM、攻击防范这类功能需要看网络环境和网络安全要求，重要、高安全级别的网络中不可能关闭。所以一旦出现防火墙性能瓶颈问题最好的解决方案就是升级硬件——将传统防火墙更换为下一代防火墙。网络设备要跟随业务需求不断向前发展，否则无法从根本上解决问题，这跟我们为了追赶最新体验迫不及待地更新换代手机是一样的道理。

强叔提问

1. IPSec 支持哪两种封装模式？

2. IPSec 中的两个安全协议 AH 和 ESP，哪一个不支持加密功能？

3. IKEv1 版本中支持哪两种身份认证方式？

4. 建立 IPSec SA 时，IKEv1 版本和 IKEv2 版本在交互信息个数上有什么区别？

5. 两台防火墙建立 IPSec 隧道的网络中存在 NAT 网关设备，请问对于 AH 和 ESP 安全协议来说，如何进行处理？

6. 防火墙支持哪两种 IKE 对等体检测机制？

7. 在 GRE over IPSec 的场景中，IPSec 中定义 ACL 时，应该指定原始报文的源和目的地址，还是经过 GRE 封装后的源和目的地址？

第7章
DSVPN

7.1　DSVPN简介

7.2　Normal方式的DSVPN

7.3　Shortcut方式的DSVPN

7.4　Normal方式和Shortcut方式对比

7.5　私网采用静态路由时DSVPN的配置

7.6　DSVPN的安全性

7.7　安全策略配置思路

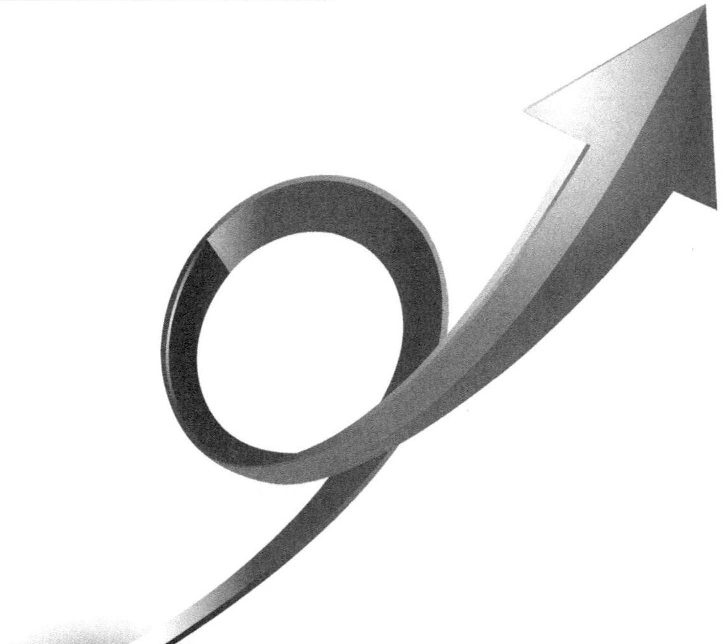

7.1　DSVPN 简介

　　天地会部署了 IPSec 以后，很快就解决了分舵访问总舵时的安全问题。然而好景不长，随着业务扩展，分舵与分舵之间逐渐有了相互通信的需要。当分舵采用动态 IP 地址接入 Internet 时，IPSec 在解决分舵与分舵间通信时通常会采用以下两种方案。

　　（1）分舵与分舵间的通信流量由总舵来中转，分舵与分舵间不直接建立 VPN 隧道。

　　如图 7-1 所示，分舵的公网 IP 地址动态变化时只能采取总舵中转这种迂回的办法来实现分舵与分舵之间通信，这种方案有两个缺点：一是会大量消耗总舵 VPN 网关的 CPU 及内存资源；二是总舵对流量加解封装会增加额外的时延。

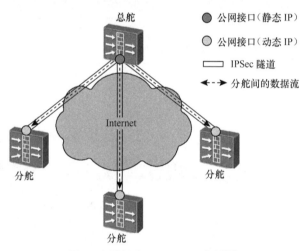

图 7-1　天地会 IPSec VPN 组网图

　　（2）分舵与分舵之间直接建立 VPN 隧道。分舵采用静态 IP 地址时，分舵与分舵之间可以直接建立 IPSec 隧道；分舵采用动态 IP 地址时，需要先为各个分舵的 VPN 网关申请域名，然后分舵之间再通过域名方式建立 VPN 隧道。

　　申请域名需要花钱暂且不提，分舵之间无论直接建立 VPN 还是通过域名建立 VPN，都会将 VPN 网络搞成"全网状"网络。全网状的 IPSec VPN 网络，其配置、维护工作量将随分舵数量增长而成指数递增。

　　以上两种方案可以解决分舵与分舵之间的通信问题，但只能看做是一种权宜之计。难道就没有一种更好的办法来解决分舵之间相互通信的问题吗？

　　当然不是。用户的需求不会因技术遇到瓶颈而消失，相反它在不断鞭策着技术的革新。于是一种新型的 VPN 技术逐渐进入了人们的视野，这就是动态 VPN 技术。今天强叔要讲的 DSVPN（Dynamic Smart Virtual Private Network，动态智能 VPN），就是动态 VPN 技术大军中的一种，是在 IP 地址动态变化的网关之间建立 VPN 隧道的一种技术。它的出现不但完美地解决了分舵与分舵间相互通信的需求，还可以简化整个 VPN 网络的维护工作，其优越性令天地会欣喜万分。

📖 说明

目前，只有USG2000/5000/6000 系列防火墙支持 DSVPN 特性。

DSVPN 典型组网如图 7-2 所示，其节点名称很有特色，中心节点被称为 Hub，分支节点被称为 Spoke，整张网络由在 Hub 和 Spoke 节点之间建立的静态和动态 MGRE 隧道构成。

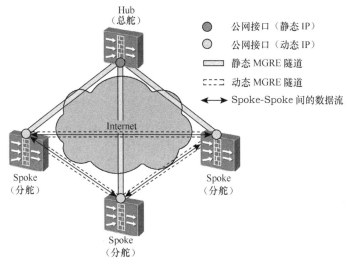

图 7-2　天地会 DSVPN 组网

MGRE 隧道？还有静态和动态之分？它跟 GRE 隧道有什么关系呢？一连串的问题向强叔抛来。实际上，DSVPN 采用的隧道封装协议就是 GRE 协议，只是 DSVPN 在使用 GRE 协议时做了一点点改进。它将传统 GRE 协议的点到点（P2P）隧道扩展成了点到多点隧道，也就是将 Tunnel 口的类型由 P2P 变为 P2MP 类型。这样在 DSVPN 的网关（Hub 或 Spoke）上只需要配置一个 Tunnel 接口便可与多个对端建立隧道，从而减少了配置 GRE 隧道的工作量。利用 P2MP 类型的 Tunnel 接口建立起来的 GRE 隧道被称为 MGRE（Multipoint Generic Routing Encapsulation）隧道。

📖 说明

如果不严格地做概念上的区分，也可以将DSVPN 中建立的隧道称为 GRE 隧道，因为其封装协议就是 GRE。

DSVPN 最常用的实现方式是 Normal 方式，下面我们就先来学习一下 Normal 方式。

7.2　Normal 方式的 DSVPN

7.2.1　配置 Normal 方式 DSVPN

如图 7-3 所示，总舵 Hub 节点公网接口 GE1/0/1 有固定 IP 地址 3.3.3.3/24，两个 Spoke

节点的公网接口 GE1/0/1 为动态获取 IP 地址。在这三个节点之间建立 DSVPN 网络，方便分舵之间的通信。

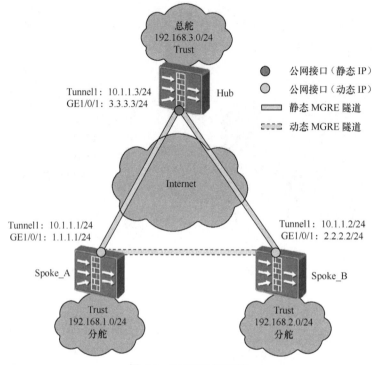

图 7-3 DSVPN 组网图

Normal 方式的 DSVPN 配置如表 7-1 所示。

表 7-1　　　　　　　　　　　　配置 DSVPN（Normal 方式）

配置项	Spoke_A	Spoke_B	Hub
配置 MGRE	interface Tunnel1 ip address 10.1.1.1 255.255.255.0 tunnel-protocol **gre p2mp** source GigabitEthernet1/0/1 **nhrp entry 10.1.1.3 3.3.3.3 register** **nhrp entry multicast dynamic ospf** **network-type broadcast ospf dr-** **priority 0**	interface Tunnel1 ip address 10.1.1.2 255.255.255.0 tunnel-protocol **gre p2mp** source GigabitEthernet1/0/1 **nhrp entry 10.1.1.3 3.3.3.3 register** **nhrp entry multicast dynamic ospf** **network-type broadcast ospf dr-** **priority 0**	interface Tunnel1 ip address 10.1.1.3 255.255.255.0 tunnel-protocol **gre p2mp** source GigabitEthernet1/0/1 **nhrp entry multicast dynamic** **ospf network-type broadcast**
配置私 网路由	ospf 1 area 0.0.0.0 　 network 10.1.1.0 0.0.0.255 　 network 192.168.1.0 0.0.0.255	ospf 1 area 0.0.0.0 　 network 10.1.1.0 0.0.0.255 　 network 192.168.2.0 0.0.0.255	ospf 1 area 0.0.0.0 　 network 10.1.1.0 0.0.0.255 　 network 192.168.3.0 0.0.0.255

以上配置思路很简单，整个可以分为三部分。

（1）配置 p2mp 类型的 GRE 隧道。要求各个节点的 Tunnel 口 IP 地址**必须在一个网段**。

（2）配置 "nhrp entry"（NHRP 表项）。要求 Spoke 节点的 NHRP 表项指向 Hub 节点。

（3）配置 OSPF 解决私网路由问题。

本例中 OSPF 网络类型为 broadcast，OSPF 会将静态 MGRE 隧道构成的网络视作以太网，并按以太网的路由学习机制来学习路由。

在路由学习阶段，Spoke 和 Hub 需要"组播"（可以理解为群发）路由消息。此时，就需要维护一个组播成员列表，从而明确都向哪些节点进行发送。**nhrp entry multicast dynamic** 命令就是用于生成组播成员列表。

以上命令配置下去立马就会收获两条"静态 MGRE 隧道"，在此基础上 DSVPN 再施展个人魅力，"四处游说"，随心所欲建立"动态 NGRE 隧道"。DSVPN 的"四处游说"靠什么呢？靠的就是 NHRP（Next Hop Resolution Protocol，下一跳地址解析协议）。协议细节我们在讲解静态 MGRE 隧道和动态 NGRE 隧道建立过程中揭密。

7.2.2　Normal 方式的 DSVPN 原理

阶段 1　在 Hub 和 Spoke 之间建立静态隧道

（1）Spoke 向 Hub 发送 NHRP 注册消息，注册消息中包含了 Spoke 自身的 Tunnel 地址和公网接口地址。

（2）Hub 从注册请求中提取 Spoke 的 Tunnel 地址和公网接口地址，并初始化 NHRP 映射表，从而建立两者之间的静态 MGRE 隧道。

当 Spoke 节点公网接口 IP 地址发生变化时，会引发接口状态 Up、Down 变化，进而触发 Spoke 向 Hub 的重新注册，保证 Hub 节点上始终都有 Spoke 节点最新的公网接口 IP 地址信息。

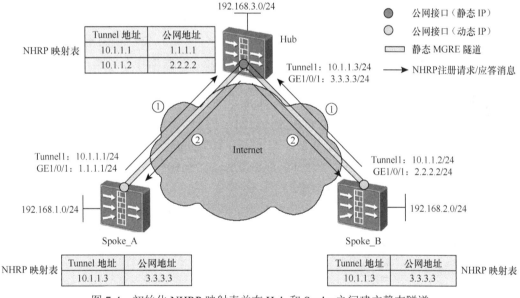

图 7-4　初始化 NHRP 映射表并在 Hub 和 Spoke 之间建立静态隧道

三个节点的 NHRP 映射表初始化完成就意味着静态隧道已经建立，可以通过 **display nhrp entry brief** 命令查看隧道建立结果。至此，Spoke 节点就可以通过 Hub 节点相互通信了。信息通道打通之后的任务就是要考虑如何促成动态隧道的建立，这个重任也由 NHRP 全权承担。

阶段 2　在 Spoke 与 Spoke 之间建立动态隧道

（1）静态 MGRE 隧道建立之后，在隧道接口上配置的 OSPF 协议开始路由学习，学习结果见图 7-5 中的路由表。

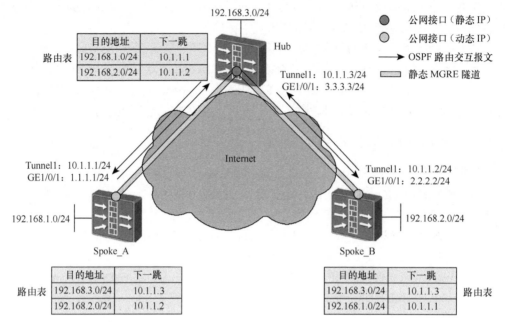

图 7-5　Hub 和 Spoke 节点的路由学习结果

插播一个小花絮：Spoke 节点上为什么要配置 **ospf dr-priority 0** 命令？

在 broadcast 类型的 OSPF 网络中，所有路由信息都要由网络中的 DR（Designated Router）广播到其他节点。网络中由哪个设备充当 DR，是根据各设备发布 OSPF 路由的接口优先级来决定，接口优先级高的设备就会被选举为 DR。在本场景中，Hub 需要向 Spoke 发布路由信息，因此需要将 Hub 的 Tunnel 接口选举为网络中的 DR。而缺省情况下，Spoke 和 Hub 上 Tunnel 接口对应的优先级都为 1。使用本命令可以降低 Spoke 的 Tunnel 接口的优先级（本例设置为 0），当 Spoke 的 Tunnel 接口优先级低于 Hub 以后，就可以确保 Hub 被选举为 DR。此处也可以采用提高 Hub 的 Tunnel 接口优先级的办法达到这个目的，效果是一样的。

从路由学习结果来看，每个节点都学习到了"**其他所有节点的私网路由且下一跳是隧道对端设备的 Tunnel 口 IP 地址**"。例如，Spoke_A 学习到了到 Spoke_B 私网路由，路由的下一跳刚好是 Spoke_B 的 Tunnel 接口地址 10.1.1.2。

现在是路由具备只欠东风（流量）了。

（2）流量触发在 Spoke 与 Spoke 之间建立动态隧道。当两个 Spoke 节点下的用户要通信时，Spoke 节点的"智能"之处开始展现。首先源 Spoke 节点不会盲目地将流量按路由表转发，而是会在转发流量的同时查查自己的小算盘（NHRP 表），没有查到相应表项就会发送 NHRP 地址解析请求给 Hub 节点。等到收到 NHRP 回应报文后，会先刷新NHRP 表建立动态 MGRE 隧道，然后再通过新建的 MGRE 动态隧道转发后续流量。也就是说 DSVPN 的智能全依赖 NHRP 地址解析请求/回应报文和 NHRP 表的密切配合。下面强叔以 Spoke_A 下的用户访问 Spoke_B 下的用户为例进行说明，详细的报文转发过程如图 7-6 所示。

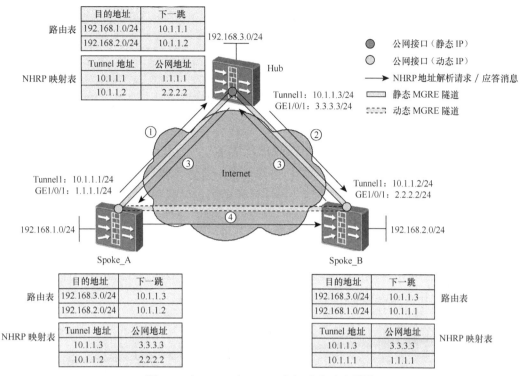

图 7-6　在 Spoke 与 Spoke 之间建立动态隧道

① 用户报文首包触发 Spoke_A 的 NHRP 地址解析请求。

Spoke_A 收到其下用户访问 192.168.2.0/24 网段的业务报文时，查找路由表。发现下一跳 10.1.1.2 与自己的 Tunnel 接口地址在一个网段，据此判断该报文需要通过 MGRE 隧道的 Tunnel 接口发送。然后再根据下一跳 10.1.1.2 在 NHRP 映射表中查找隧道对端的（Spoke_B）的公网接口地址。由于此时 Spoke_A 的 NHRP 映射表中还不存在 Spoke_B 的公网地址，因此 Spoke_A 会默认将该报文直接转发给 Hub。同时，触发 NHRP 地址解析请求。

解析请求中包含了本端的 Tunnel 地址 10.1.1.1 和公网接口 GE1/0/1 地址 1.1.1.1，还有需要解析的 Spoke_B 的 Tunnel 接口地址 10.1.1.2，如表 7-2 所示。

表 7-2　　　　　　　　　　**Normal 方式的 NHRP 地址解析请求**

消息类型	Spoke_A	Spoke_B
NHRP 地址解析请求	Tunnel 地址：10.1.1.1 GE1/0/1 地址：1.1.1.1	Tunnel 地址：10.1.1.2 公网接口地址：?

② Hub 按路由表转发业务报文，并向 Spoke_B 转发 NHRP 的地址解析请求。

③ Spoke_B 刷新本地 NHRP 表并返回 NHRP 应答消息。

Spoke_B 首先从 NHRP 地址解析请求中提取 Spoke_A 的 Tunnel 地址 10.1.1.1 和公网接口地址 1.1.1.1，并将该信息更新到自己的 NHRP 映射表中（见 NHRP 映射表中的黑色粗体表项）。同时，Spoke_B 生成 NHRP 地址解析应答消息返回给 Hub，再由 Hub 转发给 Spoke_A。

NHRP 应答消息中包含 Spoke_B 的 Tunnel 地址 10.1.1.2 和公网地址 2.2.2.2，如表 7-3 所示。

表 7-3   **Normal 方式的 NHRP 地址解析应答**

消息类型	Spoke_B
NHRP 地址解析应答	Tunnel 地址：10.1.1.2 公网接口地址：2.2.2.2

④ Spoke_A 与 Spoke_B 建立动态 MGRE 隧道。

Spoke_A 收到 Spoke_B 的 NHRP 应答消息后，将从应答消息中提取 Spoke_B 的 Tunnel 地址 10.1.1.2 和公网接口地址 2.2.2.2，更新到自己的 NHRP 映射表中（见 NHRP 映射表中的黑色粗体表项）。

至此，Spoke 之间的 MGRE 动态隧道建立完成。当 Spoke_A 再次收到其下用户发送给 Spoke_B 下用户的业务报文时，Spoke_A 将会通过新建的动态 MGRE 隧道传送此报文到 Spoke_B。如图 7-7 所示，我们以 Spoke_A 单向发送数据给 Spoke_B 为例，介绍一下通过动态 MGRE 隧道发送报文的过程。

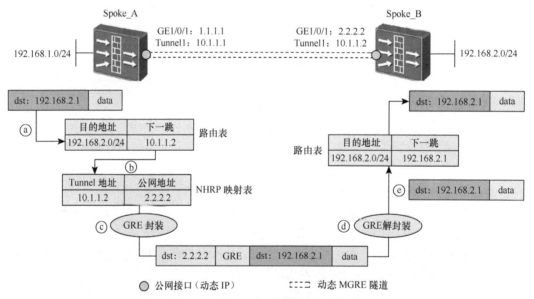

图 7-7   Spoke_A 发送数据给 Spoke_B

ⓐ Spoke_A 再次收到发往 Spoke_B 的业务报文以后，以该报文的目的网段 192.168.2.0 查找路由表，确定路由下一跳地址为 10.1.1.2。

ⓑ Spoke_A 发现下一跳地址 10.1.1.2 与 Tunnel1 接口地址在一个网段，据此判断该报文需要通过 MGRE 隧道的 Tunnel 接口发送。接下来 Spoke_A 根据下一跳地址 10.1.1.2 查找 NHRP 映射表，找到 Spoke_B 的公网接口地址 2.2.2.2。

ⓒ 原始报文进入 Tunnel 接口后进行 GRE 封装，封装后的 GRE 报文目的地址为 2.2.2.2。然后，Spoke_A 再次查找路由表转发 GRE 报文。

ⓓ Spoke_B 收到 GRE 报文后送到 Tunnel 接口进行解封装，解封装后的报文恢复成

原始报文。

ⓒ Spoke_B 查找路由表，转发解封装后的原始报文。

讲到这里大家明白了吧：**DSVPN 中 Hub 中转 Spoke 之间的流量和传统 IPSec 方案中总舵中转分舵的流量是有本质区别的。IPSec VPN 方案中**，总舵中转了分舵与分舵之间全部的通信流量。而 **DSVPN 中 Hub** 只是在初始阶段中转了 **Spoke 与 Spoke** 之间的少量业务报文和 **NHRP** 地址解析请求/回应报文，等到 **Spoke** 和 **Spoke** 之间获取彼此公网接口 **IP** 地址，并将动态 **MGRE** 隧道建立好以后，**Hub** 就不再中转后续业务流量了。

为了演示一下效果，此处使用 Spoke_A 下的用户来 Ping Spoke_B 下的用户，可以查看 Spoke_A 上生成的会话表以及 NHRP 映射表。

- Spoke_A 的会话表

```
[Spoke_A] display firewall session table verbose
Current Total Sessions : 3
 gre VPN:public --> public 1.1.1.1:0-->2.2.2.2:0
 gre VPN:public --> public 1.1.1.1:0-->3.3.3.3:0
 icmp VPN:public --> public 192.168.1.1:44086-->192.168.2.1:2048
```

第一条 GRE 会话是 Spoke_A 与 Spoke_B 建立的 MGRE 隧道对应的会话。

第二条 GRE 会话是 Spoke_A 与 Hub 建立的 MGRE 隧道对应的会话。

第三条 ICMP 会话是 Spoke_A 下的用户 ping Spoke_B 下的用户对应的会话。

- Spoke_A 的 NHRP 映射表

```
[Spoke_A] display nhrp entry brief
current NHRP entry number: 3
------------------------------------------------------------------------
Protocol-addr   Mask   NBMA-addr    Nexthop-addr   Type      Flag
------------------------------------------------------------------------
   10.1.1.1      32     1.1.1.1        10.1.1.1     local     Up
   10.1.1.2      32     2.2.2.2        10.1.1.2     dynamic   Up
   10.1.1.3      32     3.3.3.3        10.1.1.3     static    Up|Hub
```

此处 NHRP 映射表中的 Protocol-addr 指隧道本端/对端 Tunnel 口地址，NBMA-addr 指隧道本端/对端物理口公网 IP 地址。

从 Spoke_A 的 NHRP 映射表中我们可以看到已经生成了一条 Protocol-addr 为 10.1.1.2，NBMA-Addr 为 2.2.2.2，下一跳为 10.1.1.2 的表项，这表明 Spoke_A 和 Spoke_B 之间的 MGRE 隧道已经建立成功。

介绍完了 Normal 方式的 DSVPN 的配置及原理以后，想必大家一定会问：还有其他方式的 DSVPN 吧？当 OSPF 的网络类型设置为 p2mp 时，另一种被称为 Shortcut 方式的 DSVPN 就诞生了。

7.3　Shortcut 方式的 DSVPN

当我们将 DSVPN 中的 OSPF 路由的网络类型设置为 p2mp 时，DSVPN 的路由学习机制肯定会有变化，这是 OSPF 本身决定的，但其路由学习的结果会有不同么？另外最关键是 OSPF 的网络类型的变化会影响 NHRP 协议吗？毕竟 NHRP 协议才是 DSVPN 的核心。OSPF

协议只是 GRE 隧道建立中需要借助的一个助手罢了，单纯以 OSPF 网络类型来划分 DSVPN 的类型似乎有点不妥。让我们带着这些疑问来学习 Shortcut 方式的 DSVPN 吧。

7.3.1　配置 Shortcut 方式的 DSVPN

如图 7-8 所示，总舵 Hub 节点公网接口 GE1/0/1 有固定 IP 地址 3.3.3.3/24，两个 Spoke 节点的公网接口 GE1/0/1 为动态获取 IP 地址。在这三个节点之间建立 DSVPN 网络，方便分舵之间的通信。

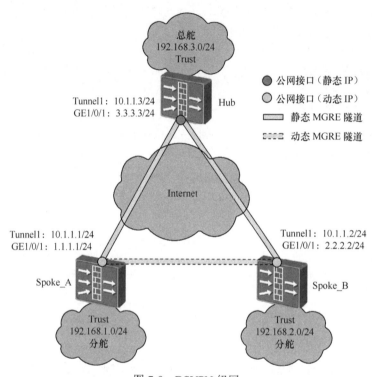

图 7-8　DSVPN 组网

配置 Shortcut 方式的 DSVPN 与配置 Normal 方式的 DSVPN 相比，OSPF 网络类型改为 p2mp。另外，Spoke 需要将隧道建立方式改成 Shortcut 方式。Hub 由于要发送 NHRP 重定向消息，因此需要配置 **nhrp redirect** 命令，配置如表 7-4 所示。

表 7-4　　　　　　　　　　　　　　配置 **shortcut** 方式的 **DSVPN**

配置项	Spoke_A	Spoke_B	Hub
配置 MGRE	interface Tunnel1 ip address 10.1.1.1 255.255.255.0 tunnel-protocol gre p2mp source GigabitEthernet1/0/1 nhrp entry 10.1.1.3 3.3.3.3 register nhrp entry multicast dynamic ospf network-type **p2mp** **nhrp shortcut**	interface Tunnel1 ip address 10.1.1.2 255.255.255.0 tunnel-protocol gre p2mp source GigabitEthernet1/0/1 nhrp entry 10.1.1.3 3.3.3.3 register nhrp entry multicast dynamic ospf network-type **p2mp** **nhrp shortcut**	interface Tunnel1 ip address 10.1.1.3 255.255.255.0 tunnel-protocol gre p2mp source GigabitEthernet1/0/1 nhrp entry multicast dynamic ospf network-type **p2mp** **nhrp redirect**
配置私网路由	ospf 1 　area 0.0.0.0 　　network 10.1.1.0 0.0.0.255 　　network 192.168.1.0 0.0.0.255	ospf 1 　area 0.0.0.0 　　network 10.1.1.0 0.0.0.255 　　network 192.168.2.0 0.0.0.255	ospf 1 　area 0.0.0.0 　　network 10.1.1.0 0.0.0.255 　　network 192.168.3.0 0.0.0.255

7.3.2　Shortcut 方式的 DSVPN 原理

同 Normal 方式的 DSVPN 一样，Shortcut 方式的 DSVPN 也是先建立静态 MGRE 隧道，然后协商建立动态 MGRE 隧道。静态 MGRE 隧道的建立过程没有变化，不同的是动态 MGRE 隧道建立过程。不同点从 OSPF 路由学习开始，我们着重介绍这部分。

阶段 2　在 Spoke 与 Spoke 之间建立动态隧道

（1）静态 MGRE 隧道建立之后，在隧道接口上配置的 OSPF 协议开始路由学习，得到如图 7-9 所示的路由表。

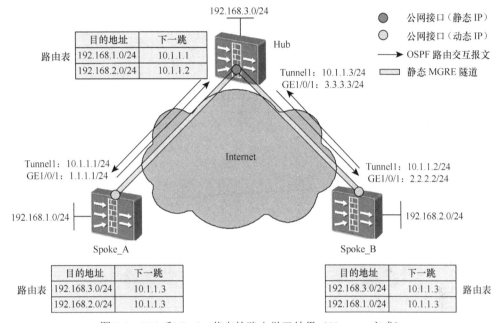

图 7-9　Hub 和 Spoke 节点的路由学习结果（Shortcut 方式）

这里需要注意：当 OSPF 网络类型为 broadcast 时，各节点相互学习完路由以后，源 Spoke 到目的 Spoke 私网路由的下一跳就会指向目的 **Spoke 的 Tunnel 接口地址**。当我们将 OSPF 网络类型改为 p2mp 类型，各节点相互学习完路由以后，**所有节点都学习到了通往其他节点的私网路由，路由的下一跳都指向 Hub 的 Tunnel 地址**。例如，Spoke_A 学习到了到 Spoke_B 的私网路由，路由的下一跳是 Hub 的 Tunnel 地址 10.1.1.3。

（2）流量触发在 Spoke 与 Spoke 之间建立动态隧道。

当流量触发源 Spoke 发送 NHRP 地址解析请求时就会产生一个问题。

在 Normal 方式的 DSVPN 中，Spoke_A 发出的 NHRP 地址解析请求中会带有路由下一跳 10.1.1.2，这个路由下一跳就是 Spoke_B 的 Tunnel 地址，Spoke_B 收到 NHRP 地址解析请求以后发现 10.1.1.2 是自己的 Tunnel 地址，于是才会回复这个 NHRP 地址解析请求，告知对方自己的公网地址。

但按照当前的路由学习结果，Spoke_A 到 Spoke_B 私网路由的下一跳是 Hub 的 Tunnel 地址 10.1.1.3。如果此时 Spoke_A 发出的 NHRP 地址解析请求中请求的目的地址仍是路由下一跳地址 10.1.1.3 的话，那回复该请求报文的当然应该是 Spoke_C，而不是

Spoke_B。这就等于阴差阳错,找错对象了!怎么办?NHRP 当然也没有那么教条,世易时移,识时务者长存。所以,NHRP 聪明地将地址解析请求/回应报文内容进行了修改。

Spoke_A 发出的 NHRP 地址解析请求中"请求的目的地址"换成了 Spoke_B 的私网地址 192.168.2.1。这样 Spoke_B 在收到 Hub 转发来的 NHRP 地址解析请求时,会查看这个私网地址是不是自己私网中的 IP 地址。如果是,它就回复这个 NHRP 地址解析请求,告知对方自己的公网地址;如果不是,Spoke_B 就直接丢掉该地址解析请求。

Spoke_A 收到来自 Spoke_B 的 NHRP 地址解析回应报文后,刷新本地 NHRP 表,建立动态 MGRE 隧道。如图 7-10 所示,强叔以 Spoke_A 下的用户访问 Spoke_B 下的用户为例说明 Shortcut 方式的 MGRE 动态隧道建立过程。

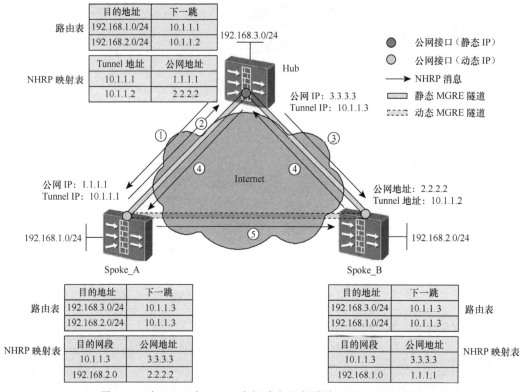

图 7-10 在 Spoke 与 Spoke 之间建立动态隧道(Shortcut 方式)

① 用户报文首包触发 Hub 向 Spoke_A 发送 NHRP 重定向消息。

Spoke_A 收到其下用户的业务报文时,首先查找路由表,发现下一跳 10.1.1.3 与自己的 Tunnel 接口地址在一个网段,据此判断该报文需要通过 MGRE 隧道的 Tunnel 接口发送。然后再根据报文的目的地址 192.168.2.0 查找 NHRP 映射表。此时,Spoke_A 的 NHRP 映射表中还不存在 Spoke_B 的公网地址。当 Spoke_A 通过目的地址 192.168.2.0 找不到 Spoke_B 的公网地址以后,Spoke_A 会再根据路由对应的下一跳 10.1.1.3 查找 NHRP 映射表。发现 10.1.1.3 在 NHRP 映射表中有对应的公网地址(即 Hub 的公网地址),于是 Spoke_A 将此报文发送至 Hub。

Hub 收到 Spoke_A 的业务报文以后,发现 Spoke_A 具备与 Spoke_B 建立隧道直接通信的条件。因此，Hub 向 Spoke_A 发送 NHRP 重定向消息，通知 Spoke_A 与 Spoke_B 建立动态隧道直接通信。

② Spoke_A 发送 NHRP 地址解析请求。

Spoke_A 接收到 NHRP 重定向消息后会发送 NHRP 地址解析请求，解析请求中包含了 Spoke_A 的私网地址 192.168.1.1 和公网接口地址 1.1.1.1，还有需要解析的私网地址 192.168.2.1，如图 7-5 所示。

表 7-5　　　　　　　　　　　　Shortcut 方式的 NHRP 地址解析请求

消息类型	Spoke_A	Spoke_B
NHRP 地址解析请求	私网地址：192.168.1.1 GE1/0/1 地址：1.1.1.1	私网地址：192.168.2.1 公网接口地址：？

③ Hub 向 Spoke_B 节点转发 NHRP 地址解析请求。

④ Spoke_B 刷新本地 NHRP 表并返回 NHRP 应答消息。

Spoke_B 首先从 NHRP 地址解析请求中提取 Spoke_A 的私网网段和公网地址，并将该信息更新到自己的 NHRP 映射表中。同时，Spoke_B 生成 NHRP 地址解析应答消息返回给 Hub，然后由 Hub 再回复给 Spoke_A，应答消息中包含 Spoke_B 的私网网段 192.168.2.1/24 和公网地址 2.2.2.2，如表 7-6 所示。

表 7-6　　　　　　　　　　　　Shortcut 方式的 NHRP 地址解析应答

消息类型	Spoke_B
NHRP 地址解析应答	私网地址：192.168.2.1/24 GE1/0/1 接口地址：2.2.2.2

⑤ Spoke_A 与 Spoke_B 建立动态 MGRE 隧道。

Spoke_A 收到 Spoke_B 的应答报文后，将从应答消息中提取 Spoke_B 的私网网段 192.168.2.0 和公网地址 2.2.2.2，更新到自己的 NHRP 映射表，建立动态 MGRE 隧道。

当 Spoke_A 再次收到其下层用户发送给 Spoke_B 的业务报文时，Spoke_A 将会通过新建的动态 MGRE 隧道传送此报文到 Spoke_B。如图 7-11 所示，我们以 Spoke_A 单向发送数据给 Spoke_B 为例，介绍一下动态 MGRE 隧道的报文转发过程。Spoke_B 返回给 Spoke_A 的反向报文转发过程同理。

ⓐ Spoke_A 再次收到发往 Spoke_B 的业务报文以后，以该报文的目的网段 192.168.2.0 查找路由表，发现下一跳地址 10.1.1.3 与 Tunnel1 接口地址在一个网段，据此判断该报文需要通过 MGRE 隧道的 Tunnel 接口发送。

ⓑ Spoke_A 以该报文的目的网段 192.168.2.0 查找 NHRP 映射表，找到 Spoke_B 的公网接口地址 2.2.2.2。

ⓒ 原始报文进入 Tunnel 接口后进行 GRE 封装，封装后的 GRE 报文目的地址为 2.2.2.2。

ⓓ Spoke_B 收到 GRE 报文后送到 Tunnel 接口进行解封装，解封装后的报文恢复成原始报文。

ⓔ Spoke_B 查找路由表，转发解封装后的报文。

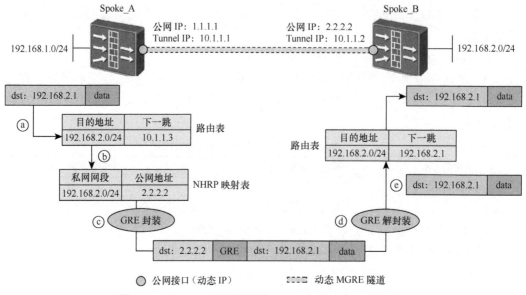

图 7-11　Spoke_A 发送数据给 Spoke_B（Shortcut 方式）

为了演示一下效果，此处使用 Spoke_A 下的用户 Ping Spoke_B 下的用户，可以查看 Spoke_A 上生成的会话表以及 NHRP 映射表。

- Spoke_A 的会话表

```
[Spoke_A] display firewall session table verbose
Current Total Sessions : 3
 icmp VPN:public --> public 192.168.1.1:44071-->192.168.2.1:2048
 gre VPN:public --> public 1.1.1.1:0-->2.2.2.2:0
 gre VPN:public --> public 1.1.1.1:0-->3.3.3.3:0
```

可以看到 Spoke_A 上有 3 条会话。

第一条 ICMP 会话就是 Spoke_A 下用户 Ping Spoke_B 下用户生成的会话。

第二条 GRE 会话是 Spoke_A 下用户 Ping Spoke_B 下用户时，触发了 Spoke_A 和 Spoke_B 之间建立 MGRE 隧道，这条会话就是该 MGRE 隧道对应的会话。

第三条 GRE 会话是 Spoke_A 与 Hub 间建立的 MGRE 隧道对应的会话。

- Spoke_A 的 NHRP 映射表

```
[Spoke_A] display nhrp entry brief
current NHRP entry number: 5

-------------------------------------------------------------------------------
Protocol-addr   Mask   NBMA-addr      Nexthop-addr    Type        Flag
-------------------------------------------------------------------------------
 192.168.1.0    24     1.1.1.1        10.1.1.1        local       Up
 192.168.2.0    24     2.2.2.2        10.1.1.2        dynamic     Up
 10.1.1.1       32     1.1.1.1        10.1.1.1        local       Up
 10.1.1.2       32     2.2.2.2        10.1.1.2        dynamic     Up
 10.1.1.3       32     3.3.3.3        10.1.1.3        static      Up|Hub
```

从 Spoke_A 的 NHRP 映射表中我们可以看到已经生成了一条 Protocol-addr 为 192.168.2.0，NBMA-Addr 为 2.2.2.2，下一跳为 10.1.1.2 的表项，这表明 Spoke_A 和 Spoke_B 之间的 MGRE 隧道已经建立成功。

7.4　Normal 方式和 Shortcut 方式对比

或许看到这里大家会产生这样的疑问，同样是在 Spoke 与 Spoke 之间建立 VPN 隧道。为什么 DSVPN 要设计出两种隧道建立方式呢？在部署 DSVPN 时，如何根据实际情况选择合适的隧道建立方式呢？

采用哪种方式建立隧道，这取决于 DSVPN 的网络规模。

- 当 DSVPN 中的 Spoke 节点较少时，则会采用 Normal 方式。
- 当 Spoke 节点较多时，且 Spoke 性能不高时，则会采用 Shortcut 方式。

之所以有这样的差异，主要是 Spoke 节点的多少会影响到 Spoke 中存放的路由数量。

- 在 Normal 方式下，Spoke 学习到对端路由的下一跳是对端的 Tunnel 地址，我们称这种路由部署方式为"全网络路由学习方式"。
- 在 Shortcut 方式中，Spoke 学习到对端路由的下一跳全部指向 Hub 的 Tunnel 地址，我们称这种路由部署方式为"路由汇聚方式"。

通过对比不难发现，无论是"全网络路由学习方式（Normal）"还是"路由汇聚方式（Shortcut）"，所学习到的路由数量是一样多的，如下所示。

- Spoke_A 的路由（全网络学习）

192.168.2.0 24 10.1.1.2

192.168.3.0 24 10.1.1.3

- Spoke_A 的路由（路由汇聚）

192.168.2.0 24 10.1.1.3

192.168.3.0 24 10.1.1.3

采用路由汇聚方式时，如果可以对路由进行聚合，就可以减少路由数量。例如可以把路由汇聚方式下的两条路由聚合成如下 1 条路由。

192.168.0.0 16 10.1.1.3

但并不是说路由汇聚方式下的路由数量一定会比全网络路由学习方式下生成的路由数量少，能不能减少路由数量关键要看对应的路由协议在 DSVPN 中支不支持路由聚合了。

目前，华为防火墙的 DSVPN 支持两种路由，一种是静态路由，另一种是 OSPF 动态路由，**只有静态路由在路由汇聚方式时可以聚合路由**。不支持路由聚合时，Spoke 在两种路由部署模式下学习到的路由数量一样多，没法做到节省路由。因此，当前对于 OSPF 协议来说无论 Spoke 数量多少，选择哪一种隧道建立方案都一样。

📖 说明

其他如 RIP、BGP、ISIS 等动态路由协议 DSVPN 目前还不支持。

7.5　私网采用静态路由时 DSVPN 的配置

上面举例中，强叔是以 OSPF 路由为例介绍 DSVPN 的配置方法。下面强叔再说一下使用静态路由时，分别采用全网络路由学习方式（Normal）和路由汇聚方式（Shortcut）下的 DSVPN 配置方法。

* 私网采用静态路由时，选择全网络路由学习方式（Normal）时 DSVPN 的配置方法，如表 7-7 所示。

表 7-7　　　　　　　　　　　　配置 **Normal** 方式的 **DSVPN**（静态路由）

配置项	Spoke_A	Spoke_B	Hub
配置 MGRE	interface Tunnel 1 ip address 10.1.1.1 255.255.255.0 tunnel-protocol gre p2mp source GigabitEthernet1/0/1 nhrp entry 10.1.1.3 3.3.3.3 register	interface Tunnel 1 ip address 10.1.1.2 255.255.255.0 tunnel-protocol gre p2mp source GigabitEthernet1/0/1 nhrp entry 10.1.1.3 3.3.3.3 register	interface Tunnel 1 ip address 10.1.1.3 255.255.255.0 tunnel-protocol gre p2mp source GigabitEthernet1/0/1
配置静态路由	ip route-static 192.168.2.0 24 10.1.1.2 ip route-static 192.168.3.0 24 10.1.1.3	ip route-static 192.168.1.0 24 10.1.1.1 ip route-static 192.168.3.0 24 10.1.1.3	ip route-static 192.168.1.0 24 10.1.1.1 ip route-static 192.168.2.0 24 10.1.1.2

配置静态路由时，Spoke 到对端 Spoke 或 Hub 私网路由的下一跳为对端的 Tunnel 地址。

* 采用静态路由时，选择路由汇聚方式时 DSVPN 的配置方法，如表 7-8 所示。

表 7-8　　　　　　　　　　　　配置 **shortcut** 方式的 **DSVPN**（静态路由）

配置项	Spoke_A	Spoke_B	Hub
配置 MGRE	interface Tunnel 1 ip address 10.1.1.1 255.255.255.0 tunnel-protocol gre p2mp source GigabitEthernet1/0/1 nhrp entry 10.1.1.3 3.3.3.3 register nhrp shortcut	interface Tunnel 1 ip address 10.1.1.2 255.255.255.0 tunnel-protocol gre p2mp source GigabitEthernet1/0/1 nhrp entry 10.1.1.3 3.3.3.3 register nhrp shortcut	interface Tunnel 1 ip address 10.1.1.3 255.255.255.0 tunnel-protocol gre p2mp source GigabitEthernet1/0/1 nhrp redirect
配置（聚合的）静态路由	ip route-static 192.168.0.0 24 10.1.1.3	ip route-static 192.168.0.0 24 10.1.1.3	ip route-static 192.168.1.0 24 10.1.1.1 ip route-static 192.168.2.0 24 10.1.1.2

可以在 **Spoke** 上配置聚合的静态路由，减少路由跳数，静态路由的下一跳为 **Hub** 的 **Tunnel** 口地址。

7.6　DSVPN 的安全性

大家知道，DSVPN 建立的隧道是 GRE 隧道，而 GRE 隧道本身安全性不足。那 DSVPN 又是如何处理安全问题的呢？在 DSVPN 中安全机制分为了身份认证和加密保护这两个部分。

7.6.1　身份认证

如何保证 Hub 能够识别每一个接入到 DSVPN 网络中的 Spoke 是否合法呢？这就需

要在建立隧道之初双方商定一个统一的密钥。当 Spoke 向 Hub 注册时，Hub 会比对 Spoke 注册消息中的密钥，密钥一致方可以接入，具体配置如表 7-9 所示。

表 7-9　　　　　　　　　　　　　　　　配置身份认证

Spoke_A	Spoke_B	Hub
interface Tunnel1 nhrp authentication sha1 Test!123	interface Tunnel1 nhrp authentication sha1 Test!123	interface Tunnel1 nhrp authentication sha1 Test!123

缺省情况下，DSVPN 没有开启身份认证的功能，该功能需要手工配置。另外，隧道双方的密钥必须保持一致。

7.6.2　加密保护

GRE 隧道自身没有安全加密功能，因而在传输数据过程中容易被窃取。为了提高隧道的安全性，通常会在 DSVPN 中使用 IPSec 保护，DSVPN 中使用到的 IPSec 称之为 IPSec 安全框架。

IPSec 安全框架是为了简化 GRE over IPSec 场景中 IPSec 的配置而提出来的一种新的方案，其作用与 IPSec 安全策略类似。在 IKE 方式的 IPSec 安全策略中，要求指定 IPSec 要保护的数据流（ACL）以及指定隧道对端 IP 地址。而 IPSec 安全框架是对所有路由到 Tunnel 接口的数据流进行 IPSec 保护，无需定义 ACL。并且 IPSec 安全框架中不需要指定隧道对端的 IP 地址，这就适应了 DSVPN 中 Spoke 地址不固定的场景。

IPSec 安全框架的配置逻辑如图 7-12 所示。

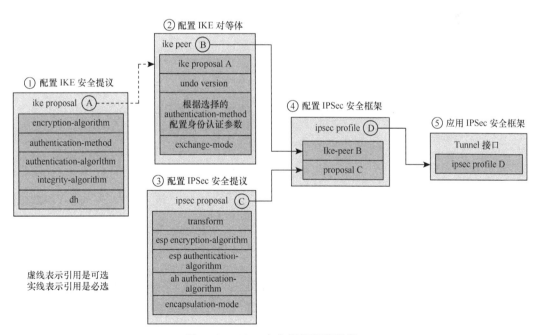

图 7-12　IPSec 安全框架配置逻辑

IPSec 的配置步骤如下。

（1）创建 IKE 安全提议（参见传统 IPSec 部分的配置）。

（2）创建 IKE 对等体（参见传统 IPSec 部分的配置）。

与传统 IPSec 中 IKE 对等体所不同的是，被 IPSec 安全框架所引用的 IKE 对等体无需配置隧道对端 IP 地址。

（3）创建一个 IPSec 安全框架。

```
[Spoke_A] ipsec profile profile1
```

（4）在 IPSec 安全框架下绑定引用对等体。

```
[Spoke_A-ipsec-profile-profile1] ike-peer spoke_b
```

（5）在 Tunnel 接口下应用 IPSec 安全框架。

```
[Spoke_A] interface tunnel 1
[Spoke_A-Tunnel1] ipsec profile profile1
```

7.7　安全策略配置思路

最后，强叔介绍一下 DSVPN 的安全策略配置。在 DSVPN 中，通信双方交互的报文类型分为业务报文、GRE 报文、IPSec 报文、OSPF 4 种报文（采用静态路由方式时无此类报文），需要针对这 4 种报文配置对应的安全策略。

我们先配置一个最宽泛的域间安全策略，然后通过分析会话表得到上述 4 种报文在防火墙上的走向，如图 7-13 所示。

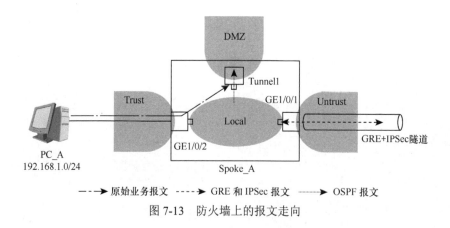

图 7-13　防火墙上的报文走向

以 Spoke_A 为例，需要配置 Trust 区域->DMZ 区域的安全策略，允许原始业务报文通过；配置 Local 区域->DMZ 区域的安全策略，允许 OSPF 报文通过；配置 Local 区域->Untrust 区域的安全策略，允许 GRE 报文和 IPSec 的 ISAKMP 协商报文通过；配置 Untrust 区域->Local 区域的安全策略，允许 IPSec 的 ESP 报文通过。

由报文走向可以得出表 7-10 所示安全策略匹配条件，反向报文的走向相反，不再详述。

表 7-10			Spoke_A 的安全策略匹配条件		
业务方向	源安全区域	目的安全区域	源地址	目的地址	应用（协议+目的端口）
PC_A 访问其他用户	Trust	DMZ	192.168.1.0/24	192.168.2.0/24	*
	Local	DMZ	10.1.1.0/24	10.1.1.0/24	ospf
	Local	Untrust	ANY	ANY	gre
	Local	Untrust	ANY	ANY	UDP+500
	Untrust	Local	ANY	ANY	ESP

*：此处的应用与具体的业务类型有关，可以根据实际情况配置，如 tcp、udp、icmp 等

📖 说明

如果 Spoke 节点动态获得的是私网 IP 地址，经过 DSVPN 网络中的 NAT 设备转换为公网 IP 地址，这种情况下还需要针对 IPSec 配置 UDP+4500 端口的安全策略，具体的配置方法请参考"第 6 章　IPSec VPN"中的内容。

Spoke_A 上反向流量对应的安全策略匹配条件，以及其他节点的安全策略匹配条件可以参照上表得出，不再详述。

强叔提问

1．DSVPN 中每个节点的 Tunnel 接口可以不在一个网段么？为什么？

2．DSVPN 的加密靠 IPSec，IPSec 是如何能够加密动态隧道的？

第8章
SSL VPN

8.1　SSL VPN原理

8.2　文件共享

8.3　Web代理

8.4　端口转发

8.5　网络扩展

8.6　配置角色授权

8.7　配置安全策略

8.8　SSL VPN四大功能综合应用

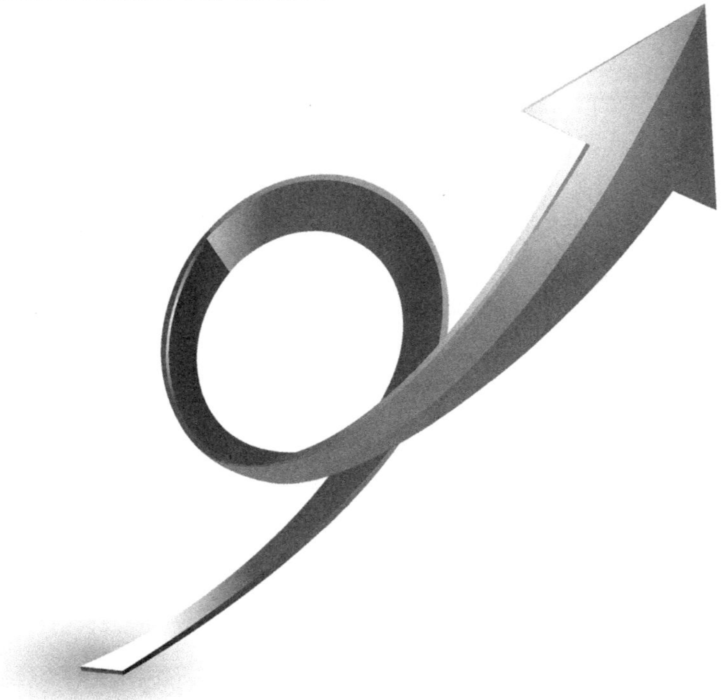

8.1 SSL VPN 原理

8.1.1 SSL VPN 的优势

随着互联网不可预测的高速发展，如今可谓已"无处不网络，随时可接入"，PC、笔记本人人具备但已被嫌弃厚重不便，人人手持智能手机或平板随时随地上网。时代始终不断变迁，科技始终不断进步，不变的是科技以人为本的理念——人们追求的是更便捷、更简单、更安全。在远程接入、访问内网这一具体应用场景中，传统 VPN 巨头 IPSec 也暴露出自身一些短板。

- 组网不灵活。建立 IPSec VPN，如果增加设备或调整用户的 IPSec 策略，需要调整原有 IPSec 配置。
- 需要安装客户端软件，导致在兼容性、部署和维护方面都比较麻烦。
- 对用户的访问控制不够严格，只能进行网络层的控制，无法进行细粒度的、应用层资源的访问控制。

所谓车到山前必有路，有问题就会有解决办法，一种新的技术开始登上历史舞台——SSL VPN 作为新型的轻量级远程接入方案，有效地解决了上述问题，在实际远程接入方案中应用非常广泛。

- SSL VPN 工作在传输层和应用层之间，不会改变 IP 报文头和 TCP 报文头，不会影响原有网络拓扑。如果网络中部署了防火墙，只需放行传统的 HTTPS（443）端口。
- SSL VPN 基于 B/S 架构，无需安装客户端，只需要使用普通的浏览器进行访问，方便易用。

📖 说明

虽然无需另外安装客户端，但 SSL VPN 特性对浏览器和操作系统类型、版本有明确要求，具体要求请查阅产品手册。

- 更重要的是，相对于 IPSec 网络层的控制，SSL VPN 的所有访问控制都是基于应用层，其细分程度可以达到 URL 或文件级别，可以大大提高企业远程接入的安全级别。

下面强叔就为大家带来详细的 SSL VPN 技术介绍。

8.1.2 SSL VPN 的应用场景

所谓 SSL VPN 技术，实际是 VPN 设备厂商创造的名词，指的是远程接入用户利用标准 Web 浏览器内嵌的 SSL（Security Socket Layer，安全套接层）封包处理功能，连接企业内部的 SSL VPN 服务器，然后 SSL VPN 服务器可以将报文转向给特定的内部服务器，从而使得远程接入用户在通过验证后，可访问企业内网特定的服务器资源。其中，远程接入用户与 SSL VPN 服务器之间，采用标准的 SSL 协议对传输的数据包进行加密，这相当于远程接入用户与 SSL VPN 服务器之间建立起隧道。

一般来说，SSL VPN 服务器通常部署在企业出口防火墙之后，SSL VPN 典型应用场景如图 8-1 所示。

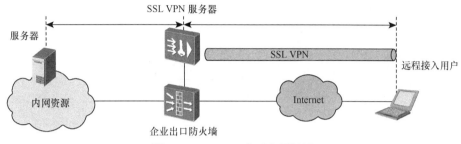

图 8-1　SSL VPN 典型应用场景

📖 **说明**

远程接入用户以下简称远程用户。

华为 USG2000/5000/6000 系列防火墙可以直接作为 SSL VPN 服务器，节省网络建设和管理成本。顺便打个广告，华为亦推出了专业的 SVN2000 和 SVN5000 系列 SSL VPN 服务器产品，可以提供支持更多用户数、支持更多应用场景的 SSL VPN 解决方案。

本节强叔主要介绍远程用户与 SSL VPN 服务器建立连接，成功登录 SSL VPN 服务器的过程。而 SSL VPN 服务器如何将远程用户的请求转向给各内部服务器，将在后续几节中介绍。

在开始枯燥的原理讲解之前，强叔先给大家演示下登录 SSL VPN 服务器的步骤，直观感受下 SSL VPN 的便捷。

远程用户访问 SSL VPN 服务器的典型步骤非常简单，如表 8-1 所示。

表 8-1　　　　　　　　　　　　远程用户访问 **SSL VPN** 服务器步骤

步骤	具体描述
1	打开浏览器，输入 https://SSL VPN 服务器的地址:端口或 https://域名，发起连接
2	Web 页面可能会提示即将访问的网站安全证书有问题，我们选择"继续浏览该网站" ❌ **此网站的安全证书有问题。** 此网站出具的安全证书不是由受信任的证书颁发机构颁发的。 此网站出具的安全证书是为其他网站地址颁发的。 安全证书问题可能显示试图欺骗您或截获您向服务器发送的数据。 建议关闭此网页，并且不要继续浏览该网站。 🔘 单击此处关闭该网页。 🔘 继续浏览此网站(不推荐)。

（续表）

步骤	具体描述
3	成功出现 SSL VPN 服务器登录界面，界面右侧提示输入用户名/密码 
4	输入预先从企业网络管理员处获得的用户名/密码，成功登录 SSL VPN 服务器，进入访问内网资源页面 

　　这几个步聚就能保证 SSL VPN 建立、保证访问安全？为什么有提示"访问的网址安全证书有问题"？大家心中可能飞过了无数问号。带着这些疑问，我们就研究一下在这简短的几个步骤中，远程用户是如何与 SSL VPN 服务器进行报文交互的。

　　强叔认为这其中有两个关键之处，也是 SSL VPN 技术两个基本安全性的体现。

　　（1）传输过程安全

　　在上文 SSL VPN 定义中，我们提到，远程用户与 SSL VPN 服务器之间，采用标准的 SSL 协议对传输的数据包进行加密。那么从用户打开浏览器、访问 SSL VPN 服务器地址开始，SSL 协议就开始运行。为此我们要详细地研究下 SSL 协议的运行机制。

　　（2）用户身份安全

　　在上文演示登录 SSL VPN 服务器时，远用户访问 SSL VPN 服务器登录界面，SSL VPN 服务器要求输入用户名/密码。这实际是 SSL VPN 服务器要求对用户身份进行认证。SSL VPN 服务器往往支持多种用户认证方式，来保证访问的安全性、合法性。华为防火墙支持用户名/密码的本地认证、服务器认证、证书认证、用户名/密码+证书双重因素认证等多种认证方式。

8.1.3　SSL 协议的运行机制

　　SSL 是一种在客户端和服务器之间建立安全通道的协议，是 Netscape 公司提出的基于 Web 应用的安全协议，它为基于 TCP/IP 连接的应用程序协议（如 HTTP、Telenet 和 FTP 等）提供数据加密、服务器认证、消息完整性以及可选的客户端认证，也就是说，SSL 协议具备如下特点。

　　● 所有要传输的数据信息都是加密传输，第三方无法窃听。

- 具有校验机制，信息一旦被篡改，通信双方会立刻发现。
- 配备身份证书，防止身份被冒充。

SSL 协议自 1994 年被提出以来一直在不断发展。Netscape 公司发布的 SSL2.0 和 SSL3.0 版本得到了大规模应用。而后，互联网标准化组织基于 SSL3.0 版本推出了 TLS1.0 协议（又称 SSL3.1），之后又推出了 TLS1.1 和 TLS1.2 版本。当前，主流浏览器大多已实现了对 TLS1.2 的支持。华为防火墙支持 SSL2.0、SSL3.0 和 TLS1.0 版本。

SSL 协议结构分为两层，底层为 SSL 记录协议，上层为 SSL 握手协议、SSL 密码变化协议、SSL 警告协议，各协议的作用如图 8-2 所示。

应用层协议		
SSL 握手协议	SSL 密码变化协议	SSL 警告协议
SSL 记录协议		
TCP		
IP		

◇ SSL 握手协议：用于在实际的数据传输开始前，通信双方进行身份证、协商加密算法、交换加密密钥等。相当于完成所有传输准备工作，比较复杂。
◇ SSL 密码变化协议：这个协议只包含一条消息（Change Cipher Spec）。客户端和服务器双方都可以发送，目的是通知对方后面发送的数据将启用新协商的算法和密钥。
◇ SSL 警告协议：用于传递 SSL 的相关警告。如果在通信过程中某一方发现任何异常，就需要给对方发送一条警示消息通告。
◇ SSL 记录协议：建立在可靠的传输协议（如 TCP）之上，负责把上层的数据分块进行压缩，并在尾部加 HMAC（保证数据的完整性），最后使用握手协议协商好的保密参数加密。

图 8-2　SSL 协议结构及各部分作用

可以看到，SSL 连接的建立，主要依靠 SSL 握手协议，下面我们来详细研究 SSL 握手协议。

简短一句话就可以概括 SSL 握手协议的基本设计思路：**采用公钥加密算法进行密文传输**。也就是说，服务器端将其公钥告诉客户端，然后客户端用服务器的公钥加密信息，服务器收到密文后，用自己的私钥解密。

公钥加密算法，又称非对称加密算法。其工作原理如下。

（1）客户端 A 要向服务器 B 发送信息，B 要产生一对用于加密和解密的公钥和私钥。

（2）B 的私钥自己保密，B 的公钥告诉 A。

（3）A 要给 B 发送信息时，用 B 的公钥加密信息，因为 A 知道 B 的公钥。

（4）B 收到这个信息后，用自己的私钥解密。其他所有收到这个报文的人都无法解密，因只有 B 才有自己的私钥。

（5）B 要给 A 发送消息时，亦同理用 A 的公钥加密，A 用自己的私钥解密。

这个设计思路有两个问题，需要继续细化解决。

（1）服务器将其公钥告诉客户端时，如何保证该公钥不被篡改？

解决办法：引入数字证书。将服务器公钥放入服务器证书中，由服务器将证书传给客户端。只要证书可信，公钥就可信。

（2）公钥加密算法安全性高，但也由于两端各自用私钥解密，导致算法较复杂、加解密计算量大，如何提升效率？

解决办法：引入一个新的"会话密钥"。客户端与服务器采用公钥加密算法协商出此"会话密钥"，而后续的数据报文都使用此"会话密钥"进行加密和解密（即对称加密算法）。对称加密算法运算速度很快，这样就大大提升了加解密运算效率。还得啰唆一下，

"会话密钥"实际就是一个服务器和客户端共享的密钥，叫"会话密钥"是因为引入了会话 Session 的概念，就是基于 TCP 的每个 SSL 连接与一个会话相关联，会话由 SSL 握手协议来创建，为每个连接提供完整的传输加密，即握手过程包含在会话之中。

　　既然 SSL 握手协议的设计已经解决了关键问题，下面就要落实具体设计细节了：通过服务器与客户端的 4 次通信来实现上述设计思路，从而能够保证握手阶段之后能够进行高效、安全的加密报文传输。

　　SSL 握手涉及的 4 次通信具体内容如图 8-3 所示。需要注意的是，此阶段的所有通信都是明文的。

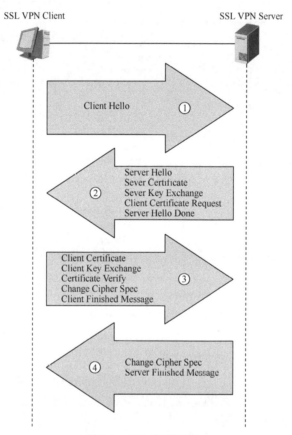

图 8-3　SSL 握手过程

　　① **客户端发出请求**（**Client Hello**）。客户端（通常是浏览器）首先向服务器发出加密通信的请求，此步主要向服务器提供以下信息。

　　a．支持的协议版本，如 TLS 1.0 版。

　　b．一个客户端生成的随机数，稍后用于生成"会话密钥"。

　　② **服务器回应**（**Server Hello**）。服务器收到客户端请求后，向客户端发出回应，此步包含以下信息。

　　a．确认使用的加密通信协议版本，如 TLS 1.0 版本。如果浏览器与服务器支持的版本不一致，则服务器关闭加密通信。

　　b．一个服务器生成的随机数，稍后用于生成"会话密钥"。

c. 确认加密套件。

d. 服务器证书,包含服务器公钥。

📖 说明

SSL 握手协议支持客户端与服务器双向认证。如果服务器需要验证客户端,服务器就需要在这一步发出对客户端的证书验证请求。

③ **客户端回应**。客户端收到服务器回应以后,首先验证服务器证书。如果证书不是可信机构颁布,或者证书中的域名与实际域名不一致,或者证书已经过期,就会显示一个警告,由其选择是否还要继续通信。如果证书没有问题,客户端就会从证书中取出服务器的公钥。然后向服务器发送下面三项信息。

a. 一个随机数 pre-master-key,用服务器公钥加密,防止被窃听,稍后用于生成"会话密钥"。此时客户端已经拥有三个随机数,会计算出本次会话所用的"会话密钥"。

b. 编码改变通知,表示随后信息都将用双方商定的加密方法和密钥来发送。

c. 客户端握手结束通知,表示客户端的握手阶段已经结束。这一项同时也是前面发送的所有内容的 HASH 值,用来供服务器校验。

④ **服务器最后回应**。服务器收到客户端的随机数 pre-master key 之后,计算生成本次会话所用的"会话密钥"(与客户端的计算方法、计算结果相同)。然后向客户端最后发送下面信息。

a. 编码改变通知,表示随后信息都将用双方商定的加密方法和密钥来发送。

b. 服务器握手结束通知,表示服务器的握手阶段。

大家在看完 SSL 握手协议 4 次通信的具体内容之后,估计又会产生几个问题,强叔已在此恭候。

(1)当随机数 pre-master-key 出现时,客户端和服务器已经同时有了三个随机数,接着双方就用事先商定的加密方法,各自生成本次会话所用的同一把"会话密钥"。为什么要用三个随机数来生成"会话密钥"呢?

答:对于公钥加密算法来说,通过三个随机数最终得出一个对称密钥,显然是为了增强安全性。pre-master-key 之所以存在,是因为 SSL 协议不信任每个主机都能产生"完全随机"的随机数。而如果随机数不随机,就有可能被猜测出来,安全性就存在问题。而三个伪随机数凑在一起就十分接近随机了。

(2)SSL 握手协议第②次通信中:服务器回应(Sever Hello)时发出了自己的证书,而客户端马上会对服务器的证书进行验证,也就是说客户端验证服务器的合法性。这是否与演示登录 SSL VPN 服务器时,表 8-1 中第 2 步骤中遇到的一个警告——"**此网站的安全证书有问题**"有关联?

答:其实从表 8-1 中第 1 步骤客户端(远程用户)通过 HTTPS 访问 SSL VPN 服务器起,SSL 协议已开始运行。第 2 步骤的提示恰恰与 SSL 握手协议的第②次通信相对应:此时服务器将自己的本地证书传给了客户端,客户端要对服务器的证书进行认证。提示警告,说明客户端认为该服务器证书不可信。如果平时我们访问网银等界面出现此提示时,要提高警惕,防止误入钓鱼网站。而此时,我们选择强制相信该网站。

提示安全证书有问题的警告可以消除，一个办法就是在提示输入"登录 SSL 服务器的用户名/密码"的界面上，下载并安装证书。

下载安装的是什么证书？正是为服务器颁发本地证书的 CA 机构自身的证书（称为服务器 CA 证书）。客户端安装了服务器 CA 证书，则在收到服务器证书时会认定该证书合法——因为是由自己已知的 CA 机构颁发的。

当然，客户端验证服务器本地证书是否合法还有两个附加条件，也就是说，如下 3 个条件完全满足才会确认服务器证书合法。

✧ 证书在有效期内。

✧ 证书中的关键字段 CN 与该 SSL VPN 服务器的地址或域名相一致（即该证书确为颁发给该服务器的身份证，不是冒用别人的）。

✧ 证书是否是由自己已知的 CA 机构颁发的。

至此，强叔将 SSL 握手协议的运行机制讲解完毕，喘口气，咱们还得一切从实际出发，用实践这个唯一标准来检验真理。

<步骤 1>以防火墙作为 SSL VPN 服务器，在防火墙上完成相关配置。

SSL 服务器的功能在防火墙上被称为**虚拟网关**。虚拟网关的地址/域名即为 SSL VPN 服务器的地址/域名。

（1）配置虚拟网关，启用 SSL VPN 服务器功能，配置服务器地址等。

（2）配置认证授权方式为本地认证，并创建用户包括配置用户名和密码。

（3）配置安全策略，保证网络互通。安全策略的配置方法我们将在"8.7 配置安全策略"中介绍。

<步骤 2>按本文开篇演示的客户端登录 SSL VPN 服务器步骤，使用配置好的用户名/密码，登录 SSL VPN 服务器。

（1）客户端 10.108.84.93 以 IE 浏览器向防火墙的虚拟网关 https://10.174.64.61 发起链接请求。如下图所示，No.21-No.29 展示了完 SSL 握手的 4 次通信过程，至 No.29 服务器回应 Server Finished Message（已被加密，提示为加密的握手消息）后，对应登录到提示安全证书有问题的警告界面。此时客户端与服务器实际并未开始正常通信，而是在 SSL 握手阶段，客户端验证服务器不合法，在其 Web 界面提示用户是否继续浏览该网站，如下所示。

No.	Time	Source	Destination	Protocol	Length	Info
21	12.152928000	10.108.84.93	10.174.64.61	SSLv2	126	Client Hello
23	12.204784000	10.174.64.61	10.108.84.93	TLSv1	1514	Server Hello
24	12.204904000	10.174.64.61	10.108.84.93	TLSv1	529	Certificate
26	12.205857000	10.108.84.93	10.174.64.61	TLSv1	380	Client Key Exchange, Change Cipher Spec, Encrypted Handshake Message
27	12.291021000	10.174.64.61	10.108.84.93	TLSv1	60	Change Cipher Spec
29	12.544490000	10.174.64.61	10.108.84.93	TLSv1	107	Encrypted Handshake Message
103	45.686218000	10.108.84.93	10.174.64.61	TLSv1	149	Client Hello
105	45.737969000	10.174.64.61	10.108.84.93	TLSv1	1514	Server Hello
106	45.738171000	10.174.64.61	10.108.84.93	TLSv1	529	Certificate
108	45.739538000	10.108.84.93	10.174.64.61	TLSv1	380	Client Key Exchange, Change Cipher Spec, Encrypted Handshake Message
109	45.823791000	10.174.64.61	10.108.84.93	TLSv1	60	Change Cipher Spec
111	46.083392000	10.174.64.61	10.108.84.93	TLSv1	107	Encrypted Handshake Message
120	46.141764000	10.108.84.93	10.174.64.61	TLSv1	149	Client Hello
123	46.193604000	10.174.64.61	10.108.84.93	TLSv1	1514	Server Hello

⊞ Frame 29: 107 bytes on wire (856 bits), 107 bytes captured (856 bits) on interface 0
⊞ Ethernet II, Src: IETF-VRRP-VRID_a9 (00:00:5e:00:01:a9), Dst: Realtek5_98:29:04 (00:e0:4c:98:29:04)
⊞ Internet Protocol Version 4, Src: 10.174.64.61 (10.174.64.61), Dst: 10.108.84.93 (10.108.84.93)
⊞ Transmission Control Protocol, Src Port: https (443), Dst Port: 57814 (57814), Seq: 1942, Ack: 399, Len: 53
⊟ Secure Sockets Layer
  ⊞ TLSv1 Record Layer: Handshake Protocol: Encrypted Handshake Message

（2）强制信任，选择"继续浏览该网站"，从 No.103 起客户端要求使用新会话，重新发起 SSL 握手协议。握手完成之后，开始正常的加密通信，直至用户浏览器上成功加载出防火墙虚拟网关的用户登录界面，如下所示。

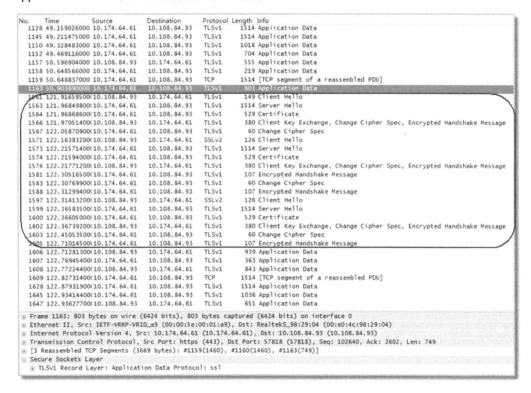

（3）输入用户名/密码，从 No.1561 起继续发起 SSL 握手协议，经过 4 次通信协商出"会话密钥"，从携带用户名/密码的报文起所有用户与服务器之前的数据被加密（显示为 Application Data）发送给服务器，如下所示。

8.1.4　用户身份认证

为了保证 SSL VPN 远程用户的合法性，提升系统安全性，SSL VPN 服务器往往支持多种认证方式，上文我们以配置并存储在防火墙上的用户名/密码为例，这是最基本、最简单的认证方式。华为防火墙支持以下认证方式。

- **用户名/密码的本地认证**：指将用户名/密码在防火墙上配置并存储，用户输入与之匹配的用户名/密码即可成功登录。
- **用户名/密码的服务器认证**：指将用户名/密码存储在专门的第三方认证服务器上，用户输入用户名/密码后，防火墙将其转至认证服务器认证。当前支持的认证服务器类型包括：RADIUS、HWTACACS、SecurID、AD、LDAP。
- **证书匿名认证**：指用户的客户端配备客户端证书，防火墙通过验证客户端的证书来认证用户身份。
- **证书挑战认证**：指服务器通过用户名/密码+客户端证书双重因素认证用户身份。可以看出，此种方式是最安全的。
  - 单用客户端证书认证，当客户端丢失或被非法使用时就无法保证安全。
  - 单用用户名/密码认证，当使用不同客户端时，客户端本身可能存在安全隐患。

双重因素认证方式，保证了指定用户、使用指定客户端登录 SSL VPN 服务器，进而合法访问内网资源。

用户名/密码的本地认证和第三方服务器认证，是最为常见的用户认证方式，此处不再赘述。下面强叔介绍下证书认证。

证书挑战认证比证书匿名认证多了一次用户名/密码认证，原理基本一致，可以一并讲解。

防火墙（SSL VPN 服务器）通过验证客户端的证书来认证用户身份，流程如图 8-4 所示。

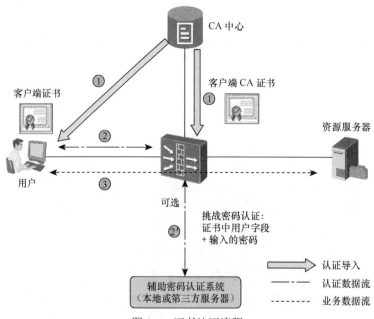

图 8-4　证书认证流程

防火墙通过验证客户端的证书来认证用户身份，流程如下。

① 用户、防火墙分别导入由同一 CA 机构颁发的客户端证书和客户端 CA 证书。

② 用户（客户端）将自己的证书发给防火墙，防火墙对该证书进行认证。满足以下几个条件，则认证通过。

- 客户端证书与防火墙上导入的客户端 CA 证书由同一 CA 颁发。

- 客户端证书在有效期内。
- 客户端证书中的用户过滤字段是防火墙上已经配置并存储的用户名。例如，客户端证书的用户过滤字段 CN=user000019，那么防火墙上已经配置对应的用户名 user000019，表明这是颁发给 user000019 的客户端证书。

> 此处的证书认证通过条件是否很眼熟？其实与上文 SSL 握手协议的运行机制中提到的"客户端验证服务器证书是否合法"原则一致，只不过此处是"服务器（防火墙）验证客户端（用户）证书是否合法"。
>
> 也就是说，SSL VPN 用到了两套证书，一套是服务器本地证书和服务器 CA 证书；一套是客户端证书和客户端 CA 证书。两套证书分别用于不同阶段。
>
> 值得注意的是，本阶段用户身份认证，已经在 SSL 握手协议 4 次通信之后，服务器与客户端已经协商出"会话密钥"，用户认证的信息，包括用户名/密码、客户端证书等均为采用密文传输的数据信息。

③ 用户通过防火墙的身份认证后，会成功登录资源界面，可以访问内网的指定资源。

前面强叔已经展示了以用户名/密码登录防火墙虚拟网关时对 SSL 握手阶段的抓包，下面我们将认证方式改为证书匿名认证，看一下在加密数据传输过程中服务器是如何认证客户端证书的。

在防火墙虚拟网关界面，配置好客户端要使用的证书后，抓包信息如下。从信息中无法分辨到底是什么报文，于是我们导入防火墙（SSL 服务器）的私钥，利用抓包工具对抓到的报文进行解密。

No.	Time	Source	Destination	Protocol	Length	Info	Info
766	3.541675000	10.174.64.61	10.108.84.93	TLSv1	587	Application Data	Application Data
775	3.604183000	10.108.84.93	10.174.64.61	TLSv1	779	Application Data	Application Data
823	3.884566000	10.108.84.93	10.174.64.61	SSLv2	126	Client Hello	Client Hello
837	3.947013000	10.174.64.61	10.108.84.93	TLSv1	1183	Server Hello, Certificate, Server He	Server Hello, Certificate, Server Hello Done
838	3.947958000	10.108.84.93	10.174.64.61	TLSv1	252	Client Key Exchange, Change Cipher S	Client Key Exchange, Change Cipher Spec, Finished
853	4.017627000	10.174.64.61	10.108.84.93	TLSv1	60	Change Cipher Spec	Change Cipher Spec
887	4.281916000	10.174.64.61	10.108.84.93	TLSv1	107	Encrypted Handshake Message	Finished
888	4.282603000	10.108.84.93	10.174.64.61	TLSv1	363	Application Data	Ignored Unknown Record
895	4.345197000	10.174.64.61	10.108.84.93	TLSv1	91	Encrypted Handshake Message	Hello Request
896	4.346349000	10.108.84.93	10.174.64.61	TLSv1	187	Encrypted Handshake Message	Client Hello
906	4.408599000	10.174.64.61	10.108.84.93	TLSv1	155	Encrypted Handshake Message	Server Hello
952	4.673126000	10.174.64.61	10.108.84.93	TLSv1	1200	Encrypted Handshake Message, Encrypt	Certificate, Certificate Request, Server Hello Done
980	4.794549000	10.108.84.93	10.174.64.61	SSLv2	126	Client Hello	Client Hello
994	4.857173000	10.174.64.61	10.108.84.93	TLSv1	1183	Server Hello, Certificate, Server He	Server Hello, Certificate, Server Hello Done
995	4.858409000	10.108.84.93	10.174.64.61	TLSv1	252	Client Key Exchange, Change Cipher S	Client Key Exchange, Change Cipher Spec, Finished
1002	4.924322000	10.174.64.61	10.108.84.93	TLSv1	60	Change Cipher Spec	Change Cipher Spec
1033	5.187501000	10.174.64.61	10.108.84.93	TLSv1	107	Encrypted Handshake Message	Finished
1034	5.188340000	10.108.84.93	10.174.64.61	TLSv1	395	Application Data	Ignored Unknown Record
1045	5.250574000	10.174.64.61	10.108.84.93	TLSv1	91	Encrypted Handshake Message	Hello Request
1046	5.251291000	10.108.84.93	10.174.64.61	TLSv1	187	Encrypted Handshake Message	Client Hello
1054	5.315473000	10.174.64.61	10.108.84.93	TLSv1	155	Encrypted Handshake Message	Server Hello
1085	5.572368000	10.174.64.61	10.108.84.93	TLSv1	1200	Encrypted Handshake Message, Encrypt	Certificate, Certificate Request, Server Hello Done
1088	5.576844000	10.108.84.93	10.174.64.61	TLSv1	981	Encrypted Handshake Message, Change	Certificate, Client Key Exchange, Certificate Verify, Cha
1097	5.639377000	10.108.84.93	10.174.64.61	TLSv1	91	Encrypted Alert	Alert (Level: Fatal, Description: Bad Certificate)
1098	5.639974000	10.174.64.61	10.108.84.93	TLSv1	91	Encrypted Alert	Alert (Level: Fatal, Description: Bad Certificate)
1119	5.742264000	10.108.84.93	10.174.64.61	SSLv2	126	Client Hello	Client Hello
1132	5.804786000	10.174.64.61	10.108.84.93	TLSv1	1183	Server Hello, Certificate, Server He	Server Hello, Certificate, Server Hello Done

正常抓包 ← 对抓到的报文进行解密

⊞ Frame 895: 91 bytes on wire (728 bits), 91 bytes captured (728 bits) on interface 0
⊞ Ethernet II, Src: IETF-VRRP-VRID_a9 (00:00:5e:00:01:a9), Dst: RealtekS_98:29:04 (00:e0:4c:98:29:04)
⊞ Internet Protocol Version 4, Src: 10.174.64.61 (10.174.64.61), Dst: 10.108.84.93 (10.108.84.93)
⊞ Transmission Control Protocol, Src Port: https (443), Dst Port: 59028 (59028), Seq: 1189, Ack: 580, Len: 37
⊟ Secure Sockets Layer
　⊟ TLSv1 Record Layer: Handshake Protocol: Encrypted Handshake Message
　　　Content Type: Handshake (22)
　　　Version: TLS 1.0 (0x0301)
　　　Length: 32
　　　Handshake Protocol: Encrypted Handshake Message

左右对比之下，我们可以看到，从 No.895 开始，显示为 Encrypted Handshake Message 的第一条消息，实际是服务器 10.174.64.61 对客户端 10.108.84.93 发出 Hello Request，然后客户端回应，随后服务器发出 Server Hello，并且从这条消息之后，服务器对客户端发出认证其证书的请求。从抓包来看，由于某些原因，这次协商没有成功，客户端和服务器的协商会继续进行。

　　在 No.1045 开始，服务器再次发现 Hello Request，然后继续执行，No.1085 服务器要求客户端提供证书，然后 No.1088 客户端发出其证书给服务器，No.1097 服务器对客户端证书进行认证，抓包显示为证书非法，无法通过认证。虽然没有通过认证，但上述消息真实反映了服务器对客户端证书认证的完整过程，请大家左右对比，一揭真相。

　　以上，强叔将远程用户与 SSL VPN 服务器建立连接，成功登录 SSL VPN 服务器的过程就全部介绍完了。在后续章节中，强叔将以 USG6000 系列防火墙为例，排出兵器谱，按照访问控制粒度由细到粗的顺序，先对办公应用中的最常见的文件访问、Web 访问（E-mail、电子流等）进行介绍，再对端口转发和网络扩展进行介绍。

📖 说明

> 这里之所以使用 USG6000 系列防火墙来介绍，是因为与 USG2000/5000 系列防火墙相比，USG6000 上 SSL VPN 功能改进了用户认证方式，使用防火墙提供的通用认证方式（在"8.1.4 用户身份认证"中介绍过），实现过程和配置逻辑更加清晰易懂。下文我们将重点围绕着 SSL VPN 的业务配置、资源授权和访问控制来对 SSL VPN 功能进行介绍，对用户认证这部分内容不作详细介绍。

8.2　文件共享

8.2.1　文件共享应用场景

　　通过上节的介绍，大家了解到 SSL VPN 与 IPSec 相比，巧妙之处在于其可以将远程用户的访问粒度细化到指定的资源对象，例如一个文件或者一个 URL。为了让远程用户对自己的访问权限一目了然，虚拟网关提供了一个特别友好、特别人性化的平台：将若干文件和 URL 组合成"私人定制"资源清单呈现给远程用户。这就好比虚拟网关是新潮的时尚餐厅，不仅卖美食还卖定制化服务，可以为不同口味的顾客定制不同的菜单。

　　不仅如此，由于大多数企业出于安全考虑都不想对外公开内网服务器资源地址（URL 或文件路径），为此 SSL VPN 还提供了"资源地址加密"服务——对资源路径进行了巧妙改写，让远程用户既能顺畅访问内网资源，又很难找到内网资源地址。这就好比给白菜豆腐起名为翡翠白玉，红椒绿椒冠以绝代双骄，乍一看挺悬乎，需要费点脑筋才能搞懂其中奥妙。闲话少叙，第一道菜呈上。

　　SSL VPN 的文件共享功能，简单说就是能够让远程用户能够直接通过浏览器安全地访问企业内部的文件服务器，而且支持新建、修改、上传、下载等常见的文件操作，如图 8-5 所示。

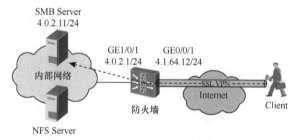

图 8-5　SSL VPN 文件共享的应用场景

　　目前，在企业中较为流行的文件共享协议包括 SMB（Server Message Block）和 NFS（Network File System），前者主要应用于 Windows 操作系统，后者主要应用于 Linux 操作系统。华为防火墙的 SSL VPN 对这两种协议已经兼顾到了，大家不必担心。接下来的内容以 SMB 协议为例，并借助域控制器这种常用的认证方式，介绍文件共享的交互过程。

如图 8-6 所示，可以看出防火墙作为代理设备，与客户端之间的通信始终是通过 HTTPS（HTTP+SSL）协议加密传输，当加密报文抵达防火墙后，防火墙对其解密后并进行协议转换，最终作为 SMB 客户端，向相应的 SMB 文件共享服务器发起请求，其中还包含了文件服务器认证的过程。从通信所使用协议的角度，以上过程可以概况为以下两个阶段。

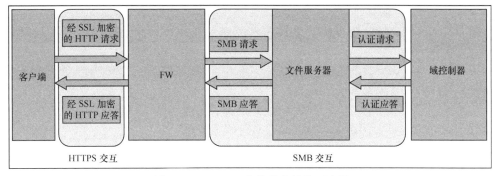

图 8-6　SSL VPN 文件共享的处理流程

（1）远程用户作为 Web Client 与防火墙作为 Web Server 之间的 HTTPS 交互。

（2）防火墙作为 SMB Client 与文件服务器 SMB Server 之间的 SMB 交互。

下面我们详细介绍一下文件共享的配置方式和实现原理。

8.2.2　配置文件共享

在正式介绍文件共享的报文交互之前，我们首先假设在 SMB 文件服务器（以 Windows Server 2008 为例）中已配置好文件共享资源，并在域控制器中配置好权限分配，即

资源访问地址：\\4.0.2.11\huawei。

使用者权限分配：admin 具有读取/写入权限；usera 仅具有读取权限。

虚拟网关作为 SSL VPN 的所有资源入口，任何需要访问的资源都必须在 SSL VPN 的配置中体现，这也体现了 SSL VPN 可以细化访问控制粒度的设计理念。对于文件共享，首先需要开启文件共享功能，并新建文件共享资源，目的是为远程用户提供可视化的文件共享资源"菜单"，如图 8-7 所示。

图 8-7　配置文件共享

8.2.3 远程用户与防火墙之间的交互

登录成功后，虚拟网关对用户开放的资源都会在此界面上体现。将鼠标置于资源上，在浏览器的状态栏中可以看到此资源对应的 Web 链接，包含了需要向防火墙请求的页面和需要传递的参数，如图 8-8 所示。大家可不要小瞧这个 URL，它代表了远程用户请求的文件资源信息以及相应的操作指令，不同的目录和操作，均会对应不同的 URL。

图 8-8 SSL VPN 登录界面——文件共享

https://4.1.64.12/protocoltran/Login.html?VTID=0&UserID=4&SessionID=2141622535&ResourceType=1&ResourceID=4&PageSize=20&%22,1)

Q：上文的提到的文件共享资源\\4.0.2.11\huawei 这里为什么看不到？

A：因为防火墙已经将其隐藏，使用 ResourceID 来唯一确定资源的地址，ResourceID 与资源地址的对应关系保存在防火墙的大脑（内存）中，这样便可以隐藏内网服务器的真实地址，保护服务器安全。

对这个 Web 链接进行深入剖析，除去很明显的 4.1.64.12 是虚拟网关地址外，强叔将剩下的链接结构分解为 3 个部分，如下所示。

- protocoltran，文件共享的专属目录。从字面意思来看是 protocol+transform，表示将 HTTPS 协议和 SMB/NFS 协议相互转换。
- Login.html，请求的页面，通常情况下不同的操作会对应不同的请求页面，强叔整理了所有可能用到的请求页面和请求结果页面，如表 8-2 所示。

表 8-2   文件共享请求页面和请求结果页面

页面名称	含义
login.html loginresult.html	SMB 文件服务器认证页面
dirlist.html	显示文件共享资源的详细列表，文件夹结构
downloadresult.html downloadfailed.html	下载文件
create.html result.html	创建文件夹
deleteresult.html result.html	删除文件、文件夹
rename.html result.html	重命名文件、文件夹
upload.html uploadresult.html	上传文件

- 　?VTID=0&UserID=4&SessionID=2141622535&ResourceType=1&ResourceID=4&
  PageSize=20&%22,1，向请求页面传递的参数。强叔这里先给出一张参数明细表，
  除了已经给出这条 URL 涵盖的参数外，还包括了之后其他操作的请求参数，如
  表 8-3 所示，供大家对照理解。

表 8-3　　　　　　　　　　　　　　　请求页面参数说明

参数	含义
VTID	虚拟网关 ID，用以区分同一台防火墙上的多个虚拟网关
UserID	用户 ID，标识当前登录用户。为了安全起见，同一用户每次登录的 ID 不同，防止中间攻击人伪造假的数据包
SessionID/RandomID	会话 ID，同一次登录虚拟网关的所有会话 ID 均相同
ResourceID	资源 ID，标识每个文件共享资源
CurrentPath	当前操作所在的文件路径
MethodType	操作类型： 1：删除文件夹 2：删除文件 3：显示目录 4：重命名目录 5：重命名文件 6：新建目录 7：上传文件 8：下载文件
ItemNumber	操作对象数量
ItemName1	操作对象名称，可以包含多个操作对象，例如删除多个文件
ItemType1	操作对象类型： 0：文件 1：文件夹
NewName	新名称
ResourceType	资源类型： 1：SMB 资源 2：NFS 资源
PageSize	每页显示资源条目数量

为了让大家对文件共享功能的全景有所了解，强叔将结合文件共享的具体功能对以
上各种操作指令进行逐一验证。

1. 首次访问文件共享资源，要先通过文件服务器的认证

这里所说的认证一定要和 SSL VPN 登录时的认证区分开，在登录阶段，远程用户首
先要通过的是防火墙认证。而此时要访问文件共享资源，当然要看文件服务器是否答应。
在单击资源列表中的 "Public_share" 时会弹出认证页面，如图 8-9 所示。

图 8-9　文件共享登录

认证通过后显示文件资源页面，如图 8-10 所示。

图 8-10　文件共享的文件操作

上面的访问过程，强叔理解可以分解为认证和显示文件夹两个阶段，那么真正的交互过程是否是这样呢？抓包分析交互过程如下。

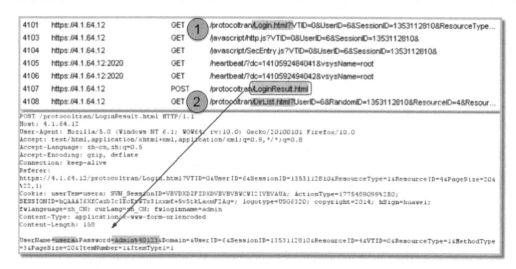

没错，看来强叔的理解是正确的，Login.html/LoginResult.html 均是认证的页面，而且将加密报文解密后，LoginResult.html 还包括了待文件服务器认证的用户名和密码。另外的 Dirlist.html 正是显示文件夹结构的页面。

2. 下载文件的验证

下载文件的页面以及对应的 URL 如图 8-11 所示。

图 8-11　下载文件

可以对照上面给出的表格，将下载文件的操作转换成文字描述：下载（MethodType= 8）根目录（CurrentPath=2F）下的文件（ItemType1=0），名称为 readme_11（ItemName1=%r %e%a%d%m%e_%1%1）。但是要注意，这里有一点 URL 解码的内容，例如 CurrentPath 的取值 2F 解码之后是/，表示当前资源的根目录。

3. 重命名文件夹的验证

重命名文件夹的页面如图 8-12 所示。

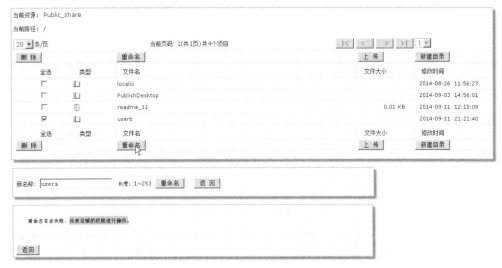

图 8-12　重命名文件夹

这里因为用户 usera 只有可读的权限，所以提示失败了，但不妨碍我们继续验证：重命名（MethodType=4）根目录（CurrentPath=2F）下的文件（ItemType1=1）userb （ItemNmae1=%u%s%e%r%b）为 usera（NewName=%u%s%e%r%a），对应的 URL 如图 8-13 所示。

```
POST
/protocoltran/Result.html?VTID=0&UserID=6&SessionID=1353112810&CurrentPath=2F&ItemName1=%u%s%e%r%b&ResourceID=4&Resourc
eType=1&MethodType=4&ItemNumber=1&ItemType1=1& HTTP/1.1
Host: 4.1.64.12
User-Agent: Mozilla/5.0 (Windows NT 6.1; WOW64; rv:10.0) Gecko/20100101 Firefox/10.0
Accept: text/html,application/xhtml+xml,application/xml;q=0.9,*/*;q=0.8
Accept-Language: zh-cn,zh;q=0.5
Accept-Encoding: gzip, deflate
Connection: keep-alive
Referer:
https://4.1.64.12/protocoltran/Rename.html?VTID=0&UserID=6&SessionID=1353112810&ResourceID=4&Parameter=2F,%u%s%e%r%b,1&
ResourceType=1&ItemNumber=1&
Cookie: userTem=usera; SVN_SessionID=VBVDXDZFZDXDVBVBWCWI2IVBVAUA; ActionType=1775489099%2B0;
SESSIONID=hQAAAI6XfCazbIcIEcEtWTx31xxmf+5v5tkLaxmF2Ag=; logotype=USG6320; copyright=2014; hSign=huawei;
fwlangeuage=zh_CN; curLang=zh_CN; fwloginname=admin
Content-Type: text/plain
Content-Length: 172

RenameParam=VTID=0&UserID=6&SessionID=1353112810&CurrentPath=2F&ItemName1=%u%s%e%r%b&ResourceID=4&ResourceType=1&Method
Type=4&ItemNumber=1&ItemType1=1&NewName=%u%s%e%r%a&
```

图 8-13　重命名文件夹操作对应的 URL

通过以上介绍相信大家已经明白，防火墙构建这些链接，首先是为了隐藏真实的内网文件资源路径（**4.0.2.11\huawei**\），再者就是作为 SSL VPN 网关为远程用户访问牵线搭桥：作为 SMB Client 向 SMB Server 发起文件访问（明确访问的文件对象和操作）。

8.2.4　防火墙与文件服务器的交互

在防火墙和文件服务器之间抓包结果如下所示。

```
112 10:58:10.456 4.0.2.1    4.0.2.11   SMB   105 Negotiate Protocol Request
113 10:58:10.456 4.0.2.11   4.0.2.1    SMB   181 Negotiate Protocol Response
114 10:58:10.457 4.0.2.1    4.0.2.11   SMB   268 Session Setup Andx Request, User: ?\admin; Tree Connect Andx, Path: \\4.0.2.11\huawei
115 10:58:10.459 4.0.2.11   4.0.2.1    SMB   296 Session Setup Andx Response; Tree Connect Andx
116 10:58:10.459 4.0.2.1    4.0.2.11   SMB   154 Trans2 Request, FIND_FIRST2, Pattern: \userb\*
117 10:58:10.459 4.0.2.11   4.0.2.1    SMB   330 Trans2 Response, FIND_FIRST2, Files: ...
118 10:58:10.460 4.0.2.1    4.0.2.11   SMB    95 Find Close2 Request
119 10:58:10.460 4.0.2.11   4.0.2.1    SMB    93 Find Close2 Response
```

防火墙（4.0.2.1）作为客户端向文件服务器（4.0.2.11）发起协商请求，首先协商使用的 SMB 版本（Dialect），防火墙目前仅支持使用 SMB1.0（NT LM 0.12）作为客户端与服务器进行交互，如下所示。

```
112 10:58:10.456 4.0.2.1    4.0.2.11   SMB   105 Negotiate Protocol Request
113 10:58:10.456 4.0.2.11   4.0.2.1    SMB   181 Negotiate Protocol Response
114 10:58:10.457 4.0.2.1    4.0.2.11   SMB   268 Session Setup Andx Request, User: ?\admin; Tree Connect Andx, Path: \\4.0.2.11\huawei
115 10:58:10.459 4.0.2.11   4.0.2.1    SMB   296 Session Setup Andx Response; Tree Connect Andx
116 10:58:10.459 4.0.2.1    4.0.2.11   SMB   154 Trans2 Request, FIND_FIRST2, Pattern: \userb\*
117 10:58:10.459 4.0.2.11   4.0.2.1    SMB   330 Trans2 Response, FIND_FIRST2, Files: ...
118 10:58:10.460 4.0.2.1    4.0.2.11   SMB    95 Find Close2 Request
119 10:58:10.460 4.0.2.11   4.0.2.1    SMB    93 Find Close2 Response

⊞ Frame 112: 105 bytes on wire (840 bits), 105 bytes captured (840 bits) on interface 0
⊞ Ethernet II, Src: HuaweiTe_a2:39:bb (70:54:f5:a2:39:bb), Dst: HuaweiTe_e8:75:de (f8:4a:bf:e8:75:de)
⊞ Internet Protocol Version 4, Src: 4.0.2.1 (4.0.2.1)    Dst: 4.0.2.11 (4.0.2.11)
⊞ Transmission Control Protocol, Src Port: 10137 (10137), Dst Port: microsoft-ds (445), Seq: 1, Ack: 1, Len: 51
⊞ NetBIOS Session Service
⊟ SMB (Server Message Block Protocol)
  ⊞ SMB Header
  ⊟ Negotiate Protocol Request (0x72)
      Word Count (WCT): 0
      Byte Count (BCC): 12
    ⊟ Requested Dialects
      ⊞ Dialect: NT LM 0.12
```

服务器响应信息中包含接下来使用的认证方式以及 16 位挑战随机数。这里使用了一种安全的认证机制：NT 挑战/响应机制，即 NTLM，如下所示。

```
112 10:58:10.456 4.0.2.1    4.0.2.11   SMB   105 Negotiate Protocol Request
113 10:58:10.456 4.0.2.11   4.0.2.1    SMB   181 Negotiate Protocol Response
114 10:58:10.457 4.0.2.1    4.0.2.11   SMB   268 Session Setup Andx Request, User: ?\admin; Tree Connect Andx, Path: \\4.0.2.11\huawei
115 10:58:10.459 4.0.2.11   4.0.2.1    SMB   296 Session Setup Andx Response; Tree Connect Andx
116 10:58:10.459 4.0.2.1    4.0.2.11   SMB   154 Trans2 Request, FIND_FIRST2, Pattern: \userb\*
117 10:58:10.459 4.0.2.11   4.0.2.1    SMB   330 Trans2 Response, FIND_FIRST2, Files: ...
118 10:58:10.460 4.0.2.1    4.0.2.11   SMB    95 Find Close2 Request
119 10:58:10.460 4.0.2.11   4.0.2.1    SMB    93 Find Close2 Response

⊞ Frame 113: 181 bytes on wire (1448 bits), 181 bytes captured (1448 bits) on interface 0
⊞ Ethernet II, Src: HuaweiTe_e8:75:de (f8:4a:bf:e8:75:de), Dst: HuaweiTe_a2:3b:7b (70:54:f5:a2:3b:7b)
⊞ Internet Protocol Version 4, Src: 4.0.2.11 (4.0.2.11), Dst: 4.0.2.1 (4.0.2.1)
⊞ Transmission Control Protocol, Src Port: microsoft-ds (445), Dst Port: 10137 (10137), Seq: 1, Ack: 52, Len: 127
⊞ NetBIOS Session Service
⊟ SMB (Server Message Block Protocol)
  ⊞ SMB Header
  ⊟ Negotiate Protocol Response (0x72)
      Word Count (WCT): 17
      Selected Index: 0: NT LM 0.12
    ⊟ Security Mode: 0x03
       .... ...1 = Mode: USER security mode
       .... ..1. = Password: ENCRYPTED password. Use challenge/response
       .... .0.. = Signatures: Security signatures NOT enabled
       .... 0... = Sig Req: Security signatures NOT required
      Max Mpx Count: 50
      Max VCs: 1
      Max Buffer Size: 16644
      Max Raw Buffer: 65536
      Session Key: 0x00000000
    ⊞ Capabilities: 0x0001e3fc
      System Time: Sep 12, 2014 10:58:33.803746600 □□□□□□□□□□□□□
      Server Time Zone: -480 min from UTC
      Key Length: 8
      Byte Count (BCC): 54
      Encryption Key: 00d1c20882204c11
```

认证过程大致如下。

（1）服务器产生一个 16 位随机数字发送给防火墙，作为一个挑战随机数。

（2）防火墙使用 HASH 算法生成用户密码的哈希值，并对收到的挑战随机数进行加密。同时将自己的用户名，使用明文传输，一并返回给服务器。

（3）服务器将用户名、挑战随机数和防火墙返回的加密后的挑战随机数，发送给域控制器。

（4）域控制器按用户名在密码管理库中找到用户密码的哈希值，也用来加密挑战随机数。域控制器比对两个加密的挑战随机数，如果相同，那么认证成功。

认证通过后用户就可以访问指定的文件或文件夹了。

综上所述，我们可以看出防火墙在文件共享功能中的作用其实就是代理，作为远程用户和 SMB Server 的中介：在 HTTPS 阶段，作为 Web Server 接收远程用户的文件访问请求，并翻译为 SMB 请求；在 SMB 阶段，作为 SMB Client 发起请求、接收应答，并翻译给远程用户。有了文件共享功能，远程用户访问内网文件服务器就像访问普通 Web 网页一样方便，不用安装文件共享客户端，不用记服务器的 IP 地址，也不会在众多服务器中迷航。

8.3　Web 代理

尽管都是对象级别的资源访问，但 URL 与文件共享不同，访问 URL 本身使用的就是 HTTP 协议，而 SSL 协议生来就和 HTTP 是天生一对，因此在 Web 代理功能中，已经不再涉及协议转换的内容。但是我们还是要围绕两个最核心的内容进行阐述：URL 级别的访问控制和隐藏真实的 URL 地址。

Web 代理，也就是通过防火墙做代理访问内网的 Web 服务器资源（也就是 URL 资源）。说到这里大家可能会问了，这不就是普通的代理功能吗？使用一台服务器做跳板访问目的 URL 地址，这台服务器就是起的代理作用，防火墙跟这个实现一样吗？答案是不完全一样，防火墙在整个过程中不仅做了代理，而且对真实的 URL 进行了改写处理，从而达到隐藏真实的内网 URL 的目的，进一步保护了内网 Web 服务器的安全。

8.3.1　配置 Web 代理资源

假设企业已架设好 Web 服务器，并对企业内网提供了 Portal 门户地址：http://portal.test.com:8081/，希望通过 Web 代理功能为远程用户提供访问。

与文件共享资源一样，为了细化访问控制粒度到 URL 级别，需要在虚拟网关中配置相应的 Web 代理资源，如图 8-14 所示。

图 8-14　Web 代理资源列表——新建资源

在以上配置中，最重要的参数要属资源类型，它定义了 Web 代理方式。代理方式包括 Web 改写和 Web-Link，二者的差异如表 8-4 所示。

表 8-4   Web 改写和 Web-Link 对比

对比项	Web 改写	Web-Link
安全性	对真实的 URL 进行改写，隐藏内网服务器地址，安全性较高	对 URL 不会进行改写，直接转发 Web 请求和响应，会暴露内网服务器的真实地址
易用性	不依赖 IE 控件，在非 IE 环境的浏览器中可以正常使用	依赖 IE 控件，在非 IE 环境中无法正常使用
兼容性	由于 Web 技术发展非常迅速，防火墙对于各类 URL 资源的改写无法做到面面俱到，可能会出现图片错位，字体显示不正常等问题	无需对资源进行改写，由防火墙直接对请求和响应进行转发，所以没有页面兼容性的问题
使用建议	优先推荐使用 Web 改写，因为这是最安全、最方便的一种访问方式。如果出现页面显示异常，再考虑 Web-Link 方式	Web-Link 作为 Web 改写的最佳替补，但由于依赖 IE 控件，必然在使用上存在局限性。而且没有对内网 URL 进行改写，存在安全风险

在表 8-5 中强叔还列出了其他一些参数的含义。

表 8-5   Web 代理参数说明

参数	说明
URL	内网可以直接访问的 Web 应用地址。如果是域名形式的话，那么需要在虚拟网关中配置相应的 DNS 服务器地址
资源组	相当于 Web 应用地址的自定义分类，远程用户登录后可以通过资源组筛选需要的资源，好比菜单中的主食、酒水分类一样
门户链接	选择 Web 代理资源是否显示在登录后的虚拟网关首页上。如果不选中，相当于为老顾客准备了菜单之外的私房菜。这时老用户可以在登录后的右上角地址栏中手动输入 URL 地址，访问一些比较机密的 URL 资源

Web 改写究竟是如何工作的，强叔会带着大家一起继续学习。对于 Web-Link 这里先埋个小伏笔，强叔会在"8.4　端口转发"中重点讲解。

8.3.2 对 URL 地址的改写

对于前面已经配置的 Web 代理资源 URL http://portal.test.com:8081/，给用户实际呈现的 URL 地址我们可以看到已经被改写了，如图 8-15 所示。

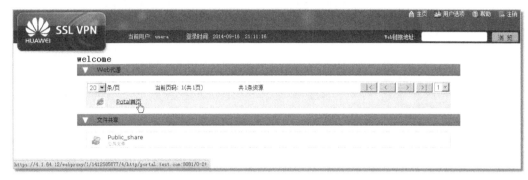

图 8-15　SSL VPN 登录界面——Web 代理

对改写结果进行分析，其中 4.1.64.12 为虚拟网关地址，剩余部分大致可以分为几部分，如下所示。

- webproxy：Web 代理的专属目录。
- 1/1412585677/4：UserID/SessionID/ResourceID，这几个参数在介绍文件共享的时候已经提到过。
- http/portal.test.com:8081/0-2+：原始 URL 地址的变形。

当用户访问改写后的地址时，发生了如下交互。

1. 远程用户向防火墙请求改写后的 URL 地址

请求报文到达防火墙之前均为加密状态，上图是经过解密处理后的，所以也可以理解为防火墙收到的真实请求。

2. 防火墙对收到的报文进行解密后，向内网服务器发送请求之前，继续对原始报文作如下处理

（1）需要删除原始报文头中的 Accept-Encoding 字段，否则 Web 服务器可能会将响应报文加密发给虚防火墙，而防火墙对其无法解密处理，无法进行进一步的转发。在下图中，可见防火墙已经将原始报文中的 Accept-Encoding 字段删除了。

（2）将 host 字段替换为真实的内网 Web 资源地址，如下所示。

```
  91 22:03:53.592 4.0.2.1      4.0.2.11     HTTP     567 GET / HTTP/1.1
  92 22:03:53.593 4.0.2.11     4.0.2.1      HTTP     265 HTTP/1.1 304 Not Modified
 669 22:03:53.654 4.0.2.1      4.0.2.11     HTTP     512 GET /static/img/retweet.png HTTP/1.1
 670 22:03:53.654 4.0.2.1      4.0.2.11     HTTP     948 HTTP/1.1 200 OK  (PNG)
 701 22:03:53.857 4.0.2.1      4.0.2.11     TCP       60 10030 → sunproxyadmin [ACK] Seq=972 Ack=1106 win=3276
 702 22:03:53.858 4.0.2.1      4.0.2.11     HTTP     473 GET /static/img/favicon.ico HTTP/1.1

⊞ Frame 91: 567 bytes on wire (4536 bits), 567 bytes captured (4536 bits) on interface 0
⊞ Ethernet II, Src: HuaweiTe_a2:39:bb (70:54:f5:a2:39:bb), Dst: HuaweiTe_e8:75:de (f8:4a:bf:e8:75:de)
⊞ Internet Protocol Version 4, Src: 4.0.2.1 (4.0.2.1), Dst: 4.0.2.11 (4.0.2.11)
⊞ Transmission Control Protocol, Src Port: 10030 (10030), Dst Port: sunproxyadmin (8081), Seq: 1, Ack: 1, Len: 513
⊟ Hypertext Transfer Protocol
  ⊟ GET / HTTP/1.1\r\n
    ⊞ [Expert Info (Chat/Sequence): GET / HTTP/1.1\r\n]
      Request Method: GET
      Request URI: /
      Request Version: HTTP/1.1
    User-Agent: Mozilla/5.0 (windows NT 6.1; WOW64; rv:10.0) Gecko/20100101 Firefox/10.0\r\n
    Accept: text/html,application/xhtml+xml,application/xml;q=0.9,*/*;q=0.8\r\n
    Accept-Language: zh-cn,zh;q=0.5\r\n
    Connection: keep-alive\r\n
    Cookie: SESSIONID=EAEAAAQr5VTUSclOrGMgK/9RTJWGIMTi9qW3Q/NZXVs=; logotype: USG6320; copyright=2014; hSign=huawei; fwlar
    If-None-Match: "e3fb613ddfd0cf1:0"\r\n
    If-Modified-Since: Mon, 15 Sep 2014 12:19:04 GMT\r\n
    Host: portal.test.com:8081\r\n
    \r\n
    [Full request URI: http://portal.test.com:8081/]
    [HTTP request 1/3]
```

（3）修改与此 Web 资源相关的一些 URL 的 Referer 字段为真实的内网 Web 资源地址，如下所示。

```
 669 22:03:53.654 4.0.2.1      4.0.2.11     HTTP     512 GET /static/img/retweet.png HTTP/1.1
 670 22:03:53.654 4.0.2.11     4.0.2.1      HTTP     948 HTTP/1.1 200 OK  (PNG)
 702 22:03:53.858 4.0.2.1      4.0.2.11     HTTP     473 GET /static/img/favicon.ico HTTP/1.1
 703 22:03:53.860 4.0.2.1      4.0.2.11     HTTP2   1454 HEADERS, HEADERS, Unknown type (22), Unknown type (1
 710 22:03:53.894 4.0.2.1      4.0.2.11     HTTP     509 GET /static/img/icon.png HTTP/1.1
 714 22:03:53.895 4.0.2.1      4.0.2.11     HTTP     508 GET /static/img/app.png HTTP/1.1
 715 22:03:53.895 4.0.2.11     4.0.2.1      HTTP     771 HTTP/1.1 200 OK  (PNG)

⊞ Frame 669: 512 bytes on wire (4096 bits), 512 bytes captured (4096 bits) on interface 0
⊞ Ethernet II, Src: HuaweiTe_a2:39:bb (70:54:f5:a2:39:bb), Dst: HuaweiTe_e8:75:de (f8:4a:bf:e8:75:de)
⊞ Internet Protocol Version 4, Src: 4.0.2.1 (4.0.2.1), Dst: 4.0.2.11 (4.0.2.11)
⊞ Transmission Control Protocol, Src Port: 10030 (10030), Dst Port: sunproxyadmin (8081), Seq: 514, Ack: 212, Len: 458
⊟ Hypertext Transfer Protocol
  ⊟ GET /static/img/retweet.png HTTP/1.1\r\n
    ⊞ [Expert Info (Chat/Sequence): GET /static/img/retweet.png HTTP/1.1\r\n]
      Request Method: GET
      Request URI: /static/img/retweet.png
      Request Version: HTTP/1.1
    User-Agent: Mozilla/5.0 (windows NT 6.1; WOW64; rv:10.0) Gecko/20100101 Firefox/10.0\r\n
    Accept: image/png,image/*;q=0.8,*/*;q=0.5\r\n
    Accept-Language: zh-cn,zh;q=0.5\r\n
    Connection: keep-alive\r\n
    Referer: http://portal.test.com:8081/\r\n
    Cookie: SESSIONID=EAEAAAQr5VTUSclOrGMgK/9RTJWGIMTi9qW3Q/NZXVs=; logotype=USG6320; copyright=2014; hSign=huawei; fwla
    Host: portal.test.com:8081\r\n
    \r\n
    [Full request URI: http://portal.test.com:8081/static/img/retweet.png]
    [HTTP request 2/3]
    [Prev request in frame: 91]
    [Response in frame: 670]
```

3. 防火墙作为 Web Client 将改写后的数据发送给真实的 Web Server

接下来就是正常的 HTTP 交互了，此处不再赘述。

8.3.3　对 URL 中资源路径的改写

防火墙接收到的应答报文，也就是需要呈现给用户的页面（以首页 http://portal.test.com:8081/为例），对于页面中的一些资源路径也需要进行改写，如果不对资源路径进行改写，客户端就会使用错误/不存在的地址获取资源，最终导致相应的内容无法正常显示。目前防火墙支持对如下页面资源进行改写。

- HTML 属性
- HTML 事件

- JavaScript
- VBScript
- ActiveX
- CSS
- XML

防火墙可以对这些资源的内部路径进行改写，目的是为了页面的正常显示和功能的正常使用。

8.3.4 对 URL 包含的文件改写

其实在上一小节已经对文件的改写已经做了一部分介绍，但均是基于所请求页面的资源改写，也就是说所改写的内容是用户无需感知的，用户所关心的是页面是否能正常显示，Web 的功能是否正常。而接下来要说的，正是用户切实关心的文件，包括 PDF、Java Applet 和 Flash。

以 PDF 为例，我们将 a.pdf 内嵌到 http://portal.test.com:8081/中，以链接的形式供用户下载使用。PDF 中的内容如下，包括只有在内网可以访问的链接（http://support.test.com/enterprise），如果防火墙不对其进行改写，远程用户打开下载后的 PDF 文件并访问其中的链接，会无法访问，如图 8-16 所示。

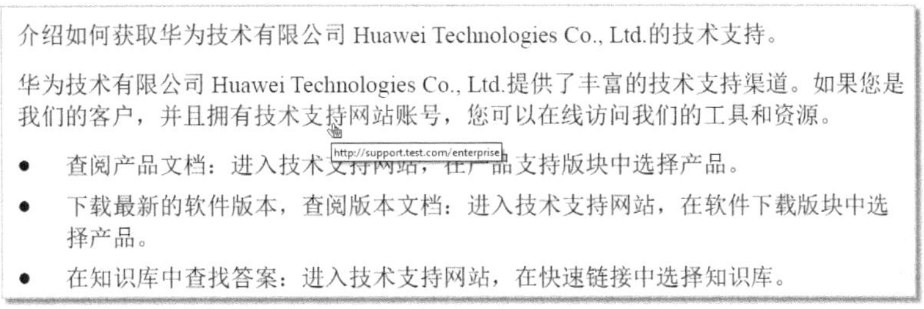
介绍如何获取华为技术有限公司 Huawei Technologies Co., Ltd.的技术支持。
华为技术有限公司 Huawei Technologies Co., Ltd.提供了丰富的技术支持渠道。如果您是我们的客户，并且拥有技术支持网站账号，您可以在线访问我们的工具和资源。
http://support.test.com/enterprise
查阅产品文档：进入技术支持网站，在产品支持版块中选择产品。
下载最新的软件版本，查阅版本文档：进入技术支持网站，在软件下载版块中选择产品。
在知识库中查找答案：进入技术支持网站，在快速链接中选择知识库。

图 8-16 URL 中包含文件

而通过虚拟网关下载 Web 代理资源中的 PDF 文件，本地打开后显示如下，可见文件中原来的内网 URL 已经被改写，改写后的 URL 为虚拟网关地址开头，这样外网用户就可以访问内嵌在 PDF 文件中的内网资源，如图 8-17 所示。

研发领域常用网址导航
常用文件 W3主页 工时申报 夜宵补助 HedEx 网址导航
华为技术有限公司 Huawei Technologies Co., Ltd.提供了丰富的技术支持渠道。如果您是我们的客户，并且拥有技术支持网站账号，您可以在线访问我们的工具和资源。
查阅产品文档：进入技术支 选择产品。
https://4.1.64.12/webproxy/7/170957690/4/http/support.test.com/0-0+enterprise
下载最新的软件版本，查阅版本文档：进入技术支持网站，在软件下载版块中选择产品。
在知识库中查找答案：进入技术支持网站，在快速链接中选择知识库。

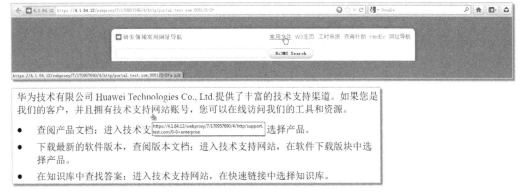

图 8-17 对 URL 中包含的文件进行改写

8.4　端口转发

文件共享和 Web 代理可以应对远程用户访问内网资源的大部分需求，但是有些情况下，例如对于 Telnet、SSH、Email 等基于 TCP 的非 Web 应用的访问，文件共享和 Web 代理看似束手无策了。但事实并非如此，本节强叔就给大家介绍 SSL VPN 第三个神奇的功能——端口转发。

端口转发，一言以蔽之，就是使用专门的端口转发客户端程序，在远程用户侧获取用户的访问请求，再通过虚拟网关转发到内网相应的服务器。接下来以最常见的 Telnet 访问为例，介绍远程客户端通过 SSL VPN 访问内网的配置和处理流程。

8.4.1　配置端口转发

端口转发的应用场景如图 8-18 所示。

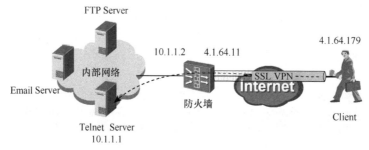

图 8-18　端口转发应用场景

与前面介绍的 SSL VPN 其他功能一样，无论访问什么样的应用，首先都要在虚拟网关中添加相应的资源，对 Telnet 而言，只需要在虚拟网关中配置 Telnet 服务器的 IP 地址和端口即可，如图 8-19 所示。

图 8-19　端口转发——新建资源

开启转口转发功能有两种方式，一是远程用户在登录后的虚拟网关界面中，选择手动启用端口转发功能，二是由管理员在配置的时候设置为**登录后客户端自动启用**，如图 8-20 所示。除了可以自动启动端口转发功能，管理员还可以选择是否**保持端口转发长连接**，这是由于有些应用的访问持续时间较长（如远程用户在操作 Telnet 的过程中突然要离开一段时间），选中后可以防止因 SSL 连接超时断开而中断端口转发业务。

图 8-20　配置端口转发

端口转发的数据处理流程相对复杂，强叔这里给出一张简图，如图 8-21 所示，后文将对各个阶段逐一介绍。

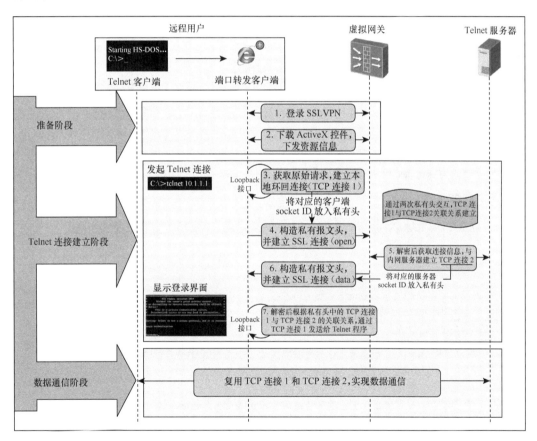

图 8-21　端口转发处理流程

📖 说明

这里的端口转发客户端包含了 SSL VPN 客户端功能，只是为了强调端口转发业务才特地如此称谓。

8.4.2　准备阶段

1. 登录 SSL VPN

此过程在"8.1.2　SSL VPN 的应用场景"中已经介绍，不再赘述。

另外需要大家知悉，在上一节中强叔是围绕 URL 展开分析的，而端口转发的分析将有所不同，尽管也登录了虚拟网关，但因为是非 Web 类的应用访问，所以对应的资源访问也不再使用 Web，而是借助其他应用程序，如 Putty（Telnet/SSH 工具）、Filezilla（FTP 工具）、Foxmail（邮件程序）等。这时问题也随之而来了，非 Web 应用程序是如何利用已经登录的 SSL VPN 连接的呢？

2. 端口转发客户端进入聆听状态

使用非 Web 应用程序进行数据访问时，看似与 SSL VPN 没什么关系，但实际上，端口转发关键的技术点已在此恭候多时：用户使用 Windows 系统的 IE 浏览器登录虚拟网关后，会在本地 PC 的 IE 浏览器上自动运行端口转发客户端（ActiveX 控件）。这个客户端的作用就是像顺风耳一样时刻"聆听"其他程序的所有请求，并在千钧一发之际将远程用户发给内网服务器的请求"拦截"下来，然后再通过 SSL 连接发送给虚拟网关。对于"聆听"到的请求，选择哪些请求进行拦截，这位顺风耳并不是一意孤行，是根据虚拟网关这位上级的指示来严格执行的。那么指令是什么呢？

前面配置的端口转发资源，实际上就是虚拟网关给端口转发客户端下发的指令——"有用户要访问这些资源，请你协助它们完成访问任务"。在端口转发功能中，下发的指令便是**目的主机 IP 地址+目的端口**，以上信息可以唯一确定远程用户要访问的应用信息。

如图 8-22 所示，远程用户手动启用端口转发功能后，端口转发客户端会自动向虚拟网关请求资源信息，客户端请求到的资源信息会保存在远程用户 PC 的内存中，随时待命，便于在接下来选择"拦截"哪些请求。

图 8-22　端口转发——启动

为了不暴露内网服务器的地址，具体资源信息无法在端口转发客户端上进行查看，菜单中的资源也无法直接单击，只有简单的提示作用。

8.4.3　Telnet 连接建立阶段

1. 顺风耳精准拦截，施展代理绝活

在顺风耳的脑海中，已经明确要"拦截"哪些请求了，当下要做的就是竖起耳朵，聆听自己关心的内容。当用户使用 Telnet 程序对 10.1.1.1 的 23 端口请求连接时（一个

TCP SYN 报文），顺风耳发现与上级虚拟网关下发的资源信息（目的 IP+目的端口）匹配，立即将此 TCP SYN 报文"拦截"。如果按照通常的做法这时就可以将请求报文发给虚拟网关交差了，但这里顺风耳考虑到如果不经过处理便发送给虚拟网关，即会导致每个 Telnet 请求（即每条 TCP 连接）都会对应建立一条新的 SSL 连接，这样做不但会占用过多的系统资源，而且响应速度也会有延迟。

为了节省虚拟网关的会话和内存资源，提高用户体验，顺风耳决定先乔装打扮成接收方，模拟接收一次 Telnet 业务请求（TCP 连接），弄清楚用户需要访问什么样的资源，采用"集中代理的方式，一条 SSL 连接搞定"的战术，减轻"上级"（虚拟网关）的压力。如何模拟接收 Telnet 业务？如何集中代理呢？顺风耳这个优秀的代理业务员自有妙计。

端口转发收到 Telnet 请求后对报文进行改造，将原来要发送给 10.1.1.1 的请求改为发送给自己（127.0.0.1），这样就等于自己代替 Telnet 服务器接受了请求。不过，模拟归模拟，模拟的同时必须记录改造前后的对应关系，便于后续可以代替 Telnet 服务器应答真正的用户（4.1.64.179）。

端口转发客户端与自己建立了 TCP 连接 1（也叫本地环回连接），使用 **netstat** 命令验证如下。

```
C:\> netstat -anp tcp

活动连接

  协议    本地地址            外部地址            状态
  TCP     127.0.0.1:1047      0.0.0.0:0           LISTENING
  TCP     127.0.0.1:1047      127.0.0.1:7319      ESTABLISHED
  TCP     127.0.0.1:7319      127.0.0.1:1047      ESTABLISHED
```

2. 构造私有报文头，提交"端口转发业务单"

模拟接收 Telnet 业务请求后，端口转发客户端对用户的请求已经了然于胸，按流程要求需要填写"端口转发业务单"提交上级领导。业务单中必须包括用户要请求的目的地址（10.1.1.1）和端口（23），以及命令字（建立连接、传输数据报文或关闭连接等），这样上级才能进一步处理。

此处需要注意：由于端口转发客户端自己模拟了接收方建立了 TCP 链接 1，所以业务单中必须对该 TCP 链接做一个标记（TCP 连接 1 的 socket ID，称为客户端 socket ID），只有这样当上级将业务受理结果返回时，端口转发客户端才能根据标记找到 TCP 连接 1，将返回结果发给对应的 Telnet 客户端。

"端口转发业务单"在端口转发业务中被称为私有报文头（简称私有头），如表 8-6 所示。这里仅以 Telnet 请求连接的报文为例，对私有报文头的主要字段进行说明。Telnet 连接建立阶段报文载荷为空，所以传输时只有私有报文头，在数据传输阶段报文才会有载荷。

表 8-6　　　　　　　　　　　　　　　端口转发私有报文头

字段名称	字段说明
用户标识	标识用户身份，虚拟网关自动为用户分配。可以理解为端口转发业务单号
命令字	Open：新建连接 Data：数据命令 Close：关闭连接

（续表）

字段名称	字段说明
业务类型	端口转发 Web-Link Web-Link 实际上就是 HTTP/HTTPS 的端口转发业务，也就是说 Web-Link 资源，同样也可以配置为端口转发资源。但是请注意，在 Web-Link 资源中知名端口可以不指定，例如http://www.huawei.com/，但是在端口转发的配置中端口号是必选，例如 HTTP 的知名端口号 80，HTTPS 是 443
源 IP 地址	原始请求中的源 IP 地址，本例中为远程用户客户端的地址：4.1.64.179
目的 IP 地址	原始请求中的目的 IP 地址，本例中为内网 Telnet 地址：10.1.1.1
协议类型	目前仅支持 TCP 协议
目的端口	原始请求中的目的端口，本例中为内网 Telnet 端口：23
客户端 socket ID	远程用户与防火墙建立连接使用的 socket ID，用于标识此次会话，后续的报文会继续使用这个 socket ID
服务器 socket ID	防火墙作为 Telnet Client 与内网服务器建立连接使用的 socket ID，作用与客户端 socket ID 一样，均用来标识会话

"端口转发业务单"整理完成后通过 SSL 连接加密发送给虚拟网关。

需要注意的是，此处建立的是一条专门用于端口转发业务的 SSL 连接，而非登录时已经建立好的 SSL 连接。当 Telnet 对其他资源发起访问时情况类似，建立新的 TCP 连接后，端口转发客户端也会再填写一份"端口转发业务单"，并共享这条 SSL 连接进行发送。这样，在客户端和虚拟网关之间会始终保持一条唯一的 SSL 连接。总之，所有的"端口转发业务单"都将送往这条 SSL 连接，经过加密后再发往虚拟网关，大大减轻了虚拟网关的工作量。

3. 虚拟网关与内网服务器建立连接

虚拟网关收到加密后的报文，对其进行解密，在"端口转发业务单"中获取到 Telnet 真实的目的 IP 地址和端口、命令字等信息，此时虚拟网关将作为 Telnet 客户端与内网服务器进行交互建立 Telnet 连接。通过查看防火墙的会话表，可以得出防火墙随机启用了端口 10010 向 10.1.1.1:23 发起访问请求，建立了 TCP 连接 2。

```
telnet    VPN:public --> public 10.1.1.2:10010-->10.1.1.1:23
```

4. 内网服务器响应报文返回 Telnet 客户端

虚拟网关收到内网服务器的响应报文（登录界面），在发给远程客户之前，虚拟网关依然会构造私有报文头，填写 TCP 连接 2 的 socket ID（服务器 socket ID），这样便可以与 TCP 连接 1 建立对应关系。最终，虚拟网关把经过 SSL 加密后的私有报文头+数据发送给端口转发客户端。端口转发客户端根据私有头中客户端 socket ID 找到 TCP 连接 1，再找到 Telnet 客户端真实 IP 地址，最终返回真实的数据。

端口转发客户端收到经 SSL 解密后的数据如下，从截图中标识的部分已经依稀看到登录页面的文字了，也就是 Telnet 数据报文，而上半部分的内容正是私有头的内容。

```
(.....@.........p..........................p..............
...@.........................T7...........................
Q.........................................................
..............@.......................................p...
p.........@...................T7..........................
Q.........@.......................p.......................
p.........@...................T7..........................
..............p...................@..............T7.......
p....................@.....................T7.............
Q.........@...................T7..........................
..............p...................@..............T7.......
p.........@...................T7..........................
Q.........@...................T7..........................
p.........@...................T7..........................
p.........................................................
p.....N......@............................................
.............0............................................
*********************************************************
*         All rights reserved 2014                      *
*     without the owner's prior written consent,        *
* no decompiling or reverse-engineering shall be allowed.*
* Notice:                                                *
*      This is a private communication system.           *
*   Unauthorized access or use may lead to prosecution.  *
*********************************************************
Warning: Telnet is not a secure protocol, and it is recommended to use
stelnet.
.............0...........p...................@.
.............0...................p...........@.
Login authentication
.............p...........@.
.............0...........p...................p...........@.
.............p...........@.
.............0....
Username:...........p...........@.
```

8.4.4　数据通信阶段

后续的 Telnet 数据报文,会继续使用之前建立的 TCP 连接 1 和 TCP 连接 2,然后通过私有报文头将两个连接进行关联,最终打通"Telnet 客户端—端口转发客户端—虚拟网关—Telnet 服务器"之间的传输通道,实现数据通信。

Telnet 应用的端口转发流程就介绍到这里,Telnet 协议只是最简单的单通道协议,除此之外,端口转发还支持如下类型应用。

- 多通道协议,支持 FTP 和 Oracle SQL NET。在实际的配置中,对于 FTP 协议只需要指定控制通道的端口 21,协商后的数据端口会被自动"聆听",无需额外配置。
- 多协议应用。对于有些应用,需要多个协议支持,例如 Email,需要在配置端口转发业务前,确定发送协议(SMTP:25)和接收协议(POP3:110 或者 IMAP:143)的端口号,并为每一种协议配置一条端口转发资源。
- 多 IP 固定端口应用。例如 IBM Lotus Notes,对应的数据库存在于多个服务器上,但是对外提供服务时,均使用 1352 端口。这类应用在配置端口转发业务时,无需遍历配置所有服务器,只需要在"主机地址类型"中选择"任意 IP 地址"即可。

在实际应用中,端口转发的配置和使用都十分简单(SSL VPN 的特色嘛),但殊不知神功练就的背后夹杂了多少泪水,也许在实际的使用中用不到这些生僻的内容,但是相信有那么一瞬间,强叔会助你灵光一现,发现更大的世界。

8.5　网络扩展

老话说"物有所归,各有其能",SSL VPN 的这四大业务也是如此,用户要访问 Web

资源就要用 Web 代理业务；要访问文件资源，就要用文件共享业务……以此推理，大家一定会产生几个问题，强叔今天要讲的网络扩展又会用在什么场景下呢？还有它的工作原理是什么样的？为什么这个业务要叫"网络扩展"呢？或许大家的问题还很多，没关系，强叔会在本节中对这些问题逐一进行解释。

8.5.1　网络扩展应用场景

图 8-23 是远程用户访问企业内网资源的一个场景，即远程用户需要访问企业内部的语音服务器（SIP Server）参加电话会议。面对这样一个需求，SSL VPN 的前三个业务是否能够搞定呢？

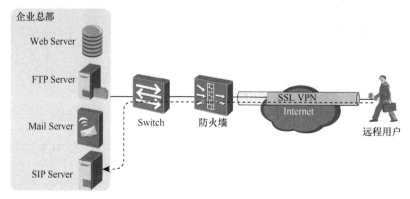

图 8-23　网络扩展应用场景

我们先来分析一下，远程用户要访问语音服务器，两者之间采用的是 SIP 协议通信，而 SIP 通常是基于 UDP 之上的一种应用协议。Web 代理、文件共享解决的是远程用户访问 Web 资源和文件资源的具体问题，这两个业务和语音资源就不沾边，所以肯定搞不定这个需求。那端口转发业务能不能解决这个问题呢？答案也是 No。其原因在于端口转发只能解决基于 TCP 的应用协议，而 SIP 通常是基于 UDP 的协议，所以端口转发业务在这个需求面前也是爱莫能助。难道堂堂 SSL VPN 连这个需求都搞不定？非也，这就要用到我们今天讲的网络扩展业务了。

在防火墙上开启网络扩展业务就可以实现远程用户的这个需求了，因为网络扩展业务可以满足远程用户访问企业内网的全部 IP 资源，而上面需求中提到的基于 SIP 的语音资源就是 IP 资源的一种。

或许有些读者对于网络扩展业务可以满足远程用户访问企业内网全部 IP 资源这个说法理解得还不透彻，这里强叔就结合图 8-24 再解释一下。

从图 8-24 可以看出，用户的业务系统种类繁多，不胜枚举。可是如果再深挖几层，我们就会发现，无论用户上层的业务系统有多少，它终究还是要依赖下层的协议为其提供通信支持，只是不同的业务系统所使用的底层的协议类型不同罢了。

Web 代理、文件共享所支持的应用层协议是很具体的，如 Web 代理就只能支持基于 HTTP 协议的应用；文件共享只支持 SMB、NFS 协议的应用；端口转发已经支持基于 TCP 协议的所有应用了。但有了端口转发业务也不代表 SSL VPN 就能包打天下，比如遇到基于 UDP 协议的一些应用它就鞭长莫及了（例如用户的电话会议系统使用的 SIP 协议是基于 UDP）。要使 SSL VPN 能够支持用户更多的应用，这就要求我们提供更低一层协议的支持，而网络扩展就是这么样一个功能，它一步到位直接支持到了 IP 层。所以，网络扩展业务提供给远程用户的资源类型更丰富。

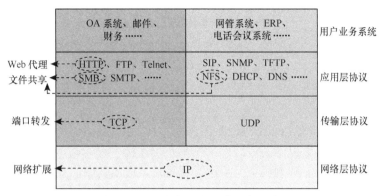

图 8-24　网络扩展位于的网络层次

8.5.2　网络扩展处理流程

远程用户使用网络扩展功能访问内网资源时，其内部交互过程如图 8-25 所示。

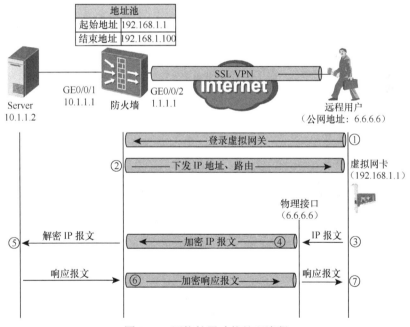

图 8-25　网络扩展功能处理流程

（1）远程用户通过 IE 浏览器登录虚拟网关。

（2）远程用户成功登录虚拟网关后启动网络扩展功能。

远程用户启动网络扩展功能，会触发以下几个动作。

1）远程用户与虚拟网关之间会建立一条新的 SSL VPN 隧道。

2）远程用户本地 PC 会自动生成一个虚拟网卡。虚拟网关从地址池中随机选择一个 IP 地址，分配给远程用户的虚拟网卡，该地址作为远程用户与企业内网之间通信之用。有了这个私网地址，远程用户就如同企业内网用户一样可以方便访问内网 IP 资源。

3）虚拟网关向远程用户下发到达企业内网 Server 的路由信息。

（3）远程用户向企业内网的 Server 发送业务请求报文，该报文通过 SSL VPN 隧道到达虚拟网关。

（4）虚拟网关收到报文后进行解封装，并将解封装后的业务请求报文发送给内网 Server。

（5）内网 Server 响应远程用户的业务请求。

（6）响应报文到达虚拟网关后进入 SSL VPN 隧道。

（7）远程用户收到业务响应报文后进行解封装，取出其中的业务响应报文。

以上就是远程用户通过网络扩展业务访问企业内网 IP 资源的基本过程，我们可以对比一下网络扩展与其他三个 SSL VPN 业务的实现方式，我们不难发现，Web 代理、文件共享、端口转发这三个业务实现机制大体是相同的，即将企业网络的内部资源映射到防火墙上，然后再由防火墙呈现给远程用户。从这个角度来看，防火墙只是做了一个安全代理设备罢了，远程用户实际并没有接入到企业的内网中去。

而网络扩展有所不同，在网络扩展业务中，远程用户从防火墙中获取了一个企业内部的私网 IP 地址，并以该 IP 地址来访问企业网络的内部资源。Internet 上的用户有了企业的私网地址，用户本身就如同置身于企业网络内部一样。换个角度来看，就相当于企业网络的边界已经延伸到了远程用户那里，图 8-26 中灰色虚线边框所围成的区域就可以看作是企业网络在 Internet 上的延伸，所以这个业务叫网络扩展也就不难理解了。

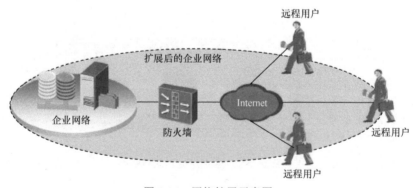

图 8-26　网络扩展示意图

为了大家更深入地了解网络扩展的内部实现机制，强叔结合上面的交互过程，再讲一下业务请求报文进入 VPN 隧道以及从 VPN 隧道出来以后报文的封装和解封装原理。

8.5.3　可靠传输模式和快速传输模式

网络扩展功能建立 SSL VPN 隧道的方式有两种：可靠传输模式和快速传输模式。可靠传输模式中，SSL VPN 采用 SSL 协议封装报文，并以 TCP 协议作为传输协议；快速传输模式中，SSL VPN 采用 QUIC（Quick UDP Internet Connections）协议封装报文，并以 UDP 协议作为传输协议。QUIC 也是基于 TLS/SSL 协议实现的数据加密协议，它的作用和 SSL 一样，只是经它封装的报文要基于 UDP 协议来传输。

采用可靠性传输模式进行报文封装的过程如图 8-27 所示。从图中可以看出，远程用户与企业内网（SIP Server）之间通信的源地址（SRC：192.168.1.1）就是它虚拟网卡的 IP 地址。期间的报文交互经过往复的加解密之后安全到达通信双方。远程用户访问 SIP Server 时，内层报文的源端口是 5880（随机），目的端口是 5060，传输协议基于 UDP。外层报文采用的封装协议是 SSL，传输协议是 TCP。

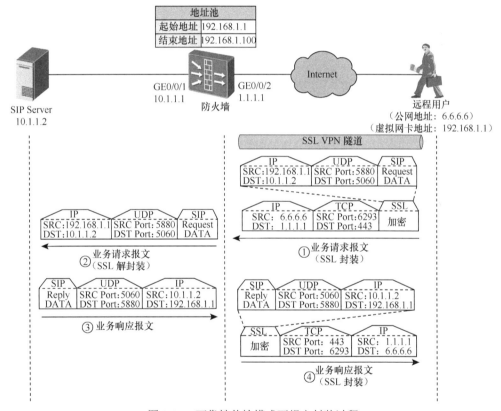

图 8-27　可靠性传输模式下报文封装过程

采用快速传输模式进行报文封装的过程如图 8-28 所示。该模式下报文的封装原理和可靠性模式下报文封装原理是一样的，只是外层报文使用的封装协议由 SSL 改为 QUIC，传输协议由 TCP 改为 UDP。

在网络环境不稳定的情况下推荐使用可靠性传输模式。而网络环境比较稳定的情况下，推荐使用快速封装模式，这样数据传输的效率更高。

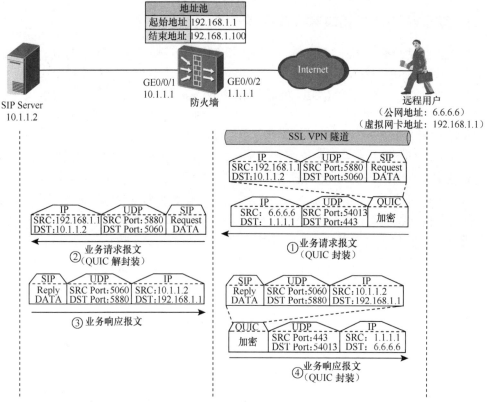

图 8-28　快速传输模式下报文封装过程

8.5.4　配置网络扩展

网络扩展业务的配置可以分为如下几个步骤。

（1）创建一个虚拟网关。

（2）在虚拟网关下创建远程用户、配置远程用户的认证方式以及角色授权。

（3）配置网络扩展业务。

其具体的配置页面如图 8-29 所示。

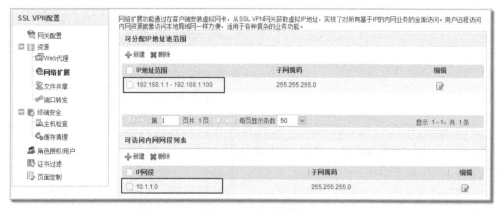

图 8-29　网络扩展配置

网络扩展业务只需要配置两个 IP 地址段就可以了，要配的东西少，所以很简单。但是，怎样选取这两个 IP 地址段却是大有讲究。

参数 1：可分配 IP 地址池范围

在原理部分强叔讲过，远程用户启动网络扩展功能以后，虚拟网关会给远程用户的虚拟网卡分配 IP 地址，那这个地址从哪里来？聪明的读者应该已经猜到了，就是从这里配置的地址池中随机取的。

这个地址池是由网络管理员自行指定的，在指定地址池的时候需要注意该地址池网段与内网网段之间的关系。如果这个地址段与内网网段 10.1.1.2 设置在了同一个子网中，则远程用户在获得虚拟网关分配的这个地址以后，就相当于远程用户和内网服务器在一个二层交换机下连着一样，远程用户就可以直接访问服务器，不存在路由问题。假如此处的地址池和内网服务器不在同一个网段（举例中就没在同一网段），这里就**需要在防火墙上配置一条目的地址是地址池网段（192.168.1.0），出接口是与 Internet 相连的公网接口的路由。这条路由仅用于确定安全域间关系，并不指导报文转发。**

```
[FW] ip route-static 192.168.1.0 255.255.255.0 GigabitEthernet0/0/2 1.1.1.2
```

另外，如果企业内部有专门为用户分配 IP 地址的服务器，如 DHCP 服务器、第三方认证服务器等，网络扩展中的地址池只要不与这些服务器分配的地址段冲突即可，各自分配各自的 IP 地址，互不影响。

参数 2：可访问内网网段列表

前面强叔说到，开启网络扩展远程用户就可以访问企业内网的所有 IP 资源，那为什么这里还有"可访问内网网段"呢？说到底还是为了控制，如果我们不配置这个参数，默认远程用户是可以访问内网的所有资源。但为了能灵活控制远程用户的访问范围，我们就增加了这个功能。

配置或者不配这个参数，不只是影响用户访问企业内网的范围，同时它还影响远程用户的其他网络状态。

- 如果网络扩展中配置"可访问内网网段"为 10.1.1.0，则虚拟网关就会向远程用户的 PC 上推送一条明细路由，目的地址是内网网段 10.1.1.0，出接口是虚拟网卡地址（远程用户获取到的企业内网的私网地址 192.168.1.1）。

```
C:\> route print

IPv4 路由表
===========================================================================
活动路由:
网络目标         网络掩码            网关           接口              跃点数
0.0.0.0         0.0.0.0            10.111.78.1    10.111.78.155     10
10.1.1.0        255.255.255.0      在链路上        192.168.1.1       1
10.1.1.255      255.255.255.255    在链路上        192.168.1.1       257
```

- 如果在网络扩展中不配置"可访问内网网段"这个参数，远程用户的路由又会是什么样的呢？在下图中我们可以看到，虚拟网关向远程用户推送了一条缺省路由，出接口是虚拟网卡地址（远程用户获取到的企业内网的私网地址 192.168.1.1）。

```
C:\> route print
```

IPv4 路由表				
活动路由:				
网络目标	网络掩码	网关	接口	跃点数
0.0.0.0	0.0.0.0	在链路上	192.168.1.1	1

可别小看了上述两种路由之间的差异，配置了"可访问内网网段"时，虚拟网关只是下发一些到企业内网网段的路由到远程用户，而这个路由不会影响到其他路由，也就是说远程用户想访问企业内网就访问企业内网，想访问 Internet 就访问 Internet，这个访问丝毫不受影响，是该干嘛干嘛。

如果选择了不配置这个参数，那问题就来了。通常远程用户访问 Internet 这条路由是一条缺省路由，现在虚拟网关又推送过来一条缺省路由，而且虚拟网关推送过来的这条缺省路由优先级最高（跃点数是 1），这样一来就会使得远程用户原有的缺省路由失效，即远程用户就没法访问 Internet 了。假如远程用户某一时刻必须要访问 Internet，那就只能暂时断开一下网络扩展连接，想访问内网的时候再重新启用网络扩展就行了。所以到底选择哪一种网络扩展的配置方式，这就取决于企业用户的需要了。

网络扩展业务配置完了，我们下面再来看看远程用户该如何通过网络扩展功能访问内网资源。

8.5.5　登录过程

SSL VPN 的网络扩展功能向远程用户提供了两种访问内网的途径，一种是使用 IE 浏览器，另一种是采用独立的网络扩展客户端。

1. IE 浏览器

（1）远程用户在 IE 浏览器地址栏中输入虚拟网关的访问地址。

（2）出现虚拟网关登录界面后，输入用户名和密码。

（3）登录成功的远程用户可以在虚拟网关的资源页面看到"网络扩展"页签，单击网络扩展下的"启动"，如图 8-30 所示，远程用户就会获取到虚拟网关为其分配的企业内网 IP 地址，这样就可以直接访问企业内网资源了。

图 8-30　网络扩展——启动

在介绍报文封装原理部分强叔提到过，建立 SSL VPN 隧道分为可靠性传输和快速传输两种模式，而**采用 IE 浏览器与虚拟网关之间建立的 SSL VPN 隧道默认使用的是快速传输模式。**

2. 独立客户端

（1）远程用户下载、安装网络扩展独立客户端。

远程用户成功登录到虚拟网关以后，然后单击界面右上角的"用户选项"，就可以看到网络扩展客户端的下载链接，如图 8-31 所示。安装也很简单，按照引导单击"下一步"就行了。

图 8-31　下载网络扩展客户端软件

使用独立客户端好处在于，网络扩展客户端可以在开机的时候自动启用，而且在连接断开时有自动重连功能。而使用 IE 浏览器方式时则需要每次都登录一下虚拟网关，所以比较麻烦。

（2）登录虚拟网关。

地址：虚拟网关地址。

用户名、密码：管理员为远程用户分配的登录虚拟网关的用户名和密码。

如图 8-32 所示，单击"登录"，远程用户就可以和内网用户一样访问内网资源了。

图 8-32　登录虚拟网关

采用独立客户端建立 SSL VPN 隧道时，SSL VPN 的隧道建立模式可以进行配置。在登录界面中单击"选项"，然后在"隧道模式"中就可以选择是使用可靠性传输模式还是快速传输模式。隧道模式中还有个"自适应模式"，表示客户端会根据网络环境自动选择采用可靠性传输模式或是快速传输模式建立 SSL VPN 隧道。

如果已经启用了网络扩展功能，那远程用户怎么判断自己的网络扩展功能是不是生效了呢？这可以看两个指标，首先需要用 **ipconfig** 命令看一下远程用户有没有获取到虚拟网关分配的私网地址。按照上面的例子，如果启用网络扩展以后，远程用户获得了一个 192.168.1.0 网段内的 IP 地址。那么，恭喜！您已经成功接入到企业的内网中了。

第二个指标就是远程用户尝试一下，看能不能访问企业内网的资源。

我们经常会碰到这样一些情况，就是远程用户已经获取到虚拟网关分配的 IP 地址了，但就是无法访问内网资源，这又是怎么回事呢？总体来说碰到这样的情况有两个原因，如下。

- 一是远程用户没有访问这个内网资源的业务权限（比如研发人员没有访问财务系统的权限）。
- 二是我们在配置网络扩展业务时，"可访问内网网段"中没有包含远程用户要访问的内网资源所在的网段。

这两个问题也好解决，要么远程用户向网络管理者申请业务权限；要么网络管理者在防火墙上检查一下，看是不是把内网资源都添加进来了。

8.6　配置角色授权

在 SSL VPN 业务中企业管理员可以为不同的用户定制不同的"特色菜单",实现对 Web 资源和非 Web 资源的访问控制。在华为防火墙中,不同用户对多个资源的访问控制是通过角色授权完成的,一个角色中的所有用户拥有相同的权限。角色是连接用户/组与业务资源的桥梁,管理员可以将权限相同的用户或组加入到某个角色,然后在角色中关联业务资源。

如图 8-33 所示,角色中可以包含多个用户/组,同时还可以关联多个业务资源项。

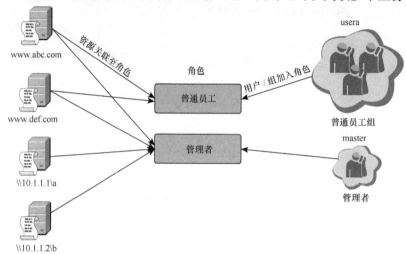

图 8-33　角色、用户/用户组与资源的关系

其中角色可以关联的具体控制项如下。

- 业务授权(启用):指定角色内用户可以使用的业务,包括 Web 代理、文件共享、端口转发和网络扩展。
- 资源授权:对于 Web 代理、文件共享和端口转发业务,在业务已经启用的前提下,指定具体可以访问的资源。如果不指定具体资源,角色内用户无法访问任何资源。

对于网络扩展业务,在业务已经启用的前提下,可以使用基于用户的安全策略来对远程用户访问资源的行为进行权限控制,具体介绍请参见"8.7.2 网络扩展场景下配置安全策略"。

按照以上思路我们为普通员工和管理者创建不同的角色(usera 和 master),然后再为其指定不同资源,这样就可以实现按"角色"进行细粒度资源访问控制。如图 8-34 所示。

图 8-34　配置角色授权

完成以上配置后，普通员工和管理者登录虚拟网关后就会看到各自的资源界面，如图 8-35 所示。

图 8-35　用户登录后的资源界面

8.7　配置安全策略

Web 代理、文件共享和端口转发场景下配置安全策略的作用是实现网络层互通，如果要对远程用户访问资源进行权限控制，请参见前面我们介绍过的"资源授权"的内容。

SSL VPN 的安全策略配置思路与 IPSec 相似，先在防火墙上配置一个比较宽泛的安全策略，保证 SSL VPN 业务正常运行，然后通过分析会话表，得到精细化的安全策略匹配条件，具体过程可以参考"第 6 章　IPSec VPN"中的介绍。

下面我们针对 Web 代理/文件共享/端口转发场景和网络扩展场景，分别给出这两种场景下安全策略的配置过程。

8.7.1　Web 代理/文件共享/端口转发场景下配置安全策略

Web 代理、文件共享和端口转发场景下配置安全策略的作用是实现网络层互通，如果要对远程用户访问资源进行权限控制，请参见前面我们介绍过的"资源授权"的内容。

以文件共享访问服务为例，远程用户和防火墙 FW 之间建立 SSL VPN 隧道，远程用户访问文件服务器 Server，如图 8-36 所示。假设在 FW 上，GE0/0/1 接口连接私网，属于 DMZ 区域；GE0/0/2 接口连接 Internet，属于 Untrust 区域。

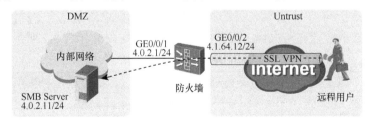

图 8-36　SSL VPN 文件共享应用

远程用户向 Server 发起访问成功后，在 FW 上可以看到如下会话表。

```
<FW> display firewall session table verbose
 Current Total Sessions : 4
  https   VPN:public --> public  ID: a48f3629814102f62540ade7f
```

```
Zone: untrust--> local    TTL: 00:10:00    Left: 00:09:52
Output-interface: InLoopBack0    NextHop: 127.0.0.1    MAC: 00-00-00-00-00-00
<--packets:436 bytes:600276    -->packets:259 bytes:32089
4.1.64.179:41066-->4.1.64.12:443    //建立 SSL VPN 隧道的报文


https    VPN:public --> public    ID: a48f3629815b06fd6540ade7f
Zone: untrust--> local    TTL: 00:10:00    Left: 00:09:52
Output-interface: InLoopBack0    NextHop: 127.0.0.1    MAC: 00-00-00-00-00-00
<--packets:291 bytes:395991    -->packets:176 bytes:26066
4.1.64.179:41067-->4.1.64.12:443    //建立 SSL VPN 隧道的报文


tcp    VPN:public --> public    ID: a48f3629818f0c229540ade8d
Zone: local--> dmz    TTL: 00:00:10    Left: 00:00:02
Output-interface: GigabitEthernet0/0/1    NextHop: 4.0.2.11    MAC: 78-ac-c0-ac-93-7f    <--packets:5 bytes:383    -->
packets:8 bytes:614
4.0.2.1:10013-->4.0.2.11:445    //防火墙作为代理访问 Server 的报文


netbios-session    VPN:public --> public    ID: a58f3629817501ad8a540ade8d
Zone: local--> dmz    TTL: 00:00:10    Left: 00:00:02
Output-interface: GigabitEthernet0/0/1    NextHop: 115.1.1.2    MAC: 78-ac-c0-ac-93-7f
<--packets:1 bytes:40    -->packets:1 bytes:44
4.0.2.1:10012-->4.0.2.11:139    //防火墙作为代理访问 Server 的报文
```

建立 SSL VPN 隧道的报文触发建立了两条相同的会话:一条是登录时建立的;另一条是访问业务资源时建立的。

分析以上会话表可以得到 FW 上的报文走向,如图 8-37 所示。

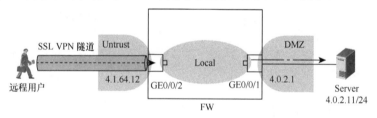

图 8-37　FW 上的报文走向

由图 8-37 可知,FW 上需要配置 Untrust 区域-->Local 区域的安全策略,允许远程用户与 FW 建立 SSL VPN 隧道;还需要配置 Local 区域-->DMZ 区域的安全策略,允许 FW 代理远程远程用户来访问 Server。

Web 代理/端口转发功能与文件共享的安全策略配置思路是完全一样的,总结一下,针对以上三个功能应该在防火墙上配置的安全策略匹配条件如表 8-7 所示。

表 8-7　　　　　　　　　　安全策略匹配条件

业务方向	源安全区域	目的安全区域	源地址	目的地址	应用(协议+目的端口)
远程用户访问 Server	Untrust	Local	ANY	4.1.64.12/32	TCP+443*
	Local	DMZ	ANY**	4.0.2.11/24	TCP+139 TCP+445***

*:设备使用的端口请以实际情况为准

**:对于 USG6000 系列防火墙,虽然在会话表中显示的源地址是接口的私网地址,但实际配置时源地址必须指定为 ANY;对于 USG2000/5000 系列防火墙,实际配置时源地址可以指定为接口的私网地址

***:此处以文件共享业务为例,如果是 Web 代理和端口转发业务,请以实际情况为准

8.7.2　网络扩展场景下配置安全策略

网络扩展场景下配置安全策略的作用是实现网络层互通，另外还可以通过安全策略来对远程用户访问资源进行权限控制。

远程用户和防火墙之间建立 SSL VPN 隧道，并使用网络扩展业务访问企业内网服务器 Server。假设在防火墙上，GE0/0/1 接口连接私网，属于 DMZ 区域；GE0/0/2 接口连接 Internet，属于 Untrust 区域。

网络扩展中，服务器 Server 与虚拟网关地址池是否在同一网段，会影响业务报文经过的安全区域，因此域间安全策略的配置还需要分以下两种情况讨论。

1. Server 与虚拟网关地址池在同一网段

Server 与虚拟网关地址池在同一网段时的组网环境如图 8-38 所示。

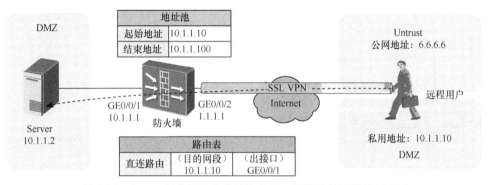

图 8-38　Server 与虚拟网关地址池在同一网段时的网络扩展应用

Server 与虚拟网关地址池在同一网段，意味着得到私网 IP 地址的远程用户跟 Server 处于同一网段，当然也处于同一安全区域 DMZ。

远程用户通过网络扩展访问 Server 成功后，我们在 FW 上看到的会话表恰好验证了这个结论。

```
<FW> display firewall session table verbose
Current Total Sessions : 3
https   VPN:public --> public   ID: a48f3fc25ef7084f654bfcacd
Zone: untrust--> local   TTL: 00:00:10   Left: 00:00:02
Output-interface: InLoopBack0   NextHop: 127.0.0.1   MAC: 00-00-00-00-00-00
<--packets:10 bytes:2577    -->packets:9 bytes:804
6.6.6.6:50369-->1.1.1.1:443            //建立 SSL VPN 隧道的报文

icmp   VPN:public --> public   ID: a58f3fc25f2b05940054bfcb3f
Zone: dmz--> dmz   TTL: 00:00:20   Left: 00:00:13      User: huibo
Output-interface: GigabitEthernet0/0/1   NextHop: 10.1.1.2   MAC: 00-22-a1-0a-eb-7d
<--packets:3 bytes:180    -->packets:4 bytes:240
10.1.1.10:1-->10.1.1.2:2048            //远程用户访问 Server 的原始报文

https   VPN:public --> public   ID: a58f3fc25f1107f81954bfcace
Zone: untrust--> local   TTL: 00:10:00   Left: 00:09:55
Output-interface: InLoopBack0   NextHop: 127.0.0.1   MAC: 00-00-00-00-00-00
<--packets:34 bytes:4611    -->packets:44 bytes:14187
6.6.6.6:58853-->1.1.1.1:443            //建立 SSL VPN 隧道的报文
```

建立 SSL VPN 隧道的报文触发建立了两条相同的会话：一条是登录时建立的；另一条是启动网络扩展时建立的。

分析以上会话表可以得到防火墙上的报文走向，如图 8-39 所示。

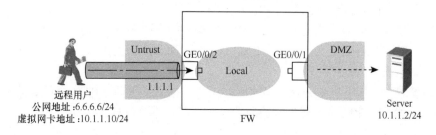

图 8-39　服务器 Server 与虚拟网关地址池在同一网段时防火墙上的报文走向

由图 8-29 可知，需要配置 Untrust-->Local 的安全策略，允许远程用户与防火墙之间建立 SSL VPN 隧道；还需要配置 DMZ-->DMZ 的安全策略，保证业务报文能够通过（USG6000 系列防火墙默认情况下不允许报文在安全区域之内流动，所以这条安全策略必须配置。USG2000/5000 系列防火墙没有这个限制）。

综上，防火墙上应该配置的安全策略匹配条件如表 8-8 所示。

表 8-8　　　　　　　　　　安全策略匹配条件

业务方向	源安全区域	目的安全区域	源地址	目的地址	应用（协议+目的端口）
远程用户访问Server	Untrust	Local	ANY	1.1.1.1/32	可靠传输模式：TCP+443 快速传输模式：TCP+UDP+443*
	DMZ	DMZ	10.1.1.0/24（即虚拟网卡地址池对应的网段）	10.1.1.2/32	**

*：设备使用的端口请以实际情况为准。上文是以远程用户使用可靠传输模式建立 SSL VPN 隧道为例。当以快速传输模式建立隧道时，在 Untrust-->Local 间还会产生 UDP 会话，此时需要在安全策略中配置此应用
**：除了源地址之外，USG6000 系列防火墙还支持基于用户的安全策略，可以将远程用户的用户名作为匹配条件来配置安全策略。与源地址相比，以用户名作为匹配条件时更加直观和精确。
***：此处的应用与具体的业务类型有关，可以根据实际情况配置，如 tcp、udp、icmp 等

2. 服务器 Server 与虚拟网关地址池不在同一网段

Server 与虚拟网关地址池不在同一网段时的组网环境如图 8-40 所示。

Server 与虚拟网关地址池不在同一网段，意味着得到私网 IP 地址的远程用户跟 Server 处于不同网段，当然也处于不同安全区域。那么远程用户到底属于哪个安全区域呢？

如果虚拟网关上没有到 192.168.1.0/24 这个网段的路由，虚拟网关就无法确定远程用户所属的源安全域，会将其发来的报文丢弃。为了解决这个问题，我们需要手工配置

一条目的地址为虚拟网关地址池（网段 192.168.1.0/24）的路由，出接口可以由管理员自行选择。也就是说此时这个报文的源安全域是什么，取决于我们配置的这条路由的出接口是哪个接口。我们在"8.5.4 配置网络扩展"中介绍过这部分的内容。

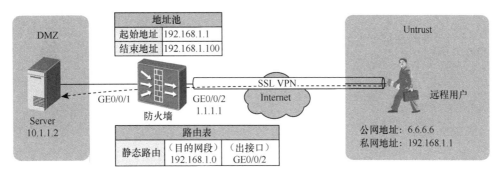

图 8-40　Server 与虚拟网关地址池不在同一网段时的网络扩展应用

通常我们认为这个报文是从 Internet 方向上过来的，来自于 Untrust 域。因此，我们在配置路由的时候，会把路由的出接口配置为与 Internet 相连的公网接口 GE0/0/2。有了这条路由做前提后，可以确定远程用户访问 Server 的流量属于从 Untrust 到 DMZ 的流量。

远程用户通过网络扩展访问 Server 成功后，我们在 FW 上看到的会话表恰好验证了这个结论。

```
<FW> display firewall session table verbose
Current Total Sessions : 3

https   VPN:public --> public    ID: a58f3fe3a31502f49354bfcccf
Zone: untrust--> local   TTL: 00:10:00   Left: 00:10:00
Output-interface: InLoopBack0   NextHop: 127.0.0.1   MAC: 00-00-00-00-00-00
<--packets:36 bytes:4989    -->packets:54 bytes:20751
6.6.6.6:51668-->1.1.1.1:443           //建立 SSL VPN 隧道的报文

icmp   VPN:public --> public    ID: a58f3fe3a36302f8d854bfcd3d
Zone: untrust--> dmz   TTL: 00:00:20   Left: 00:00:20      User: huibo
Output-interface: GigabitEthernet0/0/1   NextHop: 10.1.1.2   MAC: 00-22-a1-0a-eb-7d
<--packets:3 bytes:180    -->packets:3 bytes:180
192.168.1.1:1-->10.1.1.2:2048          //远程用户访问 Server 的远程报文

https   VPN:public --> public    ID: a58f3fe3a2fb03e68154bfccce
Zone: untrust--> local   TTL: 00:10:00   Left: 00:08:08
Output-interface: InLoopBack0   NextHop: 127.0.0.1   MAC: 00-00-00-00-00-00
<--packets:6 bytes:2417    -->packets:7 bytes:724
6.6.6.6:51255-->1.1.1.1:443           //建立 SSL VPN 隧道的报文
```

分析以上会话表可以得到防火墙上的报文走向，如图 8-41 所示。

由图 8-41 可知，需要配置 Untrust-->Local 的安全策略，允许远程用户与防火墙之间建立 SSL VPN 隧道；还需要配置 Untrust-->DMZ 的安全策略，保证业务报文能够通过。

综上所述，防火墙上应该配置的安全策略匹配条件如表 8-9 所示。

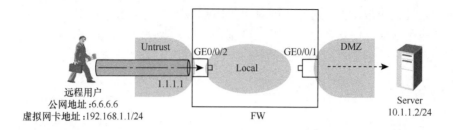

图 8-41　服务器 Server 与虚拟网关地址池不在同一网段时防火墙上的报文走向

表 8-9　　　　　　　　　　　　　　　安全策略配置条件

业务方向	源安全区域	目的安全区域	源地址	目的地址	应用（协议+目的端口）
远程用户访问 Server	Untrust	Local	ANY	1.1.1.1/32	可靠传输模式：TCP+443 快速传输模式：TCP+UDP+443*
	Untrust	DMZ	192.168.1.0/24（即虚拟网卡地址池对应的网段）	10.1.1.2/32	**

*：设备使用的端口请以实际情况为准。上文是以远程用户使用可靠传输模式建立 SSL VPN 隧道为例。当以快速传输模式建立隧道时，在 Untrust-->Local 域间还会产生 UDP 会话，此时需要在安全策略中配置此应用
**：除了源地址之外，USG6000 系列防火墙还支持基于用户的安全策略，可以将远程用户的用户名作为匹配条件来配置安全策略。与源地址相比，以用户名作为匹配条件时更加直观和精确。
***：此处的应用与具体的业务类型有关，可以根据实际情况配置，如 tcp、udp、icmp 等

8.8　SSL VPN 四大功能综合应用

很多读者看完网络扩展以后，大都会有这样的困惑，既然网络扩展这么厉害，那不管用户想访问什么类型的内网资源，直接为其开通网络扩展业务就可以，为何还要搞 Web 代理、文件共享呢？

这个问题是个关键，SSL VPN 之所以提供这么多不同层面、不同粒度的业务，就是为了控制远程用户对内网系统的访问权限，说到底就一个目的，为了安全。使用网络扩展业务以后，意味着这个远程用户就能访问企业内网所有类型的资源了，这虽然方便了用户，但也无疑会增大内网资源的管控风险。如何在满足用户需求的同时将权限控制做到恰到好处，这就需要根据用户的需求为其配置不同的业务了，从而规避上述问题。

假设某企业部署了防火墙设备，为企业出差员工提供 SSL VPN 业务，其网络如图 8-42 所示。

企业远程用户访问内网的需求以及在防火墙上为出差员工开通 SSL VPN 业务的规划如表 8-10 所示。

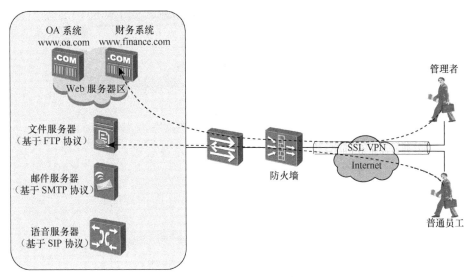

图 8-42 SSL VPN 综合应用

表 8-10 SSL VPN 业务规划

出差员工身份	访问需求	业务类型	角色授权
普通员工	访问 OA 系统	Web 代理	在 Web 代理业务中创建www.oa.com这条资源，将此资源与普通员工或普通员工所属的组进行绑定
	使用企业的邮件系统收发邮件	端口转发	在端口转发业务中创建一条邮件服务器的资源，将此资源与普通员工或普通员工所属的组进行绑定
管理者	访问 OA 系统和财务系统	Web 代理	在 Web 代理业务中创建www.oa.com（已创建）、www.finance.com 这两条资源，将此资源与管理者或管理者所属的组进行绑定
	访问文件服务器	文件共享	在文件共享中业务中创建一条文件服务器资源，将此资源与管理者或管理者所属的组进行绑定
	使用企业的邮件系统收发邮件	端口转发	在端口转发业务中创建一条文件服务器资源，并将邮件服务器资源与管理者或管理者所属的组进行绑定
	召开电话会议	网络扩展	启用网络扩展功能，并将语音服务器所在的地址配置到"可访问内网网段"中，然后将网络扩展业务与管理者或管理者所在的组进行绑定

网络业务配置完成后，不同身份的用户在登录虚拟网关后所能看到的业务资源也不相同。

1. 普通员工

普通出差员工在登录虚拟网关后，可以看到自己所能访问的资源连接，如图 8-43 所示，单击链接就可以访问该资源。

图 8-43　普通员工的登录界面

2. 管理者

出差的管理者在登录虚拟网关后可以看到图 8-44 所示的界面。

图 8-44　管理者的登录界面

　　其中 Web 代理、文件共享资源都是以链接形式供用户选择。端口转发和网络扩展需要单击"启动"以后才能使用。但是远程用户如何知道自己点了启动以后能访问企业的哪些内网资源呢？这个就需要网络管理员通过其他途径，例如网络公告之类的将企业内网的资源服务器域名、地址告知远程用户。在这一点上，Web 代理、文件共享相对有优越性，因为远程用户在使用这两种业务的时候，自己能够访问哪些资源，这在登录到虚拟网关以后是可以从资源列表中看到的。

　　远程用户访问企业内网的需求与防火墙上开启何种 SSL VPN 业务之间的对应关系可以归纳成两点。

- 远程用户访问企业内网的资源类型（Web 资源、文件资源、TCP、IP）决定了网络管理员应该选择 SSL VPN 的何种业务。

例如，出差员工只需要访问 Web 资源和邮件资源，就为该用户启用 Web 代理和端口转发两种业务。而管理者需要访问 4 种类型的资源，那就需要为其开启 4 种业务。

需要说明的是，网络扩展由于兼备了前三种业务的功能，如果说为了配置方便，也可以只为管理者开启网络扩展业务，让管理者可以访问内网所有的 IP 资源。

- 远程用户是否拥有对某一资源的访问权限，这是通过角色授权配置来决定的。

为了避免为每个员工逐一配置业务授权，可以建立普通员工和管理者两个组，然后将这两类员工都加入到相应的组中，再为这两个角色组进行业务授权即可。

例如，出差员工和管理者同样都开启了 Web 代理业务，出差员工只能访问 OA 系统（www.oa.com），而管理者却同时拥有访问 OA 系统和财务系统（www.finance.com）的权限，这就是在角色授权中配置的。

强叔提问

1．SSL 握手协议中，为了解决公钥加密法的算法复杂，加解密计算量大的问题，采用了何种方法提升效率？

2．文件共享功能支持新建文件吗？

3．出差员工登录 SSL VPN 后，发现资源列表空空如也，此时忽然想起管理员给了他一个锦囊妙计。各位，你能猜到锦囊的内容吗？

第9章
双机热备

9.1 双机热备概述

9.2 VRRP与VGMP的故事

9.3 VGMP招式详解

9.4 HRP协议详解

9.5 双机热备配置指导

9.6 双机热备旁挂组网分析

9.7 双机热备与其他特性结合使用

9.8 第三代双机热备登上历史舞台

在前面几章中，强叔为大家讲解了防火墙的各种基本功能。之前强叔讲到的都是在一台防火墙上配置各种功能，而为了提升网络的可靠性，我们经常需要在两台防火墙上配置相同的功能并使它们相互备份。那么这是如何做到的呢？

这就需要用到强叔本章为大家带来的防火墙一大特色功能——双机热备。

9.1　双机热备概述

9.1.1　双机部署提升网络可靠性

随着移动办公、网上购物、即时通信、互联网金融、互联网教育等业务蓬勃发展，网络承载的业务越来越多，越来越重要。所以如何保证网络的不间断传输成为网络发展过程中急需解决的一个问题。

如图 9-1 中的左图所示，防火墙部署在企业网络出口处，内外网之间的业务都会通过防火墙转发。如果防火墙出现故障，便会导致内外网之间的业务全部中断。由此可见，在这种网络关键位置上如果只使用一台设备的话，无论其可靠性多高，我们都必然要承受因设备单点故障而导致网络中断的风险。

于是，我们在网络架构设计时，通常会在网络的关键位置部署两台（双机）或多台设备，以提升网络的可靠性。如图 9-1 中的右图所示，当一台防火墙出现故障时，流量会通过另外一台防火墙所在的链路转发，保证内外网之间业务正常运行。

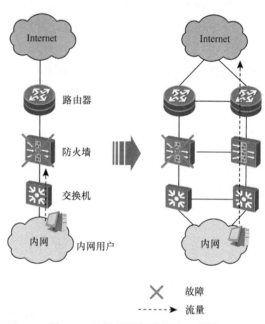

图 9-1　双机部署提升网络可靠性

9.1.2　路由器的双机部署只需考虑路由备份

如果是传统的网络转发设备（如路由器、三层交换机），只需要在两台设备上做好路由的备份就可以保证业务的可靠性。因为普通的路由器、交换机不会记录报文的交互状态和应用层信息，只是根据路由表进行报文转发，下面举个例子来说明。

如图 9-2 所示，两台路由器 R1 和 R2 与上下行设备 R3 和 R4 之间运行 OSPF 协议。正常情况下，由于以太网接口的缺省 OSPF Cost 值为 1，所以在 R3 上看 R1 所在链路（R3->R1->R4->FTP 服务器）的 Cost 值为 3。而由于我们在 R2 链路（R3->R2->R4->FTP 服务器）的各接口上将 OSPF Cost 值设置为 10，所以在 R3 上看 R2 所在链路的 Cost 值为 21。由于流量只会通过 Cost 值小的链路转发，所以 FTP 客户端与服务器间的业务就都只会通过 R1 转发。

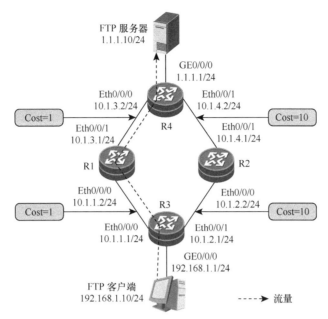

图 9-2　流量选择路由 Cost 值小的链路转发

　　由于 OSPF 协议只会选择最优的路由加入路由表，所以在下面 R3 的路由表中只能看到 Cost 值较小的路由。这样去往 FTP 服务器（目的地址在 1.1.1.0/24 网段）的报文只能通过 R1（下一跳 10.1.1.2）转发。

```
[R3] display ip routing-table
Route Flags: R - relay, D - download to fib
--------------------------------------------------------------------------
Routing Tables: Public
      Destinations : 11       Routes : 11

Destination/Mask    Proto   Pre   Cost    Flags NextHop       Interface

   1.1.1.0/24       OSPF   10    3        D    10.1.1.2       Ethernet0/0/0
   10.1.1.0/24      Direct  0    0        D    10.1.1.1       Ethernet0/0/0
   10.1.1.1/32      Direct  0    0        D    127.0.0.1      Ethernet0/0/0
   10.1.2.0/24      Direct  0    0        D    10.1.2.1       Ethernet0/0/1
   10.1.2.1/32      Direct  0    0        D    127.0.0.1      Ethernet0/0/1
   10.1.3.0/24      OSPF   10    2        D    10.1.1.2       Ethernet0/0/0
   10.1.4.0/24      OSPF   10    12       D    10.1.1.2       Ethernet0/0/0
   127.0.0.0/8      Direct  0    0        D    127.0.0.1      InLoopBack0
   127.0.0.1/32     Direct  0    0        D    127.0.0.1      InLoopBack0
   192.168.1.0/24   Direct  0    0        D    192.168.1.1    GigabitEthernet0/0/0
   192.168.1.1/32   Direct  0    0        D    127.0.0.1      GigabitEthernet0/0/0
```

　　如图 9-3 所示，当 R1 出现故障时，R1 所在链路 Cost 值变成无穷大，而在 R3 上看 R2 所在链路 Cost 值仍为 21。这时网络的路由会重新收敛，流量会根据新的路由被转发到 R2，所以 R2 会接替 R1 处理业务。业务从 R1 切换到 R2 的时间就是网络的路由收敛时间。如果路由收敛时间较短，则正在传输的业务不会中断。

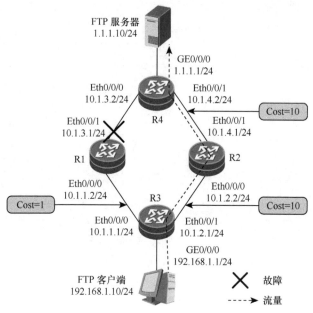

图 9-3　路由备份保证业务不中断

　　从下面 R3 上的路由表可知，当 R1 的 Eth0/0/1 接口故障时，去往 FTP 服务器（目的地址在 1.1.1.0/24 网段）的报文只能通过 R2（下一跳 10.1.2.2）转发。

```
[R3] display ip routing-table
Route Flags: R - relay, D - download to fib
------------------------------------------------------------------------
Routing Tables: Public
        Destinations : 10           Routes : 10

Destination/Mask      Proto   Pre  Cost      Flags NextHop          Interface

     1.1.1.0/24       OSPF    10   21        D     10.1.2.2         Ethernet0/0/1
     10.1.1.0/24      Direct  0    0         D     10.1.1.1         Ethernet0/0/0
     10.1.1.1/32      Direct  0    0         D     127.0.0.1        Ethernet0/0/0
     10.1.2.0/24      Direct  0    0         D     10.1.2.1         Ethernet0/0/1
     10.1.2.1/32      Direct  0    0         D     127.0.0.1        Ethernet0/0/1
     10.1.4.0/24      OSPF    10   20        D     10.1.2.2         Ethernet0/0/1
     127.0.0.0/8      Direct  0    0         D     127.0.0.1        InLoopBack0
     127.0.0.1/32     Direct  0    0         D     127.0.0.1        InLoopBack0
     192.168.1.0/24   Direct  0    0         D     192.168.1.1      GigabitEthernet0/0/0
     192.168.1.1/32   Direct  0    0         D     127.0.0.1        GigabitEthernet0/0/0
```

9.1.3　防火墙的双机部署还需考虑会话备份

　　如果将传统网络转发设备换成状态检测防火墙，情况就大不一样了。回忆一下强叔在"1.5　状态检测和会话机制"中讲到的内容：状态检测防火墙是基于连接状态的，它会对一条流量的首包（第一个报文）进行完整的检测，并建立会话来记录报文的状态信息（包括报文的源 IP、源端口、目的 IP、目的端口、协议等）。而这条流量的后续报文只有匹配会话才能够通过防火墙并且完成报文转发，如果后续报文不能匹配会话则会被防火墙丢弃。

　　下面举个例子来说明，两台防火墙 FW1 和 FW2 部署在网络中，与上下行设备 R1

和 R2 之间运行 OSPF 协议。如图 9-4 中的左图所示，正常情况下，由于 FW1 所在链路的 OSPF Cost 值较小，所以业务报文都会根据路由通过 FW1 转发。这时 FW1 上会建立会话，业务的后续报文都能够匹配会话并转发。

如图 9-4 中的右图所示，当 FW1 出现故障时，业务会被上下行设备上的路由信息引导到 FW2 上。但由于 FW2 上没有会话，业务报文因为找不到会话而被 FW2 丢弃，从而导致业务中断。这时用户需要重新发起访问请求（例如重新进行 FTP 下载），触发 FW2 重新建立会话，这样用户的业务才能继续进行。

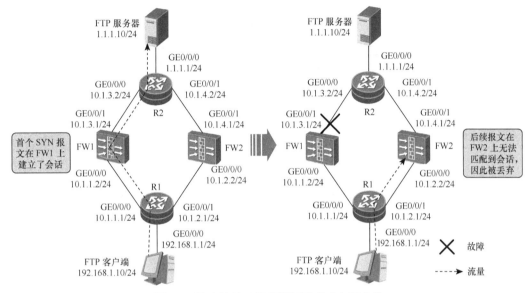

图 9-4　防火墙的双机部署还需考虑会话备份

FW1 上存在会话，如下所示。

```
[FW1] display firewall session table
 Current Total Sessions : 1
  ftp   VPN:public --> public 192.168.1.10:2050-->1.1.1.10:21
```

FW2 上不存在会话，如下所示。

```
[FW2] display firewall session table
 Current Total Sessions :0
```

9.1.4　双机热备解决防火墙会话备份问题

那么如何解决两台防火墙会话备份的问题，使两台防火墙主备状态切换时，保证已经建立的业务不中断呢？这时**防火墙双机热备功能**就该出手相助了！

如图 9-5 中的左图所示，防火墙双机热备功能最大的特点在于提供一条专门的备份通道（也称为心跳线），用于两台防火墙之间协商主备状态，以及备份会话、**Server-map**表等重要的状态信息和配置信息。双机热备功能启动后，正常情况下，两台防火墙会根据管理员的配置分别成为主用设备和备用设备。成为**主用设备**的防火墙 FW1 会处理业务，并将设备上的会话、Server-map 表等重要状态信息以及配置信息通过备份通道实时同步给备用设备 FW2。成为**备用设备**的防火墙 FW2 不会处理业务，只是通过备份通道接收来自主用设备 FW1 的状态信息以及配置信息。

　　如图 9-5 中的右图所示，当主用设备 FW1 的链路发生故障时，两台防火墙会利用备份通道交互报文，重新协商主备状态。这时 FW2 会协商成为新的主用设备，处理业务；而 FW1 会协商成为备用设备，不处理业务。与此同时，业务流量也会被上下行设备的路由信息引导到新的主用设备 FW2 上。由于 FW2 在作为备用设备时已经备份了主用设备上的会话和配置等信息，因此业务报文就能够顺利地匹配到会话从而被正常转发。

　　路由以及会话和配置都能够备份就保证了备用设备 FW2 能够成功接替原主用设备 FW1 处理业务流量，成为新的主用设备，避免了网络业务中断。

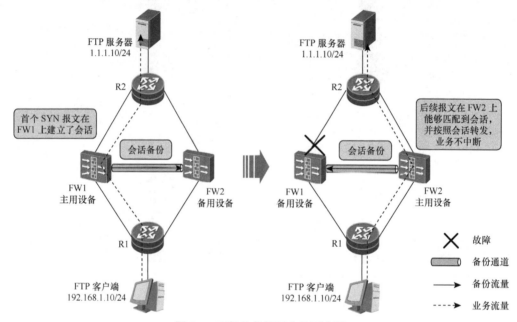

图 9-5　双机热备保证业务不中断

FW1 上存在会话，如下所示。

```
[FW1]display firewall session table

Current Total Sessions : 1
  ftp   VPN:public --> public 192.168.1.10:2050-->1.1.1.10:21
```

FW2 上也存在会话，如下所示。

```
[FW2]display firewall session table

Current Total Sessions : 1
  ftp   VPN:public --> public 192.168.1.10:2050-->1.1.1.10:21
```

　　上面介绍的是**主备备份**方式的双机热备。在主备备份场景中，正常情况下备用设备不处理业务流量，处于闲置状态。如果不希望买来的设备闲置，或者只一台设备处理流量时压力较大，可以选择**负载分担**方式的双机热备。

　　如图 9-6 中的左图所示，在**负载分担**场景下，两台防火墙均为主用设备，都建立会话，都处理业务流量。同时两台防火墙又都相互作为对方的备用设备，接受对方备份的会话和配置信息。如图 9-6 中的右图所示，当其中一台防火墙故障后，另一台防火墙会负责处理全部业务流量。由于这两台防火墙的会话信息是相互备份的，因此全部业务流量的后续报文都能够在其中一台防火墙上匹配到会话从而正常转发，这就避免了网络业务的中断。

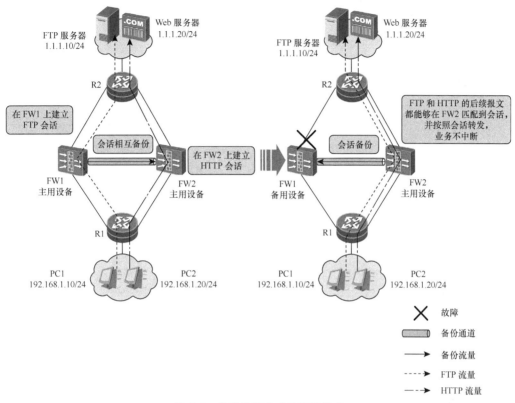

图 9-6　负载分担方式的双机热备

FW1 上存在 FTP 和 HTTP 会话，如下所示。

```
[FW1]display firewall session table

Current Total Sessions : 2
  ftp   VPN:public --> public 192.168.1.10:2050-->1.1.1.10:21
  http VPN:public --> public 192.168.1.20:2080-->1.1.1.20:80
```

FW2 上也存在 FTP 和 HTTP 会话，如下所示。

```
[FW2]display firewall session table

Current Total Sessions : 2
  ftp   VPN:public --> public 192.168.1.10:2050-->1.1.1.10:21
  http VPN:public --> public 192.168.1.20:2080-->1.1.1.20:80
```

9.1.5　总结

为了提升网络可靠性，避免单点故障的风险，我们需要在网络关键节点处部署两台网络设备。如果是路由器和交换机，我们只需要做好路由的备份即可。如果是防火墙，我们还必须在两台防火墙之间备份会话表等状态信息。

防火墙的**双机热备**功能提供一条专门的**备份通道**，用于两台防火墙之间协商主备状态，以及会话等状态信息的备份。双机热备主要包括主备备份和负载分担场景。**主备备份**是指正常情况下仅由主用设备处理业务，备用设备空闲；当主用设备接口、链路或整机故障时，备用设备切换为主用设备，接替主用设备处理业务。**负载分担**也可以称为"互为主备"，即两台设备同时处理业务。当其中一台设备发生故障时，另外一台设备会立即承担其业务，保证原来需要通过这台设备转发的业务不中断。

9.2　VRRP 与 VGMP 的故事

熟悉路由器和交换机的读者一提到网络双机部署，首先想到的肯定是 VRRP 协议，其实防火墙的双机热备功能也是在 VRRP 协议的基础上扩展而来的。所以本节我们会从 VRRP 入手引出 VGMP，并一步步讲解 VGMP 与 VRRP 的故事。

9.2.1　VRRP 概述

在上节讲的路由器或防火墙双机热备组网中，流量被引导到主用还是备用设备都是由上下行设备的路由表决定的。这是因为**动态路由可以根据链路状态动态调整路由表，自动将流量引导到正确的设备上**。但如果上下行设备运行的是静态路由呢？静态路由可是无法动态调整的啊！

下面我们就来看一个例子。如图 9-7 所示，主机将 Router 设置为默认网关。这样当主机想访问外部网络时，就会先将报文发送给网关，再由网关传递给外部网络，从而实现主机与外部网络的通信。正常的情况下，主机可以完全信赖网关的工作，但是当网关故障时，主机与外部的通信就会中断。

如图 9-8 所示，如果想要解决网络中断的问题，我们就需要添加多个网关（Router1 和 Router2）。但一般情况下主机不能配置动态路由，而且只会配置一个默认网关。如果我们把 Router1 设置成默认网关，那么当 Router1 出现故障时，流量无法被自动引导到

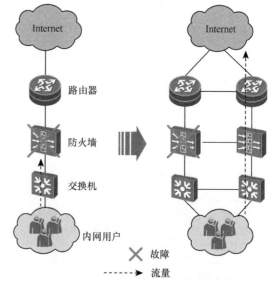

图 9-7　单个网关故障导致业务中断

Router2 上。这时只有手工调整主机的默认网关为 Router2，才能将主机的流量引导到 Router2 上。但是这样必然会导致主机访问外网的流量中断一段时间，从而影响用户业务的正常运行。而且大型网络中的主机数量成百上千，通过手动调整网络实现网关备份显然是不切实际的。

为了更好地解决由于网关故障引起的网络中断问题，网络开发者提出了 VRRP 协议。**VRRP 是一种容错协议，它保证当主机的下一跳路由器（默认网关）出现故障时，由备份路由器自动代替出现故障的路由器完成报文转发任务，从而保持网络通信的连续性和可靠性。**

如图 9-9 所示，我们将局域网内的一组路由器（实际上是路由器的下行接口）划分在一

起，形成一个 VRRP 备份组。**VRRP 备份组**相当于一台**虚拟路由器**，这个虚拟路由器有自己的**虚拟 IP 地址和虚拟 MAC 地址**（格式：00-00-5E-00-01-{VRID}，VRID 是 VRRP 备份组的 ID）。所以，局域网内的主机可以将默认网关设置为 VRRP 备份组的虚拟 IP 地址。在局域网内的主机看来，它们就是与虚拟路由器进行通信的，然后通过虚拟路由器与外部网络进行通信。

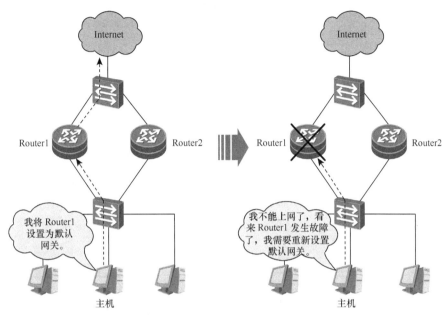

图 9-8 多个网关也不能保证业务不中断

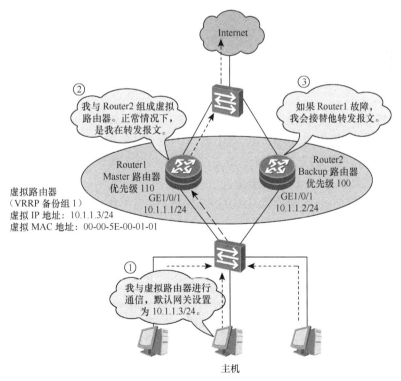

图 9-9 VRRP 基本概念

　　VRRP 备份组中的多个路由器会根据管理员指定的 **VRRP** 备份组优先级确定各自的
VRRP 备份组状态。优先级最高的 **VRRP** 备份组状态为 **Master**，其余 **VRRP** 备份组状
态为 **Backup**。**VRRP** 备份组的状态决定了路由器的主备状态。VRRP 备份组状态为 Master
的路由器称为 **Master** 路由器，VRRP 备份组状态为 Backup 的路由器称为 **Backup** 路由
器。当 Master 路由器正常工作时，局域网内的主机通过 Master 路由器与外界通信。当
Master 路由器出现故障时，一台 Backup 路由器（VRRP 优先级次高的）将成为新的 Master
路由器，接替转发报文的工作，保证网络不中断。

9.2.2　VRRP 工作原理

　　强叔在这里采取图说的方式来呈现 VRRP 工作的全流程，借此帮助读者们来理解
VRRP 的实现原理。大家只要看完并记住下面的图，就一定能理解并记忆 VRRP 协议。

　　管理员在路由器上配置完 VRRP 备份组和优先级后，VRRP 备份组会短暂的工作在
Initialize 状态。如图 9-10 所示，当 VRRP 备份组收到接口 Up 的消息后，会切换成 Backup
状态，等待定时器超时后再切换至 Master 状态。

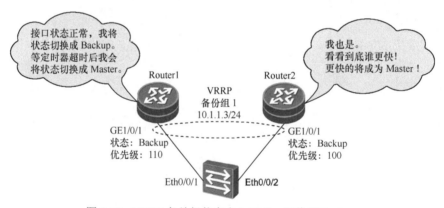

图 9-10　VRRP 备份组状态由 Initialize 切换到 Backup

　　如图 9-11 所示，在 VRRP 备份组的多个路由器中，**率先将 VRRP 备份组状态切换
成 Master 的路由器将会成为 Master 路由器**。**VRRP 备份组优先级越高的路由器，它的
定时器时长越短，越容易成为 Master 路由器**。这个根据 VRRP 备份组优先级确定 Master
路由器的过程称为 **Master 路由器选举**。

　　选举成功后，Master 路由器会立即周期性（缺省为 1 秒）地向 VRRP 备份组中内的
所有 Backup 路由器发送 VRRP 报文，以通告自己的 Master 状态和优先级。

　　同时 Master 路由器会发送免费 ARP 报文，将 VRRP 备份组的虚拟 MAC 地址和虚
拟 IP 地址通知给与它连接的交换机，如图 9-12 所示。下行的交换机的 MAC 表项会记录
虚拟 MAC 地址与端口 Eth0/0/1 的对应关系。

　　如图 9-13 所示，由于内网的 PC 将网关设置为 VRRP 备份组 1 的虚拟 IP 地址，所
以当内网 PC 访问 Internet 时，首先会在广播网络中广播 ARP 报文，请求虚拟 IP 地址对
应的虚拟 MAC 地址。这时只有 Master 路由器会回应此 ARP 报文，将虚拟 MAC 地址回
应给 PC。

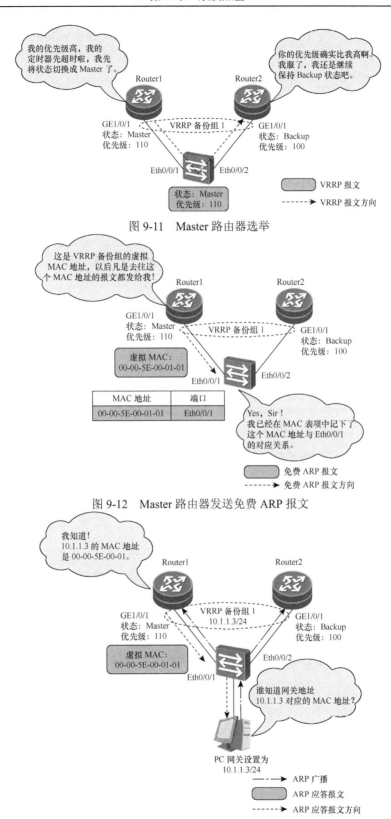

图 9-11 Master 路由器选举

图 9-12 Master 路由器发送免费 ARP 报文

图 9-13 Master 路由器回应 PC 的 ARP 请求报文

如图 9-14 所示，PC 使用虚拟 MAC 地址作为目的 MAC 地址封装报文，然后将其发送至交换机。交换机根据 MAC 表记录的 MAC 地址与端口的关系，将 PC 发送的报文通过端口 Eth0/0/1 转发给 Router1。

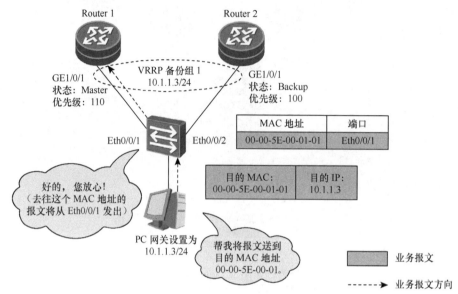

图 9-14　下行交换机将报文发送给 Master 路由器

以上讲的是正常情况下，Master 路由器和 Backup 路由器的状态建立和运行过程。下面将介绍 Master 路由器和 Backup 路由器的状态切换和运行过程。

如图 9-15 所示，当 Master 路由器发生故障（Router1 整机或接口 GE1/0/1 故障）时，它将无法发送 VRRP 报文通知 Backup 路由器。如果 Backup 路由器在定时器超时后仍不能收到 Master 路由器发送的 VRRP 报文，则认为 Master 路由器故障，从而将自身状态切换为 Master。

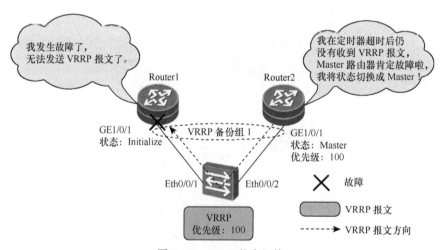

图 9-15　VRRP 状态切换

还有一种情况：当 Master 路由器主动放弃 Master 地位（如 Master 路由器退出 VRRP 备份组）时，会立即发送优先级为 0 的 VRRP 报文，使 Backup 路由器快速切换成 Master

路由器。

　　如图 9-16 所示，当 VRRP 备份组状态切换完成后，新的 Master 路由器会立即发送携带 VRRP 备份组虚拟 MAC 地址和虚拟 IP 地址信息的免费 ARP 报文，刷新与它连接的设备（下行交换机）中的 MAC 表项。下行的交换机的 MAC 表项会记录虚拟 MAC 地址与新的端口 Eth0/0/2 的对应关系。

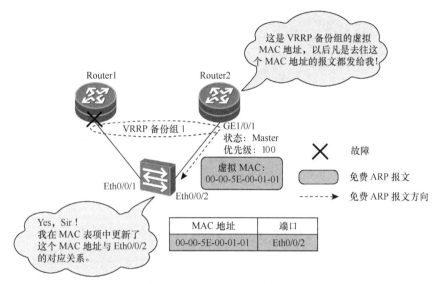

图 9-16　新的 Master 路由器发送免费 ARP 报文

　　如图 9-17 所示，当内网 PC 将报文发送给交换机后，交换机会将 PC 发送的报文通过端口 Eth0/0/2 转发给 Router2。这样内网 PC 的流量就都通过新的 Master 路由器 Router2 转发了。这个过程对用户是完全透明的，内网 PC 感知不到 Master 路由器已经由 Router1 切换成 Router2。

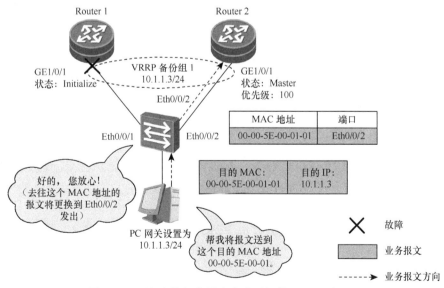

图 9-17　下行交换机将报文发送到新的 Master 路由器

如图 9-18 所示，当原 Master 路由器（现 Backup 路由器）Router1 故障恢复后，优先级会高于现在的 Master 路由器。这时如果配置了抢占功能，原 Master 路由器会在抢占定时器超时后将状态切换成 Master，重新成为 Master 路由器；如果没有配置抢占功能，原 Master 路由器将仍然保持 Backup 状态。

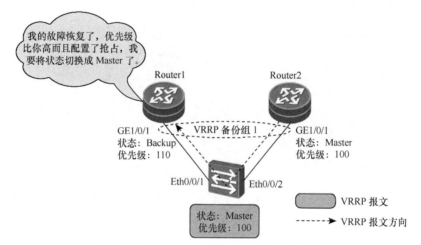

图 9-18　故障恢复后原 Master 路由器抢占

9.2.3　多个 VRRP 状态相互独立产生问题

上节讲到通过在网关的下行接口运行 VRRP，可以解决网关的可靠性问题。如果我们在网关的上行和下行接口上同时运行 VRRP，这时情况会是怎样的呢？

如图 9-19 所示，两台设备的下行接口加入 VRRP 备份组 1，上行接口加入 VRRP 备份组 2。正常情况下，R1 的 VRRP 备份组 1 的状态为 Master，VRRP 备份组 2 的状态为 Master，所以 R1 是 VRRP 备份组 1 中的 Master 路由器，也是 VRRP 备份组 2 的 Master 路由器。这样由我们上面讲的 VRRP 原理可知，内外网之间的业务报文都会通过 R1 转发。

当 R1 的 GE1/0/1 接口故障时，VRRP 备份组 1 发生状态切换：R1 的 VRRP 备份组 1 状态切换成 Initialize，R2 的 VRRP 备份组 1 状态切换成 Master。这样 R2 成为 VRRP 备份组 1 中的 Master 路由器，并向 LSW1 发送免费 ARP 报文，刷新 LSW1 中的 MAC 表项。这时 PC1 访问 PC2 的报文就通过 R2 转发了。但是由于 R1 与 LSW2 之间的链路是正常的，所以 VRRP 备份组 2 的状态是不变的，R1 仍然是 VRRP 备份组 2 中的 Master 路由器，而 R2 仍是 VRRP 备份组 2 中的 Backup 路由器。因此 PC2 返回给 PC1 的回程报文依然会转发给 R1，而 R1 的下行接口 GE1/0/1 是故障的，所以 R1 只能丢弃此回程报文，这就导致了业务流量的中断。

看完这个过程后，读者们一定会发现 VRRP 问题的所在了：VRRP 备份组之间是相互独立的，当一台设备上出现多个 VRRP 备份组时，它们之间的状态无法同步。

在解决这个 VRRP 问题的方法上，华为防火墙与路由器、交换机等普通网络设备走上了一条截然不同的道路。我们下面会重点介绍华为防火墙是如何解决这个问题的。

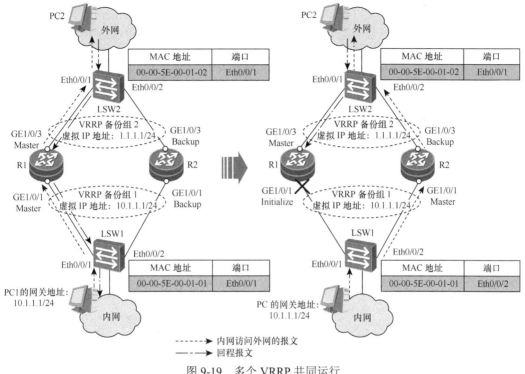

图 9-19 多个 VRRP 共同运行

9.2.4 VGMP 的产生解决了 VRRP 的问题

为了解决多个 VRRP 备份组状态不一致的问题，华为防火墙引入 VGMP（VRRP Group Management Protocol，VRRP 组管理协议）来实现对 VRRP 备份组的统一管理，保证多个 VRRP 备份组状态的一致性。我们将防火墙上的所有 VRRP 备份组都加入到一个 VGMP 组中，由 VGMP 组来集中监控并管理所有的 VRRP 备份组状态。如果 VGMP 组检测到其中一个 VRRP 备份组的状态变化，则 VGMP 组会控制组中的所有 VRRP 备份组统一进行状态切换，保证各 VRRP 备份组状态的一致性。

VGMP 组有状态和优先级两个基本属性，并且有三条基本运行原则。

- **VGMP 组的状态决定了组内 VRRP 备份组的状态，也决定了防火墙的主备状态。**
- **两台防火墙的 VGMP 组状态是通过相互比较优先级来决定的。优先级高的 VGMP 组状态为 Active，优先级低的 VGMP 组状态为 Standby。**
- **VGMP 组会根据组内 VRRP 备份组的状态变化来更新自己的优先级。一个 VRRP 备份组的状态变成 Initialize，VGMP 组的优先级就会降低 2。**

了解并熟记了 VGMP 组运行的基本原则后，我们一起来看一下 VGMP 协议如何解决 VRRP 备份组状态不一致的问题。

如图 9-20 所示，我们在 FW1 上将 VRRP 备份组 1 和 VRRP 备份组 2 都加入状态为 Active 的 VGMP 组，在 FW2 上将 VRRP 备份组 1 和 VRRP 备份组 2 都加入状态为 Standby 的 VGMP 组。由于 VGMP 组的状态决定了组内 VRRP 备份组的状态，所以 FW1 上 VRRP 备份组 1 和 2 的状态都为 Active，FW2 上 VRRP 备份组 1 和 2 的状态都为 Standby。这样 FW1 就是 VRRP 备份组 1 和 VRRP 备份组 2 中的 Active 路由器（也就是两台防火墙中的主用设备），而 FW2 就是它们的 Standby 路由器（也就是两台防火墙中的备用设备），所以上下行的业务流量都会被引导到主用设备 FW1 转发。

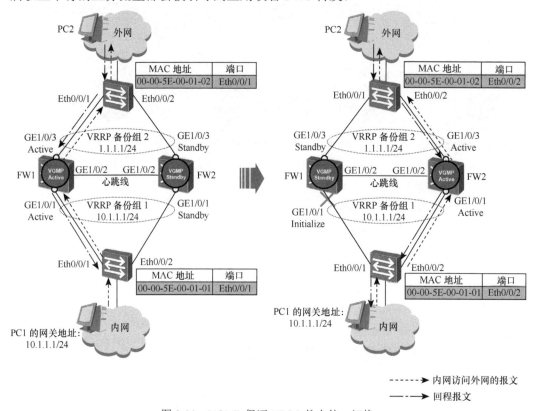

图 9-20　VGMP 保证 VRRP 状态统一切换

📖 说明

两台防火墙之间需要心跳线来交互 VGMP 协议的相关报文。

【强叔问答】上面我们在讲解 VRRP 时提到的状态都是"Master"和"Standby"，这里为什么都变成"Active"和"Standby"了呢？

答：防火墙在 USG6000 系列中统一将双机热备的状态（原为"Master"和"Slave"）和 VRRP 的状态（原为"Master"和"Standby"）修改为"Active"和"Standby"。所以当你在某些文档中看到多种不统一的状态说法时请不要奇怪，按本文描述的"Active"和"Standby"理解即可。

如图 9-20 所示，当 FW1 的接口故障时，VGMP 组控制 VRRP 备份组状态统一切换的过程如下。

（1）当 FW1 的 GE1/0/1 接口故障时，FW1 上的 VRRP 备份组 1 发生状态切换（由 Active 切换成 Initialize）。

（2）FW1 的 VGMP 组感知到这一故障后，会降低自身的优先级，然后与 FW2 的 VGMP 组比较优先级，重新协商主备状态。

（3）协商后，FW1 的 VGMP 组状态由 Active 切换成 Standby，FW2 的 VGMP 组状态由 Standby 切换成 Active。

（4）同时，由于 VGMP 组的状态决定了组内 VRRP 备份组的状态，所以 FW1 的 VGMP 组会强制组内的 VRRP 备份组 2 由 Active 切换成 Standby 状态，FW2 的 VGMP 组也会强制组内的 VRRP 备份组 1 和 2 由 Standby 切换成 Active 状态。

这样 FW2 就成为了 VRRP 备份组 1 和 VRRP 备份组 2 中的 Active 路由器，也就成了为两台防火墙中的主用设备；而 FW1 则成为了 VRRP 备份组 1 和 VRRP 备份组 2 中的 Standby 路由器，也就成为了两台防火墙中的备用设备。

（5）FW2 会分别向 LSW1 和 LSW2 发送免费 ARP，更新它们的 MAC 转发表，使 PC1 访问 PC2 的上行报文和回程报文都转发到 FW2。这样就完成了 VRRP 备份组状态的统一切换，并且保证业务流量不会中断。

9.2.5　VGMP 报文结构

看到以上内容大家应该明白了，VGMP 不仅完成了 VRRP 备份组的统一管理，还借势取代 VRRP 接管了对防火墙主备状态的管理权。那么这时问题来了：两台防火墙的 VGMP 组之间是如何传递状态和优先级信息的？

在前面的"9.2.2 VRRP 工作原理"中讲到两台路由器的 VRRP 备份组是通过 VRRP 报文来传递状态和优先级信息的。那么两台防火墙的 VGMP 组还是通过 VRRP 报文来传递状态和优先级信息的吗？这当然不太可能，新的领导自然有新的方法。

在双机热备中，**两台防火墙的 VGMP 组是通过 VGMP 报文来传递状态和优先级信息的**。VGMP 是华为的私有协议，它为了实现防火墙双机热备功能对 VRRP 报文进行了扩展和修改，并衍生出多种使用 VGMP 报文头封装的报文。理解 VGMP 报文和报文头是理解 VGMP 状态协商和切换的基础，所以让我们先看一下 VGMP 报文的结构。

📖 说明

本节所讲到的 VGMP 报文结构适用于适用于 USG2000/5000/6000 系列防火墙和 USG9000 系列防火墙的 V100R003 版本。

如图 9-21 所示，从 VGMP 报文封装顺序中我们可以发现，VGMP 报文是根植于 VRRP 报文的，是由 VRRP 报文头封装的。但这个 VRRP 报文头并不是标准的 VRRP 报文头，是经过华为扩展和修改的新 VRRP 报文头，具体有以下几点变化。

- 标准 VRRP 报文头的"Type"字段只有"1"一个取值，新 VRRP 报文头中增加了"2"取值。也就是说如果 Type=1，就是标准的 VRRP 报文头；如果 Type=2，就是我们修改后的新 VRRP 报文头。
- 标准 VRRP 报文头的"Virtual Rtr ID"字段代表 VRRP 备份组 ID，而修改后的新 VRRP 报文头"Virtual Rtr ID"取值固定为"0"。
- 修改后的新 VRRP 报文头中去掉了标准 VRRP 报文的"IP Address"字段。
- 标准 VRRP 报文头中的"Priority"字段在新 VRRP 报文头中被修改成"Type2"字段。

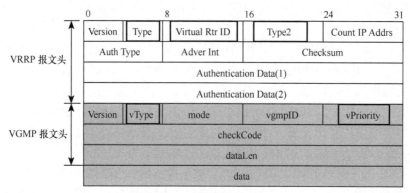

图 9-21　VGMP 报文结构

- 当 Type2=1 时，报文封装成**心跳链路探测报文**。心跳链路探测报文用于检测对端设备的心跳口能否正常接收本端设备的报文，以确定是否有心跳口可以使用。

- 当 Type2=5 时，报文封装成**一致性检查报文**。一致性检查报文用于检测双机热备状态下的两台防火墙的双机热备和策略配置是否一致。

- 当 Type2=2 时，VRRP 报文才会进一步封装 VGMP 报文头，并根据 VGMP 报文头中"vType"字段继续分成以下三种报文。

■ **VGMP 报文（VGMP Hello 报文）**。VGMP Hello 报文用于两台防火墙间的 VGMP 组协商主备状态。

■ **HRP 心跳报文（HRP Hello 报文）**。HRP 心跳报文用于探测对端的 VGMP 组是否处于工作状态。状态为 Active 的 VGMP 组会每隔一段时间（缺省为 1s）向对端的 VGMP 组发送 HRP 心跳报文，用来通知本端的 VGMP 组状态和优先级。如果状态为 Standby 的 VGMP 在三个周期内没有收到对端发送的 HRP 心跳报文，则认为对端 VGMP 组故障，会将自身状态切换成 Active。

■ **HRP 数据报文**。在 VGMP 报文头后增加 HRP 报文头，才能封装成 HRP 数据报文。HRP 数据报文用于主备设备之间的数据备份，包括命令行配置的备份和各种状态信息的备份。

看到这里大家是否会问，在防火墙双机热备中新 VRRP 报文头是用来封装 VGMP 报文的，那标准的 VRRP 报文还存在吗，它还有什么作用？答案是**标准 VRRP 报文仍旧存在，它还是用于 VRRP 备份组内部通信。只是其中的优先级字段（Priority）已经为固定值，无法配置，所以标准 VRRP 报文实际上已名存实亡。**优先级字段失去作用导致标准 VRRP 报文已经无法控制 VRRP 备份组的状态协商了，只能在主备防火墙之间通告一下 VRRP 备份组的状态和虚拟 IP 地址了。这跟宪政体制下的"皇帝"的作用相似，保留名号，但没有管理国家的权利。

VGMP 想要接管防火墙和 VRRP 备份组的状态管理，就意味着 VGMP 报文中必须要包含 VGMP 组状态和优先级信息。我们再看一下 VGMP 报文头的结构。

- "Mode"字段表示是请求报文还是应答报文。

- "vgmpID"字段表示 VGMP 组是 Active 组还是 Standby 组。

- "vPriority"字段表示 VGMP 组的优先级。

　　另外，VGMP 报文的"data"中包含 VGMP 组的状态信息。这两点就表明 VGMP 协议具备了接替标准 VRRP 协议管理 VRRP 备份组和防火墙状态的物质基础。

　　综上所述，VGMP 协议修改了标准的 VRRP 报文头并定义好了各种使用 VGMP 报文头封装的报文，那么这些报文是通过什么渠道在两台防火墙之间传递的呢？上面我们讲到两台防火墙通过备份通道（心跳线）来传递备份数据，可见 HRP 数据报文是通过备份通道传输的。实际上以上所讲的各种 VGMP 报文（除标准 VRRP 报文）都是通过备份通道传输的。

　　另外 USG6000 系列防火墙和 USG2000/5000 系列防火墙 V300R001 版本还支持将以上所讲的各种 VGMP 和 HRP 报文（除标准 VRRP 报文）封装成 UDP 报文，具体结构如图 9-22 所示。

| UDP Header | VRRP Header | VGMP Header | DATA |

图 9-22　使用 UDP 封装的 VGMP 报文

　　那么使用 VRRP 封装的 VGMP 报文和使用 UDP 封装的 VGMP 报文有什么区别？前者是组播报文，不能跨越网段传输，不受安全策略控制；后者是单播报文，只要路由可达就可以跨越网段传输，但是受安全策略控制。具体来说就是如果是组播报文，那么两台防火墙的心跳口之间就必须直连或通过二层交换机相连，但是不需要配置安全策略；如果是单播报文，那么两台防火墙的心跳口之间可以通过路由器这种三层设备相连，但是需要配置安全策略允许报文在 Local 区域与心跳口所在安全区域间双向通过。另外使用业务接口做心跳口时也必须使用 UDP 封装 VGMP 报文。

9.2.6　防火墙 VGMP 组的缺省状态

　　在"9.2.4　VGMP 的产生解决了 VRRP 的问题"中我们已经简单介绍了 VGMP 是如何保证 VRRP 备份组状态统一切换的，实际的切换过程和报文交互要更复杂一些。在详细介绍 VGMP 组的状态形成和切换过程之前，我们先介绍下防火墙 VGMP 组的缺省状态和优先级。

　　如图 9-23 所示，每台防火墙提供两个 VGMP 组：Active 组和 Standby 组。缺省情况下，Active 组的优先级为 65001，状态为 Active；Standby 组的优先级为 65000，状态为 Standby。主备备份情况下，主用设备启用 Active 组，所有成员（例如 VRRP 备份组）加入 Active 组；备用设备启用 Standby 组，所有成员加入 Standby 组。负载分担情况下，两台设备都启用 Active 组和 Standby 组，每台设备上的所有成员分别加入 Active 组和 Standby 组。FW1 的 Active 组和 FW2 的 Standby 组形成一组"主备"，FW2 的 Active 组和 FW1 的 Standby 组形成一组"主备"，两台防火墙互为"主备"，形成负载分担。

　　以上讲的是 USG2000/5000/6000 系列防火墙的情况，由于 USG9000 系列防火墙存在接口板和业务板，所以他们的缺省优先级是不同的。

　　USG9000 系列防火墙 V100R003 版本的 VGMP 组缺省优先级如下。

　　Master（Active）组的缺省优先级=45001+1000×（业务板个数＋接口板个数）。

　　Slave（Standby）组的缺省优先级=45000+1000×（业务板个数＋接口板个数）。

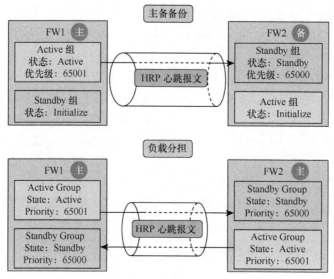

图 9-23　防火墙的 VGMP 组

9.2.7　主备备份双机热备状态形成过程

主备备份方式的双机热备是目前较常用的双机方式，配置和理解也比较简单，因此我们先从主备备份双机热备状态形成的过程来讲。

为了让大家能够真实地感受到 VRRP 和 VGMP 在防火墙上的存在，我们下面会先给出防火墙主备备份双机热备的配置，然后描述配置完成后双机热备状态形成的过程。

如图 9-24 所示，为了实现主备备份方式的双机热备，我们需要在 FW1 上启用 Active 组，并将 FW1 上的 VRRP 备份组都加入 Active 组，由 Active 组监控所有 VRRP 备份组。在 FW2 上启用 Standby 组，并将 FW2 上的 VRRP 备份组都加入 Standby 组，由 Standby 组监控所有 VRRP 备份组。

实现此操作的命令为 **vrrp vrid** *virtual-router-id* **virtual-ip** *virtual-address* [*ip-mask* | *ip-mask-length*] { **active** | **standby** }。这条命令看似简单，但功能很强大，一条命令配置下去两件事轻松搞定。

- 将接口加入 VRRP 备份组，同时指定了虚拟 IP 地址和掩码。当接口的 IP 地址与 VRRP 备份组的虚拟 IP 地址不在同一网段时，必须配置虚拟 IP 地址的掩码。
- 通过 "**active** | **standby**" 参数将 VRRP 备份组加入 Active 或 Standby 组。

两台防火墙的主备备份双机热备配置如表 9-1 所示。

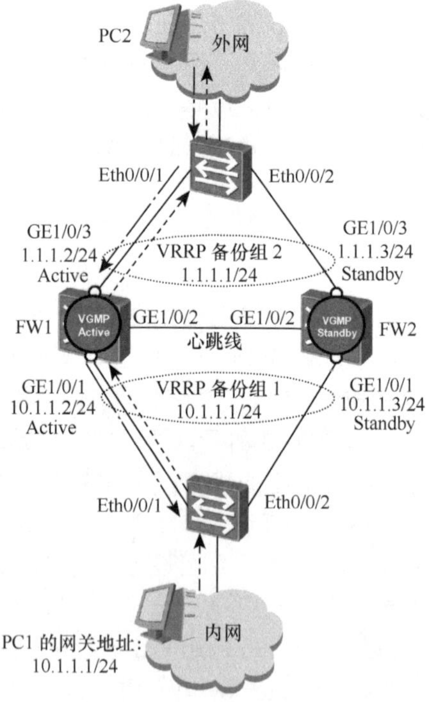

图 9-24　主备备份双机热备组网图

表 9-1　　　　　　　　　　　　　　　　　主备备份双机热备配置

配置项	FW1 的配置	FW2 的配置
配置 VRRP 备份组 1	interface GigabitEthernet 1/0/1 　ip address 10.1.1.2 255.255.255.0 　vrrp vrid 1 virtual-ip 10.1.1.1 255.255.255.0 **active**	interface GigabitEthernet 1/0/1 　ip address 10.1.1.3 255.255.255.0 　vrrp vrid 1 virtual-ip 10.1.1.1 255.255.255.0 **standby**
配置 VRRP 备份组 2	interface GigabitEthernet 1/0/3 　ip address 1.1.1.2 255.255.255.0 　vrrp vrid 2 virtual-ip 1.1.1.1 255.255.255.0 **active**	interface GigabitEthernet 1/0/3 　ip address 1.1.1.3 255.255.255.0 　vrrp vrid 2 virtual-ip 1.1.1.1 255.255.255.0 **standby**
配置心跳口	hrp interface GigabitEthernet 1/0/2	hrp interface GigabitEthernet 1/0/2
启用双机热备	hrp enable	hrp enable

各种 VGMP 报文和 HRP 报文都是通过心跳口发送的，心跳口可以说是双机热备的"命脉"，要点多多，务必关注。

- 两台设备的心跳口必须加入相同的安全区域。
- 两台设备的心跳口的接口类型和编号必须相同。例如主用设备的心跳接口为 GigabitEthernet 1/0/2，那么备用设备的心跳接口也必须为 GigabitEthernet 1/0/2。
- 选择适合的心跳口连接方法，具体如下。
  - 当双机热备的两台防火墙距离较近时，心跳口可以直接相连或通过二层交换机相连。配置方法是在配置心跳口时不添加 **remote** 参数。这时心跳口发送的报文是用 VRRP 报文封装的，是组播报文。组播报文不能跨越网段传输，且不受安全策略控制。这是首选的心跳口相连方式。
  - 当双机热备的两台防火墙距离较远且需要跨越网段传输时，心跳口需要通过路由器相连。配置方法是在配置心跳口时添加 remote 参数，指定对端心跳口地址（例如 hrp interface **GigabitEthernet 1/0/2 remote 10.1.1.2**）。添加 **remote** 参数后，从心跳口发送的各种报文将封装成 UDP 报文。UDP 报文是单播报文，只要路由可达就可以跨越网段传输，但需要受到安全策略控制。安全策略的配置方法是允许目的端口为 **18514** 的报文在 Local 区域与心跳口所在安全区域间双向通过。
  - 当双机热备的两台防火墙接口资源紧张时，也可以使用业务接口作为心跳口。配置方法是在配置心跳口时添加 **remote** 参数，指定对端心跳口（其中的一个业务接口）的地址。安全策略的配置方法是允许目的端口为 **18514** 的报文在 Local 区域与心跳口所在安全区域间双向通过。

看到这里大家应该明白如何控制 VGMP&HRP 报文的封装方式了吧？

配置完成后，我们在 FW1 上执行命令 **display hrp state**，可以看到 VRRP 备份组 1 和 2 加入了 Active 组，且状态都为 active。

```
HRP_A<FW1> display hrp state
The firewall's config state is: ACTIVE

    Current state of virtual routers configured as active:
        GigabitEthernet1/0/3    vrid    2 : active
        GigabitEthernet1/0/1    vrid    1 : active
```

在 FW2 上执行命令 **display hrp state**，可以看到 VRRP 备份组 1 和 2 加入了 Standby

组，且状态都为 standby。

```
HRP_S<FW2> display hrp state
The firewall's config state is: STANDBY

Current state of virtual routers configured as standby:
        GigabitEthernet1/0/3        vrid    2 : standby
        GigabitEthernet1/0/1        vrid    1 : standby
```

我们在 FW1 执行命令 **display hrp group**，可以看到 Active 组的状态为 active，优先级为 65001，而 Standby 组则没有启用。

```
HRP_A<FW1> display hrp group

Active group status:
    Group enabled:              yes
    State:                      active
    Priority running:           65001
    Total VRRP members:         1
    Hello interval(ms):         1000
    Preempt enabled:            yes
    Preempt delay(s):           30
    Peer group available:       1
    Peer's member same:         yes
Standby group status:
    Group enabled:              no
    State:                      initialize
    Priority running:           65000
    Total VRRP members:         0
    Hello interval(ms):         1000
    Preempt enabled:            yes
    Preempt delay(s):           0
    Peer group available:       0
    Peer's member same:         yes
```

在 FW2 执行命令 **display hrp group**，可以看到 Standby 组的状态为 standby，优先级为 65000，而 Active 组则没有启用。

```
HRP_S<FW2> display hrp group

Active group status:
    Group enabled:              no
    State:                      initialize
    Priority running:           65001
    Total VRRP members:         0
    Hello interval(ms):         1000
    Preempt enabled:            yes
    Preempt delay(s):           30
    Peer group available:       1
    Peer's member same:         yes
Standby group status:
    Group enabled:              yes
    State:                      standby
    Priority running:           65000
    Total VRRP members:         2
    Hello interval(ms):         1000
    Preempt enabled:            yes
    Preempt delay(s):           0
```

| Peer group available: | 1 |
| Peer's member same: | yes |

📖 **说明**

在后面讲到的各种双机热备组网配置完成和状态切换后，我们都可以执行以上两条命令查看 VGMP 组的信息，以确认我们的配置是否正确，以及状态是否发生切换。

如图 9-25 所示，配置完成后，主备备份方式的双机热备状态形成过程如下（图中序号与下文序号一致）。

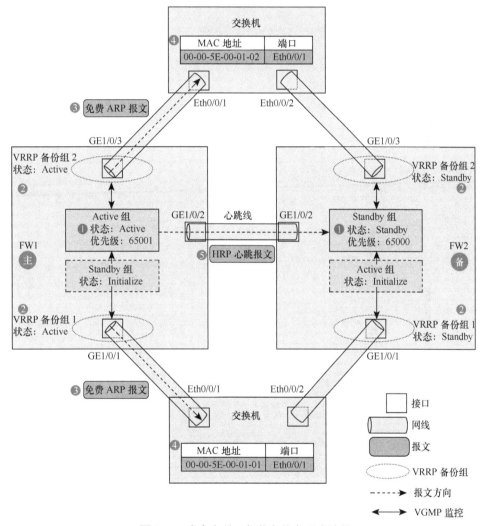

图 9-25　主备备份双机热备状态形成过程

❶ 双机热备启用之后，FW1 的 Active 组的状态会由 Initialize 切换成 Active，FW2 的 Standby 组的状态由 Initialize 切换成 Standby。

❷ 由于 FW1 的 VRRP 备份组都加入了 Active 组，而 Active 组的状态为 Active，所以 FW1 的 VRRP 备份组 1 和 VRRP 备份组 2 的状态都为 Active。同理 FW2 的 VRRP 备

份组 1 和 VRRP 备份组 2 的状态都为 Standby。

❸ 这时 FW1 的 VRRP 备份组 1 和 2 会分别向上行和下行交换机发送免费 ARP 报文，将 VRRP 备份组的虚拟 MAC 地址通知给它们。其中 00-00-5E-00-01-01 是 VRRP 备份组 1 的虚拟 MAC 地址，00-00-5E-00-01-02 是 VRRP 备份组 2 的虚拟 MAC 地址。

❹ 上下行交换机的 MAC 表项会分别记录虚拟 MAC 地址与端口 Eth0/0/1 的对应关系。这样当上下行的业务报文到达交换机后，交换机会将报文转发到 FW1 上，所以 FW1 成为了主用设备，FW2 成为了备用设备。

❺ 同时 FW1 的 Active 组还会通过心跳线定时向 FW2 的 Standby 组发送 HRP 心跳报文。

9.2.8 主用设备接口故障后的状态切换过程

两台防火墙形成主备备份状态后，如果主用设备的接口故障，那么两台防火墙会发生主备状态切换，具体过程如下。

（1）如图 9-26 所示，当主用设备的接口 GE1/0/1 故障后，FW1 的 VRRP 备份组 1 的状态变成 Initialize。

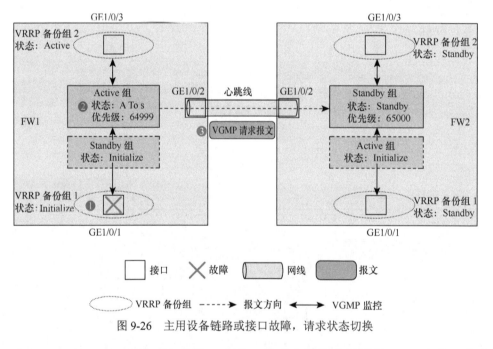

图 9-26　主用设备链路或接口故障，请求状态切换

（2）FW1 的 Active 组会感知到这一变化，将自身的优先级降低 2（一个接口故障优先级降低 2），并将自身状态切换成 Active To Standby（图中简写为 A To S）。Active To Standby 是一种短暂的中间状态，用户是不可见的。

（3）FW1 的 Active 组会向对端发送 VGMP 请求报文，请求将状态切换成 Standby。VGMP 请求报文是一种 VGMP 报文，携带本端 VGMP 组调整后的优先级 64999。

（4）如图 9-27 所示，FW2 的 Standby 组收到 FW1 的 Active 组的 VGMP 请求报文后，将会与对端比较 VGMP 优先级。经过比较后发现本端的优先级 65000 高于对端的

64999，因此 FW2 的 Standby 组会将自身状态切换成 Active。

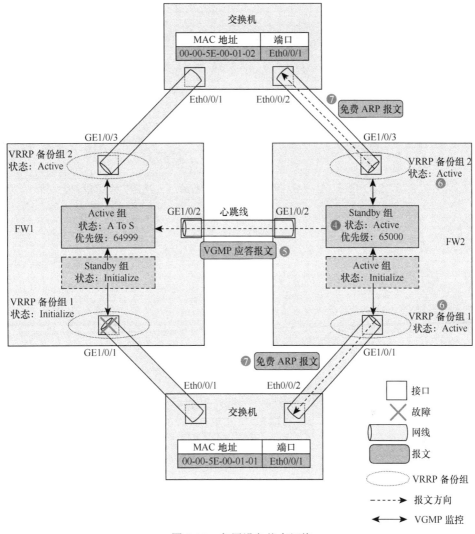

图 9-27　备用设备状态切换

（5）FW2 的 Standby 组会向对端返回 VGMP 应答报文，允许对端进行状态切换。

（6）与此同时 FW2 的 Standby 组会强制组内的 VRRP 备份组 1 和 2 也将状态切换成 Active。

（7）FW2 的 VRRP 备份组 1 和 2 会分别向下行和上行交换机发送免费 ARP 报文，更新它们的 MAC 转发表。

（8）如图 9-28 所示，FW1 的 Active 组收到对端的 VGMP 确认报文后，会将自身状态切换成 Standby。

（9）FW1 的 Active 组会强制组内的 VRRP 备份组将状态切换成 Standby。由于 VRRP 备份组 1 内的接口故障，所以 VRRP 备份组 1 的状态为 Initialize 不变，只有 VRRP 备份组 2 的状态切换成 Standby。

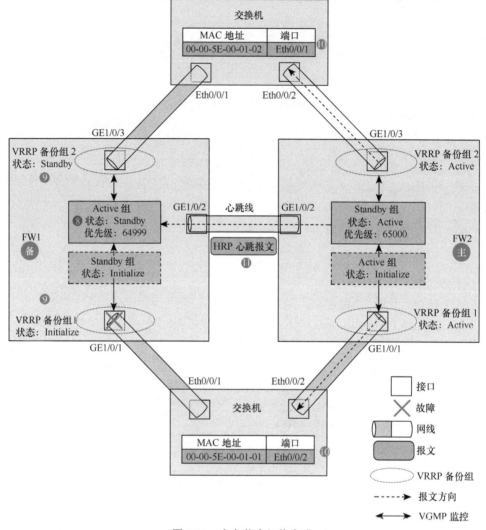

图 9-28　主备状态切换完成

（10）与此同时，上下行交换机收到 FW2 的免费 ARP 报文后会更新 MAC 表项，记录虚拟 MAC 地址与端口 Eth0/0/2 的对应关系。这样当上下行的业务流量到达交换机后，交换机会将流量转发到 FW2 上。至此两台防火墙的主备状态切换完成，FW2 成为新的主用设备，FW1 成为新的备用设备。

（11）主备状态切换完成后，新的主用设备 FW2 会定时向新的备用设备 FW1 发送心跳报文。

9.2.9　主用设备整机故障后的状态切换过程

当主用设备**整机故障**后，主用设备的 VGMP 组将不会再发送 HRP 心跳报文。这时如果备用设备的 VGMP 组连续三次收不到主用设备的 HRP 心跳报文，那么它就会认定对端的 VGMP 组故障，从而将自身切换到主用状态。

9.2.10　原主用设备故障恢复后的状态切换过程（抢占）

当**原主用设备故障恢复**后，如果配置了**抢占**功能，那么原主用设备将重新抢占成为主用设备，具体过程如下文所示。如果没有配置抢占功能，则原主用设备依旧保持备份状态。

（1）如图 9-29 所示，原主用设备的接口 GE1/0/1 故障恢复后，VRRP 备份组 1 的状态由 Initialize 切换成 Standby。

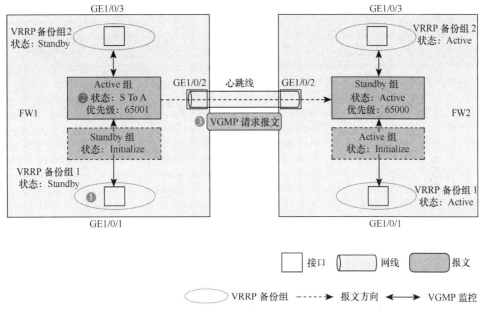

图 9-29　原主用设备故障恢复，请求状态切换

（2）FW1 的 Active 组感知到这一变化后，会将自身的优先级升高 2（一个接口故障恢复优先级升高 2），升高到 65001。FW1 的 Active 组会与对端比较 VGMP 优先级，对端的优先级信息是从对端发送的 HRP 心跳报文中获取的。经过比较后发现本端的优先级 65001 高于对端的 65000。这时如果配置了抢占功能，则会启动抢占延时。抢占延时结束后，FW1 的 Active 组会将状态由 Standby 切换成 Standby To Active（图中简写为 S To A）。Standby To Active 是一种短暂的中间状态，用户是不可见的。

（3）FW1 的 Active 组会向对端发送 VGMP 请求报文，请求将状态切换成 Active。VGMP 请求报文是一种 VGMP 报文，携带本端 VGMP 组调整后的优先级 65001。

（4）如图 9-30 所示，FW2 的 Standby 组收到 FW1 的 Active 组的 VGMP 请求报文后，将会与对端比较 VGMP 优先级。经过比较后发现本端的优先级 65000 低于对端的 65001，因此 FW2 的 Standby 组会将自身状态由 Active 切换成 Standby。

（5）FW2 的 Standby 组会向对端返回 VGMP 应答报文，允许对端将状态切换成 Active。

（6）与此同时，FW2 的 Standby 组会强制组内的 VRRP 备份组 1 和 2 也将状态切换成 Standby。

（7）如图 9-31 所示，FW1 的 Active 组收到对端的 VGMP 确认报文后，会将自身状态切换成 Active。

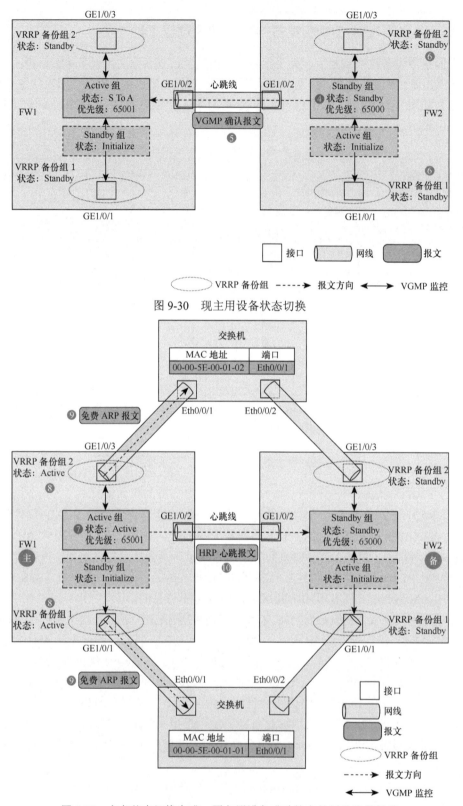

图 9-30　现主用设备状态切换

图 9-31　主备状态切换完成，原主用设备成功抢占并引导流量转发

（8）FW1 的 Active 组会强制组内的 VRRP 备份组 1 和 2 也将状态切换成 Active。

（9）FW1 的 VRRP 备份组 1 和 2 会分别向下行和上行交换机发送免费 ARP 报文，更新它们的 MAC 转发表。上下行交换机收到免费 ARP 报文后会更新 MAC 表项，记录虚拟 MAC 地址与端口 Eth0/0/1 的对应关系。这样当上下行的业务报文到达交换机后，交换机会将报文转发到 FW1 上。至此两台防火墙的主备状态切换完成，FW1 重新抢占成为主用设备，而 FW2 重新成为备用设备。

（10）主备状态切换完成后，主用设备 FW1 会定时向备用设备 FW2 发送心跳报文。

9.2.11　负载分担双机热备状态形成过程

以上我们描述的是主备备份方式的双机热备状态形成和切换过程，下面我们来看负载分担状态的情况。

如图 9-32 所示，为了实现负载分担方式的双机热备，我们需要在 FW1 和 FW2 上都启用 Active 组和 Standby 组，使 FW1 的 Active 组与 FW2 的 Standby 组进行通信，构成一组"主备"，FW2 的 Active 组与 FW1 的 Standby 组进行通信，也构成一组"主备"。这样两台 FW 形成互为主备的状态，也就是负载分担状态。

两台防火墙的负载分担方式双机热备的配置如表 9-2 所示。

由表 9-2 所示可以看到以下两点。

（1）负载分担场景下，每个业务接口需要加入两个 VRRP 备份组，且这两个 VRRP 备份组要分别加入 Active 组和 Standby 组。例如 GE1/0/1 接口加入了备份组 1 和 2，备份组 1 和 2 分别加入了 Active 组和 Standby 组。

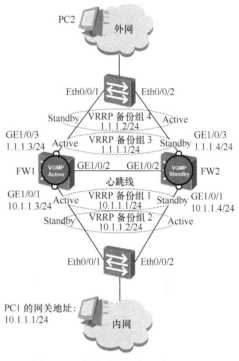

图 9-32　负载分担双机热备组网图

表 **9-2**　　　　　　　　　　　　负载分担双机热备的配置

配置项	FW1 的配置	FW2 的配置
在接口 GE1/0/1 上同时配置两个 VRRP 备份组，分别加入 Active 组和 Standby 组	interface GigabitEthernet 1/0/1 ip address 10.1.1.3 255.255.255.0 vrrp vrid 1 virtual-ip 10.1.1.1 255.255.255.0 **active** vrrp vrid 2 virtual-ip 10.1.1.2 255.255.255.0 **standby**	interface GigabitEthernet 1/0/1 ip address 10.1.1.4 255.255.255.0 vrrp vrid 1 virtual-ip 10.1.1.1 255.255.255.0 **standby** vrrp vrid 2 virtual-ip 10.1.1.2 255.255.255.0 **active**
在接口 GE1/0/3 上同时配置两个 VRRP 备份组，分别加入 Active 组和 Standby 组	interface GigabitEthernet 1/0/3 ip address 1.1.1.3 255.255.255.0 vrrp vrid 3 virtual-ip 1.1.1.1 255.255.255.0 **active** vrrp vrid 4 virtual-ip 1.1.1.2 255.255.255.0 **standby**	interface GigabitEthernet 1/0/3 ip address 1.1.1.4 255.255.255.0 vrrp vrid 3 virtual-ip 1.1.1.1 255.255.255.0 **standby** vrrp vrid 4 virtual-ip 1.1.1.2 255.255.255.0 **active**

（续表）

配置项	FW1 的配置	FW2 的配置
配置心跳口	hrp interface GigabitEthernet 1/0/2	hrp interface GigabitEthernet 1/0/2
启用双机热备	hrp enable	hrp enable

（2）两台防火墙的相同编号的 VRRP 备份组需分别加入 Active 组和 Standby 组。例如 FW1 的 VRRP 备份组 1 加入了 Active 组，FW2 的 VRRP 备份组 1 加入了 Standby 组。

如图 9-33 所示，配置完成后，负载分担方式的双机热备状态形成过程如下。

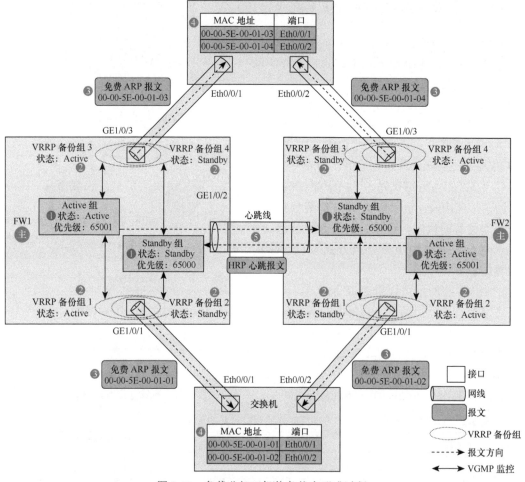

图 9-33　负载分担双机热备状态形成过程

（1）FW1 和 FW2 的 Active 组的状态会由 Initialize 切换成 Active，Standby 组的状态由 Initialize 切换成 Standby。

（2）由于 FW1 的 VRRP 备份组 1 和 3 加入了 Active 组，而 Active 组的状态为 Active，所以 FW1 的 VRRP 备份组 1 和 VRRP 备份组 3 的状态都为 Active。由于 FW1 的 VRRP 备份组 2 和 4 加入了 Standby 组，而 Standby 组的状态为 Standby，所以 FW1 的 VRRP 备份组 2 和 VRRP 备份组 4 的状态都为 Standby。同理 FW2 的 VRRP 备份组 1 和 VRRP 备份组 3 的状态都为 Standby，VRRP 备份组 2 和 VRRP 备份组 4 的状态都为 Active。

（3）这时 FW1 的 VRRP 备份组 1 和 3 会分别向下行和上行交换机发送免费 ARP 报文，将 VRRP 备份组 1 和 3 的虚拟 MAC 地址通知给它们。FW2 的 VRRP 备份组 2 和 4 会分别向下行和上行交换机发送免费 ARP 报文，将 VRRP 备份组 2 和 4 的虚拟 MAC 地址通知给它们。

（4）下行交换机的 MAC 表项会记录 VRRP 备份组 1 的虚拟 MAC 地址（00-00-5E-00-01-01）与端口 Eth0/0/1 的对应关系，VRRP 备份组 2 的虚拟 MAC 地址（00-00-5E-00-01-02）与端口 Eth0/0/2 的对应关系。这样当业务报文到达下行交换机时，交换机会根据目的 MAC 地址不同将报文分别送到 FW1 或 FW2 上。如果交换机的下行设备将 VRRP 备份组 1 的地址设置为默认网关，那么它的报文将会被转发到 FW1。如果将 VRRP 备份组 2 的地址设置为默认网关，那么它的报文将会被转发到 FW2。上行交换机和设备与此同理。

这样 FW1 和 FW2 都会转发业务报文，所以 FW1 和 FW2 都是主用设备，形成负载分担状态。

（5）负载分担状态形成后，FW1 的 Active 组会定期向 FW2 的 Standby 组发送 HRP 心跳报文，FW2 的 Active 组会定期向 FW1 的 Standby 组发送 HRP 心跳报文。

9.2.12　负载分担双机热备状态切换过程

两台防火墙形成负载分担方式的双机热备后，如果其中一台防火墙的接口故障，那么它们将切换成主备备份状态，具体过程如下。

（1）如图 9-34 所示，当 FW1 的 GE1/0/1 接口故障时，FW1 的 VRRP 备份组 1 和 2 的状态都会变成 Initialize。

（2）FW1 的 Active 组与 Standby 组的优先级都会降低 2。这时 FW1 的 Active 组的优先级变成 64999 低于 FW2 的 Standby 组的优先级 65000， FW2 的 Standby 组的优先级变成 64998 依旧低于 FW2 的 Active 组的优先级 65001。这样经过 VGMP 组之间的状态协商后，FW1 的 Active 组的状态切换成 Standby，FW2 的 Standby 组的状态切换成 Active。

（3）FW1 的 Active 组和 FW2 的 Standby 组会强制组内 VRRP 备份组也进行状态切换，所以 FW2 的 VRRP 备份组 1 和 3 的状态都切换成 Active。

（4）FW2 的 VRRP 备份组 1 和 3 会分别向下行和上行交换机发送免费 ARP 报文，更新它们的 MAC 转发表。

（5）下行交换机收到免费 ARP 报文后，会更新自身的 MAC 转发表，将 VRRP 备份组 1 的虚拟 MAC 地址（00-00-5E-00-01-01）修改成与 Eth0/0/2 对应。同理上行交换机会将 VRRP 备份组 3 的虚拟 MAC 地址（00-00-5E-00-01-03）修改成与 Eth0/0/2 对应。这样当上下行的业务报文到达交换机后，交换机会将报文都转发到 FW2 上。至此双机热备状态切换完成时，FW1 成为备用设备，FW2 成为主用设备，负载分担状态变成主备备份状态。

（6）负载分担切换成主备备份状态后，主用设备 FW2 会定时向备用设备 FW1 发送心跳报文。

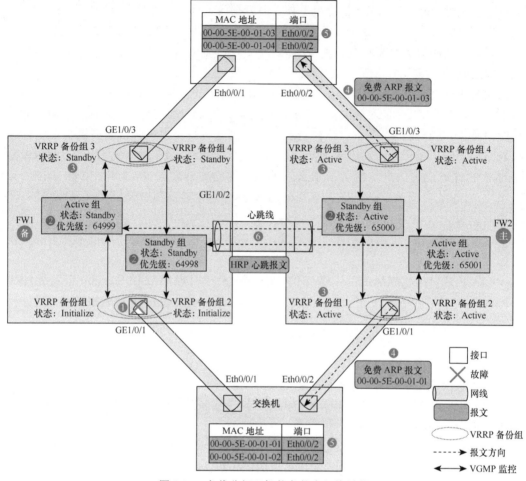

图 9-34 负载分担双机热备状态切换过程

9.2.13 总结

上面的内容应该可以完美地回答"两台防火墙的 VGMP 组的状态协商和切换过程，以及报文交互过程到底是怎样的呢"这个问题了。由此可知，VGMP 在双机热备中主要实现以下三个功能。

1. 故障监控

VGMP 组能够监控 VRRP 备份组状态变化，从而感知到 VRRP 组内接口的故障和恢复。强叔脑中闪出新的问号：那么 VGMP 组能不能直接监控接口故障呢，一定要通过 VRRP 备份组监控接口么？

2. 状态切换

VGMP 组的状态切换过程也就是设备主备状态切换的过程。VGMP 组感知到 VRRP 备份组状态变化后，会调整自身的优先级，并与对端的 VGMP 组重新协商主备状态。这一点比较清楚了，本节都是在讲状态如何切换和协商的。

3. 流量引导

两个 VGMP 组主备状态建立或者切换后，会强制组内 VRRP 备份组状态统一切换，然后由状态为 Active 的 VRRP 备份组发送免费 ARP 来引导流量通过自身转发，也就是通过主用设备转发。强叔脑中闪出新的问号：如果 VGMP 组能够直接监控接口的话，流量引导是如何实现的呢？

实际上 VGMP 功能很强大，通过监控 VRRP 备份组状态实现防火墙故障监控和流量引导仅仅是 VGMP 的一个招式。这个招式仅仅适用于防火墙上行或下行设备是交换机的场景，因为 VRRP 本身就是为这个场景量身定制的。当防火墙上行或下行设备是路由器的时候，VGMP 就无力应对了么？当然不会的！下节我们就对 VGMP 的更多绝招进行介绍，帮助大家全面了解双机热备功能，做到兵来将挡、水来土掩！

9.2.14　VGMP 状态机

前面我们学习了 VGMP 组的各种状态变化过程。下面强叔再通过解释 VGMP 状态机的形式，来帮助大家加深对 VGMP 状态变化的理解。VGMP 组的状态机如图 9-35 所示。

📖 **说明**

本节的 VGMP 状态机目前适用于 USG2000/5000/6000 系列防火墙和 USG9000 系列防火墙的 V100R003 版本。

---

❿ 启用双机热备功能后，各 VGMP 组进入 Initialize（初始化）状态。

❶ 启用 Active 组后，Active 组的状态由 Initialize 切换成 Active。

❷ 启用 Standby 组后，Standby 组的状态由 Initialize 切换成 Standby。

❸ 本端 VGMP 组监控的接口故障时，状态由 Active 切换成 Active To Standby，并发送 VGMP 请求报文给对端设备的 VGMP 组。

❹ 本端 VGMP 组收到对端的 VGMP 请求报文，发现自身优先级高，则将状态由 Standby 切换成 Acitve，并发送 VGMP 确认报文给对端设备的 VGMP 组。

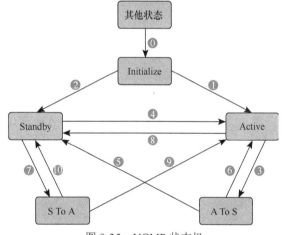

图 9-35　VGMP 状态机

❺ 本端 VGMP 组收到对端的 VGMP 确认报文，确认本端需要进行状态切换，则本端的 VGMP 组状态由 Active To Standby 切换成 Standby。

❻ 对端 VGMP 组确认本端的 VGMP 组不需要进行状态切换或连续三次没有回应本端的 VGMP 请求报文，则本端的 VGMP 组状态由 Active To Standby 切换成 Active。

❼ 本端 VGMP 组监控的接口故障恢复后，如果本端 VGMP 组优先级高于对端且配置了抢占功能，则本端 VGMP 组状态由 Standby 切换成 Standby To Acitve，并向对端发送 VGMP 请求报文。

❽ 本端 VGMP 组收到对端的 VGMP 请求报文，发现对端优先级高，则将状态由 Active 切换成 Standby，并发送 VGMP 确认报文给对端设备的 VGMP 组。

⑨ 本端 VGMP 组收到对端的 VGMP 确认报文，确认本端需要进行状态切换，则本端的 VGMP 组状态由 Standby To Acitve 切换成 Active，完成抢占过程。

⑩ 对端 VGMP 组确认本端的 VGMP 组不需要进行状态切换或连续三次没有回应本端的 VGMP 请求报文，则本端的 VGMP 组状态由 Standby To Acitve 切换成 Standby。

9.3　VGMP 招式详解

VGMP 与 VRRP 的配合只适用于防火墙连接二层设备的组网。那么当防火墙连接路由器或防火墙透明接入网络（业务接口工作在二层）时，VGMP 组是使用什么招式来应对的呢？本节强叔将为您揭秘 VGMP 组的其余保留招式。

9.3.1　防火墙连接路由器时的 VGMP 招式

如图 9-36 所示，两台防火墙上下行业务接口工作在三层，连接路由器。防火墙与路由器之间运行 OSPF 协议。由于上下行设备不是二层交换机，所以 VGMP 组无法使用 VRRP 备份组。这时 VGMP 组使用的故障监控招式是**直接监控接口状态**。其方法是直接将接口加入 VGMP 组。当 VGMP 组中的接口故障时，VGMP 组会直接感知到接口状态变化，从而降低自身的优先级。

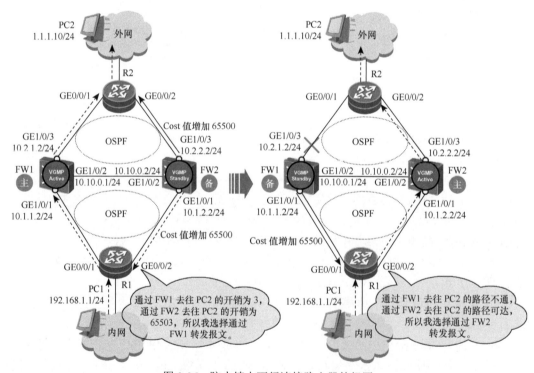

图 9-36　防火墙上下行连接路由器的组网

VGMP 组直接监控接口状态的配置步骤如表 9-3 所示（以主备备份方式的双机热备为例）。

表 9-3 VGMP 组直接监控接口的配置

配置项	FW1 的配置	FW2 的配置
配置 VGMP 组直接监控接口 GE1/0/1	interface GigabitEthernet 1/0/1 ip address 10.1.1.2 255.255.255.0 hrp track **active**	interface GigabitEthernet 1/0/1 ip address 10.1.2.2 255.255.255.0 hrp track **standby**
配置 VGMP 组直接监控接口 GE1/0/3	interface GigabitEthernet 1/0/3 ip address 10.2.1.2 255.255.255.0 hrp track **active**	interface GigabitEthernet 1/0/3 ip address 10.2.2.2 255.255.255.0 hrp track **standby**
配置自动调整 Cost 值功能	hrp ospf-cost adjust-enable	hrp ospf-cost adjust-enable
配置心跳口	hrp interface GigabitEthernet 1/0/2	hrp interface GigabitEthernet 1/0/2
启用双机热备功能	hrp enable	hrp enable

📖 说明

如果是负载分担方式的双机热备,则只需要在每个业务接口上同时执行 hrp track active 和 hrp track standby,将业务接口同时加入 Active 组和 Standby 组。

【强叔问答】看到这里好奇的读者们或许会问:不是将接口加入 VGMP 组,使 VGMP 组监控接口状态吗?为什么命令行是 **hrp track** 而不是 **vgmp track** 呢?这是因为上节讲到 VGMP 和 HRP 的报文都是由 VRRP 头和 VGMP 头封装的,区别只在于 HRP 报文还需要再封装一个 HRP 报文头。所以当初开发者设计命令时就统一使用了 **hrp** 这个参数,并流传至今。

配置完成后,我们在 FW1 上执行命令 **display hrp state**,可以看到接口 GE1/0/1 和 GE1/0/3 都加入了 Active 组,由 Active 组监控。

```
HRP_A<FW1> display hrp state
The firewall's config state is: ACTIVE

Current state of interfaces tracked by active:
    GigabitEthernet0/0/1 : up
    GigabitEthernet0/0/3 : up
```

在 FW2 上执行命令 **display hrp state**,可以看到接口 GE1/0/1 和 GE1/0/3 都加入了 Standby 组,由 Standby 组监控。

```
HRP_S<FW2> display hrp state
The firewall's config state is: Standby

Current state of interfaces tracked by standby:
    GigabitEthernet0/0/1 : up
    GigabitEthernet0/0/3 : up
```

在 FW1 执行命令 **display hrp group**,可以看到 Active 组的状态为 active,优先级为 65001,而 Standby 组则没有启用。

```
HRP_A<FW1> display hrp group

Active group status:
    Group enabled:        yes
    State:                active
    Priority running:     65001
```

```
Total VRRP members:      0
Hello interval(ms):      1000
Preempt enabled:         yes
Preempt delay(s):        30
Peer group available:    1
Peer's member same:      yes
Standby group status:
  Group enabled:         no
  State:                 initialize
  Priority running:      65000
  Total VRRP members:    0
  Hello interval(ms):    1000
  Preempt enabled:       yes
  Preempt delay(s):      0
  Peer group available:  0
  Peer's member same:    yes
```

在 FW2 执行命令 **display hrp group**，可以看到 Standby 组的状态为 standby，优先级为 65000，而 Active 组则没有启用。

```
HRP_S<FW2> display hrp group

Active group status:
  Group enabled:         no
  State:                 initialize
  Priority running:      65001
  Total VRRP members:    0
  Hello interval(ms):    1000
  Preempt enabled:       yes
  Preempt delay(s):      30
  Peer group available:  1
  Peer's member same:    yes
Standby group status:
  Group enabled:         yes
  State:                 standby
  Priority running:      65000
  Total VRRP members:    2
  Hello interval(ms):    1000
  Preempt enabled:       yes
  Preempt delay(s):      0
  Peer group available:  1
```

这样我们就可以得出以下结论：配置完成后，FW1 的 VGMP 组状态为 Active，FW1 成为主用设备；FW2 的 VGMP 组状态为 Standby，FW2 成为备用设备。

在"9.1 双机热备概述"中讲到，如果我们希望 PC1 访问 PC2 的流量通过 FW1 转发，那么我们就需要手工将 FW2 所在链路（R1->FW2->R2）的 OSPF Cost 值调大。但是如果上下行的路由器 R1 或 R2 我们不方便或不能配置时怎么办呢？这就需要用到防火墙 VGMP 组的流量引导功能，将流量自动引导到主用设备上来。这种组网采用的 VGMP 流量引导招式为**通过自动调整 Cost 值实现流量引导**，即防火墙会根据 **VGMP 组的状态自动调整 OSPF 的 Cost 值**（命令为 **hrp ospf-cost adjust-enable**）。启用此功能后，如果防火墙上存在状态为 Active 的 VGMP 组，则防火墙会正常对外发布路由；如果防火墙上的 VGMP 组状态都为 Standby，则防火墙会在发布路由时将 Cost 值增加 65500（此为缺省值，可调整）。

📖 说明

如果是负载分担组网，由于两台防火墙上都存在状态为 Active 的 VGMP 组，所以都会正常对外发布路由。

如图 9-36 所示，主用 FW1（VGMP 组状态为 Active）会正常对外发布路由，备用设备 FW2（VGMP 组状态为 Standby）会在对上下行设备发布路由时将 Cost 值增加 65 500。这样在 R1 上来看，通过 FW1 去往 PC2 的 OSPF Cost 值为 1+1+1=3，通过 FW2 去往 PC2 的 OSPF Cost 值为 65 501+1+1=65 503。因为路由器在转发流量时会选择开销（Cost 值）更小的路径（R1->FW1->R2），所以内网 PC1 访问外网 PC2 的流量会通过主用设备 FW1 转发。

此时，在 R1 的路由表中我们也可以看到，去往目的网段 1.1.1.0 的报文的下一跳是 FW1 的 GE1/0/1 的地址 10.1.1.2。

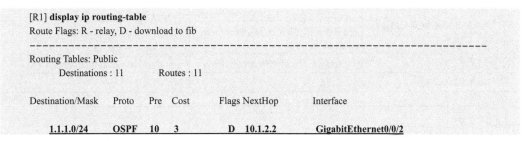

```
[R1] display ip routing-table
Route Flags: R - relay, D - download to fib
------------------------------------------------------------------------
Routing Tables: Public
        Destinations : 11        Routes : 11

Destination/Mask   Proto   Pre   Cost      Flags NextHop      Interface

    1.1.1.0/24     OSPF    10    3            D   10.1.1.2     GigabitEthernet0/0/1
```

当 FW1 的业务接口故障后，两台防火墙的 VGMP 组会进行状态切换。状态切换后，FW2 的 VGMP 组状态切换成 Active，FW2 成为主用设备；FW1 的 VGMP 组状态切换成 Standby，FW1 成为备用设备。这时 FW2 正常对外发布路由（不增加 Cost 值），FW1 发布的路由 Cost 值增加 65500。而在 R1 上来看，通过 FW1 去往 PC2 的路径不通（因为 FW1 的上行接口故障），通过 FW2 去往 PC2 的路径可达且 Cost 值为 3，所以内网 PC1 访问外网 PC2 的流量会通过新的主用设备 FW2 转发。

在 R1 的路由表中我们也可以看到，去往目的网段 1.1.1.0 的报文的下一跳变为 FW2 的 GE1/0/1 的地址 10.1.2.2。

```
[R1] display ip routing-table
Route Flags: R - relay, D - download to fib
------------------------------------------------------------------------
Routing Tables: Public
        Destinations : 11        Routes : 11

Destination/Mask   Proto   Pre   Cost      Flags NextHop      Interface

    1.1.1.0/24     OSPF    10    3            D   10.1.2.2     GigabitEthernet0/0/2
```

9.3.2 防火墙透明接入，连接交换机时的 VGMP 招式

如图 9-37 所示，两台防火墙上下行业务接口都工作在二层，连接交换机。由于防火墙的业务接口工作在二层，没有 IP 地址，所以 VGMP 组无法使用 VRRP 备份组或者直接监控接口的状态。这时 VGMP 组使用的故障监控招式是**通过 VLAN 监控接口状态**。

方法是将二层业务接口加入 VLAN，VGMP 组监控 VLAN。当 VGMP 组中的接口故障时，VGMP 组会通过 VLAN 感知到其中接口状态变化，从而降低自身的优先级。

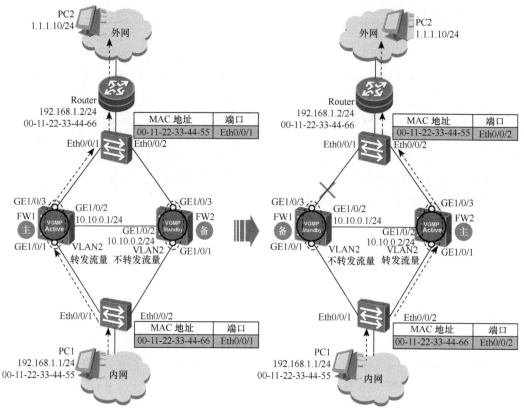

图 9-37　防火墙透明接入连接交换机的组网

VGMP 组通过 VLAN 监控接口状态的配置步骤（主备备份）如表 9-4 所示。

表 9-4　　　　　VGMP 组通过 VLAN 监控接口的配置（主备备份）

配置项	FW1 的配置	FW2 的配置
将二层业务接口加入同一个 VLAN，并配置 VGMP 组监控 VLAN	vlan 2 port GigabitEthernet 1/0/1 port GigabitEthernet 1/0/3 hrp track **active**	vlan 2 port GigabitEthernet 1/0/1 port GigabitEthernet 1/0/3 hrp track **standby**
配置心跳口	hrp interface GigabitEthernet 1/0/2	hrp interface GigabitEthernet 1/0/2
启用双机热备功能	hrp enable	hrp enable

📖 说明

当防火墙的业务接口工作在二层，连接交换机时，不支持负载分担方式的双机热备。因为如果工作于负载分担方式，则两台设备上的 VLAN 都被启用，都能够转发流量，整个网络就会形成环路。

　　配置完成后，FW1 的 VGMP 组状态为 Active，FW1 成为主用设备；FW2 的 VGMP 组状态为 Standby，FW2 成为备用设备。由于防火墙的业务接口工作在二层，防火墙本身不能运行 OSPF 协议，因此 VGMP 组无法通过控制 OSPF Cost 值的变化来引导上下行流量。这时 VGMP 可以**通过控制 VLAN 是否转发流量**的招式来保证流量引导到主用设备上。当 VGMP 组状态为 Active 时，组内的 VLAN 能够转发流量；当 VGMP 组状态为 Standby 时，组内的 VLAN 被禁用，不能转发流量。VGMP 控制 VLAN 是否转发流量不需要单独配置，只需要将 VLAN 加入 VGMP 组即可。

例如图 9-37 所示，正常情况下，主用设备 FW1（VGMP 组状态为 Active）上的 VLAN 被启用，能够转发流量。备用设备 FW2（VGMP 组状态为 Standby）上的 VLAN 被禁用，不能转发流量。因此 PC1 访问 PC2 的流量都从主用设备 FW1 转发。

当 FW1 的业务接口故障后，两台防火墙的 VGMP 组会进行状态切换，具体切换过程请参见"9.2.8 主用设备接口故障后的状态切换过程"。**当 FW1 的 VGMP 组状态由 Active 切换到 Standby 时，组内 VLAN 中的所有非故障接口状态都会 Down，然后 Up 一次。这会导致上下行交换机更新自身 MAC 转发表，将目的 MAC 地址改成与端口 Eth0/0/2 的映射，从而将流量引导到 FW2 上**。这时由于 FW2 的 VGMP 组状态已经由 Standby 切换成 Active，所以 FW2 的 VLAN2 能够正常转发流量。

9.3.3 防火墙透明接入，连接路由器时的 VGMP 招式

如图 9-38 所示，两台防火墙上下行业务接口都工作在二层，连接路由器。两台路由器之间运行 OSPF。在此种组网中防火墙的 VGMP 组采用的故障监控和流量引导方式与"9.3.2 防火墙透明接入，连接交换机时的 VGMP 招式"基本相同，即**通过 VLAN 监控接口状态实现故障监控，通过控制 VLAN 是否转发流量实现流量引导**。

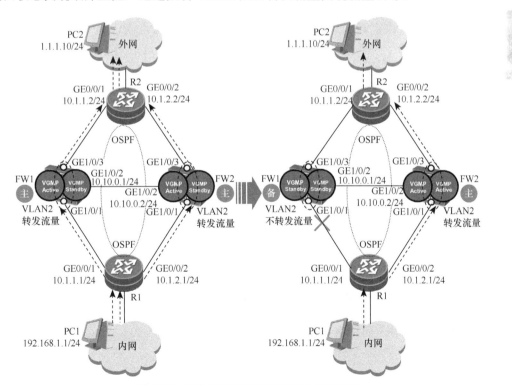

图 9-38 防火墙透明接入连接路由器的组网

区别之处仅在于此种组网只支持负载分担方式的双机热备，不支持主备备份方式。 因为如果工作于主备备份方式，备用设备上的 VLAN 被禁用，它的上下行路由器就无法进行通信，无法建立 OSPF 路由。这样当主备切换时，新的主用设备（原备用设备）的 VLAN 被启用，它的上下行路由器才开始新建 OSPF 路由。而 OSPF 路由的新建是需要一定时间的，所以会导致业务的暂时中断。

VGMP 组通过 VLAN 监控接口状态的配置步骤（负载分担）如表 9-5 所示。

表 9-5　　　　　　　VGMP 组通过 VLAN 监控接口的配置（负载分担）

配置项	FW1 的配置	FW2 的配置
将二层业务接口加入到同一 VLAN，并配置 Active 组和 Standby 组同时监控 VLAN	vlan 2 port GigabitEthernet 1/0/1 port GigabitEthernet 1/0/3 hrp track **active** hrp track **standby**	vlan 2 port GigabitEthernet 1/0/1 port GigabitEthernet 1/0/3 hrp track **active** hrp track **standby**
配置心跳口	hrp interface GigabitEthernet 1/0/2	hrp interface GigabitEthernet 1/0/2
启用双机热备功能	hrp enable	hrp enable

📖 **说明**

当防火墙的业务接口工作在二层，连接路由器时，不推荐主备备份方式的双机热备。因为如果工作于主备备份方式，备用设备上的 VLAN 被禁用，它的上下行路由器就无法进行通信，无法建立路由。这样主备切换时，备用设备就无法及时接替主用设备处理业务，导致业务中断。

配置完成后，由于 FW1 和 FW2 上都存在状态为 Active 的 VGMP 组，所以 FW1 和 FW2 都是主用设备，它们的 VLAN2 都转发流量。这时在 R1 的路由表上可以看到去往 PC2 的流量可以分别通过 FW1 和 FW2 转发。

```
<R1> display ip routing-table
Route Flags: R - relay, D - download to fib
------------------------------------------------------------------------
Routing Tables: Public
        Destinations : 14        Routes : 15

Destination/Mask   Proto   Pre   Cost      Flags NextHop          Interface

    1.1.1.0/24     OSPF    10    2          D    10.1.1.2         GigabitEthernet0/0/1
                   OSPF    10    2          D    10.1.2.2         GigabitEthernet0/0/2
```

当 FW1 的业务接口故障后，两台防火墙的 VGMP 组会进行状态切换，双机热备状态也会由负载分担变成主备备份。**当 FW1 的 VGMP 组状态由 Active 切换到 Standby 时，组内 VLAN 中的所有接口都会 Down，然后 Up 一次。这会导致上下行路由器的路由变化并收敛，从而将流量全都引导到 FW2 上。**

此时，在下面 R1 的路由表中也可以看到，去往目的网段 1.1.1.0 的报文的下一跳变为 R2 的 GE0/0/2 的地址 10.1.2.2。

```
<R1>display ip routing-table
Route Flags: R - relay, D - download to fib
```

```
——————————————————————————————————————————————————————
Routing Tables: Public
        Destinations : 10        Routes : 11

Destination/Mask    Proto    Pre    Cost        Flags NextHop        Interface

    1.1.1.0/24      OSPF     10     2           D    10.1.2.2         GigabitEthernet0/0/2
    10.1.2.0/24     Direct   0      0           D    10.1.2.1         GigabitEthernet0/0/2
```

9.3.4　VGMP 组监控远端接口的招式

上面描述的是 VGMP 组应对各种双机热备组网的招式，其中 VGMP 组监控的是防火墙本身的接口。下面我们再来学习两个 VGMP 组监控远端接口的招式。远端接口是指链路上其他设备的接口。当 VGMP 组监控的一个远端接口故障时，VGMP 组优先级也降低 2。VGMP 监控防火墙自身接口的招式可以和监控远端接口的招式一起使用。

需要注意的是这两种 VGMP 监控远端接口的招式只能用于防火墙业务接口工作在三层的组网，因为只有业务接口工作在三层才有 IP 地址，才能对远端设备发送 IP-Link 和 BFD 的探测报文。

1. 通过 **IP-Link** 监控远端接口状态

其方法是建立 IP-Link 探测远端接口，然后 VGMP 组监控 IP-Link 状态。当 IP-Link 探测的接口故障时，IP-Link 的状态变成 Down，VGMP 组感知到 IP-Link 的状态变化，从而降低自身的优先级。

如图 9-39 所示，我们需要在 FW1（FW2）上使用 IP-Link1 探测 R1（R2）的 GE1/0/1 接口（非直连的远端接口），然后将 IP-Link1 加入 Active（Standby）组，由 Active（Standby）组监控 IP-Link1 的状态。

其具体配置如表 9-6 所示（配置的前提条件是已配置完成双机热备功能）。

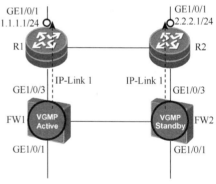

图 9-39　VGMP 通过 IP-Link 监控远端接口

表 9-6	VGMP 通过 **IP-Link** 监控远端接口的配置	
配置项	FW1 的配置	FW2 的配置
启用 IP-Link	ip-link check enable	ip-link check enable
配置 IP-Link 监控远端地址	ip-link 1 destination 1.1.1.1 interface GigabitEthernet1/0/3 mode icmp	ip-link 1 destination 2.2.2.1 interface GigabitEthernet1/0/3 mode icmp
配置 VGMP 监控 IP-Link	hrp track ip-link 1 **active**	hrp track ip-link 1 **standby**

2. 通过 **BFD** 监控远端接口状态

其方法是通过 BFD 探测远端接口，VGMP 组监控 BFD 状态。当 BFD 探测的远端接口故障时，BFD 的状态变成 Down，VGMP 组感知到 BFD 的状态变化，从而降低自身的优先级。

如图 9-40 所示，我们需要在 FW1（FW2）上使用 BFD 会话 10 探测 R1（R2）的

GE1/0/1 接口（非直连的远端接口），然后将 BFD 会话 1 加入 Active（Standby）组，由
Active（Standby）组监控 BFD 会话 1 的状态。

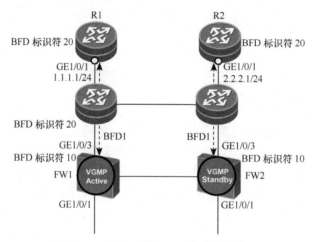

图 9-40　VGMP 通过 BFD 监控远端接口

其具体配置如表 9-7 所示（配置的前提条件是已配置完成双机热备功能）。

表 9-7　　　　　　　　　　**VGMP 通过 BFD 监控远端接口的配置**

配置项	FW1 的配置	FW2 的配置
配置 BFD 监控远端地址，并指定本地和对端标识符	bfd 1 bind peer-ip 1.1.1.1 discriminator local **10** discriminator remote 20	bfd 1 bind peer-ip 2.2.2.1 discriminator local **10** discriminator remote 20
配置 VGMP 组监控 BFD	hrp track bfd-session **10 active**	hrp track bfd-session **10 standby**

9.3.5　总结

综上所述，尽管 VGMP 组监控和流量引导招式五花八门，但都遵循以下两条准则。

* 每当 VGMP 组监控的一个接口故障时，无论是直接监控还是间接监控，无论是监控防火墙本身的接口还是远端接口，VGMP 组的优先级都会降低 2。
* 只有主用设备（VGMP 组状态为 Active）才会将流量引导到本设备上，备用设备（VGMP 组状态为 Standby）则是想办法拒绝将流量引导到本设备上。

最后，我们总结下双机热备各种典型组网与 VGMP 故障监控和流量引导招式的关
系，具体如表 9-8 所示。

表 9-8　　　　　　　　　　双机热备各种组网的 **VGMP 招式总结**

双机热备组网	支持场景	故障监控招式	流量引导招式
防火墙业务接口工作在三层，连接二层交换机	主备备份和负载分担	• 通过 VRRP 备份组监控接口 • 通过 IP-Link 监控接口（可选） • 通过 BFD 监控接口（可选）	主用设备会向连接的交换机发送免费 ARP 报文，更新交换机的 MAC 转发表

（续表）

双机热备组网	支持场景	故障监控招式	流量引导招式
防火墙业务接口工作在三层，连接路由器	主备备份和负载分担	• 直接监控接口 • 通过 IP-Link 监控接口（可选） • 通过 BFD 监控接口（可选）	主用设备正常对外发布路由，备用设备发布的路由 Cost 值增加 65 500
防火墙业务接口工作在二层（透明模式），连接二层交换机	只支持主备备份	通过 VLAN 监控接口	主用设备的 VLAN 能够转发流量，备用设备的 VLAN 被禁用。当主用设备切换成备用设备时，主用设备的 VLAN 中的接口会 Down，然后 Up 一次，触发上下行二层设备更新 MAC 转发表
防火墙业务接口工作在二层（透明模式），连接路由器	只支持负载分担	通过 VLAN 监控接口	主用设备的 VLAN 能够转发流量，备用设备的 VLAN 被禁用。当主用设备切换成备用设备时，主用设备的 VLAN 中的接口会 Down，然后 Up 一次，触发上下行三层设备的路由收敛

9.4　HRP 协议详解

在前面介绍 VGMP 报文结构时我们看到了几种 HRP 协议定义的报文，本节强叔就要为大家解析 HRP 协议以及这几种 HRP 报文，包括：HRP 数据报文、心跳链路探测报文和 HRP 一致性检查报文。

大家可能会问："HRP 不就是负责双机的数据备份嘛，有什么难度？"其实 HRP 在备份时还是大有文章的，现在强叔就为大家揭秘这些 HRP 鲜为人知的细节。

9.4.1　HRP 概述

防火墙通过执行命令（通过 Web 配置实际上也是在执行命令）来实现用户所需的各种功能。如果备用设备切换为主用设备前，配置命令没有备份到备用设备，则备用设备无法实现主用设备的相关功能，从而导致业务中断。

如图 9-41 所示，主用设备 FW1 上配置了允许内网用户访问外网的安全策略。如果主用设备 FW1 上配置的安全策略没有备份到备用设备 FW2 上，那么当主备状态切换后，新的主用设备 FW2 将不会允许内网用户访问外网（因为防火墙缺省情况下禁止所有报文通过）。

防火墙属于状态检测防火墙，对于每一个动态生成的连接，都有一个会话表项与之对应。主用设备处理业务过程中创建了很多动态会话表项；而备用设备没有报文经过，因此没有创建会话表项。如果备用设备切换为主用设备前，会话表项没有备份到备用设备，则会导致后续业务报文无法匹配会话表，从而导致业务中断。

如图 9-42 所示，主用设备 FW1 上创建了 PC1 访问 PC2 的会话（源地址为 10.1.1.10，目的地址为 200.1.1.10），PC1 与 PC2 之间的后续报文会按照此会话转发。如果主用设备 FW1 上的会话不能备份到备用设备 FW2 上，那么当主备状态切换后，PC1 访问 PC2 的后续报文在 FW2 上匹配不到会话。这样就会导致 PC1 访问 PC2 的业务中断。

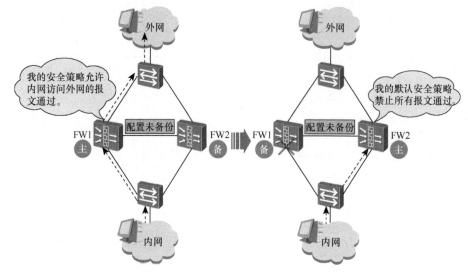

图 9-41　配置命令没有备份时的情况

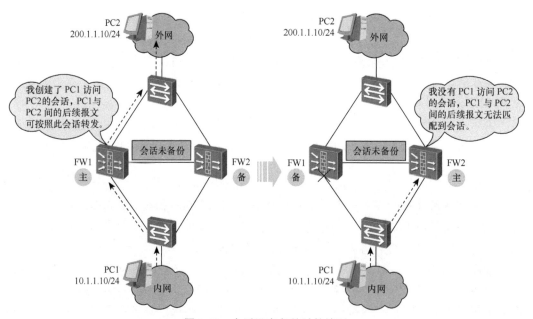

图 9-42　会话没有备份时的情况

因此为了实现主用设备出现故障时备用设备能平滑地接替工作，必须在主用和备用设备之间备份关键配置命令和会话表等状态信息。为此华为防火墙引入了 HRP（**Huawei Redundancy Protocol**）协议，实现防火墙双机之间动态状态数据和关键配置命令的备份。

如图 9-43 所示，主用设备 FW1 上配置了允许内网用户访问外网的安全策略，所以

FW1 会允许内网 PC1 访问外网 PC2 的报文通过,并且会建立会话。由于在 FW1 和 FW2 上都使用了 HRP 协议(配置了双机热备中的 HRP 功能),因此主用设备 FW1 上配置的安全策略和创建的会话都会备份到备用设备 FW2 上。这样当主备状态切换后,由于备用设备上已经存在允许内网用户访问外网的安全策略以及 PC1 访问 PC2 的会话,所以 PC1 访问 PC2 业务报文不会被禁止或中断。

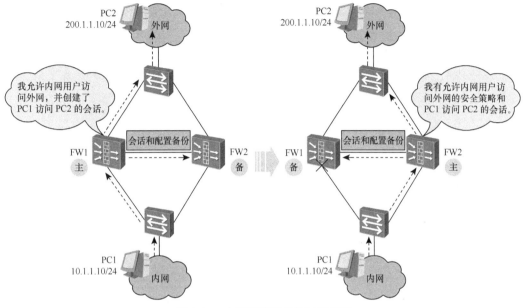

图 9-43　会话和配置备份时的情况

综上所述,在主备备份组网下,配置命令和状态信息都由主用设备备份到备用设备。而在负载分担组网下,两台防火墙都是主用设备(都有状态为 Active 的 VGMP 组)。因此如果允许两台主用设备之间能够相互备份命令,那么可能就会造成两台设备命令相互覆盖或冲突的问题。所以为了方便管理员对两台防火墙配置的统一管理,避免混乱,我们引入配置主和配置从设备的概念。我们定义负载分担组网下,**发送备份配置命令的防火墙称为配置主设备**(命令行提示符前有 **HRP_A** 前缀),接收备份配置命令的防火墙称为配置从设备(命令行提示符前有 **HRP_S** 前缀)。

在负载分担组网下,配置命令只能由"配置主设备"备份到"配置备设备"。状态信息则是两台设备相互备份的。

在负载分担组网下,最先建立双机热备状态的防火墙会成为配置主设备,也就是最先启用双机热备功能的防火墙会成为配置主设备。

9.4.2　HRP 报文结构和实现原理

防火墙通过心跳口(HRP 备份通道)发送和接收 HRP 数据报文来实现配置和状态信息的备份。如图 9-44 所示,HRP 数据报文从外到内依次封装了 VRRP 报文头、VGMP 报文头和 HRP 报文头。其中 VRRP 报文头中 Type=2,Type2=2。VGMP 报文头中的"vType"字段对应为"HRP 数据报文"的取值。

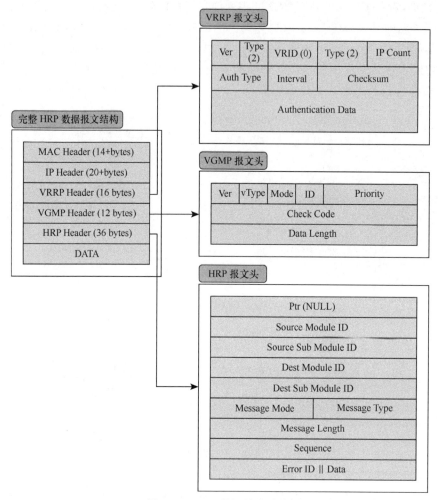

图 9-44　HRP 数据报文结构

HRP 报文头中的关键参数解释如下。

- Source Module ID 和 Source Sub Module ID 表示本端防火墙哪些特性模块和子模块的数据需要备份。

- Dest Module ID 和 Dest Sub Module ID 表示需要向对端防火墙的哪些特性模块和子模块备份数据。

HRP 数据备份的过程如图 9-45 所示。

（1）FW1 在发送 HRP 数据报文时，会将 ASPF 特性模块的 ID 写入 HRP 报文头的"Source Module ID"和"Dest Module ID"字段中，并将 ASPF 模块的配置和表项信息封装到 HRP 数据报文中。

（2）FW1 将 HRP 数据报文通过备份通道（心跳线）发送给 FW2。

FW2 收到 HRP 数据报文后，会根据 HRP 报文头中的"Source Module ID"和"Dest Module ID"字段将报文中的配置和表项信息发送到本端的 ASPF 特性模块，并进行配置与表项的下发。

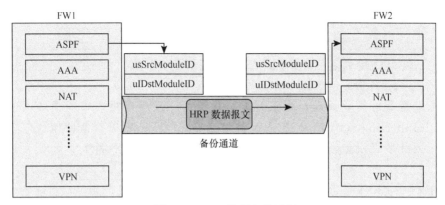

图 9-45 HRP 数据备份过程

在前面我们讲到 USG6000 系列防火墙和 USG2000/5000 系列 V300R001 版本防火墙还支持将各种 VGMP 报文和 HRP 报文封装成 UDP 报文。当然这里介绍的 HRP 数据报文，以及下面讲的心跳链路探测报文和一致性检查报文都支持这种 UDP 方式的封装。这种方式的封装方法就是在 VRRP 报文头上再封装一个 UDP 头。HRP 数据报文的 UDP 封装结构如图 9-46 所示。

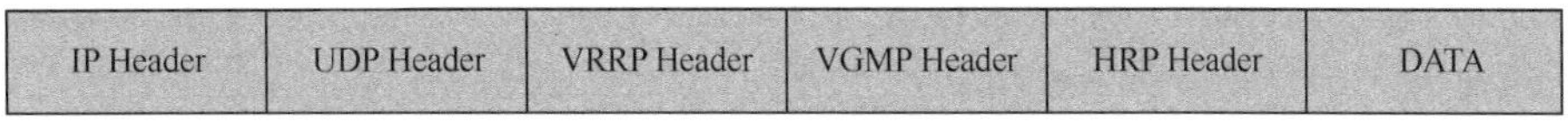

IP Header	UDP Header	VRRP Header	VGMP Header	HRP Header	DATA

图 9-46 HRP 数据报文的 UDP 封装结构

UDP 封装的好处前面我们也讲过：UDP 封装后的报文是单播报文，只要路由可达就可以跨越网段传输，而且能够被安全策略控制。

9.4.3 HRP 的备份方式

双机热备的 HRP 支持以自动备份、手工批量备份和快速备份三种方式。这三种备份方式的描述和区别下面我们一一来介绍。

1. 自动备份

自动备份功能（命令为 **hrp auto-sync [config | connection-status]**）缺省为开启状态，能够自动实时备份配置命令和周期性地备份状态信息，适用于各种双机热备组网。

* 启用自动备份功能后，主用（配置主）设备上每执行一条可以备份的命令时，此配置命令就会被**立即**同步备份到备用（配置备）设备上。
  对于可以备份的配置命令，只能在主用（配置主）设备上配置，备用（配置备）设备上不能配置。对于不可以备份的配置命令，备用（配置备）设备上可以配置。关于哪些配置命令可以备份或不可以备份请参见"9.4.4 HRP 能够备份的配置与状态信息"。
* 启用自动备份功能后，主用设备会**周期性**地将可以备份的状态信息备份到备用设备上。即主用设备的状态信息建立后不会立即备份，需要经过一个周期后才会备份到备用设备。

　　自动备份不会备份以下类型的会话（只快速会话备份支持）。

- 到防火墙自身的会话，例如管理员登录防火墙时产生的会话。
- 未完成 3 次握手的 TCP 半连接会话。
- 只为 UDP 首包创建，而不被后续包匹配的会话。

2. 手工批量备份

　　手工批量备份需要管理员手工触发，每执行一次手工批量备份命令（hrp sync { config | connection-status }），主用设备就会立即同步一次配置命令和状态信息到备用设备。因此手工批量备份主要适用于主备设备之间配置不同步，需要手工同步的场景。

- 执行手工批量备份命令后，主用（配置主）设备会**立即**同步一次可以备份的配置命令到备用（配置备）设备。
- 执行手工批量备份命令后，主用设备会**立即**同步一次可以备份的状态信息到备用设备，而不必等到自动备份周期的到来。

3. 快速备份

　　快速会话备份功能（命令为 hrp mirror session enable），适用于负载分担的工作方式，以应对报文来回路径不一致的场景。为了保证状态信息的及时同步，快速备份功能只是备份状态信息，不备份配置的命令。配置命令的备份由自动备份功能实现。

　　启用快速备份功能后，主用设备会**实时**地将可以备份的状态信息（包括上面提到的自动备份不支持的会话）都同步到备用设备上。即在主用设备状态信息建立的时候**立即**将其**实时**备份到备用设备。

　　综上所示，三种备份方式的使用方式通常是：自动备份（**hrp auto-sync [config | connection-status]**）默认开启，不要关闭；如果主备设备之间配置不同步，需要执行手工批量备份的命令（**hrp sync [config | connection-status]**）；如果是负载分担组网，一般需要开启快速会话备份功能（**hrp mirror session enable**）。

　　下面来讲解为什么快速会话备份特别适用于负载分担组网？

　　负载分担组网下，由于两台防火墙都是主用设备，都能转发报文，所以可能存在报文的来回路径不一致的情况，即来回两个方向的报文分别从不同的防火墙经过。这时如果两台防火墙的状态信息没有及时相互备份，则回程报文会因为没有匹配到状态信息而被丢弃，从而导致业务中断。

　　为防止上述现象发生，需要在负载分担组网下配置快速会话备份功能，使两台防火墙能够实时地相互备份状态信息，使回程报文能够查找到相应的状态信息表项，从而保证内外部用户的业务不中断。

　　下面举个例子来说明。如图 9-47 所示，FW1 和 FW2 形成双机热备的负载分担组网。内网 PC 访问外网 Server 的报文通过 FW1 转发，并建立会话。由于来回路径不一致，Server 返回给 PC 的回程报文转发到 FW2。这时如果只启用了自动备份功能，则 FW1 的会话还没有来得及备份到 FW2 上。这就导致回程报文无法在 FW2 上匹配会话而被 FW2 丢弃，从而造成业务中断。

　　这时如果启用了会话快速备份功能，则 FW1 上产生的会话会立即备份到 FW2 上。这样回程报文就能在 FW2 上匹配到会话，从而被正常转发到 PC。

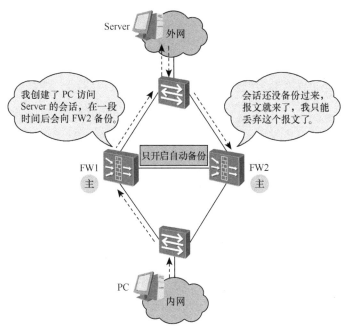

图 9-47　报文来回路径不一致的情况

9.4.4　HRP 能够备份的配置与状态信息

防火墙能够备份的配置如下（以 USG6000 系列防火墙 V100R001 版本为例）。

- 策略：安全策略、NAT 策略、带宽管理、认证策略、攻击防范、黑名单、ASPF。
- 对象：地址、地区、服务、应用、用户、认证服务器、时间段、URL 分类、关键字组、邮件地址组、签名、安全配置文件（反病毒、入侵防御、URL 过滤、文件过滤、内容过滤、应用行为控制、邮件过滤）。
- 网络：新建逻辑接口、安全区域、DNS、IPSec、SSL VPN、TSM 联动。
- 系统：管理员、日志配置。

📖 **说明**

一般情况下，display、reset、debugging 命令都不支持备份。

根据上面的描述我们可以看到，防火墙的网络基本配置如接口地址和路由等都不能够备份，这些配置需要在双机热备状态成功建立前配置完成。而上面支持备份的配置可以在双机热备状态成功建立后，只在主用设备上配置。

防火墙能够备份的状态信息如下。

- 会话表
- Sever-map 表
- IP 监控表
- 分片缓存表
- GTP 表

- 黑名单
- PAT 方式端口映射表
- NO-PAT 方式地址映射表

9.4.5　心跳口与心跳链路探测报文

如图 9-48 所示，两台防火墙之间备份的数据是通过防火墙的心跳口发送和接收的，是通过心跳链路（备份通道）传输的。心跳口必须是状态独立且具有 IP 地址的接口，可以是一个物理接口，也可以是为了增加带宽，由多个物理接口捆绑而成的一个逻辑接口 Eth-Trunk。通常情况下，备份数据流量约为业务流量的 20%～25%，请根据备份数据量的大小选择捆绑物理接口的数量。

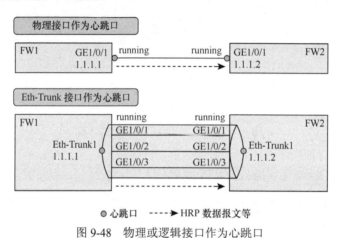

图 9-48　物理或逻辑接口作为心跳口

心跳接口有 5 种状态（执行命令 **display hrp interface** 可以查看）。

- **invalid**：当本端防火墙上的心跳口配置错误时显示此状态（物理状态 Up，协议状态 Down），例如指定的心跳口为二层接口或未配置心跳接口的 IP 地址。
- **Down**：当本端防火墙上的心跳口的物理与协议状态均为 Down 时，则会显示此状态。
- **peerDown**：当本端防火墙上的心跳口的物理与协议状态均为 Up 时，则心跳口会向对端对应的心跳口发送心跳链路探测报文。如果收不到对端响应的报文，那么防火墙会设置心跳接口状态为 peerDown。但是心跳口还会不断发送心跳链路探测报文，以便当对端的对应心跳口 Up 后，该心跳链路能处于连通状态。
- **ready**：当本端防火墙上的心跳口的物理与协议状态均为 Up 时，则心跳口会向对端对应的心跳口发送心跳链路探测报文。如果对端心跳口能够响应此报文（也发送心跳链路探测报文），那么防火墙会设置本端心跳接口状态为 ready，随时准备发送和接受心跳报文。这时心跳口依旧会不断发送心跳链路探测报文，以保证心跳链路的状态正常。
- **running**：当本端防火墙有多个处于 ready 状态的心跳口时，防火墙会选择最先配置的心跳口形成心跳链路，并设置此心跳口的状态为 running。如果只有一个处于 ready 状态的心跳口，那么它自然会成为状态为 running 的心跳口。**状态为**

running 的接口负责发送 **HRP 心跳报文**、**HRP 数据报文**、**HRP 一致性检查报文**和 **VGMP 报文**。这时其余处于 ready 状态的心跳口处于备份状态，当处于 running 状态的心跳口或心跳链路故障时，其余处于 ready 状态的心跳口依次（按配置先后顺序）接替当前心跳口处理业务。如图 9-49 所示，由于两台防火墙心跳接口的配置顺序与接口编号顺序相同，所以先配置的处于 ready 状态的心跳口 GE1/0/3 成为 running 状态，而后配置的处于 ready 状态的心跳口 GE1/0/4 处于备份状态。

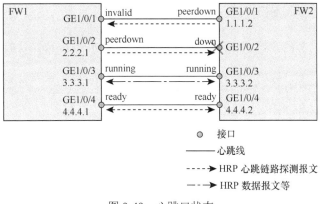

图 9-49 心跳口状态

综上所述，心跳链路探测报文的作用是检测对端设备的心跳口能否正常接收本端设备的报文，以确定心跳链路是否可用。只要本端心跳接口的物理和协议状态 up 就会向对端心跳口发送心跳链路探测报文进行探测。

心跳链路探测报文也是由新 **VRRP** 报文头封装的，当新 **VRRP** 报文头中 **Type=2**，**Type2=1** 时，报文封装成心跳探测链路报文。

而我们在前面讲到的 HRP 心跳报文是用于探测和感知对端设备（VGMP 组）是否正常工作的。HRP 心跳报文只有主用设备的 VGMP 组通过状态为 running 的心跳口发出。

9.4.6 HRP 一致性检查报文的作用与原理

HRP 一致性检查报文用于检测双机热备状态下的两台防火墙的**双机热备配置**是否一致以及**策略配置**是否相同。双机热备配置的一致性检查包括两台防火墙是否监控了相同的业务接口，是否配置了相同的心跳接口等。策略配置一致性检查主要检查两台防火墙是否配置了相同的策略，包括安全策略、带宽策略、NAT 策略、认证策略和审计策略。HRP 一致性检查报文也是由 VRRP 报文头封装的，当 VRRP 报文头中 Type=2，Type2=5 时，报文封装成 HRP 一致性检查报文。

HRP 一致性检查的实现原理如下。

（1）执行一致性检查命令（**hrp configuration check** { **all** | **audit-policy** | **auth-policy** | **hrp** | **nat-policy** | **security-policy** | **traffic-policy** }）后，执行此命令的设备会发送一致性检查请求报文给对端，并且同时收集自身的相关模块的配置信息摘要。

（2）对端设备收到请求后，会收集自身相关模块的配置信息摘要，然后封装到一致性检查报文中返回给本端设备。

（3）本端设备会对比自身的配置摘要和对端设备的配置摘要，并记录比较信息。客户可以执行命令 **display hrp configuration check** 查看一致性检查结果。例如下面的结果表示双机热备配置一致。

```
HRP_A<FWA> display hrp configuration check hrp
Module      State  Start-time          End-time            Result
hrp         finish 2008/09/08 14:21:56 2008/09/08 14:21:56 same configuration
```

9.5　双机热备配置指导

在部署双机热备前，请先选择适合自身网络特点的双机热备组网，包括：

- 防火墙业务接口工作在三层，连接交换机；
- 防火墙业务接口工作在三层，连接路由器；
- 防火墙业务接口工作在二层，连接交换机；
- 防火墙业务接口工作在二层，连接路由器。

其中防火墙业务接口工作在三层时，经常会存在上下行连接不同设备的组网，例如上行连接交换机，下行连接路由器。这其实也没有什么特殊之处，我们只需要在上行按照连接交换机的组网进行部署，下行按照连接路由器的组网进行部署即可。

在确定了双机热备组网方式后，我们还需要确定是选择主备备份方式还是负载分担方式的双机热备。一般情况下，我们主要遵循以下原则。

- 如果主备备份和负载分担方式的双机热备都能够正常承担现网流量转发，且客户又没有特殊需求，我们一般推荐部署主备备份方式。
- 如果客户组网的其他部分（例如出口网关、核心交换机等）都部署了负载分担，那么客户一般也会要求防火墙部署成负载分担方式。
- 当一台防火墙承担业务转发时，如果它的会话表、吞吐量和 CPU 使用率这三个重要参数中的一个或多个长期超过最大值的 80%时，必须调整成负载分担方式的双机热备。
- 当防火墙启用 IPS、AV 等内容安全功能后，性能会有所下降。如果一台防火墙的转发性能下降到低于现网总容量时，则必须调整成负载分担方式的双机热备。

不同的双机热备组网对主备备份和负载分担方式的支持情况不同，具体如表9-9所示。

表 9-9　　　　　　　　　主备备份和负载分担方式支持情况

组网	主备备份	负载分担
防火墙业务接口工作在三层，连接交换机	支持	支持
防火墙业务接口工作在三层，连接路由器	支持	支持
防火墙业务接口工作在二层，连接交换机	支持	不支持
防火墙业务接口工作在二层，连接路由器	不支持	支持

在部署和配置双机热备之前我们还需要对两台防火墙的硬件和软件进行检查，具体包括以下几点。

- 两台防火墙的产品型号和硬件配置必须一致，包括：接口板（接口卡）、业务板、主控板的位置、类型和数目。

- 两台防火墙的软件版本和 Bootroom 版本必须一致。
- 建议两台防火墙的配置文件均为初始的配置文件。

9.5.1 配置流程

双机热备的配置流程如图 9-50 所示。双机热备的配置流程图可以帮助大家理解我们之前讲的双机热备各协议之间的关系，以及记忆双机热备的配置逻辑。

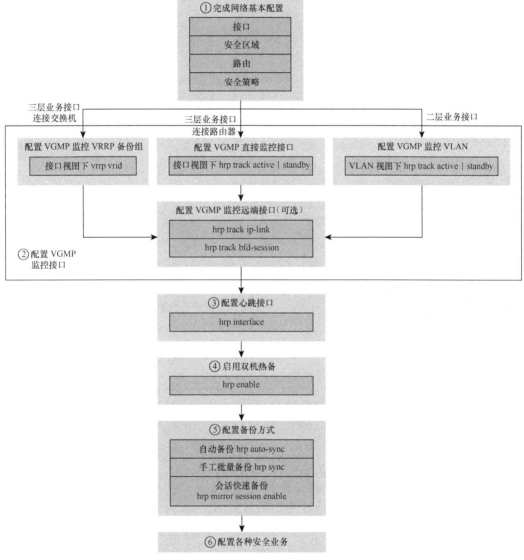

图 9-50 双机热备配置流程图

双机热备配置流程图各步骤的具体解释如下。

1. 完成网络基本配置

接口：如果防火墙的业务接口工作在三层，则需要为各个业务接口配置 IP 地址。业务接口的 IP 地址必须固定，因此双机热备特性不能与 PPPoE 拨号、DHCP Client 等自动获取 IP 地址的特性结合使用。

如果防火墙的业务接口工作在二层，则需要将业务接口转换成二层接口后，加入同一个 VLAN。

另外，主备设备需要选择相同的业务接口和心跳口。例如主用设备选择 GigabitEthernet1/0/1 作为业务接口，选择 GigabitEthernet1/0/7 作为心跳口，那么备用设备也需要这样选择。

安全区域：无论是二层还是三层接口，无论是业务接口还是心跳口，都需要加入安全区域。主备设备的对应接口必须加入到相同的安全区域。如主用设备的 GigabitEthernet1/0/1 接口加入了 Trust 区域，那么备用设备的 GigabitEthernet1/0/1 接口也必须加入 Trust 区域。

路由：如果防火墙的业务接口工作在三层连接交换机，我们一般需要在防火墙上配置静态路由；如果防火墙的业务接口工作在三层连接路由器，我们一般需要在防火墙上配置 OSPF；如果防火墙的业务接口工作在二层，一般不需要在防火墙上配置路由。

安全策略：在双机热备部署中，防火墙与其他设备之间主要有以下报文交互。

- 两台防火墙之间通过心跳口交互各种 VGMP 报文和 HRP 报文。
- 两台防火墙之间通过业务口交互 VRRP 报文。
- 当防火墙业务接口工作在三层连接交换机时，防火墙会向交换机发送免费 ARP 报文。
- 当防火墙业务接口工作在三层连接路由器时，防火墙需要与路由器交互 OSPF 报文。
- 当防火墙业务接口工作在二层时，上下行设备之间的 OSPF 报文需要通过防火墙。

为了保证双机热备状态的正常建立，我们需要配置相应的安全策略，保证上述报文的正常转发，具体如表 9-10 所示。

表 9-10　　　　　　　　　　　建立双机热备所需的安全策略

报文	安全策略
VGMP 报文和 HRP 报文	· 对于 USG9000 系列防火墙，VGMP 报文和 HRP 报文不受安全策略控制 · 对于 USG2000/5000/6000 系列防火墙，如果配置心跳口时不指定 **remote** 参数，则 VGMP 报文和 HRP 报文为组播报文，不受安全策略控制；如果指定 **remote** 参数，则 VGMP 报文和 HRP 报文会封装成 UDP 单播报文，需要在心跳口所在安全区域与 Local 区域间配置安全策略，允许目的端口为 **18514** 的报文双向通过
VRRP 报文	VRRP 报文是组播报文，不受安全策略控制
免费 ARP 报文	免费 ARP 报文是广播报文，不受安全策略控制
到达防火墙的 OSPF 报文	在上/下行业务接口所在安全区域与 Local 区域之间配置安全策略，允许协议类型为 OSPF 的报文通过
通过防火墙的 OSPF 报文	在上行业务接口所在区域与下行业务接口所在区域之间配置安全策略，允许协议类型为 OSPF 的报文通过

📖 **说明**

双机热备成功建立后，能够备份安全策略的配置。但是上述提到的安全策略是双机热备建立的基础，因此需要在配置双机热备前，在两台防火墙上分别完成。

配置安全策略时，我们一般是先将缺省的安全策略动作设置为允许，然后在配置完精细的安全策略后，将缺省的安全策略动作恢复为禁止。

2. 配置 VGMP 监控接口

当防火墙业务接口工作在三层连接交换机时，需要在接口上配置 VRRP 备份组。

- 主备备份方式下，需要在主用设备的业务接口上配置一个 VRRP 备份组，然后将这个 VRRP 备份组加入 Active 组；在备用设备的业务接口上配置同一个 VRRP 备份组，然后将这个 VRRP 备份组加入 Standby 组。
- 负载分担方式下，需要在每台设备的每个业务接口上配置两个 VRRP 备份组，并分别加入 Active 组和 Standby 组。两台设备上的同一个 VRRP 备份组需要加入不同的 VGMP 组，即一个加入 Active 组，一个加入 Standby 组。

当防火墙业务接口工作在三层连接路由器时，需要在接口上配置 VGMP 直接监控接口。

- 主备备份方式下，需要将主用设备的业务接口都加入 Active 组，备用设备的业务接口都加入 Standby 组。在这种组网的方式下，还需要配置根据 VGMP 状态自动调整 OSPF Cost 值功能（**hrp ospf-cost adjust-enable**）。
- 负载分担方式下，需要将每台设备的业务接口同时加入 Active 组和 Standby 组。

当防火墙业务接口工作在二层，需要在 VLAN 上配置 VGMP 监控 VLAN。

- 主备备份方式下，需要将主用设备的业务接口都加入同一 VLAN，然后将这个 VLAN 加入 Active 组；需要将备用设备的业务接口都加入同一 VLAN，然后将这个 VLAN 加入 Active 组。
- 负载分担方式下，需要将每台设备的业务接口都加入到同一 VLAN，然后将这个 VLAN 同时加入 Active 组和 Standby 组。

当防火墙需要监控远端接口时，需要配置 VGMP 监控远端接口。

VGMP 监控远端接口有两种方式：通过 IP-Link 监控和通过 BFD 监控。一般情况下，这两种方式选择其一即可。

3. 配置心跳接口

一般情况下，我们建议两台防火墙的心跳口直接相连，这时不需要配置 **remote** 参数（例如 **hrp track interface GigabitEthernet1/0/7**）。

如果需要两台防火墙的心跳口通过三层设备相连或者使用业务接口作为心跳口，这时需要配置 **remote** 参数，指定对端接口的地址（如 **hrp track interface GigabitEthernet1/0/7 remote 10.1.1.2**）。配置 remote 参数后，报文封装成 UDP 单播报文，需要受到安全策略控制，这个前面已经讲到。

4. 启用双机热备

以上配置完成后，我们需要执行 **hrp enable** 命令，启用双机热备功能。如果上述配置正确，双机热备状态就能够成功建立，并且分别在两台设备上出现命令行提示符 HRP_A 和 HRP_S。

5. 配置备份方式

自动备份（**hrp auto-sync [config | connection-status]**）功能默认开启，建议不要关闭。

如果主备设备之间配置不同步，需要执行手工批量备份的命令（**hrp sync [config | connection-status]**）。

如果是负载分担组网，一般需要开启快速会话备份功能（**hrp mirror session enable**）。

6. 配置安全业务

双机热备成功建立后，一般的安全业务配置都会由主用（配置主）设备备份到备用设备上，因此我们只需要在主用设备上配置安全业务即可，而不需要在备用设备上配置。常见的安全业务有安全策略、NAT、攻击防范、带宽管理和 VPN 等。

9.5.2　配置检查和结果验证

双机热备配置完成后，我们需要进行配置检查和结果验证。其具体步骤如下。

步骤 1　查看命令行提示符的显示。

双机热备成功建立后，如果防火墙的命令行提示符上有 **HRP_A** 的标识，表示此防火墙和另外一台防火墙进行协商之后成为主用设备。如果命令行上有 **HRP_S** 的标识，表示此防火墙和另外一台防火墙进行协商之后成为备用设备。

步骤 2　按照表 9-11 检查双机热备的关键配置是否正确。

表 9-11　　　　　　　　　　　双机热备配置检查 checklist

序号	是否必选	检　查　项	检查方法
1	必选	两台防火墙的产品型号、软件版本一致	**display version**
2	必选	两台防火墙的接口卡类型和安装位置一致	**display device**
3	必选	两台防火墙使用相同的业务接口	**display hrp state**
4	必选	两台防火墙使用相同的心跳口	**display hrp interface**
5	可选	如果采用 Eth-Trunk 作为备份通道，两台防火墙的 Eth-Trunk 成员接口相同	**display eth-trunk** *trunk-id*
6	可选	如果使用业务通道作为备份通道，必须在指定心跳口的同时指定对端心跳口的 IP 地址	**display current-configuration | include hrp interface**
7	必选	两台防火墙的接口加入到相同的安全区域	**display zone**
8	必选	两台防火墙的配置一致：包括双机热备、审计策略、认证策略、安全策略、NAT 策略和带宽策略	**display hrp configuration check all**
业务接口工作在三层			
9	必选	两台防火墙的接口已经配置 IP 地址	**display ip interface brief**
10	必选	如果防火墙连接交换机，则两台防火墙的业务接口需要加入相同的 VRRP 备份组、共享一个虚拟 IP 地址	**display vrrp interface** *interface-type interface-number*

（续表）

序号	是否必选	检 查 项	检查方法
业务接口工作在三层			
11	必选	如果防火墙连接交换机，防火墙的上下行设备将 VRRP 备份组的虚拟 IP 地址设置为下一跳地址	检查防火墙的上下行设备的静态路由配置
12	必选	如果防火墙连接路由器，则两台防火墙的业务接口需要加入正确的 VGMP 组。主备备份时，主用设备的业务接口加入 Active 组，备用设备的业务接口加入 Standby 组。负载分担时，两台设备的业务接口都加入 Active 组和 Standby 组	**display hrp state**
13	必选	如果防火墙连接路由器，防火墙正确运行 OSPF 协议，且 OSPF 区域不包括心跳口	**display ospf** [*process-id*] **brief**
14	必选	如果防火墙连接路由器，则需要配置根据主备状态调整 OSPF Cost 值功能	**display current-configuration | include hrp ospf-cost**
业务接口工作在二层			
15	必选	防火墙的上下行业务接口加入到同一个 VLAN 中	**display port vlan** [*interface-type interface- number*]
16	必选	防火墙的 VLAN 需要加入正确的 VGMP 组。主备备份时，主用设备的 VLAN 加入 Active 组，备用设备的 VLAN 加入 Standby 组。负载分担时，两台设备的 VLAN 都加入 Active 组和 Standby 组	**display hrp state**
17	必选	如果防火墙连接交换机，则必选使用主备备份方式	**display hrp group**
18	必选	如果防火墙连接路由器，则必须使用负载分担方式	**display hrp group**
负载分担专用			
19	必选	启用会话快速备份功能	**display current-configuration | include hrp mirror**
20	可选	正确指定 NAT 地址池的端口范围	**display current-configuration | include hrp nat**

📖 **说明**

请在防火墙正式上线前，完成步骤 3 和步骤 4 的验证。

步骤 3 在主用设备接口视图下，执行命令**shutdown**，验证主备设备是否进行切换。

在主用设备的一个业务接口下执行命令**shutdown**后，主用设备此接口的状态变为 Down，其他接口工作正常。备用设备的标记由 HRP_S 变为 HRP_A，主用设备的标记由 HRP_A 变为 IIRP_S，且业务正常转发，说明主备机切换成功。

在主用设备的相同接口上执行命令**undo shutdown**后，主用设备此接口的状态变为 Up。在经过抢占延迟时间后，主用设备的标记由 HRP_S 变为 HRP_A，备用设备的标记由 HRP_A 变为 HRP_S，且业务正常转发，说明故障恢复时抢占成功。

步骤 4 在主用设备用户视图下，执行命令**reboot**，通过命令行重启主用设备，验证主备设备是否进行切换。

在主用设备上执行命令**reboot**，如果备用设备的标记由 HRP_S 变为 HRP_A，且业务正常转发，说明主备机切换成功。

主用设备重启完成后，重新正常工作。在经过抢占延迟时间后，主用设备的标记由 HRP_S 变为 HRP_A，备用设备的标记由 HRP_A 变为 HRP_S，且业务正常转发，说明故障恢复时抢占成功。

9.6　双机热备旁挂组网分析

前面我们介绍了两台防火墙双机热备直路部署在网络中，以及透明接入到网络中的场景。此外两台防火墙还支持双机旁挂部署的场景。目前比较常见的是，两台防火墙旁挂在数据中心核心交换机上，且两台防火墙之间形成双机热备。

防火墙旁挂部署的优点主要在于以下几点。

（1）可以在不改变现有网络物理拓扑的情况下，将防火墙部署到网络中。

（2）可以有选择地将通过核心交换机的流量引导到防火墙上，即对需要进行安全检测的流量引导到防火墙上进行处理，对不需要进行安全检测的流量直接通过交换机转发。

将流量由交换机引导到旁挂的防火墙上主要有两种常见方式：静态路由方式和策略路由方式。

下面我们来具体讲解这两种方式下的流量分析和防火墙双机热备配置。

9.6.1　通过 VRRP 与静态路由的方式实现双机热备旁挂

如图 9-51 所示，如果希望通过静态路由方式将经过核心交换机的流量引导到防火墙，则需要在核心交换机上配置静态路由，下一跳为防火墙接口的地址。但是一般核心交换机与上行路由器和下行汇聚交换机之间运行 OSPF，而由于 OSPF 的路由优先级高于静态路由，所以流量到达核心交换机后会根据 OSPF 路由直接被转发到上行或下行设备，而不会根据静态路由被引流到防火墙上。

因此如果希望通过静态路由引流，就必须在核心交换机上配置 VRF 功能，将一台交换机虚拟成连接上行的交换机（根交换机 Public）和连接下行的交换机（虚拟交换机 VRF），具体如图 9-52 所示。由于虚拟出的两个交换机完全隔离开来，所以流量就会根据静态路由被送到防火墙上。

为了便于理解，我们可以将图 9-52 所示的防火墙双机旁挂部署组网转换成图 9-53 所示的双机直路部署组网。大家可以看到图 9-53 是一个经典的"防火墙业务接口工作在三层，连接交换机"组网。大家都知道在这个组网中，我们需要在防火墙的业务接口上配置 VRRP 备份组（VRRP 备份组 1 和备份组 2）。

而为了实现流量的转发，我们需要在交换机的 VRF 和 Public 上配置静态路由，下一跳分别为 VRRP 备份组 1 和备份组 2 的虚拟地址。由于流量的转发不仅需要去时的路由，还需要回程的路由，所以我们也需要在防火墙上配置两条回程的静态路由，下一跳分别为 VRF 的 VRRP 备份组 3 的虚拟地址和 Public 的 VRRP 备份组 4 的虚拟地址。这样我们可以看到，实际上两台防火墙与两台交换机的 VRF 及 Public 之间是通过 VRRP

备份组的虚拟地址进行通信的。

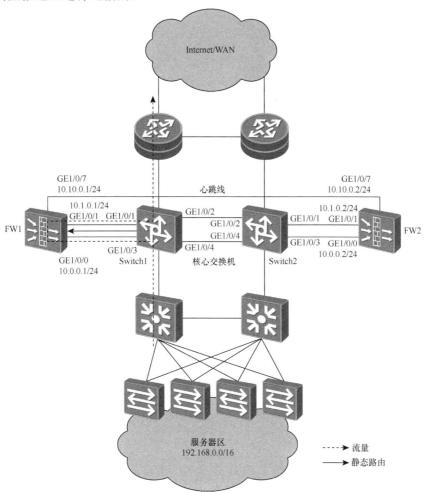

图 9-51　通过 VRRP 与静态路由的方式实现双机热备旁挂

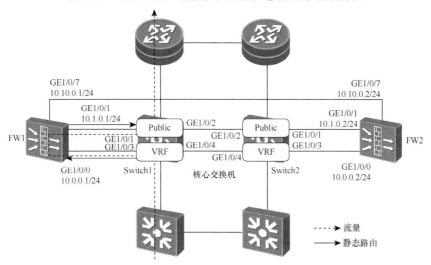

图 9-52　通过静态路由与 VRF 结合的方式将流量引导到防火墙上

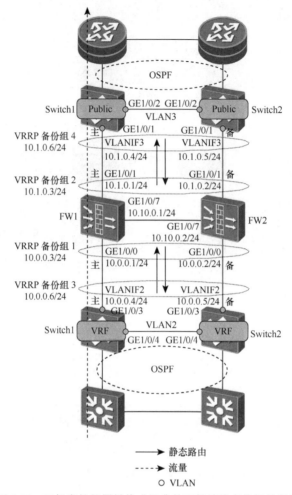

图 9-53　双机旁挂部署转换成经典的双机连接交换机的组网

两台防火墙上的 VRRP 与静态路由配置如表 9-12 所示。

表 9-12　　　　通过 **VRRP** 与静态路由方式实现双机热备的配置（主备备份）

配置项	FW1 的配置	FW2 的配置
在下行接口 GE1/0/0 上配置 VRRP 备份组 1	interface GigabitEthernet 1/0/0　ip address 10.0.0.1 255.255.255.0　vrrp vrid 1 virtual-ip 10.0.0.3 **active**	interface GigabitEthernet 1/0/0　ip address 10.0.0.2 255.255.255.0　vrrp vrid 1 virtual-ip 10.0.0.3 **standby**
在上行接口 GE1/0/1 上配置 VRRP 备份组 2	interface GigabitEthernet 1/0/1　ip address 10.1.0.1 255.255.255.0　vrrp vrid 2 virtual-ip 10.1.0.3 **active**	interface GigabitEthernet 1/0/1　ip address 10.1.0.2 255.255.255.0　vrrp vrid 2 virtual-ip 10.1.0.3 **standby**
配置上行方向的静态路由，下一跳为 VRRP 备份组 4 的地址	ip route-static 0.0.0.0 0.0.0.0 10.1.0.6	ip route-static 0.0.0.0 0.0.0.0 10.1.0.6

（续表）

配置项	FW1 的配置	FW2 的配置
配置下行方向的静态路由，下一跳为 VRRP 备份组 3 的地址	ip route-static 192.168.0.0 255.255.0.0 10.0.0.6	ip route-static 192.168.0.0 255.255.0.0 10.0.0.6
配置心跳口和启用双机热备功能	hrp interface GigabitEthernet 1/0/7 hrp enable	hrp interface GigabitEthernet 1/0/7 hrp enable

9.6.2　通过 OSPF 与策略路由的方式实现双机热备旁挂

如图 9-54 所示，如果希望通过策略路由方式将经过核心交换机的流量引导到防火墙，则需要在核心交换机上配置策略路由，重定向的下一跳地址（**redirect ip-nexthop**）为防火墙接口的地址。一般核心交换机与上行路由器和下行汇聚交换机之间运行 OSPF，而由于策略路由的优先级高于所有路由协议，所以流量到达核心交换机后会根据策略路由接被引流到防火墙上，而不会根据 OSPF 路由直接被转发到上行或下行设备。

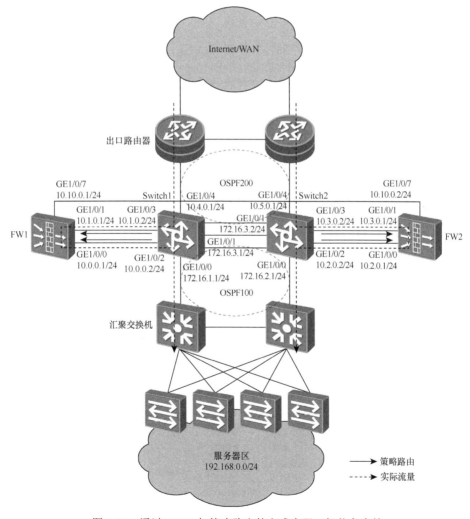

图 9-54　通过 OSPF 与策略路由的方式实现双机热备旁挂

核心交换机的流量被策略路由引导到防火墙进行检测后，还需要返回给核心交换机。这时就需要在防火墙与核心交换机之间运行 OSPF 协议，在防火墙上通过查找 OSPF 路由将流量返回给交换机。但是由于防火墙与核心交换机之间有两个接口相连，所以在防火墙上查找路由表时会看到两条等价的 OSPF 路由，即来自交换机的流量有可能通过来的接口返回给交换机。如果流量的出入接口是同一接口，那么防火墙就无法对流量进行全面的安全检测和控制了。

为了解决此问题，我们就需要在核心交换机和防火墙上分别配置两个 OSPF 进程，然后在防火墙上将这两个 OSPF 进程相互引入。这样当交换机的流量被策略路由引导到防火墙后，在防火墙上查路由表时只会发现一条来自不同进程的 OSPF 路由，即来自交换机的流量一定会通过另外的接口返回给交换机。

在这里读者可能会有疑问，如果配置了两个 OSPF 进程不相互引入会怎样呢？答案是如果不相互引入的话，则内外网之间路由不可达，即内网的报文送到汇聚交换机上或外网的报文送到出口路由器上时，不知道该如何进行下一步转发。

为了便于理解，我们可以将图 9-54 所示的防火墙双机旁挂部署组网转换成图 9-55 所示的双机直路部署组网。大家可以看到图 9-55 是一个经典的"防火墙业务接口工作在三层，连接路由器"组网。唯一的区别在于需要在防火墙上配置两个 OSPF 进程并且相互引入，而在交换机上配置 OSPF 的同时需要配置策略路由。

两台防火墙上的 OSPF 与双机热备配置如表 9-13 所示。

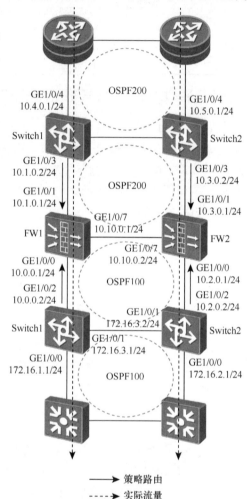

图 9-55　双机旁挂部署转换成经典的
双机连接路由器的组网

表 9-13　　通过 OSPF 与策略路由方式实现双机热备的配置（负载分担）

配置项	FW1 的配置	FW2 的配置
配置 OSPF100，并引入 OSPF200	ospf 100 **import-route ospf 200** area 0.0.0.0 　network 10.0.0.0 0.0.0.255	ospf 100 **import-route ospf 200** area 0.0.0.0 　network 10.2.0.0 0.0.0.255
配置 OSPF200，并引入 OSPF100	ospf 200 **import-route ospf 100** area 0.0.0.0 　network 10.1.0.0 0.0.0.255	ospf 200 **import-route ospf 100** area 0.0.0.0 　network 10.3.0.0 0.0.0.255
配置 Active 组和 Standby 组同时监控 GE1/0/0	interface GigabitEthernet 1/0/0 hrp track active hrp track standby	interface GigabitEthernet 1/0/0 hrp track active hrp track standby

（续表）

配置项	FW1 的配置	FW2 的配置
配置 Active 组和 Standby 组同时监控 GE1/0/1	interface GigabitEthernet 1/0/1 hrp track active hrp track standby	interface GigabitEthernet 1/0/1 hrp track active hrp track standby
配置会话快速备份	hrp mirror session enable	hrp mirror session enable
配置心跳口，启用双机热备	hrp interface GigabitEthernet 1/0/7 hrp enable	hrp interface GigabitEthernet 1/0/7 hrp enable

9.7　双机热备与其他特性结合使用

防火墙的大部分特性在双机热备组网下的配置与单机组网相同。目前只有 NAT 和 IPSec 在与双机热备结合使用时有一些特殊之处，下面我们就来一起学习一下。

9.7.1　双机热备与 NAT Server 结合使用

如图 9-56 所示，两台防火墙 FW1 和 FW2 形成双机热备的主备备份状态。正常情况下，FW1 处理业务流量，FW2 处于闲置备份状态。

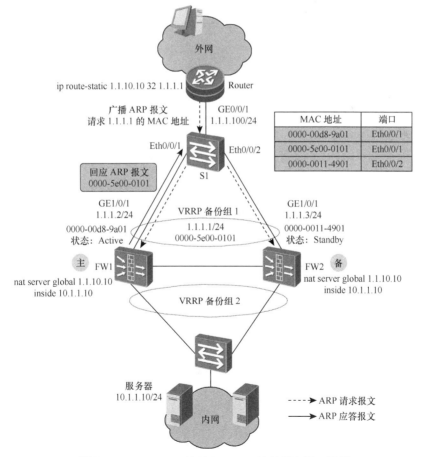

图 9-56　NAT Server 地址与 VRRP 地址不在同一网段

　　FW1 上配置了 NAT Server 将内网服务器的地址 10.1.1.10 转换成外网用户可访问的公网地址 1.1.10.10。FW1 上的 NAT Server 配置会备份到 FW2 上。由于 NAT Server 地址 1.1.10.10 与 VRRP 备份组地址 1.1.1.1 不在同一网段，所以为了保证路由可达，外网的路由器 Router 上会配置目的地址为 NAT Server 地址 1.1.10.10，下一跳为 VRRP 备份组地址 1.1.1.1 的路由。

　　当外网用户访问内网服务器的报文到达 Router 时，由于在路由表中查到报文的下一跳为 VRRP 备份组地址 1.1.1.1，所以路由器会广播 ARP 报文，请求 VRRP 备份组地址 1.1.1.1 对应的虚拟 MAC 地址。这时只有 VRRP 备份组状态为 Active 的防火墙 FW1 才会将虚拟 MAC 地址 0000-5e00-0101 回应给 Router。Router 使用此虚拟 MAC 地址作为目的 MAC 地址封装报文，然后将其发送至交换机。交换机根据 MAC 表记录的虚拟 MAC 地址与端口 Eth0/0/1 的关系，将外网用户的报文通过端口 Eth0/0/1 转发给 FW1。

　　如图 9-57 所示，如果我们将防火墙上配置的 NAT Server 地址修改成 1.1.1.10，与 VRRP 备份组地址 1.1.1.1 在同一网段，那么当外网用户访问内网服务器的报文到达 Router 时，Router 会直接广播 ARP 报文请求 NAT Server 地址 1.1.10.10 对应的 MAC 地址。这时由于两台防火墙上都配置了 NAT Server，所以两台防火墙都会将自身接口的 MAC 地址回应给 Router。这样 Router 就会时而以 FW1 的接口 MAC 地址来封装报文，将报文送到 FW1；时而以 FW2 的接口 MAC 地址来封装报文，将报文送到 FW2，从而影响业务的正常运行。

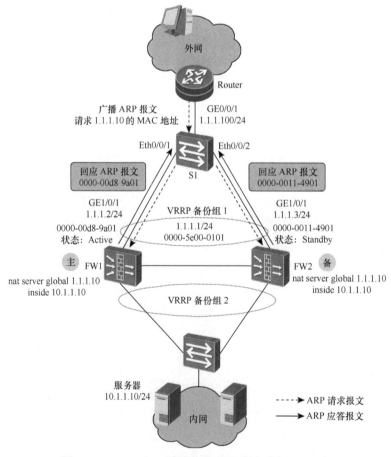

图 9-57　NAT Server 地址与 VRRP 地址不在同一网段

　　在这种情况下，我们就需要在防火墙上配置 NAT Server 时与 VRRP 备份组绑定。如图 9-58 所示，配置完成后，只有 VRRP 备份组状态为 Active 的防火墙 FW1 才会应答 Router 的 ARP 请求，并且应答报文中携带的 MAC 地址为 VRRP 备份组的虚拟 MAC 地址 0000-5e00-0101。这样外网用户访问内网服务器的报文将只会被送到主用防火墙 FW1 上。

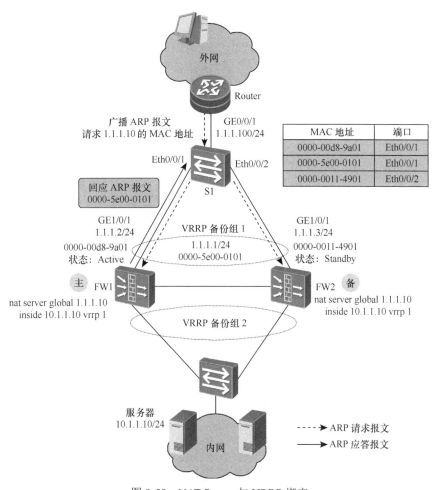

图 9-58　NAT Server 与 VRRP 绑定

　　如图 9-59 所示，在负载分担场景下，两台防火墙互为主备，在 FW1 上 VRRP 备份组 1 的状态为 Active，在 FW2 上 VRRP 备份组 2 的状态为 Active。所以为了使两台防火墙都能转发流量，我们需要将 NAT Server1 与 VRRP 备份组 1 绑定，NAT Server2 与 VRRP 备份组 2 绑定。这样外网用户访问内网服务器 1 的报文都会送到 FW1 转发，外网用户访问内网服务器 2 的报文都会送到 FW2 转发。

　　在 USG6000 系列防火墙中,系统会自动将处于同一地址网段的 NAT Server 与 VRID 最小的 VRRP 备份组绑定,无需客户进行配置。

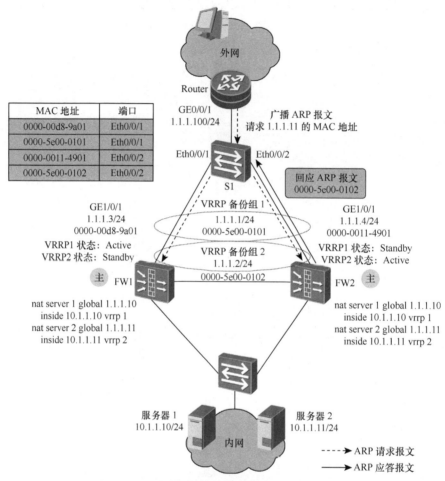

图 9-59　负载分担场景下 NAT Server 与 VRRP 绑定

9.7.2　双机热备与源 NAT 特性结合使用

　　源 NAT 与 NAT Server 的情况类似。如图 9-60 所示,当内网用户访问外网的报文到达 FW 后,报文的源地址会被转换成 NAT 地址池中的地址 1.1.1.5。如果 NAT 地址池中的地址与 VRRP 备份组 1 的地址 1.1.1.1 在同一网段,那么外网返回的回程报文到达 Router 后,Router 会广播 ARP 报文请求 NAT 地址池中地址 1.1.1.5 对应的 MAC 地址。这时如果没有配置 NAT 地址池与 VRRP 绑定,那么两台 FW 都会以接口 MAC 地址回应此 ARP 报文,造成 MAC 地址冲突,从而影响业务的正常运行。

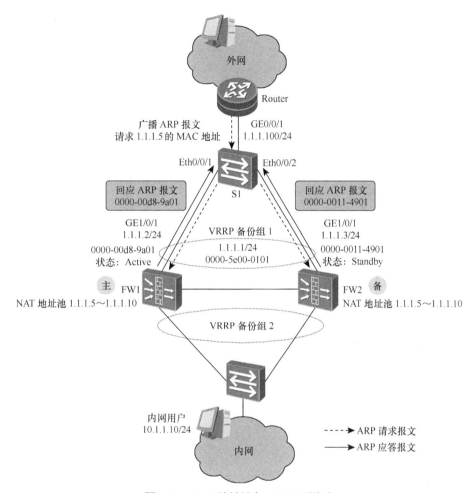

图 9-60　NAT 地址池与 VRRP 不绑定

　　所以当 NAT 地址池中的地址与防火墙出接口的 VRRP 备份组地址在同一网段时，我们需要配置 NAT 地址池与 VRRP 绑定（在 NAT 地址池视图下执行命令 **vrrp** *virtual-router-id*）。如图 9-61 所示，配置完成后，只有 VRRP 备份组状态为 Active 的防火墙 FW1 才会以 VRRP 备份组的虚 MAC 地址回应 ARP 报文。这样内网用户访问外网的回程报文就只会送到 VRRP 备份组状态为 Active 的防火墙 FW1 上转发。

　　如图 9-62 所示，在负载分担场景下，区域 1 的内网用户将网关设置为 VRRP 备份组 3 的地址，区域 2 的内网用户将网关设置为 VRRP 备份组 4 的地址。这样区域 1 访问外网的报文会送到 FW1 上，然后报文的源地址会转换成 NAT 地址池 1 中的地址；区域 2 访问外网的报文会送到 FW2 上，然后报文的源地址会转换成 NAT 地址池 2 中的地址。

　　如果 VRRP 备份组 1 和 2 的地址与 NAT 地址池 1 和 2 的地址都在同一网段，那么当区域 1（或 2）的内网用户访问外网的回程报文到达 Router 后，Router 会请求 NAT 地址池 1（或 2）中地址对应的 MAC 地址。

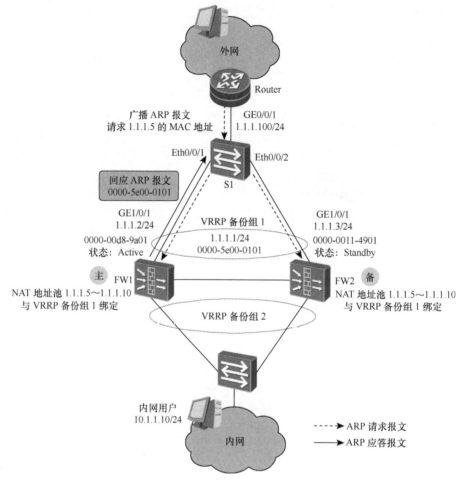

图 9-61　NAT 地址池与 VRRP 绑定

这时两台防火墙都会将自身上行接口的 MAC 地址回应给 Router，从而造成 MAC 地址冲突，影响业务的正常运行。

所以在这种情况下，我们就需要将 NAT 地址 1 与 VRRP 备份组 1 绑定，NAT 地址 2 与 VRRP 备份组 2 绑定，如图 9-62 所示。这时当 Router 请求 NAT 地址池 1（或 2）中地址对应的 MAC 地址时，只有 FW1（或 FW2）会以 VRRP 备份组 1（或 2）的虚拟 MAC 地址回应给 Router。这样区域 1 用户访问外网的回程报文就只会被送到 FW1 上，而区域 2 用户访问外网的回程报文就只会被送到 FW2 上。

在 USG6000 系列防火墙中，系统会自动将处于同一地址网段的 NAT 地址池与 VRID 最小的 VRRP 备份组绑定，无需客户进行配置。

另外，在负载分担的双机热备场景下，如果两台防火墙共同使用一个 NAT 地址池进行源 NAT 地址转换，那么在 NAPT 模式下有可能出现两台防火墙分配的公网端口冲突的情况，而在 NAT No-PAT 模式下有可能出现两台防火墙分配的公网 IP 地址冲突的情况。

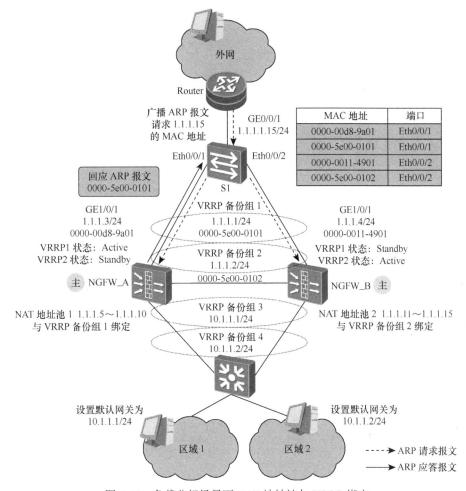

图 9-62　负载分担场景下 NAT 地址池与 VRRP 绑定

为了避免这种可能存在的冲突，需要在两台防火墙上分别配置各自可使用的 NAT 资源（包括公网 IP 地址和公网端口号）。其配置方法是在配置主用设备上执行 **hrp nat resource primary-group** 命令，而配置备用设备上会自动下发 **hrp nat resource secondary-group** 命令。

配置此功能后，NAT 地址池的资源将平分成两端，分别供两台防火墙使用。**primary-group** 表示前段资源组，**secondary-group** 表示后段资源组。如果是 NAT No-PAT 方式，则平分的是地址池中的公网 IP 地址；如果是 NAPT 方式，则平分的是每个公网 IP 地址的可转换的公网端口。

9.7.3　主备备份方式双机热备与 IPSec 结合使用

如图 9-63 所示，两台防火墙 FW1 和 FW2 的业务接口工作在三层，上下行连接交换机。两台防火墙处于主备备份状态，FW1 是主用设备，FW2 是备用设备。两台防火墙的上下行业务接口配置了 VRRP 备份组。

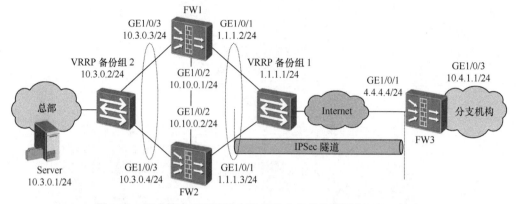

图 9-63　防火墙上下行连接交换机的主备备份组网与 IPSec 结合

在这种组网中，分支的 FW3 将会以 FW1 和 FW2 的 VRRP 备份组 1 的地址为对端地址与总部的 FW1 和 FW2 建立一条 IPSec 隧道。

正常情况下，总部去往分支的流量通过 FW1 进入 IPSec 隧道，而分支去往总部的流量通过 IPSec 隧道到达 FW1。当 FW1 的接口、链路或整机故障时，总部去往分支的流量切换到通过 FW2 进入 IPSec 隧道，而分支去往总部的流量则会通过 IPSec 隧道到达 FW2。

主备切换过程中，原有的 IPSec 隧道并不会被拆除，而且分支的 FW3 感知不到总部的流量切换。

本组网的配置注意事项如下。

（1）需要在主用设备 FW1 上像单机组网一样配置 IPSec 策略，并在接口 GE1/0/1 上应用 IPSec 策略。IPSec 的配置及状态信息（主要是 IPSec SA 和 IKE SA）会从 FW1 备份到 FW2 上。

（2）在 FW3 上配置 IPSec 指定对端地址时需要指定 FW1 和 FW2 的 VRRP 备份组 1 的地址，例如 **remote address 1.1.1.1**。

如图 9-64 所示，两台防火墙 FW1 和 FW2 的业务接口工作在三层，上下行连接路由器。两台防火墙处于主备备份状态，FW1 是主用设备，FW2 是备用设备。两台防火墙上配置了由 VGMP 组直接监控上下行业务接口。

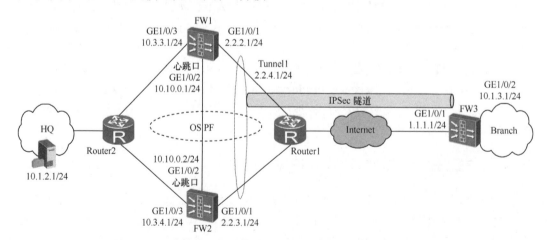

图 9-64　防火墙上下行连接路由器的主备备份组网与 IPSec 结合

在这种组网中，分支的 FW3 将会以 FW1 和 FW2 上 tunnel 接口的地址为对端地址与总部的 FW1 和 FW2 建立一条 IPSec 隧道。

正常情况下，总部去往分支的流量通过 FW1 进入 IPSec 隧道，而分支去往总部的流量通过 IPSec 隧道到达 FW1。当 FW1 的接口、链路或整机故障时，总部去往分支的流量切换到通过 FW2 进入 IPSec 隧道，而分支去往总部的流量则会通过 IPSec 隧道到达 FW2。

主备切换过程中，原有的 IPSec 隧道并不会被拆除，而且分支的 FW3 感知不到总部的流量切换。

本组网的配置注意事项如下。

（1）在 FW1 和 FW2 上都创建一个虚拟接口 Tunnel1，并配置相同的地址。

（2）在主用设备 FW1 上像单机组网一样配置 IPSec 策略，并在 Tunnel1 上应用 IPSec 策略。IPSec 的配置及状态信息（主要是 IPSec SA 和 IKE SA）会从 FW1 备份到 FW2 上。

（3）在 FW3 上配置 IPSec 指定对端地址时需要指定 FW1 和 FW2 的 Tunnel1 接口的地址，例如 **remote address 2.2.4.1**。

9.7.4　负载分担方式双机热备与 IPSec 结合使用

如图 9-65 所示，两台防火墙 FW1 和 FW2 的业务接口工作在三层，上下行连接交换机，两台防火墙处于负载分担状态。

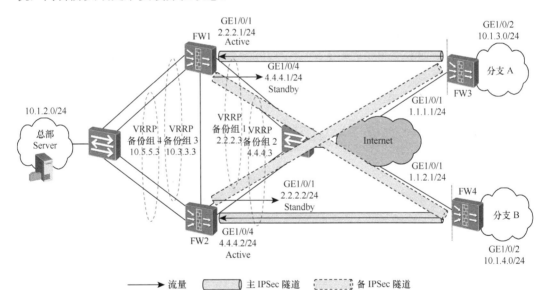

图 9-65　防火墙上下行连接交换机的负载分担组网与 IPSec 结合

在这种负载分担组网中，FW1 的 GE1/0/1 接口上配置 VRRP 备份组 1 并加入 Active 组，FW2 的 GE1/0/1 接口上配置 VRRP 备份组 1 并加入 Standby 组。FW1 的 GE1/0/4 接口上配置 VRRP 备份组 2 并加入 Standby 组，FW2 的 GE1/0/4 接口上配置 VRRP 备份组 2 并加入 Active 组。

在这种负载分担组网中，分支 A 的 FW3 将会以 VRRP 备份组 1 的地址为对端地址与总部的 FW1 和 FW2 建立主、备 IPSec 隧道。分支 B 的 FW4 将会以 VRRP 备份组 2

的地址为对端地址与总部的 FW2 和 FW1 建立主、备 IPSec 隧道。

　　正常情况下，总部与分支 A 之间的流量将通过 FW1 以及 FW1 与 FW3 之间的主用 IPSec 隧道转发；总部与分支 B 之间的流量将通过 FW2 以及 FW2 与 FW4 之间的主用 IPSec 隧道转发。当 FW1 的接口、链路或整机故障时，总部与分支 A 之间的流量将切换到 FW2 以及 FW2 与 FW3 之间的备用 IPSec 隧道转发。当 FW2 的接口、链路或整机故障时，总部与分支 B 之间的流量将切换到 FW1 以及 FW1 与 FW4 之间的备用 IPSec 隧道转发。

　　本组网的配置注意事项如下。

　　（1）在 FW1 上为分支 A（FW3）的 IPSec 隧道配置 IPSec 策略 **policy1**，为分支 B（FW4）的 IPSec 隧道配置 IPSec 策略 **policy2**。**policy1** 和 **policy2** 的配置都会从 FW1 备份到 FW2 上。

　　（2）在 FW1 的 GE1/0/1 接口上应用 IPSec 策略 **policy1** 并指定 **active** 参数，使 FW1 与 FW3 之间建立主用 IPSec 隧道；在 FW2 的 GE1/0/1 接口上应用 IPSec 策略 **policy1** 并指定 **standby** 参数，使 FW2 与 FW3 之间建立备用 IPSec 隧道。

　　在 FW2 的 GE1/0/4 接口上应用 IPSec 策略 **policy2** 并指定 **active** 参数，使 FW2 与 FW4 之间建立主用 IPSec 隧道；在 FW1 的 GE1/0/4 接口上应用 IPSec 策略 **policy2** 并指定 **standby** 参数，使 FW1 与 FW4 之间建立备用 IPSec 隧道。

　　（3）在 FW3 上配置 IPSec 指定对端地址时需要指定 FW1 和 FW2 的 VRRP 备份组 1 的地址，例如 **remote address 2.2.2.3**。FW3 上的 IPSec 策略参数需要与 **policy1** 一致。

　　在 FW4 上配置 IPSec 指定对端地址时需要指定 FW1 和 FW2 的 VRRP 备份组 2 的地址，例如 **remote address 4.4.4.3**。FW4 上的 IPSec 策略参数需要与 **policy2** 一致。

　　如图 9-66 所示，两台防火墙 FW1 和 FW2 的业务接口工作在三层，上下行连接路由器，两台防火墙处于负载分担状态。

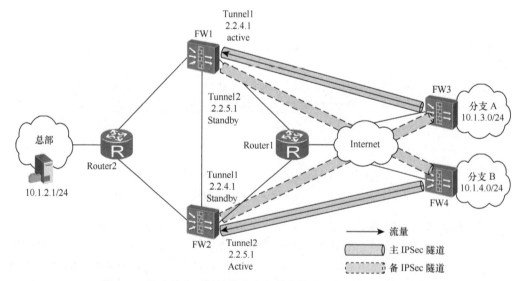

图 9-66　防火墙上下行连接路由器的负载分担组网与 IPSec 结合

　　在这种负载分担组网中，我们需要在总部的 FW1 和 FW2 上分别创建一个 Tunnel1 接口，且两个 Tunnel1 接口 IP 地址相同。分支 A 的 FW3 将会以 Tunnel1 地址作为隧道对端地址与总部的 FW1 和 FW2 建立主、备 IPSec 隧道。同样，我们需要在总部的 FW1 和 FW2 上分别创建一个 Tunnel2 接口，且两个 Tunnel2 接口 IP 地址相同。分支 B 的 FW4 将会以 Tunnel2 地址作为隧道对端地址与总部的 FW2 和 FW1 建立主、备 IPSec 隧道。

正常情况下，总部与分支 A 之间的流量将通过 FW1 以及 FW1 与 FW3 之间的主用 IPSec 隧道转发；总部与分支 B 之间的流量将通过 FW2 以及 FW2 与 FW4 之间的主用 IPSec 隧道转发。当 FW1 的接口、链路或整机故障时，总部与分支 A 之间的流量将切换到 FW2 以及 FW2 与 FW3 之间的备用 IPSec 隧道转发。当 FW2 的接口、链路或整机故障时，总部与分支 B 之间的流量将切换到 FW1 以及 FW1 与 FW4 之间的备用 IPSec 隧道转发。

本组网的配置注意事项如下。

（1）在 FW1 上为分支 A（FW3）的 IPSec 隧道配置 IPSec 策略 **policy1**，为分支 B（FW4）的 IPSec 隧道配置 IPSec 策略 **policy2**。**policy1** 和 **policy2** 的配置都会从 FW1 备份到 FW2 上。

（2）在 FW1 的 tunnel1 接口上应用 IPSec 策略 **policy1** 并指定 **active** 参数，使 FW1 与 FW3 之间建立主用 IPSec 隧道；在 FW2 的 tunnel1 接口上应用 IPSec 策略 **policy1** 并指定 **standby** 参数，使 FW2 与 FW3 之间建立备用 IPSec 隧道。

在 FW2 的 tunnel2 接口上应用 IPSec 策略 **policy2** 并指定 **active** 参数，使 FW2 与 FW4 之间建立主用 IPSec 隧道；在 FW1 的 tunnel2 接口上应用 IPSec 策略 **policy2** 并指定 **standby** 参数，使 FW1 与 FW4 之间建立备用 IPSec 隧道。

（3）在 FW3 上配置 IPSec 指定对端地址时需要指定 tunnel1 接口的地址，例如 **remote address 2.2.2.3**。FW3 上的 IPSec 策略参数需要与 **policy1** 一致。

在 FW4 上配置 IPSec 指定对端地址时需要指定 tunnel2 接口的地址，例如 **remote address 4.4.4.3**。FW4 上的 IPSec 策略参数需要与 **policy2** 一致。

（4）由于两台防火墙处于负载分担状态，因此流量到达 Router1 或 Router2 后将会根据 HASH 算法转发到 FW1 或 FW2 上，从而不能达到预想的需求：分支 A 与总部之间的流量通过 FW1 转发，分支 B 与总部之间的流量通过 FW2 转发。

为此我们需要在 FW1 上配置路由策略，使来自分支 A 的去和回的流量通过 FW1 时路由开销减少 10，来自分支 B 的去和回的流量通过 FW1 时路由开销增加 10。在 FW2 配置路由策略，使来自分支 A 的去和回的流量通过 FW2 时路由开销增加 10，来自分支 B 的去和回的流量通过 FW2 时路由开销减少 10。这样分支 A 与总部之间的流量就会优先通过 FW1 转发，而分支 B 与总部之间的流量就会优先通过 FW2 转发。

9.8　第三代双机热备登上历史舞台

在本章的前几节中，强叔为大家介绍了双机热备的基本概念、实现原理、配置指导以及与其他特性结合使用。其实双机热备功能从诞生之初到现在，也是经历过几次重大变革的。

- 最早的第一代双机热备应用于华为早期的防火墙，目前已经比较少见了。

- 之前介绍的双机热备实际上是第二代的双机热备，主要应用于 USG2000/5000/6000 系列防火墙以及 USG9000 系列防火墙的 V100R003 版本，也是目前应用最广泛的双机热备版本。
- 最新的第三代双机热备其实也已经登上历史舞台了，目前主要应用于 USG9000 系列防火墙的 V200R001 和 V300R001 版本。

自古一代新人换旧人，强叔相信在不远的将来，第三代双机热备也必将全面取代目前应用最广泛的第二代双机热备，成为历史的主角。

其实第三代双机热备和第二代还是比较相似的，只是在第二代基础上进行了改良。所以下面强叔将从第三代与第二代双机热备的区别入手，来为大家介绍第三代双机热备功能。

9.8.1 第三代 VGMP 概述

在第三代双机热备中，每台防火墙上只有一个 VGMP 组。VGMP 组有 4 种状态如下。
- Initialize：双机热备功能未启用时 VGMP 组的状态。
- Load Balance：当防火墙本端的 VGMP 组与对端的 VGMP 组优先级相等时，两端的 VGMP 组都处于 Load Balance 状态。此状态是第三代双机热备的新增状态，专门适用于负载分担组网。Load Balance 状态的出现可以使防火墙不再需要通过启用两个 VGMP 组的方式来实现负载分担组网，因此第三代双机热备中将 VGMP 组由两个精简成一个。这样既简化了配置，又便于理解。
- Active：当本端的 VGMP 组优先级高于对端时，本端的 VGMP 组处于 Active 状态。
- Standby：当本端的 VGMP 组优先级低于对端时，本端的 VGMP 组处于 Standby 状态。

由上面可以看到，第三代双机热备减少了 Active To Standby，Standby To Active 这样的中间状态，使 Active 与 Standby 之间的状态切换更加直接，从而提升了双机热备的主备状态切换速度。

第三代双机热备目前主要应用于 USG9000 系列防火墙，所以在计算 VGMP 组优先级时，我们需要考虑防火墙的接口板和业务板的个数问题。其具体计算公式如下。

VGMP 组优先级=45000+接口板个数×每块接口板的优先级+业务板个数×每块业务板的优先级
- 每块接口板（LPU）的优先级=1 000 × 接口板上插卡个数
- 每块业务板（SPU）的优先级=2 × 业务板上 CPU 个数

下面举个例子来说明，USG9000 上有两块接口板，每块接口板上有两个插卡；有一块业务板，业务板上有两颗 CPU。所以这台防火墙的 VGMP 组优先级=45 000+2×1 000×2+1×2×2=49 004。

由于双机热备要求两台防火墙的硬件配置完全相同，即接口板和插卡数量相同、业务板和业务板上 CPU 数量相同，所以**正常情况下两台防火墙的 VGMP 组优先级是相同的**。

另外与第二代双机热备相同的是，每当 VGMP 组监控的一个接口故障时，VGMP 组优先级降低 2。

9.8.2 第三代 VGMP 缺省状态及配置

如图 9-67 所示，双机热备状态成功建立后，两台防火墙的 **VGMP** 组优先级相等，并且状态都为 **Load Balance**。这时防火墙的主备状态是由管理员的配置决定的。

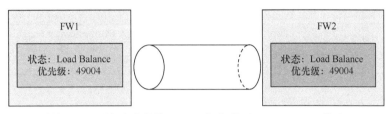

图 9-67 两台防火墙的 VGMP 组都处于 Load Balance 状态

我们在"9.5.1 配置流程"中介绍了第二代双机热备的配置流程。第三代双机热备配置流程与第二代相同，只是在"**配置 VGMP 直接监控接口和配置 VGMP 监控 VLAN**"时命令稍有不同。其具体配置如下。

- **配置 VGMP 监控 VRRP 备份组**：无论是主备备份还是负载分担方式，VRRP 的配置与第二代相同，在此就不再赘述了。

  需要注意的是，尽管配置命令相同，但第三代双机热备的 VRRP 配置命令 **vrrp vrid** 中的 **active** 和 **standby** 参数表示的是将 VRRP 备份的状态设置为 Active 或 Standby。

- **配置 VGMP 直接监控接口**：由于第三代双机热备中只有一个 VGMP 组，所以我们只需要在系统视图下执行命令 **hrp track interface** *interface-type interface-number* 即可，而不再需要指定 **active** 或 **standby** 参数将接口加入 active 或 standby 组了，具体配置如表 9-14 所示。

  另外需要注意的是在这种方式下，如果希望两台防火墙形成主备备份组网，我们还需要在备用设备上执行命令 **hrp standby-device**。如果不执行此命令，则两台防火墙会形成负载分担组网。

表 9-14 通过 **VGMP** 直接监控接口实现主备备份方式的双机热备

配置项	FW1 的配置	FW2 的配置
配置 VGMP 组监控接口 GE1/0/1	hrp track interface GigabitEthernet 1/0/1	hrp track interface GigabitEthernet 1/0/1
配置 VGMP 组监控接口 GE1/0/3	hrp track interface GigabitEthernet 1/0/3	hrp track interface GigabitEthernet 1/0/3
指定本设备为备用设备	—	**hrp standby-device**
配置心跳口，并指定对端地址	hrp interface GigabitEthernet 1/ 0/2 remote 10.10.10.2	hrp interface GigabitEthernet 1/0 /2 remote 10.10.10.1
启用双机热备	hrp enable	hrp enable

- **配置 VGMP 监控 VLAN**：与配置 VGMP 直接监控接口相似，在第三代双机热备中，我们只需要在系统视图下执行命令 **hrp track vlan** *vlan-id* 即可，而不再需要指定 **active** 或 **standby** 参数将 VLAN 加入 Active 或 Standby 组了，具体配置如表 9-15 所示。

另外，如果希望两台防火墙形成主备备份组网，我们也需要在备用设备上执行命令

hrp standby-device。如果不执行此命令，则两台防火墙形成负载分担组网。

表 9-15　　　　　　　通过 **VGMP** 监控 **VLAN** 实现主备备份方式的双机热备

配置项	FW1 的配置	FW2 的配置
配置 VGMP 组监控 VLAN2	hrp track vlan 2	hrp track vlan 2
指定本设备为备用设备	—	**hrp standby-device**
配置心跳口，并指定对端地址	hrp interface GigabitEthernet 1/0/2 remote 10.10.10.2	hrp interface GigabitEthernet 1/0/2 remote 10.10.10.1
启用双机热备	hrp enable	hrp enable

9.8.3　第三代双机热备状态形成及切换过程

前面我们提到过第三代 VGMP 组的状态精简使双机热备的状态切换更加简单和直接。本节我们来学习下第三代双机热备状态形成以及切换过程，从中体会下第三代双机热备的 VGMP 状态切换变化和报文交互变化。

如图 9-68 所示，两台防火墙的 VGMP 组启用后都会短暂的处于 Standby 状态，并向对端发送 VGMP 报文，相互告知自己的优先级和状态。

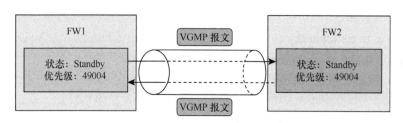

图 9-68　两台防火墙启用 VGMP 组

如图 9-69 所示，两台防火墙的 VGMP 组收到对端的 VGMP 报文后，会与对端比较优先级。它们都会发现本端与对端优先级相等，因此均将自身状态切换成 Load Balance。这样两台防火墙就形成了负载分担状态。

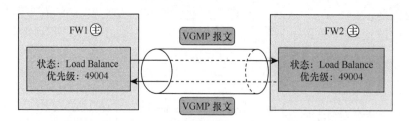

图 9-69　两台防火墙形成负载分担状态

如图 9-70 所示，如果管理员在配置双机热备时配置的是主备备份方式（通过配置 VRRP 备份组状态或 **hrp standby-device**），则 FW1 会从 FW2 定期发送的 VGMP 报文中收到 FW2 成为备用设备的消息。

这时 FW1 将成为主用设备，并引导上下行业务流量通过本设备转发。这样两台防火墙形成了主备备份状态。

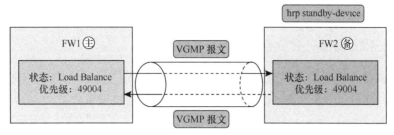

图 9-70   通过配置使两台防火墙形成主备备份状态

如图 9-71 所示，当 FW1 的一个业务接口故障时，本端 VGMP 组的优先级会降低到
49002（一个接口故障，优先级降低 2）。FW1 的 VGMP 组会与对端的 VGMP 组比较优
先级，比较后发现本端的优先级 49002 低于对端的优先级 49004，因此将本端的 VGMP
组状态切换成 Standby。FW1 的 VGMP 组状态切换后，会立即向对端的 VGMP 组发送
一个 VGMP 报文，通知本端 VGMP 组状态和优先级的变化。

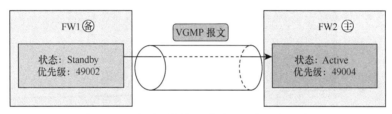

图 9-71   主用设备接口故障，主备状态切换

FW2 的 VGMP 组收到 FW1 发送的 VGMP 报文后，会与对端比较优先级，发现本
端的优先级 49004 高于对端的优先级 49002，因此将本端的 VGMP 组状态切换成 Active。
这样 FW2 切换成主用设备，而 FW1 切换成备用设备。FW2 将会引导上下行业务流量通
过本设备转发。

如图 9-72 所示，当原主用设备 FW1 的业务接口故障恢复后，本端 VGMP 组的优先
级升高到 49004。FW1 的 VGMP 组会与对端的 VGMP 组比较优先级，比较后发现本端
优先级与对端相等。这时如果配置了抢占功能，则启动抢占延时。抢占延时结束后，FW1
的 VGMP 组会将自身状态切换成 Load Balance。然后 FW1 会立即向对端发送一个 VGMP
报文，通知本端状态和优先级的变化。

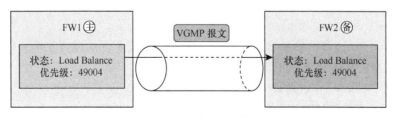

图 9-72   原主用设备故障恢复，重新抢占成主用设备

FW2 的 VGMP 组收到对端的 VGMP 报文后，会与对端比较优先级，比较后发现优
先级相等，因此将自身状态切换成 Load Balance。

由于管理员之前配置了 FW2 为备用设备，所以 FW1 和 FW2 在定期交互 VGMP 报

文后，会相互确认各自的身份，即 FW1 会重新成为主用设备，FW2 成为备用设备。

9.8.4　第三代 VGMP 报文结构

本节强叔将介绍第三代双机热备的 VGMP 报文结构的变化。学习 VGMP 报文结构的变化，有助于我们理解前面讲到的 VGMP 状态切换过程的变化。

如图 9-73 所示，在第三代双机热备中，VGMP 报文完全脱离了 VRRP 报文，改成直接由 UDP 报文头封装 VGMP 报文头（也称为 HRP 扩展头）来实现。这样 VGMP（HRP）报文彻底成为了一种单播报文，能够跨越三层设备（如路由器）传输。

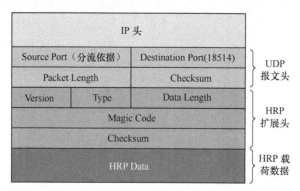

图 9-73　第三代双机热备 VGMP 报文结构

在第三代双机热备中，我们只需要根据 HRP（VGMP）扩展头的"Type"字段即可定义各种 VGMP 报文和 HRP 报文，包括以下内容。

- VGMP 报文：VGMP 报文用于两台防火墙交互 VGMP 组信息，协商主备状态。
- HRP 心跳报文：HRP 心跳报文用于探测对端设备是否处于工作状态。
- HRP 数据报文：HRP 数据报文用于主备设备之间的数据备份，包括命令行配置的备份和各种状态信息的备份。
- HRP 链路探测报文：HRP 心跳链路探测报文用于检测对端设备的心跳口能否正常接收本端设备的报文，以确定是否有心跳口可以使用。
- 一致性检查报文：一致性检查报文用于检测双机热备状态下的两台防火墙的双机热备和策略配置是否一致。

其中，HRP 数据报文、HRP 链路探测报文以及一致性检查报文在第二代和第三代双机热备中的实现原理基本相同。

在第二与第三代双机热备体系中，VGMP 报文实现不同的地方主要有以下两点。

（1）VGMP 报文发送方向和时间

在第二代双机热备中，两台防火墙的 VGMP 组不会定时相互发送 VGMP 报文，只会由状态为 Active 的 VGMP 组主动发送（状态为 Standby 的 VGMP 组会响应），而且只是有事件触发（例如启用或关闭双机热备功能，优先级增加或减少，抢占超时）时才会发送。

在第三代双机热备中，**两台设备的 VGMP 组会定时（每隔 1 秒）相互发送 VGMP 报文**，以了解并记录对端的状态和优先级信息。这样当本端的 VGMP 组优先级变化时，可以在第一时间与对端比较优先级并进行状态切换，而不必像第二代双机热备一样先切换到一个中间状态，然后再等待对端 VGMP 组的响应。

另外，当本端 VGMP 组出现以下情况时，也会主动向对端发送 VGMP 报文。

- 双机热备功能启用或关闭（**hrp enable** 或 **undo hrp enable**）
- 优先级增加或减少
- 抢占超时
- 链路探测报文超时

（2）VGMP 报文内容

在第二代双机热备中，VGMP 报文的内容只有本端的状态和优先级信息。而在第三代双机热备中，VGMP 报文承载了更多的内容，具体如下。

- 本端 VGMP 组的状态
- 本端 VGMP 组的优先级
- 本端设备是否处于忙碌状态：如果本端设备正处于忙碌状态时，例如设备正在加载补丁，心跳报文可能发送不出去。这时本端设备会通过 VGMP 报文请求对端不要因为接收不到心跳报文而进行状态切换。
- 本端设备是否发送免费 ARP 报文：如果本端设备配置了 VRRP 备份组且状态为 Active 时，本端设备需要向上下行设备发送免费 ARP 报文，从而引导流量通过本设备转发。这时本端设备会通过 VGMP 报文通知对端：本端设备需要发送免费 ARP 报文，即本端设备需要成为主用设备。
- 管理员配置的设备角色：如果管理员在本端设备上执行了 **hrp standby-device** 命令，则本端设备会通过 VGMP 报文向对端通知：本端需要成为备用设备。
- 是否进行了手动切换：如果管理员在本端设备上执行了 **hrp switch {active | standby}**命令，则本端设备会强制切换成主用/备用设备。这时本端设备会通过 VGMP 报文向对端通知：本端设备进行了状态切换，成为了主用/备用设备。

"本端设备是否需要发送免费 ARP 报文""管理员配置的设备角色""是否进行了手动切换"保证了两台防火墙的 VGMP 组都处于 Load Balance 状态时，管理员可以通过配置来决定防火墙的主备状态。

HRP 心跳报文实现不同的地方主要有以下三点。

- 在第二代双机热备中，只有状态为 Active 的 VGMP 组向对端发送 HRP 心跳报文；在第三代双机热备中，两台防火墙的 VGMP 组会相互发送 HRP 心跳报文。
- 在第二代双机热备中，如果本端 VGMP 组 3 个周期收不到心跳报文则认为对端 VGMP 组故障；而在第三代双机热备中则是 5 个周期。
- 在第二代双机热备中，HRP 心跳报文中包含 VGMP 组的状态和优先级信息；而在第三代双机热备中则没有这些信息。

9.8.5　第三代 VGMP 状态机

如图 9-74 所示，第三代双机热备状态机对原有状态机进行了简化和修改，主要有两点变化。

- 减少了 Active To Standby，Standby To Active 这样的中间状态，而是直接进行状态间的转换，不保留中间状态，使状态切换更快速。

- 增加了 Load Balance 状态。其主要是因为 VGMP 组由原来的 2 个减少为 1 个，我们需要一个状态来实现双机热备的负载分担。所以正常情况下，两台防火墙的 VGMP 组都处于 Load Balance 状态，且优先级相等。这时如果我们想实现主备备份组网，就需要管理员通过手工配置指定防火墙的主备状态。

第三代双机热备的 VGMP 状态机的各切换过程解释如下。

⓪ 启用双机热备功能后（**hrp enable**），VGMP 组先进入 Standby 状态。

① 如果本端设备处于正常工作状态，本端 VGMP 组发现优先级与对端相等（对端 VGMP 组状态也为 Standby），则本端 VGMP 组将状态切换成 Load Balance。如果本端设备故障恢复后，本端 VGMP 组发现优先级与对端相等（对端 VGMP 组状态为 Active），且配置了抢占功能，则抢占延时后，本端 VGMP 组将状态切换成 Load Balance。

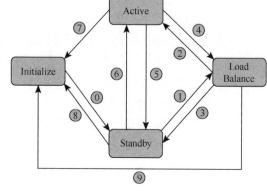

图 9-74　第三代 VGMP 状态机

② 对端设备故障后，本端 VGMP 组发现本端优先级高于对端，将本端状态切换成 Active。

③ 本端设备故障后，本端 VGMP 组发现本端优先级低于对端，将本端状态切换成 Standby。

④ 对端设备故障恢复后（对端配置了抢占，VGMP 状态切换成 Load Balance），本端 VGMP 组发现优先级与对端相等，将自身状态也切换成 Load Balance。备份通道故障恢复（能够重新收到对端的心跳报文）后，本端 VGMP 组发现优先级与对端相等且对端状态为 Active，将自身状态也切换成 Load Balance。

⑤ 本端设备故障或对端设备故障恢复后，本端 VGMP 组发现本端优先级低于对端，将本端状态切换成 Standby。

⑥ 对端设备故障后，本端 VGMP 组发现本端优先级高于对端，将本端状态切换成 Active；备份通道故障（不能收到对端的心跳报文）后，本端 VGMP 组将状态切换成 Active。

⑦、⑧、⑨关闭双机热备功能（**undo hrp enable**）。

9.8.6　总结

最后，我们再总结下第二代与第三代双机热备的区别点，具体如表 9-16 所示。

表 **9-16**　　　　　　　　　　第二代与第三代双机热备区别

项目	第二代双机热备	第三代双机热备
VGMP 组个数	每台防火墙有两个 VGMP 组：Active 组和 Standby 组	每台防火墙只有一个 VGMP 组
VGMP 状态	有 5 种状态：Initialize 、Active、Standby、Active To Standby、 Standby To Active 缺省情况下，Active 组状态为 Active，Standby 组状态为 Standby	有 4 种状态：Load Balance、Active、Standby、 Initialize 缺省情况下，VGMP 组状态为 Load Balance

（续表）

项目	第二代双机热备	第三代双机热备
VGMP 优先级	正常情况下，USG2000/5000/6000 系列防火墙的 Active 组优先级为 65001，Standby 组优先级为 65000 USG9000 系列防火墙的 Master（Active）组的缺省优先级=45001+1000×（业务板个数＋接口板个数）；Slave（Standby）组的缺省优先级=45000+1000×（业务板个数＋接口板个数）	正常情况下，USG9000 系列防火墙的 VGMP 组优先级=45000+接口板个数×1000×接口板上插卡个数+业务板个数+业务板个数×2×业务板上 CPU 个数
设备主备状态	VGMP 组状态决定设备主备状态。VGMP 组状态为 Active 的设备为主用设备，VGMP 组状态为 Standby 的设备为备用设备	正常情况下，两台防火墙的 VGMP 组状态为 Load Balance，两台防火墙处于负载分担状态。这时需要由管理员来通过配置指定设备的主备状态 当设备（接口或整机）发生故障时，VGMP 组状态决定设备的主备状态
VGMP 报文	• VGMP 报文只由状态为 Active 的 VGMP 组向状态为 Standby 的对端 VGMP 组发送 • VGMP 报文只有事件触发（例如优先级变化）时才发送，不会定时发送 • VGMP 报文内容只包括状态和优先级信息	• 两台防火墙的 VGMP 组会定期相互发送 VGMP 报文 • VGMP 组在事件触发时也会向对端发送 VGMP 报文 • VGMP 报文内容包括： ▪ VGMP 组状态 ▪ VGMP 组优先级 ▪ 是否处于忙碌状态 ▪ 是否需要发送免费 ARP 报文 ▪ 管理员配置的设备角色
HRP 心跳报文	本端 VGMP 组 3 个周期收不到心跳报文则认为对端 VGMP 组故障 HRP 心跳报文包含 VGMP 组状态和优先级信息	本端 VGMP 组 5 个周期收不到心跳报文则认为对端 VGMP 组故障 HRP 心跳报文不包含 VGMP 组状态和优先级信息
报文格式	VGMP 和 HRP 等报文都是由 VRRP 报文头封装的，是一种组播报文，不能跨越三层设备传输 另外，可以在 VRRP 报文头上再封装一层 UDP 报文头，将报文改装成单播报文	VGMP 和 HRP 等报文改由 UDP 报文头直接封装，与 VRRP 报文彻底脱离关系 UDP 报文是一种单播报文，能够跨越三层设备

强叔提问

1．防火墙双机热备包括几种方式？

2．防火墙双机热备主要有几种协议？

3．第二代双机热备中防火墙有几个 VGMP 组？正常情况下，VGMP 组的状态是什么？优先级是多少？

4．双机热备中共有几种 VGMP 和 HRP 报文？

5．双机热备的 VGMP 组有几种监控接口状态的手段？

6．双机热备有几种 HRP 备份方式？

7．第二代双机热备的 HRP 和 VGMP 报文是否能够跨越网段传输？该如何部署？

8．双机热备与源 NAT 或 NAT Server 结合使用时需要注意什么？

第10章
出口选路

10.1 出口选路总述

10.2 就近选路

10.3 策略路由选路

10.4 智能选路

10.5 透明DNS选路

10.1　出口选路总述

在"1.1　什么是防火墙"中我们提到，防火墙主要部署在网络边界起到隔离的作用。虽然隔离了内外网，但防火墙也承担起内网与外网互联的作用，内网和外网交互的流量都要经过防火墙来转发。在实际场景中，企业出于带宽和可靠性的要求，会向多个 ISP 租用多条 Internet 链路带宽资源，这样处于出口位置的防火墙就有多个出口链路连接到 Internet，如何为用户流量选择合适的出口链路将是企业网络管理员需要考虑的问题。

为此，强叔也专门总结了防火墙作为企业出口网关时面对多出口环境的几种常用的选路方式。下面强叔就给这几种选路方式来一个初步的介绍，先让大家有一个基本的了解。

10.1.1　就近选路

就近选路是由缺省路由与明细路由配合完成的选路方式，这种方式比较简单，也是最常用的。如图 10-1 所示通过缺省路由可以保证企业用户数据流量都能够匹配到路由转发，而明细路由则让用户访问某 ISP 的流量从连接该 ISP 的链路进行转发，避免流量从另外的 ISP 链路迂回绕道，这就是所谓的就近选路。然而 Internet 上的众多服务，不可能一条一条地去配置明细路由，有没有一种简单的方法批量配置明细路由呢？这个时候 ISP 路由功能就有它的用武之地了。ISP 路由功能其实是把各 ISP 的知名网段都集成在防火墙的内部，通过设置指定的出接口和下一跳批量下发静态路由，这样可以极大地减少明细路由的配置工作量。

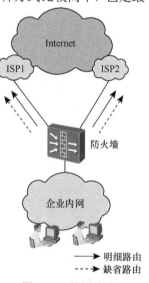

图 10-1　就近选路

明细路由+缺省路由的选路方式，配置简单，方便实用，在一般的企业网络中都可以应用。但是企业如果需要对某些特殊用户（如管理者）、某些特殊应用（P2P 下载）的流量进行区别转发，这种选路方式就无法适用。下面介绍第二种选路方式：策略路由选路。

10.1.2　策略路由选路

所谓策略路由，顾名思义，即是根据一定的策略进行报文转发，因此策略路由是一种比普通静态路由、动态路由更灵活的转发机制。路由设备转发报文时，先根据配置的规则对报文进行过滤，匹配成功的报文会按照既定的转发策略进行转发。这种规则可以是基于源 IP 地址、目的 IP 地址，也可以是基于用户，还可以是基于某种特殊的应用。

如图 10-2 所示，企业内网有大流量的 P2P 业务，为了保证特殊用户（管理者）的带宽需求，可以通过策略路由制定规则让管理者等特殊用户的流量从链路带宽稳定的 ISP1

链路转发，而 P2P 等大流量业务则指定从上下行链路带宽严重不对等的 ISP2 链路转发（如上行带宽为 50Mbit/s，下行带宽为 500Mbit/s）。

策略路由选路让企业网络管理员拥有了更灵活的流量控制手段：在事先了解出口链路带宽优劣的条件下，管理员可以让重要用户和关键业务从链路带宽稳定的链路转发，但策略路由需要管理员人为的去干预流量的选路，并且策略路由也不能为链路分配具体的带宽，如规定链路的最大带宽为 500Mbit/s。拥有"智能"判断能力的智能选路却不存在这样的问题，它可以通过系统自行判断来为内网用户流量选择最优的出口链路，可以针对某条链路的带宽特点设置固定的出口带宽，达到智能转发流量的目的。

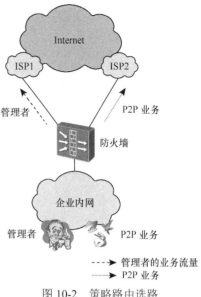

图 10-2　策略路由选路

10.1.3　智能选路

智能选路是指到达目标网络有多条链路可选时，防火墙可以根据链路带宽、路由权重或者自动探测到的链路质量动态地为内网用户流量选择出口链路，实现链路资源的合理利用。智能选路有三种模式，用户可以根据现网实际需求选择不同的模式。

1. 链路带宽模式

链路带宽模式在 USG9500 系列防火墙和 USG6000 系列防火墙的实现原理有比较大的区别，在 USG9500 系列防火墙上是按照每条链路的实际物理链路的带宽比例分配用户流量，图 10-3 中 3 条出口链路的接口分别为 GE、GE 和 10GE 接口，那么流量分配的比例为 1:1:10。

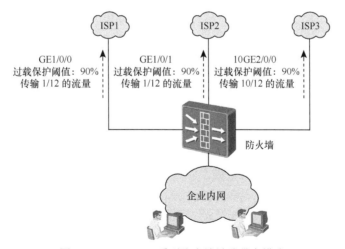

图 10-3　USG9500 系列防火墙链路带宽模式

USG6000 系列防火墙是按照管理员在各条出口链路上设置带宽的比例分配用户流量，图 10-4 中 3 条链路的带宽管理员分别设置为 200Mbit/s、100Mbit/s 和 100Mbit/s，那分配的用户流量比例为 2:1:1。

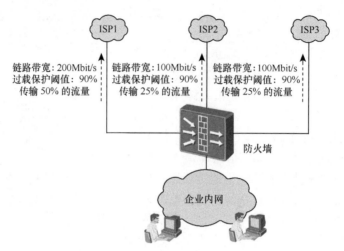

图 10-4　USG6000 系列防火墙链路带宽模式

2. 路由权重模式

路由权重模式是按照管理员在各条出口链路上设置的路由权重的比例分配用户流量，如图 10-5 所示，3 条链路分配的用户流量为 5:3:2。

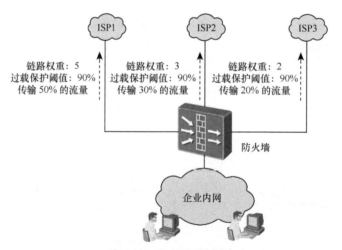

图 10-5　路由权重模式

3. 链路质量探测模式

链路质量探测模式是根据流量触发探测每条链路的质量，USG9500 系列防火墙对质量的评价目前是通过时延来完成，时延越小，链路越优。USG6000 系列防火墙对质量的评价则是通过丢包率、时延和时延抖动三个参数综合来评价的，管理员可以根据实际需要选择其中的一个或多个参数。三个质量参数中，丢包率是最重要的参数，如果两条链路的丢包率、时延、时延抖动各不相同，那么防火墙判定丢包率小的链路质量最优。

用户流量将选择最优的链路进行转发，让用户在访问外网时有最优的访问体验。当然不同的访问流量探测的最优链路可能不同，如图 10-6 所示。

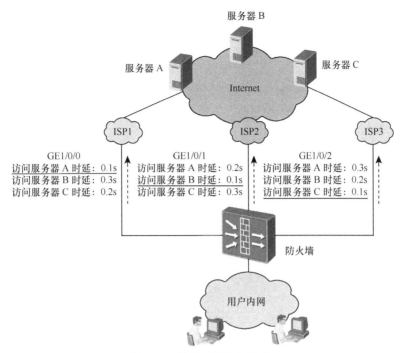

图 10-6　链路质量探测模式

访问服务器 A 的流量从 GE1/0/0 接口转发时延最小，而访问服务器 B 和服务器 C 的流量分别选择 GE1/0/1 和 GE1/0/2 接口转发。

智能选路在链路带宽的控制方面给管理员更多的选择，同时智能的链路探测给选路提供了新的方向，管理员不用人为判断链路的差异，而是通过流量触发探测链路质量，为每条用户流量选择最优的链路转发。然而，智能选路的应用是建立在等价路由的基础上，有多少条链路连接到外网服务，智能选路就需要相应条数的等价路由，否则智能选路是无法应用成功的。但是，现网中许多服务在不同的 ISP 内都设立了服务器，此种域名相同，但地址不同的服务如何引导流量在多个服务器上负载？通过防火墙的智能选路显然是无法完成的，因为 IP 地址不同，等价路由就无从说起。所以我们需要其他的选路方式来完成这种操作，一种通过分配 DNS 请求报文的选路方式——透明 DNS 选路。

10.1.4　透明 DNS 选路

当同一个服务在不同 ISP 内部署时，透明 DNS 选路能够保证用户访问的流量均匀地分担到每个服务器上，如图 10-7 所示。

透明 DNS 选路通过修改用户 DNS 请求报文的目的地址，让 DNS 请求报文分担到各个 ISP 内的 DNS 服务器上，从而解析出各 ISP 内 Web 服务器对应的 IP 地址，引导用户流量访问各自 ISP 内的 Web 服务器。

透明 DNS 选路有两种算法决定用户 DNS 请求报文的分配。

（1）简单轮询算法。将 DNS 请求报文依次分配到各个 ISP 的 DNS 服务器上。

（2）加权轮询算法。将 DNS 请求报文按照一定权重依次分配到各个 ISP 的 DNS 服务器上。

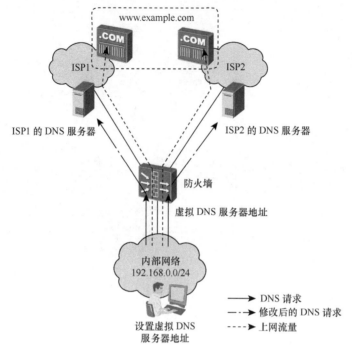

图 10-7　透明 DNS 选路

　　管理员可以根据链路带宽、性能等多种因素灵活地选择不同的算法。

10.1.5　旁挂出口选路

　　前面介绍的这些选路方式，都是针对防火墙处于网络出口位置的选路。在实际应用中，防火墙还存在另外一种常用场景——防火墙旁挂于数据中心核心交换机或企业出口路由器的场景，这种场景下的流量选路方式比较特别，也比较固定，分为引流和回注两个过程，如图 10-8 所示。

　　图中外网用户访问内网服务器的流量通过出口路由器引流到防火墙，进行安全防护处理。经防火墙处理后的安全的流量再通过防火墙回注到出口路由器，由路由器转发到内网服务器。这个过程中，引流是在出口路由器上完成的，一般是通过策略路由重定向流量到防火墙；防火墙对流量的回注可通过配置路由协议来完成，如静态路由、OSPF 等。此场景中，防火墙接收和发出的流量是从不同接口完成

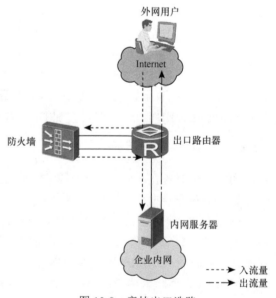

图 10-8　旁挂出口选路

的，这样可以更好地应用安全策略，具体的应用，我们将在策略路由选路中给大家详细的讲解。

　　总体来说，5 种选路方式各有特点，应用场景也各不相同，管理员可以根据网络实际需要选择合适的选路方式。当然，在实际网络中，网络环境复杂，用户需求多种多样，单一的选路方式可能难以完成所有需求，需要多种选路方式配合使用方能完成复杂的网络规划。接下来的章节中，我们将逐一介绍每种选路方式的原理和应用。

10.2　就近选路

10.2.1　缺省路由 VS 明细路由

　　何为就近选路？顾名思义为选择较近的路，在多出口网络中指的是报文选择离目标网络花销较小的链路进行转发。那报文是如何选择花销较小的链路转发的呢？通过缺省路由和明细路由即可实现。下面，强叔通过解答几个问题的方式先来介绍缺省路由和明细路由的一些基本概念，帮助大家理解。

　　第一个问题：什么是缺省路由，缺省路由是属于静态路由吗？

　　其实缺省路由是一种特殊的路由，可以通过静态路由配置，也可以是动态路由生成，如 OSPF 和 IS-IS。所以确切地说，缺省路由不属于静态路由。在路由表中，缺省路由以目的网络为 0.0.0.0、子网掩码为 0.0.0.0 的形式出现。下面为路由表中的缺省路由。

```
[FW] display ip routing-table
Route Flags: R - relay, D - download to fib
--------------------------------------------------------------------
Routing Tables: Public

        Destinations : 1          Routes : 2

Destination/Mask    Proto  Pre  Cost        Flags NextHop      Interface
        0.0.0.0/0   Static 60   0           RD    10.1.1.2     GigabitEthernet2/2/21
                    Static 60   0           RD    10.2.0.2     GigabitEthernet2/2/17
```

　　如果报文的目的地址不能与任何路由相匹配，那么系统将使用缺省路由转发该报文。

　　第二个问题：什么是明细路由？

　　强叔认为，明细路由是相对来说的，相对缺省路由，在路由表中的其他路由都属于明细路由，如 10.1.0.0/16、192.168.1.0/24 相对缺省路由都属于明细路由。相对有 10.1.0.0/16 这条汇总路由，10.1.1.0/24、10.1.2.0/24、10.1.3.0/24 这三条路由都属于它的明细路由。明细路由与路由协议类型无关，可以是静态路由配置的，也可以是动态路由协议生成的。

　　第三个问题：报文是如何查找路由表的？

　　可能大家都知道，报文查找路由表时是按照最长匹配原则进行查找，什么意思呢？举个例子，路由表中有 10.1.0.0/16、10.1.1.0/24 和 0.0.0.0/0 三条路由，当目的地址为 10.1.1.1/30 的报文查找路由表时，最终匹配的路由将是 10.1.1.0/24 这条路由，因为报文查找路由表时，报文的目的地址和路由中各表项的掩码进行按位"逻辑与"，得到的地址符合路由表项中的网络地址则匹配，最终选择一个最长匹配的路由表项转发报文。如果是目的地址为 192.168.1.1/30 的报文查找路由表，则只能匹配 0.0.0.0/0 这条缺省路由了，因为报文的目的地址不能与任何明细路由相匹配，最终系统将使用缺省路由转发该报文。

　　从上面的问题中我们可以了解到，当路由表中有明细路由时，报文是先匹配明细路由，如果没有明细路由再查找缺省路由。

　　下面我们来看第四个问题：多条缺省路由间是如何选路的？

　　我们先来看图 10-9 所示的组网，在防火墙上我们配置两条缺省路由，一个下一跳指向 R1，一个下一跳指向 R2，现在我们在 PC 上 ping 目标网络上的两个服务器地址。

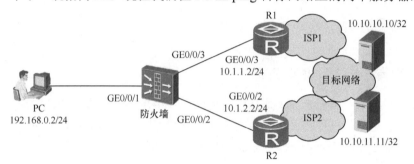

图 10-9　缺省路由选路

两条缺省路由在防火墙上配置如下。

```
[FW] ip route-static 0.0.0.0 0 10.1.1.2
[FW] ip route-static 0.0.0.0 0 10.1.2.2
```

通过在 FW 的 GE0/0/3 接口上抓包发现报文都是从 GE0/0/3 接口进行转发，如下所示。

No.	Time	Source	Destination	Protocol	Info
1	0.000000	192.168.0.2	10.10.10.10	ICMP	Echo (ping) request (id=0x042f, seq(be/le)=1/256, ttl=127)
2	0.000000	10.10.10.10	192.168.0.2	ICMP	Echo (ping) reply (id=0x042f, seq(be/le)=1/256, ttl=253)

No.	Time	Source	Destination	Protocol	Info
1	0.000000	192.168.0.2	10.10.11.11	ICMP	Echo (ping) request (id=0xfe2f, seq(be/le)=1/256, ttl=127)
2	0.000000	10.10.11.11	192.168.0.2	ICMP	Echo (ping) reply (id=0xfe2f, seq(be/le)=1/256, ttl=253)

　　为什么出现这种情况呢？两条缺省路由不进行负载分担吗？事实上，多条缺省路由在选路的时候是根据源 IP 地址+目的 IP 地址的 HASH 算法来算出报文具体走哪条链路的，这种算法主要是看报文的源 IP 地址和目的 IP 地址，地址不同，计算出的结果也会不相同。这种算法下，等价缺省路由之间转发报文的机会是均等的。举个例子，如果报文的源 IP 地址相同，目的地址是相邻的，如 10.1.1.1 和 10.1.1.2，那么选路的时候，将会各分担一条流进行转发。然而，由于网络中访问流量的源和目的地址是随机的，所以 HASH 计算结果完全不可控。这个时候虽然多条缺省路由是等价路由，也有可能出现所有报文都从一条链路转发的情况。这个结果也印证了上面举例中报文都从 GE0/0/3 接口转发的原因。

　　好了，前面说的都是一些基础知识，现在让我们来看看缺省路由+明细路由的就近选路方式是如何就近选路的。先看一个简单的网络环境，如图 10-10 所示。

　　当企业内网用户访问外网服务器 Server 时，报文途经防火墙有两条路径，正常情况下，企业一般会在出口防火墙上配置两条缺省路由，每个 ISP 一条。在前面我们说过缺省路由的选路是通过源 IP+目的 IP 的 HASH 算法来决定数据报文的转发路径，这就有可能导致访问 ISP2 的 Server 流量经过 HASH 算法计算后从图中的路径 1 进行转发了，这样从路径 1 到 ISP1，再经过 ISP1 到 ISP2，绕一大圈后才能到达最终目的地，严重影响了转发效率和用户体验。

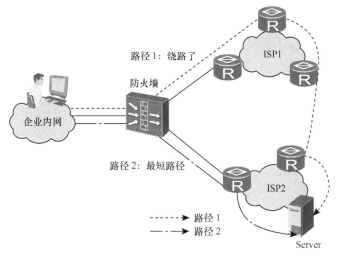

图 10-10　多出口场景图

那有什么办法让报文不绕道呢？通过配置明细路由即可达到要求，前面我们也说过，报文优先匹配明细路由，没有可匹配的明细路由再去查找缺省路由。就图 10-10 的组网，我们可以配置到 Server 的明细路由，下一跳指向 ISP2，这样报文匹配到这条明细路由后就不会绕道转发了。从图 10-10 中看，报文发送选择的发送路径是两条路径中的最短路径，这就是我们所说的就近选路了。我们也可以通过图 10-9 的组网验证一下。我们在防火墙上配置如下两条静态路由。

```
[FW] ip route-static 10.10.10.10 255.255.255.255 10.1.1.2 (下一跳为 R1 地址)
[FW] ip route-static 10.10.11.11 255.255.255.255 10.1.2.2 (下一跳为 R2 地址)
```

通过在防火墙的 GE0/0/3 接口上抓包发现只有去往 10.10.10.10 的报文，如下所示。

No.	Time	Source	Destination	Protocol	Info
1	0.000000	192.168.0.2	10.10.10.10	ICMP	Echo (ping) request (id=0x042f, seq(be/le)=1/256, ttl=127)
2	0.000000	10.10.10.10	192.168.0.2	ICMP	Echo (ping) reply (id=0x042f, seq(be/le)=1/256, ttl=253)

在防火墙的 GE0/0/2 接口上抓包发现有去往 10.10.11.11 的报文，如下所示。

No.	Time	Source	Destination	Protocol	Info
1	0.000000	192.168.0.2	10.10.11.11	ICMP	Echo (ping) request (id=0xfe2f, seq(be/le)=1/256, ttl=127)
2	0.000000	10.10.11.11	192.168.0.2	ICMP	Echo (ping) reply (id=0xfe2f, seq(be/le)=1/256, ttl=253)

这就证明，报文是优先查找刚配置的两条明细路由的。然而在实际网络环境中，Internet 上的 Server 是非常多的，作为管理员在出口网关防火墙上配置那么多的明细路由是不现实的，有没有一种方便快捷的方法配置明细路由呢？这就需要 ISP 路由功能出场了。那什么是 ISP 路由呢？

10.2.2　ISP 路由

ISP 路由，从名字来看有一个关键词"ISP"，这其实就是这个功能的由来。每个 ISP 都会有自己的公网知名网段，如果把这个 ISP 的所有公网知名网段都像上面说的一样配置成明细路由，则去往这个 ISP 的所有报文都不会绕路转发了。如何把 ISP 的公网知名网段变成明细路由呢？

　　首先管理员需要先收集 ISP 内的所有公网网段（网上都能够搜索到），然后把地址网段编辑到后缀为 .csv 的文件中（我们称之为 ISP 地址文件），编辑要求如图 10-11 所示。

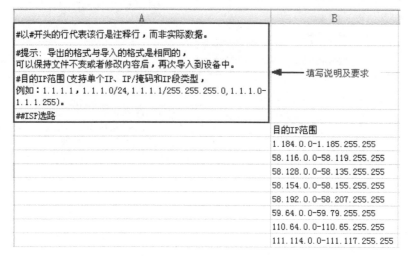

图 10-11　编辑 ISP 地址文件

　　ISP 地址文件编辑完成后，我们需要把它上传到防火墙的指定路径上，比如 cfcard 中。上传的方法有很多，有 SFTP、FTP、TFTP 等，本文中不再赘述。

　　ISP 地址文件上传到防火墙后，通过设置好出接口和下一跳，启动 ISP 路由功能后，ISP 地址文件中的每个 IP 地址段都会转化为一条静态路由，这样整个 ISP 地址文件就变身为针对一个 ISP 的批量静态路由配置脚本了，大家再也不用为海量静态路由配置发愁了！

　　下面我们通过一个实验组网检验下 ISP 路由选路的效果，组网如图 10-12 所示。

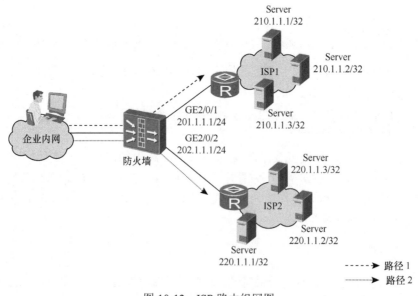

图 10-12　ISP 路由组网图

在此组网中，ISP1 和 ISP2 内的地址网段我们分别编辑在 ispa.csv 与 ispb.csv 文件中。

首先我们通过 SFTP、FTP、TFTP 等方式上传两个 csv 文件到防火墙的指定路径中。其中 USG9500 系列防火墙路径为 cfcard:/isp/，USG6000 系列防火墙为 hda1:/isp/。

完成 csv 文件上传后，通过相关命令设置相应出接口和下一跳，启动 ISP 路由功能。以 USG9500 系列防火墙为例，配置命令如下。

[FW] isp set filename ispa.csv GigabitEthernet 2/0/1 next-hop 201.1.1.2

此外，我们还可以通过 Web 配置方式来配置 ISP 路由，这种方式更为简单，上传 csv 文件和导入配置通过一步就可以完成。我们以 USG9500 为例，导入方式如图 10-13 所示。

图 10-13　通过 Web 配置方式启动 ISP 路由

ispb.csv 的导入方法与 ispa.csv 一致，只是出接口和下一跳改成 GE2/0/2 和 202.1.1.2。导入完成后，防火墙会生存如下路由。

Destination/Mask	Proto	Pre	Cost	Flags	NextHop	Interface
210.1.1.1/32	ISP	60	0	D	201.1.1.2	GigabitEthernet2/0/1
210.1.1.2/32	ISP	60	0	D	201.1.1.2	GigabitEthernet2/0/1
210.1.1.3/32	ISP	60	0	D	201.1.1.2	GigabitEthernet2/0/1
220.1.1.1/32	ISP	60	0	D	202.1.1.2	GigabitEthernet2/0/2
220.1.1.2/32	ISP	60	0	D	202.1.1.2	GigabitEthernet2/0/2
220.1.1.3/32	ISP	60	0	D	202.1.1.2	GigabitEthernet2/0/2

内网用户访问属于 ISP1 的 Server 时，报文匹配路由表后从 GigabitEthernet2/0/1 接口进行转发；同理，访问 ISP2 的 Server 时，会从 GigabitEthernet2/0/2 接口进行转发。这样总是能保证从最短的路径转发到目标网络。

从上面的路由表来看，ISP 路由与静态路由非常相似，在路由表中，除了协议类型为 ISP 外，表中其他内容与静态路由完全一样，且两种路由之间是可以互相覆盖的，如先配置一条静态路由，然后再导入目的地址和下一跳相同的 ISP 路由后，路由表中此条路由的协议类型会从 static 变成 ISP，反之亦然。但在实际应用中 ISP 路由与静态路由还是有几点区别。

（1）静态路由是手动一条一条配置，配置文件中能够显示出来；ISP 路由只能通过上面所述的方式集体导入，且配置文件中无法显示出 ISP 路由。

（2）静态路由可以逐条删除、增加；ISP 路由只能从 ISP 地址文件中删除、增加地址网段，不能通过命令删除或增加单条 ISP 路由。

上面说的是管理员构建 ISP 路由的过程，实际上，防火墙在出厂设置中已经内置了 china-mobile.csv（中国移动）、china-telecom.csv（中国电信）、china-unicom.csv（中国联通）和 china-educationnet.csv（中国教育网）4 个 ISP 的 csv 文件，只需要管理员执行导入即可启动 ISP 路由。

总结一下，就近选路方式的核心其实就是三种路由 PK 的结果，如下所示。

- 缺省等价路由让经过防火墙的所有报文都能匹配路由转发，但无法保证报文转发选择最短链路（通过源 IP 地址+目的 IP 地址的 HASH 算法来选择报文转发出口）。
- 明细路由保证访问不同 ISP 服务器的报文都从防火墙连接的相应 ISP 的链路转发，达到就近访问效果，但是明细路由的手工大批量配置是困扰企业网络管理员的一个难题。
- ISP 路由则填补了明细路由难以手工大批量配置的缺点，分分钟就能搞定一个 ISP 所有地址网段的明细路由配置。

这三种路由各有特点，配合使用方能弥补相互之间的缺陷、发挥出每种路由的优势。配合使用时，明细路由和 ISP 路由用来指导报文近路转发，没有匹配到明细路由的报文通过查找缺省路由完成转发。

然而就近选路方式是以路由为基础的选路方式，大家都知道，查找路由是通过报文目的地址来查找的。那问题就来了，如果管理员希望对内网用户进行区分，让不同优先级的用户从不同链路进行转发；或者管理员想根据不同的应用来区分流量的转发链路，这些都不是我们通过目的地址查找路由能完成的。我们需要更灵活的选路机制，比如通过报文的源 IP 地址、应用协议类型等来区分用户流量，再对不同的用户流量进行区别转发。这个时候就需要我们的策略路由选路出场了。

10.3　策略路由选路

说到策略路由选路，强叔先想到了策略路由早期在中国最大的应用莫过于在电信网通互联互通中的应用。电信网通分家之后出现了中国特色的网络环境，就是南电信，北网通（现在合并到联通）。在网络只有单出口的条件下会出现电信用户访问网通的服务较慢，网通用户访问电信的服务也较慢的问题。此时，人们就想到了企业网络双出口方案——网络出口同时接入到电信和网通。双出口方案的普及使得策略路由有了用武之地！通过在企业出口网关设备上配置策略路由，成功地实现了电信流量走电信出口，网通流量走网通出口。

策略路由是如何实现电信、网通流量的科学分流呢？我们还是先从什么是策略路由开始说起。

10.3.1　策略路由的概念

所谓策略路由，顾名思义，即根据一定的策略进行报文转发。而策略是人为制定的，因此策略路由是一种比传统的按照目的地址选路更灵活的选路机制。在防火墙上配置策略路由后，防火墙首先会根据策略路由配置的规则对接收的报文进行过滤，匹配成功则按照一定的转发策略进行报文转发。其中"配置的规则"即是需要定义匹配条件，一般是通过 ACL 来定义匹配条件，而"一定的转发策略"则是需要根据匹配条件执行相关的动作。由此可以推断策略路由由以下两部分组成，如下。

- 匹配条件（通过 ACL 定义）：用于区分将要做策略路由的流量。匹配条件包括：报文源 IP 地址、目的 IP 地址、协议类型、应用类型等，不同的防火墙可以设置的匹配条件略有不同。在一条策略路由规则中，可以包含多个匹配条件，各匹配条件之间是"与"的关系，报文必须同时满足所有匹配条件，才可以执行后续定义的转发动作。

- 动作：对符合匹配条件的流量采取的动作，包括指定出接口和下一跳。

当有多条策略路由规则时，防火墙会按照匹配顺序，先查找第一条规则，如果满足第一条策略路由规则的匹配条件，则按照指定动作处理报文。如果不满足第一条规则的匹配条件，则会查找下一条策略路由规则。如果所有的策略路由规则的匹配条件都无法满足，报文按照路由表进行转发，策略路由的匹配是在报文查找路由表之前完成，也就是说策略路由比路由的优先级高。策略路由规则匹配过程如图 10-14 所示。

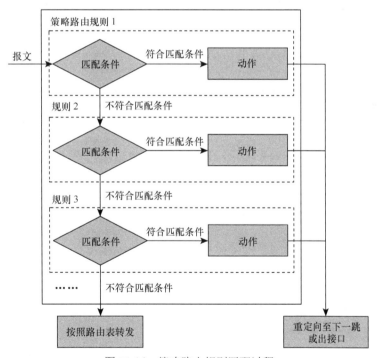

图 10-14　策略路由规则匹配过程

此外，如果策略路由指定的出接口状态为 Down 或下一跳不可达，那么报文将通过查找路由表进行转发。

说完策略路由的基本原理后，现在我们回过头来看看策略路由是如何实现电信流量从电信转发，网通流量从网通转发的？

10.3.2　基于目的 IP 地址的策略路由

我们通过一个组网环境来验证这种策略路由的效果，组网如图 10-15 所示。

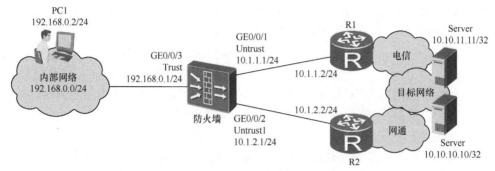

图 10-15　基于目的 IP 地址的策略路由

防火墙作为企业出口网关，通过两条链路连接到 Internet，其中经过 R1 的链路为电信的线路，经过 R2 的链路为网通的线路。现在我们要让企业用户访问 10.10.11.11/32 这个服务器从电信线路转发，而 10.10.10.10/32 这个服务器从网通线路转发。

如果在防火墙上配置两条缺省路由，企业用户在访问 10.10.11.11/32 和 10.10.10.10/32 这两个服务器时，经过验证发现都是经过 R1 这条链路进行转发的，这个我们在上一节就近选路中就说过，缺省路由的选路是通过源 IP 地址+目的 IP 地址的 HASH 算法来计算报文选择的出口链路，无法控制访问 10.10.11.11/32 的流量从电信线路转发，访问 10.10.10.10/32 的流量从网通线路转发的要求。

下面我们在防火墙上配置策略路由，看看实验效果如何，配置如下（我们以 USG2000/5000 系列防火墙为例）。

（1）根据报文目的地址设置匹配条件

```
[FW] acl number 3000
[FW-acl-adv-3000] rule 5 permit ip destination 10.10.11.11 0
[FW-acl-adv-3000] quit
[FW] acl number 3001
[FW-acl-adv-3001] rule 5 permit ip destination 10.10.10.10 0
[FW-acl-adv-3001] quit
```

（2）配置策略路由

```
[FW] policy-based-route test permit node 10
[FW-policy-based-route-test-10] if-match acl 3000            //应用匹配条件
[FW-policy-based-route-test-10] apply ip-address next-hop 10.1.1.2   //配置动作，重定向至电信下一跳
[FW-policy-based-route-test-10] quit
[FW] policy-based-route test permit node 20
[FW-policy-based-route-test-20] if-match acl 3001            //应用匹配条件
[FW-policy-based-route-test-20] apply ip-address next-hop 10.1.2.2   //配置动作，重定向至网通下一跳
[FW-policy-based-route-test-20] quit
```

（3）应用策略路由

```
[FW] interface GigabitEthernet0/0/3
[FW-GigabitEthernet0/0/3] ip policy-based-route test         //在入接口应用策略路由
[FW-GigabitEthernet0/0/3] quit
```

配置完成后，我们在 PC 上 ping 10.10.11.11 和 10.10.10.10 两个地址，能正常 ping

通。同时在防火墙上查看会话表达的详细信息，显示如下。

```
[FW] display firewall session table verbose
Current total sessions: 2
icmp VPN: public --> public
Zone: trust --> untrust TTL: 00:00:20 Left: 00:00:16
Interface: GigabitEthernet0/0/1 Nexthop: 10.1.1.2   MAC:54-89-98-1d-74-24
<--packets: 4 bytes: 240 -->packets: 4 bytes: 240
192.168.0.2:54999 --> 10.10.11.11:2048

icmp VPN: public --> public
Zone: trust --> untrust TTL: 00:00:20 Left: 00:00:17
Interface: GigabitEthernet0/0/2 Nexthop: 10.1.2.2   MAC:54-89-98-ea-53-c9
<--packets: 4 bytes: 240 -->packets: 4 bytes: 240
192.168.0.2:63959 --> 10.10.10.10:2048
```

通过显示信息可以看到去往 10.10.11.11 的报文是从防火墙的 GE0/0/1 接口转发的，下一跳为 R1 与防火墙相连的接口地址；而去往 10.10.10.10 的报文是从防火墙的 GE0/0/2 接口转发的，下一跳为 R2 与防火墙相连的接口地址，从而达到访问 10.10.11.11/32 的流量从电信线路转发，而访问 10.10.10.10/32 的流量从网通线路转发的要求。

看到这里，可能大家会说，在上节介绍的就近访问也能达到这个要求，对！的确如此。因为就近选路中缺省路由+明细路由的选路方式是根据目的地址进行报文的转发，而上面配置的策略路由也是以报文目的地址为条件制定转发策略，所以能够实现同样的需求。

但实际上，传统的静态和动态路由只能根据报文的目的地址为用户提供比较单一的路由方式，它更多的是解决网络报文的转发问题，而不能提供更灵活的服务。策略路由则不同，它使网络管理者不仅能够根据目的地址，而且能够根据报文源 IP 地址、协议类型、应用类型或者其他条件来选择转发路径，所以说策略路由比传统路由协议对报文的控制能力更强。

10.3.3　基于源 IP 地址的策略路由

如果说上面的应用与就近访问方式还有一些交集，那我们来看看策略路由选路的另外一个应用。大家都知道，光纤到户是目前网络的发展方向，但光纤的费用在今天的中国并不便宜，于是很多网络都采用了光纤加 ADSL 的接入方式，即采用两条速率不同的线路同时接入互联网，此时，我们可以通过配置策略路由让优先级较高的流量走光纤，让优先级低的流量走 ADSL。如图 10-16 所示。

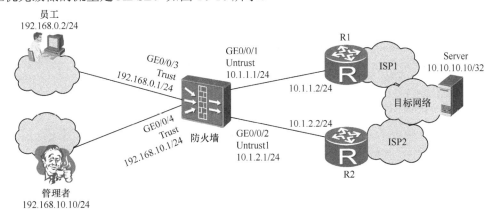

图 10-16　基于源 IP 地址的策略路由

　　防火墙为企业出口网关，通过不同 ISP 的两条链路连接到 Internet，其中经过 R1 的链路带宽速率较高，假设为 10Mbit/s；经过 R2 的链路带宽速率较小，为 2Mbit/s。为保证企业管理者访问 Internet 的用户体验，让其访问流量从经过 R1 的链路进行转发，而员工的访问流量从经过 R2 的链路转发。

　　想要实现上述需求，通过目的地址查找路由的方式是无法完成的，而通过策略路由设置源 IP 地址为匹配条件就能很轻松地解决此问题。在防火墙上配置如下（我们以 USG2000/5000 系列防火墙为例）。

　　（1）根据报文源 IP 地址设置匹配条件

```
[FW] acl number 3000
[FW-acl-adv-3000] rule 5 permit ip source 192.168.10.0 0.0.0.255
[FW-acl-adv-3000] quit
[FW] acl number 3001
[FW-acl-adv-3001] rule 5 permit ip source 192.168.0.0 0.0.0.255
[FW-acl-adv-3001] quit
```

　　（2）配置策略路由

```
[FW] policy-based-route boss permit node 10
[FW-policy-based-route-boss-10] if-match acl 3000              //应用匹配条件
[FW-policy-based-route-boss-10] apply ip-address next-hop 10.1.1.2    //配置动作，重定向下一跳为 R1
[FW-policy-based-route-boss-10] quit
[FW] policy-based-route employee permit node 10
[FW-policy-based-route-employee-10] if-match acl 3001            //应用匹配条件
[FW-policy-based-route-employee-10] apply ip-address next-hop 10.1.2.2  //配置动作，重定向下一跳为 R2
[FW-policy-based-route-employee-10] quit
```

　　（3）应用策略路由

```
[FW] interface GigabitEthernet0/0/3
[FW-GigabitEthernet0/0/3] ip policy-based-route employee         //在入接口应用策略路由
[FW-GigabitEthernet0/0/3] quit
[FW] interface GigabitEthernet0/0/4
[FW-GigabitEthernet0/0/4] ip policy-based-route boss             //在入接口应用策略路由
[FW-GigabitEthernet0/0/4] quit
```

　　配置完成后，分别在管理者和员工的 PC 上 ping Internet 上的 Server 地址 10.10.10.10，并在防火墙上查看会话表详细信息，显示如下。

```
[FW] display firewall session table verbose
Current total sessions: 2
icmp VPN: public --> public
Zone: trust --> untrust TTL: 00:00:20 Left: 00:00:16
Interface: GigabitEthernet0/0/1 Nexthop: 10.1.1.2   MAC:54-89-98-1d-74-24
<--packets: 4 bytes: 240 -->packets: 4 bytes: 240
 192.168.10.2:47646 --> 10.10.10.10:2048

icmp VPN: public --> public
Zone: trust --> untrust TTL: 00:00:20 Left: 00:00:17
Interface: GigabitEthernet0/0/2 Nexthop: 10.1.2.2   MAC:54-89-98-ea-53-c9
<--packets: 4 bytes: 240 -->packets: 4 bytes: 240
 192.168.0.2:53022 --> 10.10.10.10:2048
```

　　显示信息中，管理者（192.168.10.2）访问 Server 的流量是从 R1（10.1.1.2）连接的链路转发的，而员工（192.168.0.2）访问 Server 的流量是从 R2（10.1.2.2）连接的链路转发的，满足了优先级高的流量走高速链路，优先级低的流量走低速链路的用户需求。

10.3.4　基于应用的策略路由

前面介绍的这些是策略路由选路的一些传统的应用，在现网中，策略路由选路还有一种常用的场景是与应用有关。大家都知道，网络中各种应用层出不穷，其中一些大流量的应用，如 P2P、在线视频等应用占用了大量的出口带宽，严重影响了企业业务流量的转发。基于应用的策略路由正是针对这种场景提出的，策略路由与应用识别功能相结合，以流量的应用类型为匹配条件，实现基于应用的策略路由转发。

下面强叔来验证一下基于应用的策略路由的实际效果，如图 10-17 所示。

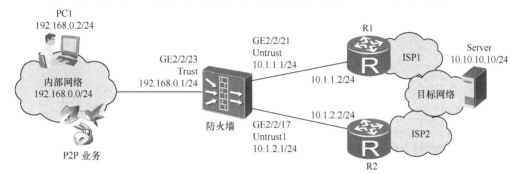

图 10-17　基于应用的策略路由

防火墙为企业出口网关，通过从 ISP1 和 ISP2 的两条链路与 Internet 相连，其中 ISP2 提供的链路上下行的带宽对称，链路状态稳定，为企业正常业务流量主要转发链路。ISP1 提供的链路上下行的带宽不对称，网速较慢，但租用价格低廉，可提供给一些大流量应用（图中为 P2P）转发的链路。

我们通过"比特精灵"工具模拟 P2P 业务，在 Server 上模拟 P2P 服务器，在企业用户 PC1 上模拟 P2P 客户端，同时使用 Ping 模拟正常业务。

先在防火墙上配置基于应用的策略路由，让 P2P 应用的流量从 GE2/2/21 出接口转发，而正常的流量直接通过查找路由从 GE2/2/17 出接口转发，配置命令如下（我们以 USG9500 系列防火墙为例）。

（1）根据报文源 IP 地址设置匹配条件

```
[FW] acl number 3000
[FW-acl-adv-3000] rule 5 permit ip source 192.168.0.0 0.0.0.255
[FW-acl-adv-3000] quit
```

（2）配置策略路由

```
[FW] traffic classifier p2p
[FW-classifier-p2p] if-match acl 3000 category p2p                          //对用户的 P2P 应用设置为匹配条件
[FW-classifier-p2p] quit
[FW] traffic behavior p2p
[FW-behavior-p2p] redirect ip-nexthop 10.1.1.2 interface GigabitEthernet2/2/21    //重定向出接口和下一跳
[FW-behavior-p2p] quit
[FW] traffic policy p2p
[FW-trafficpolicy-p2p] classifier p2p behavior p2p
[FW-trafficpolicy-p2p] quit
```

（3）应用策略路由

```
[FW] interface GigabitEthernet2/2/23
[FW-GigabitEthernet2/2/23] traffic-policy p2p inbound              //在入接口应用策略路由
[FW-GigabitEthernet2/2/23] quit
```

配置完成后，我们在 PC1 上开启"比特精灵"客户端下载功能，截图如下。

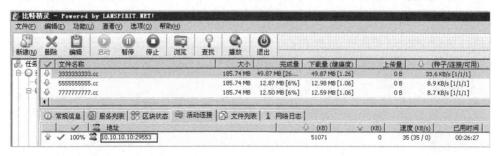

然后我们在防火墙上查看会话表，显示如下。

```
[FW] display firewall session table verbose
Current total sessions: 2
tcp VPN: public --> public
Zone: trust --> untrust Slot: 3 CPU: 3 TTL: 00:00:05 Left: 00:00:02
Interface: GigabitEthernet2/2/21 Nexthop: 10.1.1.2
<--packets: 0 bytes: 0 -->packets: 2 bytes: 96
 192.168.0.2:1712 --> 10.10.10.10:29553

tcp VPN: public --> public
Zone: trust --> untrust Slot: 3 CPU: 3 TTL: 00:00:05 Left: 00:00:02
Interface: GigabitEthernet2/2/21 Nexthop: 10.1.1.2
<--packets: 0 bytes: 0 -->packets: 2 bytes: 96
 192.168.0.2:1711 --> 10.10.10.10:29553
```

通过显示信息可以看到，会话的目的地址和端口与"比特精灵"客户端上的显示一致，都是 10.10.10.10:29553，并且这部分流量是从出接口为 GE2/2/21、下一跳为 10.1.1.2 的链路进行转发的，与策略路由重定向的出接口和下一跳一致，说明基于 P2P 应用的策略路由应用成功。

下面我们在 PC1 上 ping 10.10.10.10 这个 Server 的地址。

此时，我们再次查看会话表，显示如下。

```
[FW] display firewall session table verbose
Current total sessions: 1
icmp VPN: public --> public
Zone: trust --> untrust Slot: 3 CPU: 3 TTL: 00:00:20 Left: 00:00:17
Interface: GigabitEthernet2/2/17 Nexthop: 10.1.2.2
<--packets: 4 bytes: 240 -->packets: 4 bytes: 240
 192.168.0.2:768 --> 10.10.10.10:2048
```

会话表显示 ping 报文是从出接口 GE2/2/17、下一跳为 10.1.2.2 的链路进行转发的。说明我们的正常业务流量是从 ISP2 提供的链路进行转发的，达到了预期要求。

综合上面几个策略路由选路的应用，可以看到策略路由选路的灵活性在于匹配条件的灵活多样，不同场景匹配不同的条件，如上面的三个应用包含的匹配条件分别为目的 IP 地址、源 IP 地址和应用类型。此外，还有许多其他匹配条件都比较常用，如用户、协议类型等，因为配置方法基本相同，这里就不一一介绍了。

10.3.5 旁路组网下的策略路由选路

现网中，策略路由的另外一种应用场景不得不提，即防火墙旁挂于企业出口路由器或核心交换机的场景。此时策略路由不是在防火墙上配置的，是在路由器或交换机上配置的，但这种应用场景在许多企业出口和数据中心出口都会用到，因此我们也对这种应用做一个介绍。

首先我们还是通过实际组网环境来验证这种场景，如图 10-18 所示。

企业出口为路由器 R1，防火墙旁挂在出口路由器 R1 上。当外网用户访问内网服务器时，流量从 R1 引流到防火墙进行安全防护后，再转发到内网服务器。

此组网中，策略路由是在出口路由器 R1 上配置的，路由器策略路由的配置思路与上面介绍的防火墙的策略路由配置思路一致，都是先定义匹配条件（本地为目的 IP 地址）、设置动作（重定向出接口或下一跳），然后在入接口上应用。此组网中的防火墙除了对引入的流量进行安全防护外，还需要把流量回注到出口路由器 R1 上。

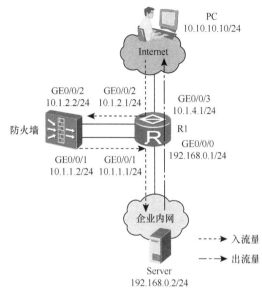

图 10-18 防火墙旁挂组网图

回注其实很简单，下面介绍静态路由和 OSPF 两种回注方法。

1. 静态路由回注配置方法

如表 10-1 所示，这里只列出策略路由和静态路由的配置。

表 **10-1**　　　　　　　　　　　　　　配置静态路由回注

R1	FW

#
acl number 3000
rule 5 permit ip **destination 192.168.0.2 0**
#
policy-based-route in permit node 10
  if-match acl 3000
  apply ip-address next-hop 10.1.2.2
#
interface GigabitEthernet0/0/3
  ip address 10.1.4.1 255.255.255.0
  ip policy-based-route in
#
ip route-static 10.10.10.0 255.255.255.0 10.1.4.2
	ip route-static 192.168.0.0 255.255.255.0 10.1.1.1

2. OSPF 路由回注配置方法

当接入用户较多时考虑使用此种配置方式，方便管理员维护。图 10-19 所示组网中，R1 为企业出口路由器，核心交换机 LSW 接入内网服务器。当外网用户访问内网服务器时，流量经过 R1 到达 LSW，再通过在 LSW 上配置策略路由，引导流量到防火墙 FW 上进行安全策略过滤。过滤后的流量，通过在 FW 上查找 OSPF 路由回注到 LSW，再访问内网服务器。

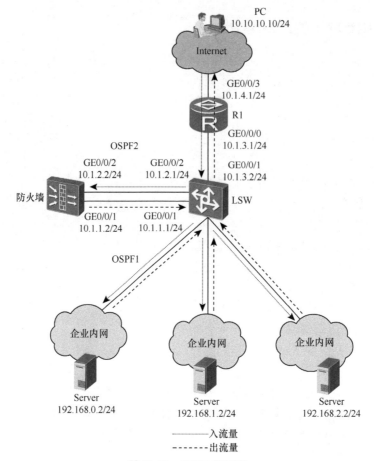

图 10-19　OSPF 组网图

如表 10-2 所示，这里只列出策略路由和 OSPF 的配置。

表 10-2　　　　　　　　　　　　　配置 OSPF 路由回注

R1	LSW	FW
	# vlan batch 100 # interface Vlanif100 　ip address 10.1.3.2 255.255.255.0 # acl number 3000 　rule 5 permit ip **destination 192.168.0.2 0** 　rule 10 permit ip **destination 192.168.1.2 0** 　rule 15 permit ip **destination 192.168.2.2 0** policy-based-route in permit node 10 　**if-match acl 3000** 　**apply ip-address next-hop 10.1.2.2** # interface GigabitEthernet0/0/3 　port link-type access 　port default vlan 100 　**ip policy-based-route in** # **ospf 1** 　**area 0.0.0.0**	ospf 1 　**import-route ospf 2** 　area 0.0.0.0 　　network 10.1.1.0 0.0.0.255 ospf 2 　**import-route ospf 1** 　area 0.0.0.0 　　network 10.1.2.0 0.0.0.255
ospf 2 　**area 0.0.0.0** 　　**network 10.1.3.0 0.0.0.255** 　　**network 10.1.2.0 0.0.0.255**		

（续表）

R1	LSW	FW

ospf 2
 area 0.0.0.0
  network 10.1.3.0 0.0.0.255
  network 10.1.2.0 0.0.0.255
	network 10.1.1.0 0.0.0.255
	network 192.168.0.0 0.0.0.255
	network 192.168.1.0 0.0.0.255
	network 192.168.2.0 0.0.0.255
	ospf 2
	 area 0.0.0.0
	  network 10.1.3.0 0.0.0.255
	  network 10.1.2.0 0.0.0.255
		ospf 1
		 import-route ospf 2
		 area 0.0.0.0
		  network 10.1.1.0 0.0.0.255
		ospf 2
		 import-route ospf 1
		 area 0.0.0.0
		  network 10.1.2.0 0.0.0.255

通过 OSPF 回注的配置相对复杂一些，首先要在 LSW 上使用 OSPF 双进程对上下行流量进行隔离，然后通过策略路由将流量引导到 FW，最后在 FW 上配置两个 OSPF 进程互相引入，可以使 OSPF 两个进程可以相互学习到对方进程的路由。

LSW 上策略路由完成了流量的引流，FW 上静态路由或 OSPF 完成了流量的回注。配置完成后，通过在外网 PC（10.10.10.10）上 Tracert 内网 Server 的地址 192.168.0.2，可以看到如下结果（以静态路由组网配置为例）。

```
PC>tracert 192.168.0.2

traceroute to 192.168.0.2, 8 hops max
(ICMP), press Ctrl+C to stop
1   10.10.10.1    16 ms   <1 ms   <1 ms
2   10.1.4.1      31 ms   31 ms   32 ms
3   10.1.2.2      140 ms  63 ms   47 ms
4   10.1.1.1      94 ms   62 ms   47 ms
5   192.168.0.2   63 ms   78 ms   94 ms
```

路径信息中显示，访问流量经过 FW 后，再回到 R1，最后到目标 Server，达到了预期效果。

策略路由选路其实就是对符合匹配条件的流量进行选路，重新选定出接口和下一跳。这就要求管理员对网络现状有充分的了解，能根据网络现状选择合适的匹配条件。比如清楚地知道多条出口链路的优劣，就能让企业重要客户或重要的业务流量从优先级高的链路进行转发。灵活地应用策略路由，可以为管理员提供更多的网络规划手段。

然而实际网络中，各种各样的网络环境都可能遇到，管理员不可能尽知网络情况。此种情况下，有没有一种选路方式能自动探测网络环境的优劣，并根据探测情况对流量进行选路呢？另外，策略路由选路也无法对出口带宽进行合理地、精确地控制，那有没有一种选路方式能够满足以上期望呢？请继续关注下节——智能选路！

10.4 智能选路

与其他选路相比，智能选路的优势当然是它的"智能"部分。智能选路能够智能地控制链路的带宽，为管理员合理地分配链路带宽提供了方便。智能选路也能够智能地判断链路的质量，让用户流量根据链路质量差异选择合适的链路转发。下面强叔带领大家一起看看智能选路是如何实现这些功能的。

智能选路，关键在于它的几种选路模式：链路带宽模式、路由权重模式和链路质量探测模式，不同的模式有着不同的应用。但从功能来看，链路带宽模式和路由权重模式着重点在"控制链路的带宽"，而质量探测模式则关注的是"智能地判断链路的质量"。

10.4.1 链路带宽模式

链路带宽模式是以链路带宽为基础来为用户流量分配出口链路，具体的实现在不同的防火墙上有所区别。

- USG9500 系列防火墙：按照每条出口链路的物理带宽比例来分配用户流量，如三条出口链路的接口分别为 GE、GE 和 10GE 接口，那么流量分配的比例是 1:1:10。
- USG6000 系列防火墙：按照管理员在每条出口链路的接口上指定的带宽比例分配用户流量，如管理员在三条出口链路的接口指定的带宽分别为 100Mbit/s、200Mbit/s 和 500Mbit/s，那么流量分配的比例为 1:2:5。

如图 10-20 所示，我们以 USG9500 系列防火墙为例验证链路带宽模式的智能选路应用。

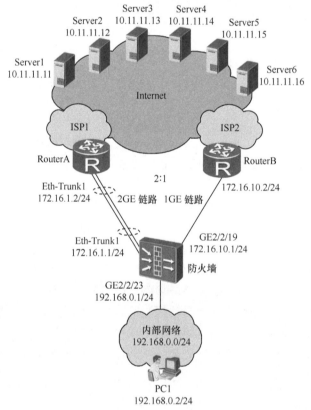

图 10-20　链路带宽模式组网图

防火墙作为企业出口网关通过两条链路连接到 Internet，其中跟 ISP1 连接的链路是两个 GE 接口绑定的 Eth-Trunk 链路，跟 ISP2 连接的链路是一条 GE 链路。因为链路带宽模式的智能选路是按物理接口所占带宽比例来分配用户流量的，因此在防火墙上配置链路带宽模式智能选路后，ISP1 和 ISP2 连接的链路分配的用户流量比例为 2:1。

在 USG9500 系列防火墙上链路带宽模式的智能选路的配置如下。

（1）配置等价路由。

智能选路的应用是建立在等价路由的基础上的，多条出口链路就需要多条等价路由，本例中为两条。

📖 说明

当前对于 USG9500 系列防火墙来说这个等价路由可以是静态路由、动态路由、缺省路由，但对于 USG6000 系列防火墙来说这个等价路由必须是等价缺省路由（0.0.0.0）。

```
[FW] ip route-static 0.0.0.0 0 172.16.1.2
[FW] ip route-static 0.0.0.0 0 172.16.10.2
```

（2）配置智能选路模式为链路带宽模式。

```
[FW] ucmp group 1 test mode proportion-of-bandwidth
```

（3）在接口上应用智能选路。

```
[FW] interface Eth-Trunk 1
[FW-Eth-Trunk1] ucmp-group 1
[FW-Eth-Trunk1] quit
[FW] interface GigabitEthernet 2/2/19
[FW-GigabitEthernet2/2/19] ucmp-group 1
[FW-GigabitEthernet2/2/19] quit
```

配置完成后，我们在内网 PC1（192.168.0.2）上访问 Internet 上的 6 个 Server，然后在防火墙上查看会话表，显示如下。

```
[FW] display firewall session table verbose
 Current total sessions: 6
 icmp VPN: public --> public
 Zone: trust --> untrust Slot: 3 CPU: 3 TTL: 00:00:20 Left: 00:00:20
 Interface: Eth-Trunk1 Nexthop: 172.16.1.2
 <--packets: 7 bytes: 420 -->packets: 7 bytes: 420
 192.168.0.2:768 --> 10.11.11.12:2048

 icmp VPN: public --> public
 Zone: trust --> untrust Slot: 3 CPU: 3 TTL: 00:00:20 Left: 00:00:19
 Interface: GigabitEthernet2/2/19 Nexthop: 172.16.10.2
 <--packets: 18 bytes: 1080 -->packets: 18 bytes: 1080
 192.168.0.2:768 --> 10.11.11.13:2048

 icmp VPN: public --> public
 Zone: trust --> untrust Slot: 3 CPU: 3 TTL: 00:00:20 Left: 00:00:20
 Interface: Eth-Trunk1 Nexthop: 172.16.1.2
 <--packets: 16 bytes: 960 -->packets: 16 bytes: 960
 192.168.0.2:768 --> 10.11.11.14:2048

 icmp VPN: public --> public
 Zone: trust --> untrust Slot: 3 CPU: 3 TTL: 00:00:20 Left: 00:00:19
 Interface: GigabitEthernet2/2/19 Nexthop: 172.16.10.2
 <--packets: 12 bytes: 720 -->packets: 12 bytes: 720
 192.168.0.2:768 --> 10.11.11.16:2048

 icmp VPN: public --> public
```

```
Zone: trust --> untrust Slot: 3 CPU: 3 TTL: 00:00:20 Left: 00:00:20
Interface: Eth-Trunk1 Nexthop: 172.16.1.2
<--packets: 14 bytes: 840 -->packets: 14 bytes: 840
192.168.0.2:768 --> 10.11.11.15:2048

icmp VPN: public --> public
Zone: trust --> untrust Slot: 3 CPU: 3 TTL: 00:00:20 Left: 00:00:19
Interface: Eth-Trunk1 Nexthop: 172.16.1.2
<--packets: 21 bytes: 1260 -->packets: 21 bytes: 1260
192.168.0.2:768 --> 10.11.11.11:2048
```

通过显示信息可以看到，会话表中有 6 条会话，其中 4 条显示的出接口和下一跳为 Eth-Trunk1 和 172.16.1.2，2 条显示的出接口和下一跳为 GE2/2/19 和 172.16.10.2。这里说明一点，智能选路功能是采用逐流的方式进行 IP 报文转发。所谓"逐流"就是将属于同一条流的报文都从同一条链路转发，这里的"一条流"可以理解为防火墙上建立的一条会话或一个连接。所以本例中用户流量的比例为 2:1 指两条链路上承载的会话数量为 2:1，虽然每条会话连接的用户流量不一定相同，但如果是用户发起的会话连接数比较多的时候，从统计学的角度来分析，它们的流量比例也接近于 2:1。

除此之外，链路带宽模式的智能选路还可以对每条链路设置带宽阈值，当一条链路转发的流量超过设置的带宽阈值时，后续流量会按照其他正常工作链路的物理带宽比例重新分配。防火墙每 60 秒会对链路带宽变化进行检测，检测的带宽流量是前 5 分钟内带宽流量的平均值。如果 60 秒内有突发流量超过设置的带宽阈值时，防火墙是无法实时检测到的。

带宽阈值的设置与实际的链路带宽有关，链路的带宽越大，阈值也应该设置较大。此外，带宽阈值的设置可以在接口的出入方向同时设置，也可以只在一个方向设置，如果在出入方向同时设置，只要有一个方向的流量超过设置的带宽阈值，用户流量就会按照其他正常工作链路的物理带宽比例重新分配。下面我们以接口出方向设置带宽阈值为例来说明防火墙上设置带宽阈值的具体配置方法。

```
[FW] interface Eth-Trunk 1
[FW-Eth-Trunk1] ucmp-group 1
[FW-Eth-Trunk1] ucmp-threshold outbound 1000        //在接口出方向设置带宽阈值为 1000Mbit/s
[FW-Eth-Trunk1] quit
[FW] interface GigabitEthernet 2/2/19
[FW-GigabitEthernet2/2/19] ucmp-group 1
[FW-GigabitEthernet2/2/19] ucmp-threshold outbound 500   //在接口出方向设置带宽阈值为 500Mbit/s
[FW-GigabitEthernet2/2/19] quit
```

配置了带宽阈值后，如果从 Eth-Trunk1 接口出去的流量超过 1 000Mbit/s，后续的新建会话流量将从 GE2/2/19 接口转发，反之，也一样。当流量恢复到带宽阈值的 95% 时，此条链路又会重新按照链路带宽模式进行流量分配。下面是流量超过接口设置的带宽阈值时产生的日志。

```
UCMP/6/UCMP_INFO(l): The interface bandwidth usage exceeded the threshold! ( interface = Eth-Trunk 1],direction=[ outbound]).
```

USG9500 系列防火墙的链路带宽模式是根据物理链路带宽来分配流量的，物理链路带宽越大，分配的流量就越多，所以管理员在应用这种模式时，考虑的是尽可能地利用链路的带宽，保证每条链路带宽最大限度地使用。然而，这种以物理链路带宽分配流量的方式存在这样的问题：当上游 ISP 设备在入接口进行带宽流量限制时，比如物理链路带宽为 2Gbit/s，但上游限制到为 1G，此时会导致本端防火墙实际带宽达不到物理链路带宽，这时按物理链路带宽分配流量可能会造成不合理。如果能按照管理员指定的带宽进行流量分配，把一些人为因素都考虑进去，会更科学一些。

10.4.2　路由权重模式

在前面我们说过，链路带宽模式和路由权重模式着重点都在"控制链路的带宽"。不同的是，路由权重模式不以物理链路带宽的多少来分配流量，而是通过管理员在每条链路上设置权重值的比例来分配流量，权重值设置的越大，流量分配的越多。如图 10-21 所示的组网，让我们通过实际组网环境看看路由权重模式的智能选路是如何分配链路的带宽的。

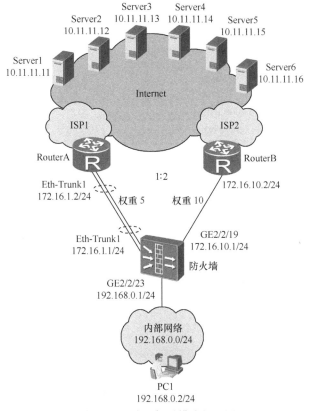

图 10-21　路由权重模式组网图

管理员在 Eth-Trunk 链路上设置的权重值为 5，在 GE 链路上设置的权重值为 10。实际网络中权重的设置是按照链路的实际带宽、链路的优异程度来对比设置的。此组网中，强叔是为了显示权重的效果而特意这样设置的，实际应用中还是带宽大的链路权重值也应设置的比较大。

下面我们按照组网要求在 USG9500 系列防火墙上配置路由权重模式的智能选路。

（1）配置等价路由。与链路带宽模式一样，路由权重模式也需要配置等价路由，只有两条链路上都存在等价路由时智能选路才能生效。

```
[FW] ip route-static 0.0.0.0 0 172.16.1.2
[FW] ip route-static 0.0.0.0 0 172.16.10.2
```

（2）配置智能选路模式为路由权重模式。

```
[FW] ucmp group 1 test mode proportion-of-route
```

（3）在接口上应用智能选路。

```
[FW] interface Eth-Trunk 1
[FW-Eth-Trunk1] ucmp-group 1
[FW-Eth-Trunk1] ucmp-weight 5
[FW-Eth-Trunk1] quit
[FW] interface GigabitEthernet 2/2/19
[FW-GigabitEthernet2/2/19] ucmp-group 1
[FW-GigabitEthernet2/2/19] ucmp-weight 10
[FW-GigabitEthernet2/2/19] quit
```

配置完成后，我们在内网 PC1（192.168.0.2）上访问 Internet 上的 6 个 Server，然后在防火墙上查看会话表，显示如下。

```
[FW] display firewall session table verbose
Current total sessions: 6
icmp VPN: public --> public
Zone: trust --> untrust Slot: 3 CPU: 3 TTL: 00:00:20 Left: 00:00:19
Interface: GigabitEthernet2/2/19 Nexthop: 172.16.10.2
<--packets: 25 bytes: 1500 -->packets: 25 bytes: 1500
192.168.0.2:768 --> 10.11.11.12:2048

icmp VPN: public --> public
Zone: trust --> untrust Slot: 3 CPU: 3 TTL: 00:00:20 Left: 00:00:19
Interface: GigabitEthernet2/2/19 Nexthop: 172.16.10.2
<--packets: 22 bytes: 1320 -->packets: 22 bytes: 1320
192.168.0.2:768 --> 10.11.11.13:2048

icmp VPN: public --> public
Zone: trust --> untrust Slot: 3 CPU: 3 TTL: 00:00:20 Left: 00:00:19
Interface: Eth-Trunk1 Nexthop: 172.16.1.2
<--packets: 19 bytes: 1140 -->packets: 19 bytes: 1140
192.168.0.2:768 --> 10.11.11.14:2048

icmp VPN: public --> public
Zone: trust --> untrust Slot: 3 CPU: 3 TTL: 00:00:20 Left: 00:00:19
Interface: GigabitEthernet2/2/19 Nexthop: 172.16.10.2
<--packets: 13 bytes: 780 -->packets: 13 bytes: 780
192.168.0.2:768 --> 10.11.11.16:2048

icmp VPN: public --> public
Zone: trust --> untrust Slot: 3 CPU: 3 TTL: 00:00:20 Left: 00:00:19
Interface: GigabitEthernet2/2/19 Nexthop: 172.16.10.2
<--packets: 16 bytes: 960 -->packets: 16 bytes: 960
192.168.0.2:768 --> 10.11.11.15:2048

icmp VPN: public --> public
Zone: trust --> untrust Slot: 3 CPU: 3 TTL: 00:00:20 Left: 00:00:19
Interface: Eth-Trunk1 Nexthop: 172.16.1.2
<--packets: 28 bytes: 1680 -->packets: 28 bytes: 1680
192.168.0.2:768 --> 10.11.11.11:2048
```

从显示信息中我们看到，虽然 Eth-Trunk 接口虽然是 2GE 链路，但是它上面分配的流量只有 2 条，而另外 4 条流量都是从出接口和下一跳为 GE2/2/19 和 172.16.10.2 的链路转发的。流量分配比例为 1:2，与我们设置的路由权重值比例一致。所以说，路由权重模式的智能选路是根据路由权重值的比例来分配流量的。

与链路带宽模式的智能选路一样，路由权重模式也可以设置带宽阈值，当链路转发的流量超过设置的带宽阈值时，则后续新建流量会按照其他正常工作链路的权重值比例重新分配。同样，也是每过 60 秒会对链路带宽变化进行检测，检测的带宽流量是前 5 分钟内带宽流量的平均值。当流量恢复到带宽阈值的95%时，此条链路重新按照路由权重模式进行流量分配。带宽阈值的配置方法与链路带宽模式一致，此处不再赘述。

10.4.3　链路质量探测模式

链路质量探测模式的智能选路与其他两个模式有所不同，质量探测模式不关注每条链路分配的流量比例，它的侧重点在于根据链路的质量转发流量。质量探测模式会对出口的每条链路进行探测，让探测结果最优的链路转发用户流量。如图 10-22 所示，我们以 USG9500 系列防火墙为例来说明质量探测模式的原理。

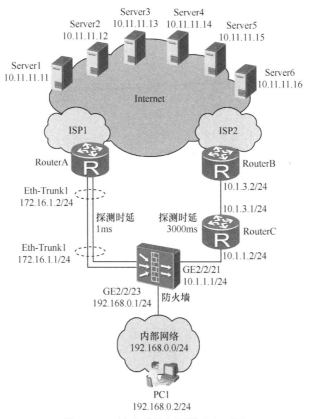

图 10-22　链路质量探测模式组网图

组网图中的 Eth-Trunk1 链路保持不变，但另外一条链路上我们增加了一台设备 RouterC，同时在 RouterC 连接 RouterB 的接口上使用命令 speed 10 把接口速率修改为 10Mbit/s，这样做的目的是让流经 ISP2 的报文传输时延增大，为验证链路质量探测模式的智能选路创造条件。

在 USG9500 系列防火墙上配置质量探测模式的智能选路，如下所示。

（1）配置等价路由。与其他模式一样，链路探测模式也需要配置等价路由，只有两条链路都存在等价路由时智能选路才能生效。

```
[FW] ip route-static 0.0.0.0 0 172.16.1.2
[FW] ip route-static 0.0.0.0 0 10.1.1.2
```

（2）配置智能选路模式。

```
[FW] ucmp group ucmp1 mode proportion-of-intelligent-control    //配置智能选路的工作模式为质量探测模式
[FW] ucmp group ucmp1 intelligent-control-mask 24               //配置智能选路的掩码长度
```

（3）在接口上应用智能选路。

```
[FW] interface Eth-Trunk 1
[FW-Eth-Trunk1] ucmp-group 1
[FW-Eth-Trunk1] healthcheck source-ip 172.16.1.1               //配置健康检查源 IP 地址
[FW-Eth-Trunk1] quit
[FW] interface GigabitEthernet 2/2/21
[FW-GigabitEthernet2/2/21] ucmp-group 1
[FW-GigabitEthernet2/2/21] healthcheck source-ip 10.1.1.1      //配置健康检查源 IP 地址
[FW-GigabitEthernet2/2/21] quit
```

配置完成后，我们在 PC1（192.168.1.2）上 ping Server1 的地址 10.11.11.11，然后在防火墙上查看会话表，显示如下。

```
[FW] display firewall session table
 Current total sessions: 3
 Slot: 3 CPU: 3
 icmp VPN: public --> public 10.1.1.1:1037 --> 10.11.11.11:2048
 icmp VPN: public --> public 192.168.0.2:768 --> 10.11.11.11:2048
 icmp VPN: public --> public 172.16.1.1:1036 --> 10.11.11.11:2048
```

通过显示信息，我们看到了 3 条 ICMP 会话，除了从 PC1 上 ping 10.11.11.11 产生的 icmp VPN: public --> public 192.168.0.2:768--> 10.11.11.11:2048 这条会话外，还产生了另外两条 ICMP 会话。为什么会出现这两条会话？

事实上，质量探测模式的智能选路配置生效后，防火墙会对远端目的地进行探测，探测从哪条链路报文转发的时延最小，详细过程如下。

（1）当用户访问外网的报文到达防火墙后，防火墙首先查找报文中的目的 IP 地址。

（2）查找到报文的目的 IP 后，防火墙会从每条出口链路发送 ICMP 报文对这个目的地址进行探测，通常是每条链路发送 4 个 ICMP 报文。发送 ICMP 报文的源地址为配置的健康检查的源 IP 地址（一般为出接口地址），目的地址为用户报文的目的 IP 地址。因此本例中防火墙上出现了另外两条 ICMP 会话是两条链路上的探测报文对应的会话。

（3）通过汇总 4 个 ICMP 报文的平均值，防火墙会计算从每条链路发送 ICMP 报文到目的 IP 的时延，并产生等价最佳出接口表项，表项中记录每条链路的时延大小，最后从中选择时延最小的链路作为用户报文转发的链路。

（4）后续访问此目的网段的报文都会选择从此链路转发。目的网段与前面配置的智能选路掩码长度有关，此例配置的掩码长度是 24，则掩码为 255.255.255.0，此掩码与用户报文的目的 IP 进行与运算可以得到目的网段，本例目的网段为 10.11.11.0/24。

防火墙生成这三条会话后，通过 **display ucmp group 1 intelligent-control-table** 命令

可以查看质量探测模式智能选路的等价最佳出接口表项，能够看到最终计算出的链路时延大小（单位：毫秒）。

```
[FW] display ucmp group 1 intelligent-control-table
UCMP intelligent control table item(s) on slot 3 cpu 3
------------------------------------------------------------------------
Group ID:1 IP:10.11.11.11 HitTime:13550 TTL:300
LeftTime:281 Static:0 RemoteSync:0 Status:2(VALID)
interface :
Eth-Trunk1 NextHop:172.16.1.2 Delay:1
GigabitEthernet2/2/21 NextHop:10.1.1.2 Delay:3000
```

通过显示信息了解到，从 Eth-Trunk1 接口进行转发的链路时延比较小为 1ms，所以后续只要是内网用户访问 10.11.11.0/24 网段，都会从 Eth-Trunk1 接口转发。当然这是在等价最佳出接口表项没有老化的情况下（缺省为 5 分钟），当等价最佳出接口表项老化后，后续报文要重新进行探测。

我们在 PC1（192.168.1.2）上 ping Server1～Server 6 的地址 10.11.11.12~10.11.11.16，然后在防火墙上查看会话表，显示如下。

```
[FW] display firewall session table verbose
Current total sessions: 5
icmp VPN: public --> public
Zone: trust --> untrust Slot: 3 CPU: 3 TTL: 00:00:20 Left: 00:00:19
Interface: Eth-Trunk1 Nexthop: 172.16.1.2
<--packets: 22 bytes: 1320 -->packets: 22 bytes: 1320
 192.168.0.2:768 --> 10.11.11.12:2048

icmp VPN: public --> public
Zone: trust --> untrust Slot: 3 CPU: 3 TTL: 00:00:20 Left: 00:00:19
Interface: Eth-Trunk1 Nexthop: 172.16.1.2
<--packets: 16 bytes: 960 -->packets: 16 bytes: 960
192.168.0.2:768 --> 10.11.11.13:2048

icmp VPN: public --> public
Zone: trust --> untrust Slot: 3 CPU: 3 TTL: 00:00:20 Left: 00:00:19
Interface: Eth-Trunk1 Nexthop: 172.16.1.2
<--packets: 21 bytes: 1260 -->packets: 21 bytes: 1260
192.168.0.2:768 --> 10.11.11.14:2048

icmp VPN: public --> public
Zone: trust --> untrust Slot: 3 CPU: 3 TTL: 00:00:20 Left: 00:00:19
Interface: Eth-Trunk1 Nexthop: 172.16.1.2
<--packets: 13 bytes: 780 -->packets: 13 bytes: 780
192.168.0.2:768 --> 10.11.11.16:2048

icmp VPN: public --> public
Zone: trust --> untrust Slot: 3 CPU: 3 TTL: 00:00:20 Left: 00:00:19
Interface: Eth-Trunk1 Nexthop: 172.16.1.2
<--packets: 18 bytes: 1080 -->packcts: 18 bytes: 1080
192.168.0.2:768 --> 10.11.11.15:2048
```

显示信息中显示，用户 PC1 访问 10.11.11.12~10.11.11.16 的报文都是从 Eth-Trunk1 进行转发的，与质量探测模式选择时延最小链路转发流量的原理是一致的。当然，质量探测模式与前面两种模式一样，也可以配置带宽阈值，原理也基本一致，只有当流量超过设置的带宽阈值时，后续新建会话的流量将从时延第二小的链路转发，以此类推。

除此之外，质量探测模式的智能选路功能还可以根据网络的实际情况手动设置访问某些目的网段的流量从指定的链路转发。如需要访问 10.11.11.12 网段的用户流量首先从 GE2/2/21 接口转发，链路带宽到达设置的阈值后再从 Eth-Trunk1 接口转发。此种情况配置如下。

[FW] ucmp group 1 intelligent-control-static 10.11.11.12 interface GigabitEthernet 2/2/21 nexthop 10.1.1.2 Eth-Trunk1 nexthop 172.16.1.2

配置完成后，我们在 PC1（192.168.1.2）上 ping Server1~Server 6 的地址 10.11.11.12～10.11.11.16，然后在防火墙上查看会话表，显示如下。

```
[FW] display firewall session table verbose
Current total sessions: 5
icmp VPN: public --> public
Zone: trust --> untrust Slot: 3 CPU: 3 TTL: 00:00:20 Left: 00:00:19
Interface: GigabitEthernet2/2/19 Nexthop: 10.1.1.2
<--packets: 58 bytes: 44602 -->packets: 58 bytes: 44602
192.168.0.2:768 --> 10.11.11.12:2048

icmp VPN: public --> public
Zone: trust --> untrust Slot: 3 CPU: 3 TTL: 00:00:20 Left: 00:00:19
Interface: Eth-Trunk1 Nexthop: 172.16.1.2
<--packets: 52 bytes: 39988 -->packets: 52 bytes: 39988
192.168.0.2:768 --> 10.11.11.13:2048

icmp VPN: public --> public
Zone: trust --> untrust Slot: 3 CPU: 3 TTL: 00:00:20 Left: 00:00:19
Interface: Eth-Trunk1 Nexthop: 172.16.1.2
<--packets: 46 bytes: 35374 -->packets: 46 bytes: 35374
192.168.0.2:768 --> 10.11.11.14:2048

icmp VPN: public --> public
Zone: trust --> untrust Slot: 3 CPU: 3 TTL: 00:00:20 Left: 00:00:19
Interface: Eth-Trunk1 Nexthop: 172.16.1.2
<--packets: 250 bytes: 192250 -->packets: 250 bytes: 192250
192.168.0.2:768 --> 10.11.11.16:2048

icmp VPN: public --> public
Zone: trust --> untrust Slot: 3 CPU: 3 TTL: 00:00:20 Left: 00:00:19
Interface: Eth-Trunk1 Nexthop: 172.16.1.2
<--packets: 56 bytes: 43064 -->packets: 56 bytes: 43064
192.168.0.2:768 --> 10.11.11.15:2048
```

从显示信息可以看到，访问 10.11.11.12 这个服务器的流量是按照静态配置的选路方式从 GE2/2/21 接口进行转发的，其他的流量则是按照质量探测模式的动态选路方式从 Eth-Trunk1 接口进行转发。流量是优先选择质量探测模式的手动配置方式，如果没有匹配到静态配置的选路方式，才按照质量探测模式的动态选路方式转发。

这种静态配置的方法，补充了质量探测模式因大部分流量从某一条时延最小的链路转发而导致其他链路空闲的缺陷，使质量探测模式的智能选路更加适用于复杂的现网环境。

质量探测模式的智能选路优势在于它的链路质量探测，但是目前链路质量的探测是通过 ICMP 报文来实现的，就是通过 ping 远端的目的地址来检查链路的质量。然而，实际网络中为了防止 ICMP Flood 攻击，很多 ISP 和 ICP 都禁止了 ping 操作，这样无疑给质量探测模式的智能选路带来了麻烦，所以防火墙在后续版本规划中，考虑了多种链路质量探测方式，如 TCP 报文探测等。

智能选路在出口链路的流量负载、带宽的充分合理利用方面给管理员提供了更多的选择。但是智能选路的应用是建立在等价路由的基础上的，如果没有等价路由，要完成链路的流量负载和带宽的合理利用，智能选路也是妄谈。那不用等价路由的负载选路方式是否存在呢？

10.5   透明 DNS 选路

10.5.1   基本原理

大家都知道，我们访问 Internet 服务时，大多数情况下都是通过域名来访问的，而实际的报文的正确转发是依据报文中的"目的 IP 地址"来完成的，所以我们在访问 Internet 业务之前需要先访问 DNS 服务器，通过 DNS 服务器解析出"域名"和"目的 IP 地址"的对应关系。在现网中，许多知名的服务会在多个 ISP 内部署，这样就会出现同样的域名对应着多个 IP 地址的情况。如果企业网络的多个出接口连接不同的 ISP，用户访问同一个服务的流量就会被负载到每个 ISP 的服务器上，这将是企业希望的，也是 Internet 服务供应商期望获得的效果。

然而，由于许多企业内网用户的 PC 在设置 DNS 服务器时，一般都会选择一个 ISP 的 DNS 服务器，而这个 ISP 的 DNS 服务器通常也只会将用户请求的域名解析成该 ISP 的地址，这样就会导致内网用户的上网流量总体上都通过连接这个 ISP 的链路转发。最终的结果就是，这条 ISP 链路拥塞，而其他 ISP 链路带宽得不到充分利用，如图 10-23 所示。

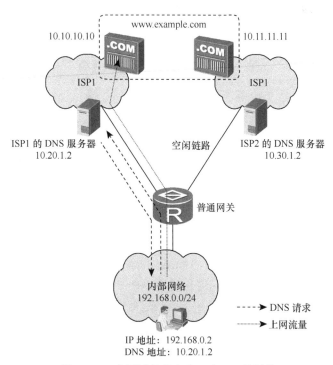

图 10-23   上网流量集中在一个 ISP 的链路

透明 DNS 选路可以很好地解决这种问题。它通过改变企业用户 DNS 请求报文的目的地址，强制部分用户的 DNS 请求报文转向另一个 ISP 的空闲的 DNS 服务器，这样就能保证部分用户的业务流量从空闲的链路转发，减轻了其他链路的流量压力。这个做法很简单，效果也很好，但透明 DNS 选路是如何实现这一点的呢？

我们以 USG9500 系列防火墙为例来说明透明 DNS 选路的处理过程，如图 10-24 所示。

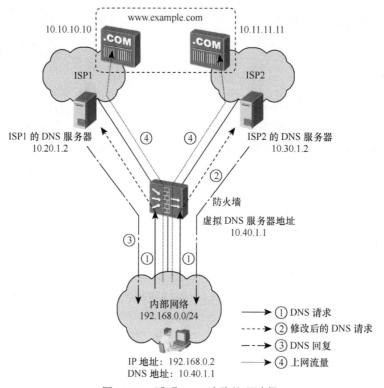

图 10-24   透明 DNS 选路处理过程

（1）首先，需要在防火墙上先设置一个"虚拟 DNS 服务器"，同时将企业内网用户 PC 上指定的 DNS 服务器改为虚拟 DNS 服务器的地址。

（2）当内网用户发起 DNS 请求时，虚拟 DNS 服务器作为中间人将会做点"小动作"，即根据预先配置的透明 DNS 选路算法将 DNS 请求报文送往各个 ISP 的 DNS 服务器。

（3）ISP 的 DNS 服务器收到 DNS 请求后，会解析出域名对应的 IP 地址。一般情况下，ISP1 的 DNS 服务器会解析出 ISP1 的 Web 服务器地址，ISP2 的 DNS 服务器会解析出 ISP2 的 Web 服务器地址。防火墙会将 DNS 响应报文返回给内网用户。

（4）内网用户以 DNS 服务器解析出的 Web 服务器地址为目的地址，对 Web 服务器发起访问。这样内网用户的整体上网流量就被均衡地分配到各个 ISP 链路。

上面讲到的透明 DNS 选路算法有两种：简单轮询算法和加权轮询算法。两种算法的区别在于流量分配方式不同。简单轮询算法是将 DNS 请求报文依次分配到各个 ISP 的 DNS 服务器上，加权轮询算法则是将 DNS 请求报文按照一定权重比例分配到各个 ISP 的 DNS 服务器上。大家可以根据实际情况选择不同的算法。

10.5.2　简单轮询算法

上面我们说过，简单轮询算法是将 DNS 请求报文依次分配到各个 ISP 的 DNS 服务器上，下面我们就用 USG9500 系列防火墙来验证这种算法的透明 DNS 选路的效果，组网如图 10-25 所示。

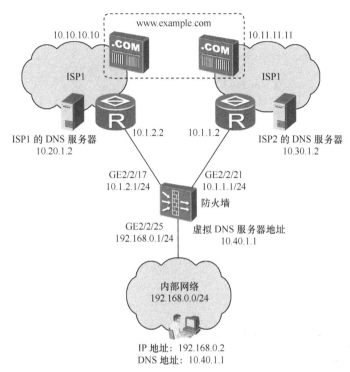

图 10-25　透明 DNS 选路组网图

防火墙作为企业出口网关通过两条链路连接到 ISP1 和 ISP2，两个 ISP 内都有 www.example.com 这个服务器，通过 ISP1 内 DNS 解析的地址为 10.10.10.10，ISP2 内 DNS 解析的地址为 10.11.11.11。我们在防火墙上配置简单轮询算法的透明 DNS 选路，步骤如下。

（1）启用透明 DNS 选路功能。

```
[FW] slb enable
```

（2）配置透明 DNS 选路算法为简单轮询。

```
[FW] slb
[FW-slb] group 1 dns
[FW-slb-group 1] metric roundrobin
```

（3）配置实 DNS 服务器。

```
[FW-slb-group-1] rserver 0 rip 10.20.1.2
[FW-slb-group-1] rserver 1 rip 10.30.1.2
[FW-slb-group-1] quit
```

（4）配置虚拟 DNS 服务器的 IP 地址。

```
[FW-slb] vserver 1 dns
[FW-slb-vserver-1] vip 0 10.40.10.1
```

（5）关联虚拟服务器和实服务器组。

```
[FW-slb-vserver-1] group dns
```

配置完成后，我们在内网 PC 上 ping www.example.com，当 ping 完成后，再通过 ipconfig/flushdns 命令清除 PC 的 DNS 缓存，然后再 ping www.example.com 这个网址，连续这样 ping 6 次，如下所示。

```
C:\Users\Administrator>ping www.example.com

正在 Ping www.example.com [10.10.10.10] 具有 32 字节的数据：
来自 10.10.10.10 的回复：字节=32 时间=1ms TTL=126
来自 10.10.10.10 的回复：字节=32 时间=1ms TTL=126
来自 10.10.10.10 的回复：字节=32 时间=1ms TTL=126
来自 10.10.10.10 的回复：字节=32 时间=1ms TTL=126

10.10.10.10 的 Ping 的统计信息：
    数据包：已发送 = 4，已接收 = 4，丢失 = 0 <0% 丢失>，
往返行程的估计时间<以毫秒为单位>：
    最短 = 1ms，最长 = 1ms，平均 = 1ms

C:\Users\Administrator>ipconfig/flushdns

Windows IP 配置

已成功刷新 DNS 解析缓解。

C:\Users\Administrator>ping www.example.com

正在 Ping www.example.com [10.11.11.11] 具有 32 字节的数据：
来自 10.11.11.11 的回复：字节=32 时间=1ms TTL=126
来自 10.11.11.11 的回复：字节=32 时间=1ms TTL=126
来自 10.11.11.11 的回复：字节=32 时间=1ms TTL=126
来自 10.11.11.11 的回复：字节=32 时间=1ms TTL=126

10.11.11.11 的 Ping 的统计信息：
    数据包：已发送 = 4，已接收 = 4，丢失 = 0 <0% 丢失>，
往返行程的估计时间<以毫秒为单位>：
    最短 = 1ms，最长 = 1ms，平均 = 1ms
```

完成 6 次 ping 后，我们在防火墙上查看会话表，显示如下。

```
[FW]display firewall session table verbose
 Current total sessions: 8
 dns VPN: public --> public
 Zone: trust --> untrust Slot: 3 CPU: 3 TTL: 00:00:30 Left: 00:00:26
 Interface: GigabitEthernet2/2/17 Nexthop: 10.1.2.2
 <--packets: 1 bytes: 75 -->packets: 1 bytes: 59
 192.168.0.2:54084 --> 10.40.1.1:53[10.20.1.2:53]

 dns VPN: public --> public
 Zone: trust --> untrust Slot: 3 CPU: 3 TTL: 00:00:30 Left: 00:00:26
 Interface: GigabitEthernet2/2/21 Nexthop: 10.1.1.2
```

```
<--packets: 1 bytes: 75 -->packets: 1 bytes: 59
192.168.0.2:49578 --> 10.40.1.1:53[10.30.1.2:53]

dns VPN: public --> public
Zone: trust --> untrust Slot: 3 CPU: 3 TTL: 00:00:30 Left: 00:00:26
Interface: GigabitEthernet2/2/17 Nexthop: 10.1.2.2
<--packets: 1 bytes: 75 -->packets: 1 bytes: 59
192.168.0.2:57834 --> 10.40.1.1:53[10.20.1.2:53]

dns VPN: public --> public
Zone: trust --> untrust Slot: 3 CPU: 3 TTL: 00:00:30 Left: 00:00:26
Interface: GigabitEthernet2/2/21 Nexthop: 10.1.1.2
<--packets: 1 bytes: 75 -->packets: 1 bytes: 59
192.168.0.2:49928 --> 10.40.1.1:53[10.30.1.2:53]

icmp VPN: public --> public
Zone: trust --> untrust Slot: 3 CPU: 3 TTL: 00:00:20 Left: 00:00:19
Interface: GigabitEthernet2/2/17 Nexthop: 10.1.2.2
<--packets: 3 bytes: 180 -->packets: 3 bytes: 180
192.168.0.2:1 --> 10.10.10.10:2048

dns VPN: public --> public
Zone: trust --> untrust Slot: 3 CPU: 3 TTL: 00:00:30 Left: 00:00:26
Interface: GigabitEthernet2/2/17 Nexthop: 10.1.2.2
<--packets: 1 bytes: 75 -->packets: 1 bytes: 59
192.168.0.2:57437 --> 10.40.1.1:53[10.20.1.2:53]

icmp VPN: public --> public
Zone: trust --> untrust Slot: 3 CPU: 3 TTL: 00:00:20 Left: 00:00:19
Interface: GigabitEthernet2/2/21 Nexthop: 10.1.1.2
<--packets: 3 bytes: 180 -->packets: 3 bytes: 180
192.168.0.2:768 --> 10.11.11.11:2048

dns VPN: public --> public
Zone: trust --> untrust Slot: 3 CPU: 3 TTL: 00:00:30 Left: 00:00:26
Interface: GigabitEthernet2/2/21 Nexthop: 10.1.1.2
<--packets: 1 bytes: 75 -->packets: 1 bytes: 59
192.168.0.2:51441 --> 10.40.1.1:53[10.30.1.2:53]
```

　　显示信息中，6 条 DNS 会话，其中 3 条将 DNS 请求地址转化为 10.20.1.2，另外 3 条转化为 10.30.1.2。同时有两条 icmp 会话，一条是访问 10.10.10.10 这个地址，从 GE2/2/17 接口转发；另一条是访问 10.11.11.11，从 GE2/2/21 接口进行转发。说明用户的 DNS 请求报文是依次被分配到两个 ISP 的 DNS 服务器上，且两条出口链路都有访问流量，与上面简单轮询算法原理相符合。

　　简单轮询算法只能平均地将 DNS 请求报文分配到各个 ISP 的 DNS 服务器上，无法更精确控制链路流量的分配，为此，我们增加了加权轮询算法来完成更精确的流量控制。

10.5.3　加权轮询算法

　　加权轮询算法是通过设置权重值的方式来完成 DNS 请求报文的分配，各 ISP 的 DNS 服务器分配到的 DNS 请求报文的多少是按照设置权重值的比例来分配的。我们还是以图 10-25 为例，只是在防火墙上设置 ISP1 内的 DNS 服务器获得 DNS 请求报文的权重值为 10，ISP2 内 DNS 服务器获得 DNS 请求报文的权重值为 5，按照规划从内网送到防火墙的 DNS 请求报文将以 2:1 的比例分配到 ISP1 和 ISP2 内的 DNS 服务器上。以 USG9500 系列防火墙为例，加权轮询算法配置如下。

（1）启用透明 DNS 选路功能。

```
[FW] slb enable
```

（2）配置透明 DNS 选路算法为简单轮询。

```
[FW] slb
[FW-slb] group 1 dns
[FW-slb-group-1] metric weight-roundrobin
```

（3）配置实 DNS 服务器。

```
[FW-slb-group-1] rserver 0 rip 10.20.1.2 port 53 weight 10
[FW-slb-group-1] rserver 1 rip 10.30.1.2 port 53 weight 5
[FW-slb-group-1] quit
```

（4）配置虚拟 DNS 服务器的 IP 地址。

```
[FW-slb] vserver 1 dns
[FW-slb-vserver-1] vip 0 10.40.10.1
```

（5）关联虚拟服务器和实服务器组。

```
[FW-slb-vserver-1] group dns
```

配置完成后，我们还是按照上面那种方式，连续 ping www.example.com 6 次，在防火墙上查看会话表显示如下。

```
[FW] display firewall session table verbose
Current total sessions: 8
dns VPN: public --> public
Zone: trust --> untrust Slot: 3 CPU: 3 TTL: 00:00:30 Left: 00:00:26
Interface: GigabitEthernet2/2/21 Nexthop: 10.1.1.2
<--packets: 1 bytes: 75 -->packets: 1 bytes: 59
192.168.0.2:57838 --> 10.40.1.1:53[10.30.1.2:53]

dns VPN: public --> public
Zone: trust --> untrust Slot: 3 CPU: 3 TTL: 00:00:30 Left: 00:00:26
Interface: GigabitEthernet2/2/17 Nexthop: 10.1.2.2
<--packets: 1 bytes: 75 -->packets: 1 bytes: 59
192.168.0.2:62208 --> 10.40.1.1:53[10.20.1.2:53]

dns VPN: public --> public
Zone: trust --> untrust Slot: 3 CPU: 3 TTL: 00:00:30 Left: 00:00:26
Interface: GigabitEthernet2/2/17 Nexthop: 10.1.2.2
<--packets: 1 bytes: 75 -->packets: 1 bytes: 59
192.168.0.2:61201 --> 10.40.1.1:53[10.20.1.2:53]

dns VPN: public --> public
Zone: trust --> untrust Slot: 3 CPU: 3 TTL: 00:00:30 Left: 00:00:26
Interface: GigabitEthernet2/2/17 Nexthop: 10.1.2.2
<--packets: 1 bytes: 75 -->packets: 1 bytes: 59
192.168.0.2:50356 --> 10.40.1.1:53[10.20.1.2:53]
```

```
icmp VPN: public --> public
Zone: trust --> untrust Slot: 3 CPU: 3 TTL: 00:00:20 Left: 00:00:19
Interface: GigabitEthernet2/2/17 Nexthop: 10.1.2.2
<--packets: 4 bytes: 240 -->packets: 4 bytes: 240
192.168.0.2:1 --> 10.10.10.10:2048

dns VPN: public --> public
Zone: trust --> untrust Slot: 3 CPU: 3 TTL: 00:00:30 Left: 00:00:26
Interface: GigabitEthernet2/2/21 Nexthop: 10.1.1.2
<--packets: 1 bytes: 75 -->packets: 1 bytes: 59
192.168.0.2:49668 --> 10.40.1.1:53[10.30.1.2:53]

icmp VPN: public --> public
Zone: trust --> untrust Slot: 3 CPU: 3 TTL: 00:00:20 Left: 00:00:19
Interface: GigabitEthernet2/2/21 Nexthop: 10.1.1.2
<--packets: 3 bytes: 180 -->packets: 3 bytes: 180
192.168.0.2:1 --> 10.11.11.11:2048

dns VPN: public --> public
Zone: trust --> untrust Slot: 3 CPU: 3 TTL: 00:00:30 Left: 00:00:26
Interface: GigabitEthernet2/2/17 Nexthop: 10.1.2.2
<--packets: 1 bytes: 75 -->packets: 1 bytes: 59
192.168.0.2:58616 --> 10.40.1.1:53[10.20.1.2:53]
```

显示信息中有 4 条 DNS 会话将 DNS 请求地址转换为 10.20.1.2，2 条将 DNS 请求地址转换为 10.30.1.2，与设置权重值的比例 2:1 相符合。而且从 GE2/2/17 接口转发到 10.10.10.10 的流量是从 GE2/2/21 接口转发到 10.11.11.11 的流量的两倍。所以，加权轮询算法让网络管理员可以根据链路带宽的差异设置不同的权重值，让带宽大的链路承担更多的流量，保证每条链路的带宽得到更充分的利用。

透明 DNS 选路是根据 DNS 解析的地址引导流量选择转发链路，这种新思路解决了企业用户对同一服务器在多个 ISP 内部署不能进行负载访问的问题，填补了防火墙出口选路的缺失之处。

至此，防火墙出口选路章节收官结束，出口选路一章实际上是对 4 种选路功能的讲解。然而，现网场景中防火墙的出口选路牵涉到的内容还有很多，比如网络中路由的规划，双机热备场景下主备设备上的流量规划等，都是管理员需要考虑的问题。对此我们不在本章中做过多介绍，将通过本书实战篇中的综合案例分析帮助大家理解。

另外，本篇中我们始终都没有提及 NAT 多出口场景下的选路方案。其实，NAT 多出口场景下的选路原理和配置跟本篇完全一样，唯一不同的是面临选路的流量为 NAT 地址转换后的流量。从防火墙转发流程来看，选路是在 NAT 策略之前完成的，所以熟悉了本章的选路知识，NAT 场景中的选路问题也能迎刃而解。

强叔提问

1．ISP 路由与静态路由有什么区别？

2．当有多条策略路由规则时，防火墙会按照什么样的规则对报文进行匹配？

3．配置智能选路的前提条件是什么？

4．透明 DNS 选路有哪两种算法，它们之间的区别是什么？

实战篇

第11章　防火墙在校园网中的应用

第12章　防火墙在广电网络中的应用

第13章　防火墙在体育场馆网络中的应用

第14章　防火墙在企业分支与总部VPN互通中的应用

第11章
防火墙在校园网中的应用

11.1 组网需求

11.2 强叔规划

11.3 配置步骤

11.4 拍案惊奇

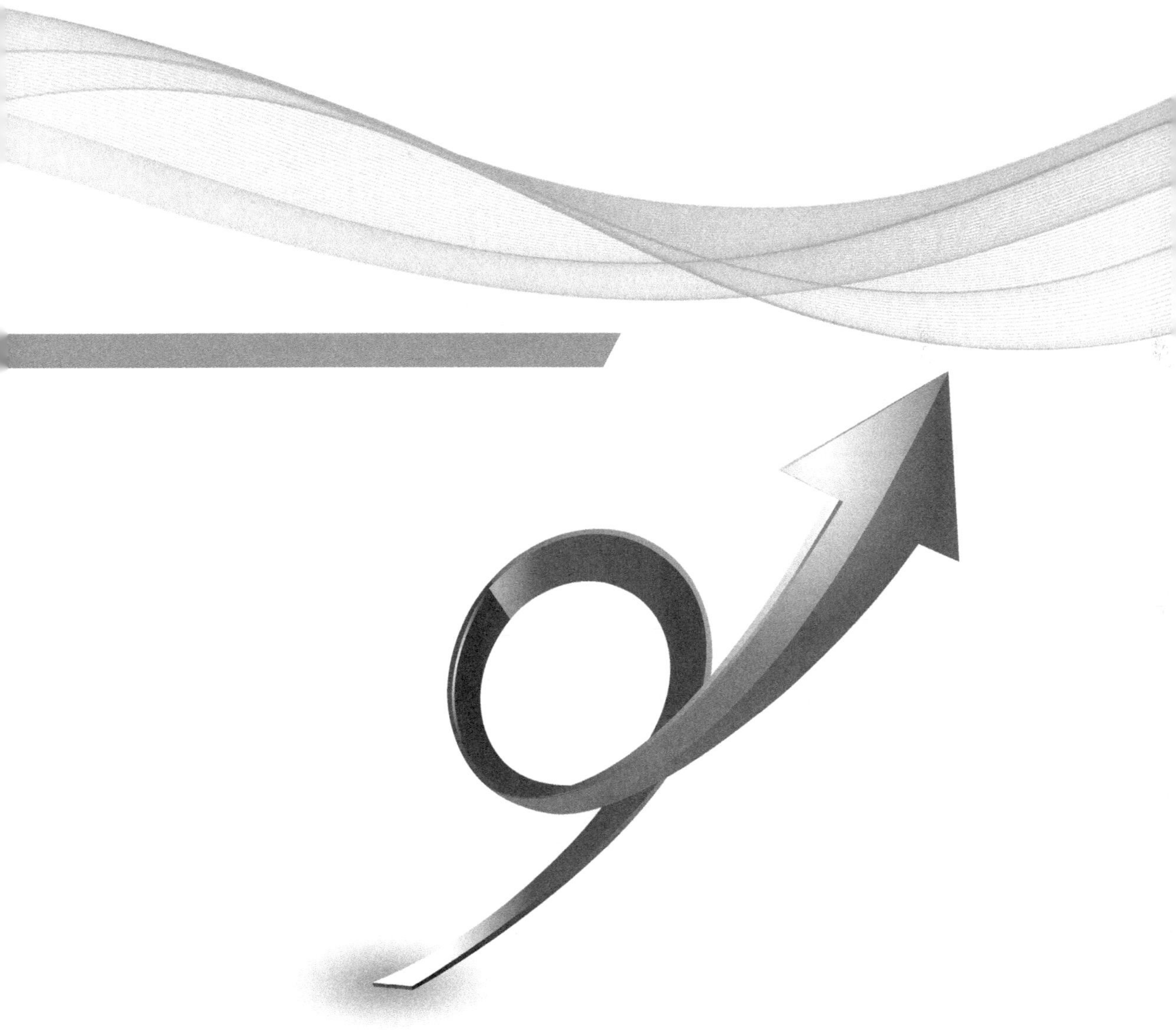

11.1　组网需求

如图 11-1 所示，防火墙（USG9560 V300R001C20 版本）作为网关部署在学校网络出口，为校内用户提供宽带服务，为校外用户提供服务器访问服务。学校从 ISP1 和 ISP2 分别租用了 1G 带宽的链路，从教育网申请了 10G 带宽的链路。

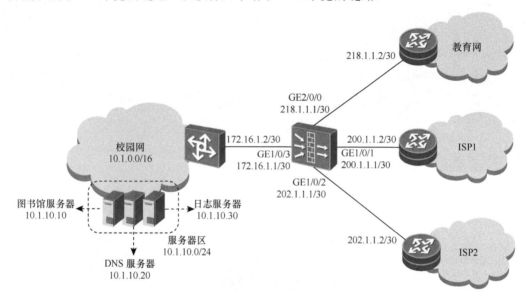

图 11-1　校园网络出口组网图

学校的具体需求如下。

（1）为了保证内网用户的上网体验，学校希望去往特定目的地址的流量能够通过特定的 ISP 链路转发。例如，去往 ISP1 的服务器的流量能够通过 ISP1 提供的链路转发，去往 ISP2 的服务器的流量能够通过 ISP2 提供的链路转发，去往教育网服务器的流量能够通过教育网链路转发。

另外，学校希望特殊内网用户的流量能够通过特定的 ISP 链路转发。例如图书馆用户的上网流量能够通过教育网链路转发。

（2）学校内部署了提供对外访问的服务器，供多个 ISP 的用户访问，例如学校网站主页、邮件、Portal 等服务器。

学校内还部署了 DNS 服务器为以上服务器提供域名解析。学校希望各 ISP 的外网用户通过域名访问服务器时，能够解析到自己 ISP 的地址，从而提高访问服务器的速度。

（3）学校希望防火墙能够保护内部网络，防止 SYN Flood 攻击，并对网络入侵行为进行告警。

（4）由于 ISP1 和 IPS2 链路带宽有限，所以学校希望限制 ISP1 和 ISP2 链路的 P2P 流量，包括每个用户的 P2P 流量，以及链路总体的 P2P 流量。

（5）学校希望能够在网管系统上查看攻击防范和入侵检测的日志，并且能够查看 NAT 转换前后的 IP 地址。

11.2　强叔规划

11.2.1　多出口选路规划

1. ISP 选路

为了实现去往特定目的地址的流量能够通过特定的 ISP 链路转发，我们需要在防火墙上部署 ISP 选路功能。防火墙内置主流 ISP 的地址文件，而且我们还可以根据需求手动创建和调整 ISP 地址文件。在配置 ISP 选路时还可以与 IP-Link 功能配合，以探测 ISP 链路是否能够正常工作。

另外由于教育网链路带宽较大，我们可以将缺省路由的下一跳设置为教育网链路地址，保证未匹配其他路由的流量都能够通过教育网转发出去。

2. 策略路由

为了实现特殊内网用户的流量能够通过特定的 ISP 链路转发，我们需要在防火墙上配置策略路由功能。

本案例的防火墙通过流分类、流行为和流量策略来实现策略路由功能。这里仅以图书馆用户的上网流量能够通过教育网链路转发为例。我们需要在流分类中匹配图书馆上网用户的主机地址，在流行为中定义教育网链路为下一跳，最后在流量策略中将类信息和行为信息关联。

11.2.2　安全规划

1. 安全区域

在本案例中防火墙上有 4 个接口，由于这 4 个接口连接不同的区域，因此我们需要将这 4 个接口加入不同的安全区域。

- 连接 ISP1 链路的接口 GE1/0/1 加入区域 isp1。isp1 区域需要新建，优先级设定为 10。
- 连接 ISP2 链路的接口 GE1/0/2 加入 isp2 区域。isp2 区域需要新建，优先级设定为 15。
- 连接教育网链路的接口 GE2/0/0 加入 cernet 区域。cernet 区域需要新建，优先级设定为 25。
- 连接交换机的接口 GE1/0/3 加入 trust 区域。trust 区域是防火墙缺省存在的安全区域，优先级为 85。

2. 安全策略

为了实现各个区域间的安全互通以及访问控制，我们需要部署以下安全策略。

- 允许 trust 区域的内网用户访问 isp1、isp2 和 cernct 区域。
- 允许 cernet、isp1 和 isp2 区域的外网用户访问 trust 区域的特定服务器的特定端口。这里仅以图书馆服务器（开放 http 和 ftp 服务）和 DNS 服务器为例。
- 允许防火墙（local 区域）与 trust 区域的日志服务器对接。

同时为了保证以上区域间多通道协议（如 FTP）的正常通信，我们还需要在以上各区域间配置 ASPF 功能。

📖 **说明**

防火墙缺省安全策略的动作为禁止，所以未匹配上述安全策略的流量都将禁止在区域间通过。

3. IPS

为了防止僵尸木马蠕虫的入侵，需要在防火墙上部署 IPS 功能。防火墙 IPS 功能实现的方式是在配置安全策略时引用 IPS 配置文件。在本案例中，我们需要在上述配置的安全策略（local 区域的除外）中都引用 IPS 配置文件，即对安全策略允许通过的流量都进行 IPS 检测。

本案例使用缺省的 IPS 配置文件 **ids**，即只对入侵报文产生告警，不阻断。如果对安全性要求不是很高，为了降低 IPS 误报的风险，建议选择 **ids** 配置文件。如果对安全性要求较高，建议选择缺省的 IPS 配置文件 **default**，即会阻断入侵行为。

4. 攻击防范

为了避免内网服务器和用户受到网络攻击，一般建议开启 SYN Flood 攻击防范和一些单包攻击防范功能。

11.2.3　NAT 规划

1. 源 NAT

为了保证内网大量用户能够通过有限的公网地址访问外网，需要在防火墙上部署源 NAT 功能。内网用户访问外网的报文到达防火墙后，报文的源地址会被 NAT 转换成公网地址，源端口会被 NAT 转换成随机的非知名端口。这样一个公网地址就可以同时被多个内网用户使用，实现了公网地址的复用，解决了大量用户同时访问外网的问题。

2. NAT Server

为了将服务器提供给各个 ISP 的用户访问，我们需要在防火墙上部署 NAT server 功能，将服务器的私网地址转换成公网地址，而且需要为不同的 ISP 用户提供不同的公网地址。

用户一般是通过域名来访问内网服务器的，服务器区域部署了 DNS 服务器为用户将域名解析成内网服务器的公网地址。通过在防火墙上部署智能 DNS 功能，可以实现 ISP1 的用户能够解析到 ISP1 的地址，ISP2 的用户能够解析到 ISP2 的地址，教育网的用户能够解析到教育网的地址。这样各 ISP 的用户就能够通过自身的 ISP 网络访问学校的服务器，从而保证用户访问延迟最小，业务体验最优。

3. NAT ALG

当防火墙既开启 NAT 功能，又需要转发多通道协议报文（例如 FTP 等）时，必须开启相应的 NAT ALG 功能。本案例主要应用了 FTP、SIP、H323、MGCP、RTSP 和 QQ 等多通道协议，所以需要开启这几种协议的 NAT ALG 功能。

📖 **说明**

NAT ALG 与 ASPF 虽然实现原理和作用不同，但配置命令相同。

11.2.4　带宽管理规划

为了限制 ISP1 和 ISP2 链路的 P2P 流量，我们需要通过部署带宽管理功能来实现基于应用的流量控制。

本案例中的防火墙通过带宽通道、带宽策略来实现带宽管理功能。

- 带宽通道定义了被管理的对象所能够使用的带宽资源，带宽通道被带宽策略引用。在本案例中带宽通道配置为限制总带宽不能超过 300M，限制每个 IP 的带宽不超过 1M。
- 带宽策略定义了被管理的对象和动作，并引用带宽通道。在本案例中带宽策略定义的对象为 P2P 流量，动作为限流，并引用上面配置的带宽通道。这样带宽策略就能实现对 P2P 流量的限制。

11.2.5　网络管理规划

防火墙配套 eSight 日志服务器可以进行日志的收集、查询、报表呈现，通过防火墙输出的会话日志可以查询到 NAT 转换前后的地址信息，通过防火墙输出的 IPS 日志和攻击防范系统日志可以查看网络中的攻击行为和入侵行为。

11.3　配置步骤

步骤 1　配置接口的 IP 地址，并将接口加入安全区域。

\# 配置各接口的 IP 地址。

【强叔点评】一般 ISP 分配的 IP 地址都是 30 位掩码的。建议在接口上配置描述或别名，表示接口的情况。

```
<FW> system-view
[FW] interface GigabitEthernet 2/0/0
[FW-GigabitEthernet2/0/0] ip address 218.1.1.1 255.255.255.252
[FW-GigabitEthernet2/0/0] description cernet
[FW-GigabitEthernet2/0/0] quit
[FW] interface GigabitEthernet 1/0/1
[FW-GigabitEthernet1/0/1] ip address 200.1.1.1 255.255.255.252
[FW-GigabitEthernet1/0/1] description isp1
[FW-GigabitEthernet1/0/1] quit
[FW] interface GigabitEthernet 1/0/2
[FW-GigabitEthernet1/0/2] ip address 202.1.1.1 255.255.255.252
[FW-GigabitEthernet1/0/2] description isp2
[FW-GigabitEthernet1/0/2] quit
[FW] interface GigabitEthernet 1/0/3
[FW-GigabitEthernet1/0/3] ip address 172.16.1.1 255.255.255.252
[FW-GigabitEthernet1/0/3] description campus
[FW-GigabitEthernet1/0/3] quit
```

\# 新建安全区域 isp1、isp2 和 cernet（代表教育网），并将各接口加入对应的安全区域。

【强叔点评】当防火墙需要连接多个 ISP 时，一般需要为每个连接 ISP 的接口都创建一个新的安全区域，而且安全区域的名称最好能够代表此安全区域。

```
[FW] firewall zone name isp1
[FW-zone-isp1] set priority 15
[FW-zone-isp1] add interface GigabitEthernet 1/0/1
[FW-zone-isp1] quit
[FW] firewall zone name isp2
[FW-zone-isp2] set priority 20
[FW-zone-isp2] add interface GigabitEthernet 1/0/2
[FW-zone-isp2] quit
[FW] firewall zone name cernet
[FW-zone-cernet] set priority 25
[FW-zone-cernet] add interface GigabitEthernet 2/0/0
[FW-zone-cernet] quit
[FW] firewall zone trust
[FW-zone-trust] add interface GigabitEthernet 1/0/3
[FW-zone-trust] quit
```

步骤 2 配置 IP-Link，探测各 ISP 提供的链路状态是否正常。

```
[FW] ip-link check enable
[FW] ip-link 1 destination 218.1.1.2 interface GigabitEthernet2/0/0
[FW] ip-link 2 destination 200.1.1.2 interface GigabitEthernet1/0/1
[FW] ip-link 3 destination 202.1.1.2 interface GigabitEthernet1/0/2
```

【强叔点评】当 IP-Link 监控的链路故障时，与其绑定的静态路由或策略路由失效。

步骤 3 配置静态路由，保证基础路由可达。

\# 配置缺省路由，下一跳为教育网的地址，保证未匹配其他路由的流量都能够通过教育网转发出去。

```
[FW] ip route-static 0.0.0.0 0.0.0.0 218.1.1.2
```

\# 配置静态路由，目的地址为内网网段，下一跳为内网交换机的地址，保证外网的流量能够到达内网。

```
[FW] ip route-static 10.1.0.0 255.255.0.0 172.16.1.2
```

【强叔点评】当在网关上配置静态路由时，既要有出方向的路由，也要有入方向的路由。一般情况下，出方向都会至少配置一条缺省路由。

步骤 4 配置 ISP 选路功能。

（1）从各 ISP 获取最新的目的地址明细。

（2）按如下格式分别编辑各 ISP 的 csv 文件。下图仅供参考，具体以当地 ISP 提供的地址为准。

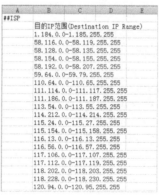

（3）导入所有 ISP 的 csv 文件。

（4）执行以下命令，分别加载各 ISP 的 csv 文件，并指定下一跳。

```
[FW] isp set filename cernet.csv GigabitEthernet 2/0/0 next-hop 218.1.1.2 track ip-link 1
[FW] isp set filename isp1.csv GigabitEthernet 1/0/1 next-hop 200.1.1.2 track ip-link 2
[FW] isp set filename isp2.csv GigabitEthernet 1/0/2 next-hop 202.1.1.2 track ip-link 3
```

【强叔点评】ISP 选路功能其实就是批量下发明细路由，目的地址为 ISP 文件中的地址，下一跳为配置命令指定的地址。ISP 选路能够实现去往特定 ISP 目的地址的流量都通过对应的 ISP 链路转发。

步骤 5　配置策略路由，保证特定内网用户（IP 地址）的流量能够通过特定链路（接口）转发。

【强叔点评】策略路由的作用是基于源 IP 地址的选路（当然通过高级 ACL 也能实现基于目的地址的选路）。例如图书馆的上网用户（10.1.2.0/24 网段）只能通过教育网访问 Internet。策略路由的配置方式是华为经典的 CB 对（**classifier** 和 **behavior** 配对）配置方式。

```
[FW] acl number 2000
[FW-acl-basic-2000] rule permit source 10.1.2.0 0.0.0.255
[FW-acl-basic-2000] quit
[FW] traffic classifier classlb
[FW-classifier-classlb] if-match acl 2000
[FW-classifier-classlb] quit
[FW] traffic behavior behaviorlb
[FW-behavior-behaviorlb] redirect ip-nexthop 218.1.1.2 interface GigabitEthernet 2/0/0 track ip-link 1
[FW-behavior-behaviorlb] quit
[FW] traffic policy policylb
[FW-trafficpolicy-policylb] classifier classlb behavior behaviorlb
[FW-trafficpolicy-policylb] quit
[FW] interface GigabitEthernet 1/0/3
[FW-GigabitEthernet1/0/3] traffic-policy policylb inbound
[FW-GigabitEthernet1/0/3] quit
```

步骤 6　配置安全策略和 IPS，保证流量能够正常转发的同时，进行入侵行为检测。

\# 配置 trust 与 isp1 区域间出方向的安全策略，允许内网用户通过 ISP1 访问外网。在配置安全策略时引用缺省的配置文件 ids，进行入侵行为检测。

```
[FW] policy interzone trust isp1 outbound
[FW-policy-interzone-trust-isp1-outbound] policy 0
[FW-policy-interzone-trust-isp1-outbound-0] action permit
[FW-policy-interzone-trust-isp1-outbound-0] profile ips ids
[FW-policy-interzone-trust-isp1-outbound-0] quit
[FW-policy-interzone-trust-isp1-outbound] quit
```

\# 配置 trust 与 isp1 区域间入方向的安全策略，允许外网用户通过 ISP1 访问内网的图书馆服务器（开放 http 和 ftp 服务）和 DNS 服务器。在配置安全策略时引用缺省的配置文件 ids，进行入侵行为检测。

```
[FW] policy interzone trust isp1 inbound
[FW-policy-interzone-trust-isp1-inbound] policy 0
[FW-policy-interzone-trust-isp1-inbound-0] policy destination 10.1.10.10 0.0.0.0
[FW-policy-interzone-trust-isp1-inbound-0] policy service service-set http ftp
[FW-policy-interzone-trust-isp1-inbound-0] action permit
```

```
[FW-policy-interzone-trust-isp1-inbound-0] profile ips ids
[FW-policy-interzone-trust-isp1-inbound-0] quit
[FW-policy-interzone-trust-isp1-inbound] policy 1
[FW-policy-interzone-trust-isp1-inbound-1] policy destination 10.1.10.20 0.0.0.0
[FW-policy-interzone-trust-isp1-inbound-1] policy service service-set dns
[FW-policy-interzone-trust-isp1-inbound-1] action permit
[FW-policy-interzone-trust-isp1-inbound-1] profile ips ids
[FW-policy-interzone-trust-isp1-inbound-1] quit
[FW-policy-interzone-trust-isp1-inbound] quit
```

配置 trust 与 isp2 区域间出方向的安全策略，允许内网用户通过 ISP2 访问外网。在配置安全策略时引用缺省的配置文件 ids，进行入侵行为检测。

```
[FW] policy interzone trust isp2 outbound
[FW-policy-interzone-trust-isp2-outbound] policy 0
[FW-policy-interzone-trust-isp2-outbound-0] action permit
[FW-policy-interzone-trust-isp2-outbound-0] profile ips ids
[FW-policy-interzone-trust-isp2-outbound-0] quit
[FW-policy-interzone-trust-isp2-outbound] quit
```

配置 trust 与 isp2 区域间入方向的安全策略，允许外网用户通过 ISP2 访问内网的图书馆服务器（开放 http 和 ftp 服务）和 DNS 服务器。在配置安全策略时引用缺省的配置文件 ids，进行入侵行为检测。

```
[FW] policy interzone trust isp2 inbound
[FW-policy-interzone-trust-isp2-inbound] policy 0
[FW-policy-interzone-trust-isp2-inbound-0] policy destination 10.1.10.10 0.0.0.0
[FW-policy-interzone-trust-isp2-inbound-0] policy service service-set http ftp
[FW-policy-interzone-trust-isp2-inbound-0] action permit
[FW-policy-interzone-trust-isp2-inbound-0] profile ips ids
[FW-policy-interzone-trust-isp2-inbound-0] quit
[FW-policy-interzone-trust-isp2-inbound] policy 1
[FW-policy-interzone-trust-isp2-inbound-1] policy destination 10.1.10.20 0.0.0.0
[FW-policy-interzone-trust-isp2-inbound-1] policy service service-set dns
[FW-policy-interzone-trust-isp2-inbound-1] action permit
[FW-policy-interzone-trust-isp2-inbound-1] profile ips ids
[FW-policy-interzone-trust-isp2-inbound-1] quit
[FW-policy-interzone-trust-isp2-inbound] quit
```

配置 trust 与 cernet 区域间出方向的安全策略，允许内网用户通过教育网访问外网。在配置安全策略时引用缺省的配置文件 ids，进行入侵行为检测。

```
[FW] policy interzone trust cernet outbound
[FW-policy-interzone-trust-cernet-outbound] policy 0
[FW-policy-interzone-trust-cernet-outbound-0] action permit
[FW-policy-interzone-trust-cernet-outbound-0] profile ips ids
[FW-policy-interzone-trust-cernet-outbound-0] quit
[FW-policy-interzone-trust-cernet-outbound] quit
```

配置 trust 与 cernet 区域间入方向的安全策略，允许外网用户通过教育网访问内网的图书馆服务器（开放 http 和 ftp 服务）和 DNS 服务器。在配置安全策略时引用缺省的配置文件 ids，进行入侵行为检测。

```
[FW] policy interzone trust cernet inbound
[FW-policy-interzone-trust-cernet-inbound] policy 0
[FW-policy-interzone-trust-cernet-inbound-0] policy destination 10.1.10.10 0.0.0.0
```

```
[FW-policy-interzone-trust-cernet-inbound-0] policy service service-set http ftp
[FW-policy-interzone-trust-cernet-inbound-0] action permit
[FW-policy-interzone-trust-cernet-inbound-0] profile ips ids
[FW-policy-interzone-trust-cernet-inbound-0] quit
[FW-policy-interzone-trust-cernet-inbound] policy 1
[FW-policy-interzone-trust-cernet-inbound-1] policy destination 10.1.10.20 0.0.0.0
[FW-policy-interzone-trust-cernet-inbound-1] policy service service-set dns
[FW-policy-interzone-trust-cernet-inbound-1] action permit
[FW-policy-interzone-trust-cernet-inbound-1] profile ips ids
[FW-policy-interzone-trust-cernet-inbound-1] quit
[FW-policy-interzone-trust-cernet-inbound] quit
```

配置 local 与 trust 区域间出方向和入方向的安全策略，允许防火墙与日志服务器对接。

```
[FW] policy interzone local trust outbound
[FW-policy-interzone-local-trust-outbound] policy 0
[FW-policy-interzone-local-trust-outbound-0] policy destination 10.1.10.30 0.0.0.0
[FW-policy-interzone-local-trust-outbound-0] action permit
[FW-policy-interzone-local-trust-outbound-0] quit
[FW-policy-interzone-local-trust-outbound] quit
[FW] policy interzone local trust inbound
[FW-policy-interzone-local-trust-inbound] policy 0
[FW-policy-interzone-local-trust-inbound-0] policy source 10.1.10.30 0.0.0.0
[FW-policy-interzone-local-trust-inbound-0] action permit
[FW-policy-interzone-local-trust-inbound-0] quit
[FW-policy-interzone-local-trust-inbound] quit
```

【强叔点评】当防火墙作网关且网络对安全性要求不高时，可以配置域间的安全策略动作为允许。通过在安全策略上引用入侵防御配置文件可以实现安全区域间流量的入侵防御。防火墙缺省存在配置文件 **default** 和 **ids**。配置文件 **default** 用于入侵行为检测并阻断，配置文件 **ids** 用于入侵行为检测并告警（不阻断）。

#启用 IPS 功能，并配置特征库定时在线升级。

```
[FW] ips enable
[FW] update schedule ips-sdb enable
[FW] update schedule weekly sun 02:00
[FW] update schedule sa-sdb enable
[FW] update schedule weekly sun 03:00
[FW] undo update confirm ips-sdb enable
[FW] undo update confirm sa-sdb enable
```

配置防火墙的 DNS 服务器地址，使防火墙能够通过域名访问安全中心平台，下载特征库。

```
[FW] dns resolve
[FW] dns server 202.106.0.20
```

步骤 7　配置源 NAT，保证多个内网用户能够同时访问外网。

在 trust 与 isp1 区域间配置源 NAT。NAT 地址池中的地址是从 ISP1 获取的。

```
[FW] nat address-group isp1
[FW-address-group-isp1] mode pat
[FW-address-group-isp1] section 200.1.1.3 200.1.1.5
[FW-address-group-isp1] quit
```

```
[FW] nat-policy interzone trust isp1 outbound
[FW-nat-policy-interzone-trust-isp1-outbound] policy 0
[FW-nat-policy-interzone-trust-isp1-outbound-0] action source-nat
[FW-nat-policy-interzone-trust-isp1-outbound-0] address-group isp1
```

在 trust 与 isp2 区域间配置源 NAT。NAT 地址池中的地址是从 ISP2 获取的。

```
[FW] nat address-group isp2
[FW-address-group-isp2] mode pat
[FW-address-group-isp2] section 202.1.1.3 202.1.1.5
[FW-address-group-isp2] quit
[FW] nat-policy interzone trust isp2 outbound
[FW-nat-policy-interzone-trust-isp2-outbound] policy 0
[FW-nat-policy-interzone-trust-isp2-outbound-0] action source-nat
[FW-nat-policy-interzone-trust-isp2-outbound-0] address-group isp2
```

在 trust 与 cernet 区域间配置源 NAT。NAT 地址池中的地址是从教育网获取的。

```
[FW] nat address-group cernet
[FW-address-group-cernet] mode pat
[FW-address-group-cernet] section 218.1.1.3 218.1.1.5
[FW-address-group-cernet] quit
[FW] nat-policy interzone trust cernet outbound
[FW-nat-policy-interzone-trust-cernet-outbound] policy 0
[FW-nat-policy-interzone-trust-cernet-outbound-0] action source-nat
[FW-nat-policy-interzone-trust-cernet-outbound-0] address-group cernet
```

配置黑洞路由，将 NAT 地址池中的公网地址都发布出去。

```
[FW] ip route-static 200.1.1.3 32 NULL 0
[FW] ip route-static 200.1.1.4 32 NULL 0
[FW] ip route-static 200.1.1.5 32 NULL 0
[FW] ip route-static 202.1.1.3 32 NULL 0
[FW] ip route-static 202.1.1.4 32 NULL 0
[FW] ip route-static 202.1.1.5 32 NULL 0
[FW] ip route-static 218.1.1.3 32 NULL 0
[FW] ip route-static 218.1.1.4 32 NULL 0
[FW] ip route-static 218.1.1.5 32 NULL 0
```

【强叔点评】源 NAT 和 NAT Server 都必须配置黑洞路由。

步骤 8　配置基于 zone 的 NAT Server，使外网用户能够访问内网服务器。

一般情况下一台服务器的私网 IP 会映射成多个 ISP 的公网地址，供各个 ISP 的用户访问。

学校提供对外访问的服务器很多，我们仅以其中的图书馆服务器（10.1.10.10）和 DNS 服务器（10.1.10.20）为例配置基于 zone 的 NAT Server。

```
[FW] nat server 1 zone isp1 global 200.1.10.10 inside 10.1.10.10 description lb-isp1
[FW] nat server 2 zone isp2 global 202.1.10.10 inside 10.1.10.10 description lb-isp2
[FW] nat server 3 zone cernet global 218.1.10.10 inside 10.1.10.10 description lb-cernet
[FW] nat server 4 zone isp1 global 200.1.10.20 inside 10.1.10.20 description dns-isp1
[FW] nat server 5 zone isp2 global 202.1.10.20 inside 10.1.10.20 description dns-isp2
[FW] nat server 6 zone cernet global 218.1.10.20 inside 10.1.10.20 description dns-cernet
```

配置黑洞路由，将 NAT Server 转换后的公网地址发布出去。

```
[FW] ip route-static 200.1.10.10 32 NULL 0
[FW] ip route-static 202.1.10.10 32 NULL 0
```

```
[FW] ip route-static 218.1.10.10 32 NULL 0
[FW] ip route-static 200.1.10.20 32 NULL 0
[FW] ip route-static 202.1.10.20 32 NULL 0
[FW] ip route-static 218.1.10.20 32 NULL 0
```

步骤 9 配置智能 DNS，使各个 ISP 的外网用户都能够使用自己所在的 ISP 地址访问内网服务器。

【强叔点评】智能 DNS 的作用是确保各个 ISP 的用户访问学校的服务器时，都能够解析到自己 ISP 为服务器分配的地址，从而提高访问速度。例如 ISP1 的用户通过域名访问图书馆服务器 10.1.10.10 时，会解析到服务器的 ISP1 地址 200.1.10.10。

配置智能 DNS 功能。配置时需要将分配给每个 ISP 的服务器地址与连接 ISP 的出接口绑定。

```
[FW] dns-smart enable
[FW] dns-smart group 1 type single
[FW-dns-smart-group-1] description lb
[FW-dns-smart-group-1] real-server-ip 10.1.10.10
[FW-dns-smart-group-1] out-interface GigabitEthernet 2/0/0 map 218.1.10.10
[FW-dns-smart-group-1] out-interface GigabitEthernet 1/0/1 map 200.1.10.10
[FW-dns-smart-group-1] out-interface GigabitEthernet 1/0/2 map 202.1.10.10
[FW-dns-smart-group-1] quit
```

步骤 10 配置 NAT ALG 功能。

【强叔点评】NAT ALG 与 ASPF 的配置命令一致。

分别在 trust 区域与 isp1、isp2、cernet 区域之间配置 NAT ALG 功能。

```
[FW] firewall interzone trust isp1
[FW-interzone-trust-isp1] detect ftp
[FW-interzone-trust-isp1] detect sip
[FW-interzone-trust-isp1] detect h323
[FW-interzone-trust-isp1] detect mgcp
[FW-interzone-trust-isp1] detect rtsp
[FW-interzone-trust-isp1] detect qq
[FW-interzone-trust-isp1] quit
[FW] firewall interzone trust isp2
[FW-interzone-trust-isp2] detect ftp
[FW-interzone-trust-isp2] detect sip
[FW-interzone-trust-isp2] detect h323
[FW-interzone-trust-isp2] detect mgcp
[FW-interzone-trust-isp2] detect rtsp
[FW-interzone-trust-isp2] detect qq
[FW-interzone-trust-isp2] quit
[FW] firewall interzone trust cernet
[FW-interzone-trust-cernet] detect ftp
[FW-interzone-trust-cernet] detect sip
[FW-interzone-trust-cernet] detect h323
[FW-interzone-trust-cernet] detect mgcp
[FW-interzone-trust-cernet] detect rtsp
[FW-interzone-trust-cernet] detect qq
[FW-interzone-trust-cernet] quit
```

步骤 11 配置攻击防范功能，保护内部网络安全。

```
[FW] firewall defend land enable
[FW] firewall defend smurf enable
```

```
[FW] firewall defend fraggle enable
[FW] firewall defend winnuke enable
[FW] firewall defend source-route enable
[FW] firewall defend route-record enable
[FW] firewall defend time-stamp enable
[FW] firewall defend ping-of-death enable
[FW] firewall defend syn-flood enable
[FW] firewall defend syn-flood interface GigabitEthernet1/0/1 max-rate 24000 tcp-proxy auto
[FW] firewall defend syn-flood interface GigabitEthernet1/0/2 max-rate 24000 tcp-proxy auto
```

【强叔点评】一般情况下，如果对网络安全没有特殊要求，开启以上攻击防范即可。

对于 SYN Flood 攻击防范，建议 GE 接口阈值取值 16000。本案例的接口都是 GE 接口，之所以取值为 24000，也是实际试验的结果。因为实际经验往往是配置较大的阈值，然后一边观察一边调小阈值，直到调整到合适的范围（既很好地限制了攻击，又不影响正常业务）。

步骤 12 配置带宽管理功能。

【强叔点评】带宽管理的配置方法是先创建带宽通道（也就是指定各种限流参数），然后在带宽策略中引用带宽通道。需要特别注意的是上传、下载的方向与 outbound、inbound 的关系。另外一般情况下建议限制 P2P 流量到网络总流量的 20%～30%。

\# 配置下载和上传的带宽通道，总带宽都限制为 300Mbit/s，每个 IP 带宽限制为 1Mbit/s。

```
[FW] car-class p2p_all_download
[FW-car-class-p2p_all_download] car-mode per-ip
[FW-car-class-p2p_all_download] cir 1000
[FW-car-class-p2p_all_download] cir 300000 total
[FW-car-class-p2p_all_download] quit
[FW] car-class p2p_all_upload
[FW-car-class-p2p_all_upload] car-mode per-ip
[FW-car-class-p2p_all_upload] cir 1000
[FW-car-class-p2p_all_upload] cir 300000 total
[FW-car-class-p2p_all_upload] quit
```

\# 在 ISP1 区域的入方向和出方向上配置带宽策略，分别限制下载和上传方向的 P2P 流量。

```
 [FW] car-policy zone isp1 inbound
[FW-car-policy-zone-isp1-inbound] policy 0
[FW-car-policy-zone-isp1-inbound-0] policy application category p2p
[FW-car-policy-zone-isp1-inbound-0] action car
[FW-car-policy-zone-isp1-inbound-0] car-class p2p_all_download
[FW-car-policy-zone-isp1-inbound-0] description p2p_limit_download
[FW-car-policy-zone-isp1-inbound-0] quit
[FW-car-policy-zone-isp1-inbound] quit

[FW] car-policy zone isp1 outbound
[FW-car-policy-zone-isp1-outbound] policy 0
[FW-car-policy-zone-isp1-outbound-0] policy application category p2p
[FW-car-policy-zone-isp1-outbound-0] action car
[FW-car-policy-zone-isp1-outbound-0] car-class p2p_all_upload
[FW-car-policy-zone-isp1-outbound-0] description p2p_limit_upload
[FW-car-policy-zone-isp1-outbound-0] quit
[FW-car-policy-zone-isp1-outbound] quit
```

\# 在 ISP2 区域的入方向和出方向上配置带宽策略，分别限制下载和上传方向的 P2P

流量。

```
[FW] car-policy zone isp2 inbound
[FW-car-policy-zone-isp2-inbound] policy 0
[FW-car-policy-zone-isp2-inbound-0] policy application category p2p
[FW-car-policy-zone-isp2-inbound-0] action car
[FW-car-policy-zone-isp2-inbound-0] car-class p2p_all_download
[FW-car-policy-zone-isp2-inbound-0] description p2p_limit_download
[FW-car-policy-zone-isp2-inbound-0] quit
[FW-car-policy-zone-isp2-inbound] quit
[FW] car-policy zone isp2 outbound
[FW-car-policy-zone-isp2-outbound] policy 0
[FW-car-policy-zone-isp2-outbound-0] policy application category p2p
[FW-car-policy-zone-isp2-outbound-0] action car
[FW-car-policy-zone-isp2-outbound-0] car-class p2p_all_upload
[FW-car-policy-zone-isp2-outbound-0] description p2p_limit_upload
[FW-car-policy-zone-isp2-outbound-0] quit
[FW-car-policy-zone-isp2-outbound] quit
```

步骤 13　配置系统日志和 NAT 溯源功能，在网管系统 eSight 上查看日志。

配置防火墙向日志主机（10.1.10.30）发送系统日志（本案例发送 IPS 日志和攻击防范日志）。

```
[FW] info-center enable
[FW] engine log ips enable
[FW] info-center source ips channel loghost log level emergencies
[FW] info-center source ANTIATTACK channel loghost
[FW] info-center loghost 10.1.10.30
```

配置防火墙向日志主机（10.1.10.30）发送会话日志（端口 9002）。这里需要在 trust 与 isp、isp2、cernet 间的双方向都配置审计策略。

【**强叔点评**】NAT 溯源功能是查看 NAT 转换前后的地址信息。我们的实现方式是通过防火墙上配置审计功能生成会话日志，然后将会话日志输出到日志主机上。在日志主机上，我们可以通过网管系统 eSight 查看这些会话日志，从而查看 NAT 转换前后的地址信息。

```
[FW] firewall log source 172.16.1.1 9002
[FW] firewall log host 2 10.1.10.30 9002
[FW] audit-policy interzone trust isp1 outbound
[FW-audit-policy -interzone-trust-isp1-outbound] policy 0
[FW-audit-policy -interzone-trust-isp1-outbound-0] action audit
[FW-audit-policy -interzone-trust-isp1-outbound-0] quit
[FW-audit-policy -interzone-trust-isp1-outbound] quit
[FW] audit-policy interzone trust isp1 inbound
[FW-audit-policy -interzone-trust-isp1-inbound] policy 0
[FW-audit-policy -interzone-trust-isp1-inbound-0] action audit
[FW-audit-policy -interzone-trust-isp1-inbound-0] quit
[FW-audit-policy -interzone-trust-isp1-inbound] quit
[FW] audit-policy interzone trust isp2 outbound
[FW-audit-policy -interzone-trust-isp2-outbound] policy 0
[FW-audit-policy -interzone-trust-isp2-outbound-0] action audit
[FW-audit-policy -interzone-trust-isp2-outbound-0] quit
[FW-audit-policy -interzone-trust-isp2-outbound] quit
[FW] audit-policy interzone trust isp2 inbound
[FW-audit-policy -interzone-trust-isp2-inbound] policy 0
[FW-audit-policy -interzone-trust-isp2-inbound-0] action audit
```

```
[FW-audit-policy -interzone-trust-isp2-inbound-0] quit
[FW-audit-policy -interzone-trust-isp2-inbound] quit
[FW] audit-policy interzone trust cernet outbound
[FW-audit-policy -interzone-trust-cernet-outbound] policy 0
[FW-audit-policy -interzone-trust-cernet-outbound-0] action audit
[FW-audit-policy -interzone-trust-cernet-outbound-0] quit
[FW-audit-policy -interzone-trust-cernet-outbound] quit
[FW] audit-policy interzone trust cernet inbound
[FW-audit-policy -interzone-trust-cernet-inbound] policy 0
[FW-audit-policy -interzone-trust-cernet-inbound-0] action audit
[FW-audit-policy -interzone-trust-cernet-inbound-0] quit
[FW-audit-policy -interzone-trust-cernet-inbound] quit
```

本案例中日志主机（10.1.10.30）上安装了网管系统 eSight。如果希望在 eSight 上查看日志，需要在防火墙上配置 SNMP，使防火墙与 eSight 对接。eSight 上的 SNMP 参数需要与防火墙上保持一致。

```
[FW] snmp-agent sys-info v3
[FW] snmp-agent group v3 NMS1 privacy
[FW] snmp-agent usm-user v3 admin1 NMS1 authentication-mode md5 Admin@123 privacy-mode aes256 Admin@123
```

eSight 配置完成后，在 eSight 上选择"业务->安全业务->LogCenter->日志分析->会话分析->IPv4 会话日志"，可以查看会话日志。

11.4　拍案惊奇

- 此案例的惊奇之处在于几乎囊括了防火墙的所有经典特性：安全策略、NAT、ASPF、攻击防范、IPS、带宽管理（基于应用的带宽限制、基于每 IP 的带宽限制）。防火墙功能繁多，如果读者们不知道如何选择，那么参考此样板案例就八九不离十了。

- 此案例的另一惊奇之处在于展现了防火墙作网关的能力。网关最重要的特性之一就是出口选路。防火墙通过 ISP 选路功能实现基于目的地址的选路，通过策略路由功能实现基于源地址的选路，通过智能 DNS 功能实现外网用户访问内网服务器的选路（选择最适合的服务器）。

另外与路由器作网关相比，防火墙作网关的优势在于更强大的 NAT、更强大的安全性。

- 此案例的又一惊奇之处在于展现了防火墙的 NAT 溯源功能（防火墙上配置审计策略后，会将会话日志发送给网管系统，客户在网管系统上能够查看到 NAT 前后的地址）。这个功能很实用，是应对上级和相关部门检查的利器。

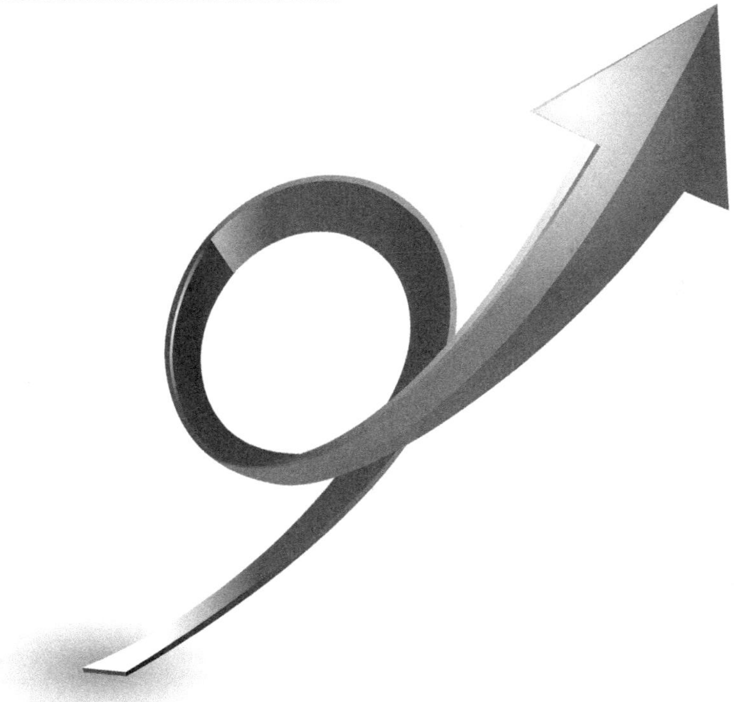

第12章
防火墙在广电网络中的应用

12.1　组网需求

12.2　强叔规划

12.3　配置步骤

12.4　拍案惊奇

12.1　组网需求

如图 12-1 所示，广电分别向两个 ISP 租用了两条 10G 链路，为城域网的广电用户提供宽带上网服务。广电还在服务器区部署了服务器，为内外网用户提供服务器托管业务。

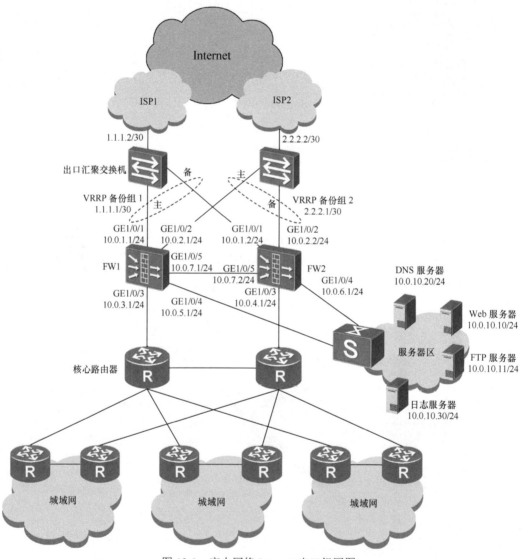

图 12-1　广电网络 Internet 出口组网图

广电的 Internet 出口处部署了两台防火墙作为出口网关（USG9560 V300R001C20 版本）。两台防火墙的上行接口通过出口汇聚交换机与两个 ISP 相连，下行接口通过核心路由器与城域网相连，通过服务器区的交换机与服务器相连。

广电网络对 Internet 出口防火墙的具体需求如下。

（1）广电希望两台防火墙能够组成主备备份组网，提升网络可靠性。

（2）广电希望通过防火墙的 NAT 功能保证城域网的海量用户能够同时访问 Internet，并且通过 NAT 探测功能保证 NAT 地址池中地址的有效性。

（3）为了提升内网用户的宽带上网体验，广电希望防火墙能够保证去往特定目的地址的流量能够通过特定的 ISP 链路转发。例如，访问 ISP1 的服务器的流量能够通过 ISP1 链路转发，访问 ISP2 的服务器的流量能够通过 ISP2 链路转发。

对于不属于特定目的地址的流量，防火墙能够优选出时延小的链路进行转发。

（4）广电希望防火墙能够识别出网络中的 P2P 和 Web 视频流量，将这些流量引导到 ISP2 链路进行转发，并且还能够对这两类流量进行流量控制。

（5）广电希望托管的服务器能够供内网用户以及多个 ISP 的用户访问，并且广电网络内还部署了 DNS 服务器为以上服务器提供域名解析。广电希望各 ISP 的外网用户能够解析到自己 ISP 为服务器分配的地址，从而提高访问服务器的速度。

（6）广电希望防火墙能够保护内部网络，防止各种 DDoS 攻击，并对僵尸、木马、蠕虫等网络入侵行为进行告警。

（7）为了应对有关部门的审查，广电希望防火墙能够提供内网用户访问 Internet 的溯源功能，包括 NAT 转换前后的 IP 地址，IM 上下线记录等。

12.2　强叔规划

12.2.1　双机热备规划

由于每个 ISP 只提供一条链路，而一条链路无法与两台防火墙直接相连，因此需要在防火墙与 ISP 之间部署出口汇聚交换机。出口汇聚交换机可以将 ISP 的一条链路变为两条链路，然后分别将两条链路与两台防火墙的上行接口相连。而防火墙与下行路由器之间运行 OSPF，所以这就组成了"两台防火墙上行连接交换机，下行连接路由器"的典型双机热备组网。

为了节省公网 IP，防火墙的上行接口可以使用私网 IP，但 VRRP 备份组的地址则一定要使用 ISP 分配的公网地址，以便能够与 ISP 进行通信。

12.2.2　多出口选路规划

当网络的出口网关（本案例为防火墙）有多个出接口时，网络管理员必然面临的就是多出口选路的规划问题。多出口选路的匹配顺序从高到低依次是策略路由、明细路由和缺省路由，即流量会先匹配策略路由，按照策略路由进行选路，然后是明细路由，最后则是缺省路由。下面我们就从这三个方面来进行多出口选路的规划。

　1. 基于应用的策略路由

P2P 流量和 Web 视频流量会占据网络较大的带宽，因此我们需要将这两类流量引导到特定的链路转发，这是通过基于应用的策略路由来实现的。

本案例的防火墙通过流分类、流行为和流量策略来实现策略路由功能。我们需要在流分类中定义 P2P 和 Web 视频应用为匹配条件，在流行为中定义 ISP2 链路为下一跳，在 QoS 策略中将类信息和行为信息关联。这样 P2P 和 Web 视频流量将通过 ISP2 链路转发。

2. ISP 选路

ISP 选路实际上是通过指定 ISP 地址文件和下一跳信息来批量下发 ISP 的明细路由，以实现去往特定 ISP 地址的流量能够通过这个 ISP 链路转发。防火墙内置主流 ISP 的地址文件，而且我们还可以根据需求手动创建和调整 ISP 地址文件。

3. 智能选路（最小时延负载均衡方式）

双出口情况下，我们在配置明细路由（ISP 选路）的同时，还会配置两条等价路由，来匹配不能匹配明细路由的流量。这时我们可以部署智能选路功能，为匹配等价路由的流量选择优质的链路进行转发。

防火墙支持三种智能选路方式。

- **最小时延负载均衡**是指在出现多条等价路由选择的时候，防火墙会对用户流量的目的地址进行时延探测，并选择到达目的地址时延最小的链路来转发用户流量。
- **路由权重负载均衡**是指在多条等价路由的出接口上设置相应的路由权重，用户流量按照路由权重的比例分配到每条链路上。
- **链路带宽负载均衡**是指当存在多条路由优先级相同但物理带宽不同的链路时，用户流量按照物理带宽的比例分配到每条链路上。

本案例选择的是**最小时延负载均衡**方式的智能选路。

12.2.3 带宽管理规划

P2P 流量和 Web 视频流量会占据网络较大的带宽，在 "12.2.2 多出口选路规划" 中我们已经通过基于应用的策略路由将它们引导到 ISP2 链路转发。然而如果不对这两类流量的总量进行控制，将会导致 ISP2 链路的其他业务无法正常运行。所以我们还需要通过部署带宽管理功能来实现基于应用的流量控制。

本案例中的防火墙通过带宽通道、带宽策略来实现带宽管理功能。

带宽通道定义了被管理的对象所能够使用的带宽资源，带宽通道被带宽策略引用。在本案例中带宽通道配置为限制总带宽不能超过 300Mbit/s。

带宽策略定义了被管理的对象和动作，并引用带宽通道。在本案例中带宽策略定义的对象为 P2P 流量和 Web 视频流量，动作为限流，并引用上面配置的带宽通道。这样带宽策略就能实现限制 P2P 流量和 Web 视频流量占用的总带宽不超过 300Mbit/s。

12.2.4 安全规划

1. 安全区域

在本案例中每台防火墙上有 5 个接口，由于这 5 个接口连接不同的区域，因此我们需要将这 5 个接口加入不同的安全区域。

- 连接 ISP1 链路的接口 GE1/0/1 加入区域 isp1。isp1 区域需要新建，优先级设定为 10。
- 连接 ISP2 链路的接口 GE1/0/2 加入 isp2 区域。isp2 区域需要新建，优先级设定为 15。

- 连接核心路由器的接口 GE1/0/3 加入 trust 区域。trust 区域是防火墙缺省存在的安全区域，优先级为 85。
- 连接服务器区的接口 GE1/0/4 加入 dmz 区域。dmz 区域是防火墙缺省存在的安全区域，优先级为 50。
- 连接对端防火墙的心跳接口 GE1/0/5 加入 heart 区域。Heart 区域需要新建优先级设定为 75。

2. 安全策略

为了实现各个区域间的安全互通以及访问控制，我们需要部署以下安全策略。

- 允许 trust 区域的内网用户访问 isp1 和 isp2 区域。
- 允许 trust、isp1 和 isp2 区域的用户访问 dmz 区域的特定服务器的特定端口，包括 Web、FTP、DNS 服务器。
- 允许防火墙（local 区域）与 dmz 区域的日志服务器对接。
- 本案例的防火墙 USG9560 是高端防火墙，而高端防火墙的 HRP 和 VGMP 报文是经过特殊处理的，不受到安全策略控制。

同时为了保证以上区域间多通道协议（例如 FTP）的正常通信，我们还需要在以上各区域间配置 ASPF 功能。

📖 说明

防火墙缺省安全策略的动作为禁止，所以未匹配上述安全策略的流量都将禁止在区域间通过。

---

3. IPS

为了防止僵尸木马蠕虫的入侵，需要在防火墙上部署 IPS 功能。防火墙 IPS 功能实现的方式是在配置安全策略时引用 IPS 配置文件。在本案例中，我们需要在上述配置的安全策略中都引用 IPS 配置文件，即对安全策略允许通过的流量都进行 IPS 检测。

本案例使用缺省的 IPS 配置文件 **ids**，即只对入侵报文产生告警，不阻断。如果对安全性要求不是很高，为了降低 IPS 误报的风险，建议选择 **ids** 配置文件。如果对安全性要求较高，建议选择缺省的 IPS 配置文件 default，即会阻断入侵行为。

4. 攻击防范

为了避免内网服务器和用户受到网络攻击，一般建议开启 SYN Flood 攻击防范和一些单包攻击防范功能。

12.2.5　NAT 规划

1. 源 NAT

为了保证内网海量用户能够通过有限的公网地址访问 Internet，需要在防火墙上部署源 NAT 功能。内网用户访问 Internet 的报文到达防火墙后，报文的源地址会被 NAT 转换成公网地址，源端口会被 NAT 转换成随机的非知名端口。这样一个公网地址就可以同时被多个内网用户使用，实现了公网地址的复用，解决了海量用户同时访问 Internet 的问题。

2．NAT 地址探测

如果内网用户的流量经过 NAT 转换后对外网进行了错误操作,对应的公网地址可能会被 ISP 屏蔽,导致其他内网用户无法使用该公网地址正常上网。部署了 NAT 地址探测功能后,防火墙将针对 NAT 地址池中的公网地址进行探测,如果发现分配出去的公网地址在一段时间内没有反向流量(指以地址池中公网地址为目的地址的流量)或反向流量低于阈值,就把这个地址从 NAT 地址池中排除,从而保证用户流量在进行 NAT 转换时不会转换成该地址。

3．NAT ALG

当防火墙既开启 NAT 功能,又需要转发多通道协议报文(例如 FTP 等)时,必须开启相应的 NAT ALG 功能。本案例主要应用了 FTP、SIP、H323、MGCP、RTSP 和 QQ 等多通道协议,所以需要开启这几种协议的 NAT ALG 功能。

> 📖 **说明**
>
> NAT ALG 与 ASPF 虽然实现原理和作用不同,但配置命令相同。

12.2.6　内网服务器规划

广电的托管服务器主要用于对外和对内的业务,目前主要开通网站托管业务,如某个学校的网站托管,同时还有公司内部的办公网,公司门户网站等。

由于托管服务器部署在内网的 dmz 区域,所以服务器的地址为私网地址。而由于服务器需要对外提供服务,所以服务器需要提供能够供内外网用户访问的公网地址。这就需要在防火墙上部署 NAT server 功能,将服务器的私网地址转换成公网地址,而且需要为不同的 ISP 用户提供不同的公网地址。

用户一般是通过域名来访问内网服务器的,服务器区域部署了 DNS 服务器为用户将域名解析成内网服务器的公网地址。通过在防火墙上部署智能 DNS 功能,可以实现 ISP1 的用户能够解析到 ISP1 的地址,而 ISP2 的用户能够解析到 ISP2 的地址。这样各 ISP 的用户就能够通过自身的 ISP 网络访问广电内网的服务器,从而保证用户访问延迟最小,业务体验最优。

12.2.7　应对审查的规划

防火墙配套 eSight 日志服务器可以进行日志的收集、查询、报表呈现。通过防火墙输出的会话日志可以查询到 NAT 转换前后的地址信息,通过防火墙输出的 IM 上下线日志可以查看和分析用户使用 IM 软件通信时的上下线信息。

12.3　配置步骤

步骤 1　配置接口的 IP 地址,并将接口加入安全区域。
配置 FW1 的各接口的 IP 地址。

```
<FW1> system-view
[FW1] interface GigabitEthernet 1/0/1
[FW1-GigabitEthernet1/0/1] ip address 10.0.1.1 24
[FW1-GigabitEthernet1/0/1] quit
[FW1] interface GigabitEthernet 1/0/2
[FW1-GigabitEthernet1/0/2] ip address 10.0.2.1 24
[FW1-GigabitEthernet1/0/2] quit
[FW1] interface GigabitEthernet 1/0/3
[FW1-GigabitEthernet1/0/3] ip address 10.0.3.1 24
[FW1-GigabitEthernet1/0/3] quit
[FW1] interface GigabitEthernet 1/0/4
[FW1-GigabitEthernet1/0/4] ip address 10.0.5.1 24
[FW1-GigabitEthernet1/0/4] quit
[FW1] interface GigabitEthernet 1/0/5
[FW1-GigabitEthernet1/0/5] ip address 10.0.7.1 24
[FW1-GigabitEthernet1/0/5] quit
```

\# 配置 FW2 的各接口的 IP 地址。

```
<FW2> system-view
[FW2] interface GigabitEthernet 1/0/1
[FW2-GigabitEthernet1/0/1] ip address 10.0.1.2 24
[FW2-GigabitEthernet1/0/1] quit
[FW2] interface GigabitEthernet 1/0/2
[FW2-GigabitEthernet1/0/2] ip address 10.0.2.2 24
[FW2-GigabitEthernet1/0/2] quit
[FW2] interface GigabitEthernet 1/0/3
[FW2-GigabitEthernet1/0/3] ip address 10.0.4.1 24
[FW2-GigabitEthernet1/0/3] quit
[FW2] interface GigabitEthernet 1/0/4
[FW2-GigabitEthernet1/0/4] ip address 10.0.6.1 24
[FW2-GigabitEthernet1/0/4] quit
[FW2] interface GigabitEthernet 1/0/5
[FW2-GigabitEthernet1/0/5] ip address 10.0.7.2 24
[FW2-GigabitEthernet1/0/5] quit
```

\# 在 FW1 上创建安全区域，并将 FW1 的各接口加入相应的安全区域。FW2 上的安全区域配置与 FW1 相同，读者可以参照 FW1 的配置完成 FW2 的安全区域的配置。

```
[FW1] firewall zone name isp1
[FW1-zone-isp1] set priority 10
[FW1-zone-isp1] add interface GigabitEthernet1/0/1
[FW1-zone-isp1] quit
[FW1] firewall zone name isp2
[FW1-zone-isp2] set priority 15
[FW1-zone-isp2] add interface GigabitEthernet1/0/2
[FW1-zone-isp2] quit
[FW1] firewall zone trust
[FW1-zone-trust] add interface GigabitEthernet1/0/3
[FW1-zone-trust] quit
[FW1] firewall zone dmz
[FW1-zone-dmz] add interface GigabitEthernet1/0/4
[FW1-zone-dmz] quit
[FW1] firewall zone name heart
[FW1-zone-heart] set priority 75
[FW1-zone-heart] add interface GigabitEthernet1/0/5
[FW1-zone-heart] quit
```

步骤 2　配置缺省路由。

\# 配置 IP-Link，探测各 ISP 提供的链路状态是否正常。

```
[FW1] ip-link check enable
[FW1] ip-link 1 destination 1.1.1.2 interface GigabitEthernet1/0/1
[FW1] ip-link 2 destination 2.2.2.2 interface GigabitEthernet1/0/2
```

\# 配置两条缺省路由，下一跳分别为 ISP1 和 ISP2 的链路地址。

```
[FW1] ip route-static 0.0.0.0 0.0.0.0 1.1.1.2 track ip-link 1
[FW1] ip route-static 0.0.0.0 0.0.0.0 2.2.2.2 track ip-link 2
```

【强叔点评】当 IP-Link 监控的链路故障时，与其绑定的静态路由或策略路由会失效。

\# FW2 的 IP-Link 和缺省路由配置与 FW1 相同，读者可以参照 FW1 的配置完成 FW2 的 IP-Link 和缺省路由配置。

步骤 3　配置 ISP 选路功能。

（1）从各 ISP 获取最新的目的地址明细。

（2）按如下格式分别编辑各 ISP 的 csv 文件。下面仅供参考，具体以当地 ISP 提供的地址为准。

	A	B	C	D	E
	##ISP				
		目的IP范围(Destination IP Range)			
		1.184.0.0-1.185.255.255			
		58.116.0.0-58.119.255.255			
		58.128.0.0-58.135.255.255			
		58.154.0.0-58.155.255.255			
		58.192.0.0-58.207.255.255			
		59.64.0.0-59.79.255.255			
		110.64.0.0-110.65.255.255			
		111.114.0.0-111.117.255.255			
		111.186.0.0-111.187.255.255			
		113.54.0.0-113.55.255.255			
		114.212.0.0-114.214.255.255			
		115.24.0.0-115.27.255.255			
		115.154.0.0-115.158.255.255			
		116.13.0.0-116.13.255.255			
		116.56.0.0-116.57.255.255			
		117.106.0.0-117.107.255.255			
		117.112.0.0-117.119.255.255			
		118.202.0.0-118.203.255.255			
		118.228.0.0-118.230.255.255			
		120.94.0.0-120.95.255.255			

（3）导入所有 ISP 的 csv 文件。

（4）执行以下命令，分别加载各 ISP 的 csv 文件，并指定下一跳。

```
[FW1] isp set filename isp2.csv GigabitEthernet 1/0/1 next-hop 1.1.1.2 track ip-link 1
[FW1] isp set filename isp2.csv GigabitEthernet 1/0/2 next-hop 2.2.2.2 track ip-link 2
```

（5）FW2 的 ISP 选路配置与 FW1 相同，读者可以参照 FW1 的配置完成 FW2 的 ISP 选路配置。

步骤 4　配置策略路由。

\# 在 FW1 上配置 ACL，定义来自内网用户的报文。

```
[FW1] acl number 2000
[FW1-acl-basic-2000] rule permit source 10.0.0.0 0.0.0.255
[FW1-acl-basic-2000] quit
```

\# 在 FW1 配置自定义应用组，加入 P2P 类和 Web 视频类应用。

```
[FW1] sa
[FW1-sa] app-set p2p_web_video
[FW1-sa-p2p_web_video] category p2p
[FW1-sa-p2p_web_video] web_video
[FW1-sa-p2p_web_video] quit
[FW1-sa] quit
```

\# 在 FW1 上配置流分类，匹配来自内网的 P2P 和 Web 视频流量报文。

```
[FW1] traffic classifier class1
[FW1-classifier-class1] if-match acl 2000 app-set p2p_web_video
[FW1-classifier-class1] quit
```

\# 在 FW1 上配置流行为，定义重定向的下一跳为 ISP2 链路。

```
[FW1] traffic behavior behavior1
[FW1-behavior-behavior1] redirect ip-nexthop 2.2.2.2 interface GigabitEthernet 1/0/1
```

\# 在 FW1 上配置流量策略，将流分类与流行为关联。

```
[FW1] traffic policy policy1
[FW1-trafficpolicy-policy1] classifier class1 behavior behavior1
[FW1-trafficpolicy-policy1] quit
```

\# 在 FW1 的 GE1/0/3 接口上应用流量策略，实现策略路由功能。

```
[FW1] interface GigabitEthernet 1/0/3
[FW1-GigabitEthernet1/0/3] traffic-policy policy1 inbound
[FW1-GigabitEthernet1/0/3] quit
```

【强叔点评】为了实现策略路由功能，流量策略需要应用在需要控制的流量的入接口上，并且方向要设置为 inbound，即对进入此接口的流量使用流量策略。

\# FW2 的策略路由配置与 FW1 相同，读者可以参照 FW1 的配置完成 FW2 的策略路由配置。

步骤 5　配置 OSPF。

\# 在 FW1 上配置 OSPF，发布下行接口所在网段。

```
[FW1] ospf 1
[FW1-ospf-1] area 0
[FW1-ospf-1-area-0.0.0.0] network 10.0.3.0 0.0.0.255
[FW1-ospf-1-area-0.0.0.0] network 10.0.5.0 0.0.0.255
[FW1-ospf-1-area-0.0.0.0] quit
[FW1-ospf-1] quit
```

\# 在 FW2 上配置 OSPF，发布下行接口所在网段。

```
[FW2] ospf 1
[FW2-ospf-1] area 0
[FW2-ospf-1-area-0.0.0.0] network 10.0.4.0 0.0.0.255
[FW2-ospf-1-area-0.0.0.0] network 10.0.6.0 0.0.0.255
[FW2-ospf-1-area-0.0.0.0] quit
[FW2-ospf-1] quit
```

步骤 6　配置双机热备功能。

\# 在 FW1 的上行接口上配置 VRRP 备份组，并将 VRRP 备份组状态设置为 Master。

```
[FW1] interface GigabitEthernet1/0/1
[FW1-GigabitEthernet1/0/1] vrrp vrid 1 virtual-ip 1.1.1.1 30 master
[FW1-GigabitEthernet1/0/1] quit
[FW1] interface GigabitEthernet1/0/2
[FW1-GigabitEthernet1/0/1] vrrp vrid 2 virtual-ip 2.2.2.1 30 master
[FW1-GigabitEthernet1/0/1] quit
```

\# 在 FW1 上配置 VGMP 组监控下行接口。

```
[FW1] hrp track interface GigabitEthernet1/0/3
[FW1] hrp track interface GigabitEthernet1/0/4
```

\# 在 FW1 上指定心跳口，并启用双机热备功能。

```
[FW1] hrp interface GigabitEthernet1/0/5 remote 10.0.7.2
[FW1] hrp enable
```

\# 在 FW2 的上行接口上配置 VRRP 备份组，并将 VRRP 备份组状态设置为 Slave。

```
[FW2] interface GigabitEthernet1/0/1
[FW2-GigabitEthernet1/0/1] vrrp vrid 1 virtual-ip 1.1.1.1 30 slave
[FW2-GigabitEthernet1/0/1] quit
[FW2] interface GigabitEthernet1/0/2
[FW2-GigabitEthernet1/0/1] vrrp vrid 2 virtual-ip 2.2.2.1 30 slave
[FW2-GigabitEthernet1/0/1] quit
```

\# 在 FW2 上配置 VGMP 组监控下行接口。

```
[FW2] hrp track interface GigabitEthernet1/0/3
[FW2] hrp track interface GigabitEthernet1/0/4
```

\# 在 FW2 上指定心跳口，并启用双机热备功能。

```
[FW2] hrp interface GigabitEthernet1/0/5 remote 10.0.7.1
[FW2] hrp enable
```

【强叔点评】双机热备状态成功建立后，大部分配置都能够备份。所以在下面的步骤中，我们只需在主用设备 FW1 上配置即可（有特殊说明的配置除外）。

步骤 7 配置智能选路功能。

\# 在 FW1 上配置智能选路的工作模式为最小时延模式。

```
HRP_M[FW1] ucmp group ucmp1 mode proportion-of-intelligent-control
```

\# 在 FW1 上配置智能选路的掩码长度为 24。

```
HRP_M[FW1] ucmp group ucmp1 intelligent-control-mask 24
```

\# 在 FW1 上配置 GigabitEthernet1/0/1 加入 UCMP1 组，设置针对远端主机健康检查的源 IP 地址为 10.0.1.1。

```
HRP_M[FW1] interface GigabitEthernet 1/0/1
HRP_M[FW1-GigabitEthernet1/0/1] ucmp-group ucmp1
HRP_M[FW1-GigabitEthernet1/0/1] healthcheck source-ip 10.0.1.1
HRP_M[FW1-GigabitEthernet1/0/1] quit
```

\# 在 FW1 上配置 GigabitEthernet1/0/2 加入 UCMP1 组，设置针对远端主机健康检查的源 IP 地址为 10.0.2.1 。

```
HRP_M[FW1] interface GigabitEthernet 1/0/2
HRP_M[FW1-GigabitEthernet1/0/2] ucmp-group ucmp1
```

```
HRP_M[FW1-GigabitEthernet1/0/2] healthcheck source-ip 10.0.2.1
HRP_M[FW1-GigabitEthernet1/0/2] quit
```

【强叔点评】智能选路的配置除了 **healthcheck source-ip** 命令外，都支持双机热备。**healthcheck source-ip** 需要在两台防火墙上分别手动配置。

在 FW2 的 GigabitEthernet1/0/1 接口上配置健康检查的源 IP 地址为 10.0.1.2。

```
HRP_S[FW2] interface GigabitEthernet 1/0/1
HRP_S[FW2-GigabitEthernet1/0/1] healthcheck source-ip 10.0.1.2
HRP_S[FW2-GigabitEthernet1/0/1] quit
```

在 FW2 的 GigabitEthernet1/0/2 接口上配置健康检查的源 IP 地址为 10.0.2.2。

```
HRP_S[FW2] interface GigabitEthernet 1/0/2
HRP_S[FW2-GigabitEthernet1/0/2] healthcheck source-ip 10.0.2.2
HRP_S[FW2-GigabitEthernet1/0/2] quit
```

步骤 8　配置带宽管理功能。

【强叔点评】带宽管理的配置方法是先创建带宽通道（也就是指定各种限流动作），然后在带宽策略中引用带宽通道。这里需要特别注意的是上传、下载的方向与 outbound、inbound 的关系。另外一般情况下建议限制 P2P 流量到网络总流量的 20%～30%。

配置带宽通道，限制总带宽为 3Gbit/s。

```
HRP_M[FW1] car-class p2p_web_video
HRP_M[FW1-car-class-p2p_web_video] cir 3000000 total
HRP_M[FW1-car-class-p2p_web_video] quit
```

在 isp1 区域的入方向和出方向上配置带宽策略，分别限制 ISP1 链路下载和上传方向的 P2P 和 Web 视频流量。

```
HRP_M[FW1] car-policy zone isp1 inbound
HRP_M[FW1-car-policy-zone-isp1-inbound] policy 0
HRP_M[FW1-car-policy-zone-isp1-inbound-0] policy application category p2p
HRP_M[FW1-car-policy-zone-isp1-inbound-0] policy application category web_video
HRP_M[FW1-car-policy-zone-isp1-inbound-0] action car
HRP_M[FW1-car-policy-zone-isp1-inbound-0] car-class p2p_web_video
HRP_M[FW1-car-policy-zone-isp1-inbound-0] description limit_download
HRP_M[FW1-car-policy-zone-isp1-inbound-0] quit
HRP_M[FW1-car-policy-zone-isp1-inbound] quit
HRP_M[FW1] car-policy zone isp1 outbound
HRP_M[FW1-car-policy-zone-isp1-outbound] policy 0
HRP_M[FW1-car-policy-zone-isp1-outbound-0] policy application category p2p
HRP_M[FW1-car-policy-zone-isp1-outbound-0] policy application category web_video
HRP_M[FW1-car-policy-zone-isp1-outbound-0] action car
HRP_M[FW1-car-policy-zone-isp1-outbound-0] car-class p2p_web_video
HRP_M[FW1-car-policy-zone-isp1-outbound-0] description limit_upload
HRP_S[FW1-car-policy-zone-isp1-outbound-0] quit
HRP_M[FW1-car-policy-zone-isp1-outbound] quit
```

在 isp2 区域的入方向和出方向上配置带宽策略，分别限制 ISP2 链路下载和上传方向的 P2P 和 Web 视频流量。

```
HRP_M[FW1] car-policy zone isp2 inbound
HRP_M[FW1-car-policy-zone-isp2-inbound] policy 0
HRP_M[FW1-car-policy-zone-isp2-inbound-0] policy application category p2p
HRP_M[FW1-car-policy-zone-isp2-inbound-0] policy application category web_video
```

```
HRP_M[FW1-car-policy-zone-isp2-inbound-0] action car
HRP_M[FW1-car-policy-zone-isp2-inbound-0] car-class p2p_web_video
HRP_M[FW1-car-policy-zone-isp2-inbound-0] description limit_download
HRP_M[FW1-car-policy-zone-isp2-inbound-0] quit
HRP_M[FW1-car-policy-zone-isp2-inbound] quit
HRP_M[FW1] car-policy zone isp2 outbound
HRP_M[FW1-car-policy-zone-isp2-outbound] policy 0
HRP_M[FW1-car-policy-zone-isp2-outbound-0] policy application category p2p
HRP_M[FW1-car-policy-zone-isp2-outbound-0] policy application category web_video
HRP_M[FW1-car-policy-zone-isp2-outbound-0] action car
HRP_M[FW1-car-policy-zone-isp2-outbound-0] car-class p2p_web_video
HRP_M[FW1-car-policy-zone-isp2-outbound-0] description limit_upload
HRP_M[FW1-car-policy-zone-isp2-outbound-0] quit
HRP_M[FW1-car-policy-zone-isp2-outbound] quit
```

步骤 9 配置安全策略和内容安全功能。

\# 配置 trust 区域与 isp1 区域出方向的安全策略，允许内网用户通过 ISP1 访问 Internet，并进行入侵防御检测。

```
HRP_M[FW1] policy interzone trust isp1 outbound
HRP_M[FW1-policy-interzone-trust-isp1-outbound] policy 0
HRP_M[FW1-policy-interzone-trust-isp1-outbound-0] action permit
HRP_M[FW1-policy-interzone-trust-isp1-outbound-0] profile ips ids
HRP_M[FW1-policy-interzone-trust-isp1-outbound-0] quit
HRP_M[FW1-policy-interzone-trust-isp1-outbound] quit
```

\# 配置 trust 区域与 isp2 区域出方向的安全策略，允许内网用户通过 ISP2 访问 Internet，并进行入侵防御检测。

```
HRP_M[FW1] policy interzone trust isp2 outbound
HRP_M[FW1-policy-interzone-trust-isp2-outbound] policy 0
HRP_M[FW1-policy-interzone-trust-isp2-outbound-0] action permit
HRP_M[FW1-policy-interzone-trust-isp2-outbound-0] profile ips ids
HRP_M[FW1-policy-interzone-trust-isp2-outbound-0] quit
HRP_M[FW1-policy-interzone-trust-isp2-outbound] quit
```

\# 配置 isp1 区域与 dmz 区域入方向的安全策略，允许外网用户通过 ISP1 链路访问 dmz 区域的 Web 服务器、FTP 服务器和 DNS 服务器，并进行入侵防御检测。

```
HRP_M[FW1] policy interzone isp1 dmz inbound
HRP_M[FW1-policy-interzone-isp1-dmz-inbound] policy 0
HRP_M[FW1-policy-interzone-isp1-dmz-inbound-0] policy destination 10.0.10.10 0.0.0.255
HRP_M[FW1-policy-interzone-isp1-dmz-inbound-0] policy service service-set http
HRP_M[FW1-policy-interzone-isp1-dmz-inbound-0] action permit
HRP_M[FW1-policy-interzone-isp1-dmz-inbound-0] profile ips ids
HRP_M[FW1-policy-interzone-isp1-dmz-inbound-0] quit
HRP_M[FW1-policy-interzone-isp1-dmz-inbound] policy 1
HRP_M[FW1-policy-interzone-isp1-dmz-inbound-1] policy destination 10.0.10.11 0.0.0.255
HRP_M[FW1-policy-interzone-isp1-dmz-inbound-1] policy service service-set ftp
HRP_M[FW1-policy-interzone-isp1-dmz-inbound-1] action permit
HRP_M[FW1-policy-interzone-isp1-dmz-inbound-1] profile ips ids
HRP_M[FW1-policy-interzone-isp1-dmz-inbound-1] quit
HRP_M[FW1-policy-interzone-isp1-dmz-inbound] policy 2
HRP_M[FW1-policy-interzone-isp1-dmz-inbound-2] policy destination 10.0.10.20 0.0.0.255
HRP_M[FW1-policy-interzone-isp1-dmz-inbound-2] policy service service-set dns
HRP_M[FW1-policy-interzone-isp1-dmz-inbound-2] action permit
```

```
HRP_M[FW1-policy-interzone-isp1-dmz-inbound-2] profile ips ids
HRP_M[FW1-policy-interzone-isp1-dmz-inbound-2] quit
HRP_M[FW1-policy-interzone-isp1-dmz-inbound] quit
```

配置 isp2 区域与 dmz 区域入方向的安全策略，允许外网用户通过 ISP2 链路访问 dmz 区域的 Web 服务器、FTP 服务器和 DNS 服务器，并进行入侵防御检测。

```
HRP_M[FW1] policy interzone isp2 dmz inbound
HRP_M[FW1-policy-interzone-isp2-dmz-inbound] policy 0
HRP_M[FW1-policy-interzone-isp2-dmz-inbound-0] policy destination 10.0.10.10 0.0.0.255
HRP_M[FW1-policy-interzone-isp2-dmz-inbound-0] policy service service-set http
HRP_M[FW1-policy-interzone-isp2-dmz-inbound-0] action permit
HRP_M[FW1-policy-interzone-isp2-dmz-inbound-0] profile ips ids
HRP_M[FW1-policy-interzone-isp2-dmz-inbound-0] quit
HRP_M[FW1-policy-interzone-isp2-dmz-inbound] policy 1
HRP_M[FW1-policy-interzone-isp2-dmz-inbound-1] policy destination 10.0.10.11 0.0.0.255
HRP_M[FW1-policy-interzone-isp2-dmz-inbound-1] policy service service-set ftp
HRP_M[FW1-policy-interzone-isp2-dmz-inbound-1] action permit
HRP_M[FW1-policy-interzone-isp2-dmz-inbound-1] profile ips ids
HRP_M[FW1-policy-interzone-isp2-dmz-inbound-1] quit
HRP_M[FW1-policy-interzone-isp2-dmz-inbound] policy 2
HRP_M[FW1-policy-interzone-isp2-dmz-inbound-2] policy destination 10.0.10.20 0.0.0.255
HRP_M[FW1-policy-interzone-isp2-dmz-inbound-2] policy service service-set dns
HRP_M[FW1-policy-interzone-isp2-dmz-inbound-2] action permit
HRP_M[FW1-policy-interzone-isp2-dmz-inbound-2] profile ips ids
HRP_M[FW1-policy-interzone-isp2-dmz-inbound-2] quit
HRP_M[FW1-policy-interzone-isp2-dmz-inbound] quit
```

配置 trust 区域与 dmz 区域出方向的安全策略，允许内网用户访问 dmz 区域的 Web 服务器、FTP 服务器和 DNS 服务器，并进行入侵防御检测。

```
HRP_M[FW1] policy interzone trust dmz outbound
HRP_M[FW1-policy-interzone-trust-dmz-outbound] policy 0
HRP_M[FW1-policy-interzone-trust-dmz-outbound-0] policy destination 10.0.10.10 0.0.0.255
HRP_M[FW1-policy-interzone-trust-dmz-outbound-0] policy service service-set http
HRP_M[FW1-policy-interzone-trust-dmz-outbound-0] action permit
HRP_M[FW1-policy-interzone-trust-dmz-outbound-0] profile ips ids
HRP_M[FW1-policy-interzone-trust-dmz-outbound-0] quit
HRP_M[FW1-policy-interzone-trust-dmz-outbound] policy 1
HRP_M[FW1-policy-interzone-trust-dmz-outbound-1] policy destination 10.0.10.11 0.0.0.255
HRP_M[FW1-policy-interzone-trust-dmz-outbound-1] policy service service-set ftp
HRP_M[FW1-policy-interzone-trust-dmz-outbound-1] action permit
HRP_M[FW1-policy-interzone-trust-dmz-outbound-1] profile ips ids
HRP_M[FW1-policy-interzone-trust-dmz-outbound-1] quit
HRP_M[FW1-policy-interzone-trust-dmz-outbound] policy 2
HRP_M[FW1-policy-interzone-trust-dmz-outbound-2] policy destination 10.0.10.20 0.0.0.255
HRP_M[FW1-policy-interzone-trust-dmz-outbound-2] policy service service-set dns
HRP_M[FW1-policy-interzone-trust-dmz-outbound-2] action permit
HRP_M[FW1-policy-interzone-trust-dmz-outbound-2] profile ips ids
HRP_M[FW1-policy-interzone-trust-dmz-outbound-2] quit
HRP_M[FW1-policy-interzone-trust-dmz-outbound] quit
```

配置 local 与 dmz 区域间出方向和入方向的安全策略，允许防火墙与日志服务器对接。

```
HRP_M[FW1] policy interzone local dmz outbound
HRP_M[FW1-policy-interzone-local-dmz-outbound] policy 0
```

```
HRP_M[FW1-policy-interzone-local-dmz-outbound-0] policy destination 10.0.10.30 0.0.0.255
HRP_M[FW1-policy-interzone-local-dmz-outbound-0] action permit
HRP_M[FW1-policy-interzone-local-dmz-outbound-0] quit
HRP_M[FW1-policy-interzone-local-dmz-outbound] quit
HRP_M[FW1] policy interzone local dmz inbound
HRP_M[FW1-policy-interzone-local-dmz-inbound] policy 0
HRP_M[FW1-policy-interzone-local-dmz-inbound-0] policy source 10.0.10.30 0.0.0.255
HRP_M[FW1-policy-interzone-local-dmz-inbound-0] action permit
HRP_M[FW1-policy-interzone-local-dmz-inbound-0] quit
HRP_M[FW1-policy-interzone-local-dmz-inbound] quit
```

启用 IPS 功能，并配置特征库定时在线升级。

```
HRP_M[FW1] ips enable
HRP_M[FW1] update schedule ips-sdb enable
HRP_M[FW1] update schedule weekly sun 02:00
HRP_M[FW1] update schedule sa-sdb enable
HRP_M[FW1] update schedule weekly sun 03:00
HRP_M[FW1] undo update confirm ips-sdb enable
HRP_M[FW1] undo update confirm sa-sdb enable
```

配置防火墙的 DNS 服务器地址，使防火墙能够通过域名访问安全中心平台，下载特征库。

```
HRP_M[FW1] dns resolve
HRP_M[FW1] dns server 202.106.0.20
```

步骤 10 配置攻击防范功能。

```
HRP_M[FW1] firewall defend land enable
HRP_M[FW1] firewall defend smurf enable
HRP_M[FW1] firewall defend fraggle enable
HRP_M[FW1] firewall defend winnuke enable
HRP_M[FW1] firewall defend source-route enable
HRP_M[FW1] firewall defend route-record enable
HRP_M[FW1] firewall defend time-stamp enable
HRP_M[FW1] firewall defend ping-of-death enable
HRP_M[FW1] firewall defend syn-flood enable
HRP_M[FW1] firewall defend syn-flood interface GigabitEthernet1/0/1 max-rate 100000 tcp-proxy auto
HRP_M[FW1] firewall defend syn-flood interface GigabitEthernet1/0/2 max-rate 100000 tcp-proxy auto
```

【强叔点评】一般情况下，如果对网络安全没有特殊要求，开启以上攻击防范即可。对于 SYN Flood 攻击防范，建议 10GE 接口阈值取值 100000。

步骤 11 配置源 NAT 功能。

在 FW1 上配置 NAT 地址池 isp1。

```
HRP_M[FW1] nat address-group isp1
HRP_M[FW1-address-group-isp1] mode pat
HRP_M[FW1-address-group-isp1] section 1.1.1.10 1.1.1.12
HRP_M[FW1-address-group-isp1] quit
```

在 FW1 的 trust 与 isp1 区域之间配置 NAT 策略，将来自 trust 区域用户报文的源地址转换成地址池 isp1 中的地址。

```
HRP_M[FW1] nat-policy interzone trust isp1 outbound
HRP_M[FW1-nat-policy-interzone-trust-isp1-outbound] policy 0
```

```
HRP_M[FW1-nat-policy-interzone-trust-isp1-outbound-0] action source-nat
HRP_M[FW1-nat-policy-interzone-trust-isp1-outbound-0] address-group isp1
```

在 FW1 上配置 NAT 地址池 isp2。

```
HRP_M[FW1] nat address-group isp2
HRP_M[FW1-address-group-isp2] mode pat
HRP_M[FW1-address-group-isp2] section 2.2.2.10 2.2.2.12
HRP_M[FW1-address-group-isp2] quit
```

在 FW1 的 trust 与 isp2 区域之间配置 NAT 策略，将来自 trust 区域用户报文的源地址转换成地址池 isp2 中的地址。

```
HRP_M[FW1] nat-policy interzone trust isp2 outbound
HRP_M[FW1-nat-policy-interzone-trust-isp2-outbound] policy 0
HRP_M[FW1-nat-policy-interzone-trust-isp2-outbound-0] action source-nat
HRP_M[FW1-nat-policy-interzone-trust-isp2-outbound-0] address-group isp2
```

在 FW1 上配置黑洞路由，将 NAT 地址池中的公网地址发布出去。

```
HRP_M[FW1] ip route-static 1.1.1.10 32 NULL 0
HRP_M[FW1] ip route-static 1.1.1.11 32 NULL 0
HRP_M[FW1] ip route-static 1.1.1.12 32 NULL 0
HRP_M[FW1] ip route-static 2.2.2.10 32 NULL 0
HRP_M[FW1] ip route-static 2.2.2.11 32 NULL 0
HRP_M[FW1] ip route-static 2.2.2.12 32 NULL 0
```

在 FW2 上配置黑洞路由，将 NAT 地址池中的公网地址发布出去。

```
HRP_S[FW2] ip route-static 1.1.1.10 32 NULL 0
HRP_S[FW2] ip route-static 1.1.1.11 32 NULL 0
HRP_S[FW2] ip route-static 1.1.1.12 32 NULL 0
HRP_S[FW2] ip route-static 2.2.2.10 32 NULL 0
HRP_S[FW2] ip route-static 2.2.2.11 32 NULL 0
HRP_S[FW2] ip route-static 2.2.2.12 32 NULL 0
```

【强叔点评】路由的配置是不备份的，所以需要在两台防火墙上分别配置黑洞路由。

步骤 12　配置 NAT ALG 功能。

【强叔点评】NAT ALG 与 ASPF 的配置命令一致。

分别在 trust 区域与 isp1、isp2、dmz 区域之间配置 NAT ALG 功能。

```
HRP_M[FW1] firewall interzone trust isp1
HRP_M[FW1-interzone-trust-isp1] detect ftp
HRP_M[FW1-interzone-trust-isp1] detect sip
HRP_M[FW1-interzone-trust-isp1] detect h323
HRP_M[FW1-interzone-trust-isp1] detect mgcp
HRP_M[FW1-interzone-trust-isp1] detect rtsp
HRP_M[FW1-interzone-trust-isp1] detect qq
HRP_M[FW1-interzone-trust-isp1] quit
HRP_M[FW1] firewall interzone trust isp2
HRP_M[FW1-interzone-trust-isp2] detect ftp
HRP_M[FW1-interzone-trust-isp2] detect sip
HRP_M[FW1-interzone-trust-isp2] detect h323
HRP_M[FW1-interzone-trust-isp2] detect mgcp
HRP_M[FW1-interzone-trust-isp2] detect rtsp
HRP_M[FW1-interzone-trust-isp2] detect qq
HRP_M[FW1-interzone-trust-isp2] quit
```

```
HRP_M[FW1] firewall interzone trust dmz
HRP_M[FW1-interzone-trust-dmz] detect ftp
HRP_M[FW1-interzone-trust-dmz] detect sip
HRP_M[FW1-interzone-trust-dmz] detect h323
HRP_M[FW1-interzone-trust-dmz] detect mgcp
HRP_M[FW1-interzone-trust-dmz] detect rtsp
HRP_M[FW1-interzone-trust-dmz] detect qq
HRP_M[FW1-interzone-trust-dmz] quit
```

分别在 dmz 区域与 isp1、isp2 区域之间配置 NAT ALG 功能。

```
HRP_M[FW1] firewall interzone dmz isp1
HRP_M[FW1-interzone-dmz-isp1] detect ftp
HRP_M[FW1-interzone-dmz-isp1] detect sip
HRP_M[FW1-interzone-dmz-isp1] detect h323
HRP_M[FW1-interzone-dmz-isp1] detect mgcp
HRP_M[FW1-interzone-dmz-isp1] detect rtsp
HRP_M[FW1-interzone-dmz-isp1] detect qq
HRP_M[FW1-interzone-dmz-isp1] quit
HRP_M[FW1] firewall interzone dmz isp2
HRP_M[FW1-interzone-dmz-isp2] detect ftp
HRP_M[FW1-interzone-dmz-isp2] detect sip
HRP_M[FW1-interzone-dmz-isp2] detect h323
HRP_M[FW1-interzone-dmz-isp2] detect mgcp
HRP_M[FW1-interzone-dmz-isp2] detect rtsp
HRP_M[FW1-interzone-dmz-isp2] detect qq
HRP_M[FW1-interzone-dmz-isp2] quit
```

步骤 13　配置 NAT Server 和智能 DNS 功能。

配置 NAT Server 功能，将 Web 服务器的私网地址分别映射成供 ISP1 和 ISP2 用户访问的公网地址。

```
HRP_M[FW1] nat server 1 zone isp1 global 1.1.1.15 inside 10.0.10.10
HRP_M[FW1] nat server 2 zone isp2 global 2.2.2.15 inside 10.0.10.10
```

配置 NAT Server 功能，将 FTP 服务器的私网地址分别映射成供 ISP1 和 ISP2 用户访问的公网地址。

```
HRP_M[FW1] nat server 3 zone isp1 global 1.1.1.16 inside 10.0.10.11
HRP_M[FW1] nat server 4 zone isp2 global 2.2.2.16 inside 10.0.10.11
```

配置 NAT Server 功能，将 DNS 服务器的私网地址分别映射成供 ISP1 和 ISP2 用户访问的公网地址。

```
HRP_M[FW1] nat server 5 zone isp1 global 1.1.1.17 inside 10.0.10.20
HRP_M[FW1] nat server 6 zone isp2 global 2.2.2.17 inside 10.0.10.20
```

配置智能 DNS 功能，确保各个 ISP 的用户访问内网服务器时，都能够解析到自己 ISP 为服务器分配的地址，从而提高访问速度。例如使 ISP1 的用户访问内网的 Web 服务器 10.0.10.10 时，能够解析到服务器的 ISP1 地址 1.1.1.15，ISP2 的用户访问内网的 Web 服务器 10.0.10.10 时，能够解析到服务器的 ISP1 地址 2.2.2.15。

```
HRP_M[FW1] dns-smart enable
HRP_M[FW1] dns-smart group 1 type single
HRP_M[FW1-dns-smart-group-1] real-server-ip 10.0.10.10
HRP_M[FW1-dns-smart-group-1] out-interface GigabitEthernet 1/0/1 map 1.1.1.15
```

```
HRP_M[FW1-dns-smart-group-1] out-interface GigabitEthernet 1/0/2 map 2.2.2.15
HRP_M[FW1-dns-smart-group-1] quit
HRP_M[FW1] dns-smart group 2 type single
HRP_M[FW1-dns-smart-group-2] real-server-ip 10.0.10.11
HRP_M[FW1-dns-smart-group-2] out-interface GigabitEthernet 1/0/1 map 1.1.1.16
HRP_M[FW1-dns-smart-group-2] out-interface GigabitEthernet 1/0/2 map 2.2.2.16
HRP_M[FW1-dns-smart-group-2] quit
```

在 FW1 上配置黑洞路由,将 NAT Server 后服务器的公网地址发布出去。

```
HRP_M[FW1] ip route-static 1.1.1.15 32 NULL 0
HRP_M[FW1] ip route-static 1.1.1.16 32 NULL 0
HRP_M[FW1] ip route-static 1.1.1.17 32 NULL 0
HRP_M[FW1] ip route-static 2.2.2.15 32 NULL 0
HRP_M[FW1] ip route-static 2.2.2.16 32 NULL 0
HRP_M[FW1] ip route-static 2.2.2.17 32 NULL 0
```

在 FW2 上配置黑洞路由,将 NAT Server 后服务器的公网地址发布出去。

```
HRP_M[FW2] ip route-static 1.1.1.15 32 NULL 0
HRP_M[FW2] ip route-static 1.1.1.16 32 NULL 0
HRP_M[FW2] ip route-static 1.1.1.17 32 NULL 0
HRP_M[FW2] ip route-static 2.2.2.15 32 NULL 0
HRP_M[FW2] ip route-static 2.2.2.16 32 NULL 0
HRP_M[FW2] ip route-static 2.2.2.17 32 NULL 0
```

【强叔点评】路由的配置是不备份的,所以需要在两台防火墙上分别配置黑洞路由。

步骤 14　配置 NAT 溯源和 IM 日志功能。

【强叔点评】NAT 溯源功能是查看 NAT 转换前后的地址信息。我们的实现方式是通过防火墙上配置审计功能生成会话日志,然后将会话日志输出到日志主机上。在日志主机上,我们可以通过网管系统 eSight 查看这些会话日志,从而查看 NAT 转换前后的地址信息。

在 FW1 上配置向日志主机(10.0.10.30)发送会话日志(端口 9002)。这里需要在 trust 与 isp、isp2 间的双方向都配置审计策略。

```
HRP_M[FW1] firewall log source 10.0.5.1 9002
HRP_M[FW1] firewall log host 2 10.0.10.30 9002
HRP_M[FW1] audit-policy interzone trust isp1 outbound
HRP_M[FW1-audit-policy-interzone-trust-isp1-outbound] policy 0
HRP_M[FW1-audit-policy-interzone-trust-isp1-outbound-0] action audit
HRP_M[FW1-audit-policy-interzone-trust-isp1-outbound-0] quit
HRP_M[FW1-audit-policy-interzone-trust-isp1-outbound] quit
HRP_M[FW1] audit-policy interzone trust isp1 inbound
HRP_M[FW1-audit-policy-interzone-trust-isp1-inbound] policy 0
HRP_M[FW1-audit-policy-interzone-trust-isp1-inbound-0] action audit
HRP_M[FW1-audit-policy-interzone-trust-isp1-inbound-0] quit
HRP_M[FW1-audit-policy-interzone-trust-isp1-inbound] quit
HRP_M[FW1] audit-policy interzone trust isp2 outbound
HRP_M[FW1-audit-policy-interzone-trust-isp2-outbound] policy 0
HRP_M[FW1-audit-policy-interzone-trust-isp2-outbound-0] action audit
HRP_M[FW1-audit-policy-interzone-trust-isp2-outbound-0] quit
HRP_M[FW1-audit-policy-interzone-trust-isp2-outbound] quit
HRP_M[FW1] audit-policy interzone trust isp2 inbound
HRP_M[FW1-audit-policy-interzone-trust-isp2-inbound] policy 0
```

```
HRP_M[FW1-audit-policy-interzone-trust-isp2-inbound-0] action audit
HRP_M[FW1-audit-policy-interzone-trust-isp2-inbound-0] quit
HRP_M[FW1-audit-policy-interzone-trust-isp2-inbound] quit
```

\# 在 FW1 上启用 IM 日志发送功能。

```
HRP_M[FW1] firewall log im enable
```

\# 上面的日志配置都会由 FW1 备份到 FW2。日志源地址的配置是不备份的，因此我们需要在 FW2 上配置日志源地址。

```
HRP_S[FW2] firewall log source 10.0.6.1 9002
```

\# 在 FW1 上配置 SNMP，使 FW1 与 eSight 对接。eSight 上的 SNMP 参数需要与 FW1 上保持一致。

```
HRP_M[FW1] snmp-agent sys-info v3
HRP_M[FW1] snmp-agent group v3 NMS1 privacy
HRP_M[FW1] snmp-agent usm-user v3 admin1 NMS1 authentication-mode md5 Admin@123 privacy-mode aes256
Admin@123
```

\# SNMP 的配置是不备份的，因此我们需要在 FW2 上配置 SNMP，使 FW2 与 eSight 对接。eSight 上的 SNMP 参数需要与 FW2 上保持一致。

```
HRP_S[FW2] snmp-agent sys-info v3
HRP_S[FW2] snmp-agent group v3 NMS1 privacy
HRP_S[FW2] snmp-agent usm-user v3 admin1 NMS1 authentication-mode md5 Admin@456 privacy-mode aes256
Admin@456
```

\# eSight 配置完成后，在 eSight 上选择"业务->安全业务->LogCenter->日志分析->会话分析->IPv4 会话日志"，可以查看会话日志；选择"分析->网络安全分析->即时通信"，可以查看 IM 日志。

12.4　拍案惊奇

- 此案例的惊奇之处在于描述了防火墙在广电网络的 Internet 出口处的典型应用。如果您想在广电网络出口部署防火墙，完全可以借鉴此案例。
- 此案例的另一惊奇之处在于诠释了双机热备的经典组网："防火墙上行连接交换机，下行连接路由器"。我们可以借此理解双机热备的典型应用。
- 此案例的最大惊奇之处在于展现了防火墙作为网关的多出口选路能力，包括：ISP 选路、智能选路、策略路由和智能 DNS 等功能。
- 此案例的又一惊奇之处在于体现了防火墙的应用识别和控制能力。防火墙不仅能够识别端口信息，还能够识别各种应用，并且能够根据应用进行访问控制、策略路由和流量控制。

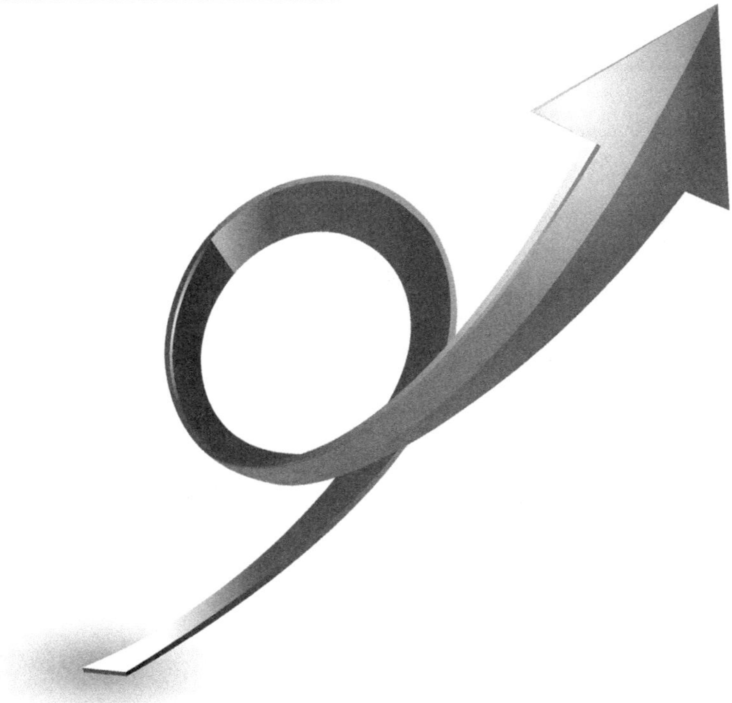

第13章
防火墙在体育场馆
网络中的应用

13.1　组网需求

13.2　强叔规划——出口防火墙

13.3　强叔规划——数据中心防火墙

13.4　配置步骤——出口防火墙

13.5　配置步骤——数据中心防火墙

13.6　拍案惊奇

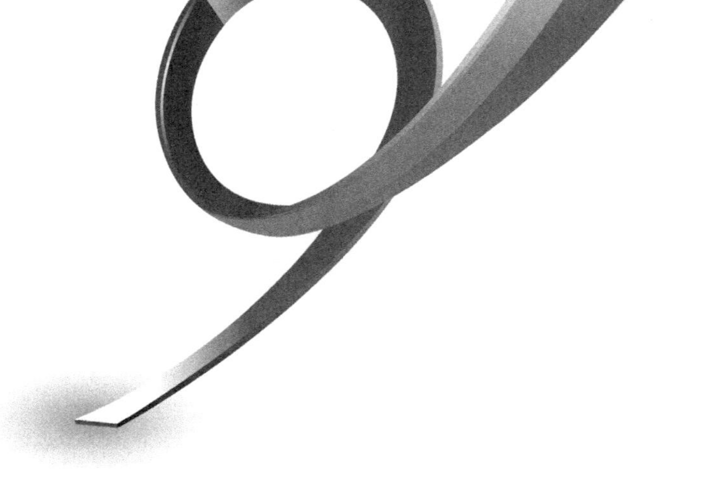

13.1　组网需求

如图 13-1 所示，体育场馆网络出口处部署两台防火墙（USG6680 V100R001C20 版本）作为出口网关，为内网用户提供宽带上网业务。两台防火墙连接到同一运营商，其中 FW1 连接的是运营商的国内链路，FW2 连接的是运营商得国际链路。

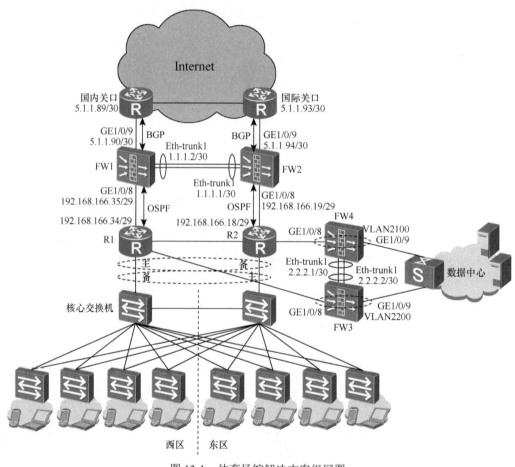

图 13-1　体育场馆解决方案组网图

体育场馆内部的数据中心出口处也部署了两台防火墙（USG6680 V100R001C20 版本），用于保护数据中心服务器的安全。

体育场馆对出口防火墙的具体需求如下。

（1）防火墙作为出口网关与运营商的路由器之间运行 BGP，与内部的路由器之间运行 OSPF。

（2）两台防火墙组成双机热备组网，提升网络可靠性。

（3）为保证场馆内的多个用户能够同时上网，需要在防火墙上部署 NAT 功能。

（4）为保证内部网络安全，只允许内网用户访问外网，并且需要在防火墙上部署

IPS、AV、URL 过滤等安全功能。

体育场馆对内部数据中心防火墙的具体需求如下。

（1）防火墙以透明模式（业务接口工作在二层）部署到路由器与数据中心交换机之间。

（2）两台防火墙组成双机热备组网，提升网络可靠性。

（3）为保证数据中心网络安全，只允许内网用户访问数据中心的服务器，并且需要在防火墙上部署 IPS 和 AV 功能。

13.2　强叔规划——出口防火墙

13.2.1　BGP 规划

场馆选择同一个运营商的不同级别的节点去接入 Internet。如最开始提到的两条 ISP 链路，一条为国内链路，连接国内关口局；另一条为国际链路，连接国际关口局。国内关口局会通过 BGP 发布国内明细路由给场馆，国际关口局会发布国际明细路由给场馆，实现场馆用户访问不同地点的 Internet 站点时能够选择最优的路径。

📖 说明
本案例中的国内和国际双链路在海外国家比较常见。

13.2.2　OSPF 规划

1. 在 OSPF 中引入 BGP

IGP 路由表容量较 BGP 路由表容量小很多，无法容纳 Internet 路由表条目，不能直接将 BGP 路由全部引入 IGP。所以引入方式为：在 OSPF 中通过执行命令 **default-route-advertise** 引入运营商路由器通告的默认路由。

2. OSPF 发布的网段

出口防火墙与下行的内网路由器之间运行 OSPF，所以需要在防火墙的 OSPF 中发布内网接口网段路由。这里需要注意以下两点。

- 由于同一网段只有防火墙和内网路由器这两台设备运行 OSPF，所以可以配置 OSPF 的 **network-type** 为 P2P 类型。因为 OSPF 需要一个 DR 选举的过程，大概需要十几秒的时间，然而两台设备直接相连不用选举 DR，所以可以配置 P2P 类型，减少这个 DR 选举的时间。另外，P2P 类型的 OSPF 报文都是组播报文，不受安全策略控制。
- 防火墙心跳线只用于备份配置命令和状态信息，不跑业务，所以心跳线地址网段不需要在 OSPF 路由中发布。

3. 加快路由收敛

需要在出口防火墙和内网路由器上部署 BFD 与 OSPF 联动功能。

13.2.3　双机热备规划

1. 双机热备组网选择

出口防火墙上行连接运营商路由器，下行连接内部路由器，这是一种 "防火墙业务接口工作在三层，上下行连接路由器"的典型双机热备组网，略有区别的是在这种组网中，防火墙与上行路由器之间运行 BGP，与下行路由器之间运行 OSPF。在这种组网中我们使用 VGMP 组直接监控业务接口。

2. 双机热备方案选择

本案例选择的是负载分担方式的双机热备，主要基于以下两点考虑。

- 内网访问 Internet 的流量比较大。由于每台出口防火墙需要开启 IPS、AV 和 NAT 等功能，转发性能会有一定程度的下降，所以内网访问 Internet 的流量有可能超过一条链路的承受能力。这时就需要选择负载分担方式，使两条链路都转发流量，保证业务正常运行。
- 运营商提供了一条国际链路，一条国内链路。如果选择主备备份方式，必然有一条链路会闲置，而且流量也不能选择最优的路径。

13.2.4　安全功能规划

出口防火墙主要部署了以下安全功能。

- 安全区域：一般情况下，我们会把连接外网的接口加入 untrust 区域，把连接内网的接口加入 trust 区域。
- 安全策略：为保证内部网络安全，场馆只允许内网用户访问外网，所以我们需要在出口防火墙部署安全策略，允许 trust 区域访问 untrust 区域。
- IPS：为了防止僵尸木马蠕虫的入侵，需要在出口防火墙上部署 IPS 功能。本案例使用缺省的配置文件 **ids**，即只对入侵报文产生告警，不阻断。如果对安全性要求不是很高，为了降低 IPS 误报的风险，建议选择 **ids** 配置文件。
- AV：为了防止病毒入侵，需要在出口防火墙上部署 AV 功能。本案例使用缺省的配置文件 **default**。在初始部署防火墙时，一般情况下，选择缺省的 AV 配置文件 **default** 即可。防火墙运行一段时间后，管理员可以根据网络运行状况，自定义配置文件。
- URL 过滤：为了对内外用户的上网行为进行管理，需要在出口防火墙上部署 URL 过滤功能。本案例使用的是自定义配置文件 **url filtering**。**url filtering** 定义了对特定小类的 URL 进行阻断，可以禁止内网用户访问特定的网站；**url filtering** 还对特定小类的 URL 进行 QoS 优先级标记，便于上下行路由器对这些网址进行流量控制（QoS）。

13.2.5　NAT 规划

为了保证内网海量用户能够通过有限的公网 IP 访问 Internet，需要在出口防火墙上部署 NAT 功能。

1. 申请的公网地址个数

防火墙的出接口和 NAT 地址池中的地址都是向运营商申请的公网地址。NAT 地址池部署中，需要考虑向运营商申请的公网地址个数，考虑因素包括：

- 每个公网地址可以转换的应用个数；
- 根据现场流量模型，估算每个用户并发应用个数；
- 并发用户个数。

下面来举例说明。

- 经验数据：在本案例实际应用场景下，每个公网地址可以转换 6 万个应用，每个用户平均并发 10 个应用。
- 假设并发用户有 4.8 万人，根据上述经验数据，需要 8 个公网地址。同时建议申请公网地址时考虑冗余，所以建议在上述情况下申请 10 个公网地址。

2．NAT ALG 保证多通道协议的 NAT 转换

当防火墙既开启 NAT 功能，又需要转发多通道协议报文（例如 FTP 等）时，必须开启相应的 NAT ALG 功能。本案例主要应用了 FTP、SIP 和 H323 这三种多通道协议，所以需要开启这三种协议的 NAT ALG 功能。

13.2.6　来回路径不一致规划

由于我们在防火墙上配置了 IPS 和 AV 功能，而 IPS 和 AV 功能需要检测一系列报文，所以为了保证 IPS 和 AV 检测的准确性，我们需要确保报文来回路径的一致性。即如果内网用户访问 Internet 的报文是通过 FW1（FW2）转发出去的，那么要求他的回程报文也必须通过 FW1（FW2）转发回来。

而 FW1 和 FW2 之间是负载分担方式的双机热备，两台防火墙都会转发流量，这就有可能造成来回路径不一致。所以我们必须进行一些巧妙的配置，保证报文的来回路径一致。

首先我们要保证西区（东区）用户访问 Internet 的报文都转发到 FW1（FW2）上来，然后在 FW1（FW2）上将源地址 NAT 转换为地址池 natpool1（natpool2）中的地址。为此我们需要进行如下配置。

（1）我们在内网路由器的每个下行子接口上都配置两个 VRRP 备份组，形成负载分担（互为主备）状态，并将西区用户的网关设置为 VRRP 备份组 1 的地址，东区用户的网关设置为 VRRP 备份组 2 的地址。这样西区用户的流量都会转发到 Router1，进而转发到 FW1；东区用户的流量都会转发到 Router2，进而转发到 FW2。

（2）我们将申请到的公网地址一分为二，放到两个 NAT 地址池中 natpool1 和 natpool2 中。然后配置两条 NAT 策略的规则 nat_policy1 和 nat_policy2，nat_policy1 中的源地址为西区用户的地址，引用 natpool1；nat_policy2 中的源地址为东区用户的地址，引用 natpool2。我们只需在 FW1 上配置即可，NAT 地址池和策略的配置都会被同步到 FW2 上。

这样当西区用户的报文到达 FW1 后，报文的源地址会被转换成 natpool1 中的地址；东区用户的报文到达 FW2 后，报文的源地址会被转换成 natpool2 中的地址。而当 FW1 故障后，东区用户和西区用户的报文都会转发到 FW2 上。由于 FW2 上存在两条 NAT 规则，所以东西区用户的报文也都能够顺利转换成相应地址。

然后我们需要保证西区（东区）用户访问 Internet 的回程报文都能转发到 FW1（FW2）

上来。这点我们需要通过路由策略来控制 BGP 的 MED 值来实现。为此我们需要进行如下配置。

（1）我们需要将两个 NAT 地址池中的网段在 BGP 路由中发布出去，保证报文能够回程。NAT 地址池的发布一般通过黑洞路由来实现，本案例的做法是先通过黑洞路由发布，然后在 BGP 路由中引入这些黑洞路由。

（2）我们需要在 FW1 上配置路由策略，让到达 natpool2 中地址的路由开销（BGP MED 值）增大。这样在正常情况下，去往 natpool2 中地址的报文就不会到达 FW1，而是通过路由开销值小的链路到达 FW2。同理我们在 FW2 上配置路由策略，让到达 natpool1 中地址的路由开销（BGP MED 值）增大，这样去往 natpool1 中地址的报文就不会到达 FW2，而是通过路由开销值小的链路到达 FW1。

通过以上的配置，我们就可以保证报文的来回路径一致，从而保证 IPS 和 AV 功能检测的准确性。

13.3 强叔规划——数据中心防火墙

13.3.1 双机热备规划

数据中心防火墙透明部署到数据中心网络出口处，上行连接路由器，下行连接数据中心内的三层交换机（可以看成路由器）。这是一种 "防火墙业务接口工作在二层，上下行连接路由器" 的典型双机热备组网。在这种组网中，防火墙的上行路由器和下行三层交换机之间运行 OSPF，防火墙不参与到 OSPF 路由计算中来。防火墙的 VGMP 组通过 VLAN 监控业务接口。

13.3.2 安全功能规划

数据中心防火墙主要部署了以下安全功能。

- 安全区域：本案例中，数据中心区域的安全级别更高，所以我们需要把连接核心路由器的接口加入 untrust 区域，连接数据中心的接口加入 trust 区域。
- 安全策略：为保证数据中心的安全，场馆只允许内网用户访问数据中心服务器的特定端口，所以我们需要在数据中心防火墙上部署安全策略，允许 untrust 区域访问 trust 区域的特定服务器的特定端口。
- ASPF：为了保证多通道协议能够通过，需要配置 ASPF 功能。本案例主要应用了 FTP、SIP 和 H323 这三种多通道协议，所以需要开启这三种协议的 ASPF 功能。
- IPS：为了防止僵尸木马蠕虫的入侵，需要部署 IPS 功能。与出口防火墙不同的是，数据中心防火墙的安全性要求更高，所以使用的缺省的 IPS 配置文件 **default**。IPS 配置文件 **default** 会阻断网络中的入侵行为。
- AV：为了防止病毒，需要部署 AV 功能，本案例使用的是缺省的 AV 配置文件 **default**。

在最初部署 IPS 和 AV 功能时，我们可以先使用缺省的配置文件 **default**。防火墙运行一段时间后，我们可以根据网络流量情况和日志信息调整 IPS 和 AV 的配置，自定义更符合现网情况的配置文件。

13.4　配置步骤——出口防火墙

步骤 1　配置接口的 IP 地址，并将接口加入安全区域。

\# 配置 FW1 的内网接口 GE1/0/8 的 IP 地址和描述信息。

```
<FW1> system-view
[FW1] interface GigabitEthernet 1/0/8
[FW1-GigabitEthernet1/0/8] ip address 192.168.166.35 255.255.255.248
[FW1-GigabitEthernet1/0/8] description to R1-GigabitEthernet1/0/0_192.168.166.34
[FW1-GigabitEthernet1/0/8] quit
```

\# 配置 FW1 的外网接口 GE1/0/9 的 IP 地址和描述信息。

```
[FW1] interface GigabitEthernet 1/0/9
[FW1-GigabitEthernet1/0/9] ip address 5.1.1.90 255.255.255.252
[FW1-GigabitEthernet1/0/9] description to ISP-internal
[FW1-GigabitEthernet1/0/9] quit
```

\# 配置 FW1 的 GE3/0/8 和 GE3/0/9 组成心跳口 Eth-Trunk1，并配置心跳口 IP 地址。

```
[FW1] interface Eth-Trunk1
[FW1-Eth-Trunk1] ip address 1.1.1.2 255.255.255.252
[FW1-Eth-Trunk1] description to hrp
[FW1-Eth-Trunk1] quit
[FW1] interface GigabitEthernet 3/0/8
[FW1-GigabitEthernet3/0/8] eth-trunk 1
[FW1-GigabitEthernet3/0/8] description to FW2-GigabitEthernet3/0/8
[FW1-GigabitEthernet3/0/8] quit
[FW1] interface GigabitEthernet 3/0/9
[FW1-GigabitEthernet3/0/9] eth-trunk 1
[FW1-GigabitEthernet3/0/9] description to FW2-GigabitEthernet3/0/9
[FW1-GigabitEthernet3/0/9] quit
```

\# 配置 FW1 的各接口加入相应的安全区域。

```
[FW1] firewall zone trust
[FW1-zone-trust] add interface GigabitEthernet1/0/8
[FW1-zone-trust] quit
[FW1] firewall zone untrust
[FW1-zone- untrust] add interface GigabitEthernet1/0/9
[FW1-zone- untrust] quit
[FW1] firewall zone dmz
[FW1-zone-dmz] add interface Eth-Trunk1
[FW1-zone-dmz] quit
```

\# 配置 FW2 的内网接口 GE1/0/8 的 IP 地址和描述信息。

```
<FW2> system-view
[FW2] interface GigabitEthernet 1/0/8
[FW2-GigabitEthernet1/0/8] ip address 192.168.166.19 255.255.255.248
[FW2-GigabitEthernet1/0/8] description to R2-GigabitEthernet1/0/0_192.168.166.18
[FW2-GigabitEthernet1/0/8] quit
```

配置 FW2 的外网接口 GE1/0/9 的 IP 地址和描述信息。

```
[FW2] interface GigabitEthernet 1/0/9
[FW2-GigabitEthernet1/0/9] ip address 5.1.1.94 255.255.255.252
[FW2-GigabitEthernet1/0/9] description to ISP-International
[FW2-GigabitEthernet1/0/9] quit
```

配置 FW2 的 GE3/0/8 和 GE3/0/9 组成心跳口 Eth-Trunk1，并配置心跳口 IP 地址。

```
[FW2] interface Eth-Trunk1
[FW2-Eth-Trunk1] ip address 1.1.1.1 255.255.255.252
[FW2-Eth-Trunk1] description to hrp
[FW2-Eth-Trunk1] quit
[FW2] interface GigabitEthernet 3/0/8
[FW2-GigabitEthernet3/0/8] eth-trunk 1
[FW2-GigabitEthernet3/0/8] description to FW1-GigabitEthernet3/0/8
[FW2-GigabitEthernet3/0/8] quit
[FW2] interface GigabitEthernet 3/0/9
[FW2-GigabitEthernet3/0/9] eth-trunk 1
[FW2-GigabitEthernet3/0/9] description to FW1-GigabitEthernet3/0/9
[FW2-GigabitEthernet3/0/9] quit
```

配置 FW2 的各接口加入相应的安全区域。

```
[FW2] firewall zone trust
[FW2-zone-trust] add interface GigabitEthernet1/0/8
[FW2-zone-trust] quit
[FW2] firewall zone untrust
[FW2-zone-untrust] add interface GigabitEthernet1/0/9
[FW2-zone-untrust] quit
[FW2] firewall zone dmz
[FW2-zone-dmz] add interface Eth-Trunk1
[FW2-zone-dmz] quit
```

步骤 2　配置 BGP。

在 FW1 上配置 BGP，包括配置对等体，发布相邻网段和引入直连路由等。

```
[FW1] bgp 65010
[FW1-bgp] router-id 5.1.1.90
[FW1-bgp] peer 5.1.1.89 as-number 20825
[FW1-bgp] peer 5.1.1.89 password cipher Admin@1234
[FW1-bgp] ipv4-family unicast
[FW1-bgp-af-ipv4] network 5.1.1.88 255.255.255.252
[FW1-bgp-af-ipv4] import-route static
[FW1-bgp-af-ipv4] peer 5.1.1.89 enable
```

在 FW2 上配置 BGP，包括配置对等体，发布相邻网段和引入直连路由等。

```
[FW2] bgp 65010
[FW2-bgp] router-id 5.1.1.94
[FW2-bgp] peer 5.1.1.93 as-number 20825
[FW2-bgp] peer 5.1.1.93 password cipher Admin@1234
[FW2-bgp] ipv4-family unicast
[FW2-bgp-af-ipv4] network 5.1.1.92 255.255.255.252
[FW2-bgp-af-ipv4] import-route static
[FW2-bgp-af-ipv4] peer 5.1.1.93 enable
```

步骤 3　配置路由策略。

在 FW1 上配置地址前缀 W2，过滤出 5.1.1.152/29 网段的 IP（5.1.1.153～5.1.1.158）。

[FW1] **ip ip-prefix W2 index 10 permit 5.1.1.152 29 greater-equal 29 less-equal 29**

\# 在 FW1 上配置路由策略 W2，设置源地址为 5.1.1.153～5.1.1.158 的报文开销值为 300，其余源地址的报文开销不变。

[FW1] **route-policy W2 permit node 10**
[FW1-route-policy] **if-match ip-prefix W2**
[FW1-route-policy] **apply cost 300**
[FW1-route-policy] **quit**
[FW1] **route-policy W2 permit node 20**

\# 在 FW2 上配置地址前缀 N1，过滤出 5.1.1.144/29 网段的 IP（5.1.1.145～5.1.1.150）。

[FW2] **ip ip-prefix N1 index 10 permit 5.1.1.144 29 greater-equal 29 less-equal 29**

\# 在 FW2 上配置路由策略 N1，设置源地址为 5.1.1.145～5.1.1.150 的报文开销值为 300，其余源地址的报文开销不变。

[FW2] **route-policy N1 permit node 10**
[FW2-route-policy] **if-match ip-prefix N1**
[FW2-route-policy] **apply cost 300**
[FW2-route-policy] **quit**
[FW2] **route-policy N1 permit node 20**

步骤 4　配置 OSPF。

\# 在 FW1 上配置 OSPF，包括引入默认路由，启用 BFD，发布网段。

[FW1] **ospf 1**
[FW1-ospf-1] **default-route-advertise always**
[FW1-ospf-1] **bfd all-interfaces enable**
[FW1-ospf-1] **area 0**
[FW1-ospf-1-area-0.0.0.0] **network 192.168.166.32 0.0.0.7**
[FW1-ospf-1-area-0.0.0.0] **quit**
[FW1-ospf-1] quit

\# 在 FW1 上启用 BFD 功能。

[FW1] **bfd**
[FW1-bfd] **quit**

\# 在 FW1 的 GE1/0/8 接口上配置 OSPF 网络类型为 P2P。

[FW1] **interface GigabitEthernet1/0/8**
[FW1-GigabitEthernet1/0/8] **ospf network-type p2p**

\# 在 FW1 的 GE1/0/8 接口上配置 BFD 与 OSPF 联动。

[FW1-GigabitEthernet1/0/8] **ospf bfd enable**
[FW1-GigabitEthernet1/0/8] **ospf bfd min-tx-interval 100 min-rx-interval 100**
[FW1-GigabitEthernet1/0/8] **quit**

\# 在 FW2 上配置 OSPF，包括引入默认路由，启用 BFD，发布网段。

[FW2] **ospf 1**
[FW2-ospf-1] **default-route-advertise always**
[FW2-ospf-1] **bfd all-interfaces enable**
[FW2-ospf-1] **area 0**
[FW2-ospf-1-area-0.0.0.0] **network 192.168.166.16 0.0.0.7**
[FW2-ospf-1-area-0.0.0.0] **quit**
[FW2-ospf-1] **quit**

\# 在 FW2 上启用 BFD 功能。

```
[FW2] bfd
[FW2-bfd] quit
```

\# 在 FW2 的 GE1/0/8 接口上配置 OSPF 网络类型为 P2P。

```
[FW2] interface GigabitEthernet1/0/8
[FW2-GigabitEthernet1/0/8] ospf network-type p2p
```

\# 在 FW2 的 GE1/0/8 接口上配置 BFD 与 OSPF 联动。

```
[FW2-GigabitEthernet1/0/8] ospf bfd enable
[FW2-GigabitEthernet1/0/8] ospf bfd min-tx-interval 100 min-rx-interval 100
[FW2-GigabitEthernet1/0/8] quit
```

步骤 5　配置双机热备功能。

\# 在 FW1 上配置 Active 组和 Standby 组同时监控接口 GE1/0/8，同时配置 Link-Group，加快收敛速度。

```
[FW1] interface GigabitEthernet1/0/8
[FW1-GigabitEthernet1/0/8] hrp track active
[FW1-GigabitEthernet1/0/8] hrp track standby
[FW1-GigabitEthernet1/0/8] link-group 1
[FW1-GigabitEthernet1/0/8] quit
```

\# 在 FW1 上配置 Active 组和 Standby 组同时监控接口 GE1/0/9，同时配置 Link-Group，加快收敛速度。

```
[FW1] interface GigabitEthernet1/0/9
[FW1-GigabitEthernet1/0/9] hrp track active
[FW1-GigabitEthernet1/0/9] hrp track standby
[FW1-GigabitEthernet1/0/9] link-group 1
[FW1-GigabitEthernet1/0/9] quit
```

\# 在 FW1 上指定心跳口，配置会话快速备份，启用双机热备功能。

```
[FW1] hrp interface Eth-Trunk1
[FW1] hrp mirror session enable
[FW1] hrp enable
```

\# 在 FW2 上配置 Active 组和 Standby 组同时监控接口 GE1/0/8，同时配置 Link-Group，加快收敛速度。

```
[FW2] interface GigabitEthernet1/0/8
[FW2-GigabitEthernet1/0/8] hrp track active
[FW2-GigabitEthernet1/0/8] hrp track standby
[FW2-GigabitEthernet1/0/8] link-group 1
[FW2-GigabitEthernet1/0/8] quit
```

\# 在 FW2 上配置 Active 组和 Standby 组同时监控接口 GE1/0/9，同时配置 Link-Group，加快收敛速度。

```
[FW2] interface GigabitEthernet1/0/9
[FW2-GigabitEthernet1/0/9] hrp track active
[FW2-GigabitEthernet1/0/9] hrp track standby
[FW2-GigabitEthernet1/0/9] link-group 1
[FW2-GigabitEthernet1/0/9] quit
```

在 FW2 上指定心跳口，配置会话快速备份，启用双机热备功能。

```
[FW2] hrp interface Eth-Trunk1
[FW2] hrp mirror session enable
[FW2] hrp enable
```

【强叔点评】双机热备状态成功建立后，大部分配置都能够备份。所以在下面的步骤中，我们只需在主用设备 FW1 上配置即可（有特殊说明的配置除外）。

步骤 6　配置 NAT 功能。

在 FW1 上配置 NAT 地址池 natpool1。

```
HRP_A[FW1] nat address-group natpool1
HRP_A[FW1-nat-address-group-natpool1] section 0 5.1.1.145 5.1.1.150
HRP_A[FW1-nat-address-group-natpool1] quit
```

在 FW1 上配置 NAT 策略 nat_policy1，将来自 10.0.0.0/16 网段的报文的源地址转换成地址池 natpool1 中的地址。

```
HRP_A[FW1] nat-policy
HRP_A[FW1-policy-nat] rule name nat_policy1
HRP_A[FW1-policy-nat-rule-nat_policy1] source-address 10.0.0.0 16
HRP_A[FW1-policy-nat-rule-nat_policy1] action nat address-group natpool1
HRP_A[FW1-policy-nat-rule-nat_policy1] quit
HRP_A[FW1-policy-nat] quit
```

在 FW1 上配置 NAT 地址池 natpool2。

```
HRP_A[FW1] nat address-group natpool2
HRP_A[FW1-nat-address-group-natpool2] section 0 5.1.1.153 5.1.1.158
HRP_A[FW1-nat-address-group-natpool2] quit
```

在 FW1 上配置 NAT 策略 nat_policy2，将来自 10.1.0.0/16 网段的报文的源地址转换成地址池 natpool2 中的地址。

```
HRP_A[FW1] nat-policy
HRP_A[FW1-policy-nat] rule name nat_policy2
HRP_A[FW1-policy-nat-rule-nat_policy2] source-address 10.1.0.0 16
HRP_A[FW1-policy-nat-rule-nat_policy2] action nat address-group natpool2
HRP_A[FW1-policy-nat-rule-nat_policy2] quit
HRP_A[FW1-policy-nat] quit
```

【强叔点评】双机热备状态建立后，NAT 地址池和 NAT 策略的配置都能够备份，所以这里只在配置主设备 FW1 上配置即可。

在 FW1 上配置黑洞路由，将 NAT 地址池中的公网地址发布出去。

```
HRP_A[FW1] ip route-static 5.147.252.144 255.255.255.240 NULL0
```

在 FW2 上配置黑洞路由，将 NAT 地址池中的公网地址发布出去。

```
HRP_S[FW2] ip route-static 5.147.252.144 255.255.255.240 NULL0
```

【强叔点评】路由的配置是不备份的，所以需要在两台防火墙上分别配置黑洞路由。

在 FW1 上配置 NAT ALG 功能。NAT ALG 的配置会自动备份到备用设备。

```
HRP_A[FW1] firewall interzone trust untrust
HRP_A[FW1-interzone-trust-untrust] detect ftp
HRP_A[FW1-interzone-trust-untrust] detect sip
```

```
HRP_A[FW1-interzone-trust-untrust] detect h323
HRP_A[FW1-interzone-trust-untrust] quit
```

步骤 7　配置安全功能。

在 FW1 上配置 URL 过滤配置文件 **url1**。

```
HRP_A[FW1] profile type url-filter name url1
HRP_A[FW1-profile-url-filter-url1] category pre-defined subcategory-id 109 action qos remark dscp cs1
HRP_A[FW1-profile-url-filter-url1] category pre-defined subcategory-id 122 action block
HRP_A[FW1-profile-url-filter-url1] category pre-defined subcategory-id 182 action block
HRP_A[FW1-profile-url-filter-url1] quit
```

【强叔点评】在配置 URL 过滤配置文件之前，请先执命令 **display url-filter category**
查看 URL 的分类信息，并根据网络实际需求，选择合适的分类。由于配置方法相同，这
里仅以以上三个分类的配置为例。

配置安全策略，允许内网用户访问外网，并引用 IPS、AV 和 URL 过滤的配置文件。

```
HRP_A[FW1] security-policy
HRP_A[FW1-policy-security] rule name policy_sec
HRP_A[FW1-policy-security-rule-policy_sec] source-zone trust
HRP_A[FW1-policy-security-rule-policy_sec] destination-zone untrust
HRP_A[FW1-policy-security-rule-policy_sec] profile ips ids
HRP_A[FW1-policy-security-rule-policy_sec] profile av default
HRP_A[FW1-policy-security-rule-policy_sec] profile url url1
HRP_A[FW1-policy-security-rule-policy_sec] action permit
HRP_A[FW1-policy-security-rule-policy_sec] policy logging
HRP_A[FW1-policy-security-rule-policy_sec] session logging
HRP_A[FW1-policy-security-rule-policy_sec] quit
HRP_A[FW1-policy-security] quit
```

【强叔点评】在初始部署防火墙时，一般情况下，选择缺省的 IPS 和 AV 配置文件
default 即可。防火墙运行一段时间后，管理员可以根据网络运行状况，自定义配置文件。
如果对安全性要求不是很高，为了降低 IPS 误报的风险，可以选择 **ids** 配置文件。

13.5　配置步骤——数据中心防火墙

步骤 1　配置接口和将接口加入安全区域。

配置 FW3 的接口 GE1/0/8 转换成二层接口，并加入 Link-Group。

```
<FW3> system-view
[FW3] interface GigabitEthernet 1/0/8
[FW3-GigabitEthernet1/0/8] portswitch
[FW3-GigabitEthernet1/0/8] description to R1-GE1/0/3_192.168.166.42
[FW3-GigabitEthernet1/0/8] link-group 1
[FW3-GigabitEthernet1/0/8] quit
```

配置 FW3 的接口 GE1/0/9 转换成二层接口，并加入 Link-Group。

```
[FW3] interface GigabitEthernet 1/0/9
[FW3-GigabitEthernet1/0/8] portswitch
[FW3-GigabitEthernet1/0/8] description to DCSW-GE0/0/2_192.168.166.44
[FW3-GigabitEthernet1/0/8] link-group 1
[FW3-GigabitEthernet1/0/8] quit
```

在 FW3 上创建 VLAN2200，并将接口 GE1/0/8 和 GE1/0/9 加入此 VLAN。

```
[FW3] vlan 2200
[FW3-vlan-2200] port GigabitEthernet 1/0/8
[FW3-vlan-2200] port GigabitEthernet 1/0/9
[FW3-vlan-2200] quit
```

配置 FW3 的 GE3/0/8 和 GE3/0/9 组成心跳口 Eth-Trunk1，并配置心跳口 IP 地址。

```
[FW3] interface Eth-Trunk1
[FW3-Eth-Trunk1] ip address 2.2.2.2 255.255.255.252
[FW3-Eth-Trunk1] description to hrp
[FW3-Eth-Trunk1] quit
[FW3] interface GigabitEthernet 3/0/8
[FW3-GigabitEthernet3/0/8] eth-trunk 1
[FW3-GigabitEthernet3/0/8] description to FW4-GigabitEthernet3/0/8
[FW3-GigabitEthernet3/0/8] quit
[FW3] interface GigabitEthernet 3/0/9
[FW3-GigabitEthernet3/0/9] eth-trunk 1
[FW3-GigabitEthernet3/0/9] description to FW4-GigabitEthernet3/0/9
[FW3-GigabitEthernet3/0/9] quit
```

配置 FW3 的各接口加入相应的安全区域。

```
[FW3] firewall zone trust
[FW3-zone-trust] add interface GigabitEthernet1/0/9
[FW3-zone-trust] quit
[FW3] firewall zone untrust
[FW3-zone-untrust] add interface GigabitEthernet1/0/8
[FW3-zone-untrust] quit
[FW3] firewall zone dmz
[FW3-zone-dmz] add interface Eth-Trunk1
[FW3-zone-dmz] quit
```

配置 FW4 的接口 GE1/0/8 转换成二层接口，并加入 Link-Group。

```
<FW4> system-view
[FW4] interface GigabitEthernet 1/0/8
[FW4-GigabitEthernet1/0/8] portswitch
[FW4-GigabitEthernet1/0/8] description to R2-GE1/0/3_192.168.166.26
[FW4-GigabitEthernet1/0/8] link-group 1
[FW4-GigabitEthernet1/0/8] quit
```

配置 FW4 的接口 GE1/0/9 转换成二层接口，并加入 Link-Group。

```
[FW4] interface GigabitEthernet 1/0/9
[FW4-GigabitEthernet1/0/9] portswitch
[FW4-GigabitEthernet1/0/9] description to DCSW-GE0/0/1_192.168.166.28
[FW4-GigabitEthernet1/0/9] link-group 1
[FW4-GigabitEthernet1/0/9] quit
```

在 FW4 上创建 VLAN2100，并将接口 GE1/0/8 和 GE1/0/9 加入此 VLAN。

```
[FW4] vlan 2100
[FW4-vlan-2100] port GigabitEthernet 1/0/8
[FW4-vlan-2100] port GigabitEthernet 1/0/9
[FW4-vlan-2100] quit
```

配置 FW4 的 GE3/0/8 和 GE3/0/9 组成心跳口 Eth-Trunk1，并配置心跳口 IP 地址。

```
[FW4] interface Eth-Trunk1
[FW4-Eth-Trunk1] ip address 2.2.2.1 255.255.255.252
[FW4-Eth-Trunk1] description to hrp
[FW4-Eth-Trunk1] quit
[FW4] interface GigabitEthernet 3/0/8
[FW4-GigabitEthernet3/0/8] eth-trunk 1
[FW4-GigabitEthernet3/0/8] description to FW4-GigabitEthernet3/0/8
[FW4-GigabitEthernet3/0/8] quit
[FW4] interface GigabitEthernet 3/0/9
[FW4-GigabitEthernet3/0/9] eth-trunk 1
[FW4-GigabitEthernet3/0/9] description to FW4-GigabitEthernet3/0/9
[FW4-GigabitEthernet3/0/9] quit
```

\# 配置 FW4 的各接口加入相应的安全区域。

```
[FW4] firewall zone trust
[FW4-zone-trust] add interface GigabitEthernet1/0/9
[FW4-zone-trust] quit
[FW4] firewall zone untrust
[FW4-zone- untrust] add interface GigabitEthernet1/0/8
[FW4-zone- untrust] quit
[FW4] firewall zone dmz
[FW4-zone-dmz] add interface Eth-Trunk1
[FW4-zone-dmz] quit
```

步骤 2　配置双机热备功能。

\# 在 FW3 上配置 Active 组和 Standby 组同时监控 VLAN2200。

```
[FW3] vlan 2200
[FW3-vlan-2200] hrp track active
[FW3-vlan-2200] hrp track standby
[FW3-vlan-2200] quit
```

\# 在 FW3 上指定心跳口，配置会话快速备份，启用双机热备功能。

```
[FW3] hrp interface Eth-Trunk1
[FW3] hrp mirror session enable
[FW3] hrp enable
```

\# 在 FW4 上配置 Active 组和 Standby 组同时监控 VLAN2100。

```
[FW4] vlan 2100
[FW4-vlan-2100] hrp track active
[FW4-vlan-2100] hrp track standby
[FW4-vlan-2100] quit
```

\# 在 FW4 上指定心跳口，配置会话快速备份，启用双机热备功能。

```
[FW4] hrp interface Eth-Trunk1
[FW4] hrp mirror session enable
[FW4] hrp enable
```

【强叔点评】双机热备状态成功建立后，大部分配置都能够备份。所以在下面的步骤中，我们只需在主用设备 FW1 上配置即可（有特殊说明的配置除外）。

步骤 3　配置安全功能。

\# 配置安全策略，允许内网用户访问数据中心服务器的特定端口，并引用 IPS 和 AV

的配置文件。本案例以允许内网用户访问数据中心的 HTTP 服务器 10.10.10.10 为例。

```
HRP_A[FW3] security-policy
HRP_A[FW3-policy-security] rule name policy_sec
HRP_A[FW3-policy-security-rule-policy_sec] source-zone untrust
HRP_A[FW3-policy-security-rule-policy_sec] destination-zone trust
HRP_A[FW3-policy-security-rule-policy_sec] destination-address 10.10.10.10 32
HRP_A[FW3-policy-security-rule-policy_sec] service http
HRP_A[FW3-policy-security-rule-policy_sec] profile ips default
HRP_A[FW3-policy-security-rule-policy_sec] profile av default
HRP_A[FW3-policy-security-rule-policy_sec] action permit
HRP_A[FW3-policy-security-rule-policy_sec] policy logging
HRP_A[FW3-policy-security-rule-policy_sec] session logging
HRP_A[FW3-policy-security-rule-policy_sec] quit
HRP_A[FW3-policy-security] quit
```

【强叔点评】在初始部署防火墙时，一般情况下，选择缺省的 IPS 和 AV 配置文件 **default** 即可。防火墙运行一段时间后，管理员可以根据网络运行状况，自定义配置文件。

\# 配置 ASPF 功能，允许多通道协议通过。

```
HRP_A[FW3] firewall interzone trust untrust
HRP_A[FW3-interzone-trust-untrust] detect ftp
HRP_A[FW3-interzone-trust-untrust] detect sip
HRP_A[FW3-interzone-trust-untrust] detect h323
HRP_A[FW3-interzone-trust-untrust] quit
```

13.6　拍案惊奇

- 此案例的惊奇之处在于描述了防火墙在体育场馆网络出口处和内部数据中心出口处的典型应用。如果您想在体育场馆部署防火墙，完全可以借鉴此案例。
- 此案例的另一惊奇之处在于诠释了双机热备的两种经典组网："防火墙连接路由器"和"防火墙透明接入，连接路由器"。我们可以借此理解双机热备的典型应用。
- 此案例的又一惊奇之处在于防火墙作为网关与运营商之间运行 BGP 而不是静态路由。如果您有在出口网关部署 BGP 的需求，那么可以参考此案例。
- 此案例的最大惊奇之处在于如何通过源 NAT 与路由策略的配置，保证防火墙的来回路径一致。这正是本案例的难点和精髓所在。
- 此案例的最后一惊奇之处在于出口防火墙与数据中心防火墙上的内容安全功能配置。这里我们提供的内容安全配置是适用于您最初部署防火墙时，最简便，最稳妥的配置。

第14章
防火墙在企业分支与总部VPN互通中的应用

14.1 组网需求

14.2 强叔规划

14.3 配置步骤

14.4 拍案惊奇

14.1 组网需求

如图 14-1 所示，某大型企业按地域分为市级分支机构、省级分支机构、总部三个部分，组网情况如下。

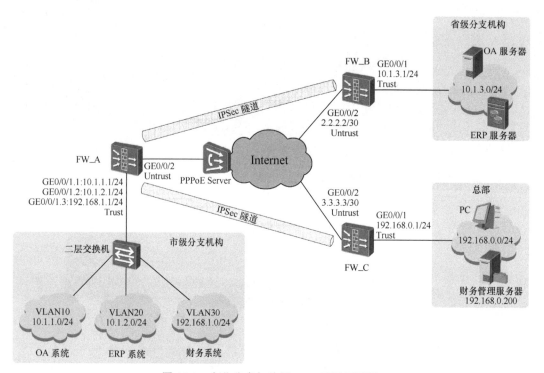

图 14-1 企业分支与总部 VPN 互通组网图

- 市级分支机构的网络中，OA 系统、ERP 系统和财务系统属于三个不同的 VLAN，通过二层交换机相连，网络出口处部署了防火墙 FW_A（USG2200 V300R001C10 版本）。
- 省级分支机构的网络中包括 OA 服务器、ERP 服务器，网络出口处部署了防火墙 FW_B（USG5530 V300R001C10 版本）。
- 总部的网络中包括财务管理服务器和若干 PC，网络出口处部署了防火墙 FW_C（USG5530 V300R001C10 版本）。

企业的具体需求如下。

- 市级分支机构中 OA 系统和 ERP 系统的数据需要发送给省级分支机构相应的 OA 服务器和 ERP 服务器进行日常办公，财务系统的数据需要上报给总部的财务管理服务器进行分析，这些数据在 Internet 上必须加密传输。另外，不允许 OA 系统、ERP 系统和财务系统中的设备以任何形式访问 Internet，但三个系统之间可以通信。
- 为了减少配置工作量，要求市级分支机构中的 FW_A 为 OA 系统、ERP 系统和财务系统中的设备分配 IP 地址及网关信息。

- 市级分支机构没有固定的公网 IP 地址，要求 FW_A 作为 PPPoE Client，通过拨号方式从 PPPoE Server 获取公网 IP 地址。
- 总部中的财务管理服务器（192.168.0.200）由于安全限制，只接收来自特定 IP 地址 192.168.0.1 的访问请求，因此需要在 FW_C 上将来自市级分支机构财务系统的报文的源地址转换成 GE0/0/1 接口的地址。另外，不允许财务管理服务器以任何形式访问 Internet，但所有 PC（192.168.0.2～192.168.0.100）都可以访问 Internet。

14.2　强叔规划

14.2.1　接口规划

市级分支机构的 FW_A 通过一个物理接口连接内部的 OA 系统、ERP 系统和财务系统的网络，要求规划三个逻辑子接口，分别连接这三个网络。此外，FW_A 要通过拨号方式从 PPPoE Server 获取公网 IP 地址，要求规划一个 Dialer 接口，用来动态获取公网 IP 地址。

对于省级分支机构的 FW_B 和总部的 FW_C 来说，接口规划无特殊要求，选定物理接口后正常配置 IP 地址和加入安全区域即可。

14.2.2　安全策略规划

在 FW_A 上配置 Trust 安全区域和 Untrust 安全区域之间的安全策略，允许 OA 系统、ERP 系统、财务系统访问省级分支机构和总部的报文通过，还要配置 Local 安全区域和 Untrust 安全区域之间的安全策略，允许 IPSec 报文通过。

在 FW_B 上配置 Untrust 安全区域和 Trust 安全区域之间的安全策略，允许 OA 系统、ERP 系统访问 OA 服务器、ERP 服务器的报文通过，还要配置 Local 安全区域和 Untrust 安全区域之间的安全策略，允许 IPSec 报文通过。

在 FW_C 上配置 Untrust 安全区域和 Trust 安全区域之间的安全策略，允许财务系统访问财务管理服务器的报文通过，允许 PC 访问 Internet 的报文通过，还要配置 Local 安全区域和 Untrust 安全区域之间的安全策略，允许 IPSec 报文通过。

14.2.3　IPSec 规划

市级分支机构和省级分支机构、市级分支机构和总部之间的数据都要经过 IPSec 加密，故需要在 FW_A 与 FW_B 之间以及 FW_A 和 FW_C 之间分别建立 IPSec 隧道。

市级分支机构的 FW_A 上配置 IPSec 策略组，包含两条 IPSec 策略，分别对应 FW_B 和 FW_C 两个对等体，IPSec 策略组应用到 Dialer 接口上。

市级分支机构主动向省级分支机构和总部发起连接，故省级分支机构的 FW_B 和总部的 FW_C 上采用 IPSec 策略模板方式建立 IPSec 隧道，接受市级分支机构发起的访问。

14.2.4　NAT 规划

市级分支机构中的 OA 系统、ERP 系统和财务系统不能访问 Internet，故无需在 FW_A 上规划 NAT 策略。省级分支机构中没有访问 Internet 的需求，因此也无需在 FW_B 上规划 NAT 策略。

总部的 FW_C 上要规划两条 NAT 策略，第一条 NAT 策略的作用是对市级分支机构财务系统访问财务管理服务器的报文进行源地址转换，使用 Easy-IP 方式转换成 GE0/0/1 接口的地址；第二条 NAT 策略的作用是对总部的 PC 访问 Internet 的报文进行源地址转换，使用 NAPT 方式转换成公网地址池的地址。这里要求第二条 NAT 策略中的匹配条件严格限定为 PC 的地址，不能包括财务管理服务器的地址，即不允许财务管理服务器访问 Internet。

14.2.5　路由规划

由于市级分支机构、省级分支机构和总部的网络结构比较简单，所以采用静态路由方式，在 FW_A、FW_B 和 FW_C 上配置缺省路由，下一跳地址是 ISP 提供的地址。另外，在 FW_C 上还需要配置目的地址是 NAT 地址池地址的黑洞路由，防止路由环路。

另外，市级分支机构内部网络中设备的网关由 FW_A 分配，而省级分支机构和总部内部网络中的设备要将默认网关设置为 FW_B 和 FW_C 连接内网接口的地址。

14.3　配置步骤

步骤 1　配置接口的 IP 地址，并将接口加入安全区域。

\# 在 FW_A 上创建子接口并配置 IP 地址，同时在子接口上配置 DHCP，为内网设备分配 IP 地址。

```
<FW_A> system-view
[FW_A] interface GigabitEthernet 0/0/1.1
[FW_A-GigabitEthernet0/0/1.1] vlan-type dot1q 10
[FW_A-GigabitEthernet0/0/1.1] ip address 10.1.1.1 255.255.255.0
[FW_A-GigabitEthernet0/0/1.1] dhcp select interface
[FW_A-GigabitEthernet0/0/1.1] quit
[FW_A] interface GigabitEthernet 0/0/1.2
[FW_A-GigabitEthernet0/0/1.2] vlan-type dot1q 20
[FW_A-GigabitEthernet0/0/1.2] ip address 10.1.2.1 255.255.255.0
[FW_A-GigabitEthernet0/0/1.2] dhcp select interface
[FW_A-GigabitEthernet0/0/1.2] quit
[FW_A] interface GigabitEthernet 0/0/1.3
[FW_A-GigabitEthernet0/0/1.3] vlan-type dot1q 30
[FW_A-GigabitEthernet0/0/1.3] ip address 192.168.1.1 255.255.255.0
[FW_A-GigabitEthernet0/0/1.3] dhcp select interface
[FW_A-GigabitEthernet0/0/1.3] quit
```

【强叔点评】市级分支机构的内网结构简单，只需在子接口上配置 **dhcp select interface** 命令，FW_A 会以子接口的地址作为参照，将除子接口地址之外的同一网段的 IP 地址分配给 OA 系统、ERP 系统、财务系统中的设备，同时将子接口的地址作为网关地址分配给这些设备。

在 FW_A 上创建 Dialer 接口并配置拨号参数，然后将绑定到物理接口上。此处假设 PPPoE Server 为企业分配的用户名为 admin，密码为 Admin@123，认证方式为 PAP。

```
[FW_A] dialer-rule 1 ip permit
[FW_A] interface Dialer 1
[FW_A-Dialer1] dialer user admin
[FW_A-Dialer1] dialer-group 1
[FW_A-Dialer1] dialer bundle 1
[FW_A-Dialer1] ip address ppp-negotiate
[FW_A-Dialer1] ppp pap local-user admin password cipher Admin@123
[FW_A-Dialer1] quit
[FW_A] interface GigabitEthernet 0/0/2
[FW_A-GigabitEthernet0/0/2] pppoe-client dial-bundle-number 1
[FW_A-GigabitEthernet0/0/2] quit
```

将 FW_A 的各个接口加入到相应的安全区域。

```
[FW_A] firewall zone trust
[FW_A-zone-trust] add interface GigabitEthernet0/0/1.1
[FW_A-zone-trust] add interface GigabitEthernet0/0/1.2
[FW_A-zone-trust] add interface GigabitEthernet0/0/1.3
[FW_A-zone-trust] quit
[FW_A] firewall zone untrust
[FW_A-zone-untrust] add interface GigabitEthernet 0/0/2
[FW_A-zone-untrust] add interface Dialer 1
[FW_A-zone-untrust] quit
```

配置 FW_B 的各个接口的 IP 地址。

```
<FW_B> system-view
[FW_B] interface GigabitEthernet 0/0/1
[FW_B-GigabitEthernet0/0/1] ip address 10.1.3.1 255.255.255.0
[FW_B-GigabitEthernet0/0/1] quit
[FW_B] interface GigabitEthernet 0/0/2
[FW_B-GigabitEthernet0/0/2] ip address 2.2.2.2 255.255.255.252
[FW_B-GigabitEthernet0/0/2] quit
```

将 FW_B 的各个接口加入到相应的安全区域。

```
[FW_B] firewall zone trust
[FW_B-zone-trust] add interface GigabitEthernet 0/0/1
[FW_B-zone-trust] quit
[FW_B] firewall zone untrust
[FW_B-zone-untrust] add interface GigabitEthernet 0/0/2
[FW_B-zone-untrust] quit
```

配置 FW_C 的各个接口的 IP 地址。

```
<FW_C> system-view
[FW_C] interface GigabitEthernet 0/0/1
[FW_C-GigabitEthernet0/0/1] ip address 192.168.0.1 255.255.255.0
[FW_C-GigabitEthernet0/0/1] quit
[FW_C] interface GigabitEthernet 0/0/2
[FW_C-GigabitEthernet0/0/2] ip address 3.3.3.3 255.255.255.252
[FW_C-GigabitEthernet0/0/2] quit
```

将 FW_C 的各个接口加入到相应的安全区域。

```
[FW_C] firewall zone trust
[FW_C-zone-trust] add interface GigabitEthernet 0/0/1
[FW_C-zone-trust] quit
[FW_C] firewall zone untrust
```

```
[FW_C-zone-untrust] add interface GigabitEthernet 0/0/2
[FW_C-zone-untrust] quit
```

步骤 2　配置安全策略。

在 FW_A 上配置 Trust 安全区域和 Untrust 安全区域之间的安全策略，允许 OA 系统、ERP 系统访问省级分支机构的报文通过。

```
[FW_A] policy interzone trust untrust outbound
[FW_A-policy-interzone-trust-untrust-outbound] policy 1
[FW_A-policy-interzone-trust-untrust-outbound-1] policy source 10.1.1.0 0.0.0.255
[FW_A-policy-interzone-trust-untrust-outbound-1] policy source 10.1.2.0 0.0.0.255
[FW_A-policy-interzone-trust-untrust-outbound-1] policy destination 10.1.3.0 0.0.0.255
[FW_A-policy-interzone-trust-untrust-outbound-1] action permit
[FW_A-policy-interzone-trust-untrust-outbound-1] quit
```

在 FW_A 上配置 Trust 安全区域和 Untrust 安全区域之间的安全策略，允许财务系统访问总部财务管理服务器的报文通过。

```
[FW_A-policy-interzone-trust-untrust-outbound] policy 2
[FW_A-policy-interzone-trust-untrust-outbound-2] policy source 192.168.1.0 0.0.0.255
[FW_A-policy-interzone-trust-untrust-outbound-2] policy destination 192.168.0.200 0
[FW_A-policy-interzone-trust-untrust-outbound-2] action permit
[FW_A-policy-interzone-trust-untrust-outbound-2] quit
[FW_A-policy-interzone-trust-untrust-outbound] quit
```

在 FW_A 上配置 Local 安全区域和 Untrust 安全区域之间的安全策略，允许 IPSec 报文通过。

```
[FW_A] ip service-set udp500 type object
[FW_A-object-service-set-udp500] service protocol udp source-port 500 destination-port 500
[FW_A-object-service-set-udp500] quit
[FW_A] policy interzone local untrust outbound
[FW_A-policy-interzone-local-untrust-outbound] policy 1
[FW_A-policy-interzone-local-untrust-outbound-1] policy destination 2.2.2.2 0
[FW_A-policy-interzone-local-untrust-outbound-1] policy destination 3.3.3.3 0
[FW_A-policy-interzone-local-untrust-outbound-1] policy service service-set udp500
[FW_A-policy-interzone-local-untrust-outbound-1] action permit
[FW_A-policy-interzone-local-untrust-outbound-1] quit
[FW_A-policy-interzone-local-untrust-outbound] quit
[FW_A] policy interzone local untrust inbound
[FW_A-policy-interzone-local-untrust-inbound] policy 1
[FW_A-policy-interzone-local-untrust-inbound-1] policy source 2.2.2.2 0
[FW_A-policy-interzone-local-untrust-inbound-1] policy source 3.3.3.3 0
[FW_A-policy-interzone-local-untrust-inbound-1] policy service service-set esp
[FW_A-policy-interzone-local-untrust-inbound-1] action permit
[FW_A-policy-interzone-local-untrust-inbound-1] quit
[FW_A-policy-interzone-local-untrust-inbound] quit
```

【强叔点评】因为 IPSec 协商报文使用 UDP 协议，源和目的端口都是 500，所以我们在这里自定义了一个服务集"udp500"，指定协议是 UDP，指定源和目的端口都是 500，作为匹配条件在安全策略中引用。另外，IPSec 使用 ESP 协议来加密业务报文，我们在安全策略中配置匹配条件时直接引用了预定义的 esp 协议。

在 FW_B 上配置 Trust 安全区域和 Untrust 安全区域之间的安全策略，允许 OA 系统、ERP 系统访问省级分支机构的报文通过。

```
[FW_B] policy interzone trust untrust inbound
[FW_B-policy-interzone-trust-untrust-inbound] policy 1
```

```
[FW_B-policy-interzone-trust-untrust-inbound-1] policy source 10.1.1.0 0.0.0.255
[FW_B-policy-interzone-trust-untrust-inbound-1] policy source 10.1.2.0 0.0.0.255
[FW_B-policy-interzone-trust-untrust-inbound-1] policy destination 10.1.3.0 0.0.0.255
[FW_B-policy-interzone-trust-untrust-inbound-1] action permit
[FW_B-policy-interzone-trust-untrust-inbound-1] quit
[FW_B-policy-interzone-trust-untrust-inbound] quit
```

在 FW_B 上配置 Local 安全区域和 Untrust 安全区域之间的安全策略，允许 IPSec 报文通过。

```
[FW_B] ip service-set udp500 type object
[FW_B-object-service-set-udp500] service protocol udp source-port 500 destination-port 500
[FW_B-object-service-set-udp500] quit
[FW_B] policy interzone local untrust inbound
[FW_B-policy-interzone-local-untrust-inbound] policy 1
[FW_B-policy-interzone-local-untrust-inbound-1] policy destination 2.2.2.2 0
[FW_B-policy-interzone-local-untrust-inbound-1] policy service service-set udp500
[FW_B-policy-interzone-local-untrust-inbound-1] policy service service-set esp
[FW_B-policy-interzone-local-untrust-inbound-1] action permit
[FW_B-policy-interzone-local-untrust-inbound-1] quit
[FW_B-policy-interzone-local-untrust-inbound] quit
```

在 FW_C 上配置 Trust 安全区域和 Untrust 安全区域之间的安全策略，允许财务系统访问财务管理服务器的报文通过。

```
[FW_C] policy interzone trust untrust inbound
[FW_C-policy-interzone-trust-untrust-inbound] policy 1
[FW_C-policy-interzone-trust-untrust-inbound-1] policy source 192.168.1.0 0.0.0.255
[FW_C-policy-interzone-trust-untrust-inbound-1] policy destination 192.168.0.200 0
[FW_C-policy-interzone-trust-untrust-inbound-1] action permit
[FW_C-policy-interzone-trust-untrust-inbound-1] quit
[FW_C-policy-interzone-trust-untrust-inbound] quit
```

在 FW_C 上配置 Trust 安全区域和 Untrust 安全区域之间的安全策略，允许 PC 访问 Internet 的报文通过。

```
[FW_C] policy interzone trust untrust outbound
[FW_C-policy-interzone-trust-untrust-outbound] policy 1
[FW_C-policy-interzone-trust-untrust-outbound-1] policy source range 192.168.0.2 192.168.0.100
[FW_C-policy-interzone-trust-untrust-outbound-1] action permit
[FW_C-policy-interzone-trust-untrust-outbound-1] quit
[FW_C-policy-interzone-trust-untrust-outbound] quit
```

在 FW_C 上配置 Local 安全区域和 Untrust 安全区域之间的安全策略，允许 IPSec 报文通过。

```
[FW_C] ip service-set udp500 type object
[FW_C-object-service-set-udp500] service protocol udp source-port 500 destination-port 500
[FW_C-object-service-set-udp500] quit
[FW_C] policy interzone local untrust inbound
[FW_C-policy-interzone-local-untrust-inbound] policy 1
[FW_C-policy-interzone-local-untrust-inbound-1] policy destination 3.3.3.3 0
[FW_C-policy-interzone-local-untrust-inbound-1] policy service service-set udp500
[FW_C-policy-interzone-local-untrust-inbound-1] policy service service-set esp
[FW_C-policy-interzone-local-untrust-inbound-1] action permit
[FW_C-policy-interzone-local-untrust-inbound-1] quit
[FW_C-policy-interzone-local-untrust-inbound] quit
```

步骤 3　配置 IPSec。

在 FW_A 上配置 ACL，定义受 IPSec 保护的数据流。

```
[FW_A] acl 3000
[FW_A-acl-adv-3000] rule permit ip source 10.1.0.0 0.0.255.255 destination 10.1.3.0 0.0.0.255
[FW_A-acl-adv-3000] quit
[FW_A] acl 3001
[FW_A-acl-adv-3001] rule permit ip source 192.168.1.0 0.0.0.255 destination 192.168.0.0 0.0.0.255
[FW_A-acl-adv-3001] quit
```

在 FW_B 上配置 ACL，定义受 IPSec 保护的数据流。

```
[FW_B] acl 3000
[FW_B-acl-adv-3000] rule permit ip source 10.1.3.0 0.0.0.255 destination 10.1.0.0 0.0.255.255
[FW_B-acl-adv-3000] quit
```

在 FW_C 上配置 ACL，定义受 IPSec 保护的数据流。

```
[FW_C] acl 3000
[FW_C-acl-adv-3000] rule permit ip source 192.168.0.0 0.0.0.255 destination 192.168.1.0 0.0.0.255
[FW_C-acl-adv-3000] quit
```

在 FW_A 上配置 IPSec 安全提议。

```
[FW_A] ipsec proposal pro1
[FW_A-ipsec-proposal-pro1] encapsulation-mode tunnel
[FW_A-ipsec-proposal-pro1] transform esp
[FW_A-ipsec-proposal-pro1] esp authentication-algorithm sha1
[FW_A-ipsec-proposal-pro1] esp encryption-algorithm aes
[FW_A-ipsec-proposal-pro1] quit
[FW_A] ipsec proposal pro2
[FW_A-ipsec-proposal-pro2] encapsulation-mode tunnel
[FW_A-ipsec-proposal-pro2] transform esp
[FW_A-ipsec-proposal-pro2] esp authentication-algorithm sha1
[FW_A-ipsec-proposal-pro2] esp encryption-algorithm aes
[FW_A-ipsec-proposal-pro2] quit
```

在 FW_B 上配置 IPSec 安全提议。

```
[FW_B] ipsec proposal pro1
[FW_B-ipsec-proposal-pro1] encapsulation-mode tunnel
[FW_B-ipsec-proposal-pro1] transform esp
[FW_B-ipsec-proposal-pro1] esp authentication-algorithm sha1
[FW_B-ipsec-proposal-pro1] esp encryption-algorithm aes
[FW_B-ipsec-proposal-pro1] qult
```

在 FW_C 上配置 IPSec 安全提议。

```
[FW_C] ipsec proposal pro1
[FW_C-ipsec-proposal-pro1] encapsulation-mode tunnel
[FW_C-ipsec-proposal-pro1] transform esp
[FW_C-ipsec-proposal-pro1] esp authentication-algorithm sha1
[FW_C-ipsec-proposal-pro1] esp encryption-algorithm aes
[FW_C-ipsec-proposal-pro1] quit
```

在 FW_A 上配置 IKE 安全提议。

```
[FW_A] ike proposal 1
[FW_A-ike-proposal-1] authentication-method pre-share
[FW_A-ike-proposal-1] authentication-algorithm sha1
[FW_A-ike-proposal-1] encryption-algorithm aes-cbc
[FW_A-ike-proposal-1] dh group2
[FW_A-ike-proposal-1] integrity-algorithm aes-xcbc-96
[FW_A-ike-proposal-1] quit
[FW_A] ike proposal 2
[FW_A-ike-proposal-2] authentication-method pre-share
[FW_A-ike-proposal-2] authentication-algorithm sha1
```

```
[FW_A-ike-proposal-2] encryption-algorithm aes-cbc
[FW_A-ike-proposal-2] dh group2
[FW_A-ike-proposal-2] integrity-algorithm aes-xcbc-96
[FW_A-ike-proposal-2] quit
```

在 FW_B 上配置 IKE 安全提议。

```
[FW_B] ike proposal 1
[FW_B-ike-proposal-1] authentication-method pre-share
[FW_B-ike-proposal-1] authentication-algorithm sha1
[FW_B-ike-proposal-1] encryption-algorithm aes-cbc
[FW_B-ike-proposal-1] dh group2
[FW_B-ike-proposal-1] integrity-algorithm aes-xcbc-96
[FW_B-ike-proposal-1] quit
```

在 FW_C 上配置 IKE 安全提议。

```
[FW_C] ike proposal 1
[FW_C-ike-proposal-1] authentication-method pre-share
[FW_C-ike-proposal-1] authentication-algorithm sha1
[FW_C-ike-proposal-1] encryption-algorithm aes-cbc
[FW_C-ike-proposal-1] dh group2
[FW_C-ike-proposal-1] integrity-algorithm aes-xcbc-96
[FW_C-ike-proposal-1] quit
```

【强叔点评】建立 IPSec 隧道的两台防火墙上，IPSec 安全提议和 IKE 安全提议的参数要保持一致。

在 FW_A 上配置 IKE Peer。

```
[FW_A] ike local-name FW_A
[FW_A] ike peer fwb
[FW_A-ike-peer-fwb] ike-proposal 1
[FW_A-ike-peer-fwb] local-id-type fqdn
[FW_A-ike-peer-fwb] remote-address 2.2.2.2
[FW_A-ike-peer-fwb] pre-shared-key Admin@123
[FW_A-ike-peer-fwb] quit
[FW_A] ike peer fwc
[FW_A-ike-peer-fwc] ike-proposal 2
[FW_A-ike-peer-fwc] local-id-type fqdn
[FW_A-ike-peer-fwc] remote-address 3.3.3.3
[FW_A-ike-peer-fwc] pre-shared-key Admin@456
[FW_A-ike-peer-fwc] quit
```

在 FW_B 上配置 IKE Peer。

```
[FW_B] ike peer fwa
[FW_B-ike-peer-fwa] ike-proposal 1
[FW_B-ike-peer-fwa] remote-id FW_A
[FW_B-ike-peer-fwa] pre-shared-key Admin@123
[FW_B-ike-peer-fwa] quit
```

在 FW_C 上配置 IKE Peer。

```
[FW_C] ike peer fwa
[FW_C-ike-peer-fwa] ike-proposal 1
[FW_C-ike-peer-fwa] remote-id FW_A
[FW_C-ike-peer-fwa] pre-shared-key Admin@456
[FW_C-ike-peer-fwa] quit
```

【强叔点评】本举例中，FW_B 和 FW_C 有固定的公网 IP 地址，FW_A 使用 IP 地址方式来验证 FW_B 和 FW_C；FW_B 和 FW_C；FW_A 没有固定的公网 IP 地址，FW_B 和 FW_C 使用 FQDN 方式来验证 FW_A。

对于 IP 地址方式来说，它是默认的方式，无需额外配置。对于 FQDN 方式来说，我们需要在 FW_A 的 IKE Peer 视图中配置 **local-id-type fqdn** 命令，在系统视图中配置 **ike local-name** *local-name* 命令；同时，还要在 FW_B 和 FW_C 的 IKE Peer 视图中配置 **remote-id** *id* 命令，*id* 要与 FW_A 上通过 **ike local-name** 命令配置的 *local-name* 相同。

另外还有一点需要说明，如果没有配置 **ike local-name** *local-name* 命令，FW_A 会用自己的设备名称作为 local name 发送到 FW_B 和 FW_C 进行验证，本举例中 FW_A 的设备名称就是 "FW_A"，所以在 FW_B 和 FW_C 上配置 **remote-id FW_A** 即可，FW_A 上的 **ike local-name FW_A** 并不是必选配置，这里为了便于描述还是给出了这条配置。

\# 在 FW_A 上配置 IPSec 策略。

```
[FW_A] ipsec policy map1 1 isakmp
[FW_A-ipsec-policy-isakmp-map1-1] security acl 3000
[FW_A-ipsec-policy-isakmp-map1-1] ike-peer fwb
[FW_A-ipsec-policy-isakmp-map1-1] proposal pro1
[FW_A-ipsec-policy-isakmp-map1-1] quit
[FW_A] ipsec policy map1 2 isakmp
[FW_A-ipsec-policy-isakmp-map1-2] security acl 3001
[FW_A-ipsec-policy-isakmp-map1-2] ike-peer fwc
[FW_A-ipsec-policy-isakmp-map1-2] proposal pro2
[FW_A-ipsec-policy-isakmp-map1-2] quit
```

\# 在 FW_B 上配置 IPSec 策略。

```
[FW_B] ipsec policy-template map_temp 1
[FW_B-ipsec-policy-template-map_temp-1] security acl 3000
[FW_B-ipsec-policy-template-map_temp-1] ike-peer fwa
[FW_B-ipsec-policy-template-map_temp-1] proposal pro1
[FW_B-ipsec-policy-template-map_temp-1] quit
[FW_B] ipsec policy map1 1 isakmp template map1_temp
```

\# 在 FW_C 上配置 IPSec 策略。

```
[FW_C] ipsec policy-template map_temp 1
[FW_C-ipsec-policy-template-map_temp-1] security acl 3000
[FW_C-ipsec-policy-template-map_temp-1] ike-peer fwa
[FW_C-ipsec-policy-template-map_temp-1] proposal pro1
[FW_C-ipsec-policy-template-map_temp-1] quit
[FW_C] ipsec policy map1 1 isakmp template map1_temp
```

\# 在 FW_A 上应用 IPSec 策略。

```
[FW_A] interface Dialer 1
[FW_A-Dialer1] ipsec policy map1
[FW_A-Dialer1] quit
```

\# 在 FW_B 上应用 IPSec 策略。

```
[FW_B] interface GigabitEthernet 0/0/2
[FW_B-GigabitEthernet0/0/2] ipsec policy map1
[FW_B-GigabitEthernet0/0/2] quit
```

\# 在 FW_C 上应用 IPSec 策略。

```
[FW_C] interface GigabitEthernet 0/0/2
[FW_C-GigabitEthernet0/0/2] ipsec policy map1
[FW_C-GigabitEthernet0/0/2] quit
```

步骤 4　配置 NAT。

\# 在 FW_C 上配置市级分支机构财务系统访问财务管理服务器的 NAT 策略，转换后的地址为 GE0/0/1 接口的地址 192.168.0.1。

```
[FW_C] nat-policy interzone trust untrust inbound
[FW_C-nat-policy-interzone-trust-untrust-inbound] policy 1
[FW_C-nat-policy-interzone-trust-untrust-inbound-1] policy source 192.168.1.0 0.0.0.255
[FW_C-nat-policy-interzone-trust-untrust-inbound-1] policy destination 192.168.0.200 0
[FW_C-nat-policy-interzone-trust-untrust-inbound-1] action source-nat
[FW_C-nat-policy-interzone-trust-untrust-inbound-1] easy-ip GigabitEthernet0/0/1
[FW_C-nat-policy-interzone-trust-untrust-inbound-1] quit
[FW_C-nat-policy-interzone-trust-untrust-inbound] quit
```

在 FW_C 上配置 NAT 地址池，此处假设总部从 ISP 获取到的公网 IP 地址是 3.3.3.100。

```
[FW_C] nat address-group 1 3.3.3.100 3.3.3.100
```

在 FW_C 上配置 PC 访问 Internet 的 NAT 策略，转换后的地址为地址池地址。

```
[FW_C] nat-policy interzone trust untrust outbound
[FW_C-nat-policy-interzone-trust-untrust-outbound] policy 1
[FW_C-nat-policy-interzone-trust-untrust-outbound-1] policy source range 192.168.0.2 192.168.0.100
[FW_C-nat-policy-interzone-trust-untrust-outbound-1] action source-nat
[FW_C-nat-policy-interzone-trust-untrust-outbound-1] address-group 1
[FW_C-nat-policy-interzone-trust-untrust-outbound-1] quit
[FW_C-nat-policy-interzone-trust-untrust-outbound] quit
```

【强叔点评】此处配置了两条 NAT 策略，分别对应一进一出两种业务的报文。

步骤 5 配置路由。

在 FW_A 上配置缺省路由，下一跳为 Dialer 1 接口。

```
[FW_A] ip route-static 0.0.0.0 0.0.0.0 Dialer 1
```

在 FW_B 上配置缺省路由，假设 ISP 提供的下一跳地址为 2.2.2.1。

```
[FW_B] ip route-static 10.1.0.0 16 2.2.2.1
```

在 FW_C 上配置缺省路由，假设 ISP 提供的下一跳地址为 3.3.3.1。

```
[FW_C] ip route-static 0.0.0.0 0.0.0.0 3.3.3.1
```

在 FW_C 上配置针对 NAT 地址池地址的黑洞路由，避免路由环路。

```
[FW_C] ip route-static 3.3.3.100 32 NULL 0
```

14.4 拍案惊奇

此案例看似平淡，细品之，还是能发现一些惊奇之处。

- 首先，市级分支机构中的 FW_A 使用子接口与内网中的 OA 系统、ERP 系统、财务系统相连，子接口上配置 IP 地址用于终结 VLAN。当防火墙通过一个物理接口连接多个 VLAN 时，这种配置方式比较常见。

- 其次，市级分支机构中的 FW_A 上配置的 IPSec 策略应用在逻辑接口 Dialer 接口上，而不是应用在物理接口上。这是由于 FW_A 作为 PPPoE Client，Dialer 接口通过拨号方式获取公网 IP 地址，该公网 IP 地址会作为 IPSec 隧道发起端的地址，因此需要在 Dialer 接口上应用 IPSec 策略。

- 最后，由于总部中的财务管理服务器只能接收来自特定 IP 地址的访问请求，所以我们 FW_C 上配置了一条特殊的 NAT 策略，将来自市级分支机构财务系统的报文的源地址转换成 GE0/0/1 接口的地址。与以往传统的内部访问外部时进行地址转换不同，该 NAT 策略是在外部访问内部时进行地址转换，并且将私网地址转换成了另一个私网地址，属于 NAT 的灵活应用。

附录

A 报文处理流程

B 证书浅析

C 强叔提问及答案

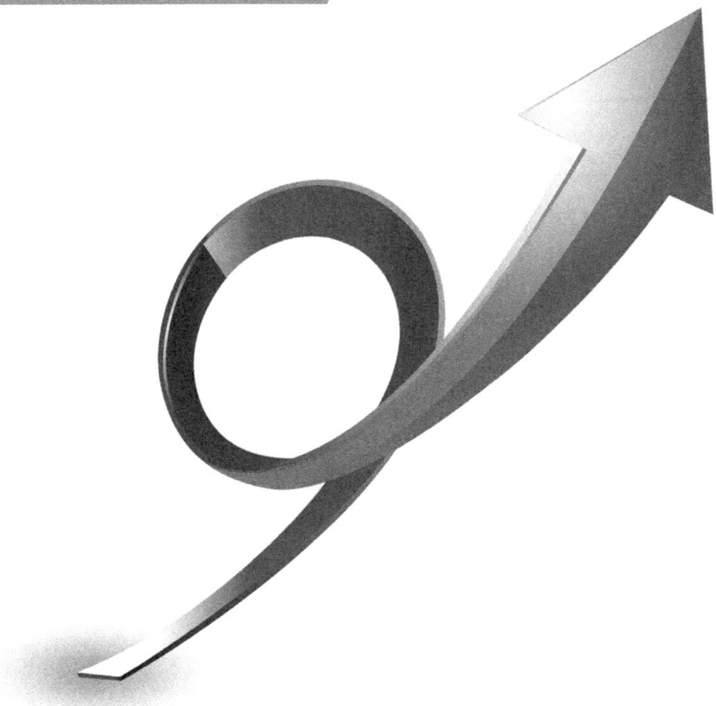

A
报文处理流程

A.1 华为大同：全系列状态检测防火墙报文处理流程

A.2 求同存异：集中式与分布式防火墙差异对报文处理
流程的影响

在"1.3 华为防火墙产品一览"中，强叔曾介绍：华为出品低、中、高端共三个系列防火墙，对应当前的主力产品型号分别为 USG2000/5000、USG6000 和 USG9500。这三个系列产品毫无疑问都基于状态检测与会话机制实现，但是中低端防火墙与高端防火墙在架构实现上有些区别：中低端防火墙采用集中式架构，高端防火墙采用分布式架构，这使得它们的报文处理流程稍有不同。不过这个"稍有不同"并不影响"大同的"主线。所以，强叔按单刀直入式的思路，先讲"大同"形式下的报文处理流程，即同样的会话机制，再强调求同存异，即讲解架构差异带来的影响。

A.1 华为大同：全系列状态检测防火墙报文处理流程

下面我们以 USG5000 系列产品为例，介绍状态检测防火墙的报文处理流程。

状态检测与会话机制是华为防火墙对报文处理的关键环节，即防火墙收到报文后，何时、如何创建会话，命中会话表的报文如何被转发。在思考并试图回答这三个问题的同时，我们自然而然地就会把防火墙上的报文处理过程分为**查询会话表前、中、后**三个阶段，如图 A-1 所示。

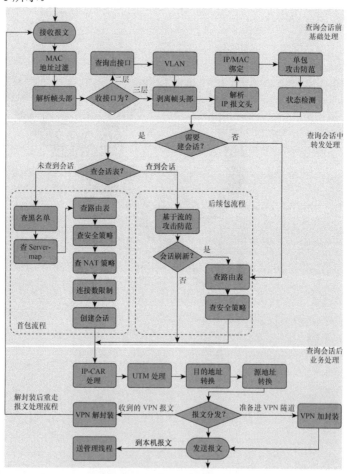

图 A-1　USG5000 报文处理流程图

友情提醒：图很复杂，大家对三个阶段有印象即可，重点看图下的文字拆解吧。

我们来进一步介绍每个阶段的目的和处理过程。

A.1.1 查询会话前的处理过程：基础处理

这个阶段的主要目的是解析出报文的帧头和 IP 头，并根据报文头部中的信息进行一些基础的安全检测（单包攻击防范）。

A.1.2 查询会话中的处理过程：转发处理，关键是会话建立

这个阶段是防火墙对报文转发处理的核心。建立会话表，根据会话表转发报文，是状态检测防火墙的精髓。此部分要梳理清楚思路，会耗费很多笔墨，还请大家耐心观看。

到此阶段，防火墙最先判断该报文是否要创建会话。

我们先对报文做个分类，如下。

- **协议报文**：使防火墙正常运行于网络中，或用于双机热备等功能的协议报文，如 OSPF、IGMP、HRP 等报文。
- **穿过防火墙的业务报文**：报文的源地址为内网、目的地址为外网，例如，用户经过防火墙访问 Internet 的报文，我们通常习惯称为业务报文。这些报文可能为二层或三层报文，尤其是 TCP、UDP 等报文最为常见。顺便说一句，二层和三层报文，其实在转发流程上没有本质区别，主要差异在于查询路由阶段，二层报文是根据 MAC 地址转发，三层报文是根据路由表转发。

做如上分类正是因为防火墙对于这两类报文处理流程有所不同。

- 对于协议报文，防火墙处理比较特殊，并不适用于通用原则。以 OSPF 协议为例，当网络类型为 Broadcast 时，其 DD 报文为单播报文，需要经过防火墙的安全策略检查。而当网络类型为 P2P 时，其 DD 报文为组播报文，则不需要经过防火墙的安全策略检查，直接被转发。对于每个协议，防火墙处理并不完全相同，由于协议报文主要用于系统及网络互联，这里我们不再一一介绍。
- 对于业务报文，如 TCP 首包、UDP 等报文都需要创建会话，判断该报文要创建会话后，接下来马上查询会话表中是否已经创建了该报文的会话。
  - 对于不能匹配会话表中任一表项的报文，防火墙判断该报文为某一流量的首包，进入首包处理流程。
  - 对于匹配了会话表中某一表项的报文，防火墙判断该报文为某一流量的后续包，进入后续包处理流程。

这就是强叔在"1.5 状态检测和会话机制"一节中提到的"为数据流的第一个报文建立会话，数据流内的后续报文直接匹配会话转发，不需要再进行规则的检查，提高了转发效率。"

我们先介绍首包处理流程。

（1）先使该报文与黑名单匹配，若报文源地址命中黑名单，则此报文被丢弃，不再进入后续流程。

（2）查询该报文是否命中正反向 Server-map 表，若报文命中 Server-map 表，记录 Server-map 表中的信息。

防火墙上配置 NAT Server、NAT No-pat、三元组 NAT、ASPF 等功能，会生成 Server-map 表。

- NAT Server：配置完成后防火墙上直接生成 Server-map 表。若报文匹配该 Server-map 表，刚记录 Server-map 表中转换后目的 IP 地址和端口信息，并根据该记录继续后续流程。
- NAT No-pat：匹配该 NAT No-pat 策略的报文，会触发生成 Server-map 表。后续报文（这里的后续报文不是首包/后续包概念中的后续包，是这个业务的后续报文）查询该 Server-map 表，记录转换后目的 IP 地址和端口信息，并根据该记录继续后续流程。
- 三元组 NAT：匹配该三元组 NAT 策略的报文，会触发生成 Server-map 表。后续报文（同上）查询该 Server-map 表，记录转换后目的 IP 地址和端口信息，并根据该记录继续后续流程。这块还要分情况对待，匹配 Server-map 表的报文受不受安全策略控制是由 firewall endpoint-independent filter enable 命令决定的。
- ASPF：在安全域间或域内，针对特定业务配置 ASPF 功能后，防火墙会对业务报文进行检测，检测到的报文会触发生成 Server-map 表。后续报文（同上）查询该 Server-map 表，命中该表的报文，不再进行安全策略匹配，直接按该表信息创建新会话。

（3）继续根据（2）的记录结果，查询报文命中哪条路由，优先查询策略路由。若未命中策略路由，则查询路由表，决定报文的下一跳和出接口。

📖 **说明**

为什么要强调根据（2）的记录结果呢？因为此时报文尚未进行地址转换，所以这里的路由查询是使用命中 Server-map 表后虚拟出来的转换后的报文进行查询，这样做是为了保证最终经过防火墙各种处理完毕的报文能够正确转发。

（4）继续查询是否命中安全策略，已知报文入接口源地址、判断出报文出接口后，可以查询到该出入接口所在安全区域的安全策略配置，若报文没有匹配到安全策略或匹配到的安全策略的动作为"阻断"，则报文被丢弃，不再继续后续流程；若报文匹配的安全策略的动作为"允许"，则继续后续流程。

（5）继续查询是否命中源 NAT 策略，若报文匹配到一条源 NAT 策略，则记录 NAT 转换后的源 IP 地址和端口信息。

（6）顺利通过安全策略匹配检查后，终于走到这一步：根据上述记录结果，创建会话。

后续包处理流程如下。

该流程主要判断会话是否需要刷新。

当为首包创建会话的各表项和策略，如路由表、安全策略等发生变化时，会话需要根据这些变化相应进行刷新。会话刷新，也意味着需要重新查询路由表、安全策略，来确定该后续包的走向。

需要说明的是，这里的会话刷新，习惯上仅指路由或安全策略等发生变化，没有包括会话表中老化时间的刷新（后续包会一直刷新该老化时间的，即只要建立连接的两个通信实体之间持续不断地交互后续包，那么该连接在防火墙上对应的会话就不会老化）。

总结如下。

- 强叔在开篇中提到防火墙与路由器的区别，对于路由器来说使出浑身解数（通过路由表）将报文转发出去即可，而对于防火墙来说要作为守护神坚决阻挡非法报文（只有通过各种安全检查并建立会话表的报文方可能被转发）。所以防火墙丢弃一些报文是正常的处理流程，包括第一阶段的解析 IP 报文头、单包攻击，第二阶段的黑名单、安全策略，第三阶段的 UTM 处理、限流等，都是报文的主要丢弃点。
- 进行故障定位时，防火墙上是否创建了指定某条流量的会话是要考虑的关键点。若未创建会话，则应考虑报文是否未到达防火墙、接口丢包、命中黑名单或被安全策略 deny、无路由、NAT 等配置出现问题；若创建了会话，则向后续的安全业务处理阶段考虑。

A.1.3　查询会话后的处理过程：安全业务处理及报文发送

报文在首包处理流程中经一通查询、创建会话后，就与后续包处理流程殊途同归了，即都进入本阶段（第三阶段）。

（1）首先进行基于 IP 的限流、IPS 等 UTM 业务处理。

（2）报文顺利通过 UTM 检查之后，到了实质性的地址转换环节：根据已创建的会话表，进行目的地址转换、源地址转换。

这个目的地址转换、源地址转换对应配置就是 NAT Server、源 NAT 策略等 NAT 功能。

那么，如果想要准确地对报文进行源地址转换，有两个常见的 points 需要关注。

- 一是报文在前面流程中是否命中了 NAT Server 的反向 Server-map 表，若已经命中，那么报文会根据反向 Server-map 表进行源地址转换，不会再往后匹配源 NAT 策略了。
- 二是报文在后续流程中是否计划要进行 VPN 加封装，如果在此时定义该条数据流进行了源地址转换，那么后续该数据流就无法进入 VPN 协商流程了。

因为 NAT Server 处理优先级很高，所以报文走入歧途可能性就很小。但源 NAT 和 VPN 处理都排在 NAT Server 之后，所以非常容易受 NAT Server 的干扰，导致业务异常。

（3）该转换的就转换，该过滤的就过滤，一切安全业务流程顺利通过后，报文终于走到了分发的十字路口。

- 如果报文的目的地址为外部网络的地址，防火墙转发该报文，由接口发送出去。
- 如果报文的目的地址为防火墙本身（ping 等协议报文），会被上送至防火墙设备管理层面处理。
- 如报文是 VPN 报文（收到的 VPN 报文，防火墙为隧道终点），则会被解封装。并在解封装后重走一次上述第一、二、三阶段处理流程。
- 如报文是准备进入 VPN 隧道的报文（防火墙为 VPN 隧道起点），则会进行 VPN 封装。

A.2 求同存异：集中式与分布式防火墙差异对报文处理流程的影响

防火墙大同的报文处理流程介绍完毕，我们再来看一下集中式与分布式架构的区别会导致哪些差异。

- 对于集中式低端防火墙 USG2000/3000/5000/6000 来说，报文会被上送至一个集中的 CPU 模块（可能由多个 CPU 组成）进行处理。

  集中式防火墙一般为盒式设备，可以插接多种扩展接口卡，但设备的总机性能恒定，即取决于该设备配置的 CPU 模块处理能力。A.1 华为大同：全系列状态检测防火墙报文处理流程中介绍的 USG5000 防火墙报文处理流程即为其全部流程。

- 对于分布式高端防火墙 USG9500 来说，报文处理流程就会复杂一些，分为多种情况，A.1 华为大同：全系列状态检测防火墙报文处理流程中介绍的报文处理流程是其中一个最核心的子集——SPU 板业务处理流程。

  分布式防火墙一般为框式设备，以 USG9500 来说，由两块标配主控板 MPU、交换网板 SFU、接口板 LPU、业务板 SPU 组成，其中 LPU 与 SPU 的槽位可混插，客户可按需购买。相比集中式防火墙，分布式防火墙由各种单板组成，每种单板各司其责。

  - 主控板 MPU：主要负责系统的控制和管理工作，包括路由计算、设备管理和维护、设备监控等。
  - 交换网板 SFU：主要负责各板之间数据交换。
  - 接口板 LPU：主要负责接收和发送报文，以及 QoS 处理等。
  - 业务板 SPU：主要负责防火墙的安全业务处理，包括安全策略、NAT、攻击防范、VPN 等。设备总机性能随插接 SPU 板的数量增加而线性增加，这是分布式防火墙的特点和价值所在。

那么我们来看一下，各类报文在 USG9500 上是如何被处理的，如图 A-2 所示。

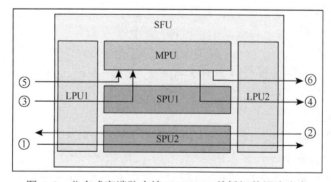

图 A-2 分布式高端防火墙 USG9500 单板间数据流走向

📖 说明

- ①②表示经过防火墙访问其他网络设备的报文，由业务板专门进行安全业务处理，即对应 A.1 华为大同：全系列状态检测防火墙报文处理流程中介绍的报文处理流程。
- ③④表示通过业务板到防火墙自身的报文、或防火墙自身经业务板发出的报文。如 Ping、telnet 登录、FTP 访问防火墙的报文，以及网管监控的 SNMP 报等文。
- ⑤⑥表示接口板直接上送主控板的报文，或主控板直接由接口板发出的报文，不过业务板，如 OSPF 路由学习报文，VRRP Hello 报文，IP-LINK 探测报文等。

上文已经提到，①②是防火墙业务处理的核心，也正是防火墙的安全防护价值所在；③④多用于设备管理、定位故障；⑤⑥多用于网络互联如路由学习。

还有一个更复杂的问题：当一台分布式防火墙配置多个业务板时，报文经过接口板处理后，会被送至哪个业务板呢？如图 A-2 中的①②③④报文都会经业务板处理，那么会被送至 SPU1 还是 SPU2 呢？

这时会有选择"由哪块 SPU 板进行业务处理"的动作，即 USG9500 产品文档中提到的 HASH 选板来搞定。默认配置是根据报文的源+目地址经过运算选择。由于配置了多个 SPU 板，一个业务可能在防火墙多个业务板分别建立会话。

例如，以 PC 访问 Web 服务器来说，假设 PC 发往 Web 服务器在业务板 SPU1 上建立了会话，而 Web 服务器的回应报文可能会由业务板 SPU2 处理。一句话，就是请求报文与回应报文有可能被分配到防火墙的不同业务板处理。那么可能会产生一个问题：由于请求报文基于业务板 SPU1 建立了会话，而回应报文查不到反向会话被丢弃。实际上，USG9500 在建立业务板的会话表时，同时会进行 HASH 预测，准确预测回应报文会被哪块业务板处理，并在该业务板上同步建立起一条反向会话，保证回应报文能够被正确转发。当然，正反向会话间会定时同步，保证同步老化、统计报文信息等。

下面我们以实例来验证防火墙报文处理流程，不需要再死记配置限制，而是根据逻辑直接判断如何正确配置。

A.2.1 当安全策略遇上 NAT Server

在 eNSP 模拟器上，PC1（1.1.1.2）、防火墙 USG5000、FTP 服务器（192.168.1.2）简单组网，如图 A-3 所示。

图 A-3 PC、防火墙与 FTP 服务器的简单组网

在防火墙上配置 NAT Server，将 FTP 服务器地址转化为与 PC1 同一网段的地址，配

置如下。

> [FW] **nat server 0 global 1.1.1.5 inside 192.168.1.2**

若希望 PC1 及其他多个 PC 能且只能访问该 FTP 服务器，应该如何配置严格的安全策略？实际是基于固定的目的地址配置安全策略问题。

根据防火墙报文处理流程，PC1 访问 FTP 服务器的报文先虚拟进行 NAT Server 转换、查询 Server-Map 表，再进行安全策略处理。那么，该安全策略中的目的地址应配置为该 FTP 服务器的私网地址（即 inside 地址）。

> [FW] **display current-configuration | include policy**
> policy interzone trust untrust inbound
> 　policy 0
> 　　policy **destination 192.168.1.2 0.0.0.0**

其验证过程如下。

（1）关闭防火墙所有域间缺省包过滤，只保留上述在 Trust 与 Untrust 域间配置的该条安全策略。

（2）在 PC1 上访问 FTP 服务器，可以成功看到 FTP 服务器的文件列表，如图 A-4 所示。

图 A-4　eNSP 中客户端 PC 访问 FTP 服务器成功

（3）查看防火墙上的会话表，可以看到 FTP 服务器已经做了 NAT Server，且 FTP 控制通道与数据通道均已建立。

> [FW] **display firewall session table**
> 　Current Total Sessions: 2
> 　ftp　　VPN: public --> public 1.1.1.2:2061 +-> 1.1.1.5:21[192.168.1.2:21]
> 　ftp-data　　VPN: pulic --> public 192.168.1.2:20[1.1.1.5:20] --> 1.1.1.2:2062

（4）修改上述安全策略，将目的地址改为 FTP 服务器 NAT Server 的 global 地址。再使用 PC1 访问该 FTP 服务器，发现无法成功登录；查看防火墙会话表，会话表项为 0。

所以，可以得出结论：**防火墙报文处理流程中查询 Server-Map 表在前，安全策略处理在后。**当需求为允许外网客户端访问经过 NAT Server 转换的内部服务器时，安全策略配置允许到达的目的地址为该服务器的私网地址，而非 NAT Server 的 global 地址。

A.2.2 当源 NAT 遇上 NAT Server

某公司分部与总部通过 Internet 进行 IPSec 互联，如图 A-5 所示。

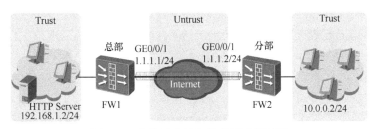

图 A-5 某公司分部与总部互联组网图

- 总部用户（192.168.1.0/24）访问 Internet 时经过源 NAT 转换，而与分部通信时不进行源 NAT 转换。
- 总部部署了一台 HTTP Server（192.168.1.2），外部用户访问 HTTP Server 时经 NAT Server 转换。

部署完之后，发现总部 192.168.1.0/24 网段用户可以正常上网，也能和分部的 10.0.0.0/24 网段正常通信。分部可以访问总部 HTTP Server 的私网地址。但总部 HTTP Server 无法访问分部 10.0.0.0/24 网段的资源，删除 NAT Server 后就能正常访问。

1. 检查总部 FW1 的配置

关键配置如下。

```
#
acl number 3000
    rule 5 permit ip source 192.168.1.0 0.0.0.255 destination 10.0.0.0 0.0.0.255
#
ipsec policy map1 10 manual
  security acl 3000
  proposal tran1
#
nat-policy interzone trust untrust outbound
    policy 0          //访问分部的流量不做源地址转换
    action no-nat
    policy source 192.168.1.0 mask 24
    policy destination 10.0.0.0 mask 24

    policy 5          //总部员工上网进行源 NAT 转换
    action source-nat
    policy source 192.168.1.0 mask 24
    easy-ip GigabitEthernet0/0/1
#
    nat server protocol tcp global 1.1.1.1 9980 inside 192.168.1.2 80 //将 HTTP Server 的私网地址 192.168.1.2：80 映射成为
1.1.1.1：9980
```

2. 再查看 FW1 的 Server-map 表

```
[FW] display firewall server-map
------------------------------------------------------------------
```

Nat Server, any -> 1.1.1.1:9980[192.168.1.2:80], Zone: ---
    Protocol: tcp (Appro: unkown), Left-Time: --:--:--, Addr-Pool: ---
    VPN: public -> public

Nat Server Reverse, 192.168.1.2[1.1.1.1] -> any, Zone: ---
    Protocol: any (Appro: ---), Left-Time: --:--:--, Addr-Pool: ---
    VPN: public -> public

正向 Server-map 表表示任意外网用户访问 HTTP Server 公网地址 1.1.1.1:9980 时，报文的目的地址被转换为 192.168.1.2:80。

反向 Server-map 表表示 HTTP Server 主动访问网络时，也可以进行 NAT Server 转换，报文的源地址由 192.168.1.2 转换为 1.1.1.1。

由于防火墙报文处理流程规定 **NAT Server 处理在前，源 NAT 处理在后**。所以报文命中了 NAT Server 的反向 Server-map 表后，不再走源 NAT 流程。因此总部 HTTP Server 无法访问分部 10.0.0.0/24 网段的资源。

这个问题的解决办法是，配置 NAT Server 时增加 no-reverse 参数，不生成反向 Server-map 表。这样 HTTP Server 访问分部资源的流量就可以匹配源 NAT 策略，不做源 NAT 转换（no-nat）直接进入 VPN 处理流程。

[FW] **nat server protocol tcp global 1.1.1.1 9980 inside 192.168.1.2 80 no-reverse**

防火墙与报文处理流程相关的高级配置技巧还有很多，本文难以穷尽，只捡两个实际最常用的 NAT 功能的例子，供大家参考。

强叔提问

1. 报文命中 NAT Server 的反向 Server-map 表后，进行源地址转换，然后该报文还会匹配源 NAT 策略再次进行源地址转换吗？

2. 对于存在多块 SPU 业务版的分布式防火墙 USG9500 来说，如何保证回应报文也可以命中会话？

B
证书浅析

B.1　公钥密码学

B.2　证书

B.3　应用

　　在"第6章　IPSec VPN"中，我们介绍了IPSec隧道两端设备使用证书进行身份认证的内容，在"第8章　SSL VPN"中，我们也介绍了证书认证的相关内容。作为网络世界的"身份证"，证书在身份认证的场景中已经得到了普遍应用。

　　大家可能已经习惯了用户名、密码的认证方式，而对证书这种认证方式还不太了解。为此，强叔带来了本节内容，揭示证书的来龙去脉和使用方法，帮助大家提升内力。

B.1　公钥密码学

　　在介绍证书之前，我们先来了解一些密码学的基本概念，包括对称密码学和非对称密码学，为理解证书的实现原理打好基础。

B.1.1　基本概念

　　首先，一提到加密，我们自然会想到通信双方使用**相同的算法和密钥去加密和解密数据**。加密和解密过程中用到的密钥是双方都知道的，即双方的"共享密钥"。这种加密方式称为**对称密码学**，也叫作单钥密码学。

　　如图B-1所示，A向B发送数据，A使用双方事先协商好的算法和密钥来加密数据，B使用相同的算法和密钥来解密数据。反之同理，B向A发送数据时，B加密数据而A解密数据，双方使用的都是相同的算法和密钥。

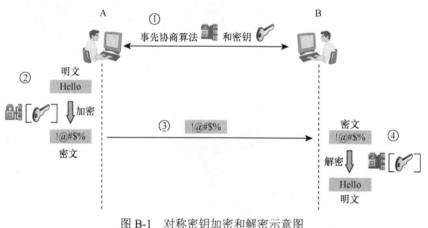

图B-1　对称密钥加密和解密示意图

📖 **说明**

我们用"算法[密钥]"来表示使用该算法和密钥对数据进行加密或解密处理，下文中出现的类似表达方式含义相同。

　　对称密码学的优点是效率高，开销小，适合加密大量的数据。但对称密码学要求通信双方事先协商好密钥，这就要求在协商过程中必须做好保密，密钥只能让使用的人知道，不能泄露。另外，如果通信方数量庞大，比如A需要和数百个对象通信，为了安全起见，就需要在A上维护数百个不同的共享密钥，这就为密钥更新和管理带来了诸多不便。

为了解决对称密码学面临的问题，公钥密码学横空出世，开创了密码学的新方向。**公钥密码学使用了两个不同的密钥：一个可对外界公开，称为"公钥"；一个只有所有者知道，称为"私钥"。**这一对密钥具有如下特点。

- 用公钥加密的信息只能用相应的私钥解密，反之用私钥加密的信息也只能用相应的公钥解密，即用其中任一个密钥加密的信息只能用另一个密钥进行解密。
- 要想由一个密钥推出另一个密钥，在计算上是不可能的。

由于公钥密码学使用了两个不同的密钥，所以属于**非对称密码学**，也称为双钥密码学。目前常用的公钥密码学算法有以下几种。

- RSA（Rivest，Shamir and Adleman），这个由三位发明者名字命名的算法是当前最著名、应用最广泛的公钥密码学算法。RSA 可实现**数据加解密、真实性验证和完整性验证**。
- DSA（Digital Signature Algorithm），中文名称叫数字签名算法，可实现签名功能。本节内容对 DSA 不做过多的介绍，大家可以自行查阅相关资料。
- DH（Diffie-Hellman），也是由发明者名字命名的一种密钥交换算法，通信双方通过一系列的数据交换，最终计算出密钥，以便用于以后的报文加密。在 IPSec 中就用到了 DH 算法，使得建立 IPSec 隧道的两端网关设备可以计算出密钥，而不必担心密钥泄露，我们在 IPSec 一章中对此已经进行过介绍。

B.1.2 数据加解密

下面我们就以 RSA 算法为例，介绍通信双方如何实现数据加解密功能。如图 B-2 所示，A 和 B 各自生成自己的公钥和私钥，并且相互交换了双方的公钥（至于双方是通过什么途径来交换公钥，我们先留个伏笔，后面会讲到）。A 要向 B 发送数据，**A 使用 B 的公钥加密数据然后发送给 B，B 收到后使用自己的私钥解密数据**。因为其他人没有 B 的私钥，即使截获报文也无法解密，这就保证了数据传输的安全性。B 向 A 发送数据时，过程同理。

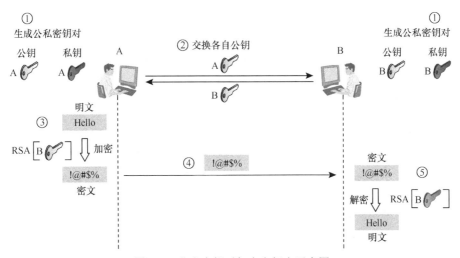

图 B-2 公私密钥对加密和解密示意图

与对称密码学相比，公钥密码学加密数据的计算非常复杂，而且开销大、速度较慢，所以不适用于加密大量数据的场景。在实际使用中，**通信双方通常会使用公钥密码学来交换密钥素材，双方最终计算出密钥，而用对称密码学来加密实际的数据，两者配合使用，**保证了加密速度和安全性。

如图 B-3 所示，A 向 B 发送数据，A 使用 B 的公钥把加密算法和密钥素材加密后发给 B，B 收到后使用自己的私钥解密，这样就得到了算法和密钥素材（B 也可以将自己要采用的算法和密钥素材发给 A，即双方通过协商方式来确定算法和密钥素材），双方根据密钥素材计算出密钥。然后就可以通过对称密码学的机制，使用相同的算法和密钥对数据进行加密和解密。

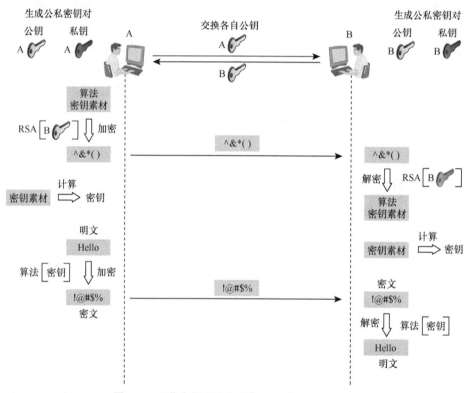

图 B-3 对称密钥和公私密钥对配合使用示意图

B.1.3 真实性验证

除了加解密，RSA 还能实现真实性验证，即身份认证功能，这也是利用了公钥密码学中由任一个密钥加密的信息只能用另一个密钥进行解密这一原理。

如图 B-4 所示，A 要认证 B 的身份，首先 A 向 B 发送数据（例如一串字符串），B 用自己的私钥将数据加密，然后发送给 A。A 用自己所持有的 B 的公钥解密，将解密后的数据和原始数据进行对比，如果一致，说明数据的确是由 B 发过来的。因为 B 的私钥只能由 B 持有，因此 A 可以通过**判断对方是否持有私钥来判断对方是否就是 B**，进而实现了对 B 的身份认证，这就是使用公钥密码学来进行身份认证的理论基础。

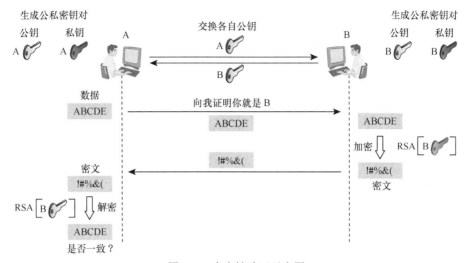

图 B-4　真实性验证示意图

加解密功能是数据发送方使用接收方的公钥加密，接收方使用自己的私钥解密。而身份认证功能是被认证方使用自己的私钥进行加密，认证方使用被认证方的公钥进行解密。

B.1.4　完整性验证

使用私钥加密公钥解密这种方式，还能实现完整性验证，即签名功能。所谓签名，就是在数据的后面再加上一段内容，可以证明数据没有被修改过，那怎么生成签名呢？

发送方可以用自己的私钥加密数据，然后连同数据一起发给接收方。但是，由于公钥密码学计算复杂、速度慢的原因，通常发送方一般不直接使用私钥加密数据，而是先将原始数据经过某种计算得出一段较短的数据，然后发送方使用自己的私钥加密这段新的数据，这和直接加密原始数据的效果是一样的，而且还兼顾了安全和处理速度。这种计算方式是通过 HASH 密码学来实现的。

HASH 密码学可以将任意长的字符串通过哈希计算出固定长度字符串，并且该计算是单向运算，无法逆推。最重要的是，**原字符串任意字符的变化都会导致不同的计算结果**。HASH 计算后得出的信息通常称为原字符串的摘要信息，也可以称为指纹信息。**通过对比摘要信息，就可以判断数据是否被修改，所以 HASH 密码学通常用于保证数据的完整性**。常见的 HASH 算法有 MD（Message Digest algorithm）系列、SHA（Secure Hash Algorithm）系列等，之前在 IPSec 一章中我们也都配置过这些算法。

如图 B-5 所示，A 向 B 发送数据之前，先使用 HASH 算法将数据进行 HASH 计算，得出摘要信息。然后使用自己的私钥将摘要信息加密，形成签名，最后将数据和签名一并发给 B。B 收到后，使用相同的 HASH 算法也对数据进行 HASH 计算，得到摘要信息。然后 B 使用 A 的公钥对签名进行解密，得到另一个摘要信息。B 将两个摘要信息进行对比，如果两者一致，就说明数据确实是从 A 发过来的，并且没有被修改过，这样既验证了 A 的身份又实现了数据完整性保护。

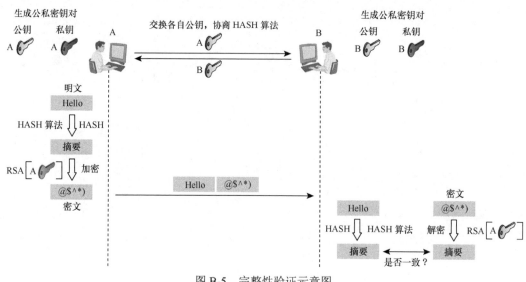

图 B-5　完整性验证示意图

📖 **说明**

为了便于讲解，图 B-5 中 A 发给 B 的信息没有加密，实际情况下，A 会使用通过计算
得出的密钥将信息加密后再发给 B，B 使用相同的密钥解密后再进行处理。

　　我们花费了一些笔墨介绍公钥密码学的原理，相信大家对公钥密码学已经有了初步
的了解。必须强调一点，公钥密码学能够保证安全的重要前提是**私钥必须得到安全妥善
的保存**，不能被泄露。接下来我们便要解决前面留下的问题，即通信双方是通过什么途
径来获取对方的公钥。

　　通常情况下，通信双方在每次通信时都把自己的公钥发给对方，这是最直接的方法。
但是这种方法存在安全问题，因为谁都可以生成公钥和私钥，仅凭一个公钥，我们无法
判断收到的公钥到底是不是对方的。除非对方把公钥和身份信息同时发送过来，并且有
绝对可信的第三方做担保，证明这个公钥确实是发送方的。也就是说，通信双方就需要
一个安全可信的载体来交换公钥，这个载体就是证书。

B.2　证书

　　证书，也叫作数字证书，是网络世界中的"身份证"。证书将持有者的身份信息和
公钥关联到一起，保证公钥确实是这个证书持有者的，通过证书就可以确认持有者的身
份。证书由权威的、公正的、可信任的第三方机构颁发，我们把证书的颁发机构称为 CA
（Certificate Authority），相当于现实生活中的公安局。

B.2.1　证书属性

　　公钥是通过证书来向外界公开分发的，证书中必然会含有持有者的公钥信息。除此
之外，证书中还包括哪些信息呢？图 B-6 展示了一个遵循 X.509 v3 版本规范的证书格式，

我们简要介绍一下其中的关键信息。

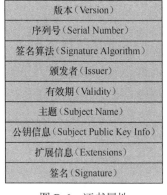

图 B-6 证书属性

- 签名算法：生成该证书的签名时所使用的 HASH 密码学算法和公钥密码学算法。
- 颁发者：谁颁发了这个证书，即 CA 的名称。
- 主题：该证书是颁发给谁的，即证书持有者的名称。
- 公钥信息：证书持有者的公钥信息。
- 签名：CA 对该证书的签名，又叫作 CA 的指纹信息。

图 B-7 展示了证书中签名的形成过程，操作都是在证书颁发之前，也就是在 CA 上来进行的。首先，CA 使用签名算法中的 HASH 密码学算法（如 SHA1）生成证书的摘要信息，然后使用签名算法中的公钥密码学算法（如 RSA），配合 CA 自己的私钥对摘要信息进行加密，最终形成签名。

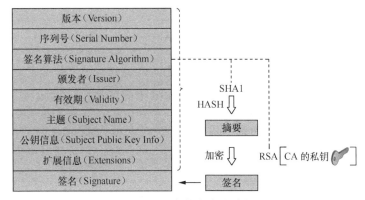

图 B-7 证书签名生成过程

B.2.2 证书颁发

通过前面的介绍我们了解到，证书中包含了公钥信息，而公钥和私钥必须成对出现，所以公私密钥对的存在就变成了制作证书的前提。那么公私密钥对是如何生成的呢？不同网络设备的生成方式有所差别。

- 对于 PC 来说，系统没有提供直接生成公私密钥对的功能，所以一般都是由 CA 来帮助 PC 生成公私密钥对，在此基础上生成证书，然后 PC 将 CA 生成的公私密钥对和证书同时导入自己的系统中。此时 CA 就兼顾了证书颁发和密钥对管理的功能。
- 对于防火墙来说，我们可以先在防火墙上生成公私密钥对，然后将公钥以及其他一些信息提供给 CA，CA 根据这些信息来生成证书，防火墙只导入生成后的证书。当然，也可以由 CA 来帮助防火墙生成公私密钥对，在此基础上生成证书，然后防火墙将 CA 生成的公私密钥对和证书同时导入，省去了在防火墙上生成公私密钥对的过程。

如果从 Verisign、Geotrust、Globalsign 等专业的证书颁发机构申请证书，操作繁琐也不灵活。其实我们可以自己搭建一个 CA，我们作为 CA 的管理员来为网络中需要证书的设备如 PC、防火墙等来生成证书。搭建 CA 的方式有很多种，常用的 Windows Server 操作系统就可以配置成 CA，为网络设备生成公私密钥对和证书，也可以根据设备提交的信息只生成证书。另外，一些开源的第三方证书管理软件如 XCA 也能够作为 CA 来为网络设备生成公私密钥对和证书。

CA 生成证书后，会把证书以文件的形式颁发给使用者。常见的证书存储格式如表 B-1 所示。

表 **B-1**　　　　　　　　　　　　　常见的证书存储格式

格　　式	说　　明
DER	二进制编码，后缀名**.der/.cer/.crt** 不包含私钥
PEM	BASE 64 编码，后缀名**.pem/.cer/.crt** 不包含私钥
PKCS #12	PKCS 编码，后缀名**.p12** 包含私钥

⚠ 注意

公私密钥对必须成对出现才能保证公钥密钥学正常运转，所以如果 CA 同时为设备生成了公私密钥对和证书，就需要将公私密钥对（主要是其中的私钥）和证书同时颁发给设备，颁发时需要根据不同情况选择证书的存储格式。例如，颁发给 PC 时就要选择 PKCS #12 格式，将私钥和证书同时颁发；颁发给防火墙时，因为防火墙只支持 DER/PEM 格式，所以要选择 DER/PEM，同时还必须将公私密钥对以单独文件的形式颁发给防火墙。

B.2.3　证书验证

证书颁发给使用者后，使用者就会拿着证书到处证明自己的身份。如果我们收到了一个这样的证书，怎么才能判断这个证书就是合法的，不是伪造的呢？还记得前面我们介绍过的 HASH 密码学吗，我们可以利用 HASH 密码学原理，通过证书中的签名来验证证书的真伪。

例如，A 收到了 B 发过来的证书，想要验证这个证书的真伪，此时 A 首先需要获取到为 B 颁发证书的那个 CA 的公钥，用这个公钥解密证书中的签名，得到摘要信息。然后 A 使用证书中签名算法里面的 HASH 密码学算法对证书进行 HASH 计算，也得到一个摘要信息。A 将两个摘要信息进行对比，如果两者一致，就说明证书确实是由这个 CA 颁发的（能用 CA 的公钥解密说明该 CA 确实持有私钥），并且没有被篡改过，该证书没有问题。当然，也会同时检查证书是否在有效期内。

到这里大家可能会有疑问，为 A 颁发证书的那个 CA 的公钥又该如何获取呢？答案还是证书，从 CA 的证书获取。也就是说，**CA 除了给别人颁发证书外，它本身也有自己的证书，证书中包含 CA 的公钥**。A 使用 CA 的证书验证 B 的证书的过程如图 B-8 所示。

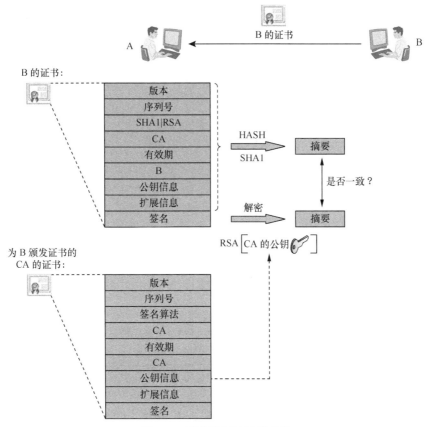

图 B-8　证书验证过程示意图

再进一步，如何判断为 B 颁发证书的这个 CA 的证书真伪以及是否被篡改过？答案是用 CA 自己的公钥来验证自己的签名，即用 CA 证书中的公钥解密该证书中的签名，得到摘要信息。然后使用 CA 证书中签名算法里面的 HASH 密码学算法对该证书进行 HASH 计算，得到另一个摘要信息，两者一致，说明该 CA 证书是真实的，没有被篡改过。此时有一个新的问题，假设黑客伪造了 CA 证书，证书中的签名是黑客用自己的私钥来签名，而公钥就是黑客自己的公钥，那么对该 CA 证书的验证也能通过。所以上述验证过程的前提是 CA 证书必须是在可信任的机构获取的，保证没有被伪造。

如果通信双方要互相验证对方的证书，那就要分别获取到为对方颁发证书的 CA 的证书。如图 B-9 所示，A 如果要验证 B 的证书，则 A 必须先获取为 B 颁发证书的 CA 的证书，用 CA 的证书验证 B 的证书；B 如果要验证 A 的证书，则 B 必须先获取为 A 颁发证书的 CA 的证书，用 CA 的证书验证 A 的证书。如果 A 和 B 是由同一个 CA 颁发的证书，那么两者获取到的 CA 的证书是相同的，如果 A 和 B 是由两个不同的 CA 颁发的证书，那么两者获取到的 CA 的证书是不同的。

对于证书的使用方法，下面我们再进行一下总结。

（1）通信双方各自持有自己的证书，当一方需要向另一方证明身份时，就把自己的证书发送过去。双方不用事先保存对方的证书，只在验证时接收对方发送过来的证书即可。

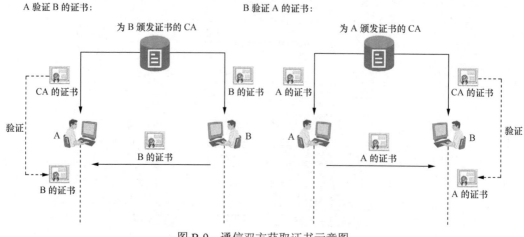

图 B-9　通信双方获取证书示意图

（2）一方验证另一方证书的真伪时，必须事先获取到为另一方颁发证书的 CA 的证书，用这个 CA 证书来验证对方的证书。

因为不同的 CA 会颁发不同证书，所以在证书的世界中，每个人可能会持有多个证书。同理，每个人也会获取到多个不同的 CA 证书。在这种情况下，一方收到另一方发过来的证书时，会根据证书中颁发者的名称，在自己的系统中查找对应的 CA 证书，找到后就用这个 CA 证书来验证。如果没有找到，那就说明事先没有获取到 CA 证书，也就无法判断对方发送过来的证书的真伪。

下面我们就来看一下证书在 IPSec VPN 和 SSL VPN 中的具体应用。

B.3　应用

B.3.1　证书在 IPSec 中的应用

在 IPSec 中，我们需要为两台网关设备（防火墙）生成证书，第一种方法，我们可以先在网关设备上生成公私密钥对，然后将公钥以及网关设备的通用名称等信息提供给 CA，由 CA 根据这些信息来生成证书。网关设备申请证书时，支持在线和离线两种方式，这些内容我们在 "6.9　数字证书认证" 一节中都已经介绍过，这里就不再赘述。

第二种方法，我们还可以直接在 CA 上帮助网关设备生成公私密钥对和证书，然后网关设备将 CA 生成的公私密钥对和证书同时导入，这样网关设备也能用导入的证书来进行身份认证。具体的操作方法可以参照下面介绍的为 SSL VPN 客户端和服务器生成证书的操作。

如果两台网关设备是从同一个 CA 申请的证书，那么两台设备上安装的 CA 证书也是相同的。如果两台网关设备从不同的 CA 申请证书，那就需要在两台网关设备上分别安装为对方颁发证书的那个 CA 的证书。

B.3.2　证书在 SSL VPN 中的应用

在 "第 8 章　SSL VPN" 中，我们分析了客户端和服务器（即防火墙设备）建立 SSL

连接的过程，其中包括了两个阶段：首先是客户端对服务器进行身份认证，然后是服务器对客户端进行身份认证。由于客户端一般都是 PC，不能直接生成公私密钥对，所以下面我们使用 XCA 来帮助客户端和服务器生成公私密钥对和证书，然后在客户端和服务器上分别导入各自的公私密钥对和证书。

图 B-10 展示了在 SSL VPN 连接建立过程中，不同类型的证书的安装和使用方法。由于客户端和服务器都是由 XCA 颁发的证书，所以两者获取到的 CA 的证书是相同的。另外，由于我们使用了 XCA 生成的证书替换了服务器内置的证书，所以还需要将 XCA 为服务器生成的公私密钥对导入到服务器中。

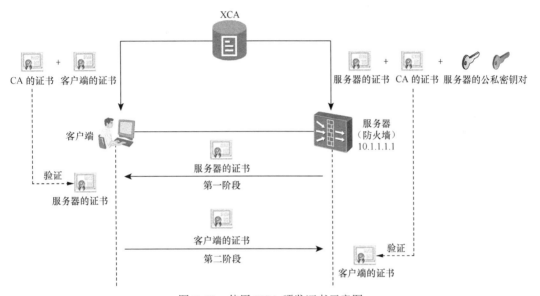

图 B-10　使用 XCA 颁发证书示意图

第一阶段：客户端验证服务器的身份。

我们先来看一下第一个阶段。在这个阶段中，服务器将自己的证书发送给客户端，客户端需要用为服务器颁发证书的 CA 的证书来验证这个证书。但是，客户端在自己的系统上没有找到 CA 的证书，无法验证服务器证书的真伪，所以浏览器会提示警告框。

我们可以先忽略这个警告，等出现登录页面后，在页面左侧下载 CA 证书并安装到客户端的系统中，就可以验证服务器证书的真伪，后续客户端登录时就不会再出现警告框了。

可见，服务器向 CA 申请好证书后，将自己的证书连同 CA 的证书一块内置到系统中。当服务器需要被客户端验证时，就会将自己的证书发给客户端；同时，在登录页面上提供 CA 证书，供客户端下载使用。

当然，我们也可以替换掉服务器内置的证书，使用我们自己认可的 CA，如 XCA 为服务器颁发新的证书。下面介绍如何使用 XCA 软件来生成 CA 证书和服务器的证书。

操作步骤如下。

（1）从http://sourceforge.net/projects/xca/下载并安装 XCA 软件，具体过程略。

（2）在"File"菜单中创建一个新的数据库，输入数据库的名字，然后设置该数据库的密码，使用这个数据库来保存密钥对和证书的信息。

（3）在"Private Keys"页签，生成 CA 的公私密钥对，如图 B-11 所示。

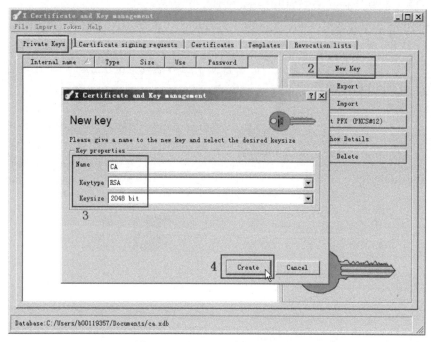

图 B-11　生成 CA 的公私密钥对

参考上述步骤，生成服务器的公私密钥对，密钥对的 Name 为 10.1.1.1，即用服务器的 IP 地址标识，其他参数不变。

（4）在"Certificate"页签，生成 CA 的证书，如图 B-12 所示。

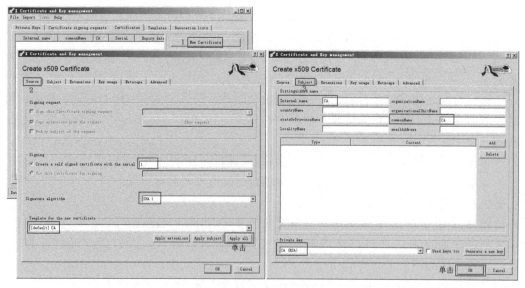

图 B-12　生成 CA 的证书

然后为该 CA 证书生成 CRL，即设置该证书的有效期，如图 B-13 所示。

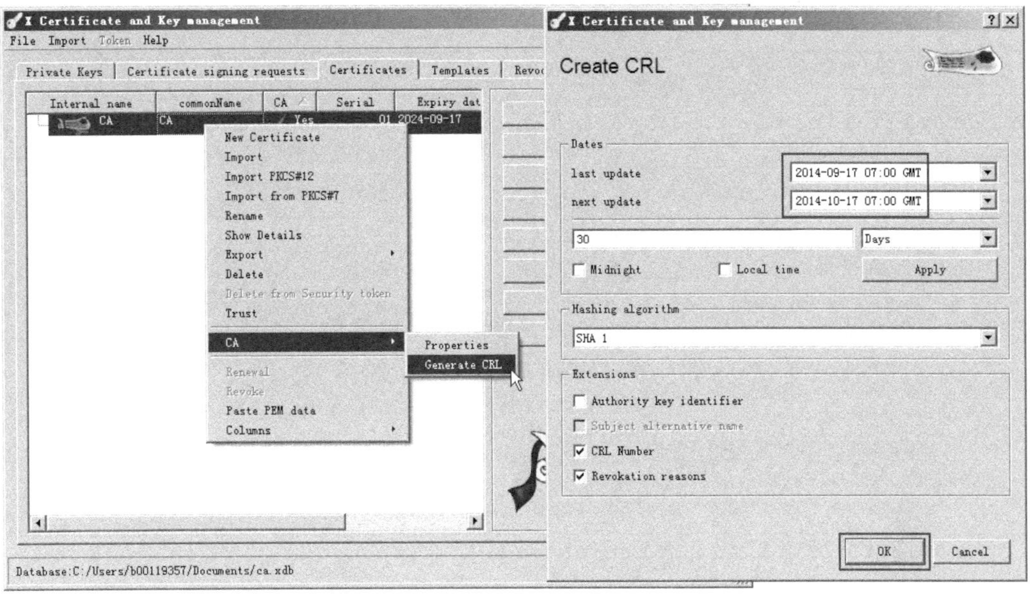

图 B-13　为 CA 证书生成 CRL

（5）参考上述步骤，生成服务器的证书，与 CA 证书生成过程中有差异的参数取值如表 B-2 所示。

服务器证书的 CN 字段取值必须与服务器 IP 地址一致的要求，否则在客户端上无法验证通过，所以我们这里将证书的名称设置为 10.1.1.1。

表 B-2　　　　　　　　　　　　　　服务器证书的参数取值

页签	参数	取值
Source	Signing	Use this Certificate for signing: CA
	Template for the new certificate	[default] HTTPS_server
Subject	Internal name	10.1.1.1
	commonName	10.1.1.1
	Private key	10.1.1.1 (RSA)

（6）以 PEM 格式导出 CA 证书 **CA.crt** 和服务器证书 **10.1.1.1.crt**，保存文件备用，如图 B-14 所示。

（7）导出服务器的公私密钥对 **10.1.1.1.pem**，保存文件备用，如图 B-15 所示。为了保证密钥对的安全，导出时要设置密码。

（8）将 CA 证书 **CA.crt** 发送至客户端，在客户端上双击 **CA.crt**，按照提示将该证书存储到"受信任的根证书颁发机构"中。

（9）将服务器的公私密钥对文件 **10.1.1.1.pem** 上传至服务器，然后执行如下命令导入公私密钥对，**password** 处输入导出时设置的密码。

在 SSL 握手过程的第 3 次通信中，客户端会使用服务器的公钥将随机数 pre-master-key 加密后发给服务器，要求服务器上必须存在私钥才能解密。

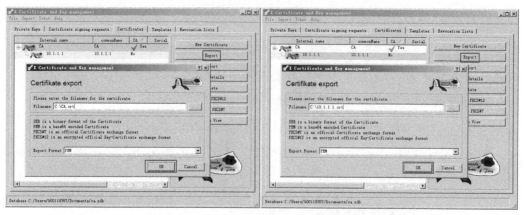

图 B-14　导出 CA 证书和服务器证书

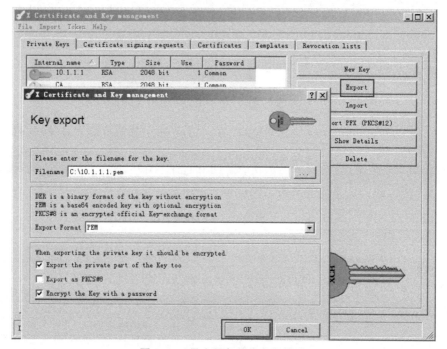

图 B-15　导出服务器公私密钥对

[FW] **pki import rsa-key-pair 10.1.1.1 pem 10.1.1.1.pem password huawei**

（10）在服务器上安装自己的证书 **10.1.1.1.crt**，如图 B-16 所示。

上传本地证书		? ×
上传方式	⦿ 本地上传　○ HTTP　○ LDAP　○ FTP	
证书类型	本地证书 ⌄	
证书文件	C:\10.1.1.1.crt	浏览...
		确定　取消

图 B-16　服务器安装本地证书

（11）配置服务器使用 **10.1.1.1.crt** 来向客户端证明自己的身份，如图 B-17 所示。

本地证书	10.1.1.1.crt	▼
客户端CA证书	default	▼
证书认证方式 ?	证书匿名	▼

图 B-17　服务器指定本地证书

完成上述操作后，当客户端访问服务器的登录页面时，就可以用 XCA 的 CA 证书来验证服务器发送过来的证书。由于服务器的证书也是由 XCA 颁发的，所以验证通过，浏览器不会提示警告框。

第二阶段：服务器验证客户端的身份。

下面来看一下第二个阶段，即服务器使用证书方式对客户端进行身份认证的过程。在这个阶段中，客户端要向服务器发送自己的证书，服务器使用为客户端颁发证书的 CA 的证书来验证客户端的证书。下面我们就以服务器使用证书匿名认证方式认证客户端为例，介绍使用 XCA 软件为客户端生成证书的过程。

操作步骤如下（省略了与第一阶段相似的部分截图）。

（1）在"Private Keys"页签，生成客户端的公私密钥对，密钥对的 Name 为 Client。

（2）在"Certificate"页签，按照表 B-3 中的参数取值，生成客户端的证书。

表 **B-3**　　　　　　　　　　　　　　客户端证书的参数取值

页签	参数	取值
Source	Signing	Use this Certificate for signing: CA
	Template for the new certificate	[default] HTTPS_client
Subject	Internal name	Client
	commonName	Client
	Private key	Client (RSA)

（3）以 PKCS #12 格式导出客户端的证书 **Client.p12**（因为 PKCS #12 格式的证书中包含了私钥，所以导出时需要设置密码），保存文件备用。

（4）将客户端证书发送至客户端，在客户端上双击 **Client.p12**，按照提示安装即可，安装过程中需要输入导出该证书时设置的密码。

安装成功后，在 Windows 操作系统的 MMC 控制台中，可以看到客户端的证书，以及在第一阶段的步骤（8）中安装的 CA 证书。客户端证书中包含私钥，所以图标比 CA 证书的图标多了一个"钥匙"的标志，如图 B-18 所示。

（5）在服务器上安装 CA 的证书 **CA.crt**，如图 B-19 所示，该 CA 证书在第一阶段的步骤（6）中已经导出。

（6）配置服务器使用 **CA.crt** 来验证客户端的身份，如图 B-20 所示。

完成上述操作后，客户端使用浏览器访问服务器的登录页面时，就可以在浏览器中选择自己的证书来进行身份认证，成功登录到服务器上。

至此，本节的内容就全都介绍完毕，希望通过强叔的介绍，能够帮助大家明晰证书概念原理，掌握证书使用方法，更好地运用证书来进行身份认证。

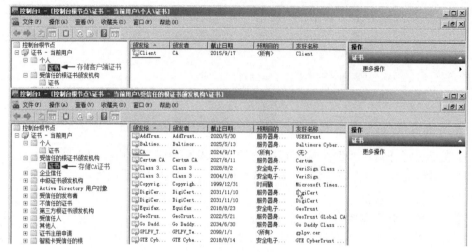

图 B-18　客户端安装证书

图 B-19　服务器安装 CA 证书

图 B-20　服务器指定 CA 证书

强叔提问

两个通信实体 A 和 B，都生成了各自的公钥和私钥，请问 A 和 B 如何通过公钥密码学来验证对方的身份？

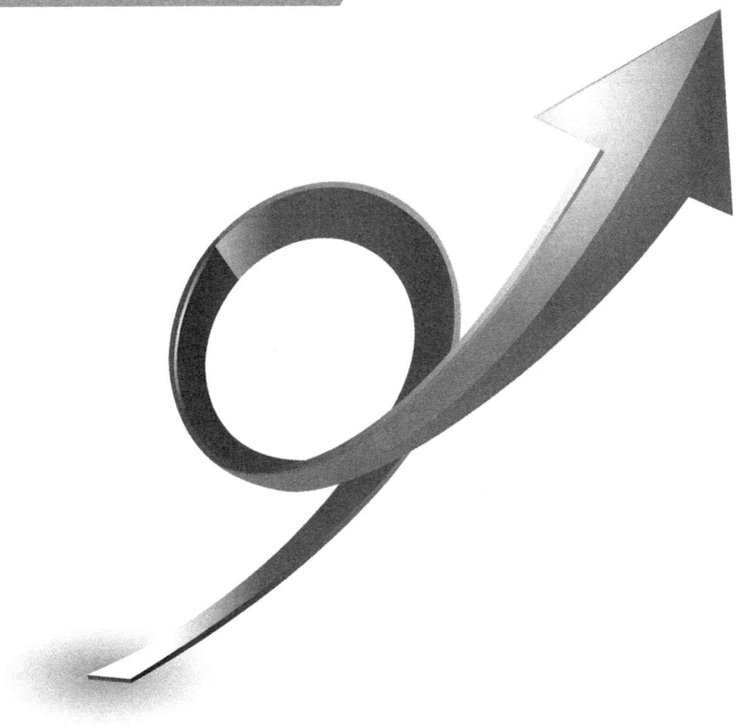

C
强叔提问及答案

C.1　第1章

C.2　第2章

C.3　第3章

C.4　第4章

C.5　第5章

C.6　第6章

C.7　第7章

C.8　第8章

C.9　第9章

C.10　第10章

C.11　附录A

C.12　附录B

C.1 第1章

1. 防火墙和交换机、路由器的主要区别是什么?

答案:路由器用来连接不同的网络,保证互联互通,确保将报文转发到目的地;交换机则通过二层/三层交换快速转发报文;而防火墙主要部署在网络边界,对进出网络的访问行为进行控制,安全防护是其核心特性。路由器与交换机的本质是转发,防火墙的本质是控制。

2. 我们常说的第一代、第二代和第三代防火墙都指的是哪些防火墙?

答案:第一代防火墙——包过滤防火墙,第二代防火墙——代理防火墙,第三代防火墙——状态检测防火墙。

3. 被业界权威的第三方安全测评机构 NSS 实验室评为最快防火墙的是华为哪一款防火墙产品?

答案:USG9500 系列。

4. 请分别说出防火墙上默认的 Local、Trust、DMZ 和 Untrust 安全区域的安全级别。

答案:Local 区域的安全级别是 100,Trust 区域的安全级别是 85,DMZ 区域的安全级别是 50,Untrust 区域的安全级别是 5。

5. 给出如下一条会话,大家能指出里面的五元组信息吗?

```
telnet   VPN:public --> public 192.168.0.2:51870-->172.16.0.2:23
```

答案:源地址是 192.168.0.2,源端口是 51870,目的地址是 172.16.0.2,目的端口是 23,协议是 Telnet。

6. 防火墙关闭状态检测功能后,对于收到的 SYN+ACK 类型的 TCP 报文,如果防火墙上配置的规则允许报文通过,那么防火墙接下来如何处理该报文?

答案:创建会话并转发报文。

C.2 第2章

1. 管理员在 Trust 安全区域和 Untrust 安全区域之间依次配置了如下两条安全策略,请分析这样配置有什么问题?

- 安全策略 1:拒绝目的地址是 172.16.0.0/24 网段的报文通过。
- 安全策略 2:允许目的地址是 172.16.0.100 的报文通过。

答案:安全策略 1 中的匹配条件的范围大于安全策略 2 中的匹配条件的范围,导致目的地址是 172.16.0.100 的报文永远不会命中安全策略 2。

2. 下一代防火墙的一体化安全策略中都有哪些维度的匹配条件?

答案:传统五元组、应用、内容、用户、威胁、时间、位置。

3. 在 FTP 客户端访问 FTP 服务器的组网中,如果 FTP 服务器使用了被动模式(PASV 模式),是否还需要在防火墙上开启 ASPF 功能?

答案：除非在防火墙上允许 FTP 客户端访问 FTP 服务器所有端口的报文通过，如果只允许 21 端口的报文通过则还是需要配置 ASPF。因为 FTP 客户端向 FTP 服务器发起数据连接时，目的端口也是随机协商的，此时仍然需要通过 ASPF 功能来生成记录数据连接的 Server-map。

4．防火墙上运行 OSPF 路由协议，假设 OSPF 的网络类型是广播类型（Broadcast），请填写下列配置脚本中的空白处，精确开启运行 OSPF 协议的接口所在的 Untrust 安全区域与 Local 安全区域之间的安全策略。

```
#
policy interzone local untrust _____
 policy 1
   action permit
   policy service service-set _____
#
policy interzone local untrust _____
 policy 1
   action permit
   policy service service-set _____
#
```

答案：

```
#
policy interzone local untrust inbound
 policy 1
   action permit
   policy service service-set ospf
#
policy interzone local untrust outbound
 policy 1
   action permit
   policy service service-set ospf
#
```

C.3　第 3 章

1．单包攻击分为哪三大类？

答案：畸形报文攻击、扫描类攻击、特殊控制报文攻击。

2．SYN Flood 攻击有几种防御方式，使用场景有什么差异？

答案：有两种防御方式：TCP 源探测、TCP 代理。TCP 代理只能用于来回路径一致的场景，TCP 源探测可以用于来回路径一致和来回路径不一致的场景。

3．针对 UDP Flood 攻击的防御方式都有哪些？

答案：指纹学习和限流。

4．HTTP Flood 的重定向防御会对同一个源发出的每一个 HTTP 报文都进行重定向吗？

答案：不会，认证通过的源会加入白名单，后续这个源再发送的报文直接通过，不再进行重定向。

C.4　第 4 章

1．源 NAT 技术中，Easy-IP 方式指的是？

答案：利用出接口的公网 IP 地址作为 NAT 转换后的地址。

2．三元组 NAT 通过什么机制来保证外网主机可以主动访问内网主机？

答案：通过生成 Server-map 表保证，具体来说，是通过目的 Serverv-map 表项（FullCone Dst）来保证。

3．报文匹配 NAT Server 生成的 Server-map 表项后，是否还需要进行安全策略的检查？

答案：需要。

4．当私网用户和私网服务器处在同一 LAN 内，两者通过交换机连接到防火墙的同一个接口上，如何保证私网用户可以通过公网地址来访问私网服务器，并且私网用户和私网服务器之间交互的报文都经过防火墙的处理？

答案：配置 NAT Server+域内 NAT。

5．在 NAT 环境下 User-defined 类型的 ASPF 与三元组 NAT 的主要区别有哪些？

答案：报文命中 User-defined 类型的 ASPF 生成的 Server-map 表项后不受安全策略控制，报文命中三元组 NAT 生成的 Server-map 表项后是否受安全策略控制由 **firewall endpoint-independent filter enable** 命令决定；USG2000/5000/6000/9500 系列防火墙都支持 User-defined 类型的 ASPF，只有 USG9500 系列防火墙支持三元组 NAT。

6．配置源 NAT 时，要求同时配置目的地址为 NAT 地址池地址的黑洞路由，请问这里配置的黑洞路由有哪两个主要作用？

答案：

第一个作用，避免路由环路，节省防火墙的系统资源。

第二个作用，如果防火墙与上行路由器之间运行 OSPF 路由协议，则可以在防火墙的 OSPF 中引入静态路由的方式，把黑洞路由引入到 OSPF 中，然后通过 OSPF 发布给路由器。

7．华为防火墙在进行 NAT 地址转换时，通过什么方式来实现一个公网 IP 地址突破 65535 端口的限制？

答案：通过 HASH 算法选择地址池中的地址，根据会话表机制，只要内网不同用户访问"目的地址+目的端口+协议"三元组中的任一参数不同时，即使将地址池中同一公网地址的同一端口同时分配给内网多个用户时，也不会产生冲突，端口重复利用即突破了 65535 的限制。

C.5　第 5 章

1．GRE 报文外层 IP 头中的源地址和目的地址是 Tunnel 口的 IP 地址吗？

答案：不是 Tunnel 接口的地址，是 Tunnel 接口上配置的源地址（**source**）和目的地址（**destination**）。

2．在 L2TP VPN 中，NAS-Initiated VPN 和 Client-Initiated VPN 这两个场景的主要区别是什么？

答案：NAS-Initiated VPN 是基于 LAC 拨号的 L2TP VPN，Client-Initiated VPN 是客户端直接拨号的 L2TP VPN。

3．在 L2TP Client-Initiated VPN 中，一般建议把地址池地址和总部网络地址规划为不同的网段，如果把地址池地址和总部网络地址配置为同一网段，需要做什么处理？

答案：地址池地址和总部网络的地址配置为同一网段后，必须在 LNS 连接总部网络的接口上开启 ARP 代理功能，并且开启 L2TP 虚拟转发功能，保证 LNS 可以对总部网络服务器发出的 ARP 请求进行应答。

4．在 L2TP Client-Initiated VPN 中，LNS 如何保证总部中内网服务器的回应报文能够进入 L2TP 隧道返回至 L2TP Client？

答案：LNS 为获得私网 IP 地址的 L2TP Client 自动下发了一条主机路由，这条自动生成的主机路由属于 UNR 路由，指引去往 L2TP Client 的报文进入 L2TP 隧道。

5．在 L2TP NAS-Initiated VPN 中，LNS 对接入用户的认证方式有哪几种？

答案：

LAC 代理认证：相信 LAC 是可靠的，直接对 LAC 发来的用户信息进行验证。

强制 CHAP 认证：不相信 LAC，要求重新对用户进行认证。

LCP 重协商：不相信 LAC，重新发起 LCP 协商，协商 MRU 参数和认证方式。

C.6 第 6 章

1．IPSec 支持哪两种封装模式？

答案：隧道模式、传输模式。

2．IPSec 中的两个安全协议 AH 和 ESP，哪一个不支持加密功能？

答案：AH，只支持验证功能，不支持加密功能。

3．IKEv1 版本中支持哪两种身份认证方式？

答案：预共享密钥方式（pre-share）、数字证书方式。

4．建立 IPSec SA 时，IKEv1 版本和 IKEv2 版本在交互信息个数上有什么区别？

答案：

IKEv1：主模式+快速模式需要 9 条信息建立 IPSec SA；野蛮模式+快速模式需要 6 条信息建立 IPSec SA。

IKEv2：最少 4 条消息即可建立 IPSec SA。

5．两台防火墙建立 IPSec 隧道的网络中存在 NAT 网关设备，请问对于 AH 和 ESP 安全协议来说，如何进行处理？

答案：

对于 AH 安全协议来说，AH 报文无法通过 NAT 网关，所以 AH 不支持穿越 NAT 网关设备。

对于 ESP 安全协议来说，报文会被封装在一个 UDP 头中，源和目的端口号均是 4500，有了这个 UDP 头就可以正常进行地址和端口的转换。

6．防火墙支持哪两种 IKE 对等体检测机制？

答案：Keepalive 机制、DPD 机制。

7．在 GRE over IPSec 的场景中，IPSec 中定义 ACL 时，应该指定原始报文的源和目的地址，还是经过 GRE 封装后的源和目的地址？

答案：经过 GRE 封装后的源和目的地址。

C.7　第 7 章

1．DSVPN 中每个节点的 Tunnel 接口可以不在一个网段么？为什么？

答案：不可以。以 Normal 方式为例，Spoke_A 会以到 Spoke_B 私网路由的下一跳（Spoke_B 的 Tunnel 地址）来查找 Spoke_A 的隧道接口，假如 Spoke_A、Spoke_B 的 Tunnel 口不在同一个网段，则 Spoke_A 就会因找不到 Tunnel 接口而导致报文转发出错。

2．DSVPN 的加密靠 IPSec，IPSec 是如何能够加密动态隧道的？

答案：IPSec 会根据 DSVPN 中获取到的对端公网地址，作为 IPSec 隧道的对端地址，从而保护 DSVPN 隧道两端传送的数据流。

C.8　第 8 章

1．SSL 握手协议中，为了解决公钥加密法的算法复杂，加解密计算量大的问题，采用了何种方法提升效率？

答案：引入一个"会话密钥"。客户端与服务器采用公钥加密法协商出此"会话密钥"，而后续的数据报文都使用此"会话密钥"进行加密和解密（即对称加密法）。

2．文件共享功能支持新建文件吗？

答案：不支持，如果需要新建文件，请本地编辑后再上传（文中表格里的操作类型，没有新建文件）。

3．出差员工登录 SSL VPN 后，发现资源列表空空如也，此时忽然想起管理员给了他一个锦囊妙计。各位，你能猜到锦囊的内容吗？

答案：涉及 Web 代理中的一个配置参数"门户链接"：选择 Web 代理资源是否显示在登录后的虚拟网关首页上。如果不选中，相当于为老顾客准备了菜单之外的私房菜。这时老用户可以在登录后的右上角地址栏中手动输入 URL 地址，访问一些比较机密的 URL 资源。

C.9　第 9 章

1．防火墙双机热备包括几种方式？

答案：两种，主备备份方式和负载分担方式。

2．防火墙双机热备主要有几种协议？

答案：三种，VRRP、VGMP 和 HRP。

3．第二代双机热备中防火墙有几个 VGMP 组？正常情况下，VGMP 组的状态是什么？优先级是多少？

答案：第二代双机热备中防火墙有两个 VGMP 组：Active 组和 Standby 组。正常情况下（以 USG2000/5000/6000 为例），Active 组的状态为 Active，优先级为 65001；Standby 组的状态为 Standby，优先级为 65000。

4．双机热备中共有几种 VGMP 和 HRP 报文？

答案：五种，包括 VGMP 报文（VGMP Hello 报文）、HRP 心跳报文（HRP Hello 报文）、HRP 数据报文、心跳链路报文、HRP 一致性检查报文。

5．双机热备的 VGMP 组有几种监控接口状态的手段？

答案：五种，包括通过 VRRP 备份组监控、直接监控、通过 VLAN 监控、通过 IP-Link 监控、通过 BFD 监控。

6．双机热备有几种 HRP 备份方式？

答案：三种，包括自动备份、手工批量备份和快速会话备份。

7．第二代双机热备的 HRP 和 VGMP 报文是否能够跨越网段传输？该如何部署？

答案：在配置心跳口时指定 **remote** 参数后，HRP 和 VGMP 报文将被封装成 UDP 报文。UDP 报文是一种单播报文，只要路由可达和安全策略允许通过就能够跨越网段传输。

8．双机热备与源 NAT 或 NAT Server 结合使用时需要注意什么？

答案：当 NAT 地址池或 NAT Server 转换后的地址与 VRRP 备份组地址在同一网段时，需要配置 NAT 地址池或 NAT Server 与 VRRP 绑定。

C.10　第 10 章

1．ISP 路由与静态路由有什么区别？

答案：静态路由是手动一条一条配置，配置文件中能够显示出来；ISP 路由只能通过导入 ISP 地址文件的方式集体导入，且配置文件中无法显示出 ISP 路由。

静态路由可以逐条删除、增加；ISP 路由只能从 ISP 地址文件中删除、增加地址网段，不能通过命令删除或增加单条 ISP 路由。

在路由表中静态路由的协议类型为 static，而 ISP 路由的协议类型为 ISP。

2．当有多条策略路由规则时，防火墙会按照什么样的规则对报文进行匹配？

答案：防火墙会按照匹配顺序，先寻找第一条规则，如果报文满足第一条策略路由规则的匹配条件，则按照指定动作处理报文。如果不满足第一条规则的匹配条件，则会寻找下一条策略路由规则。如果所有的策略路由规则的匹配条件都无法满足，报文按照路由表进行转发。

3．配置智能选路的前提条件是什么？

答案：智能选路的应用是建立在等价路由的基础上的，多条出口链路就需要多条等价路由。对于 USG9500 系列防火墙来说这个等价路由可以是静态路由、动态路由、缺省路由，但对于 USG6000 系列防火墙来说这个等价路由必须是等价缺省路由（0.0.0.0）。

4．透明 DNS 选路有哪两种算法，它们之间的区别是什么？

答案：简单轮询算法和加权轮询算法，两种算法的区别在于流量分配方式不同。简单轮询算法是将 DNS 请求报文依次分配到各个 ISP 的 DNS 服务器上，加权轮询算法则是将 DNS 请求报文按照一定权重比例分配到各个 ISP 的 DNS 服务器上。

C.11　附录 A

1．报文命中 NAT Server 的反向 Server-map 表后，进行源地址转换，然后该报文还会匹配源 NAT 策略再次进行源地址转换吗？

答案：不会再匹配源 NAT 策略进行地址转换。

2．对于存在多块 SPU 业务版的分布式防火墙 USG9500 来说，如何保证回应报文也可以命中会话？

答案：USG9500 在建立会话表时，同时会进行 HASH 预测，准确预测回应报文会被哪块业务板处理，并在该业务板上同步建立起一条反向会话，保证回应报文能够被正确转发。

C.12　附录 B

两个通信实体 A 和 B，都生成了各自的公钥和私钥，请问 A 和 B 如何通过公钥密码学来验证对方的身份？

答案：A 和 B 先获取到对方的公钥。A 使用自己的私钥加密信息，B 收到信息后使用 A 的公钥解密信息，因为 A 的私钥只能由 A 持有，因此 B 可以通过判断对方是否持有私钥来判断对方是否就是 A，进而实现了对 A 的身份认证；反之亦然。